Grundzüge eines ganzheitlichen Controlling

von
Professor
Dr. Armin Müller

2., vollständig überarbeitete und erweiterte Auflage

Oldenbourg Verlag München

Bibliografische Information der Deutschen Nationalbibliothek

Die Deutsche Nationalbibliothek verzeichnet diese Publikation in der Deutschen
Nationalbibliografie; detaillierte bibliografische Daten sind im Internet über
<http://dnb.d-nb.de> abrufbar.

© 2009 Oldenbourg Wissenschaftsverlag GmbH
Rosenheimer Straße 145, D-81671 München
Telefon: (089) 4 50 51-0
oldenbourg.de

Lektorat: Wirtschafts- und Sozialwissenschaften, wiso@oldenbourg.de
Herstellung: Anna Grosser
Coverentwurf: Kochan & Partner, München
Gedruckt auf säure- und chlorfreiem Papier
Gesamtherstellung: Druckhaus „Thomas Müntzer" GmbH, Bad Langensalza

ISBN 978-3-486-58343-4

Vorwort

Seit der ersten Auflage meines Buches „Grundzüge eines ganzheitlichen Controllings" sind nunmehr gut zehn Jahre vergangen. Im Zeitalter der Globalisierung dürfte die Notwendigkeit ganzheitlich-vernetzten Denkens noch deutlicher geworden sein. Auf betriebswirtschaftlicher Ebene zeugt das Desaster bei DaimlerChrysler – wie andere Fehlentwicklungen – wohin eine einseitige Ausrichtung auf den Shareholder Value führen kann: Die damit verknüpften Verluste belaufen sich, trotz unterschiedlicher Schätzungen, auf einen hohen zweistelligen Milliardenbetrag. Auch in der Politik gibt es genügend Beispiele für Misserfolge aufgrund einer unvernetzten Betrachtungsweise – der Irakkrieg ist dabei noch das schlimmste.

Die Herausarbeitung der Implikationen für ein ganzheitlich-vernetztes Denken und Handeln stehen demzufolge auch in der Zweitauflage im Vordergrund. Insofern musste am Kapitel 1 (früher Kap. A) inhaltlich kaum etwas geändert werden, leben wir doch nach wie vor in einem Zeitalter der Diskontinuitäten. Auf dieser Grundlage sind die Auswirkungen auf ein adäquates Controllingverständnis konsequenter herausgearbeitet worden (Kap. 2 = früher Kap. B). Der Verfasser legt dabei die Controllingdefinition des Internationalen Controllervereins (ICV) zugrunde und passt diese systematisch an die kommenden Erfordernisse an.

Im Anschluss daran wird im Gegensatz zur Erstauflage sofort auf die Methodik des vernetzten Denkens der St. Galler Management-Hochschule intensiv eingegangen (Kap. 3 = früher Kap. C). Diese Methodik stellt einen mittlerweile praxiserprobten Ansatz dar, um komplexe und dynamische Problemsituationen besser bewältigen zu können. Für das folgende Kapitel 4 wird eine Bewertungstabelle abgeleitet, die helfen soll, gängige Controlling-Werkzeuge auf ihre Eignung zur Unterstützung des Managements zu beurteilen.

Im Kapitel 4 (früher Kap. B) werden dann die herkömmlichen strategischen und operativen Controlling-Werkzeuge einer kritischen Prüfung vor dem Hintergrund des Zeitalters der Diskontinuitäten unterzogen. Hierbei werden die in der ersten Auflage dargestellten Ansätze eines modernen betrieblichen Rechnungswesens, Prozesskostenrechnung und Target Costing, weggelassen – sie passen eigentlich nicht mehr in den Untersuchungskontext. Ebenso wird darauf verzichtet, das Umweltcontrolling in einem gesonderten Kapitel hervorzuheben. Dafür wird das Balanced Scorecard-Konzept ausführlich dargelegt und kritisch beurteilt.

Die Zweitauflage dieses Buches wäre nicht möglich gewesen ohne die Unterstützung von Bernhard Metzner bei der Gestaltung des Manuskripts – hierfür gilt ihm mein herzlicher

Dank. Bedanken möchte ich mich auch beim Oldenbourg Verlag, insbesondere bei Herrn
Dr. Schechler und Frau Horn.

Ingolstadt im Herbst 2008

Armin Müller

Inhalt

Abkürzungsverzeichnis

a. a. O.	an einem anderen Ort (zitiert)
Anm.	Anmerkung(en)
Anm. d. Verf.	Anmerkung des Verfassers
AS	Aktivsumme
BFuP	Betriebswirtschaftliche Forschung und Praxis (Zeitschrift)
BSC	Balanced Scorecard
bzw.	beziehungsweise
cm	Controller magazin (Zeitschrift)
DB	Der Betrieb (Zeitschrift)
DBW	Die Betriebswirtschaft (Zeitschrift)
DIN	Deutsches Institut für Normung
d. h.	das heißt
EBIT	Earning before Interest and Taxes
EFQM	Europaen Foundation of Quality Management
EG	Europäische Gemeinschaft
etc.	et cetera
Fa.	Firma
F & E	Forschung und Entwicklung
GAIA	Zeitschrift für Umweltschutz
ggf.	gegebenfalls
HP	Hewlett Packard
Hrsg.	Herausgeber
HWB	Handwörterbuch der Betriebswirtschaft
ICV	Internationaler Controllerverein
IFRS	International Financial Reporting System
i. a.	im Allgemeinen
i. e. S.	im engeren Sinn
i. w. S.	im weiteren Sinn
IÖW	Institut für Ökologische Wirtschaftsforschung
J. V.	Joint Ventures
Kap.	Kapitel
P	Produkt
PC	Personalcomputer
PIMS	Profit Impact of Market Strategies
PS	Passivsumme
Q	Quotient

ROCE   Return on Capital Employed
RW   Reichweite
Sbu   Studiengruppe für Biologie und Umwelt GmbH
Sfr   Schweizer Franken
SGE   Strategische Geschäftseinheiten
SOP   Start of Production
Sp.   Spalte
SWB   Stadtwerke Bremen
TQM   Total Quality Management
u. a.   unter anderem
UIS   Umweltinformationssystem
u. s. w.   und so weiter
VCI   Verband der Chemischen Industrie
WiSt   Wirtschaftswissenschaftliches Studium (Zeitschrift)
WISU   Das Wirtschaftsstudium (Zeitschrift)
WWZ   Wirtschaftswissenschaftliches Zentrum (Universität Basel)
ZfB   Zeitschrift für Betriebswirtschaft
zfbF   Schmalenbachs Zeitschrift für betriebswirtschaftliche Forschung
zfCM   Zeitschrift für Controlling & Management
z. B.   zum Beispiel
zfo   Zeitschrift Führung + Organistaion
ZO   Zeitschrift für Organisation
ZVEI   Zentralverband der elektronischen Industie

Abbildungsverzeichnis

1 Das Zeitalter zunehmender Diskontinuitäten und Komplexität

1.1 Merkmale gegenwärtiger und künftiger In- und Umweltbedingungen für Unternehmungen

Spätestens seit P. F. Drucker sein richtungweisendes Buch „The age of discontinuity"[1] im Jahre 1969 veröffentlicht hat, beherrscht diese Thematik nahezu alle Publikationen zu strategischen Themenstellungen. In jüngster Zeit hat dazu H. H. Hinterhuber treffend bemerkt, dass wir in einer Zeit leben, die durch zwei Konstanten gekennzeichnet zu sein scheint: „Die Beschleunigung des Wandels und die zunehmende Komplexität aller menschlichen Einrichtungen"[2]. Die Konsequenzen dieser Entwicklung äußern sich in einer abnehmenden Vorhersehbarkeit von Umweltveränderungen, einer Verkürzung der Reaktionszeiten, andererseits aber auch in einer Zunahme der Anpassungszeit für notwendige Reaktionsmaßnahmen und insgesamt in einer Bedeutungszunahme von Umweltveränderungen[3]. Bei Ereignissen, die mit dem Begriff „Diskontinuitäten" in Zusammenhang gebracht werden (z. B. der Zusammenbruch der ehemaligen Sowjetunion und ihrer Satellitenstaaten) fallen zunächst zwei gemeinsame Merkmale auf: Jedes dieser Ereignisse beendet einen Entwicklungstrend, d. h. die Gesetzmäßigkeiten der Vergangenheit wirken nicht mehr in die Zukunft weiter – die Entwicklung wird abrupt abgebrochen. Außerdem steigt die Dynamik des Umweltwandels, d. h. die Phasen relativer Ruhe und Stabilität zwischen den „Schlüsselereignissen" werden erheblich kürzer[4]. Ansoff geht davon aus, dass sich solche Diskontinuitäten mit den verfügbaren Prognose-Techniken vorausschauend ermitteln lassen. Allerdings gelingt dies den Unternehmungen in der Praxis oft nicht, so dass sie vor strategischen Überraschungen stehen, die plötzliche, unausweichliche, unbekannte Veränderungen der Unternehmens-Per-

---

[1] Drucker, The age of discontinuity: Guidelines to our changing society, 1969

[2] Hinterhuber, Die Objektivierung der Strategie als Voraussetzung für das strategische Controlling, S. 92

[3] Ansoff, Strategic Management, S. 51 ff.; Kreikebaum, Strategische Unternehmensplanung, S. 31

[4] Macharzina, Bedeutung und Notwendigkeit des Diskontinuitätenmanagements…, S. 4 ff.

spektive beinhalten, die eine große Gewinneinbuße oder das Entgehen einer großen Chance nach sich ziehen können[5].

Die Ergebnisse von unternehmensübergreifenden Szenarien sowie die prognostizierten Mega- und Gigatrends lassen eindeutig den Schluss zu, dass in nahezu allen Bereichen der Unternehmensumwelt mit weiterhin zunehmenden Turbulenzen in der Zukunft zu rechnen ist, dass die schon vor mehreren Jahrzehnten festgestellte „Age of Discontinuity" demnach nicht in absehbarer Zeit beendet sein wird[6].

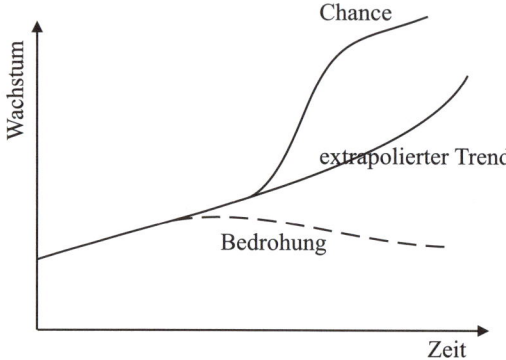

Abb. 1.1　Auswirkungen von strategischen Überraschungen

In Verbindung mit der **steigenden Dynamik** und den **immer häufiger auftretenden Diskontinuitäten** im Umfeld der Unternehmungen wird in den entsprechenden Publikationen auch zugleich auf die **gestiegene Komplexität** des Unternehmensgeschehens, insbesondere in Bezug auf die zu treffenden Entscheidungen, hingewiesen. Wie noch zu zeigen sein wird, geschieht dies nicht nur von Vertretern der Fachdisziplin Betriebswirtschaftslehre, sondern auch durch herausragende Persönlichkeiten anderer Wissenschaftsdisziplinen wie z. B. der Psychologie oder Soziologie. Dabei wird die zunehmende Komplexität in der Führung von Unternehmungen zum großen Teil auf turbulentere Umweltsituationen zurückgeführt[7]. **Komplexe Problemsituationen** treten vor allem auf bei strategischen Unternehmensentscheidungen, Aufbau eines Früherkennungssystems, Aktivitäten auf weltweiten Märkten, Berücksichtigung des Wertwandels in der Gesellschaft etc. Mit zunehmender Außenkomplexität produziert das System Unternehmung in seinem Inneren Eigen-Komplexität und extern induzierte Dynamik und Diskontinuitäten finden ihren Niederschlag in entsprechenden Tur-

---

[5]　Ansoff, Die Bewältigung von Überraschungen und Diskontinuitäten durch die Unternehmensführung, S. 234; Staehle, Management, S. 570 f.; Wiedmann/Löffler, Portfolio-Simulationen …, S. 419

[6]　Siehe dazu die in Eggers, Ganzheitlich-vernetzendes Management auf S. 41 angegebenen Quellen.

[7]　Probst/Gomez, Vernetztes Denken …, S. 904

bulenzen bei Subsystemen und Elementen innerhalb des Systems[8]. Somit ist der Behauptung von Malik sicherlich zuzustimmen, **dass Komplexität und Dynamik eine wesentliche Eigenschaft von Unternehmungen darstellen**[9].

Die Handhabung der Probleme, die zwangsläufig mit der zunehmenden Komplexität und Dynamik des Unternehmensgeschehens auftreten, erfordert eine tiefer gehende Analyse der Bestimmungsfaktoren dieses und künftiger turbulenter Zeitalter. Hierzu sollen die Einflussfaktoren herausgearbeitet werden, die in den Literaturbeiträgen zu dieser Themenstellung überwiegend genannt werden. Übereinstimmend wird in der Literatur hervorgehoben, dass die komplexer gewordene Welt gleichgesetzt werden kann mit einer **hochgradigen Vernetzung und Dynamik**[10]. Komplexität wird dabei als Resultat der verstärkt auftretenden Dynamik in der Umwelt der Unternehmung, neben anderen Einflussfaktoren, angesehen. Als **Ursachen für die Veränderungsdynamik** können folgende Aspekte genannt werden[11]:

- Stagnierende oder schrumpfende Nachfrage in vielen Branchen und Segmenten auf Grund von Marktsättigung

- Verschärfter Wettbewerb zwischen den Konkurrenten

- Internationalisierung und Globalisierung des Wettbewerbs

- Verknappung und Verteuerung von Energie und vielen Rohstoffen

- Rasante und einschneidende Entwicklungen in den politischen Rahmenbedingungen (z. B. Wiedervereinigung)

- Zunahme staatlicher Eingriffe und Reglementierungen, z. B. in der Umweltschutzgesetzgebung

- Veränderte Wertvorstellungen und Lebensstile, z. B. in der Einschätzung von Arbeit und Freizeit

- Gesteigertes Umweltbewusstsein

- Beschleunigung des technischen Fortschritts mit den damit verbundenen kürzeren Innovations- und Produktlebenszyklen.

Neben der Dynamik wird vor allem die Vernetzung der Einflussfaktoren auf den Unternehmenserfolg betont. Der Psychologe D. Dörner, der im Rahmen von Simulations-Plan-Spielen Testpersonen beobachtet hat, wie sie mit komplexen Entscheidungssituationen umgehen,

---

[8] Krystek/Müller-Stewens, Frühaufklärung für Unternehmen, S. 98; Bleicher, Die Entwicklung eines systemorientierten Organisations- und Führungsmodells der Unternehmung, S. 5

[9] Malik, Strategie des Managements komplexer Systeme, S. 24

[10] Exemplarisch dazu: Probst/Gomez, Vernetztes Denken, S. 904; Eggers, Ganzheitlich-vernetzendes Management, S. 56 ff.

[11] Küpper/Bronner/Daschmann,Früherkennung von Umfeldentwicklungen, S. 11/258; Hinterhuber, Strategische Unternehmungsführung, I: Strategisches Denken, S. 25; Pohle, Quantifizierungsaspekte im strategischen Controlling, S. 186 ff.

stellt dazu fest[12]: „Wo früher relativ viele politisch ökonomische Systeme mit nur geringen Interaktionen nebeneinander existierten, gibt es heute ein den Globus umspannendes System enger Wechselwirkungen ökologischer, klimatologischer, ökonomischer, politischer und sogar ideologischer Variablen". Dies bedeutet, dass die den zu lösenden Problemen zugrunde liegenden Phänomene nicht mehr isoliert betrachtet werden können, vielmehr sind sie in einen größeren Umweltzusammenhang mit einer Vielzahl von Einflussgrößen zu stellen[13]. Die Entscheidungsträger in den Unternehmungen (und in anderen sozial-humanen Systemen) haben es demnach mit Netzwerken zu tun, in denen zahlreiche Beziehungen und Wechselwirkungen zu vielfältigen Beeinflussungen, (Neben-) Wirkungen, Schwellenübergängen, Aufschaukelungen etc. führen[14]. Malik führt die eigentliche Ursache der Komplexität auf die Interaktion einer großen Zahl von unterschiedlichen und weitgehend unabhängigen Variablen zurück[15]. Auch Dörner stellt als Merkmale komplexer Handlungssituationen heraus, dass es sich dabei um Systeme mit jeweils sehr vielen Variablen handelt, die vernetzt sind, da sie sich untereinander mehr oder minder stark beeinflussen[16]. Es wäre jedoch eine unvollständige Interpretation der Komplexität, wenn diese nur anhand der Anzahl und Verschiedenheit der Elemente und Beziehungen in dem betrachteten System charakterisiert werden würde. Ulrich/Probst nennen derartige Systeme komplizierte Systeme. Entscheidend für das Auftreten von **Komplexität** ist ebenso die **Veränderlichkeit (Dynamik) im Zeitablauf**, die sich ihrerseits durch die Vielfalt der Verhaltensmöglichkeiten der Elemente und durch die Veränderlichkeit der Wirkungsverläufe zwischen den Elementen widerspiegelt[17].

In Kurzform ausgedrückt lautet eine entsprechende Definition, „Die Komplexität wird durch die Dynamik im Netzwerk bestimmt"[18]. Den **Systembezug** hebt die folgende Definition hervor: „Unter Komplexität versteht man die Eigenschaft eines Systems, das in einer bestimmten Zeitspanne eine sehr große Zahl unterschiedlicher Zustände einnehmen kann, oder dynamisch ausgedrückt, sich in vielfältiger Weise verhalten kann"[19]. Dabei geht es nicht nur um die **Interdependenzen** innerhalb des Systems Unternehmung, sondern ebenso um die **Zahl und Intensität sowie die Dynamik der Beziehungen** zwischen der Unternehmung und seiner Umwelt.

Mit der Anzahl möglicher Zustände und Verhaltensweisen, die von einem System angenommen werden können, besteht die Möglichkeit, ein Maß für die Komplexität, die **Varietät**, abzuleiten[20]. Varietät kann dann als die Anzahl der unterscheidbaren Zustände eines

---

[12]   Dörner, Denken und Handeln in Unbestimmtheit und Komplexität, S. 128

[13]   Gomez, Modelle und Methoden des systemorientierten Managements, S. 9

[14]   Gomez/Probst, Vernetztes Denken im Management, S.8 ff.

[15]   Malik, Strategie des Managements komplexer Systeme, S. 201; siehe auch: Beer, Brain of the Firm, S.65 f.

[16]   Dörner, Die Logik des Mißlingens, S. 58 ff.

[17]   Ulrich/Probst, Anleitung zum ganzheitlichen Denken und Handeln, S.61; Grossmann, Komplexitätsbewältigung im Management, S. 18 ff., (siehe Abb. 1.2 auf Seite 5)

[18]   Probst, Was also macht eine systemorientierte Führungskraft als Vertreter des „vernetzten Denkens"?, S. 335

[19]   Ulrich, H., Integrative Unternehmensführung, S. 189

[20]   Ashby, An Introduction to Cybernetics, S. 124 ff.

Systems bzw. die Anzahl der unterscheidbaren Elemente einer Menge definiert werden[21]. Ganz allgemein gilt, dass ein System mit n Elementen, die K Zustände erreichen können, eine Varietät von K^n aufweist. Bekanntermaßen besitzen derartige Exponentialfunktionen einen explosiven Charakter!

Zusammenfassend können die Ursachen von Komplexität auf die Anzahl und Ausprägungsvielfalt von Elementen, deren Vernetzung (auch mit anderen Systemen) und den Sachverhalt der Dynamik zurückgeführt werden[22]. Die zentralen Konsequenzen von Komplexität äußern sich in **Wandel und Unsicherheit**[23].

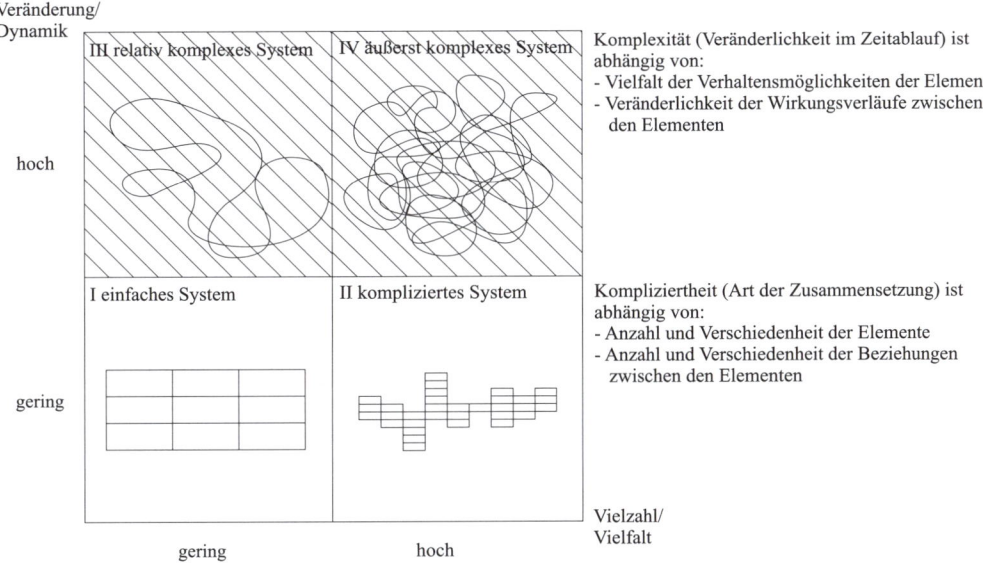

Abb. 1.2   Die Zusammenhänge zwischen Kompliziertheit und Komplexität

Werden die Beziehungen zwischen dem Element Mensch und dem System Unternehmung näher beleuchtet, so kann abgeleitet werden, dass die Komplexität der Ganzheit Unternehmung zum Teil darauf beruht, dass sie aus Menschen besteht, die ihr Verhalten außerordentlich stark variieren können, also selbst komplexe Systeme sind und überdies durch ein Netzwerk miteinander verbunden sind[24]. Allerdings muss in Bezug auf den Umgang mit dem System Unternehmung davon ausgegangen werden, dass der Mensch nicht in der Lage ist, ein solch komplexes System mit zum Teil intransparentem Wirkungsgefüge vollständig

---

[21] Malik, Strategie des Managements komplexer Systeme, S. 186 ff.

[22] Ruegg, Unternehmensentwicklung im Spannungsfeld von Komplexität und Ethik, S. 15 f.

[23] Eggers, Ganzheitlich-vernetzendes Management, S. 44

[24] Ulrich,H/Probst, a. a. O., S. 242; Ruegg, a. a. O., S. 97

beherrschen zu können. Hierzu hat D. Dörner einige interessante Experimente mit Testpersonen durchgeführt und ausgewertet, die vor der Aufgabe (in einer Gruppe) standen, komplexe Problemsituationen (z. B. als Entwicklungshelfer) zu meistern[25]. Das Ergebnis der Studien war eindeutig, der Mensch (auch Gruppen) kann nur sehr unzulänglich mit komplexen Problemsituationen umgehen. Im Einzelnen konnten folgende Verhaltensweisen festgestellt werden:

- Mangelnde Zielkonkretisierung: Bei den Versuchspersonen wurde häufig ein ad-hoc-Verhalten festgestellt, das ein Durchwursteln („muddling through") von Missstand zu Missstand bedeutete.

- Mangelnde Zielbalancierung, insbesondere bei der Bewältigung von Zielkonflikten.

- Mangelnde Hintergrundkontrolle, bedingt durch frühzeitige Schwerpunktbildung.

- Reduktive Hypothesenbildung, indem alles auf eine Ursache zurückgeführt wird. Komplexe Systeme haben jedoch eher die Struktur von Sprungfedermatratzen fast alles ist von allem abhängig.

- Unzulänglichkeiten beim Erfassen der Charakteristika von Zeitabläufen, insbesondere die Fehleinschätzung nicht-linearer Entwicklungen.

- Lineares Denken „in Ursache-Wirkungsketten statt -netzen".

- „Ballistisches" Handeln, das bedeutet, Entscheidung getroffen Problem gelöst; langfristige Folgen werden somit nicht in Rechnung gestellt.

- Keine Selbstreflexion zu den angewandten Denkformen, Strategien der Informationssammlung, der Hypothesenbildung, etc.

Gerade unter Zeit- und Problemdruck wird das Nahe liegende getan. Fern- und Nebenwirkungen werden nicht berücksichtigt. Allgemein gilt, dass der Alltag ein schlechter Lehrmeister für den Umgang mit komplexen, dynamischen Systemen ist[26]. Gomez/Probst haben diese Ergebnisse zum großen Teil aufgegriffen und folgende **Denkfehler des Problemlösens in komplexen Situationen herausgearbeitet**[27]:

---

[25] Dörner, Die Logik des Mißlingens; derselbe, Denken und Handeln in Unbestimmtheit und Komplexität, S. 128 ff.

[26] Ebenda, S. 135 ff.

[27] Gomez/Probst, Vernetztes Denken im Management, S. 6 ff.; siehe auch: Stamm, 19 Fehler die passieren beim Arbeiten an schwierigen, vielschichtigen Fragen …, S. 198 ff.

1. Denkfehler:	Probleme sind objektiv gegeben und müssen nur noch klar formuliert werden.
2. Denkfehler:	Jedes Problem ist die direkte Konsequenz einer einzigen Ursache.
3. Denkfehler:	Um eine Situation zu verstehen, genügt eine „Photographie" des Ist-Zustandes.
4. Denkfehler:	Verhalten ist prognostizierbar; notwendig ist nur eine ausreichende Informationsbasis.
5. Denkfehler:	Problemsituationen lassen sich „beherrschen", es ist lediglich eine Frage des Aufwands.
6. Denkfehler:	Ein „Macher" kann jede Problemlösung in der Praxis durchsetzen.
7. Denkfehler:	Mit der Einführung einer Lösung kann das Problem endgültig ad acta gelegt werden.

Abb. 1.3   Die Denkfehler des Problemlösens in komplexen Situationen

Bevor nun der Versuch unternommen wird, mögliche Ansätze zur Bewältigung komplexer Problemsituationen aufzuzeigen, soll kurz darauf eingegangen werden, welche Auswirkungen das „Zeitalter der Diskontinuitäten" und die menschlichen Defizite bei der Problembewältigung auf das System Unternehmung haben. Dabei wird diese Betrachtung unter dem Blickwinkel der potentiellen Auswirkungen auf das Controlling angelegt.

1.2   Auswirkungen auf das System Unternehmung

In einem Zeitalter weltumspannender Turbulenzen in nahezu allen Umweltsegmenten ist demzufolge nichts so sicher wie die prinzipielle Unsicherheit des Erfolgs unternehmerischer Aktivitäten[1]. Nach einer von der Beratungsfirma Mc Kinsey durchgeführten Langzeituntersuchung über den Zeitraum 1966 – 1983 konnten von 208 als „exzellent" eingestuften Unternehmen (im ersten Drittel ihrer Branche nach Umsatzwachstum und Kapitalrentabilität platziert) nur 16 dieses Prädikat zumindest über die Hälfte des Untersuchungszeitraums rechtfertigen, der überwiegende Anteil der untersuchten Unternehmen konnte die erreichte Spitzenposition nur für ein Jahr halten[2]. Dynamische und komplexe Zeiten erfordern dementsprechend ein darauf ausgerichtetes Management. Die vielfach außerordentlich erfolgreich verlaufene Geschäftsentwicklung vieler Unternehmungen in den vergangenen Jahr-

---

[1]   Steinle, Strategische Geschäftsfeldplanung und Früherkennungssysteme, S. 124

[2]   Zitiert in: Zahn, Die strategische Renaissance des Unternehmens, S. 3 f.

zehnten steht häufig einer **neuen Denkhaltung**, die die Diskontinuitäten erkennt und auch in den strategischen Entscheidungen berücksichtigt, entgegen[3].

Die Anzahl der Insolvenzen kann durchaus als Indikator für die Bedrohung der Überlebens-fähigkeit von Unternehmungen angesehen werden. Die Entwicklung deutet darauf hin, dass es dem Management in vielen Unternehmungen nicht gelungen ist, der Probleme Herr zu werden[4]. Wobei die zahlreichen Unternehmungen, die drastische Gewinneinbußen bzw. sogar Verluste hinnehmen mussten, noch nicht einmal berücksichtigt sind.

Für die Existenzsicherung von Unternehmen, und damit von Arbeitsplätzen, sind angesichts der steigenden Umweltturbulenz Menschen erforderlich, die zu situationsoriginellem und überraschungsbuntem Problemlösungshandeln in der Lage sind, also selbst verantwortliche Persönlichkeiten verkörpern. Eine Schlüsselstellung nimmt dabei die Aus- und Weiterbil-dung der Mitarbeiter ein – „je breiter ausgebildet die Menschen, desto breiter einsatzfähig sind sie, desto anpassungsfähiger ist das Unternehmen in Zeiten allgemeiner Turbulenzen. Anpassungsfähigkeit ist Überlebensfähigkeit"[5].

Und diese Sicherung der Unternehmensexistenz gelingt anscheinend in einem beträchtlichen Teil der Unternehmen nur unzureichend, wie die doch relativ hohe Zahl von Insolvenzen zeigt. Als Hauptgrund für die knapp 40.000 Unternehmensinsolvenzen in Deutschland (im Jahr 2004), mit davon betroffenen Arbeitnehmern in Höhe von 600.000[6], werden in der In-solvenzforschung Managementfehler genannt. Ergebnisse einer Befragung von Insolvenz-verwaltern aus dem Jahr 2004 spiegeln genau dies wider[7]. Neben den Managementfehlern werden als Ursachen für Insolvenzen verstärkt auch Absatzprobleme, die Auftragslage und die Finanzierung genannt – ebenfalls Hauptbetätigungsfelder für das Management. Die Zahl der Unternehmensinsolvenzen hat sich von 1994 bis 2004 mehr als verdoppelt[8].

---

[3] Bleicher, Das Konzept Integriertes Management, S. 393

[4] Berthel, Unternehmungsführung im Wandel?, S. 8

[5] Sprenger, Mythos Motivation, S. 143 und S. 192 ff.

[6] Faust / Klöckner, Beamte – Die Privilegierten der Nation,, S. 251

[7] www.existenzgruender.de

[8] www.creditreform.de

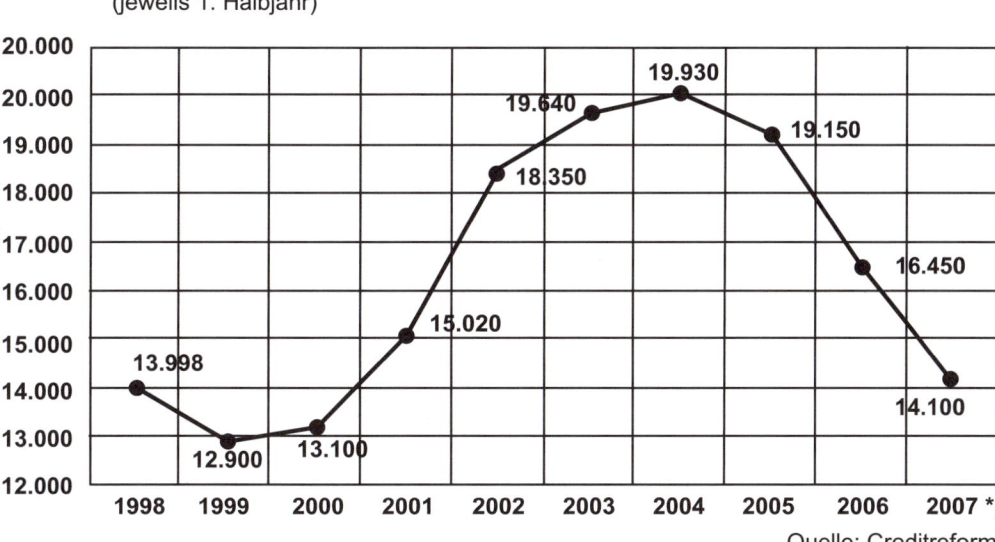

Abb. 1.4   Unternehmensinsolvenzen

Als häufigste Ursache für den Misserfolg von Unternehmen werden, neben Mängeln im Absatzbereich, Führungsfehler genannt[9]. Ein wichtiges Teilproblem daraus äußert sich in einer mangelhaften Versorgung mit Führungsinformationen[10].

Gerade für mittelständische Betriebe konnte festgestellt werden, dass die dominierenden Insolvenzursachen in einer fehlenden Unternehmenskonzeption, aber auch in einer fehlenden Planung und Kontrolle sowie in diversen Mängeln des betrieblichen Rechnungswesens, z. B. Vergangenheitsorientierung und Überbetonung der quantifizierbaren Faktoren, liegen[11]. Betriebswirtschaftliche Instrumente, wie Planung und Kontrolle, verbürgen allein noch keinen Erfolg, ihr Fehlen wird allerdings zum Risiko für das Unternehmen[12]. Dies betrifft somit die ureigenen Aufgabengebiete des traditionellen Controlling. Es ist nicht auszuschließen, dass Unternehmen häufig gerade deswegen in eine Krise geraten, weil sich das Controlling in der Krise befindet[13]. Allgemein kann zunächst einmal festgehalten werden, dass die Zukunft nicht (mehr) eindeutig vorhersagbar ist, künftige Umwelt- oder Unternehmenssituatio-

---

[9] Hauschildt, Aus Schaden klug, S. 142 ff. (Ergebnisse einer empirischen Untersuchung!); siehe auch: Wieselhuber, Früherkennung von Insolvenzgefahren, S. 177; Bea/Kötzle, Ursachen von Unternehmenskrisen, S. 566

[10] Malik, Strategie des Managements komplexer Systeme, S. 469; Wieselhuber, a.a.O., S. 179 ff.; Reibnitz, Szenarien als Grundlage strategischer Planung, S. 71

[11] Heigl, Controlling im Mittelbetrieb, S. 427

[12] Hauschildt, Aus Schaden klug, S. 152

[13] Marre, Controlling in der Krise, S. 62

nen nicht eindeutig erwartbar sind, die Entscheidungssituationen nicht mehr transparent sind, mehrere Ziele gleichzeitig im Mittelpunkt stehen und das Handeln nicht mehr in einem einfachen kausalen Zusammenhang begründet werden kann[14].

Besonders hervorgehoben wird in der Literatur, dass die tief greifenden Veränderungen in den sozioökonomisch-technischen Strukturen der Unternehmensumwelt und ihre innere Dynamik die Ursache für **permanente Anpassungsprobleme der Unternehmungen** darstellen.[15] Übereinstimmend wird dabei die herausragende Bedeutung einer hohen Anpassungsfähigkeit und Flexibilität für die Unternehmung betont. **Flexibilität wird zum Schlüsselfaktor der Lebensfähigkeit sozialer Institutionen**, wie der Unternehmungen, und Lernen die Grundlage dafür. Die Notwendigkeit der Flexibilität (=Anpassungsfähigkeit) lässt sich in Unternehmungen z. B. mit der mangelnden Prognostizierbarkeit (Marktentwicklungen, Konkurrenzverhalten, etc.), kürzeren Lebenszyklen bei Produkten und schnellerem Erreichen der Marktsättigung, längeren, aber Kosten intensiveren Entwicklungszyklen, schnellen Veränderungen in den Werthaltungen und den Bedürfnissen, größerer Dynamik in den politischen Prozessen (Umweltgesetzgebung etc.) begründen[16]. Erfolg in Zeiten turbulenter Veränderungen setzt also hohe Flexibilität und Reaktionsgeschwindigkeit voraus. Um erfolgreich zu bleiben oder zu werden, müssen Unternehmen die Fähigkeit entwickeln, Umweltveränderungen schnell zu folgen oder besser noch, diese durch proaktives Verhalten vorwegzunehmen. Die Unternehmensrealität sieht jedoch oft anders aus[17]. Namhafte Autoren konstatieren, dass sich einerseits die Rate der Umweltveränderungen beschleunigt hat, andererseits die Reaktion der Unternehmung mit zunehmender Größe und Komplexität langsamer geworden ist[18]. Daraus erwächst für viele Unternehmungen eine **Gefährdung der Handlungsfähigkeit**[19]. Demzufolge besteht das Kernproblem moderner Unternehmensführung darin, ausreichend Zeit zur Anpassung an geänderte Verhältnisse zur Verfügung zu haben und damit Sachzwängen, Zeitdruck und krisenhaften Erscheinungen begegnen zu können[20]. Anders formuliert, geht es um den Umgang und die Beherrschung von Komplexität, wobei die wichtigste Ressource dabei das Management verkörpert[21].

---

[14] Probst/Gomez, Die Methode des vernetzten Denkens zur Lösung komplexer Probleme, S. 5

[15] Zangemeister, Systemtechnik – eine Methodik zur zweckmäßigen Gestaltung komplexer Systeme, S. 200

[16] Probst, Was also macht eine systemorientierte Führungskraft, S. 339; Gomez, Modelle und Methoden des Systemorientieren Managements, S. 98; Malik/Probst, Evolutionäres Management, S. 125; Meffert, Größere Flexibilität als Unternehmungskonzept, S. 121 ff.; Hinterhuber, Strategische Unternehmensführung. I. Strategisches Denken, S. 231 Horvath, Schnittstellenüberwindung durch des Controlling, S. 2, siehe auch: Dörner, Denken und Handeln in Unbestimmtheit und Komplexität, S. 129 ff.

[17] Zahn, Die strategische Renaissance des Unternehmens, S. 4

[18] Ansoff, Die Bewältigung von Überraschungen, S. 237; Bleicher, Das Konzept Integriertes Management, S. 26

[19] Krampe/Müller, Diffusionsfunktionen als theoretisches und praktisches Konzept zur strategischen Frühaufklärung, S.384; Siller, Grundsätze des ordnungsmäßigen strategischen Controlling, S. 124

[20] Siller, a.a.O., S. 6; Ulrich, H., Management, S. 25

[21] Malik, Strategie des Managements komplexer Systeme, S. 73; Bleicher, Das Konzept Integriertes Management, S. 1

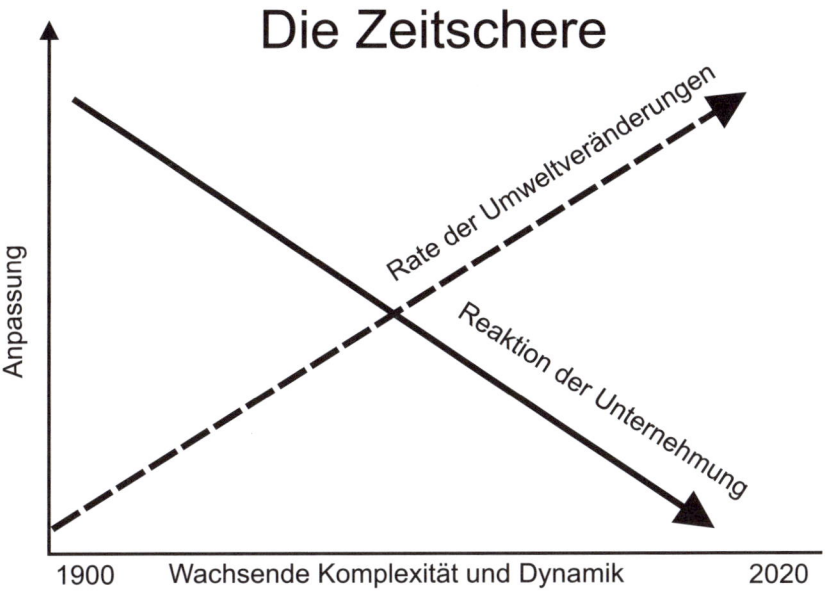

Abb. 1.5   Die Zeitschere

Mit den zunehmenden Turbulenzen und der steigenden Komplexität muss eine Neuorientierung der Unternehmensführung einhergehen[22]. Neuere Managementsysteme wie „strategic management" oder „issue management"[23] gewinnen an Bedeutung. Kennzeichnend für diese Entwicklung ist eine stärkere outside-inside-Orientierung, d. h. es werden Gefahren und Gelegenheiten (bzw. Chancen und Risiken) bei der strategischen Analyse in den Vordergrund gestellt. Hierbei werden besondere Fähigkeiten des Managements im Umgang mit strategischen Informationen vorausgesetzt, die ein frühzeitiges „Aufspüren" relevanter Herausforderungen, die aus dem zukünftigen Umfeld des Unternehmens zu erwarten sind, beinhalten[24]. Diese Betrachtungsweise sieht das System Unternehmen von außen als Ganzes und fragt sich, wie man es angesichts der Gefahren und Gelegenheiten aus dem Umfeld zu einer Art „Symbiose" mit dem Umsystem bringen kann[25]. Das System Unternehmung bildet mit seiner Umwelt somit ein komplexes Interaktionsgefüge. Es wird nach Möglichkeiten einer Koevolution von Unternehmen und Umfeld gesucht. „Damit wird die Qualität der Sensibilisierung des Managements gegenüber Umfeldentwicklungen zu einem ausschlaggebenden Erfolgsfaktor für ein Unternehmen"[26]. Die Überlebensfähigkeit eines Unternehmens hängt

---

[22] Horvath, Controlling, S. 69

[23] Auf diese und andere Managementsysteme wird in Kapitel 2 näher eingegangen.

[24] Müller, G., STAR: Ein Ansatz zur Verwirklichung einer strategischen Frühaufklärung, S. 372

[25] Mann, Das ganzheitliche Unternehmen, S. 111

[26] Krystek/Müller-Stewens, Frühaufklärung für Unternehmen, S. 4; siehe auch; Zahn, Diskontinuitätentheorie, S. 20

aber nicht nur von der Qualität des Managements ab. Von entscheidender Bedeutung ist ebenso die Einbeziehung der Mitarbeiter, insbesondere inwieweit es gelingt, die Mitarbeiter zur Entfaltung ihrer Fähigkeiten zu bringen. Im Kern geht es dabei um das Problem der Komplexitätsbewältigung bzw. des Komplexitätsausgleichs zwischen Unternehmung und Umwelt. Den zukünftig relevanten Flexibilitätserfordernissen ist jedoch nicht nur durch eine Reduktion, sondern eine Erhöhung der unternehmenseigenen Varietät zu begegnen[27]. Die Unternehmung muss, allgemein formuliert, Mittel und Wege finden, sich in ihrer Umwelt derart zu verankern, dass sie einerseits genügend Informationen über die relevanten Aspekte ihrer Umwelt und deren Veränderungen aufnehmen und andererseits ausreichende Verhaltensmaßnahmen entwickeln kann, um auf Umweltänderungen adäquat reagieren zu können[28]. Als richtungweisend gilt in diesem Zusammenhang das Konzept „schwacher Signale" von Ansoff, das als Basis für moderne Früherkennungssysteme dient. Ansoff geht davon aus, dass sich Diskontinuitäten zwar schwer vorhersehen lassen, dass sie sich aber doch durch gewisse Anzeichen, sogenannte „schwache Signale" (weak signals) ankündigen. Für die Unternehmung ergibt sich damit das Problem, diese „schwachen Signale" frühzeitig genug zu erkennen und die in ihnen enthaltenen Informationen über drohende Diskontinuitäten sinnvoll zu verwerten.

Damit wird ein weiteres zentrales Problem mit dem Aufkommen von Diskontinuitäten und Komplexität in den Mittelpunkt der Betrachtung gerückt, nämlich die **Versorgung des Managements mit aussagefähigen Informationen**. Bisher haben Instrumente, wie z. B. die Portfolio-Analyse, dem Management suggeriert, dass die Planer im Unternehmen Informationen zur Verfügung stellen könnten, die es erlauben, präzise Strategien abzuleiten und zu formulieren. Ein solches Vorgehen verdrängt jedoch größtenteils die eigentlich triviale Erfahrung der letzten Jahrzehnte, dass es immer schwieriger (und häufig sogar unmöglich) wird, genügend exakte und reichhaltige Informationen zur Bewältigung der Komplexität zu erhalten [29]. Abhilfen bieten neben dem Konzept der schwachen Signale, eine Flexibilisierung der gewählten Strategien und die Bereitschaft zu einem permanenten geplanten Lernen.

Das Management befindet sich somit in einem augenscheinlichen Dilemma, da die Erfüllung der Managementfunktionen (Entscheidung, Planung und Kontrolle) ohne Zweck orientiertes Wissen (Informationen) unmöglich erscheint[30]. Im Wesentlichen lassen sich **drei Kategorien von Management-Informationen** ermitteln[31]:

---

[27] Wüthrich, Neuland des strategischen Denkens, S. 219 ff.

[28] Malik, Strategie des Managements komplexer Systeme, S. 172 ff.; siehe auch: Laszlo/Laszlo/v. Liechtenstein, Evolutionäres Management, S. 133 ff.

[29] Ansoff/Kirsch/Roventa, Unschärfenpositionierung in der strategischen Portfolio-Analyse, S. 964 f.; siehe auch: Hayek, Die Theorie komplexer Phänomäne, S. 15 f.; Schulz, Komplexität in Unternehmen, S. 131; DER SPIEGEL Nr. 27/2001, Die Irrtümer der Propheten

[30] Staehle, Management, S. 539

[31] Deiss/Dierolf, Strategische Planung und Frühwarnung, S. 219

- Zur ersten Kategorie gehören vorrangig klassische Größen aus den Bereichen Finanzwesen und Controlling, die eindeutig quantifizierbar und in ausreichendem Maße und Detaillierungsgrad verfügbar sind, z. B. Kosten.

- Der zweiten Kategorie können u. a. Kundenzufriedenheit, Produktqualität, Preisakzeptanz, Betriebsklima und Identifikation der Mitarbeiter mit dem Unternehmen zugerechnet werden; diese Faktoren sind nur schwer messbar, d. h. es muss mit eher „weichen" Messgrößen gearbeitet werden.

- Zur dritten Kategorie zählen hauptsächlich externe Faktoren wie Wirtschaftslage, Wertwandel, Stellenwert des Umweltschutzes etc. Obwohl auch hier durchaus die Möglichkeit der Messbarkeit gegeben ist, sind die Folgen dieser Einflussfaktoren auf das Unternehmen nur schwer ab schätzbar.

Bei der Entscheidungsfindung sind somit, und dies gilt vor allem für strategische Entscheidungen, **sowohl „weiche" als auch „harte"** (analytisch begründete) **Informationen einzubeziehen**[32]. Untersuchungen kollektiver Informationsverarbeitungsprozesse haben in diesem Zusammenhang ergeben, dass die an ihnen Beteiligten dazu neigen, „weiche" zugunsten „harter" Informationen zu verdrängen. Dies wird auf das **Greshamsche Gesetz** zurückgeführt, das u. a. davon ausgeht, dass schwierig zu verarbeitende Informationen von Individuen eher verdrängt werden. Man will nicht als inkompetenter, unrealistischer, gefühlsbetonter Schwätzer angesehen werden[33]. Gerade mit dem Begriff „schwache Signale" soll auf **schlecht-strukturierte Informationen** aufmerksam gemacht werden, die den Empfänger in einem Stadium hoher Ignoranz belassen. Meistens bevorzugt er die Unterlassungsalternative, d. h. er wartet so lange bis eine wohl-strukturierte Information (ein starkes Signal) vorliegt. Damit verschenkt der Empfänger jedoch wertvolle Zeit[34]. In empirischen Untersuchungen wurde festgestellt, dass vor allem die Beachtung von „soft facts" typisch für die Art der Führung in erfolgreichen Unternehmen ist[35].

In Bezug auf die Struktur sind **wohl-strukturierte Entscheidungen** durch folgende **Merkmale** gekennzeichnet[36]:

- Eine bestimmte Anzahl von Handlungsalternativen.

- Informationen über die Folgewirkungen von Entscheidungen.

- Klar formulierte Ziele und Lösungsalgorithmen, mit deren Hilfe eine eindeutige Rangfolge der Alternativen aufgestellt werden kann.

Schlecht-strukturierte Entscheidungsprobleme können dann dadurch charakterisiert werden, dass bei ihnen mindestens eine der Eigenschaften wohl-strukturierter Probleme fehlt[37].

---

[32] Ansoff/Kirsch/Roventa, a. a. O., S. 965

[33] Pfohl, Planung und Kontrolle, S. 98 f.

[34] Müller, G., STAR, S. 373

[35] Peters/Waterman, Auf der Suche nach Spitzenleistungen …

[36] Heinen, Industriebetriebslehre als Entscheidungslehre, S. 44

[37] Heinen, Zum Problembezug von Entscheidungsmodellen, S. 5

Es muss davon ausgegangen werden, dass **betriebliche Entscheidungen überwiegend schlecht strukturiert sind.** Lediglich bei Routineentscheidungen und Entscheidungen im Zusammenhang mit betrieblichen Teillösungen liegt eventuell Wohlstrukturiertheit vor[38]. Komplexe Problemsituationen zeichnen sich gerade durch unvollkommene Informationen über die Folgewirkungen von Entscheidungen aus, des Weiteren ist nicht von klar formulierten Zielen und exakten Lösungsalgorithmen auszugehen. Mit dem Konzept der schwachen Signale wird zwar die Einseitigkeit der klassischen entscheidungslogischen Behandlung unvollkommener Informationen überwunden[39], allerdings darf daraus nicht der Fehlschluss abgeleitet werden, damit würde man die angedeuteten Probleme bei der Entscheidungsfindung vom Tisch bekommen.

Die Konsequenzen dieser schlecht-strukturierten Entscheidungssituationen sind für die Unternehmensführung tiefgreifend. Zunächst ist festzuhalten, dass Entscheidungen, die zu Eingriffen in das komplexe System Unternehmung führen, in ihrer Wirkungsweise im Einzelnen nicht abgeschätzt werden können[40]. Zunehmende Dynamik und Komplexität haben außerdem die unangenehme Folgewirkung, dass **die herkömmlichen Prognosemethoden versagen müssen**, ja dass sogar grundsätzlich keine verlässlichen Voraussagen über künftiges Verhalten mehr gemacht werden können[41].

„Komplexität bedeutet im Management-Kontext nichts anderes, als dass die formalen Führungsorgane einer Unternehmung niemals über ausreichende Informationen, niemals über genügend Wissen und niemals über genügend Kenntnisse und Fertigkeiten verfügen können, um eine Unternehmung ... im Detail zu steuern und zu gestalten"[42]. Daher stellt der **Umgang mit unvollständigen und falschen Informationen** (und Hypothesen) eine wichtige Anforderung beim Umgang mit einer komplexen Situation dar[43]. Diese negativen Auswirkungen auf die Führung einer Unternehmung dürfen jedoch nicht zu dem Fehlschluss führen, dass die These eines Umweltdeterminismus allgemeine Gültigkeit besitzt. Trotz der Ungewissheit der Entscheidungen und den „Grenzen der Machbarkeit" besteht für die Unternehmung die Möglichkeit, sich an veränderte (auch turbulente) Umweltbedingungen anzupassen[44]. Allerdings ist dazu eine **bestimmte Sicht- und Denkweise** erforderlich, die im Folgenden als **systemisch bzw. ganzheitlich-vernetzt** genannt werden soll. Diese Sicht- und Denkweise wirkt sich u. a. auf die Handhabung von Problemen mit Hilfe neuer Instrumente und Ansätze

---

[38] Kruschwitz/Fischer, Heuristische Lösungsverfahren, S. 449 f.; Heinen, Der entscheidungsorientierte Ansatz der Betriebswirtschaftslehre, S. 30

[39] Die Entscheidungslogik unterstellt wohldefinierte Informationen, die nur insoweit „unvollkommen" sind, als sie Entscheidungen unter dem Risiko der Unsicherheit notwendig machen; siehe dazu: Kirsch/Trux, Strategische Frühaufklärung, S. 227

[40] Malik, Strategie des Managements komplexer Systeme, S. 246

[41] Krystek/Müller-Stewens, a.a.O., S. 3; Grossmann, a.a.O., S. 20; Raffee, Prognosen als ein Kernproblem der Marketingplanung, S. 143

[42] Malik, Strategie des Managements komplexer Systeme, S. 83

[43] Dörner, Die Logik des Mißlingens, S. 66

[44] Eggers, Ganzheitlich-vernetzendes Management, S. 1 f.

aus. Den aufgezeigten Zusammenhang verdeutlicht noch einmal Abb. 1.6[45]. Somit nimmt der Bedarf an adäquaten Probemlösungsinstrumenten und -ansätzen zu einer erfolgreichen Bewältigung von Diskontinuitäten und Komplexität zu. In einem nächsten Schritt wäre zu klären, inwieweit die betriebswirtschaftliche Theorie diesen veränderten Kontextbedingungen Rechnung tragen kann.

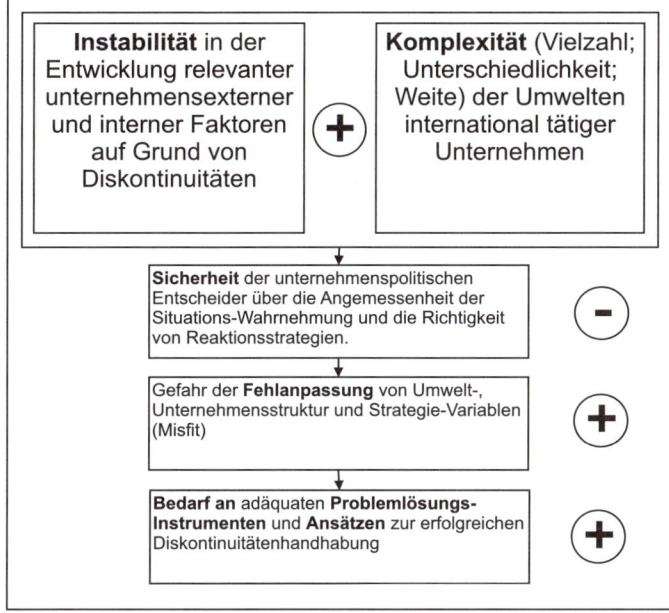

Abb. 1.6   Diskontinuitäteneffekte auf die Unternehmung

1.3 Antworten der betriebswirtschaftlichen Theorie

1.3.1 Grundsätze des wissenschaftlichen Denkens und Arbeitens

Die Betriebswirtschaftslehre ist u. a. dadurch gekennzeichnet, dass kaum noch von einem Grundkonsens über Ziele, Inhalte und Methoden im Fach ausgegangen werden kann. Unter dem Begriff Betriebswirtschaftslehre findet man allenfalls noch Gemeinsamkeiten in Bezug auf die Bezeichnung von Lehrstühlen, Verbänden und anderen professionellen Einrichtungen sowie in Bezug auf die Betriebswirtschaftslehre als Institution[46]. Schanz stellt dazu fest: „Für

---

[45]   Macharzina, Bedeutung und Notwendigkeit des Diskontinuitätenmanagements, S. 7

[46]   Bleicher, Betriebswirtschaftslehre als systemorientierte Wissenschaft vom Management, S. 65 ff.

die gegenwärtige Betriebswirtschaftslehre ist charakteristisch, dass es die Betriebswirtschaftslehre eigentlich gar nicht gibt. Vielmehr existieren verschiedene, teilweise recht unterschiedliche Schwerpunkte betonende Ansätze, Konzepte bzw. Wissenschaftsprogramme nebeneinander"[47].

Eine Ursache für das Fehlen einer „allgemeingültigen" Betriebswirtschaftslehre liegt sicherlich darin begründet, dass schon die Wissenschaftstheorie („Science of Science" bzw. „Philosophy of Science") heute nicht dem Bild einer scharf abgrenzbaren oder gar geschlossenen Disziplin mit gesicherten Resultaten entspricht. Als **Minimalkonsens** kann festgehalten werden, „dass sich wissenschaftliches Denken durch eine bewusste Bereitschaft zur ständigen, kritischen Überprüfung der Richtigkeit der getroffenen Aussagen auszeichnet"[48]. Allgemein können als **wesentlichste Zielsetzungen von Wissenschaft** genannt werden[49]:

- Das kognitive Ziel, welches sich in intellektueller Neugier, Wissbegierde bzw. Wissensdurst des Menschen als Ausdruck seines Erkenntnisinteresses äußert.

- Das praktische Ziel, das einem Gestaltungsinteresse entspringt, um die tagtäglichen Probleme der Lebensbewältigung lösen zu können.

Aus diesen Zielsetzungen einer Wissenschaft läßt sich folgende Wissenschaftssystematik ableiten[50] (siehe Abb. 1.7): Die Betriebswirtschaftslehre gehört dabei zu den **Realwissenschaften**; heftig umstritten ist, ob die Betriebswirtschaftslehre überhaupt das theoretische (=kognitive) Ziel der Erklärung empirischer Wirklichkeitsausschnitte erfüllen soll bzw. kann.

Beim **kognitiven Ziel der Wissenschaft** geht es darum, mit Hilfe von leistungsfähigen Theorien reale Phänomene, z. B. Produktivitätsunterschiede zwischen Volkswirtschaften wie Japan und Deutschland, zu erklären. Gelegentlich werden Theorien mit Netzen verglichen, die Wissenschaftler auswerfen, um die Welt einzufangen, d. h. sie zu erklären und zu beherrschen. Damit eng verbunden ist der Erkenntnisfortschritt des Menschen bei seinen Forschungsbemühungen[51].

Nach herrschender Meinung in der betriebswirtschaftlichen Literatur bedeutet einen bestimmten Sachverhalt zu erklären, ihn aus theoretischen Gesetzmäßigkeiten und gewissen Randbedingungen auf logisch-deduktivem Wege abzuleiten[52]. Dabei stellt die Entwicklung von Theorien einen Schritt im Prozess der Erkenntnisgewinnung dar, der wie folgt ablaufen sollte[53]:

---

[47] Schanz, Wissenschaftsprogramme der Betriebswirtschaftslehre, S. 49

[48] Ulrich,P./Hill, Wissenschaftstheoretische Grundlagen der Betriebswirtschaftslehre (Teil I), S. 305

[49] Schanz, Wissenschaftsprogramme der Betriebswirtschaftslehre, S. 50 ff.

[50] Ulrich, P./ Hill, a.a.O., S. 304 ff.

[51] Popper, Logik der Forschung, S. 31

[52] Schanz, Wissenschaftsprogramme der Betriebswirtschaftslehre, S. 50-53

[53] Richter, Theoretische Grundlagen des Controlling, S. 57; Chmielewicz, Forschungskonzeptionen der Wirtschaftswissenschaft, S. 8-15;Wild, Theoriebildung, betriebswirtschaftliche, Sp. 3890 f.

- Bildung von Begriffen als Bausteine von Aussagen.

- Entwicklung von Theorien, d. h. von Aussagesystemen, die empirische Regelmä-
  ßigkeiten in Form von Ursache-Wirkungs-Zusammenhängen widerspiegeln.

- Technologische Umformung von Ursache-Wirkungs- in Ziel-Mittel-Beziehungen.

- Formulierung normativer Aussagen im Rahmen der Philosophie.

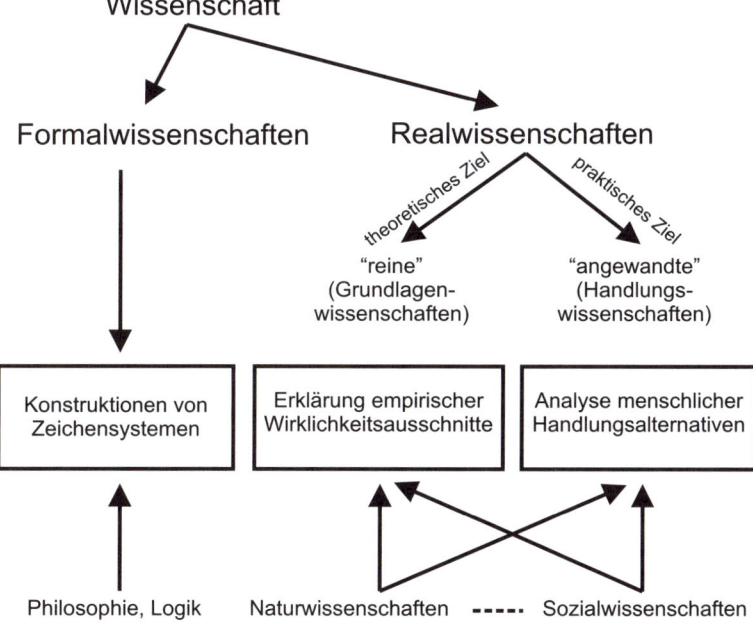

Abb. 1.7   Wissenschaftssystematik

Grundsätzlich lässt sich nach H. Ulrich das einer bestimmten Wissenschaft zugrunde liegende Muster noch am besten erfassen durch die „Grundprobleme und Grundbegriffe", die von
ihr explizit oder implizit festgelegt worden sind[54]. Allerdings weist Malik (ein Schüler von
H. Ulrich) kritisch darauf hin, dass Forschung im Sinne von Erkenntnisgewinn nicht eine
Angelegenheit ist, die sich mit Begriffen beschäftigt; vielmehr steht die **Lösung von Problemen im Vordergrund**. Demzufolge stehen klare Begriffe und Definitionen niemals am
Beginn der Forschung und stellen auch keine Voraussetzung für sinnvolle Forschung dar[55].

---

[54] Ulrich H., Management, S. 98

[55] Malik, Evolutionäres Management, S. 97 f.

Nach Popper sind Definitionen sogar unwichtig und „Wortklaubereien sind eine Pest"[56]. Dementsprechend ist der Versuch abzulehnen, ernsthafte Probleme durch Definitionen lösen zu wollen. Allgemein gehen die Naturwissenschaften wie auch die Sozialwissenschaften immer von Problemen aus[57]. Zur Lösung dieser Probleme verwenden die Wissenschaften prinzipiell dieselbe Methode, die der so genannte „gesunde Menschenverstand" ebenfalls einsetzt: Die Methode von Versuch und Irrtum. Dabei werden versuchsweise Lösungen des betrachteten Problems aufgestellt und dann die falschen Lösungen als irrtümlich eliminiert. Für die Wissenschaftstheorie ist nach diesem Gedankengang folgendes Schema charakteristisch:

- Das (ältere) Problem.

- Die Lösungsversuche mittels Theoriebildungen.

- Die Eliminationsversuche durch kritische Diskussion, einschließlich einer experimentellen Prüfung, (Falsifikation).

- Die (neuen) Probleme, die aus der kritischen Diskussion der aufgestellten Theorien entspringen.

In der BWL, besonders in der Teildisziplin Controlling, findet diese kritische Diskussion nur sehr rudimentär statt. Die bekanntesten Fachvertreter versuchen ihre theoretischen Ansätze gegen Kritik weitgehend abzuschirmen. Kritiker werden einfach negiert.

Zentraler Ausgangspunkt Poppers ist die **Asymmetrie zwischen Verifikation und Falsifikation**: Hypothesen und auch wissenschaftliche Theorien können zwar falsifiziert, aber nicht verifiziert werden. Damit ist unser Wissen über die Welt immer nur vorläufig.[58]

Bei der Entwicklung von Theorien ist nach herrschender Meinung die **deduktiv-nomologische Methode** anzuwenden. Diese steht in Gegensatz zur **Induktion,** bei der auf der Basis von Einzelbeobachtungen mittels eines induktiven Schlusses verallgemeinernde Aussagen abgeleitet werden, um auf diese Weise zum Nachweis von Gesetzmäßigkeiten zu gelangen[59]. Wie insbesondere Popper nachgewiesen hat, ist ein derartiger Standpunkt in der heutigen Wissenschaftstheorie nicht haltbar. „Bekanntlich berechtigen uns noch so viele Beobachtungen von weißen Schwänen nicht zu dem Satz, dass alle Schwäne weiß sind"[60]. Das Kennzeichen der deduktiven Methode besteht nun darin, eine Aussage mit Hilfe bestimmter Schlussregeln aus den in Frage kommenden Annahmen abzuleiten, d. h. die Deduktion lässt nur Schlüsse von allgemeinen auf besondere Sätze zu[61].

---

[56] Popper, Alles Leben ist Problemlösen, S. 116 und S. 47 f.

[57] Ebenda, S. 15 ff. und S. 32 ff.

[58] Kirchgässner, In Memorian Karl R. Popper, S. 145 f.

[59] Wild, Theoriebildung, betriebswirtschaftliche, Sp. 3894; Raffee, Gegenstand, Methoden und Konzepte der Betriebswirtschaftslehre, S. 15 ff.

[60] Popper, Logik der Forschung, S. 3

[61] Albert,Traktat über kritische Vernunft, S. 11 f.

Die deduktiv-nomologische Erklärungsmethode wird dem **Kritischen Rationalismus** zugeordnet[62]. Dabei wird eine Aussage, die einen gegebenen, zu erklärenden Sachverhalt beschreibt (Explanandum), aus einer erklärenden Aussagemenge (Explanans) logisch abgeleitet und damit erklärt. Neben einer nomologischen Hypothese (meistens eine Wenn-Dann-Aussage) enthält das Explanans noch mindestens eine deskiptive Aussage über die Randbedingungen. Mit Hilfe von nomologischen Hypothesen und Randbedingungen können dann Prognosen abgeleitet werden. Allgemein gilt als Kernstück der Betriebswirtschaftslehre die Suche nach **empirisch gehaltvollen** und nicht lediglich entscheidungslogischen (theoretischen) Aussagen[63]. Kuhn, einer der bekanntesten Vertreter eines Kritischen Rationalismus, geht sogar noch einen Schritt weiter: Für ihn muss Forschung an der Herbeiführung eines neuen Paradigmas arbeiten[64].

Zusammenfassend kann festgehalten werden, dass nach der traditionellen Wissenschaftspraxis in der Betriebswirtschaftslehre wissenschaftlicher Fortschritt nur über einen Versuchs- und Irrtumpfad mittels Argumentationen durch Begriffsabgrenzung, Modellbildungen und empirische Testversuche als möglich erachtet wird[65], wobei die Gewichtigkeit und Notwendigkeit von Begriffsklärungen und -definitionen umstritten sind.

Das „**Denken in theoretischen Modellen**", das eine Anwendung allgemeiner Theorien auf betriebswirtschaftliche Situationen ermöglichen soll, trägt damit in ganz entscheidendem Maße zur Verwirklichung der deduktiv-nomologischen Erklärungsidee innerhalb der Betriebswirtschaftslehre bei[66]. Auch bei Individuen ist das Vorhandensein von Realitätsmodellen gegeben; diese Modelle bzw. Muster sind implizit gespeichert, ohne dass sich der Akteur dessen überhaupt bewusst ist. Man spricht dann von Intuition[67]. Grundsätzlich können mehrere **Modelltypen** unterschieden werden[68]:

- Erklärungsmodelle stellen Ursache-Wirkungs-Zusammenhänge zwischen unabhängigen und abhängigen Variablen fest. Die abhängige, endogene Variable wird dabei ursächlich durch die unabhängige Instrumentvariable erklärt, weshalb solche Modelle auch als kausal bezeichnet werden.

- Bei Prognosemodellen wird in umgekehrter Weise von unabhängigen Variablen als alternativen Handlungsmöglichkeiten ausgegangen und es werden die Wirkungen (Ergebnisse) prognostiziert, die diese haben werden.

---

[62] Siehe im folgenden: Raffee, Gegenstand, Methoden und Konzepte der Betriebswirtschaftslehre, S. 18 ff.; Popper, Logik der Forschung, S. 31 ff.

[63] Raffee, Gegenstand, Methoden und Konzepte der Betriebswirtschaftslehre, S. 29

[64] Kuhn, Die Struktur wissenschaftlicher Revolutionen, S.17

[65] Schneider, Controlling als Koordinationsfunktion ..., S. 1790

[66] Raffee, Gegenstand, Methoden und Konzepte der Betriebswirtschaftslehre, S. 25

[67] Dörner, Die Logik des Mißlingens, S. 65

[68] Pfohl, Planung und Kontrolle, S. 41 ff.

- Beschreibungsmodelle besitzen einen wesentlich geringeren Aussagegehalt als Erklärungsmodelle. In ihnen wird lediglich der empirisch beobachtete Zusammenhang beschrieben, ohne diesen zu erklären.

- In Entscheidungsmodellen kommen noch Zielrelationen hinzu. Es sollen Handlungsvorschriften abgeleitet werden, die ganz bestimmte Verhaltensweisen zur Zielerreichung vorschreiben.

Welcher Modelltyp letztendlich gewählt wird, hängt nicht nur vom Forschungsaufwand ab, sondern auch vom allgemeinen Stand der Forschung und der theoretischen Durchdringung gewisser Phänomene.

Allgemein gelten Modelle als ein höchst **wirksames Instrument der Komplexitätsbewältigung**[69]. Ein wesentliches Problem besteht jedoch darin, die Variablen im Modell und die Beziehungen zwischen ihnen so zu bestimmen, dass das Realproblem bei der Abbildung im Modell einerseits so vereinfacht wird, dass es modellanalytisch zu handhaben ist, andererseits aber auch die notwendige Strukturähnlichkeit (Homomorphie) der Abbildung erhalten bleibt[70]. Allerdings verleiten allzu reduktionistische Modelle den Anwender dazu voreilige Schlussfolgerungen zu ziehen und können vor allem dadurch, dass sie sich auf einzelne messbare Einflussfaktoren beziehen, Fragen von zentraler Bedeutung nicht beantworten[71]. Ein abzulehnender **Reduktionismus** liegt immer dann vor, wenn Modelle entwickelt werden, deren Komplexität es nicht gestattet, die in der jeweiligen Diziplin wahrgenommenen Probleme zu erzeugen[72].

Hinzukommt noch die Problematik des **Konstruktivismus**, die darin besteht, dass das menschliche Gehirn sich seine Welt quasi anhand von Modellen und Erfahrungsmustern selbst konstruiert, was überspitzt zu der Frage führt, wie wirklich ist die Wirklichkeit?[73]

---

[69] Grossmann, a.a.O., S. 47 und S. 55 f.

[70] Pfohl, Planung und Kontrolle, S. 145 f.

[71] Grossmann, a.a.O., S. 216; Ulrich H./Probst, a.a.O., S. 17 f.

[72] Ruegg, a.a.O., S. 94 f.

[73] Watzlawick, Wie wirklich ist die Wirklichkeit; Hawkins, Die Zukunft der Intelligenz

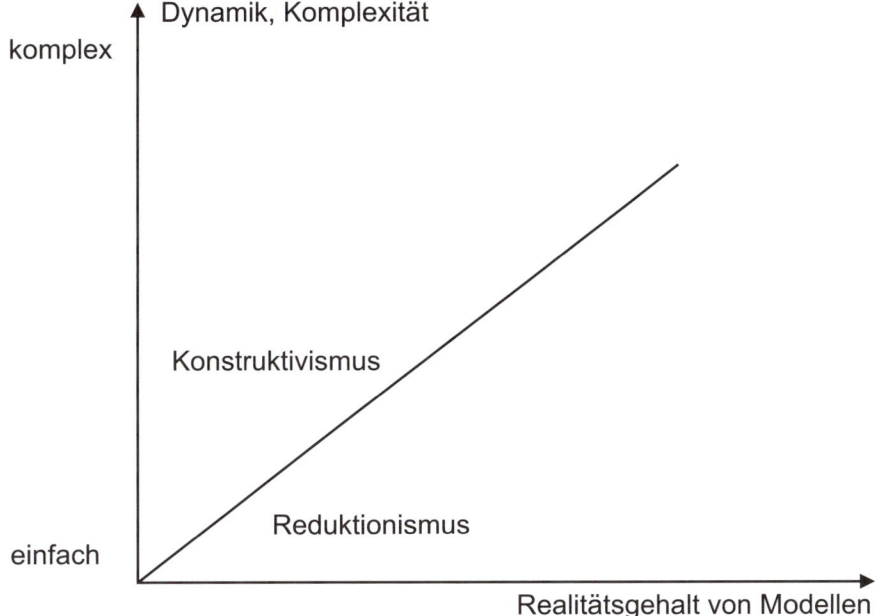

Abb. 1.8   Modelle und Komplexität

Die wissenschaftliche Vorgehensweise in der Betriebswirtschaftslehre, die durch **analyti-sches Kausaldenken und die Methodik der empirischen Forschung gekennzeichnet** ist und in die Suche nach einfachen allgemeingültigen Gesetzen mündet, entspringt der natur-wissenschaftlichen Methodik[74]. Aus diesem Ursprung resultiert u. a. der Hang in der traditi-onellen Betriebswirtschaftslehre zur Mathematisierung und Quantifizierung von Aussagen sowie zur isolierten Betrachtung betriebswirtschaftlich relevanter Phänomene. Die starke Anlehnung an die naturwissenschaftliche Vorgehensweise bei der wissenschaftlichen Fun-dierung der Betriebswirtschaftslehre hat durchaus massive Kritik hervorgerufen.

Zunächst wird in der Literatur pragmatisch darauf hingewiesen, dass der gegenwärtige Be-stand an realwissenschaftlichen Theorien in der Betriebswirtschaftslehre noch relativ klein ist, so dass Erwartungen und Annahmen häufig an die Stelle von Prognosen treten müssen[75]. Einige Autoren gehen sogar soweit, zu behaupten, dass es in der Betriebswirtschaftslehre an empirisch bewährtem nomologischen Wissen noch fehlt bzw. die Betriebswirtschaftslehre sich erst im **Vorfeld realwissenschaftlicher Theoriebildung** bewegt[76]. Die Ursachen für das Fehlen „allgemeingültiger" realwissenschaftlicher Theorien in der Betriebswirtschafts-

---

[74] Ulrich,H./Probst, a.a.O.,S. 15 ff.; Schanz, Traditionelle Wissenschaftspraxis …,S. 3

[75] Schweitzer, Planung und Kontrolle, S. 43. Um welchen Bestand an realwissenschaftlichen Theorien es sich handelt, bleibt unbekannt.

[76] Bamberger, Theoretische Grundlagen strategischer Entscheidungen, S. 103; Wild, Theorienbildung, betriebs-wirtschaftliche, S. 3892; Lingnau, Kritischer Rationalismus und Betriebswirtschaftslehre, S. 128

lehre, trotz der Forschungsbemühungen über Jahrzehnte, liegen auf der Hand. Vertreter des "methodologischen Historizismus" verneinen die Möglichkeit, allgemeine Theorien in den Sozialwissenschaften gewinnen zu können. Bestenfalls können Hypothesen abgeleitet werden, die nur in bestimmten Raum-Zeit-Gebieten gültig sein können (**Quasi-Theorien**)[77]. Dies ist auch nicht weiter verwunderlich, sind doch die Randbedingungen für die Bildung von Hypothesen dermaßen komplex, dass damit bereits der menschliche Verstand überfordert ist. Wie bereits ausgeführt wurde (Kap. 1.1) hat der Mensch grundsätzlich Probleme mit komplexen Zusammenhängen umzugehen. Dies gilt gerade für die Ableitung realwissenschaftlicher Theorien, die das komplexe, sich ständig verändernde System Unternehmung in seinen Verhaltensweisen erklären bzw. Prognosen abgeben wollen. **Prinzipiell ist jede Wirklichkeit eine kognitiv konstruierte**, d. h. „alles, was uns als die (vermeintlich) objektive Wirklichkeit erscheint, ist gedacht von uns als Beobachtern, abhängig vom Beobachtervorverständnis und Beobachtungskontext"[78]. Neben diese notwendige Subjektivität als Ausgangsbasis tritt noch die prinzipielle Fehlbarkeit der menschlichen Erkenntnis[79]. Dies muss jedoch nicht die Abkehr von jeglichen wissenschaftlichen Forschungsbemühungen bedeuten. Der Verfasser vertritt in diesem Zusammenhang den sogenannten „**Kritizismus**", der die prinzipielle Fehlbarkeit der menschlichen Erkenntnis und des Problemlösungsverhaltens überhaupt akzeptiert und dennoch das Erkenntnisstreben nicht aufgibt[80]. Demzufolge muss die Abbildung eines Realproblems in einem Modell stets vereinfacht und damit unvollständig bleiben, ist es doch gerade das Ziel, das Realproblem dadurch einer Modellanalyse zugänglich zu machen[81].

Unsere Modelle der wirklichen Welt besitzen zwangsläufig zu wenig Varietät und sind letztlich immer überholt[82]. Diese **grundlegende Kritik** an der herkömmlichen Praxis der Theoriebildung richtet sich vor allem gegen ein ausschließlich **linear-kausalanalytisches Denken**, welches nicht in der Lage ist Problemlösungen für eine dynamische und vernetzte Wirklichkeit zu **konzipieren**[83].

Eine zentrale Problematik liegt in der Theoriebildungskonzeption selbst begründet[84]. Wie bereits ausgeführt wurde, benötigen real-wissenschaftliche Theorien, wenn sie adäquate wahre Erklärungen liefern sollen nomologische Hypothesen über Invarianzen im Objektbereich. Das bedeutet, dass sich die Gesetze selbst nicht ändern dürfen, sie müssen demzufolge raumzeitlich (wenigstens innerhalb bestimmter Raum-Zeit-Gebiete) invariant sein. Mit die-

---

[77] Wild, Theorienbildung, betriebswirtschaftliche, S. 3900

[78] Ruegg, a.a.O., S. 104; siehe auch: Watzlawick, Wie wirklich ist die Wirklichkeit?

[79] Schanz, Wissenschaftsprogramme der Betriebswirtschaftslehre, S. 59

[80] Albert, Die Wissenschaft und die Suche nach Wahrheit, S. 225

[81] Pfohl, Planung und Kontrolle, S. 147

[82] Beer, Der Wille der Völker, S. 382

[83] Bleicher, Betriebswirtschaftslehre als systemorientierte Wissenschaft vom Management, S. 71; Mann, Das ganzheitliche Unternehmen, S. 79 f. und S. 82

[84] Siehe dazu: Wild, Theorienbildung, betriebswirtschaftliche, S. 3902; Popper, Logik der Forschung, S. 22 und S. 199 f.

sem **Konzept der „Naturkonstanz"** steht und fällt des gesamte Konzept der Popper'schen Methodologie des wissenschaftlichen Fortschritts durch Falsifikation (hypothetisch-deduktive Methode). Diese Theoriebildungskonzeption ist demnach nur dann mit Erfolg realisierbar, wenn es im Objektbereich (Realitätsausschnitt) tatsächlich invariante Ereigniszusammenhänge gibt. Angesichts der ausführlich beschriebenen Dynamik und Komplexität, die für die Unternehmen gegeben sind, ist somit **jede „Theoriebildung" von vornherein zum Scheitern verurteilt.** In diesem Zeitalter der Diskontinuitäten scheinen nur zwei Konstanten vorzuliegen, „die Beschleunigung des Wandels und die zunehmende Komplexität aller menschlichen Einrichtungen"[85].

Es ist deshalb nicht weiter verwunderlich, dass von namhaften betriebswirtschaftlichen Forschern das theoretische Ziel der Erklärung empirischer Wirklichkeitsausschnitte, das von den Naturwissenschaftlern propagiert wird, für die Sozialwissenschaften als nicht übertragbar angesehen wird. Hans Ulrich führt dazu aus: „das Paradigma des logischen Empirismus mit seiner Suche nach allgemeingültigen Naturgesetzen, dem wertfreien Erklären bestehender Zustände und einer Forschungsstrategie, die eine komplexe Wirklichkeit mit viel Kunst auf eine äußerst einfache Ursache-Wirkungs-Konstellation reduziert, hat aufs falsche Objekt angewendet, nicht zu den erhofften Erfolgen geführt. Trotz den jahrzehntelangen Bemühungen von Tausenden von Wissenschaftlern ist es den Wirtschafts- und Sozialwissenschaften **nicht** gelungen, auch nur ein einziges Gesetz mit der Erklärungskraft einer physikalischen Hypothese zu entdecken"[86]. Insbesondere die Forderung nach Messbarkeit, Quantifizierbarkeit und Übertragbarkeit in mathematische Form stößt auf Kritik[87]. Hans Ulrich kommt deswegen zu dem Ergebnis, dass es nicht Ziel der angewandten Wissenschaften ist, Theorien und Gesetzeshypothesen aufzustellen. Es kann deshalb auch nicht ihre Aufgabe sein, deren Wahrheitsgehalt … zu überprüfen. Praktische Führungsprobleme und entsprechende Lösungsvorschläge stehen somit im Vordergrund der Forschungsarbeit[88].

Eine **weitere zentrale Problematik** wirft die aus den Naturwissenschaften kommende **analytische Methode** dadurch auf, dass die Forschung unter Vernachlässigung einer Vielzahl möglicher Einflussfaktoren das Zusammenwirken von nur einigen wenigen Faktoren oder Elementen untersucht. Dieser **Reduktionismus** erweist sich gerade für die Wirtschafts- und Sozialwissenschaften als verhängnisvoll, da deren Untersuchungsobjekte gerade dadurch gekennzeichnet sind, dass das Ganze eben mehr ist als die Summe seiner Teile. Demzufolge lassen sich Gesetzmäßigkeiten einer Wirtschaft oder Unternehmung eben nicht durch die isolierte Betrachtung von zwei oder drei Einflussfaktoren im „Laboratorium" ermitteln[89]. Insbesondere disziplinäre Ansätze in der Betriebswirtschaftslehre, die allein die ökonomi-

---

[85]　Hinterhuber, Die Objektivierung der Strategie …, S. 92

[86]　Ulrich, H., Management, S. 90; siehe auch: Ulrich,H./Probst, a.a.O., S. 15 ff.; Druwe „Selbstorganisation" in den Sozialwissenschaften, S. 769;

[87]　Heinen, Der entscheidungsorientierte Ansatz der Betriebswirtschaftslehre, S. 24 f.

[88]　Ulrich H., Management, S.174

[89]　Gomez, Modelle und Methoden des systemorientierten Managements, S. 16 f., Malik, Strategie des Managements komplexer Systeme, S. 201 ff.; Ulrich, H., Der systemorientierte Ansatz in der Betriebswirtschaftslehre, S. 48 f.

sche Seite der Unternehmung in den Vordergrund stellen[90], können keine gehaltvollen Aussagen und Empfehlungen zur Gestaltung der Realität liefern[91]. Infolge der mangelnden Isolierbarkeit ökonomischer Tatbestände und aufgrund ihrer Beeinflussbarkeit durch individuelles und soziales Handeln müssten nach der klassischen Theoriebildungskonzeption mindestens auch **außerökonomische Einflussfaktoren** als endogene/exogene Variablen in den Randbedingungen betriebswirtschaftlicher Gesetzeshypothesen einbezogen werden, weil sie ebenfalls zu den „Ursachen" ökonomisch relevanten Verhaltens bzw. ökonomischer Prozesse gehören[92]. „Die Komplexität, die systemhafte Verflechtung und Verzahnung der Probleme sind durch einspuriges Fächerdenken genauso wenig zu erfassen wie durch ausschließlich lineares Ursache-Wirkungs-Denken, das nur eine Kausalkette verfolgt"[93]. Des Weiteren muss sich die betriebswirtschaftliche Forschung, um neuartige Probleme handhaben zu können, von der ausschließlichen Orientierung an den klassischen empirischen Forschungsstrategien lösen[94].

Festzuhalten bleibt, dass die klassische Betriebswirtschaftslehre somit kein ganzheitliches Verständnis aufweist. Dies wäre jedoch angesichts der zuvor dargestellten Dynamik und Komplexität der Unternehmung, die sich in einer umfassenden Vernetztheit mit anderen Systemen widerspiegelt, unbedingt erforderlich. Bereits Bertalanffy hat darauf hingewiesen, dass für die moderne Wissenschaft **die Feststellung der dynamischen Wechselwirkungen** in allen Bereichen das grundsätzliche Problem bildet[95]. Als logische Konsequenz aus dem zwangsläufigen „Versagen" einer theoriegeleiteten Betriebswirtschaftslehre, die gleichzeitig immer weniger Hilfestellung zur Lösung praktischer Probleme bieten kann[96], wird der Schwerpunkt der betriebswirtschaftlichen Forschung auf die **Konzipierung einer angewandten Betriebswirtschaftslehre** gelegt, die die Analyse menschlicher Handlungsalternativen zwecks Gestaltung sozialer und technischer Systeme in den Vordergrund stellt. Die **Gestaltungsaufgabe** der Betriebswirtschaftslehre besteht prinzipiell darin, dem Menschen bei der Bewältigung seiner Daseinsprobleme zu helfen[97]. Nach H. Ulrich strebt der anwendungsorientierte Wissenschaftler nicht nach „purem" Wissen, sondern nach „praktisch nützlichem Wissen"[98]. Dementsprechend wird die Betriebswirtschaftslehre als eine notwendige Vorstufe zu einem sinnvollen praktischen Handeln der sogenannten Führungskräfte in zweckorientierten sozialen Systemen, insbesondere in Unternehmungen betrachtet, wobei unter Führungskräften alle Menschen verstanden werden, die mit-gestaltend auf die Unter-

---

[90] Siehe dazu als prominentesten Vertreter: Wöhe, Einführung in die Allgemeine Betriebswirtschaftslehre

[91] Hinterhuber, Die Objektivierung der Strategie ..., S. 92

[92] Wild, Theorienbildung, betriebswirtschaftliche, Sp. 3907

[93] Lenk/Maring/Fulda, Wissenschaftstheoretische Aspekte einer anwendungsorientierten systemtheoretischen Betriebswirtschaftslehre, S. 170

[94] Kirsch, Geleitwort. S. VI

[95] Bertalanffy, Zu einer allgemeinen Systemlehre, S. 43

[96] Bleicher, Betriebswirtschaftslehre als systemorientierte Wissenschaft von Management, S. 69; Etzioni, Entscheiden in einer unübersichtlichen Welt, S. 22

[97] Heinen, Einführung in die Betriebswirtschaftslehre, S. 15

[98] Ulrich, H., Die Betriebswirtschaftslehre als anwendungsorientierte Sozialwissenschaft, S. 5

nehmung und mit-bestimmend auf die Unternehmensaktivitäten einwirken[99]. Darüber hinaus soll die Betriebswirtschaftlehre als Managementlehre eine bestimmte **Denkweise vermitteln**, die als **ganzheitlich** bezeichnet werden kann. Damit sollen die Führungskräfte letztlich dazu befähigt werden, die unternehmensbezogenen Verhältnisse zu erkennen und bestehende Konventionen und Verhaltensweisen kritisch zu durchleuchten, um somit einen eigenen Beitrag zur Lösung der Probleme zu leisten[100]. Dies steht in Übereinstimmung mit dem allgemeinen Ziel der Wissenschaft und damit auch der Betriebswirtschaftslehre, Hilfestellung zur menschlichen Daseinsbewältigung zu leisten[101]. Grundsätzlich muss berücksichtigt werden, dass sich das Erkenntnisinteresse eines Wissenschaftsbereiches sich im Zeitablauf unter dem Einfluss veränderter Fragestellungen und gewonnener Erkenntnisse verschiebt[102].

Einige äußerst gewichtige Fragestellungen, abgeleitet aus gegenwärtigen und künftigen Problemen, ergeben sich aus den verstärkt auftretenden Turbulenzen und der damit verbundenen Dynamik und Komplexität, insbesondere welche Handlungsmöglichkeiten der Unternehmung daraus offen stehen. Angesichts der fundamentalen Probleme bei der Generierung betriebswirtschaftlicher Theorien liegt eine „Lösung" auf der Hand, die eine **pragmatisch orientierte Gestaltung** betriebswirtschaftlicher Erfordernisse, z. B. die Gestaltung des Controllingssystems im Unternehmen, auch ohne das Vorhandensein einer gut bestätigten Theorie als möglich erachtet. Eine Vorgehensweise, die in der betrieblichen Praxis den Regelfall darstellt[103]. Wie bereits erwähnt wurde, hat auch H. Ulrich als exponierter Vertreter der St. Galler Managementschule zumindest zu Beginn seines wissenschaftlichen Wirkens diese These vertreten. Wenig hilfreich für die betriebswirtschaftliche Forschungspraxis dürfte allerdings die Forderung sein, dass eine angewandte Betriebswirtschaftslehre notwendigerweise die „reine" oder theoretische Betriebswirtschaftslehre als integrierenden Bestandteil voraussetzt[104]. Andererseits stellen auch Vertreter der St. Galler Managementschule in jüngeren Veröffentlichungen fest, dass das wesentliche Kennzeichen einer anwendungsorientierten Wissenschaft gerade in einer **gegenseitigen Durchdringung von Theorie- und Anwendungszusammenhang**, die den wissenschaftlichen Fortschritt ausmacht, besteht[105]. Gemeint ist allerdings eine grundlegend andere theoretische Fundierung!

„Nobelpreisträger"[106] F. A. v. Hayek hat versucht das Dilemma, dem die Menschen angesichts der Komplexität ausgesetzt sind, nämlich die unvermeidbare und unaufhebbare Limi-

---

[99] Ulrich, H. Der systemorientierte Ansatz in der Betriebswirtschaftslehre, S. 44

[100] Siegwart, Anwendungsorientierung …, S. 95 f.

[101] Raffee, Gegenstand, Methoden und Konzepte der Betriebswirtschaftslehre, S. 3;

[102] Bleicher, Das Konzept Integriertes Management, S. 9

[103] Dellmann, Eine Systematisierung der Grundlagen des Controlling, S. 114

[104] Schneider, Allgemeine Betriebswirtschaftslehre, S. 578 f.

[105] Bleicher, Das Konzept Integriertes Management, S. 7

[106] Der Titel Nobelpreisträger Wirtschaftswissenschaften ist eigentlich anmaßend – dennoch verwenden ihn faktisch alle Wirtschaftspublizisten. Für die „Wirtschaftswissenschaften" vergibt das Nobelpreis-Kommitee ausdrücklich keinen Nobelpreis. Der unzulässigerweise aufgewertete Preis wird von der Schwedischen Reichsbank verliehen.

tierung des Wissens, aufzulösen[107]. Die notwendige Konsequenz beim Umgang mit komplexen Phänomenen muss demnach sein, sich mit **Prinziperklärungen** und **Bereichsvoraussagen** zu begnügen. Danach lässt die Komplexität der Sachverhalte meistens nicht mehr als eine mehr oder weniger begründete Orientierung zu. Hayek führt dazu aus: „Obwohl eine solche Theorie uns nicht präzise sagt, was wir zu erwarten haben, wird sie dennoch die Welt um uns zu einer bekannteren Welt machen, in der wir uns mit größerem Vertrauen darauf bewegen können, dass wir keine Enttäuschungen erleiden werden, weil wir zumindest gewisse Eventualitäten ausschließen können. Sie macht sie zu einer geordneten Welt, in der die Ereignisse einen Sinn ergeben, weil wir zumindest auf allgemeine Weise sagen können, wie sie zusammenhängen und weil es uns möglich ist, uns ein kohärentes Bild von ihnen zu machen. Obwohl wir nicht in der Lage sind, genau zu spezifizieren, was wir zu erwarten haben, oder etwa alle Möglichkeiten auflisten zu können, so hat doch jedes beobachtete Pattern eine Bedeutung in dem Sinne, dass es die Möglichkeiten dessen, was sonst noch auftreten kann, beschränkt". Die Theoriekonzeption lehnt sich stark an **Hayeks Konzept spontaner Ordnungen** bzw. seine Vorstellung an, den wissenschaftlichen Wettbewerb systematisch als „Verfahren zur Entdeckung von Tatsachen " zu begreifen. Insbesondere in Verbindung mit der Bestimmung einer konkreten Unternehmensstrategie unter komplexen Verhältnissen und in ständig ändernden Situationen müssen zumindest partiell derartige **Entdeckungsverfahren** systematisch eingesetzt werden[108].

Dieses Theorieverständnis dürfte für den Praktiker noch relativ abstrakt und nur schwer nachvollziehbar sein. Deswegen lohnt sich sicherlich ein kurzer Blick in andere (praxisorientierte) Wissenschaften, um herauszufinden, wie dort mit der zunehmenden Komplexität und dem begrenzten menschlichen Wissen umgegangen wird.

In den **Rechtswissenschaften** wird die Methodologie des „reasoning from case to case" angewendet. Auf dieser Basis wird immer wieder versucht zu Generalisierungen zu kommen, die freilich stets vorläufiger Natur bleiben. Kirsch versucht diese **Idee der „geplanten Evolution"** auf Planungs- bzw. Managementsysteme anzuwenden, wobei er konstatieren muss, dass damit ein sehr weiter Weg verbunden ist, um zu einem konkreten, in einer individuellen Unternehmung institutionalisierten Managementsystem zu kommen[109].

Dem Controlling obliegt die klassische Aufgabe, eine adäquate Informationsversorgung sicherzustellen, damit eine zielorientierte Lenkung der Unternehmung bzw. Organisation ermöglicht wird. Da jedoch nie ausreichend brauchbare Informationen rechtzeitig genug vorhanden sind, kommen der Anpassungsfähigkeit und zu guter letzt auch einem Krisenmanagement eine herausragende Bedeutung zu. Die Anpassungsfähigkeit der jeweiligen Organisation muss derart ausgebildet sein, dass es möglich wird, jede Strategie zu ändern, falls sie sich als überholt erweist[110]. Diese Art der Lenkung wird auch als „soft- bzw.

---

[107] Hayek, Studies in Philosophy, Politics and Economics, S. 18 f.;übersetzt in: Malik, Strategie des Managements komplexer Systeme, S. 206 ff.

[108] Malik, Strategie des Managements komplexer Systeme, S. 309 ff.

[109] Kirsch, Grundzüge des Strategischen Managements, S. 34 ff.

[110] Malik, Systemisches Management …, S. 147

fuzzy-control" bezeichnet. Der Begriff „Fuzzy Control" weist eine große Übereinstimmung zu der in der Elektro-, Mess- und Regeltechnik bestens bekannten **„Fuzzy Logik"** auf. „Fuzzy Logik" wird als unscharfe Logik übersetzt[111] und soll in den folgenden Anwendungsbereichen eingesetzt werden können:

- Die zugrunde liegende Theorie soll vor allem dort angewendet werden, „wo menschliche Entscheidungen zu fällen sind, wo Emotionen eine wesentliche Rolle spielen und wo man nur schwer eindeutige Informationen erhalten kann", so der Begründer der Fuzzy-Theorie L.A. Zadeh, Professor aus Berkeley/Kalifornien[112].

- Die „Fuzzy Logik" erlaubt die Verarbeitung von unscharfem und auf Abschätzungen beruhendem Erfahrungswissen[113].

- Anwendungsbeispiele sind vor allem in Form von ingenieurwissenschaftlichen Problemlösungen bekannt geworden: Beispielsweise ein Programm zur Steuerung eines Roboterarmes bei Hitachi oder das häufig zitierte Musterbeispiel der U-Bahn in Sendai: Das Know-how erfahrener Lokführer wurde durch Befragung und Fahranalyse im Jahre 1987 ermittelt, in Regeln gepackt, und schließlich in eine Steuerung umgesetzt. „Durch die Fuzzy-Logik wird das Anfahren und Bremsen so optimiert, dass der Zug gleichmäßig beschleunigt oder verzögert und trotzdem am Bahnsteig auf dem Punkt genau anhält. Das Fuzzy-System kann im Voraus kalkulieren, was das Ergebnis einer bestimmten Aktivität unter bestimmten Bedingungen sein wird"[114].

- „Fuzzy-Logik"-Anwendungen sind in Verbindung mit Expertensystemen sinnvoll einsetzbar, wobei diese Art von Expertensystemen auf schlecht strukturierte, durch Unsicherheiten geprägte Anwendungsgebiete zielt. Das System enthält gewisse Schlussfolgerungsfähigkeiten, was eine Erklärungskomponente im Sinne von heuristischen Näherungslösungen erforderlich macht[115].

- Schließlich bietet die Entscheidungsunterstützung, insbesondere die strategische Planung, ein großes Einsatzpotenzial für die „Fuzzy Logik"[116].

Die Theorie „unscharfer Logik" setzt an die Stelle absoluter Wenn-Dann-Befehle und Ja-Nein-Aussagen an menschlichen Verhaltensmustern orientierte Zugehörigkeitsfunktionen[117]. Es wird festgestellt, ob eine Bedingung völlig, weitgehend, ein bisschen oder gar nicht erfüllt ist und dementsprechend in eine Fuzzy-Skala eingeordnet. Das bedeutet, dass für jedes Element eines Systems angegeben werden kann, bis zu welchem Grad es zu einer „unscharfen" Menge gehört. Eine Fuzzy-Menge kann somit als eine mathematische Beschreibung sprachlicher Wertre-

---

[111] Wolf, Fuzzy …, S. 46; Zimmermann, Paradigmenwechsel führt zu unscharfer Logik …, S. 7 f.

[112] Zitiert in: Wolf, a.a.O., S. 46

[113] Felix, Mit Fuzzy Entscheidungen optimieren, S. 116

[114] Wolf, a.a.O., S. 46 f.

[115] Zimmermann, a.a.O., S. 13

[116] Ebenda, S. 15

[117] Henke/Rother, Toter Punkt, S. 138; Zimmermann, a.a.O., S. 8 – 15

lativierungen (Adjektive und Adverbien) wie „ungefähr", „klein" oder „groß" aufgefasst werden[118]. Als Beispiel kann die Betriebstemperatur (linguistische Variable) eines Kühlprozesses herangezogen werden, die mit den Werten „zu niedrig", „gut" und „zu hoch" eine einfache Kommunikation mit dem Anlagenführer ermöglicht. Diese Terme werden inhaltlich durch unscharfe Mengen auf einer Basisvariablen (hier physikalische Skala) definiert. In der Theorie unscharfer Mengen werden nun alle Operationen auf Mengen über die jeweiligen Zugehörigkeitsfunktionen, den wichtigsten Komponenten unscharfer Mengen, definiert.

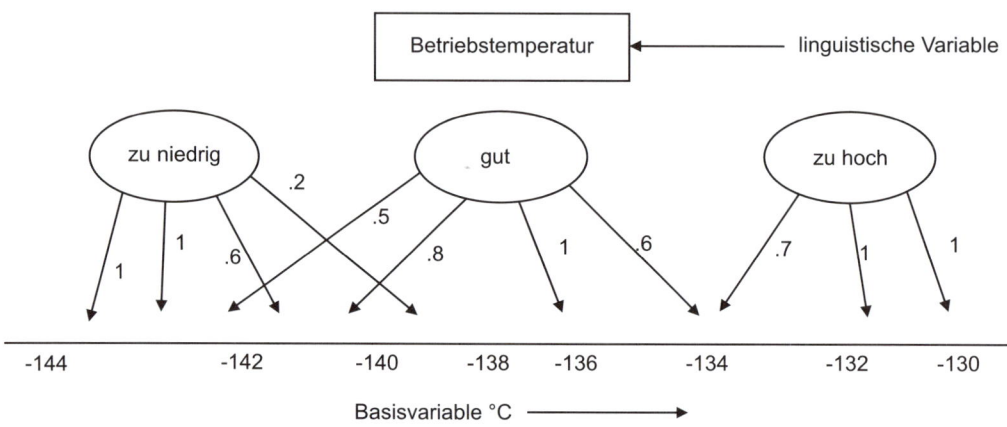

Abb. 1.9   Brücke zwischen Linguistik und Numerik

Das System ist mit Regeln programmiert, wie z. B. bezogen auf die U-Bahn von Sendai, „wenn die Geschwindigkeit hoch ist, dann bremse sanft"[119]. Die Ableitung derartiger Regeln wird sinnvollerweise auf der Grundlage eines wissensbasierten Systems vorgenommen. In diesem Zusammenhang ist eine veränderte Sichtweise und Schwerpunktverschiebung in der „Fuzzy Control" festzustellen, weg von der ausschließlichen Betrachtung als wissensbasiertes System hin zu einem Regelungsmodell[120]. Die Grundstruktur eines Fuzzy-Reglers ist folgendermaßen aufgebaut (siehe Abb. 1.10)[121]. Zwischen der Eingangsinformation und Inferenz (Programm, das Regeln verarbeitet) wird die „Fuzzyfizierung" geschoben und zwischen Ausgangsinformation und Regelsignal die „Defuzzyfizierung", d. h. die unscharfe Menge wird wiederum in eine diskrete Stellgröße umgewandelt, um reale Prozesse regeln zu können. Es drängt sich natürlich die wichtige Frage auf, wie sowohl die Zugehörigkeitsfunktionen einer unscharfen Menge als auch deren Regeln bestimmt werden können[122]. Dafür gibt es kein allgemeingültiges Verfahren. Bis zum heutigen Tage bedient man sich in der

---

[118]   Goser, Clevere Regler schnell entworfen, S. 69

[119]   Wolf, a.a.O., S. 47

[120]   Zimmermann, a.a.O., S. 13 ff. und S. 16

[121]   Ebenda, S. 14 f.; Goser, a.a.O., S. 70

[122]   Goser, a.a.O., S. 71

betrieblichen Praxis der **Versuch-und-Irrtum-Methode**, unterstützt von methodischen Ansätzen zur kontrollierten Regelentwicklung. Die Regeln werden abgeleitet

- basierend auf der Erfahrung des Operators,

- auf der Grundlage des Wissens von Regelungstechnikern,

- durch Beobachtung des Prozesses.

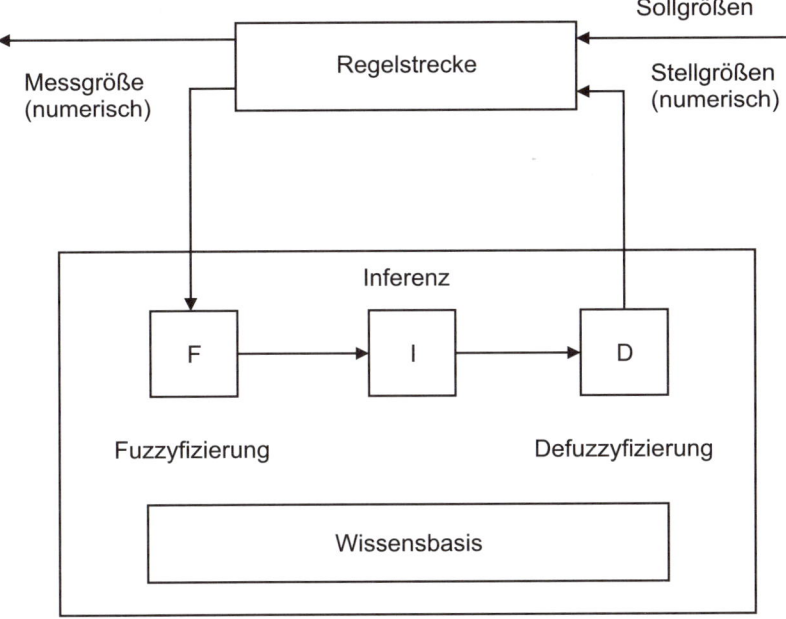

Abb. 1.10   Grundstruktur eines Fuzzy-Reglers

Eine andere theoriegeleitete Vorgehensweise wird seit langem in der **Medizin** angewendet[123]. Sie kann als „Mixed Scanning" (kombiniertes Abprüfen) oder als „realistische bzw. adaptive Entscheidungsfindung" klassifiziert werden. Dabei zeigen sich die Entscheider bemüht, bruchstückhaftes Wissen auf die bestmögliche Weise zu gebrauchen, ohne blindwütig und ohne jegliche Kenntnisse voranzupreschen. Für Manager (ebenso wie für Ärzte) lassen sich folgende **Regeln für effektive Entscheidungen** ableiten, die im Sinne von Hayek als Orientierung bzw. Entdeckungsverfahren interpretiert werden können:

---

[123] Etzioni, a.a.O., S. 24 ff

- Gezieltes Vorgehen nach der Methode „Versuch und Irrtum" eignet sich am ehesten immer dann, wenn nur auf der Grundlage von Teilkenntnissen operiert werden kann. Dabei geht es nicht darum, die Welt korrekt zu interpretieren oder auf der Basis von Fakten einen logischen Entscheidungsprozess festzulegen. Gefühle, Intuition spielen hierbei eine entscheidende Rolle.

- Zu den Grundregeln adaptiver, beweglicher Entscheidungsfindung gehört die Bereitschaft, den Kurs, wenn nötig, zu ändern. Dies setzt Sensibilität für veränderte Bedingungen voraus.

- Die Einsicht in die Begrenztheit des Wissens lässt ein verzögerndes Entscheiden als sinnvoll erscheinen. Japanische Manager verkörpern diese Regel, obwohl oder besser formuliert, weswegen japanische Unternehmen erhebliche Wettbewerbsvorteile durch kürzere Durchlaufzeiten von Fertigungsaufträgen und eine kürzere Produktentwicklungsdauer vorweisen können.[124]

- Zum verzögerten Entscheiden gehört auch das zeitliche Aufstaffeln von Entscheidungen ebenso wie das Zerlegen von Entscheidungen in mehrere Teilentscheidungen. Dadurch wird es dem Unternehmen ermöglicht, den Entscheidungsprozess laufend abzustimmen auf den sich permanent verändernden Informationsstand.

- Die Absicherung gegen unerfreuliche Überraschungen kann durch eine Risikostreuung der Unternehmensaktivitäten mindestens teilweise erreicht werden.

- Eine andere Form der Absicherung besteht im Anlegen von strategischen Rücklagen, um unerwartete Kosten decken und unverhoffte Gelegenheiten nutzen zu können.

- Schließlich sind revidierbare Entscheidungen eine weitere Möglichkeit, voreilige Festlegungen bei unvollständigen Informationen zu vermeiden.

Zusammenfassend kann festgehalten werden, dass angesichts der Theoriedefizite und der praktischen Erfordernisse nicht auf die Entdeckung von Gesetzmäßigkeiten, die dem Rationalitätsprinzip genügen, gewartet werden kann. Poppers Anspruch, mit Hilfe von Theorien die Wirklichkeit erklären und beherrschen zu können, kann für die Betriebswirtschaftslehre grundsätzlich nicht erfüllt werden. Die Kenntnis und Akzeptanz dieses Tatbestandes ist die Voraussetzung dafür, sich anderen, weniger anspruchsvollen Denkansätzen zu öffnen. Anscheinend bleibt wirklich nur der zunächst unbefriedigende Hinweis, den „gesunden Menschenverstand" zu fördern, insbesondere wenn es um die Einstellung auf die Umstände der jeweiligen Situation geht. Dazu ist es auf jeden Fall erforderlich, in Systemen zu denken[125].

---

[124] Liker, Der Toyota Weg

[125] Dörner, Die Logik des Mißlingens, S. 307 ff;

1.3.2 Betriebswirtschaftliche Ansätze

1.3.2.1 Die entscheidungsorientierte Betriebswirtschaftslehre

In den vorangegangenen Kapiteln wurden immer wieder Entscheidungen und die Betrachtung der Unternehmung als System hervorgehoben. Dies entspricht der herrschenden Meinung in der **modernen Betriebswirtschaftslehre**, die sich als **entscheidungs- und systemorientiert** begreift[126]. Von den Exponenten dieser beiden dominierenden Ansätze in der heutigen Betriebswirtschaftslehre wird dies ebenfalls betont, wobei natürlich jeweils die eigene Betrachtungsweise den anderen Ansatz als Bestandteil mit einschließt. So stellt Hans Ulrich dazu fest, dass der entscheidungsorientierte Ansatz keinen Gegensatz zum Systemansatz darstellt, sondern in diesem enthalten ist. Während die systemorientierte Betriebswirtschaftslehre von kybernetischen Vorstellungen über den Ablauf von nachrichtenverarbeitenden Prozessen (zumindest in den Anfängen) in dynamischen Systemen ausgeht, sieht die entscheidungsorientierte Betriebswirtschaftslehre im Prinzip die logische Struktur von Entscheidungssituationen als Ausgangspunkt der Forschungsbemühungen[127]. Nach Edmund Heinen integriert die moderne Betriebswirtschaftslehre den entscheidungsorientierten und den systemorientierten Ansatz[128]. Im Folgenden wird versucht einen kurzen Abriss der beiden Ansätze wiederzugeben. Dabei wird der Schwerpunkt auf die Handhabung der Komplexität und Dynamik in der Unternehmung gelegt und daran die Frage geknüpft, inwieweit der entscheidungs- bzw. systemorientierte Ansatz hierzu Hilfestellung für die Lösung der auftretenden Probleme leisten kann.

Etwa gleichzeitig mit dem systemorientierten Ansatz wurde von Heinen Ende der sechziger Jahre die entscheidungsorientierte Betriebswirtschaftslehre konzipiert. **Gemeinsame Merkmale beider Ansätze sind**[129]:

- Das Verständnis der Betriebswirtschaftslehre als angewandte, interdisziplinäre Sozialwissenschaft.

- Die Berücksichtigung in problemorientierter Weise der tatsächlichen Prämissen und Bedingungen betriebswirtschaftlicher Handlungen.

- Die starke Ausrichtung auf Handlungs- und Gestaltungsziele.

Hinzukommt noch eine weitgehende Übereinstimmung im Untersuchungsgegenstand der Betriebswirtschaftslehre, der von der **Unternehmung als äußerst komplexem, offenem, sozialem System** mit einer Reihe funktionaler Subsysteme ausgeht[130]. Letztlich lassen sich die Grundmodelle des entscheidungsorientierten Ansatzes auf die **allgemeine Systemtheorie**

---

[126] Schanz, Traditionelle Wissenschaftspraxis und systemtheoretisch-kybernetische Ansätze, S. 5

[127] Ulrich, H. Der systemorientierte Ansatz in der Betriebswirtschaftslehre, S. 56 f.

[128] Heinen, Der entscheidungsorientierte Ansatz der Betriebswirtschaftslehre, S. 34

[129] Ulrich, P./Hill, a.a.O., S. 309

[130] Heinen, Der entscheidungsorientierte Ansatz der Betriebswirtschaftslehre, S. 25 und S. 28; siehe auch: Ulrich, H., Management, S. 34 ff.

zurückführen. Neben den in den Grundmodellen enthaltenen Umweltbeziehungen gilt die „Gesellschaft" als relevante betriebswirtschaftliche Systemebene im entscheidungsorientierten Systementwurf.

Heinen geht wie die meisten seiner Fachkollegen von einer Dienstleistungsfunktion der Betriebswirtschaftslehre gegenüber der betrieblichen Praxis aus. Dabei unterstellt er, dass sich die Probleme der Praxis nur dann wissenschaftlich analysieren und lösen lassen, wenn sie unter demselben Blickwinkel betrachtet werden, in dem sie sich auch der Praxis stellen, nämlich als **Entscheidungsprobleme**[131]. Die Gestaltungsaufgabe der entscheidungsorientierten Betriebswirtschaftslehre bringt er wie folgt zum Ausdruck: „Das Bemühen der Betriebswirtschaftslehre ist letztlich darauf gerichtet, Mittel und Wege aufzuzeigen, die zur Verbesserung der Entscheidungen in der Betriebswirtschaft führen. Sie will durch die Formulierung entsprechender Verhaltensnormen den verantwortlichen Disponenten Hilfestellung leisten. Dieses Bestreben gipfelt in der Entwicklung von Entscheidungsmodellen zur Ableitung „optimaler" oder „befriedigender" Lösungen"[132]. Angesichts der zunehmenden Dynamik und Komplexität des internen und externen Unternehmensgeschehens, sind die **Informationserfordernisse** an die Erreichung „optimaler" Lösungen in der Praxis **nicht zu realisieren**. Das Anstreben „befriedigender" Lösungen eröffnet ein weites Feld möglicher Alternativen, die nach den gesetzten Zielvorgaben auszuwählen sind. Die Gestaltungsaufgabe setzt nach Heinen die **Erklärungsaufgabe** der Disziplin voraus, wobei zwischen beiden Wissenschaftszielen folgende Beziehung besteht: „Die Gestaltung eines Entscheidungsfeldes setzt eine deskriptive Analyse der in diesem Entscheidungsfeld enthaltenen Tatbestände und Zusammenhänge voraus. Eine solche „Erklärung" des Entscheidungsfeldes steht im Mittelpunkt der Erklärungsfunktion der praktisch-normativen Betriebswirtschaftslehre. Es werden Erklärungsmodelle entwickelt, die die zur Verfügung stehenden Alternativen und die für die Prognose der Konsequenzen und Zulässigkeit der Alternativen maßgeblichen Gesetzmäßigkeiten bzw. Daten „abbilden"[133].

Für die Erfüllung der Erklärungsfunktion sind, wie bereits in Kapitel 1.3.1. ausgeführt wurde, Gesetzeshypothesen erforderlich. Diese drücken aus, dass unter bestimmten Bedingungen (Ursachen) bestimmte Konsequenzen (Wirkungen) zu erwarten sind[134]. Allerdings muss auch Heinen konstatieren, dass es bisher erst in wenigen Bereichen der Betriebswirtschaftslehre zuverlässige und relativ dauerhafte Gesetzesketten von empirisch überprüften Ursache-Wirkungsbeziehungen gibt[135]. Somit stößt der entscheidungsorientierte Ansatz an die **bekannten Grenzen**, was seine Erklärungskraft gemäß der deduktiv-nomologischen Methode angeht.

Der größte Fortschritt, den der entscheidungsorientierte Ansatz für die Betriebswirtschaftslehre gebracht hat, dürfte in der **Einbeziehung verhaltenswissenschaftlicher Aspekte** in die

---

[131] Heinen, Der entscheidungsorientierte Ansatz der Betriebswirtschaftslehre, S. 32

[132] Heinen, Zum Wissenschaftsprogramm der entscheidungsorientierten Betriebswirtschaftslehre, S. 209 f.

[133] Heinen, Einführung in die Betriebswirtschaftslehre, S. 24

[134] Siehe auch: Schanz, Wissenschaftsprogramme der Betriebswirtschaftslehre, S. 84 f.

[135] Heinen, Einführung in die Betriebswirtschaftslehre, S. 25; siehe auch: Ulrich, P/Hill, a.a.O., S. 309

zuvor rein ökonomisch ausgerichtete Betriebswirtschaftslehre sein. Allerdings kann darin auch eine Gefahr gesehen werden, nämlich dann, wenn dabei zu sehr auf „den Menschen" geblickt wird und damit die Unternehmung in psychologischer Sicht zu eindimensional definiert und anstelle einer Unternehmungsführungslehre eine Lehre von der Führung der Mitarbeiter in der Unternehmung entwickelt wird[136]. Dementsprechend wird die Entwicklung der Betriebswirtschaftslehre hin zu einer systemorientierten Sichtweise propagiert, von einer engen, disziplinären ökonomischen Orientierung (gemäß Gutenberg) über den entscheidungsorientierten Ansatz mit seiner Öffnung zu den Verhaltenswissenschaften zu einer systematischen Orientierung einer Wissenschaft vom Management nach Hans Ulrich[137].

1.3.2.2   Die systemorientierte Betriebswirtschaftslehre

1.3.2.2.1   Systemisches Denken

Ausgangspunkt der Problemstellung war die Frage, inwieweit die betriebswirtschaftliche Theorie konkrete Hilfestellung für die Bewältigung der zunehmenden Komplexität und Dynamik, der sich die Unternehmungen ausgesetzt sehen, leisten kann. Der systemorientierte Ansatz in der Betriebswirtschaftslehre gilt zumindest bei seinen Verfechtern als geeignet den genannten Problemen aussichtsreich zu begegnen. Ulrich/Probst führen dazu aus, dass die **typischen Merkmale aktueller Problemsituationen** in allen Gesellschaftsbereichen sich am besten mit Hilfe von Begriffen der Systemtheorie wie Vernetztheit, Komplexität, Rückkoppelung etc. darstellen lassen[138]. Das damit verbundene, system-orientierte Denken stellt nach Ulrich die einzige Möglichkeit dar, Modellvorstellungen, die die Komplexität der heutigen und zukünftigen Welt in genügendem Ausmaß widerspiegeln, zu entwickeln[139]. Gerade die Varietät der Systembeziehungen erfordert eine umfassende, ganzheitliche (= systemische) Vorgehensheurisitik zur Handhabung komplexer Probleme[140]. Die systemische Perspektive stellt sozusagen die **Denkwerkzeuge zur Verfügung**, mit denen die Vernetztheit, Dynamik und Offenheit gesellschaftlicher Institutionen ganzheitlich erfasst werden können[141]. Gemäß Heinen charakterisiert der Systembegriff geradezu Ganzheiten, die sich aus einer Menge einzelner Elemente, zwischen denen ein Beziehungsgefüge besteht, zusammensetzen. [142]

---

[136] Ulrich, H., Von der Betriebswirtschaftslehre zur systemorientierten Managementlehre, S. 180

[137] Bleicher, Das Konzept Integriertes Management, S. 12 f.

[138] Ulrich, H./Probst a.a.O., S. 12

[139] Ulrich, H., Management, S. 54; Ruegg, a.a.O., S. 99 f.; Ulrich, H./Krieg, Das St. Galler Management-Modell, S. 65

[140] Ulrich, H., Integrative Unternehmungsführung, S. 193

[141] Dylick/Probst, Einführung in die Konzeption der systemorientierten Managementlehre von Hans Ulrich, S. 12; Ulrich, H./Krieg, Das St. Galler Management-Modell, S. 65 f.

[142] Heinen, Industriebetriebslehre als entscheidungsorientierte Unternehmensführung, S. 12 ff.

Allgemein gelten die **Systemtheorie und die Kybernetik** als die **wissenschaftliche Basis für den systemorientierten Ansatz in der Betriebswirtschaftslehre**[143]. Im Gegensatz zum entscheidungsorientierten Ansatz, der sich ja auch auf eine systemorientierte Betrachtungsweise beruft, stellen die Systemwissenschaften jedoch das eigentliche Fundament der systemorientierten Betriebswirtschaftslehre dar. Systemtheorie und Kybernetik verkörpern allerdings keine in sich geschlossenen Wissensgebiete. Vielmehr muss davon ausgegangen werden, dass es fast ebenso viele „Systemtheorien" wie Wissenschaftler und Praktiker, die auf diesem Gebiet tätig sind, gibt[144]. Insbesondere die Zielsetzung der auf Ludwig von Bertalanffy zurückgehenden **Allgemeinen Systemtheorie**, einen einheitlichen, an keine bestimmte wissenschaftliche Disziplin gebundenen Begriffsapparat zu schaffen[145], wurde bisher nicht erreicht. Interessant für den Untersuchungsgegenstand dieser Arbeit sind vor allem die zugrunde liegende Denkweise und das systematische Vorgehen. Dennoch soll der Versuch einer Systematisierung und Herausarbeitung gemeinsamer Zielsetzungen und Merkmale der Systemwissenschaften unternommen werden.

„Die Systemtheorie (einschließlich der Kybernetik) stellt die Frage, was eigentlich das Gemeinsame an dynamischen, komplexen Ganzheiten ist, die in ihren konkreten Ausprägungen, wie sie von einzelnen wissenschaftlichen Disziplinen erfasst werden, ganz unterschiedlich erscheinen, wie sich solche Systeme verhalten und wie sie „überleben" können. Auf dieser disziplinenübergreifenden Ebene entwickelt sich ein begriffliches Instrumentarium zur Bezeichnung solcher Phänomene und eine „systemische" Denkweise, die sukzessive zu einer lernbaren „Systemmethodik" führt"[146]. Einen ersten Überblick über den Aufbau und Inhalt der Systemwissenschaften gibt das folgende Schaubild[147]:

---

[143] Ulrich,H., Von der Betriebswirtschaftslehre zur systemorientierten Managementlehre, S. 181 ff.; Ulrich, H., Die Unternehmung als produktives soziales System

[144] Gomez, Modelle und Methoden des systemorientierten Managements, S. 19; Müller-Merbach, Vier Arten von Systemansätzen, S. 854 ff.

[145] Schanz, Wissenschaftsprogrammen der Betriebswirtschaftslehre. S. 91

[146] Ulrich,H./Probst, a.a.O., S. 19

[147] Baetge, Systemtheorie, S. 511

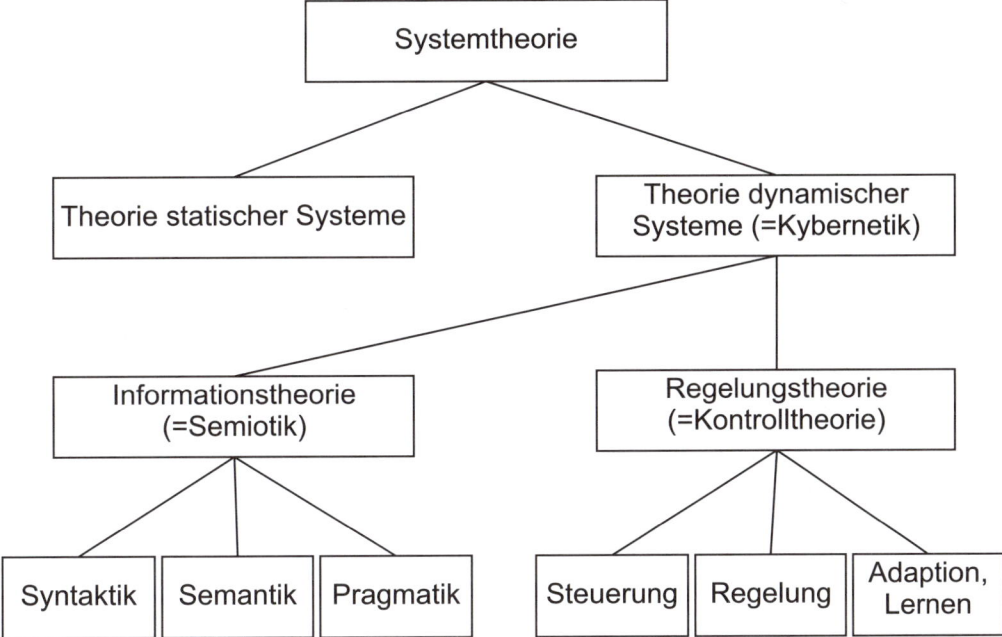

Abb. 1.11   Überblick über die Systemwissenschaften

Angesichts der vorherrschenden Komplexität und Dynamik in Wirtschaft und Gesellschaft kann nur die **Theorie dynamischer Systeme (= Kybernetik)** als Ausgangsbasis dienen. Dabei steht die **Erforschung offener, komplexer, dynamischer Systeme** im Mittelpunkt der Allgemeinen Systemtheorie[148].

Unter einem **System** versteht man eine **Menge von Elementen zwischen denen Wechselbeziehungen bestehen**[149]. Die Elemente eines Systems können selbst wiederum Systeme sein (sogenannte Subsysteme). In realen Systemen konkretisieren sich die Beziehungen zwischen den Elementen über den Austausch von Materie, Information und Energie. Systeme werden als **offen** bezeichnet, wenn sie in einer materiellen oder immateriellen Austauschbeziehung mit ihrer Systemumwelt stehen. **Dynamische** Systeme zeichnen sich dadurch aus, dass sie von einem Zustand in einen anderen übergehen können. Auf die Merkmale von Komplexität wurde bereits in Kap. 1.1 ausführlich hingewiesen. In Anlehnung an die Definition von Bertalanffy versteht Hans Ulrich unter einem System eine geordnete Gesamtheit (oder Ganzheit) von Elementen, zwischen denen irgendwelche Beziehungen bestehen oder hergestellt werden können[150]. Auf das wesentlichste Merkmal der Komplexität stellt Dörner ab, indem er ein System als eine Menge von Variablen definiert, die durch ein **Netzwerk** von

---

[148] Marr/Schuh, Systemtheorie, S. 984; Ulrich, Management, S. 99

[149] Bertalanffy, Vorläufer und Begründer der Systemtheorie, S. 18

[150] Ulrich, H., Die Unternehmung als produktives soziales System, S. 105

kausalen Abhängigkeiten miteinander verbunden sind[151]. Eine umfassende Definition, die sich u. a. auf so namhafte Systemforscher wie Ashby, Beer und Vester stützt, liefert Gomez[152]: Ein System ist eine Menge von Variablen oder Elementen, die aus einer ganz bestimmten Perspektive aus einer Vielzahl möglicher Elemente ausgewählt wurden. Als Kriterien für die Auswahl dieser Elemente sind der Grad ihrer Vernetzung, die sich daraus ergebenden Struktur- und Verhaltensmuster sowie der durch die Systembildung angestrebte Zweck relevant. Zusammengefasst ergeben sich folgende systemischen Eigenschaften[153]:

- Das Verhalten jedes Elements eines Systems hat Auswirkungen auf das Verhalten eines Systems als Ganzheit.

- Das Verhalten der Elemente untereinander und deren Auswirkungen auf das System als Ganzheit sind interdependent, d. h. es ist gekennzeichnet durch wechselseitige Bestimmungs-, Produktions- und Beeinflussungsinteraktionen.

- Wenn immer Subsysteme entstehen, interagieren diese untereinander und mit dem System als Ganzheit.

Ein Systemdenker wird demzufolge folgende Fragen stellen[154]:

- Was ist das System, mit dem ich es zu tun habe?

- In welches größere System ist es eingegliedert?

- Welches sind seine Beziehungen zu dieser Umwelt?

- Aus welchen Komponenten ist es aufgebaut?

- Welche Beziehungen bestehen zwischen diesen Komponenten?

Diese Fragen lassen sich anhand eines **Verknüpfungsmodells** darstellen, das meistens die komplexe Wirklichkeit zunächst einmal vereinfachen kann. Demnach ist das System Unternehmung zwar eine Ganzheit, gleichzeitig jedoch Teil einer größeren Ganzheit: Der Umwelt. Wenn man nun von einem systemhaften Aufbau der Welt ausgeht, so ist festzustellen, dass jeweils das umfassendere System die Zwecke und Existenzbedingungen des nächst kleineren Systems bestimmt. Ausgebend von dieser ganzheitlichen Betrachtungsweise ergeben sich folgende **Konsequenzen für das Managementverständnis**[155]:

- Der Zweck eines jeden Unternehmens besteht darin, für die Umwelt einen Nutzen zu erbringen.

- Aus der Erfüllung dieses Zweckes leitet sich seine Existenzberechtigung her.

---

[151] Dörner, Die Logik des Mißlingens, S. 109

[152] Gomez, Modelle und Methoden des systemorientierten Managements, S. 40 ff.

[153] Ruegg, a.a.O., S. 102

[154] Ulrich, H., Management, S. 68 f.

[155] Hub, Ganzheitliches Denken im Management, S. 53

- Nicht das Unternehmen selbst, sondern die gesellschaftliche Umwelt hat darüber zu befinden und wird es längerfristig auch tun, ob es nützlich und damit existenzberechtigt ist oder nicht. Die Umwelt hat entsprechend ein „natürliches" Recht auf eine entsprechende Offenlegung der Unternehmensaktivitäten. Im Hinblick auf künftige Generationen hat das „Recht" der Umwelt, Unternehmen auf ihren Zweck hin zu beurteilen, längst den Stellenwert einer elementaren „Pflicht" erhalten.

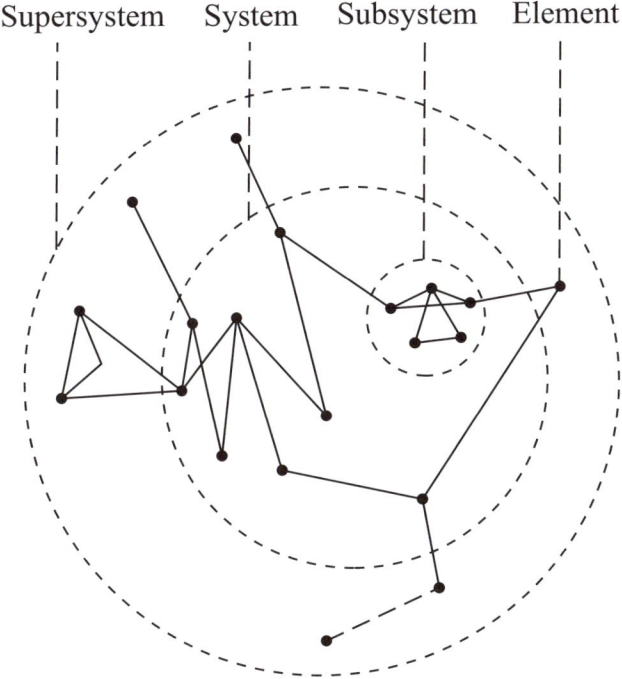

Supersystem   System   Subsystem   Element

Abb. 1.12   Systembegriffe

Selbstverständlich muss auch die Umwelt wiederum ganzheitlich gesehen werden. Als die wohl wesentlichste Änderung gegenüber der analytisch dominierten Vorgehensweise wird die veränderte Denkhaltung bei allen systemtheoretischen Ansätzen hervorgehoben. Nach Ulrich H./Krieg beinhaltet diese **grundlegend neue Denkweise** folgende Schwerpunkte[156]:

- Das Systemdenken ist erstens ein ganzheitliches Denken, d. h. Probleme werden in ihrer Vielschichtigkeit erfasst und stets in einem umfassenderen Zusammenhang gesehen.

- Das Systemdenken ist zweitens ein prozessorientiertes Denken; dabei wird die grundlegende Bedeutung von Struktur und Information für das Verhalten dynamischer Systeme betont.

- Das Systemdenken ist drittens ein interdisziplinäres Denken, was einer ausgesprochen problemorientierten Sichtweise entspricht.

- Das Systemdenken ist viertens ein analytisches und synthetisches Denken zugleich, wobei gedanklich auf unterschiedlichen Abstraktionsebenen operiert wird.

- Das Systemdenken ist fünftens ein pragmatisches Denken, d. h. die Unbestimmtheit und Undurchschaubarkeit komplexer Situationen wird bewusst akzeptiert, wobei zur Bewältigung konkreter Probleme, rückgekoppelten Lenkungs- und Lernprozessen fundamentale Bedeutung zukommt.

„Gemeint ist damit ein integriertes, zusammenfügendes Denken, das auf einem breiteren Horizont beruht, von größeren Zusammenhängen ausgeht und viele Einflussfaktoren berücksichtigt, das weniger isolierend und zerlegend ist als das übliche Vorgehen"[157]. Wiedmann beschreibt diese „neue Denkweise" wie folgt[158]:

- Ganzheitliches bzw. „systemisches" Denken steht im Gegensatz zu einer isolierend-abstrahierenden, zusammenhanglosen und reduktionistischen Sichtweise. Grundlegend ist eine Koevolution zwischen dem mikroskopischen Element „Unternehmung" und der makroskopischen Gesamtheit „Unternehmensumwelt".

- Angestrebt wird eine organische Sichtweise, die konträr zu einer mechanistischen und deterministischen Sichtweise zu sehen ist. Dabei stehen Prozesse der Selbstorganisation im Vordergrund, die nur in geringem Umfang durch den Menschen zweckorientiert und zielbestimmt gesteuert werden können. Die Illusion einer umfassenden Machbarkeit und Beherrschbarkeit ist dementsprechend aufzugeben.

- Die Forschung sieht sich demzufolge vor die Aufgabe gestellt, die Mechanismen und Spielregeln der Evolution von Gesamtsystemen zu erkennen. Dazu ist ein Prozessdenken gemäß dem Grundmuster der Evolution „Variation-Selektion-Stabilisierung" erforderlich.

---

[156] Ulrich, H./Krieg, Das St. Galler Management-Modell, S. 66

[157] Ulrich, H./Probst, a.a.O., S. 11

[158] Wiedmann, Konzeptionelle und methodische Grundlagen der Früherkennung, S. 322 f.

Damit wird einem rein linear-kausalanalytischen bzw. deterministischen Denken, wie es u. a. von Popper progagiert wird[159,] eine klare Absage erteilt[160].

In wissenschaftlichen Beiträgen zur Systemtheorie und Kybernetik wird vor allem die **enge Verbindung zwischen Systemtheorie und ganzheitlichem Denken** hervorgehoben[161]. Ganzheitliches Denken und Handeln wird von dem Forschungsprinzip **Holismus** vertreten[162]. Diese Vorgehensweise steht diametral einem elementaristisch-mechanistischen Modus gegenüber, der versucht lineare Ursache-Wirkungs-Beziehungen zu konstruieren und damit auch als analytisch, reduktionistisch oder inkremental bezeichnet werden kann. Dabei werden die Eigenschaften der Teile eines Ganzen in den Mittelpunkt der Betrachtung gestellt, um auf diesem Wege das Wesen eines Systems erklären zu können. Mittlerweile hat sich jedoch die Erkenntnis durchgesetzt, dass ein komplexes System ineinander greifender Wirkungen in Bezug auf sein Verhalten nicht mehr aus den Einzelkomponenten erklärt werden kann[163]. Das Ganze ist, wie Systemtheoretiker herausstellen, mehr als die Summe seiner Teile[164]. Im Gegensatz dazu betont ein **systemisches (=ganzheitliches Denken)** besonders die **Vernetzung** und die Art und den Grad **wechselseitiger Abhängigkeiten** zwischen den Elementen eines Systems sowie zwischen den Elementen und dem Ganzen[165]. Gerade japanische Unternehmen gehen von einem holistischen Ansatz des Wissenserwerbs aus[166]. Allerdings muss in diesem Zusammenhang auf ein **Grundproblem ganzheitlicher Erkenntnisgewinnung** hingewiesen werden. – Selbst bei kleinen Systemen besteht eine phänomenologisch bedingte **Interaktionsvielfalt**[167]. Der Anspruch einer ganzheitlichen Vorgehensweise kann demzufolge nicht bedeuten, alle relevanten Einflussfaktoren und deren Konnex in einem Simultanverfahren eruieren und handhaben zu wollen. Mit „Ganzheitlichkeit" ist demzufolge **kein Vollständigkeitsanspruch** verbunden, sondern es steht eine bestimmte Betrachtungsperspektive im Vordergrund, die möglichst umfassende Erfassung einer Problemstellung[168].

Insbesondere unter anwendungsorientierten Gesichtspunkten muss der holistische Ansatz **zwangsläufig mit Reduktionismus verbunden** werden, wobei jedoch die Muster und Ordnungen eines Entscheidungsfeldes transparent zu machen sind und keine Zusammenhänge

---

[159] Popper, Alles Leben ist Problemlösen, S. 68 f.

[160] Bleicher, Betriebswirtschaftslehre als systemorientierte Wissenschaft vom Management, S. 71; Servatius, Evolutionäre Führung …, S. 158

[161] Marr/Schuh, a.a.O., S. 982; Bertalanffy, Zu einer allgemeinen Systemlehre, S. 31; Ruegg, a.a.O., S. 102; Ulrich, H./Probst, a.a.O., S. 20; Schiemenz, Komplexitätsbewältigung durch Systemansatz und Kybernetik, S. 364

[162] Eggers, Ganzheitlich-vernetzendes Management, S. 65 ff. und S. 69 ff.; siehe auch: Luhmann, Zweckbegriff und Systemrationalität, S. 56 f.; Siller, a.a.O., S. 63 ff.

[163] Vester, Vernetztes Denken, S. 168 ff.

[164] Siehe dazu stellvertretend: Malik, Strategie des Managements komplexer Systeme, S. 501 ff.

[165] Probst, Selbstorganisation, S. 32 f.

[166] Zahn, Die strategische Renaissance des Unternehmens, S. 31

[167] Eggers, Ganzheitlich vernetzendes Management, S. 74 ff.

[168] Hub, a.a.O., S. 13; Malik, Strategie des Managements komplexer Systeme, S. 51

„zerrissen" werden dürfen. Es geht also darum, neben der Ganzheit und ihren Eigenschaften stets auch Teile zu betrachten und Vernetzungen sowie Interdependenzen aufzuzeigen. Zur Handhabung komplexer Phänomene sind somit **sowohl holistische als auch elementaristische Prinzipien zu beachten,** wobei die ganzheitliche Sichtweise einen übergeordneten Stellenwert aufweist[169]. Systemisches Denken bedeutet auch prozessorientiertes Denken. In diesem Zusammenhang werden insbesondere Informationen und Kommunikation hervorgehoben[170]. Hans Ulrich misst **der Informationsversorgung der Führungskräfte** für die Qualität und Schlagkraft des Managements **eine überragende Bedeutung** zu. Bei der strukturbezogenen Komponente bestimmt vor allem die Vernetzung der Elemente zu bestimmten Regelkreisen das Systemverhalten[171].

Ganzheitliches Denken ist nicht von **vernetztem Denken** zu trennen. Mit dem vernetzten Denken im Management, das auf der Basis des systemorientierten Managements der St. Galler Schule und Frederic Vester´s Methodik des vernetzten Denkens entwickelt wurde, soll eine **anwendungsorientierte Problemlösungs-Methodik** angeboten werden (hierzu wird in Kapitel 3 näher darauf eingegangen)[172]. Kennzeichnend für die Durchsetzung eines vernetzten Denkens ist u. a. seine starke **Teamorientierung**[173]. Das Einfließen unterschiedlicher Sichtweisen und Meinungen kommt einem ganzheitlichen Problemlösungsansatz besser entgegen, als die isolierte Meinung eines „Machers". Im Vordergrund bei der vernetzten Denkweise steht selbstverständlich die Berücksichtigung der Beziehungen zwischen den Elementen, Subsystemen eines Systems und dessen Verknüpfungen zu übergeordneten Systemen.

Ein weiterer gewichtiger Schwerpunkt der systemischen Denkhaltung ist das Denken auf wechselnden Abstraktionsebenen, wie es im „**Auflösungskegel**" von Beer zum Ausdruck kommt[174].

---

[169] Eggers, Ganzheitlich -vernetzendes Management, S. 77 f.

[170] Ulrich, H., Management, S. 55 f.; siehe auch: Czap, Kybernetik und Kommunikation zur Bewältigung des sozioökonomischen Wandels, S. 13

[171] Ulrich, H./Probst, a.a.O., S. 247

[172] Eggers, Ganzheitlich-vernetzendes Management, S. 90 ff.; siehe auch: Siegwart, Anwendungsorientierung, Systemorientierung und Integrationsleistung einer Managementlehre, S. 97 f.; Ulrich, H., Unternehmungspolitik – Instrument und Philosophie ganzheitlicher Unternehmungsführung; Vester, Leitmotiv vernetztes Denken; Ruegg, a.a.O., S. 197

[173] Vester, Leitmotiv vernetztes Denken, S. 85; Eggers, Ganzheitlich-vernetzendes Management, S. 96

[174] Entnommen aus: Ulrich, H., Management, S. 50 f.; Ruegg a.a.O., S. 118 f.

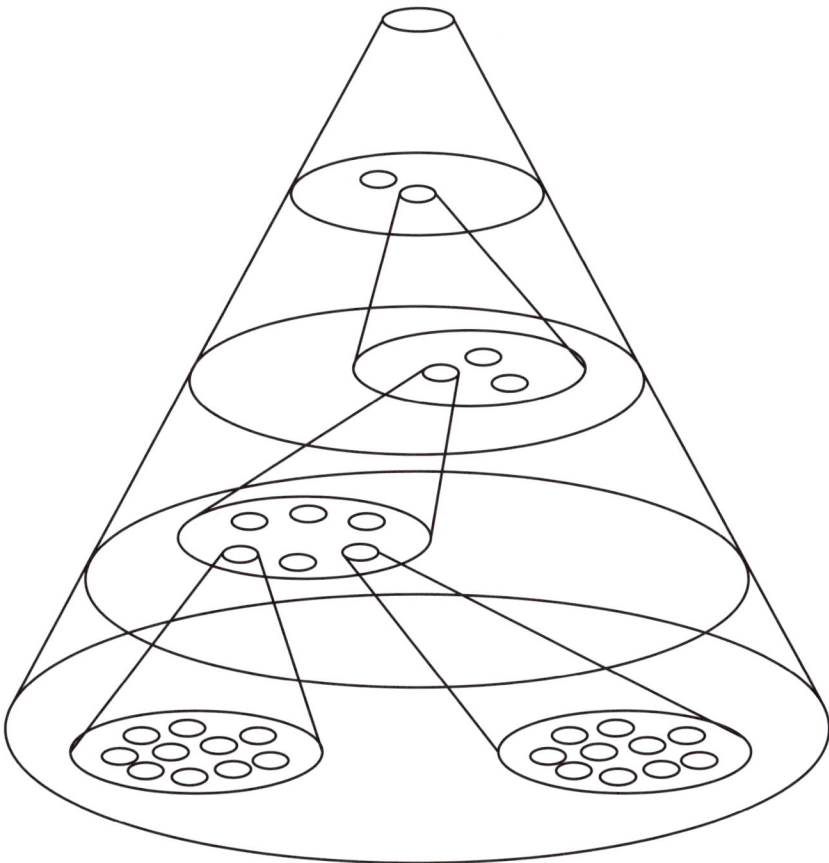

Abb. 1.13 Auflösungskegel

Damit ganzheitliches Denken zum Hauptbestandteil eines entsprechenden Managements wird, muss eine **Sensibilisierung** des Managements erreicht werden, die folgende Stufen umfasst[175]:

- Ingangsetzung eines Umdenkprozesses, indem sich das Management und die Mitarbeiter von althergebrachten Denkweisen lösen. Das Management muss hierbei eine Vorreiterrolle spielen.

- Vernetzung der Unternehmensbereiche, beispielsweise durch sich selbstorganisierende Teams. Damit verbunden ist natürlich auch die Einbeziehung der Verbindungen zur Umwelt der Unternehmung.

- Verbesserung der Informations- und Kommunikationsprozesse; hierzu kann insbesondere das Controlling wertvolle Hilfestellung leisten.

---

[175] Fehrlage, Potentiale nutzen durch ganzheitliches Management, S. 45 ff.

- Anpassung der Organisation kann durch Abschaffung bürokratischer Regeln, flachere Hierarchien, kleinere Einheiten, Projektteams und Selbstorganisation erreicht
  werden.

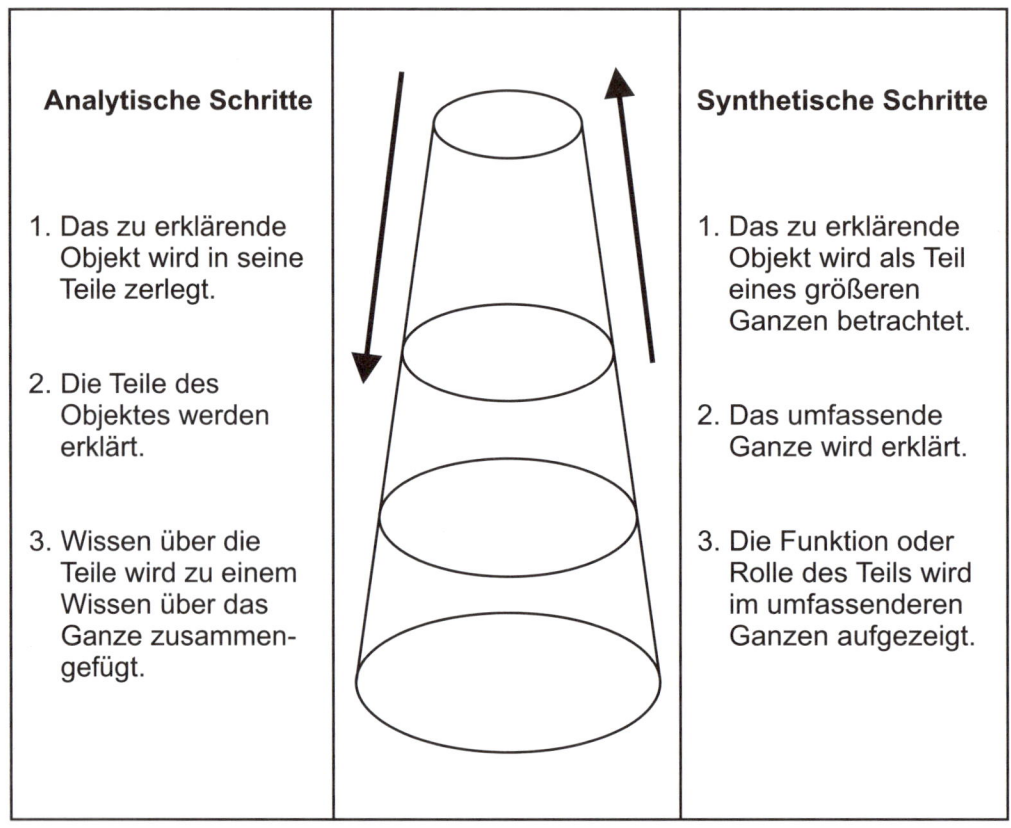

Abb. 1.14   Integrierendes Denken (analytisch und synthetisch)

1.3.2.2.2   Kybernetische Grundlagen

Wie bereits herausgestellt wurde, basiert die systemtheoretische Betriebswirtschaftslehre auf
der Systemtheorie und Kybernetik. Systemtheorie und Kybernetik gelten nach wie vor als
geeignete Instrumente, um Komplexität zu bewältigen[176]. Die **Kybernetik** befasst sich dabei
mit der **Lenkung** und **Informationsversorgung** von und in dynamischen Systemen. Im
Mittelpunkt des Forschungsinteresses stehen die wesentlichen Eigenschaften und Gesetzmäßigkeiten von dynamischen Systemen, die diese in die Lage versetzen, die relevanten Informationen verarbeiten zu können und die Systeme zielgerecht zu lenken, bzw. sich selbst zu

---

[176] Czap, Kybernetik und Kommunikation zur Bewältigung des sozio-ökonomischen Wandels, S. 17

lenken[177]. Viele Autoren haben den Controlling-Gegenstand dementsprechend an diese kybernetischen Aufgabenstellungen angelehnt, indem sie „control" mit Lenken, unter Kontrolle haben, „lenkig" sein, übersetzten und entsprechend inhaltlich ausgestalteten[178]. Dabei kommt der Kybernetik als Theorie dynamischer Systeme, insbesondere in der Form der Regelungstheorie, eine überragende Bedeutung zu (siehe Abb. 1.11).

Unter der **Regelungstheorie** kann die Lehre von der Steuerung, Regelung und Adaption in dynamischen Systemen verstanden werden. Dies geschieht mit Hilfe von Instrumenten, die einen gewünschten Zustand des Systems dadurch herbeiführen wollen, indem bei Störungen des Systems zielkonforme Reaktionen ausgelöst werden[179]. Die **Systemtheorie** führt mit ihrem Anspruch einer „General Theory" zu einer hohen Abstraktion der Aussagen, Reduktion der Vielfalt auf universell nachweisbare Kategorien und Formulierung wenig operationaler Aussagen mit geringem Informationsgehalt für alle Arten von Systemen. Einen praktischen Anwendungsbeitrag, vor allem in Verbindung mit Managementproblemen, kann sie erst zusammen mit der Kybernetik erbringen[180]. Gemäß dem **St. Galler Managementmodell**, das von Hans Ulrich maßgeblich konzipiert wurde, stellt sich die **Kybernetik** vor allem als ein **Instrument zur Erfassung der Dynamik von Prozessen in komplexen Systemen** dar[181]. Die Frage, wie Systeme jeglicher Art die **Komplexität** ihrer Umwelt (und Inwelt) **bewältigen** können, ist wohl das **zentrale Problem** der Kybernetik[182]. Die systemorientierte Managementlehre lässt sich dann folgendermaßen in die Systemtheorie und Kybernetik integrieren (siehe Abb. 1.15)[183].

Kybernetik wird dabei allgemein als Wissenschaft von der Gestaltung und Lenkung dynamischer Systeme definiert, wobei die systemorientierte Managementlehre sich mit der Gestaltung und Lenkung sozialer Systeme, insbesondere von Unternehmungen, befasst. Die Lenkung beinhaltet dabei auch die Bereitstellung von relevanten Informationen, wobei die relevanten Informationen nur im Verlauf des Arbeitens mit und in dem System gewonnen werden können[184].

Mit Gestalten ist gemeint, eine Institution wie die Unternehmung überhaupt erst zu schaffen und als zweckgerichtete handlungsfähige Ganzheit aufrechtzuerhalten. Gestalten bedeutet Entwerfen von Ordnung, um die potentiell sehr große Verhaltensvarietät eines aus vielen selbst komplexen Elementen bestehenden Systems auf zweckgerichtete Verhaltensweisen zu reduzieren. Die Lenkung sorgt dann dafür, dass diese Verhaltenweisen auch eingehalten werden[185]. Mit diesen Funktionen und der Funktion des Entwickelns, d. h. der Fähigkeit zur

---

[177] Baetge, Thesen zur Wirtschaftskybernetik, S. 14; Ulrich, H., Management, S. 38

[178] Siehe stellvertretend dazu: Probst, Die Bausteine vernetzten Denkens ..., S. 9

[179] Baetge, Systemtheorie, S. 511 f.

[180] Staehle, Management, S. 40 f.

[181] Grossmann, a.a.O., S. 9; Ulrich, H./Krieg, a.a.O., S. 65

[182] Malik, Strategie des Managements komplexer Systeme, S. 77

[183] Ulrich, H., Management, S. 67

[184] Malik, Strategie des Managements komplexer Systeme, S. 515

[185] Ulrich, H./Probst, a.a.O., S. 260 f.

Selbstentwicklung der Unternehmung, soll letztlich die **Lebensfähigkeit der Unternehmung** in einer dynamischen Umwelt durch Anpassungsmechanismen gewährleistet werden[186].

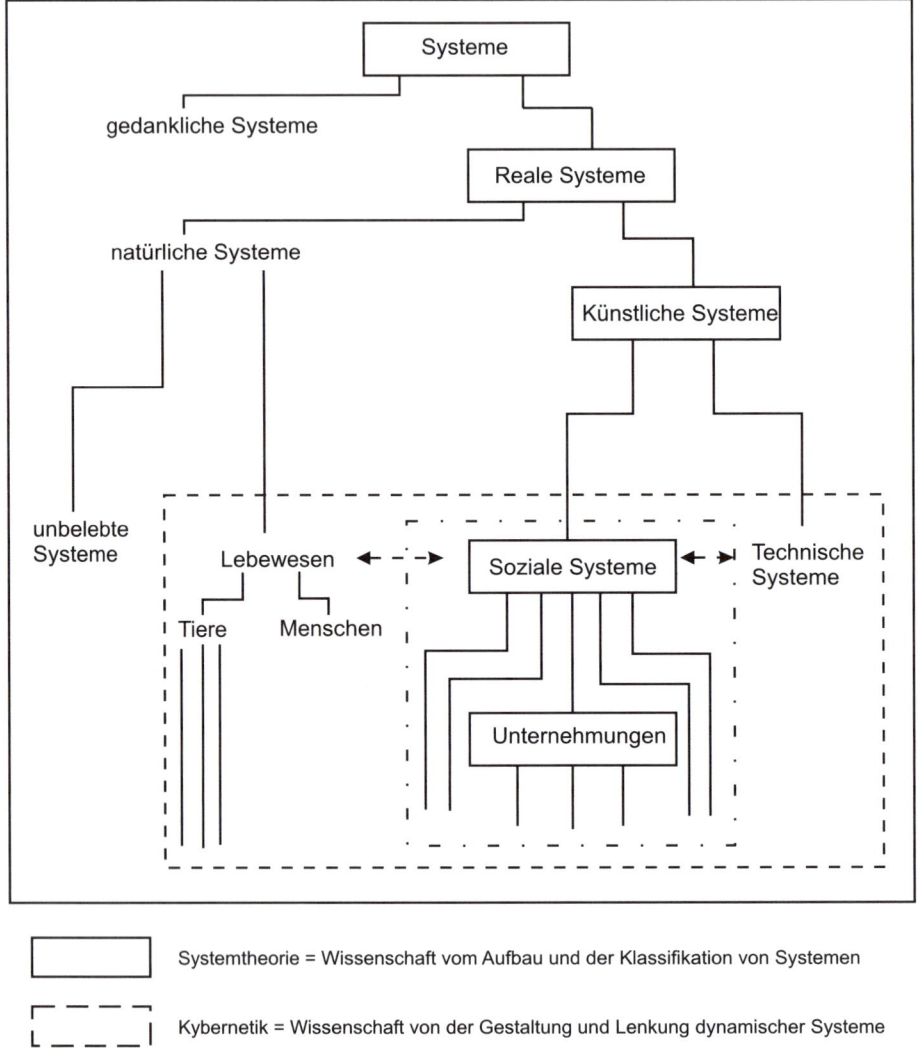

Abb. 1.15   Systemtheorie, Kybernetik und Managementlehre

---

[186] Ebenda, S.263;siehe auch: Lindemann, Kybernetik, S.1269; Pümpin, Strategische Führung in der Unternehmenspraxis, S. 9;

Unter einer **Bewältigung der vorherrschenden Komplexität** kann verstanden werden, dass das System Unternehmung immer nur insoweit unter Kontrolle gehalten werden kann, als es gelingt zu verhindern, dass sich das System in Zustände bewegt, zu denen es grundsätzlich in der Lage ist, die jedoch nicht wünschbar erscheinen[187]. Diese Art der Komplexitätsbewältigung unterscheidet sich diametral von der herkömmlichen Einschätzung, die davon ausgeht, dass Unternehmungen vom Management umfassend gestaltet werden können. Die entscheidende Frage ist darin zu sehen, wie eine Institution (z. B. eine Unternehmung) gestaltet und gesteuert werden muss, um trotz Turbulenzen, Mangel an Prognostizierbarkeit und höchster Komplexität möglichst lebensfähig zu bleiben[188].

Für das **Controlling** als Führungssubsystem der Unternehmung ist die Funktion der **Lenkung** von besonderer Bedeutung. „In der Betrachtungsweise der Kybernetik wird die Unternehmung als Ganzes dargestellt als ein sich selbst steuerndes System, das mit Hilfe einer Rückkopplung der gemeldeten Ist-Werte und einem Vergleich mit Soll-Werten die Wirkungen von Störungen des Systems dadurch aufhebt, dass Maßnahmen zu ihrer Beseitigung ausgelöst werden. Das System strebt so auf ein Gleichgewicht zu[189]. Dieses kybernetische Grundprinzip läßt sich als **Regelkreis** darstellen (siehe Abb. 1.16 auf Seite 46)[190]. Übertragen auf die Problemstellungen im System Unternehmung lässt sich das kybernetische Grundprinzip wie folgt darstellen (siehe Abb. 1.17 auf Seite 47)[191].

Dieses Regelkreismodell gilt als zweckmäßiges Hilfsmittel zur Beschreibung zielgerichteter sozio-technischer Prozesse[192] und erscheint darüber hinaus geeignet, zur Komplexitätsbewältigung beizutragen[193]. In der systemorientierten Betrachtungsweise muss man sich die **Unternehmung** allerdings als ein **System vermaschter Regelkreise** vorstellen[194]. **Subsysteme**, wie das **Controlling** funktionieren dann ebenfalls gemäß dem **Regelkreisprinzip**.

---

[187] Malik, Strategie des Managements komplexer Systeme, S. 191;

[188] Ebenda, S. 10

[189] Kahl, Ziele und Zielplanung in Unternehmen, S. 208.

[190] Hub, a.a.O., S. 38.

[191] Pfohl, a.a.O., S. 20 f.; siehe auch: Becker, Funktionsprinzipien des Controlling, S. 303.

[192] Daenzer, Systems Engineering, S. 248.

[193] Schiemenz, a.a.O., S. 367 ff.

[194] Bleicher, Die Entwicklung eines systemorientierten Organisations- und Führungsmodells der Unternehmung, S. 61; Marr/Schuh, Systemtheorie, S. 984 f.

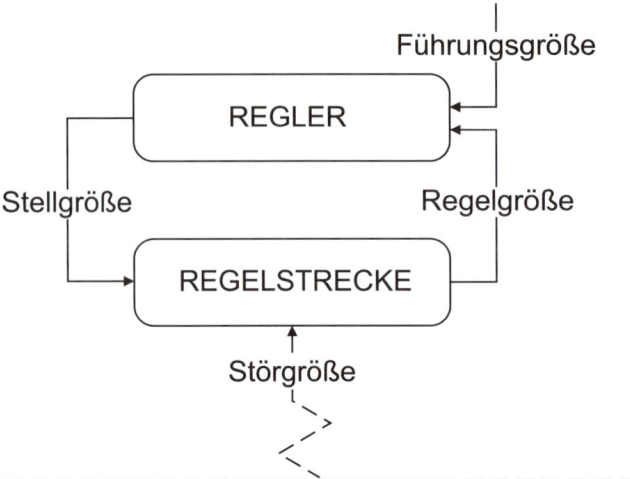

Führungsgröße: gibt das Ziel (Soll) an
Stellgröße: gibt die Mittel und Wege zur Zielerreichung an
Regelgröße: gibt den Istzustand an ("Rückkopplung", "Feedback")
Regelstrecke: ist der zu regelnde Prozess ("Regelobjekt")
Störgröße: Einwirkung, die vom Soll wegführt
Regler: vergleicht Regelgröße mit Führungsgröße und gestaltet
                 dem entsprechend die Stellgröße

Abb. 1.16   Regelkreis nach DIN 19226

In der Kybernetik werden nun zwei verschiedene Arten von Lenkung unterschieden, die **Steuerung** bzw. die **Regelung**. Letztendlich geht es dabei um die **Erfassung, Verarbeitung und Weitergabe von Informationen**. Gemäß der DIN-Norm 19226 werden Steuern und Regeln wie folgt definiert[195]:

„Das Steuern – die Steuerung – ist der Vorgang in einem System, bei dem eine oder mehrere Größen als Eingangsgrößen andere Größen als Ausgangsgrößen aufgrund der dem System eigentümlichen Gesetzmäßigkeiten beeinflussen. Kennzeichen für das Steuern ist der offene Wirkungsablauf über das einzelne Übertragungsglied oder die Steuerkette".

---

[195] Lindemann, a.a.O., S. 1270; Mock, Unternehmensplanung und kybernetisches Management, S. 32 f.

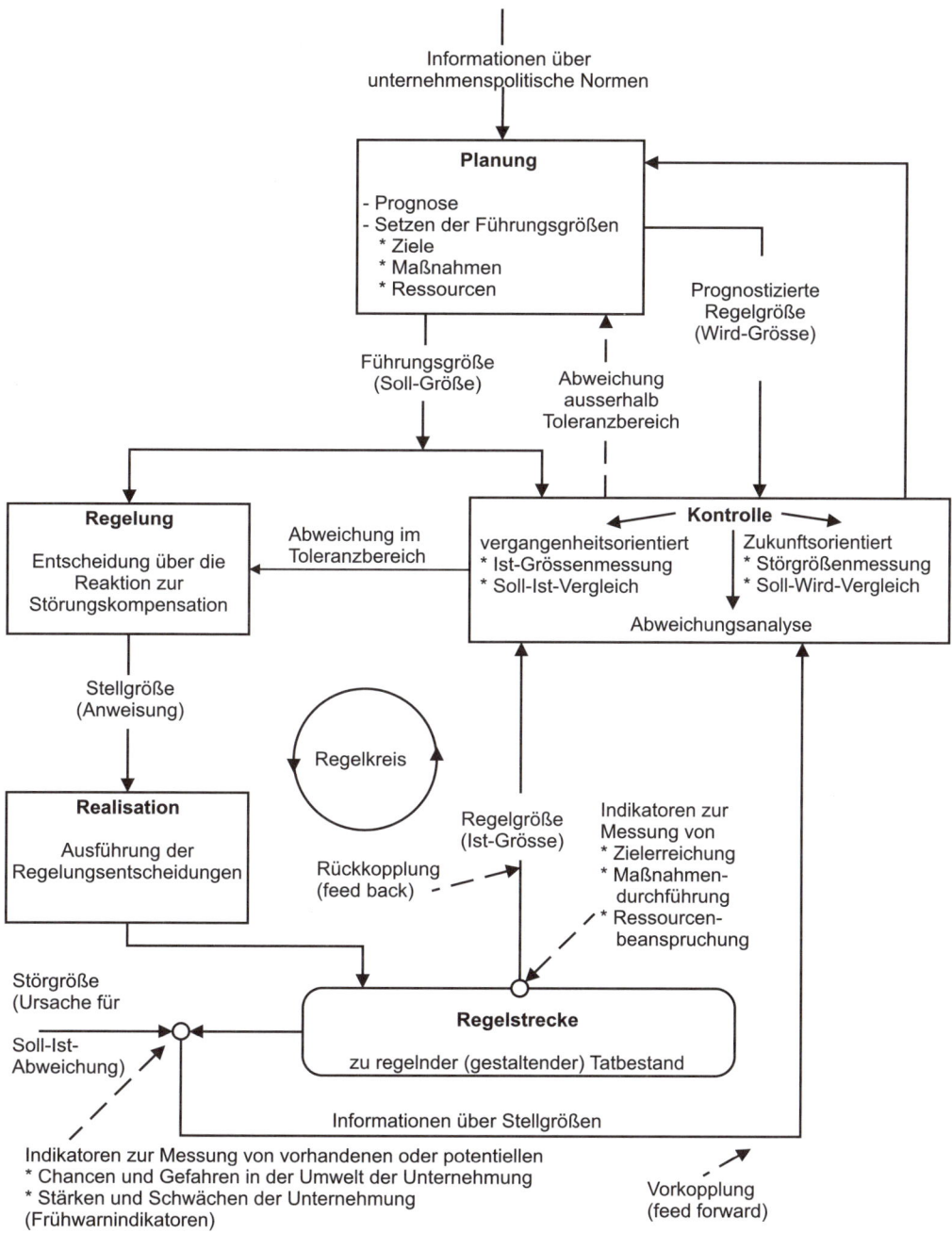

Abb. 1.17   Das kybernetische Grundprinzip angewandt auf das System Unternehmung

„Das Regeln – die Regelung – ist ein Vorgang, bei dem eine zu regelnde Größe (Regelgröße) fortlaufend erfasst, mit einer anderen Größe, der Führungsgröße, verglichen und abhängig vom Ergebnis dieses Vergleichs im Sinne einer Angleichung an die Führungsgröße beeinflusst wird. Der sich dabei ergebende Wirkungsablauf findet in einem geschlossenen Kreis, dem Regelkreis, statt."

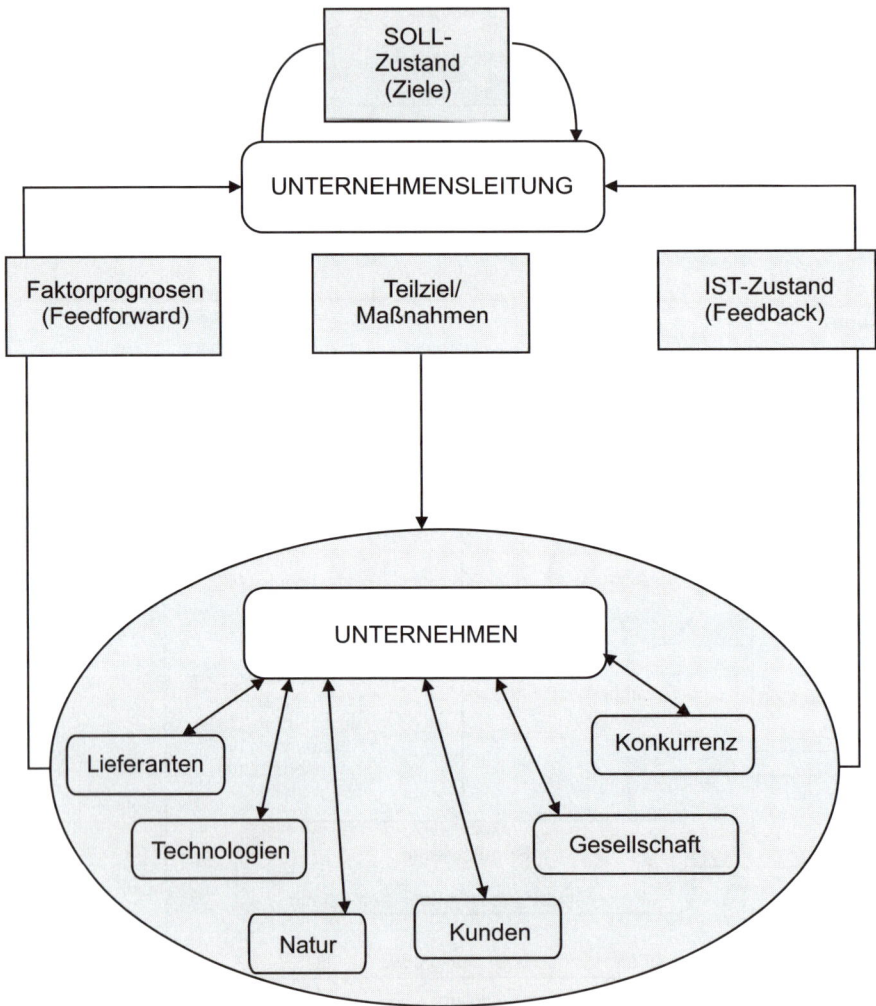

Abb. 1.18   Die Vernetzung der Unternehmung mit Umweltsystemen im Regelkreis

Bezogen auf den in Abb. 1.16 auf Seite 46 dargestellten Regelkreis verkörpert das Steuerglied das lenkende Systemelement, während die Steuerstrecke den zu lenkenden Prozess repräsentiert[196]. **Steuerung setzt vollständige Informationen** über die Reaktion des Systems auf Störungen und damit das künftige Systemverhalten **voraus**. In der betrieblichen Praxis ist jedoch von internen und externen Störungen auszugehen, die auf die Zielerreichung einwirken und damit die Erreichung des Anpassungszustandes verhindern. **Probleme** können demzufolge aus der Sicht der Kybernetik als **Störung eines Anpassungszustandes** interpretiert werden. Die Problemlösung bestünde dann darin, denselben wiederherzustellen oder einen neuen Anpassungszustand zu erreichen[197]. Das Prinzip der **Regelung** hat gegenüber dem der Steuerung den wesentlichen Vorteil, dass **unvollständige Informationen hingenommen werden** und damit „besser" den unternehmensspezifischen Problemstellungen durch ein höheres Maß an Flexibilität und Anpassungsfähigkeit entsprochen werden kann[198]. Allerdings beinhaltet das Prinzip der Regelung in Form **der Rückkoppelung (Feedback)** keine Störungsabwehr, sondern reagiert nur auf bereits eingetretene Abweichungen von den Zielgrößen[199]. Eine Störungsabwehr würde ein Fernhalten von Störungen durch Abschirmen bzw. eine Abmilderung der Störwirkungen nach sich ziehen[200].

Allgemein wird eine Verbesserung der Lenkung des Systems Unternehmung erwartet, wenn die Prinzipien von Steuerung und Regelung kombiniert werden[201]. Dabei ist die Steuerung in der Unternehmung um eine Art Vorsteuerung (=**Feedforward-Steuerung**) zu erweitern, die Störungen möglichst frühzeitig erkennen soll, um das Auftreten von Abweichungen weitgehend zu vermeiden[202]. Dieses **Früherkennungssystem** wirft natürlich wiederum die Informationsproblematik auf. Darauf wird in Kapitel 4 näher eingegangen. Unterstützt werden muss diese Feedforward-Steuerung wie auch die Regelung durch das **Prinzip der Adaption**[203]. Adaptive Systeme besitzen die Fähigkeit zu „lernen", wobei **Lernen** als ein Prozess aufgefasst werden soll, „in dem Informationen aufgenommen, verarbeitet und in der Weise gespeichert werden, dass das lernende System in gleichen oder ähnlichen Situationen darauf zurückgreifen kann, um sein Verhalten zielgerecht zu lenken". Eine zusammenfassende Gegenüberstellung der Prinzipien von Regelung und Steuerung ist aus der Tabelle (siehe Abb. 1.19 auf Seite 50) ersichtlich[204].

Ziel dieser kybernetischen Prinzipien Steuerung und Regelung ist es, das System Unternehmung in einem stabilen Zustand zu halten[205]. Diese Zielsetzung orientiert sich an der **Homöostase**, die einen stabilen, die Funktionen erfüllenden Systemzustand, wie er in natür-

---

[196] Baetge, Systemtheorie, S. 516.

[197] Malik, Strategie des Managements komplexer Systeme, S. 361 ff.

[198] Mock, a.a.O., S. 34; Siegwart/Probst, a.a.O., S. 7

[199] Hub, a.a.O., S. 63 f.

[200] Bramsemann, Handbuch Controlling, S. 35 ff.

[201] Baetge, Systemtheorie, S. 516 ff.; Becker, Funktionsprinzipien des Controlling, S. 304 ff.

[202] Gomez, Modelle und Methoden des systemorientierten Managements, S. 203 ff. und S. 206 ff.; Hub, a.a.O., S. 63 f.

[203] Baetge, Systemtheorie, S. 520

[204] Siegwart/Menzl, Kontrolle als Führungsaufgabe, S. 62

[205] Lindemann, a.a.O., S. 1272

lichen Systemen in der Regel vorzufinden ist, darstellt. Mit Hilfe von Lernprozessen gelingt es dabei, unvorhersehbare Störungen zu verarbeiten[206].

Für Unternehmungen, die ja aus mehreren Subsystemen bestehen, gilt es, Ultrastabilität zu erreichen. Damit ist gemeint, dass die Subsysteme, z. B. das **Controlling**, ihre eigenen Führungsgrößen haben, für das Gesamtsystem jedoch ebenfalls eine Führungsgröße existiert, für die es keinen zusätzlichen Steuerungsmechanismus gibt; Ultrastabilität wird durch **Anpassung der Subsysteme** gewährleistet[207]. Anders formuliert, geht es darum, mit Hilfe der Systemlenkung das **Problem der Varietätsbewältigung** zu meistern. Lenkung kann somit als **Problemlösungsprozess** verstanden werden[208].

	Regelung	Steuerung
1. Wirkungsprinzip	Rückkopplung	Vorwärtskopplung
2. Ausrichtung	output-orientiert	input-orientiert
	= vergangenheitsbezogen	= zukunftsbezogen
3. Zeitpunkt des Eingriffes	nach Eintritt der Störung	vor Eintritt der Störung
4. Wirkung des Eingriffes	Störungsbeseitigung	Störungsabwehr

Abb. 1.19   Unterschiede zwischen Regelungs- und Steuerungsprozessen

Eine wichtige Grundformel in der Kybernetik besagt, dass gemäß dem **Varietätsgesetz** von Ashby ein System ein anderes nur lenken kann, wenn seine Varietät ebenso groß ist wie die des zu lenkenden Systems[209]. Von Problemsituationen in soziotechnischen Systemen, wie der Unternehmung, kann grundsätzlich angenommen werden, dass ihre Komplexität und damit ihre Varietät beträchtlich sind, und dass damit an die Lenkung hohe Varietätserfordernisse gestellt werden. „Ganz allgemein können diese nur erfüllt werden, wenn einerseits die Varietät der Problemsituation durch geeignete Mittel drastisch reduziert werden kann, ohne diese allerdings zu zerstören, und wenn die Lenkungseingriffe ihrerseits eine beträchtliche Varietätsverstärkung erfahren"[210]. Die Maßnahmen zur gewünschten Erhöhung oder Reduktion der Varietät werden als „Variety Engineering" bezeichnet[211].

---

[206] Becker, a.a.O., S. 302; siehe auch: Malik, Strategie des Managements komplexer Systeme, S.81, Gomez, Modelle und Methoden des systemorientierten Management, S. 25 und S. 173 f.

[207] Lindemann, a.a.O., S. 1272

[208] Malik, Strategie des Managements komplexer Systeme, S. 361 ff.

[209] Grossmann, a.a.O., S. 26; Malik, Strategie des Managements komplexer Systeme, S. 102

[210] Gomez, Modelle und Methoden des systemorientierten Managements, S. 53

[211] Schwaninger, Integrale Unternehmensplanung, S. 157

Auf Basis von kybernetischen Überlegungen lässt sich „**Management**" dann auf drei verschiedene Arten umschreiben[212]:

- Management ist die Gestaltung der erforderlichen Varietäten – Beer bezeichnet dies
  als „Variety Engineering".

- Management beinhaltet die Instrumentalisierung der Varietätsverstärkung und -
  reduktion.

- Management bedeutet Lenkung komplexer Systeme.

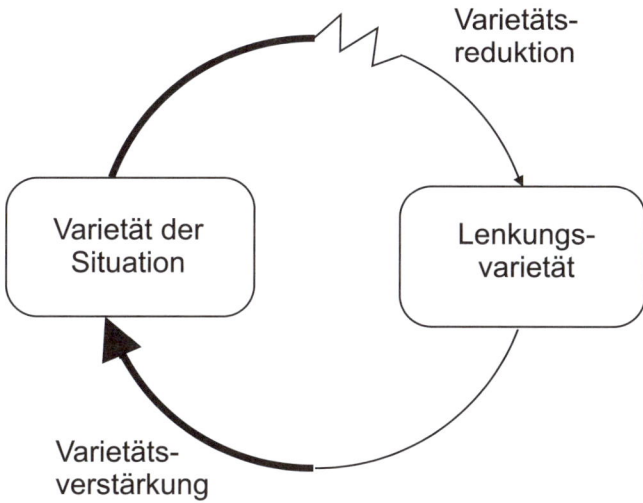

Abb. 1.20   Systemlenkung als Problem der Varietätsbewältigung

In Anlehnung an die Definition von Hans Ulrich, der **Management** als das Gestalten, Lenken und Entwickeln gesellschaftlicher Institutionen interpretiert[213], **kann „Gestalten" und
„Lenken" aus dem Umgang mit Varietät erklärt werden**. „Entwickeln" beinhaltet dann
das Zulassen der eigendynamischen, inneren Kräfte des Unternehmens, d. h. die Eigenent-
wicklung von Varietät. Dieser Aspekt der Lenkung kann als „dezentral – netzwerkartig –
sinnorientiert" bezeichnet werden[214]. Es kann demnach nicht davon ausgegangen werden,
dass sich Lenkung in gesellschaftlichen Institutionen vollständig von selbst vollzieht, sondern die Lenkungsfunktionen müssen auf Zwecke und Ziele des Systems ausgerichtet, bestimmt und bewusst vollzogen werden[215]. Einer Reduzierung der Verhaltensvarietät auf

---

[212] Grossmann, a.a.O., S. 30 f.

[213] Ulrich, H., Management, S. 114 ff.

[214] Ruegg, a.a.O., S. 168

[215] Ulrich, H./Probst, a.a.O., S. 87; Ruegg, a.a.O., S. 169

zweckgerichtete Verhaltensweisen sind jedoch **Grenzen** gesetzt, die vor allem aus der Komplexität und Dynamik der Umwelt herrühren. Die Unternehmung als offenes System muss einerseits zur Sicherung ihres ganzheitlichen Charakters im Innern ein erhebliches Maß an Ordnung aufweisen, um damit die Verhaltensvarietät ihrer Subsysteme und Elemente zu beschränken. Andererseits muss sie als Teil eines übergeordneten größeren Systems in der Lage sein, ihre eigene Varietät in Anpassung an das Verhalten dieses übergeordneten Systems gegebenenfalls zu erhöhen[216]. Ein Beispiel für eine Varietätsverstärkung wäre gegeben, wenn das Management als Leistungsziele Stückzahlen, Preise und Marktanteile je Kundensegment vorgibt, in den ausführenden Organisationseinheiten aber selbst entschieden wird mit welchem Ressourceneinsatz und welcher Ablauforganisation dies bewerkstelligt werden soll[217].

Im Unterschied zu technischen (und natürlichen) Systemen, bei denen der Regler auf eine Soll-Ist-Abweichung in einer ganz bestimmten Weise (automatisch) reagiert, können die Mitarbeiter in der Unternehmung – als Regler – normalerweise unter mehreren möglichen Verhaltensweisen auswählen. Dies ist tendenziell umso ausgeprägter vorzufinden, je komplexer die zu bearbeitenden Aufgaben und je qualifizierter die Mitarbeiter sind. Voraussetzung ist allerdings eine klare Vorstellung über die Ziele der Aktivitäten, wie sie in zielorientierten Führungskonzepten angestrebt werden[218]. Die Realität komplexer Situationen weicht noch in anderen Punkten von kybernetischen Vorstellungen ab[219]:

- Die Regelung im kybernetischen Sinne unterstellt „Beherrschung", eine Maxime, die gerade in komplexen Situationen nicht erfüllt werden kann.

- Der Zielsetzung, trotz Störungen einen stabilen Zustand zu erreichen, kann in der Unternehmung, die ja ständig Veränderungen und neuen Anforderungen ausgesetzt ist, in der Praxis nicht entsprochen werden.

- Auch die Bedingung klar definierter Ziele trifft dort nicht zu, wo Menschen Teil (Element) des Systems sind. Neben beruflichen Interessen fließen persönlich-individuelle Vorstellungen und Wünsche mit ein.

- Die Einfachheit macht Systeme transparent. Je mehr Beteiligte jedoch existieren und je vielfältiger die Elemente und Subsysteme sowie deren Beziehungen untereinander sind, umso mehr leidet die Überschaubarkeit.

---

[216] Ulrich, H., Management, S. 114 f.

[217] Grossmann, a.a.O., S. 28

[218] Hub, a.a.O., S. 61; Bosetzky, Zur Erzeugung von Eigenkomplexität in Großorganisationen, S. 281 ff.

[219] Mann, Das ganzheitliche Unternehmen, S. 82; siehe auch: Ulrich, H., Der systemorientierte Ansatz in der Betriebswirtschaftslehre, S. 57 f.

Neuere Entwicklungen in der Kybernetik befassen sich demzufolge intensiver mit Wandel, Instabilität, Abweichungen, amplifizierenden Prozessen, Flexibilität, innovativem Lernen oder innovativer Selbstorganisation, Evolution und Koevolution[220]. Dennoch kann nicht geleugnet werden, dass die Kybernetik, auch in ihrer ursprünglichen Form, geholfen hat, Systeme und insbesondere die damit verbundenen Interaktionen besser zu verstehen.

1.3.2.2.3 Entwicklung des Systemansatzes in der Betriebswirtschaftslehre

Diese grundlegenden Vorstellungen aus der Systemtheorie und Kybernetik haben sich in der Entwicklung des systemorientierten Ansatzes der Betriebswirtschaftslehre deutlich niedergeschlagen. Die systemorientierte Betriebswirtschaftslehre kann demnach in Bezug auf ihre Entwicklungsgeschichte in drei Ansätze unterteilt werden[221]:

- Die mechanistische System-Konzeption der Unternehmung.

- Die biologistischen System-Konzeptionen der Unternehmung.

- Die sozial-humanen System-Konzeptionen der Unternehmung.

Die **mechanistische System-Konzeption** der Unternehmung verwendet zur Rekonstruktion der Unternehmung die Metapher der Maschine. Ausgangspunkt dieser Betrachtungsweise ist die Feststellung, dass aufgrund kybernetischer Grundvorstellungen und Erkenntnisse neuartige und äußerst leistungsfähige Maschinen konstruiert werden können. Dementsprechend liegt der systemtheoretischen Betriebswirtschaftslehre die Hypothese zugrunde, dass auf derselben Grundlage ebenso funktionstüchtige und neuartige soziale Systeme entworfen werden können[222]. Als Lenkungsmechanismen liegen (bis zu einem gewissen Grad verschachtelte) Regelkreise zugrunde, die vom **Prinzip der negativen Rückkoppelung** dominiert werden[223].

Die Anwendbarkeit dieser mechanistischen System-Konzeption der Unternehmung auf die Lösung komplexer Problemsituationen wird durch die bestehenden Prämissen praktisch ausgeschlossen. Zum einen wird von einer statisch-stabilen Umwelt ausgegangen. Außerdem stützt sich die zugrunde liegende Methodik weitestgehend auf einem analytischen, zergliedernden, exakten, am Detail und an Ursache-Wirkungsketten orientierten Denken der Mechanik[224].

---

[220] Probst, Selbst Organisation, S. 19

[221] Ruegg, a.a.O., S. 122 ff. und S. 152 ff.; ähnliche Klassifikationen befinden sich in: Müller-Merbach, a.a.O., S. 855 f.; Gaitanides/Öchsler/Remer/Staehle, a.a.O., S. 112 ff.

[222] Ulrich, H., Der systemorientierte Ansatz in der Betriebswirtschaftslehre, S. 47

[223] Ruegg, a.a.O., S. 123

[224] Ebenda, S. 124

Die **biologistische System-Konzeption** der Unternehmung zieht zur Rekonstruktion der Unternehmung die Metapher eines biologischen Organismus heran[225]. Dabei nimmt der Aspekt der Lenkbarkeit wiederum eine dominierende Stellung ein, worunter die Erhöhung der Fähigkeit zur internen und externen Komplexitätsbewältigung auf allen Systemebenen zu verstehen ist. In der darauf aufbauenden Managementliteratur bildet das **(Lenkungs-Struktur) Modell des lebensfähigen Systems** von Stafford Beer das theoretische Fundament[226]. Malik bezeichnet dieses Modell als höchstentwickeltes, mit dem größten Strukturreichtum versehenes kybernetisches Modell, das die erste Theorie des Managements verkörpert[227]. Das Modell des lebensfähigen Systems stellt den Versuch dar, die wesentlichsten Phänomene und Eigenschaften des komplexesten natürlichen Lenkungssystems, nämlich des menschlichen Zentralnervensystems zu rekonstruieren und die dabei gewonnenen Erkenntnisse für die Sozialwissenschaften, speziell für die Managementlehre, fruchtbar zu machen. Identische Begriffe zum „lebensfähigen System" sind „selbstgenerierende" oder „spontane Ordnungen", wie sie Friedrich von Hayek entwickelt hat, aber auch „selbstorganisierendes System" bzw. „autopoietisches System" können synonym verwendet werden[228]. Deutlich erkennbar wird dabei die **Nähe zu Ansätzen des evolutionären Managements**. Die Struktur des lebensfähigen Systems baut sich aus miteinander gekoppelten Homöostaten auf, um einer komplexen Umwelt varietätsmäßig gewachsen zu sein[229].

Die Verwendung des Modells des lebensfähigen Systems ist zum Teil heftig kritisiert worden, was seine Eignung für eine anwendungsorientierte Managementlehre angeht. Trotz eines beachtenswerten Beitrags zur Strukturbildung bei sozialen Systemen liegen die Schwächen dieses Modells in der praktischen Anwendung. Zum einen erschwert der hohe Abstraktionsgrad den Bezug zur Sachlage in der Anwendungssituation. Dadurch dürfte in den meisten Fällen eine direkte Anwendung durch Praktiker kaum möglich sein[230].

Bei einer **weiteren biologistischen System-Konzeption** der Unternehmung stehen die Interaktionen zwischen einer als Folge des Zusammenlebens mehrerer gleichartiger, lebensfähiger Organismen gebildeten Einheit (einer Population) und deren Umwelt im Vordergrund[231]. Die zugrunde liegende Lenkungskonzeption kann als dezentral – heterarchisch – zirkulär bezeichnet werden, gekennzeichnet durch dynamische Fließgleichgewichte (Homöostase), d.h. **vernetzte Regelkreise** mit positiven (und letztlich dominierenden) negativen Rückkoppelungen[232]. Mit dem Begriff Heterarchie ist gemeint, dass jede Systemkomponente gleich

---

[225] Ebenda, S. 132 ff.

[226] Beer, The Heart of the Enterprise; derselbe, Brain of the firm; Malik, Strategie des Managements komplexer Systeme; Gomez, Modelle und Methoden des systemorientierten Managements, S. 87 ff.; Probst, Selbst-Organisation, S. 59 ff.; Ruegg, a.a.O., S. 135 ff., Grossmann, a.a.O., S. 112 ff.

[227] Malik, Strategie des Managements komplexer Systeme, S. 32 und S. 72

[228] Malik, Evolutionäres Management, S. 96

[229] Gomez, Modelle und Methoden des systemorientierten Managements, S. 62

[230] Grossmann, a.a.O., S. 131 f.; siehe auch: Sandner, Evolutionäres Management, S. 80 f.

[231] Ruegg, a.a.O., S. 138 ff.

[232] Ebenda, S. 143; siehe auch: Ulrich, H./Probst, a.a.O., S. 83 ff. und S. 100

wichtig ist und ihre aktuelle Bedeutung von der Relevanz der Informationen abhängt, die sie zum Funktionieren des übergeordneten Systems beitragen kann. Diese Variante einer biologistischen System-Konzeption ist eng mit den Arbeiten von Frederic Vester verbunden, der sogar eine **Biokybernetik** entwickelt hat. Vester macht das Überleben der menschlichen Spezies von der Beachtung der Grundregeln abhängig, mit denen die lebende Natur es verstanden hat, sich vier Milliarden Jahre am Leben zu erhalten[233]. **Überlebensfähigkeit bei Ökosystemen** erfordert die **Einhaltung von Gleichgewichten**. Dies funktioniert bei offenen Systemen am besten über Mechanismen der **Selbstregulation** und möglichst wenig Input von Energie und unter möglichst vollständiger Schonung der zur Verfügung stehenden nicht-erneuerbaren Ressourcen[234]. Stabilität und Überlebensfähigkeit lebender Systeme können des Weiteren gewährleistet werden, wenn es nicht zu einer chaotischen Vernetzung des Systems kommt, sondern zur **Bildung von Subsystemen mit einer übergeordneten Struktur**. Offensichtlich sind demnach Systeme mit einer bestimmten Komplexität nur dann stabil, wenn sie Subsysteme und sich selbst regelnde Unterstrukturen bilden[235]. Im Blickwinkel der Biokybernetik erfordert eine „optimale" Steuerung, dass jeder Eingriff in den Komplex Umwelt in allen Wechselwirkungen durchdacht wird. Dies bedeutet, dass die **verflochtenen Regelkreise überdisziplinär zu erfassen sind**, statt sie fachorientiert, punktuell anzugehen[236]. Vester grenzt sein Denken in vernetzten Zusammenhängen, was ein Verständnis der in komplexen Systemen wirkenden Kybernetik nach sich zieht, klar ab von der künstlichen Kybernetik der Regeltechnik[237]. Zur Gestaltung der Umwelt und auch von Unternehmen schlägt er die Einführung einer **Selbststeuerung durch Regelkreise mit negativer Rückkoppelung** vor. Zwar sei auch positive Rückkoppelung (als Motor, der die Dinge in Gang bringt) zum Überleben notwendig; damit sich ein stabiles Gleichgewicht einstellt muss jedoch negative Rückkoppelung dominieren[238].

---

[233] Vester, Leitmotiv vernetztes Denken, S. 97; siehe dazu auch Blüchel/Malik, Faszination Bionik, die einen anschaulichen Überblick zu dem relativ neuen Forschungsgebiet „Bionik" geben, das eine große Ähnlichkeit zur von Vester behandelten Thematik aufweist.

[234] Vester, Leitmotiv vernetztes Denken, S. 15

[235] Vester, Neuland des Denkens, S. 40

[236] Vester, Leitmotiv vernetztes Denken, S. 216

[237] Ebenda, S. 19

[238] Vester, Kybernetische Grundregeln…, S. 60 f.

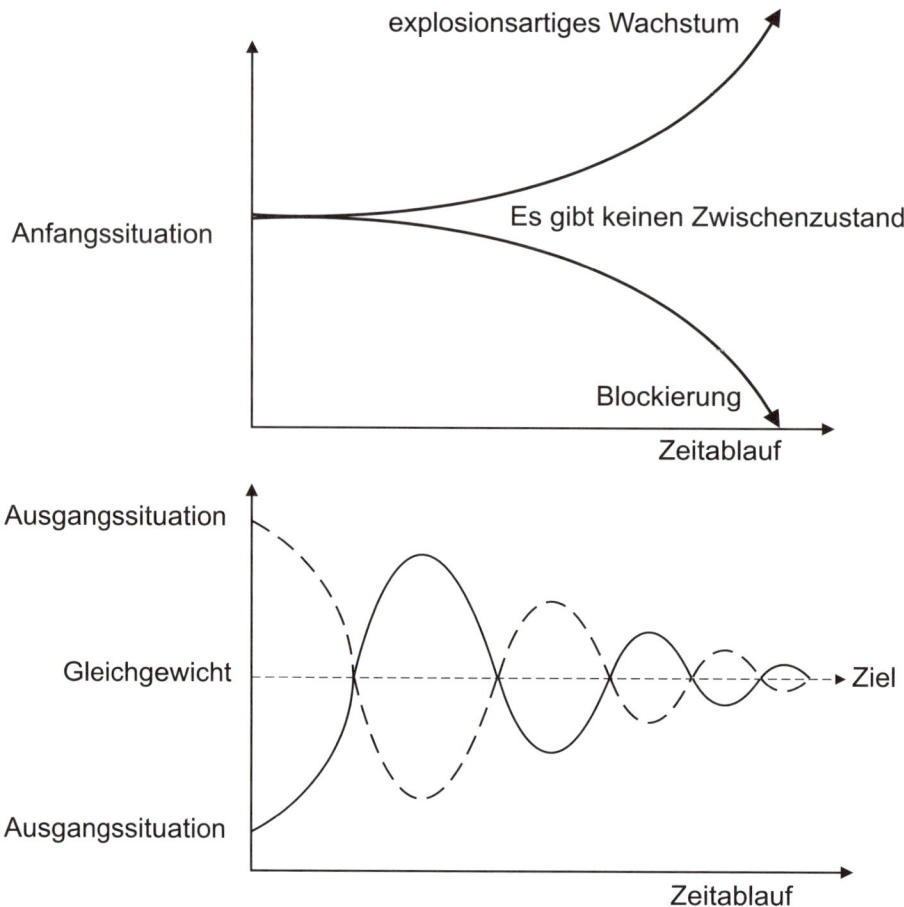

Abb. 1.21   Positive und negative Rückkoppelung

Dazu ein Beispiel: „Je schneller ein Wolf läuft, umso mehr Hasen kann er fangen. Je mehr Hasen er frisst, umso dicker wird er. Je dicker er wird, umso langsamer kann er laufen und weniger Hasen fangen. Je weniger Hasen er fängt, umso dünner wird er wieder, umso schneller kann er wieder laufen, wieder mehr Hasen fangen, umso dicker wird er wieder u. s. w.." Daraus lässt sich ableiten, dass der Steuermann nie außerhalb des Systems steht, sondern immer Teil des System ist. Das ist der große Unterschied der Biokybernetik zur Regeltechnik. Anders formuliert, **bedeutet Lenkung** nicht „Gestaltung von außen", sondern eine **bestmögliche Ausnutzung der Eigendynamik lebensfähiger Systeme und ihrer Umwelt**[239]. Vester leitet aus der Beobachtung ökophysikalischer, thermodynamischer und sys-

---

[239] Vester, Leitmotiv vernetztes Denken, S. 19 ff.; derselbe, kybernetische Grundregeln …, S. 60 ff. und S. 72 f.

temkybernetischer Vorgänge **acht biokybernetische Grundregeln** ab, denen ein System gehorchen muss, wenn es seine Überlebensfähigkeit nicht verlieren will[240]:

Acht Prinzipien der Natur, die das Überleben garantieren

- **Das Prinzip der negativen Rückkopplung.**

  Dies beinhaltet Selbststeuerung durch Aufbau von Regelkreisen statt ungehemmt Selbstverstärkung oder – nach dem Umkippen – Selbstvernichtung. Negative Rückkopplung muss daher über positive Rückkopplung dominieren.

- **Das Prinzip der Unabhängigkeit von Wachstum**

  Die Funktion eines Systems muss auch in einer Gleichgewichtsphase gewährleistet sein, das heißt vom quantitativen Wachstum unabhängig sein. Denn ein permanentes Wachstum ist für alle Systeme eine Illusion.

- **Das Prinzip der Unabhängigkeit vom Produkt**

  Überlebensfähige Systeme müssen funktions- und nicht produktorientiert arbeiten. Produkte kommen und gehen. Funktionen aber bleiben.

- **Das Jiu-Jitsu-Prinzip**

  Hier geht es um die Nutzung vorhandener, auch störender Kräfte nach dem Prinzip der asiatischen Selbstverteidigung, statt ihrer Bekämpfung nach der Boxermethode mit teurer eigener Kraft.

- **Das Prinzip der Mehrfachnutzung**

  Dies gilt für Produkte, Funktionen und Organisationsstrukturen. Es führt durch Verbundlösungen zu Multistabilität und bedeutet eine Absage an sogenannte Hundertprozentlösungen.

- **Das Prinzip des Recycling**

  Damit gemeint ist die Nutzung von Kreisprozessen zur Abfall- und Wärmeverwertung. Dies vermeidet sowohl Knappheit als auch Überschüsse.

- **Das Prinzip der Symbiose**

  Dies bedeutet gegenseitige Nutzung von Verschiedenartigkeit durch Kopplung und Austausch. Dabei wird kleinräumiger Verbund verlangt. Monostrukturen können daher nicht von den Vorteilen der Symbiose profitieren.

- **Das Prinzip des biologischen Designs**

  Auch diese Regel lässt sich auf Produkte, Verfahren und Organisationsformen gleichermaßen anwenden. Es bedeutet Feedbackplanung mit der Umwelt, Vereinbarkeit und Resonanz mit biologischen Strukturen, insbesondere auch derjenigen des Menschen.

---

[240] Gomez, Modelle und Methoden des systemorientierten Managements, S. 50; Vester; Leitmotiv vernetztes Denken, S. 20 f.

Diese biokybernetischen Systemregeln bilden zusammen mit daraus abgeleiteten Methoden und Instrumenten eine wertvolle Grundlage für das Controlling[241].

Allgemeines Ziel muss es sein, die Anpassungsfähigkeit und damit die Steuerungsfähigkeit der Unternehmung zu optimieren. Die wichtigste Aufgabe eines **biokybernetischen Controllings** bestünde dann darin, die Überlebensfähigkeit anhand einer Systemverträglichkeits-prüfung zu überwachen[242]. Mit „Überleben" ist damit nicht bloßes Vegetieren gemeint, sondern Entwicklungsmöglichkeit, Entfaltungsmöglichkeit und Selbstverwirklichung, also das, was alle lebenden Systeme von den nicht lebenden unterscheidet[243].

Bisher ist das Gedankengut des biokybernetischen Controllings im Rahmen der Controlling-literatur nur von Elmar Mayer intensiver behandelt worden; eine Checkliste zu den bioky-bernetischen Grundregeln befindet sich in **Anlage 1**[244].

Es gibt mehrere Management- und Organisationstheorien, denen eine populations-ökolo-gistische System-Konzeption der Unternehmung zugrunde liegt[245]:

- Die **kontingenztheoretischen Ansätze** betonen, dass Unternehmungen als offene Systeme zu behandeln seien und ihre internen Strukturen und Prozesse die Charakteristika ihrer Umwelt widerspiegelten. Kritisiert wird, dass diese Ansätze einseitige Umwelt-Unternehmung-Kausalbeziehungen zu rekonstruieren versuchten, allerdings hinter der populativen-ökologistischen System-Konzeption der Unternehmung zurückblieben, die sehr stark den koevolutiven Aspekt der Umwelt-Unternehmung-Interaktionen herausstellte. Kontingenztheoretische Modelle gehen von einer „passiven" Reaktion auf externe Einflüsse aus; humane soziale Systeme sind jedoch aktiv gestaltende Systeme.

- **Situative Ansätze** in der Managementlehre erfordern im Gegensatz zu den generellen, abstrakten Aussagen der Systemtheorie ein empirisches Forschungsprogramm, das die situationsadäquate Berücksichtigung formal- und verhaltenswissenschaftlicher Gestaltungsempfehlungen beinhaltet. Im Vordergrund steht die Determiniertheit von Managementhandeln durch die Situation (Kontext), wobei die „Erkenntnisse" und Aussagen durchaus massiver Kritik ausgesetzt worden sind. In der Literatur wird dem situativen Ansatz Theorielosigkeit vorgeworfen. Hinreichend empirisch bestätigte Erkenntnisse liegen (auch in Verbindung mit kontingenztheoretischen Ansätzen) nur vereinzelt vor.

- Auch der **Konzeption des evolutionären Managements** wird die populations-ökologistische System-Konzeption der Unternehmung als Basis zugeordnet. Inwie-

---

[241] Vester, kybernetische Grundregeln …, S. 74

[242] Vester, Leitmotiv vernetztes Denken, S. 157

[243] Ebenda, S. 76

[244] Mayer, Controlling als Denk- und Steuerungssystem, S. 15 f. und S. 19; derselbe, Arbeitsgemeinschaft Wirt-schaftswissenschaft und Wirtschaftspraxis (AWW) im Controlling und Rechnungswesen, S. 309 ff.; derselbe, biokybernetisch orientiertes Controlling …, S.3/50 f.

[245] Ruegg, a.a.O., S. 146 ff.

weit die biokybernetischen Systemregeln von Frederic Vester auf Unternehmungen
übertragen werden können, ist in der entsprechenden Managementliteratur überprüft
worden. Grundsätzlich lassen sich diese Systemregeln auch auf Unternehmungen
anwenden – allerdings sind sie zu wenig operationalisiert, um dem Manager oder
Problemlöser detaillierte Anhaltspunkte für sein Vorgehen bei der Systemgestaltung
zu geben. Gomez/Probst schlagen deswegen eine „Übersetzung" der biokybernetischen Grundregeln vor, um sie auf die Besonderheiten der Problemsituationen in
sozialen Systemen anzupassen.

Lenkungsregeln für die Erarbeitung und Evaluation von Strategien und Maßnahmen

1. Passe Deine Lenkungseingriffe der Komplexität der Problemsituation an.

- Setzen wir an mehreren Orten gleichzeitig an?
- Haben wir monokausale Denkweisen vermieden?
- Haben wir uns nicht irrtümlich auf einen Schwerpunkt konzentriert?

2. Berücksichtige die unterschiedlichen Rollen der Elemente im System.

- Setzen wir mit den Massnahmen bei aktiven, eventuell bei kritischen Größen ein?

3. Vermeide unkontrollierbare Entwicklungen durch stabilisierende Rückkopplungen.

- Nutzen wir die stabilisierenden Kreisläufe?
- Brechen wir durch die Massnahmen nicht wichtige Kreisläufe auf?

4. Nutze die Eigendynamik des Systems zur Erzielung von Synergieeffekten.

- Nutzen wir die positiven Kräfte bei Mitarbeitern, in der Umwelt usw.?
- Basieren wir auf den Stärken des Systems?
- Verfolgen wir alle möglichen Synergien?

5. Finde ein harmonisches Gleichgewicht zwischen Bewahrung und Wandel.

- Beachten wir die gesunde Mischung zwischen Sicherheit und Herausforderung, Stabilität und Veränderung, Flexibilität und Spezialisierung?

6. Fördere die Autonomie der kleinsten Einheit.

- Gewähren wir den kleinen Einheiten die notwendige Autonomie und Selbstorganisation (Flexibilität)?

7. Erhöhe mit jeder Problemlösung die Lern- und Entwicklungsfähigkeiten.

- Was lernt das System bei Problemlösungsprozessen?
- Wird der Lernprozess unterstützt?
- Wird die Lernfähigkeit und -geschwindigkeit erhöht?

Abb. 1.22   Regeln zur Beurteilung von Lenkungseingriffen

Aus den biokybernetischen Systemregeln lassen sich somit wertvolle Ansatzpunkte für ein anwendungsbezogenes Management und Controlling ableiten. Allerdings ist die Anlehnung der Managementlehre an biologische Modelle nicht ohne Kritik geblieben. Kritisiert wird vor allem, dass die Elemente biologischer Modelle keine bewussten Wahl- und Entscheidungsmöglichkeiten haben und losgelöst vom Ganzen nicht existieren können[246].

Als dritte System-Konzeption der Unternehmung soll die sozialhumane zum Abschluss dieses Abschnitts betrachtet werden. Bei der **sozial-humanen System-Konzeption** ist der Wandlungsprozess von einer mechanistischen zu einer organischen Perspektive am deutlichsten erkennbar[247]. Im Vordergrund stehen dabei Lern- und Anpassungsprozesse, die sich aus dem Wandel im sozioökonomischen Umfeld der Unternehmung ergeben (siehe Abb. 1.23)[248].

Ruegg bezeichnet eine Unternehmung nur insoweit als sozial-humanes System, „als die Unternehmensangehörigen die Möglichkeit haben, als Betroffene und Beteiligte an Realitätskonstruktionen teilzuhaben, die zu Grundlagen von Unternehmungsentscheidungen gemacht werden, und schlussendlich auch mit Bezug auf diese Realitätskonstruktionen untereinander und mit der Umwelt interagieren"[249].

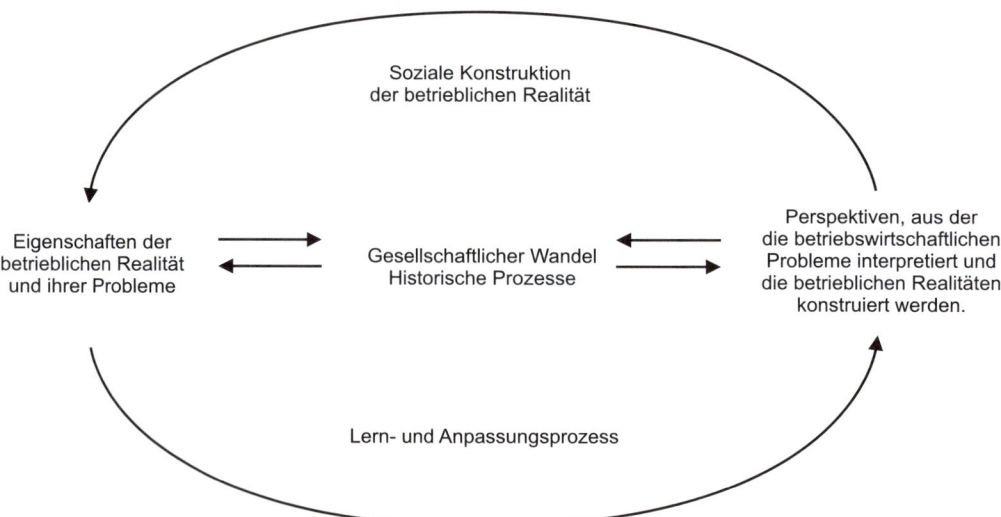

Abb. 1.23   Sozioökonomischer Wandel und Konstruktion der betrieblichen Realität

---

[246] Probst, Selbst-Organisation, S. 69; siehe auch: Ulrich, H., Der systemorientierte Ansatz in der Betriebswirtschaftslehre, S. 52; Ruegg, a.a.O., S. 150 f.

[247] Ruegg, a.a.O., S. 152 ff.

[248] Dachler, Allgemeine Betriebs- und Managementlehre …, S. 68

[249] Ruegg, a.a.O., S. 162

Dieser Wandlungsprozess in der Sicht- und Denkweise einer systemorientierten Betriebswirtschaftslehre lässt sich am besten in der **Entwicklung des St. Galler Managementmodells** illustrieren. Der wissenschaftstheoretische Ausgangspunkt dieser Konzeption einer systemorientierten Betriebswirtschaftslehre besteht darin, dass unter dem Einfluss der Kybernetik bewusst die Komplexität des Untersuchungsbereichs und damit die Tatsache akzeptiert wird, dass kausalanalytische Erklärungen nicht vollständig erwartet werden können[250]. Dementsprechend versucht die systemorientierte Betriebswirtschaftslehre vor allem mit Hilfe von **Beschreibungsmodellen** das zweckgerichtete, soziale System Unternehmung in Hinblick auf die damit verbundenen Gestaltungs-, Lenkungs- und Entwicklungsaufgaben zu analysieren. Hierbei können folgende **Charakteristika** genannt werden[251]:

- Die Unternehmung wird als offenes System aufgefasst und ihre Verflechtung mit der Umwelt beschrieben.

- Gedanklich wird die Unternehmung aufgeteilt in operationelle Vollzugs- und Versorgungsbereiche und einen diese überlagernden Führungsbereich; eine weitere Untergliederung in einzelne Funktionsbereiche führt zu inputverarbeitenden und outputorientierten (Sub-) Systemen.

- Verschiedene Dimensionen der Unternehmung dienen dazu, das Unternehmensgeschehen und die entsprechenden Gestaltungs- und Lenkungsprobleme in materieller, sozialer, kommunikativer und wertmäßiger Sicht herauszuarbeiten.

- Die Unterscheidung in repetitive und innovative Aufgaben hilft die Probleme der Innovation in der Unternehmung anzugehen.

- Es werden technologische, ökonomische und soziale Gestaltungs- und Lenkungsprobleme unterschieden, um damit typische Probleme der Unternehmensführung zu erkennen und Lösungsvorschläge erarbeiten zu können.

---

[250] Ulrich, H., Der systemorientierte Ansatz in der Betriebswirtschaftslehre, S. 48 f.

[251] Ulrich, H., Management, S. 40 ff.; Ulrich, H./Krieg, Das St. Galler Management-Modell, S. 68-85

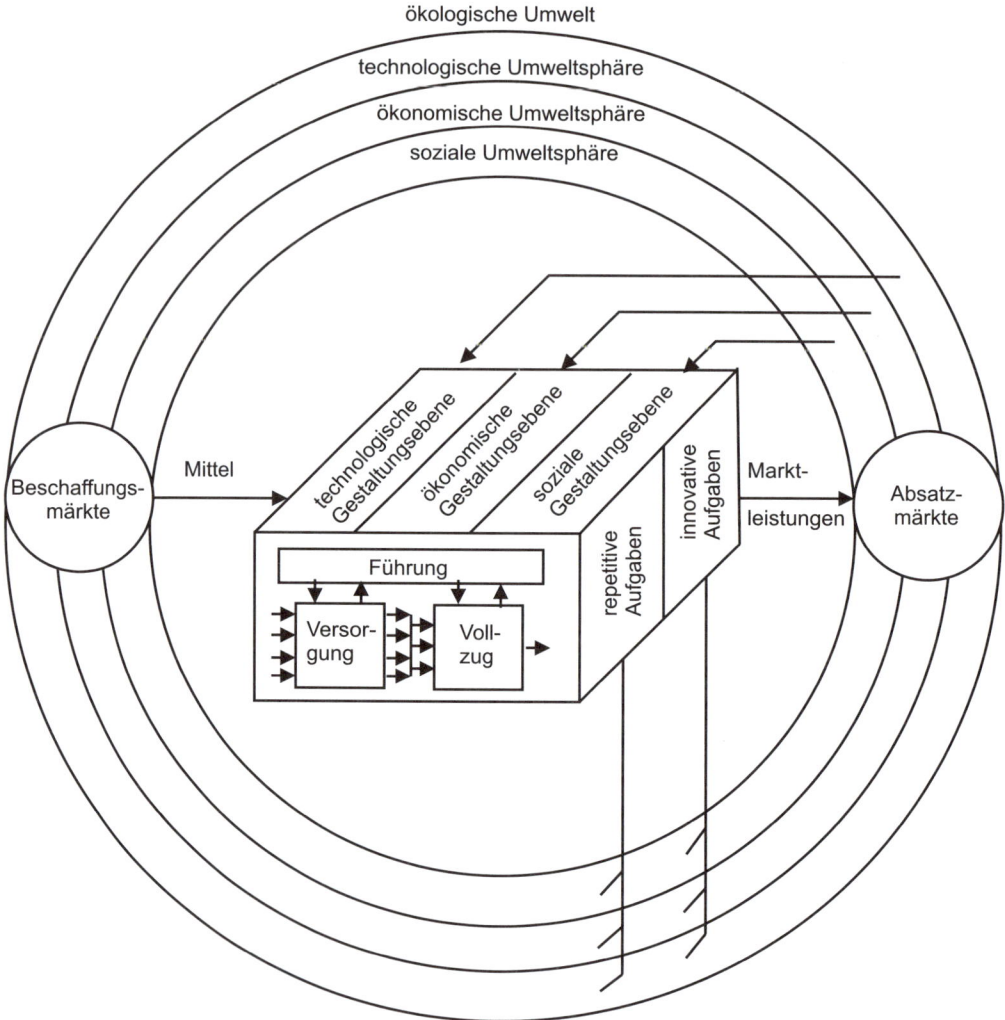

Abb. 1.24   Das St. Galler Unternehmungsmodell

Die systemorientierte Betriebswirtschaftslehre beschreibt demnach die Unternehmung als ein reales System mit bestimmten Eigenschaften wie dynamisch, offen, komplex, zweckorientiert und sozio-technisch[252]. Allerdings weist Hans Ulrich darauf hin, dass **angesichts der Komplexität des Systems Unternehmung** dieses definitionsgemäß **nicht vollständig beschreibbar und sein Verhalten kausalanalytisch nie vollständig erklärbar sein wird**[253]. Insbesondere die Offenheit des Systems Unternehmung verlangt eine umfassende Betrach-

---

[252] Ulrich, H., Der systemorientierte Ansatz in der Betriebswirtschaftslehre, S. 49

[253] Ulrich, H., Management, S. 34

tung des Supersystems, in das es eingebettet ist, d. h. eine Beschreibung als **Unternehmung/Umwelt-System**. In diesem Unternehmung/Umwelt-System wird die Unternehmung als **Black Box** aufgefasst und es wird versucht die Input- und Output-Beziehungen herauszuarbeiten.

Es wird demzufolge gar nicht versucht, die Vorgänge im Inneren des Systems im Einzelnen zu erfassen und entsprechende Ursache-Wirkungsbeziehungen festzustellen, sondern es genügt die Inputs und Outputs von außen zu beobachten. Das System wird als etwas Unzugängliches, eben als schwarzer Kasten, gesehen. Neben der Beobachtung der Eingänge und Ausgänge werden die Inputs systematisch verändert und geprüft, was an Outputs dabei herauskommt[254]. Diese Input-Output-Analyse spielt besonders bei einer ökologieorientierten Sichtweise der Unternehmung in verschiedenen Ansätzen zur Ökobilanzierung eine bedeutende Rolle[255] (siehe Abb. 1.25).

Die Black – Box – Sichtweise wird vor allem im Rahmen der **Systemanalyse** angelegt. Die damit verbundene Vorgehensweise stellt eine Art **Heuristik**[256] dar, die einen Versuch – Irrtums – Prozess beinhaltet. Dabei hängt die Qualität des Suchprozesses davon ab, wie hoch der Wissensstand über das System zum Zeitpunkt der Analyse bereits ist und welche Kriterien bei der Informationssammlung angewandt werden[257].

Mit diesem Modell der Unternehmung gelingt zwar eine wesentliche **Reduktion der Komplexität**, indem der Blick auf die Bedeutung der Schnittstellen zum Umsystem gelenkt wird, wobei tendenziell eine solche Systembildung nahe liegt, die nur wenige Schnittstellen zum Umsystem beinhaltet[258].

Für die Gestaltung, Lenkung und Entwicklung des Systems Unternehmung ist es jedoch auch erforderlich, das Systeminnere einer tiefgehenden Analyse zu unterziehen. Daenzer schlägt dazu vor, eine **stufenweise Betrachtungsweise** vorzunehmen, die auf folgenden Ebenen stattfinden sollte[259].

- Auf einer bestimmten Systemebene steht die Frage im Vordergrund, welche Wirkung die verschiedenen Elemente des Systems erbringen sollen (= wirkungsbezogene Betrachtungsweise oder Black – Box – Prinzip).

- Auf der jeweils nächsttieferen Ebene ist diese Betrachtungsweise aufzugeben und es ist zu überlegen, wie die Elemente zu strukturieren sind, damit die gewünschte Wirkung zustande kommt (strukturierte Betrachtungsweise).

---

[254] Ulrich, H., Die Unternehmung als produktives soziales System, S. 132; Lindemann, a.a.O., S. 1275 f.

[255] Müller, A., Umweltorientiertes betriebliches Rechnungswesen, S. 2

[256] Nach Ulrich, H./Probst, Anleitung zum ganzheitlichen Denken und Handeln, S. 113, ist unter einer Heuristik eine Reihe von Vorgehensweisen zu verstehen, die die Wahrscheinlichkeit des Findens einer „guten" Lösung erhöhen, aber nicht garantieren.

[257] Fuchs-Wegner, Systemanalyse im Betrieb, S. 3812 ff.

[258] Schiemenz, a. a. O., S. 364 ff.; Eggers, Ganzheitlich – vernetzendes Management, S. 246

[259] Daenzer, Systems Engeneering, S. 28 ff.; siehe auch: Grochla, Systemtheoretisch – Kybernetische Modellbildung betrieblicher Systeme, S. 16

Flächenverbrauch	>		Abluft	>
Energie-Input	>	Prozesse	Produkte	>
Wasser-Input	>	**XY-Betrieb**	Abfall	>
Rohstoff-Input	>	Produkte	Abwärme	>
Hilfsstoff-Input	>		Abwasser	>

Abb. 1.25   Ökologische Black-Box-Betrachtung eines Betriebes

Eine reine wirkungsbezogene Betrachtungsweise gemäß dem Black-Box-Prinzip impliziert lediglich das Erkennen von Oberflächen-Phänomenen und kann somit nur in sehr begrenztem Maße als Leitidee einer Methodik zur Handhabung komplexer Phänomene herangezogen werden[260]. Bei der strukturbezogenen Betrachtungsweise sind vor allem die Beziehungen zwischen den Subsystemen (Elementen) in den Mittelpunkt der Analyse zu stellen. Damit involviert ist eine Herausarbeitung der Transparenz in Bezug auf die ablaufenden Prozesse und das Beziehungsgeflecht zwischen den Prozessen.

Zusammenfassend sollen noch einmal die wesentlichen Grundorientierungen der St. Galler Managementlehre von Hans Ulrich aufgezeigt werden[261]:

- Die Anwendungsorientierung stellt den Zweck der Managementlehre heraus, Handlungsanleitungen für praktisch handelnde Menschen zu entwickeln.

- Mit der Systemorientierung werden, wie schon erwähnt, die Denkwerkzeuge zur Verfügung gestellt, um die Vernetztheit, Dynamik und Offenheit gesellschaftlicher Institutionen ganzheitlich erfassen zu können.

- Die mehrdimensionale Denkweise verlangt zum besseren Verständnis eine Erfassung der Unternehmung und ihres Managements auf unterschiedlichen Ebenen. Damit involviert ist eine interdisziplinäre Betrachtungsweise.

- Durch die integrierende Denkweise wird die ganzheitliche Denkweise unterstützt, indem die erfassten Komponenten in einen größeren Systemzusammenhang integriert werden.

- Die Wertorientierung weist der Managementlehre eine normative Seite zu – Unternehmungen sind als Teile der Gesellschaft in eine kulturelle, wertbehaftete Umwelt eingebettet.

In jüngster Zeit hat die St. Galler Managementlehre eine Weiterentwicklung in Richtung evolutionäres Management erfahren. Dabei geht dieser neuere Ansatz „völlig organisch" aus

---

[260] Eggers, Ganzheitlich vernetzendes Management, S. 76; siehe auch: Schiemenz a.a.O., S. 365

[261] Dyllick/Probst, a.a.O., S. 11-16

dem systemorientierten Management hervor[262]. „Die evolutionäre Weiterentwicklung der systemorientierten Managementlehre geht von der Einsicht aus, dass sowohl die Unternehmung wie auch ihre Umwelt ähnlichen Entwicklungsprozessen und Wirkungsprinzipien unterworfen sind, wie sie in der natürlichen Evolution festgestellt werden können. Im Mittelpunkt steht die Auffassung, dass die Unternehmung zusammen mit ihrem Wirkungskontext ein selbstorganisierendes System ist, das nur in einem begrenzten Umfang durch bewusste, geplante Eingriffe gestaltet und gesteuert werden kann". Komplexe Systeme sind demzufolge das Ergebnis eines Evolutionsprozesses und nicht einer bewussten Gestaltung durch das Management in Richtung einer Optimallösung[263]. Als „Dreh- und Angelpunkt" des evolutionären Managements ist das fortwährende Lernen aus Erfahrungen im Rahmen natürlicher und/oder künstlicher Experimente zu nennen[264]. Dies entspricht im Übrigen auch der Funktionsweise unseres Gehirns, wie neuere Forschungsergebnisse zeigen[265]. In einer komplexen, sich ständig in nicht vorhersehbarer Weise ändernden Umwelt sind laufend Anpassungen einer so großen Zahl von Faktoren erforderlich, um die Lebensfähigkeit und die Effizienz einer Unternehmung sicherzustellen, dass diese Leistung nur von selbstorganisierenden Systemformen erbracht werden kann[266]. Ein selbstorganisierendes System kann durch folgende Eigenschaften charakterisiert werden: Komplex, redundant, dynamisch, nicht deterministisch, prozessorientiert, interaktiv, selbstreferentiell, autonom[267]. Hervorgehoben wird wiederum die Notwendigkeit eines ganzheitlichen Denkens, das im Gegensatz zum konstruktivistischen Denken folgende Merkmale des zugrunde liegenden Managements aufweist[268]:

---

[262] Malik/Probst, a.a.O., S. 125 f.; siehe auch: Ahlert, Strategisches Controlling als Kernfuktion des evolutionären Managements, S. 23; Laszlo, E./Laszlo,C./Liechtenstein, a.a.O., S. 52 f.

[263] Popper, Das Elend des Historizismus, S. 52; Hayek, Die Ergebnisse menschlichen Handelns ..., S. 97

[264] Ahlert, a.a.O., S. 23

[265] Hawkins, Die Zukunft der Intelligenz

[266] Malik/Probst, a.a.O., S. 128

[267] Probst, Selbst-Organisation, S. 11

[268] Malik, Strategie des Managements komplexer Systeme, S. 49 ff.; Laszlo, E./Laszlo, C./Liechtenstein, a.a.O., S. 84; Raffee, Gegenstand, Methoden und Konzepte der Betriebswirtschaftslehre, S. 34 ff.

konstruktivistisches Management ...	**systemisch-evolutionäres Management ...**
1. ... ist Menschenführung	... ist Gestaltung und Lenkung ganzer Institutionen in ihrer Umwelt
2. ... ist Führung weniger	... ist Führung vieler
3. ... ist Aufgabe weniger	... ist Aufgabe vieler
4. ... ist direktes Einwirken	... ist indirektes Einwirken
5. ... ist auf Optimierung ausgerichtet	... ist auf Steuerbarkeit ausgerichtet
6. ... hat im Großen und Ganzen ausreichende Informationen	... hat nie ausreichende Informationen
7. ... hat das Ziel der Gewinnmaximierung	... hat das Ziel der Maximierung der Lebensfähigkeit

Abb. 1.26   Denkansätze und Management

Das konstruktivistische Denken prägt nach wie vor die Betriebs- und Managementlehre als wissenschaftliche Disziplin und stellt somit das größte Hindernis für ein adäquates Verständnis der selbstorganisierenden Eigenschaften einer Unternehmung und damit für die Entwicklung einer realitätsgerechteren Theorie der Gestaltung und Führung von sozialen Systemen dar[269].

Da die für ein rationales Verhalten geforderte Einsicht in Ursache- und Wirkungs- sowie Ziel-Mittel-Zusammenhänge nicht ausreichend genug gegeben sein kann, ist der evolutionäre Ansatz darauf gerichtet, die **Methoden** zu erforschen, die erfolgreiches Verhalten gerade unter den gravierenden Bedingungen des Mangels an Einsicht, Wissen, Information und Verständnis der Zusammenhänge – kurz unter den Bedingungen hoher Komplexität – ermöglichen[270]. Moderne Ansätze der systemorientierten Betriebswirtschaftslehre verwenden als Problemlösungsmethodik insbesondere die Netzwerktechnik und Feedback-Diagramme[271]. Die folgende Grafik soll diese Unterschiede noch einmal verdeutlichen[272]:

---

[269] Malik/Probst, Evolutionäres Management, S. 133

[270] Malik, Strategie des Managements komplexer Systeme, S. 255

[271] Siehe stellvertretend: Probst/Gomez, Die Methodik des vernetzten Denkens zur Lösung komplexer Probleme; Ulrich, H./Probst, Anleitung zum ganzheitlichen Denken und Handeln

[272] Ulrich, H./Probst, Anleitung zum ganzheitlichen Denken und Handeln, S. 339

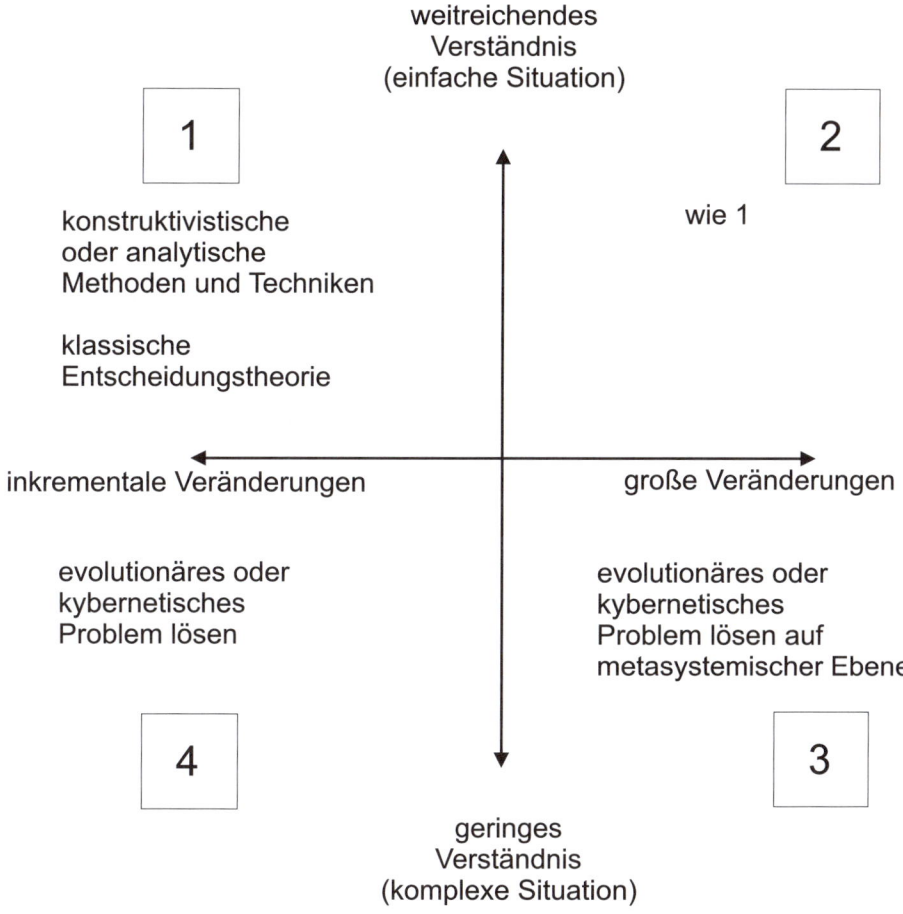

Abb. 1.27 Zusammenhang zwischen der Komplexität der Situation und der Problemlösung

Das Problemlösen komplexer Situationen auf metasystemischer Ebene, das mit Lenkung gleichgesetzt werden kann, findet im evolutionären Ansatz seine Entsprechung im **strategischen Management**[273]. Allerdings kann die systemisch-evolutionäre Managementkonzeption wegen der bekannten Unzulänglichkeiten des menschlichen Geistes angesichts der Komplexität und Dynamik nicht in seiner „reinen" Form in die Praxis umgesetzt werden. Es ist vielmehr eine Mischung zu akzeptieren, die **sowohl analytisch-konstruktivistische als auch spontan-evolutionäre Elemente** enthält, die aber verschiedenen Ebenen angehören. Dementsprechend ist die abgeleitete Systemmethodik nicht auf die Lösung von Problemen

---

[273] Ebenda, S. 453.

der Objektebene gerichtet, sondern übergreifend auf die Installation von Lenkungs- und Regulationsmechanismen, die diese Probleme lösen bzw. bearbeiten[274].

Wie daraus zu erkennen ist, stehen auch bei der evolutionären Managementlehre **Lenkungsaspekte im Vordergrund.** In Analogie zu biologistischen System-Konzeptionen wird die Frage gestellt, welche Strukturen der Lenkung ein soziales System haben müsste, um sich wie ein lebendes System erhalten, entwickeln und verändern zu können[275]. Die zugrunde liegende Kybernetik hat dabei einen prinzipiellen Wandel erfahren, ja es kann sogar von einer „**Kybernetik des Wandels**" gesprochen werden[276]. Während die ursprüngliche Kybernetik primär die gleichgewichtserhaltenden Prozesse in Systemen betont – Soll-Ist-Vergleich, Abweichungsanalyse, Feedback sind dazu bekannte Methoden und Begriffe, befasst sich die neuere Kybernetik dagegen mit Problemen der Instabilität, Flexibilität, Wandel, Lernen, Evolution, Autonomie und Selbstreferenz. Ungleichgewichte stellen keine Katastrophe dar, sondern eher den Normalfall und die Voraussetzung für Wandel[277]. Beispiele für die **ursprüngliche Kybernetik** sind die Anwendung von Input-Output-Analysen, aber auch die Herbeiführung eines homöostatischen (strukturerhaltenden) Wandels, der Störungen unter Verwendung bewährter Problemlösungsstrategien beseitigt und für die Rückkehr des Systems zum vorher bestehenden Status sorgt[278]. Während also hier eine „konservative Selbstorganisation" zugrunde liegt, geht es bei der neuen Kybernetikvorstellung um „dissipative Selbstorganisation", d. h. um qualitative Veränderungen, fern von einem **Gleichgewicht.** Selbstorganisation erhöht die Fähigkeit zur Komplexitätsbewältigung. Als Grundlage dienen Regeln im sozialen System, die bewusst oder unbewusst und konstruiert oder evolutionär entstanden sind, um es anpassungsfähig zu halten[279]. Ein wichtiger Ansatz dazu bilden Autonomie, erhöhte Freiräume, Ausweitung von Wahlmöglichkeiten, Einbezug der Systemmitglieder oder Betroffenen[280]. Interessant für das **Controlling** ist die Wirkung der Selbstorganisation, die zu einer Reduktion von überwachenden, steuernden und kontrollierenden Tätigkeiten führt[281]. Auch bei Hans Ulrich ist dieser Wandel in der kybernetischen Grundvorstellung nachzuvollziehen. Der Manager gilt demzufolge nicht mehr als Macher bzw. als bewusster Planer sozialer Ordnung, sondern als Katalysator, welcher ein selbstorganisierendes und -regulierendes System im Sinne der angedachten Problemlösung zu beeinflussen versucht. Im Mittelpunkt stehen das Erkennen von Problemsituationen und die Einleitung und Überwachung von Problemlösungsschritten[282].

---

[274] Malik, Strategie des Managements komplexer Systeme, S. 349

[275] Probst/Dyllick, Begriffe, Analogiebildung und Intention im evolutionären Management, S. 108

[276] Gomez, Modelle und Methoden des systemorientierten Managements, S. 65 ff.

[277] Staehle, Management, S. 41 ff.

[278] Ruegg, a.a.O., S. 117

[279] Probst, Selbst-Organisation, S. 83

[280] Ebenda, S. 14

[281] Schulz, Komplexität in Unternehmen. Eine Herausforderung an das Controlling, S. 137

[282] Gomez, Modelle und Methoden des systemorientierten Managements, S. 68; Ulrich, H./Probst, a.a.O., S. 117

Die systemorientierte, evolutionäre Managementlehre wird auch in einen engen Zusammenhang zu den Erkenntnissen der **„Chaosforschung"** gebracht. „Statt auf der Grundlage eines beherrschenden Gesetzes und der Beschreibung eines früheren Zustandes Voraussagen über einen bestimmten Zustand zu machen, erklärt die Evolutionstheorie die Dinge, ohne eine Voraussage über ein starres, einzig mögliches Ergebnis zu machen. Sie erkennt das Chaos, die Unordnung sowie die Zufälligkeit an …"[283]. Sie ist damit **eher holistisch** als linear und mechanistisch. Andererseits laufen unsere Systeme Gefahr, wenn sie nach den herkömmlichen Prinzipien gestaltet und geführt werden, einen weiteren Anstieg von Komplexität und Dynamik nicht mehr verkraften zu können, ohne in chaotische Zustände überzugehen[284]. Durch die vom evolutionären Ansatz geforderte Selbstorganisation des Systems Unternehmung (und vor allem der Subsysteme und Elemente = Menschen) werden die Handlungen der einzelnen Mitarbeiter immer **autonomer** und die Entscheidungsfindung läuft entsprechend dezentralisierter ab. Damit ergibt sich ein Bild der Unternehmung als fließendes Chaos. Dies hat zur Folge, dass die verunsicherten Führungskräfte und Mitarbeiter vermehrt **Orientierungshilfen** benötigen. Die klassischen und leistungsbezogenen strategischen Zielvorgaben erweisen sich in diesem Zusammenhang als untauglich, ja sogar gefährlich. Notwendig wird damit eine **Führung durch unausgesprochene Regeln** auf der Grundlage indirekter, geistig kultureller Prinzipien und sinngebender Visionen[285]. Servatius hat dazu ein „fraktales Modell der Evolution" entwickelt[286].

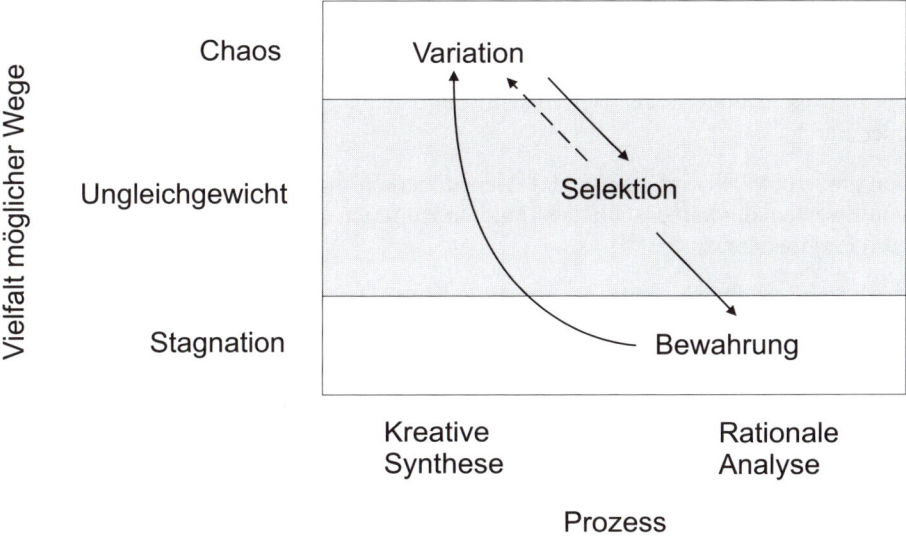

Abb. 1.28   Fraktales Modell der Evolution

---

[283] Ogilvy, Vorwort, S. 14 f.

[284] Bleicher, Das Konzept Integriertes Management, S. 16

[285] Wüthrich, Neuland des strategischen Denkens, S. 168 f.

[286] Servatius, Evolutionäre Führung in chaotischen Umfeldern, S. 160

Der Evolutionsprozess durchläuft dabei die Phasen Variation, Selektion und Bewahrung, als gerichtetes Wechselspiel zwischen den Polen Chaos und Stagnation. Das Hin- und Herschwingen zwischen der kreativen Suche nach neuen Wegen und der rationalen Gestaltung von Gleichgewichtszuständen macht dann das Wesen der Evolution aus. **Evolutionäre Führung** ist dementsprechend auf die **gelenkte Selbstorganisation** in fraktal strukturierten Netzwerken gerichtet. Hinsichtlich der Lenkung bleibt festzuhalten, dass grundlegend für das Verständnis der Lenkungsvorgänge in gesellschaftlichen Institutionen die Vorstellung eines **sich selbst lenkenden, offenen Systems ist**[287]. Allerdings ist darauf hinzuweisen, dass die Freiheit der Selbstlenkung der Unternehmung durch die Existenz gesellschaftlicher Lenkungssysteme (Wirtschaft-, Politik- und Moralsystem) eingeschränkt wird[288]. Dabei besteht die Problematik für die Unternehmensführung darin, dass sie sich nicht auf ein einheitliches und konsistentes gesellschaftliches **Wertesystem** abstützen kann, sondern selbst über die Bevorzugung bestimmter gesellschaftlicher Werte und Verhaltensnormen entscheiden muss. Dieser Problematik sieht sich die Unternehmung verstärkt im Bereich des Umweltschutzmanagements, insbesondere beim Umwelt-Controlling, ausgesetzt.

Möglich erscheint eine **aktive Koevolution** zwischen Unternehmen und Umfeld im Sinne eines Wechselspiels zwischen Anpassung und Schöpfung, worauf ein kreatives Erschließen von Innovationspotentialen im Rahmen von Lernprozessen gerichtet ist[289].

Die verschiedenen systemorientierten Ansätze sind in der betriebswirtschaftlichen Literatur durchaus **massiver Kritik** unterzogen worden[290], wobei sich die Kritikpunkte fast ausschließlich an dem wissenschaftlichen Anspruch und der daraus abgeleiteten Vorgehensweise und Schwerpunktsetzung entzünden. Die **wissenschaftliche Grundposition** der systemorientierten Managementlehre als Betriebswirtschaftslehre lässt sich **zusammenfassend** kennzeichnen durch[291]

- den großen Stellenwert, den sie der Anwendbarkeit ihrer Erkenntnisse zur Erfüllung von Zwecken durch menschliches Handeln zuordnet, somit durch ihre größere Nähe zum Pragmatismus;

- ihren Verzicht auf die Suche nach nomologischen Hypothesen, welche soziales Verhalten bestimmen sollen;

- die Relativierung von Erklärungen und Prognosen als Ziele der Wissenschaft zugunsten der Betonung von Gestaltungsregeln und -modellen für die Praxis;

- die Anerkennung der Untersuchung des Anwendungszusammenhangs und des Erkennens praktischer Probleme als eigene, wissenschaftliche Aufgabe;

---

[287] Ulrich, H., Management, S. 116

[288] Ulrich, H./Probst, a.a.O., S. 274 ff.

[289] Servatius, a.a.O., S. 158

[290] Siehe dazu: Kieser, Fremdorganisation, Selbstorganisation und evolutionäres Management; Gaitanides/Oechsler/ Römer/Staehle, Forschungsziele der systemorientierten Betriebswirtschaftslehre

[291] Bleicher, Betriebswirtschaftslehre als systemorientierte Wissenschaft vom Management, S. 81

- die Anerkennung des präskriptiven Charakters der von ihr angestrebten Aussagen;

- den gegenüber der bestehenden sozialen Wirklichkeit kritischen, auf Veränderung gerichteten Charakter der angestrebten Ergebnisse;

- die Relativierung des Strebens nach Exaktheit ihrer Aussagen zugunsten der Aufrechterhaltung und Bewältigung höherer Komplexität;

- die Abkehr von einem rein analytischen gedanklichen Vorgehen zugunsten des Erfassens von Vernetzungen.

Auf dieser Basis erarbeitet die Wissenschaft vom Management inhaltlich Problemlösungen und Problemlösungsmethoden zur Gestaltung für die Praxis". Die Eignung der Systemtheorie zur Ableitung falsifizierbarer empirischer Hypothesen wird grundsätzlich angezweifelt[292] – dies wird ohnehin von den Vertretern der systemorientierten Betriebswirtschaftslehre als nicht notwendig erachtet. Allerdings ist in diesem Zusammenhang die Frage aufzuwerfen, ob selbst bei einer Konzentration auf die Gestaltungsfunktion der Betriebswirtschaftslehre nicht doch Erklärungsansätze bzw. -modelle erforderlich werden, insbesondere wenn Prognosen abgeleitet bzw. eine wissenschaftlich fundierte Technologie oder Methodologie entwickelt werden sollen[293]. Wie bereits erwähnt wurde, beschränkt man sich angesichts der hohen Komplexität und Dynamik auf **Prinziperklärungen**. Dies scheint derzeit der einzig gangbare Weg zu sein, angesichts der Komplexität und Dynamik und der natürlichen Begrenzungen des menschlichen Geistes, Probleme einer Lösung näher zu bringen.

Trotz der unbestrittenen Schwächen des systemorientierten Ansatzes geht die herrschende Meinung in der betriebswirtschaftlichen Literatur davon aus, dass **an der Systembetrachtung kein Weg vorbeiführt**[294]. Dabei sollten keine Patentrezepte erwartet werden, vielmehr ist der Hauptbeitrag in der Bereitstellung von Ordnungskonzepten und Instrumenten zur **Bewältigung komplexer Probleme** zu sehen[295]. **Ein Schwerpunkt der systemorientierten Managementlehre** liegt dementsprechend darin, **eine Methodik für die Gestaltung und Lenkung von komplexen Systemen zu entwickeln**. Im Vordergrund stehen in diesem Zusammenhang konkret anwendbare methodische Hilfsmittel im Sinne einer generellen Vorgehensweise sowie Regeln, Grundsätze, Techniken etc.[296].

---

[292] Marr/Schuh, a.a.O., S. 982; Schanz, Traditionelle Wissenschaftspraxis und systemtheoretisch-kybernetische Ansätze, S. 7 f.;

[293] Wild, Theorienbildung, betriebswirtschaftliche, Sp. 3891; Schanz, Traditionelle Wissenschaftspraxis und systemtheoretisch-kybernetische Ansätze, S. 17

[294] Schanz, Wissenschaftsprogramme der Betriebswirtschaftslehre, S. 93

[295] Bircher/Krieg, Systemmethodik und langfristige Unternehmungsplanung, S. 164

[296] Malik, Strategie des Managements komplexer Systeme, S. 26 und S. 422 ff.; Ulrich, H./Probst, Anleitung zum ganzheitlichen Denken und Handeln.

Auch für die Analyse und Gestaltung der Controllingfunktion wird der Systemansatz als geeignet bezeichnet. Horvath führt dazu folgende Vorteile an[297]:

- Der Systemansatz ermöglicht die Analyse komplexer betrieblicher Zusammenhänge wie Planung, Kontrolle und Informationsversorgung.

- Der Systemansatz ermöglicht die Konzentration auf die gerade interessierende Dimension eines Systems, also z. B. auf die den Controller interessierende Informationsdimension.

- Der Systemansatz liefert dem Controller Instrumente für die Gestaltung von Systemen (z. B. Gestaltung eines DV-unterstützten Info-Systems).

- Der Systemansatz eignet sich zur Analyse und Gestaltung von ständig notwendigen Systemänderungen (z. B. Anpassung des Planungssystems an Änderungen des Marktes).

Wie noch zu zeigen sein wird, treten zu diesen Vorzügen des Systemansatzes noch weitere hinzu, wenn es um die Gestaltung und Weiterentwicklung der Controllingfunktion in der Unternehmung geht.

1.3.3   Theoretische Fundierung des Controlling

Allgemein wird in der betriebswirtschaftlichen Controlling-Literatur davon ausgegangen, dass eine geschlossene begrifflich konsistente, theoretische Grundlage des Controllings fehlt[298]. Controlling ist vielmehr eine **„Erfindung" der Praxis**, die sich dort – allem Anschein nach – nachhaltig bewährt hat[299]. Es ist noch nicht einmal geklärt, ob es eine Konzeption gibt oder entwickeln lässt, durch welche das Controlling zu einer eigenen **Teildisziplin** der Betriebswirtschaftslehre wird. Küpper erachtet dazu die Erfüllung von drei Bedingungen als notwendig[300]:

- Die konzeptionelle Fundierung muss eine eigenständige Problemstellung deutlich werden lassen.

- Außerdem müssen theoretische Ansätze entwickelt werden, mit denen man über die bloße Beschreibung von Problemen, empirischen Tatsachen und Instrumenten hinauskommt.

- Schließlich muss sich die Einführung eines eigenen Bereiches in der Praxis bewähren.

---

[297] Horvath, Controlling, S. 98 f.; Weber, Einführung in das Controlling, S. 27 ff., Reichmann, Controlling-Konzeptionen in den 90er Jahren, S. 50; Bramsemann, a.a.O., S. 54; Buchner, Einige Überlegungen zur Controlling-Konzeption, S. 133, Siegwart/Raas, CIM-orientiertes Rechnungswesen, S.110

[298] Coenenberg/Baum, Strategisches Controlling, S. 10; Richter, a.a.O., S.2 und S. 49 (siehe auch die hier zitierte Literatur)

[299] Weber, Einführung in das Controlling, S. 17

[300] Küpper, Koordination und Interdependenz als Bausteine einer konzeptionellen und theoretischen Fundierung des Controlling …, S. 163 f.

Um jedoch Handlungsempfehlungen für eine adäquate Gestaltung des Controlling abzuleiten zu können, wird eine **theoretische Durchdringung** des „Gegenstandes Controlling" als notwendig erachtet. Ziel ist dabei, auf empirisch gehaltvolle und allgemeingültige **Erklärungen** für beobachtete Phänomene aus dem Bereich Controlling zurückgreifen zu können[301]. Damit treten dieselben prinzipiellen Probleme, die schon bei der Theoriegewinnung in der Betriebswirtschaftslehre herausgearbeitet wurden, auch für das Controlling auf.

Vorherrschend ist bisher die **empirisch-induktive** Vorgehensweise, wobei das Controlling ausgehend von Beobachtungen der Praxis definiert wird[302]. Wegen der bereits herausgestellten grundsätzlichen Mängel der induktiven Methoden ist die betriebswirtschaftliche Forschung bemüht, **deduktive Erkenntnisansätze** einzuführen – die Ergebnisse sind (zwangsläufig) sehr bescheiden.

Nach wie vor ungeklärt bleibt außerdem, ob das Controlling letztlich eine eigenständige Teildisziplin der Betriebswirtschaftslehre begründen kann (hierauf soll in Kapitel 2 näher eingegangen werden). Der Verdacht scheint nicht ganz unbegründet zu sein, dass das Controlling keine neuen Erkenntnisse liefert, sondern lediglich neue Etiketten für überkommene betriebswirtschaftliche Techniken anbietet – **alter Wein in neuen Schläuchen** sozusagen[303]. Es ist deswegen nicht weiter verwunderlich, dass eine einheitliche und allgemeingültige **Definition des Controlling** fehlt. „Die Vielzahl vorfindbarer Definitionen ist kaum überschaubar, verwirrend vielfältig durch praktische Anschauung geleitet und zumeist willkürlich, da die **theoretische** Bezugsbasis nicht vermittelt wird "[304]. Etwas polemisch formuliert, könnte man sagen, das Controlling ist zu einer Worthülse degradiert worden[305]. Eine Ursache für diese sicherlich unbefriedigende Ausgangsbasis liegt darin, dass der Begriff Controlling in der Literatur stark vom **Essentialismus** geprägt ist, wonach das Wesen eines Sachverhalts durch den Intellekt erfasst werden kann[306]. Auch die Übersetzung des Verbs **„to control"** führt zu vieldeutigen Ergebnissen wie beherrschen, beaufsichtigen, überwachen, lenken, steuern, regeln[307]. Ganz im Popper'schen Sinne wird demzufolge die Bildung eines deutschen Wortes als weniger wichtig erachtet als die Kenntnis des Inhaltes des zugrunde liegenden Controllingkonzeptes.

---

[301] Richter, a.a.O., S. 56; siehe auch: Krüger, Controlling …, S. 159

[302] Sahl/Schmidt, Funktionen des Controllers und deren Einflußfaktoren, S. 29; Becker, a.a.O., S. 296

[303] Richter, a.a.O., S. 58 f.; Coenenberg/Baum, Strategisches Controlling, S. 1

[304] Weber, Versagen des Controlling? – Ein Beitrag zur Theoriefindung, S. 1785; siehe auch: Schildbach, Begriff und Grundproblem des Controlling aus betriebswirtschaftlicher Sicht, S. 21 f.; Siller, a.a.O., S. 10 ff.

[305] Dellmann, a.a.O., S. 114

[306] Harbert, Controlling-Begriffe und Controlling-Konzeptionen, S. 125 f.

[307] Siegwart, Worin unterscheiden sich amerikanisches und deutsches Controlling, S. 97

Um eine ungefähre Bestimmung des Inhalts und der Einflussfaktoren auf den Controlling-Gegenstand zu ermöglichen, ist es empfehlenswert, die **Ursachen für das Entstehen** des Controlling-Gedankens ausfindig zu machen. Hierbei werden insbesondere zwei interdependente Sachverhalte für das Aufkommen und den Ausbau der Controllingfunktion angeführt[308]:

1. Die zunehmende Komplexität und Dynamik der Umwelt (age of discontinuity)

2. Die steigende Differenziertheit und Größe der Unternehmungen.

Die damit verbundene qualitative Veränderung der Problemstruktur, die infolge der Unübersichtlichkeit und der mangelnden Kenntnis über künftige Entwicklungen zur Verunsicherung des Managements führt, lässt gerade das Controlling als unverzichtbar erscheinen[309]. Dieser Wandel zwingt insbesondere zu erhöhter Aktualität und Flexibilität bei der Bereitstellung von Informationen für eine zielorientierte Führung – ein klassisches Aufgabengebiet des Controlling[310]. Allerdings muss zum wiederholten Male auf die Hauptschwierigkeit beim Umgang mit komplexen Phänomenen hingewiesen werden, nämlich die Ermittlung aller Informationen zu den Einflussfaktoren, die ein derartiges Phänomen determinieren[311]. Aus diesem Kontext heraus, erwächst für das Controlling eine gefährliche **Umbruchsituation**: „Gelingt es nicht, die Anpassung an neue Anforderungen, die nicht zuletzt vom Wettbewerb induziert sind, wahrzunehmen, so schwindet die Akzeptanz des Controllers als „betriebswirtschaftliches Gewissen", als „Lotse", „Koordinator" und „Moderator" rapide[312].

Wie bereits herausgestellt wurde, überwiegt in der betriebswirtschaftlichen Literatur zum Controlling eine **systemorientierte Betrachtungsweise**, wobei noch detailliert zu zeigen sein wird (Kap. 2), dass der Bezug auf die systemorientierte Betriebswirtschaftslehre nicht durchgängig und umfassend genug verfolgt wird. Als wichtigste Leistung des Systemansatzes im Bereich der betrieblichen Systemgestaltung sieht Horvath das Angebot an Strategien, mit denen durch **Komplexitätsreduktion** die Bewältigung der Probleme einer komplexen und veränderlichen Umwelt unterstützt werden[313]. Dabei orientiert sich Horvath an Niklas Luhmann, der die Funktion von sozialen Systemen darin sieht, Komplexität zu erfassen und zu reduzieren, indem sie zwischen der Komplexität der Umwelt und den geringen Verarbeitungsmöglichkeiten beim Menschen vermitteln[314]. Eine Komplexitätsreduktion allein hilft jedoch nicht, die zunehmende Komplexität und Dynamik, denen sich die Unternehmung

---

[308] Horvath, Entwicklungstendenzen des Controlling: Strategisches Controlling, S. 400; Peemöller/Bömelburg/Ernst, Controlling – Ein Überblick, S. 249; Schweitzer/Friedl, Beitrag zu einer umfassenden Controllingkonzeption, S. 141

[309] Coenenberg/Baum, Strategisches Controlling, S. 7

[310] Hahn, Strategische Führung und Controlling, S. 122

[311] Hayek, Die Theorie komplexer Phänomene, S. 15 und S. 25

[312] Horvath, Schnittstellenüberwindung durch das Controlling, S. 21

[313] Horvath, Controlling, S. 103 f.

[314] Luhmann, Soziologie als Theorie sozialer Systeme, S. 619

ausgesetzt sieht, einigermaßen zufrieden stellen zu bewältigen[315]. Wie bereits herausgearbeitet wurde, ist gemäß dem **Varietätsgesetz** eine Varietätsverstärkung, gerade in den **führungsunterstützenden Subsystemen**, wie dem Controlling, erforderlich. Diese spezialisierten Subsysteme haben dann spezifische Probleme der Umwelt zu lokalisieren und zu bearbeiten, damit sie einer Lösung näher gebracht werden können. Es kann sogar davon ausgegangen werden, dass im Zuge der Komplexitätsreduktion die **Eigenkomplexität** der Unternehmung zunimmt und langfristig mehr Komplexität an die Umwelt abgegeben als abgebaut wird[316]. Demnach erfordert die zu bewältigende Komplexität eine Betrachtung des Controlling als (Sub-)System[317], wobei das Controlling Hilfestellung bei der Bewältigung schlechtstrukturierter Probleme zu leisten hat. Als gangbarer Weg erscheint folgender Ansatz: Im Vordergrund steht – auf Basis einer systemorientierten Sichtweise – die gedankliche Simulation der Realität mit dem Erkenntnisinteresse, Beziehungen transparent zu machen und womöglich Handlungsempfehlungen abzuleiten[318].

In der Managementliteratur wird übereinstimmend zwischen einem Leistungssystem (Ausführungssystem, operatives System) und einem Managementsystem (Führungssystem) unterschieden. Das **Controllingsystem** steht dabei in einer engen Verbindung zu den traditionellen Führungssubsystemen, wie dem betrieblichen Rechnungswesen und hat insbesondere **Planungs- und Kontrollaufgaben** zu erfüllen. Informationen werden nicht so sehr als eigenständiges System betrachtet, sondern eher als Elemente aller sozialen Systeme. Gerade die Offenheit der Unternehmung dehnt dabei die Erfassung führungsrelevanter Informationen erheblich aus. Hierin ist eine Sicht involviert, die Informationsprozesse als Grundgerüst kybernetischer Beziehungsstrukturen begreift (siehe Abb. 1.29).

---

[315] Bosetzky, Zur Erzeugung von Eigenkomplexität in Großorganisationen, S. 279 ff.; Schreyögg/Steinmann, Strategische Kontrolle, S. 399; Ulrich, H./Probst, a.a.O., S. 63

[316] Horvath, Controlling, S. 92 ff.; Weber, Einführung in das Controlling, S. 28 ff.

[317] Horvath, Controlling, S. 92ff.; Weber, Einführung in das Controlling, S. 28ff.

[318] In Anlehnung an: Grochla, Entwicklung und gegenwärtiger Stand der Organisationstheorie, S. 18

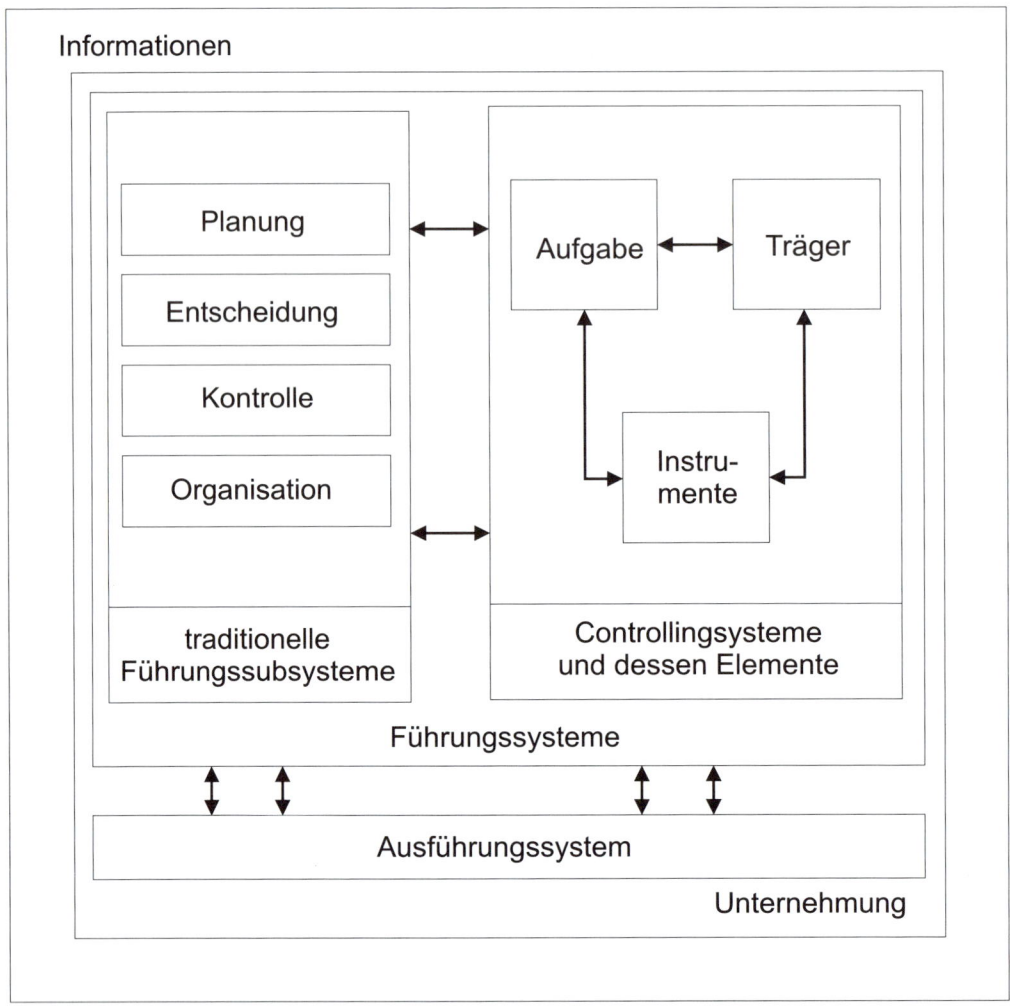

Abb. 1.29   Controlling als Subsystem der Unternehmung

Dem Controlling werden nach herrschender Meinung die Aufgaben der Erfassung, Verarbeitung und Weiterleitung **führungsrelevanter Informationen** zugeordnet. Nochmals hingewiesen werden soll an dieser Stelle, dass der **Mangel** an solchen Informationen eine nicht zu beseitigende Tatsache ist, die schwerwiegende Konsequenzen für die Gestaltung und Lenkung von komplexen Systemen hat[319]. Controlling als Subsystem des offenen Systems Unternehmung wird durch die das unternehmerische Führungssystem beeinflussenden Umsysteme determiniert[320]. Für die theoretische Durchdringung des Controlling-Gegenstandes

---

[319] Malik, Strategie des Managements komplexer Systeme, S. 340

[320] Richter, a.a.O., S. 166 ff.; Krüger, a.a.O., S. 163; Schweitzer/Friedl, a.a.O., S. 166; Horvath, Controlling, S. 184

empfiehlt sich deshalb eine Vorgehensweise gemäß dem „outside-in approach" (siehe Abb. 1.30)[321]. Eine derartige „**kontextuelle Erklärung**" des Controlling- Gegenstandes basiert auf der Erkenntnis der Systemtheorie, wonach die Umgebung eines Systems hier das Subsystem Controlling konstituiert. Das Controllingsystem wird zunächst als **Black-Box** betrachtet, um die auf das Subsystem Controlling einwirkenden Einflussgrößen spezifizieren zu können. Dazu wird der Einfluss der Unternehmungsumwelt auf das System Unternehmung analysiert und hinsichtlich seiner Auswirkungen auf das Controlling- Subsystem überprüft. Danach wird der Einfluss des Führungssystems auf die Ausgestaltung des Subsystem Controlling untersucht. Nun wird die Black-Box-Betrachtung fallengelassen und versucht, ausgehend von den festgestellten Einflussfaktoren auf das Controlling die Komponenten des Subsystems Controlling zu spezifizieren. Hieraus (interne Bestimmungsfaktoren) und aus den (externen) Bestimmungsfaktoren der Systemumgebung lassen sich die Elemente des Controlling-Untersuchungsgegenstandes ableiten (siehe Abb. 1.31).

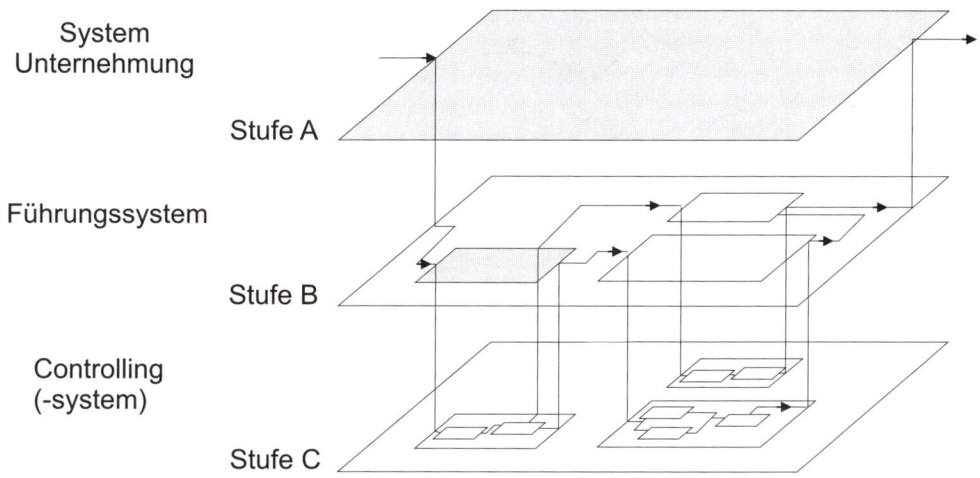

Abb. 1.30   Stufenweise Auflösung des Controllingsystems mit Hilfe des outside-in approach[322]

Diese Vorgehensweise entspricht dem bereits herausgearbeiteten „systemischen" Denken mit Hilfe eines **Zoom-Objektes** (siehe Abb. 1.13 auf Seite 41). Wichtig ist dabei für die theoretische Fundierung des Controllings, die in den Leistungs- und Führungssystemen der Unternehmung sowie die zu ihrer Umwelt bestehenden **Interdependenzen (Vernetzung) herauszuarbeiten**, entsprechende Modelle zu deren Abbildung zu formulieren und Hypothesen über Art und Gewicht von Interdependenzen zu finden[323].

---

[321] Hansen, Systemanalyse, Sp.2173; Kieser/Kubicek, Organisation, S. 219

[322] Richter, a.a.O., S. 168; siehe auch: Daenzer, a.a.O., S. 23

[323] Küpper, Koordination und Interdependenz als Bausteine einer konzeptionellen und theoretischen Fundierung des Controlling, S. 173 ff.

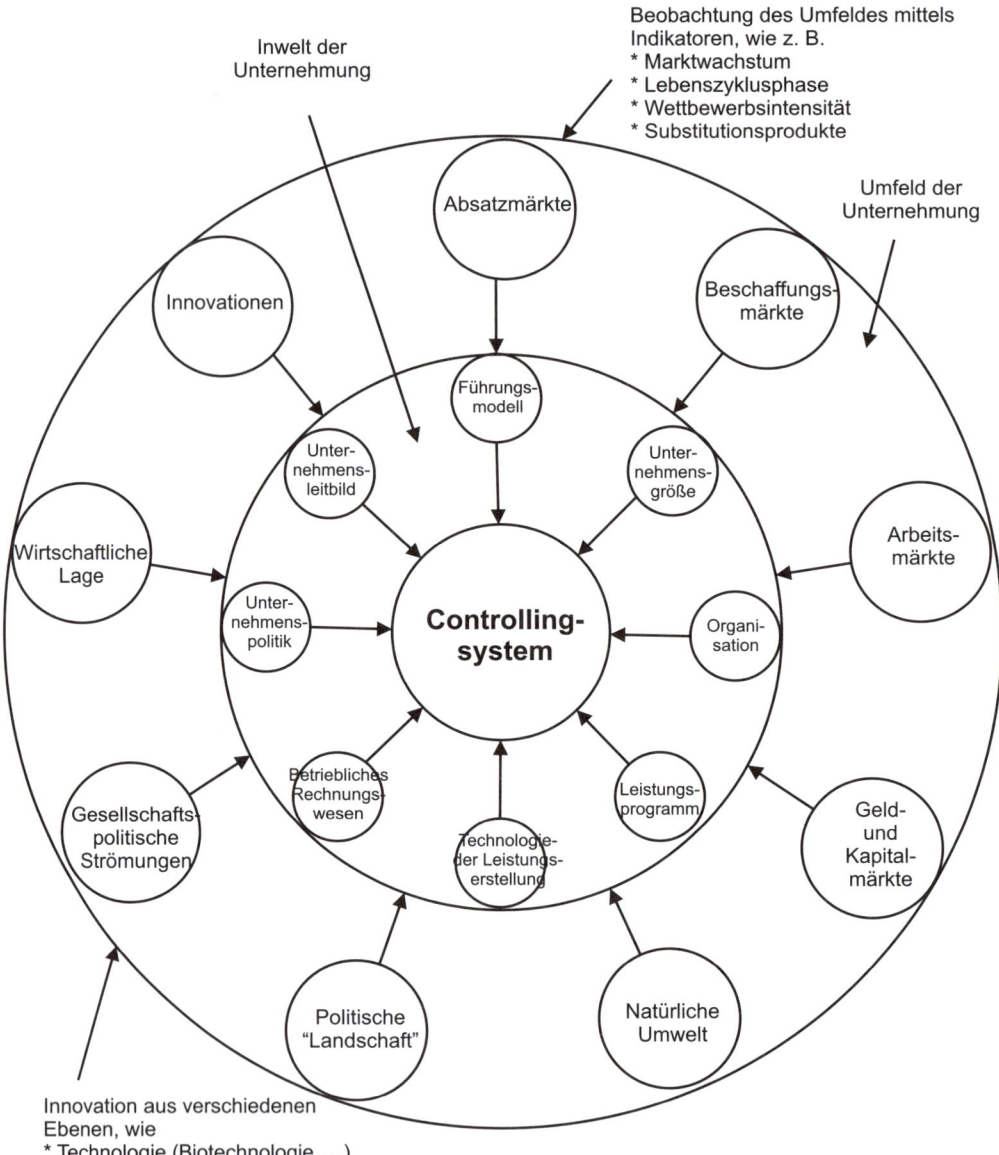

Abb. 1.31   Einfaches (unvernetztes) Modell der Unternehmung mit dem Controlling als Subsystem und seinen wesentlichen Bestimmungsfaktoren[324]

---

[324] Siehe auch: Richter, a.a.O., S. 172

In der Literatur werden entsprechend der Klassifizierung der Umweltbedingungen drei Grundtypen von Controllern abgeleitet[325]:

- In einer relativ statischen Umwelt wirkt der Controller als Registrator;

- liegt eine begrenzt dynamische Umwelt vor, so tritt der Controller als Navigator auf, der Hilfsfunktionen in Bezug auf die Lenkung für die Systemführung ausübt;

- in einer extrem dynamischen Umwelt fungiert der Controller als Innovator, der an Problemlösungsprozessen teilnimmt und für die Entwicklung von Früherkennungssystemen verantwortlich ist.

Wie im nächsten Kapitel gezeigt wird, sind diese Grundtypen nicht historisch zu betrachten. Der Controller kann immer noch und auch in Zukunft in seiner Rolle als Navigator am besten das Management bei seinen Führungsaufgaben unterstützen. Innovativität wird vor allem bei der Entwicklung und dem Einsatz adäquater betriebswirtschaftlicher Mess- und Regeltechnik erwartet, um die erforderlichen Informationen zu generieren.

Gegen diese kontextuelle Betrachtungsweise sind auch einige **kritische Anmerkungen** anzuführen[326]:

- Bisher gibt es keine hinreichende Kenntnis über die „sachliche Reichweite" der Kontexteinflüsse, dennoch kann davon ausgegangen werden, dass Kontexteinflüsse auf betriebliche Subsysteme unterschiedlich wirken und demzufolge eine organisatorische Ausschnitt-Betrachtung zweckmäßig ist. Dadurch dürfen aber wichtige Interdependenzen nicht zerschnitten werden – die Beachtung der Vernetzung unter ganzheitlicher Betrachtungsweise ist auf jeden Fall zu gewährleisten.

- Die vermuteten Wirkungen der internen und externen Bestimmungsfaktoren auf das Subsystem Controlling, können erst dann empirisch untersucht werden, wenn hinreichende Klarheit über die Struktur des zu beeinflussenden Wirksystems Controlling besteht – dies ist bis jetzt noch nicht der Fall.

Letztendlich bleibt festzuhalten, dass ein „Control"-System bzw. -Mechanismus lediglich so gut sein kann, wie das Modell, das er von seiner Umwelt besitzt[327]. In der betrieblichen Praxis und in einem Großteil der betriebswirtschaftlichen Literatur überwiegt dabei noch die Anwendung des kybernetischen Regelkreisprinzips auf den Controlling-Gegenstand. Dem liegt ein Lenkungsprozess zugrunde, der auf einem Denken in kreisförmigen Prozessen statt in linearen (Ursache-Wirkungs-) Ketten basiert[328]. Die Funktionsprinzipien dieser bereits ausführlich dargestellten kybernetischen Lenkung sind geradezu charakteristisch für traditionelle Planungs- und Kontrollsysteme, die die Unternehmensleitung unterstützen sollen[329].

---

[325] Küpper/Weber/Zünd, Zum Verständnis und Selbstverständnis des Controlling, S. 286 f.

[326] Richter, a.a.O., S. 173 ff.

[327] Malik, Strategie des Managements komplexer Systeme, S. 209

[328] Siegwart, Anwendungsorientierung, Systemorientierung und Integrationsleistung einer Managementlehre, S. 104; Bleicher, Das Konzept Integriertes Management, S. 34 f.

[329] Becker, a.a.O. S., S. 302 f.

Kontrolle wird in der betriebswirtschaftlichen Führungslehre in der Regel als Zwillingsfunktion zur Planung begriffen. „Auf dem Hintergrund des kybernetischen Regelkreismodells fällt der Kontrolle die Aufgabe zu, den Realisierungsgrad der Unternehmungspläne festzustellen, Abweichungen zu analysieren und ggf. Korrekturmaßnahmen zu veranlassen.

Diese Fassung der Kontrolle als Soll/Ist-Vergleich (Feedback-Kontrolle) ist also auf die **Vorgabe** klar definierter Kontrollstandards angewiesen, die Ausfluss der Unternehmenspläne sind"[330]. Auf die verschiedenen Controlling-Konzeptionen übt diese kybernetische Vorstellung gewisse Vereinheitlichungsimpulse aus, insbesondere weil die Controllingidee der eines Regelkreissystems entspricht[331]. Der Schwerpunkt liegt dabei auf dem Abweichungsimpuls, woraus sich für das Controlling folgende Ziele ableiten lassen:

• Identifikation von Anpassungserfordernissen,

• Sicherstellung ausreichender Gegensteuerungszeiträume,

• Impulsgebung für die Beseitigung von Abweichungen sowie

• Leisten von Hilfestellung bei der Zielaufgliederung zum Zwecke der Sollvorgabe.

Die Funktion des **Reglers**, der diesen Soll/Ist-Vergleich mit Abweichungsanalyse durchführt, übernimmt in diesem Regelkreismodell das Controlling[332]. Das Controlling befasst sich demzufolge vor allem mit den Funktionen eines Steuermanns oder Lotsen in Systemen, die als Lenkungsvorgänge, welche dem System unter wechselnden Bedingungen ein zielgerichtetes Verhalten zu verleihen vermögen, gekennzeichnet werden können[333]. Mit dieser Vorstellung einer kybernetischen Lenkung (wie Homöostat) sind hinsichtlich der Dynamik und Komplexität in der In- und Umwelt der Unternehmung zwei Voraussetzungen vor allem an die Planung verbunden[334]:

„(1) Die Umwelt und das Handlungssystem Unternehmung sind voll strukturierbar (nichtkomplex), d. h. sie sind (in ihren relevanten Elementen) vollständig **beschreibbar**. Das bedeutet zugleich, dass auch die (relevanten) Wirkungszusammenhänge zwischen den Elementen **identifizierbar** und **verstehbar** sind.

(2) Die Entwicklung der so vollständig erfassten (externen und internen) Umwelt ist entweder gut **prognostizierbar** (einwertige Erwartungen) oder von der Unternehmung **beherrschbar**".

Diese Voraussetzungen sind wohl kaum gegeben.. Daher ist es nicht weiter verwunderlich, dass in der Managementliteratur durchaus überwiegend erkannt wird, dass dieses traditionelle Verständnis von Controlling an seine Grenzen stößt. Allerdings wäre es verfehlt, „einem Versagen der Reglementierung" mit noch mehr Reglementen zu begegnen: Einem Davonlau-

---

[330] Schreyögg/Steinmann, Strategische Kontrolle, S. 392

[331] Coenenberg/Baum, a.a.O., S. 10 ff.; siehe auch: Mann, Anforderungen an ein strategisches Controlling, S. 474

[332] Hoffmann, Das Rechnungswesen als Subsystem der Unternehmung, S. 372 ff.; Kahl, a.a.O., S. 208 ff.

[333] Ulrich, H., Management, S. 49 f.

[334] Schreyögg/Steinmann, Strategische Kontrolle, S. 394

fen der Kosten mit noch mehr Budgetierung und Kostenkontrolle, auf Planungsfehler mit noch mehr Planung und verfeinerten Prognosemethoden zu reagieren[335]. Damit wird nach herrschender Meinung das kybernetische Regelkreismodell nicht obsolet, vielmehr ist es **zu erweitern** bzw. es muss eine **andere Schwerpunktsetzung** erfolgen.

Erfolg versprechend erscheinen auf der Basis systemtheoretischer Überlegungen zwei Ansätze, die auf eine **Fokussierung des Controllings in Richtung strategischer Problemstellungen** zielen:

- Zum einen gilt es spezialisierte Subsysteme der Planung zu entwickeln, die verhindern, dass „Störungen" im Sinne von Soll/Ist-Abweichungen auf das Gesamtsystem übergreifen. Außerdem kann damit Anpassungserfordernissen durch das Subsystem selbst Rechnung getragen werden, ohne dass das ganze System geändert werden muss. Dieser Ansatz versucht die im Rahmen des „variety engineering" geforderte Eigenkomplexität umzusetzen.

- Der zweite Ansatz baut auf eine Schwerpunktsetzung des Controllings in Richtung Feedforward-Kontrollen. Eine Kontrolle der strategischen Planung mittels des üblichen Soll/Ist-Vergleichs, um die spätere Zielerreichung zu überwachen, nützt in der Regel nicht mehr viel. Damit wird nur die Erkenntnis vermittelt, wie man vorher hätte entscheiden und handeln müssen. Außerdem ist die Feedback-Kontrolle nicht in der Lage, die Notwendigkeit von Zielrevisionen zu signalisieren, da sie die Vorgaben aus der Planung nicht hinterfragt. Hinzukommt, dass mit Hilfe von Soll-Ist-Vergleichen kein struktureller Beitrag zur Existenzsicherung des Unternehmens geleistet werden kann, da die Umweltgebundenheit des Unternehmens weitgehend außer Acht gelassen wird.

Vom **systemtheoretischen Standpunkt** aus betrachtet, wäre zuvor eine Feedforward-Kontrolle optimal, da die auf dem Prinzip der Vorwärtskoppelung basierende Steuerung Störfaktoren (Abweichungen) bereits im Zeitpunkt des Auftretens eliminieren oder zumindest kompensieren würde. Dies setzt jedoch voraus, dass sämtliche potentiellen Störfaktoren und ihre Konsequenzen für das Unternehmen im Voraus bekannt sein müssten, was theoretisch lediglich einem „homo oeconomicus" gelänge. Unternehmen als komplexe Systeme lassen sich somit durch antizipative Steuerung allein nicht führen. Ergänzend sind bereichsübergreifende **strategische Planungssysteme** und **Frühaufklärungssysteme** als spezielle Informationssysteme einzuführen[336]. Damit könnte eine Entkoppelung von Planung und Kontrolle ereicht werden, indem die Selektivität und das hohe Risiko strategischer Planung als Basis für eine **Feedforward-Kontrolle** hervorgehoben werden[337]. Die Zusammenhänge stellt noch einmal Abb. 1.32 dar[338]:

---

[335] Vester, Leitmotiv vernetztes Denken, S. 156 f.; Malik, Strategie des Managements komplexer Systeme, S. 46 und S. 66

[336] Ebenda, S. 90; siehe auch: Baetge, Systemtheorie, S. 516; Siegwart/Menzel, a.a.O., S. 62; Pfohl, a.a.O., S. 22 f.; Mann, Anforderungen an ein strategisches Controlling, S. 469 f.

[337] Steinmann/Hasselberg, a.a.O., S. 1309 f.

[338] Staehle, Management, S. 511 f.

Demzufolge stellt eine Feedforward-Kontrolle bereits den **Input**, wie die zugrunde liegenden Ziele und strategischen Pläne, in Frage. Die Feedback-Kontrolle dagegen verwendet Informationen über den **Output** und versucht diesen durch Korrektur des Inputs solange zu beeinflussen, bis sein Zustand oder sein Verhalten mit bestimmten Zielvorstellungen übereinstimmt. Mit Hilfe der Feedforward-Kontrolle wird zur Dämpfung der Ausschläge im Outputverhalten beigetragen, indem auf Grund der besseren Informationsgrundlagen die Lenkungseingriffe dosierter vorgenommen werden können[339].

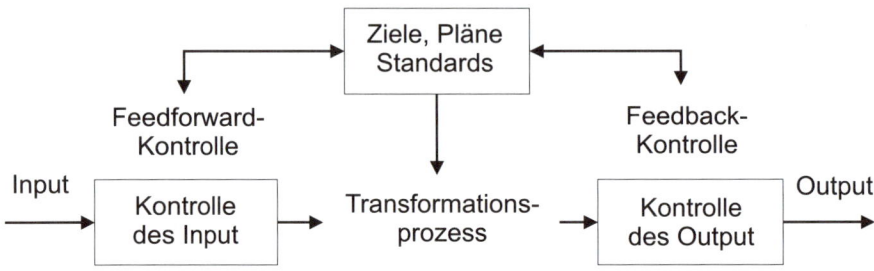

Abb. 1.32   Feedback- und Feedforward-Kontrolle

Der Plan-/Ist-Vergleich bzw. Soll-/Ist-Vergleich wird also um einen **Soll-/Wird-Vergleich** ergänzt[340], wobei eine Hochrechnung des Ist zum Periodenende (Forecast) sicherlich nicht ausreichen wird, um eine effektive Feedforward-Kontrolle zu ermöglichen. Hierzu sind strategieorientierte Überwachungssysteme und **Früherkennungssysteme** erforderlich. Konkrete Bezugspunkte eines solchen „**strategischen**" **Controllings** sind die **Erfolgspotentiale** des Unternehmens ohne zeitliche Beschränkung des Beobachtungszeitraumes[341]. „Für ein Unternehmen bedeutet das, nicht nur die Zahlen zu betrachten und damit die eingetreten Ereignisse, sondern vor die Zahlen zu schauen, positive und negative Einflussfaktoren, Chancen und Risiken, künftige Erfolge und Misserfolge bereits zu erkennen, bevor sie sich in Zahlen niederschlagen"[342]. Diese Sichtweise kann mit einem **Eisberg-Modell** ausgedrückt werden. Für den Problembereich Innovationen lassen sich folgende Zusammenhänge konstruieren (siehe Abb. 1.33)[343]. Unter Oberfläche verborgen liegen noch weitere Intangible Assets, wie z. B. gewinnbringende Kooperationen mit Lieferanten, Forschungsinstituten und startup-Unternehmen.

---

[339] Gomez, Modelle und Methoden des systemorientierten Managements, S. 58 ff.

[340] Krystek/Müller – Stewens, a.a.O., S. 63 f.; Pfohl, a.a.O., S. 22 f.

[341] Siller, a.a.O., S. 89; Ahlert, a.a.O., S. 29

[342] Mann, Das ganzheitliche Unternehmen, S. 34

[343] Glaß, Mit Benchmarking in Forschung und Entwicklung (F&E) den Entwicklungsprozess optimieren, S.24; Müller A., Controlling von Intangible Assets

Es liegt deshalb nahe für die Feedforward-Kontrolle das **Konzept der schwachen Signale** zu nutzen[344]. Die „harten" (in Geldgrößen quantifizierten Größen) sind demzufolge um immaterielle, **qualitative** Einflussfaktoren zu ergänzen: An dieser Problematik, nämlich der antizipierenden „Feedforward-Steuerung" der Unternehmung „verzweifelt" heute die wissenschaftliche Betriebswirtschaftslehre[345].

Für die Gestaltung des Controlling-Systems ergeben sich daraus eindeutige Konsequenzen: Das Controlling-System ist als ein in sich **verzahntes** Regelkreissystem zu sehen, das auch den Aufgabenumfang des Führungssubsystems Controlling definiert. Dabei bleibt der Zusammenhang zwischen strategischer Planung, Mittelfristplanung, Jahresplanung, Plan-Ist- Vergleich mit Abweichungsanalyse und Gegensteuerung gewahrt (siehe Abb. 1.34 auf Seite 84)[346].

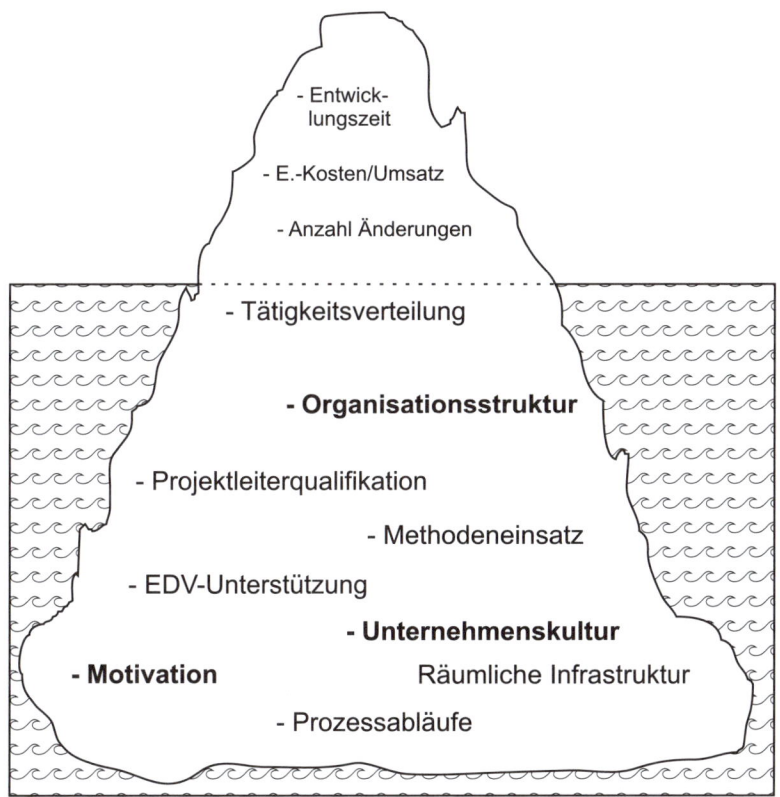

Abb. 1.33   Das Eisbergmodell

---

[344] Siller, a.a.O., S. 130; Mann, Controlling und Planung, S. 227

[345] Mann, Anforderungen an ein strategisches Controlling, S. 469 f.

[346] Mann, Controlling und Planung, S. 226; derselbe, Das ganzheitliche Unternehmen, S. 45 ff. (Abb. 1.34 auf Seite 95); Schröder, Modernes Unternehmens-Controlling, S. 219; Kahl, a.a.O., S. 209 ff.

Der kürzerfristige (operative) Plan stellt somit das Ist dar (Feedback), anhand dessen die strategische Planung überprüft werden kann (Feedforward). Hierin ist der Übergang von der Kompensation der Abweichungen zur rechtzeitigen Gegensteuerung zu sehen. Zusammenfassend kann festgehalten werden, dass sich soziale Systeme von natürlichen Organismen (außer dem Menschen) vor allem durch ihre Fähigkeit unterscheiden, Fortschritte durch Antizipation (Feedforward) und ihr Überleben durch ein geeignetes lern- und eingriffsorientiertes Controlling sicherzustellen[347]. Die Leitidee des Controllings bestünde dann darin, unternehmerisches Handeln zum Handeln in Regelkreisen mit dem Idealziel der Vorwärtssteuerung und Selbstregulierung werden zu lassen[348].

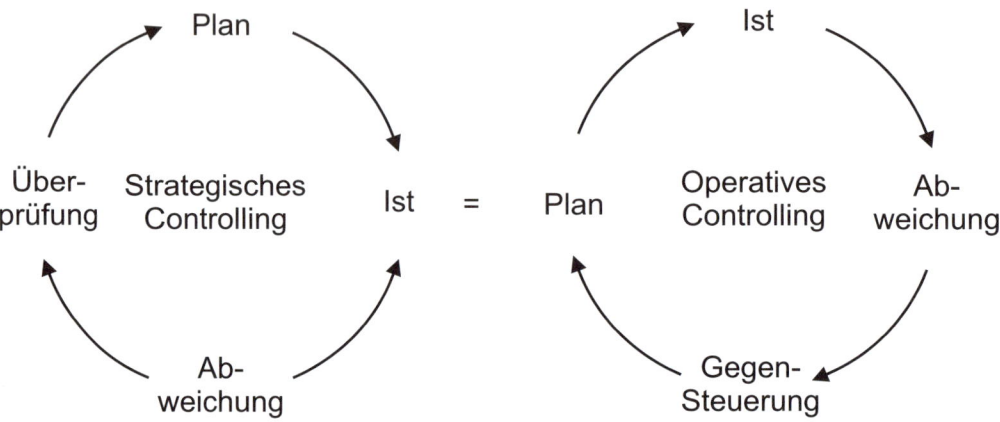

Abb. 1.34   Controlling als Regelkreissystem

Bisher wurde bei der Zugrundelegung des systemorientierten Ansatzes für das Controlling impliziert unterstellt, dass ein ganzheitliches Denken für die Controllingfunktionen ausübenden Personen eine unbedingte Voraussetzung bildet. Dies wird auch in der entsprechenden Literatur durchaus gefordert[349] – inwieweit dieses ganzheitlich-vernetzte Denken und Handeln Eingang in die vorhandenen Controlling-Konzeptionen und praktische Handhabung gefunden hat, soll in Kap. 2 geklärt werden.

---

[347] Ahlert, a.a.O., S. 43

[348] Bramsemann, a.a.O., S. 44

[349] Ebenda, S. 29; Weber, Einführung in das Controlling, S. 346; Mayer, Arbeitsgemeinschaft Wirtschaftswissenschaft und Wirtschaftspraxis (AWW) im Controlling und Rechnungswesen, S. 312; Strüby, Management Controlling als Grundlage ganzheitlicher Unternehmensführung; Probst, Die Bausteine des vernetzten Denkens für Frühwarnung, Strategie und Controlling, S. 9 ff.; Eschenbach, Entwicklungstendenzen ..., S. 124; Richter, a.a.O., S. 165, Remmel, Vernetztes Controlling ..., S. 53

2 Beurteilung theoretischer Controlling-Konzepte bezüglich ihrer Eignung zum Diskontinuitäten-Management

2.1 Inhaltliche Abgrenzung des Controlling-Gegenstandes

Wie bereits erwähnt wurde, ist das Controlling weit davon entfernt, eine einheitliche Definition vorzuweisen. Preißler meint dazu: „Jeder hat seine eigene Vorstellung darüber, was Controlling bedeutet, oder bedeuten soll, nur jeder meint etwas anderes"[1]. Controlling ist in den letzten Jahren sogar ein **Modethema** geworden, was negative Auswirkungen mit sich gebracht hat[2]:

- Viele Autoren setzen sich ohne methodologisches Rüstzeug mit dem Controlling begrifflich und konzeptionell auseinander – dadurch gibt es zahlreiche methodologisch unbefriedigende, widersprüchliche und verwirrende Controlling-Begriffe und -konzeptionen.

- Außerdem werden so ziemlich alle betrieblichen Funktionen, Methoden und Organisationsstrukturen mit dem Wort „Controlling" verbunden, wodurch eine Verwässerung der Problemstellung eingetreten ist – inhaltlich wird dadurch kaum wesentlich Neues gebracht.

Um diesen unbefriedigenden Zustand zu beseitigen, sind von den verschiedenen Autoren unterschiedliche Wege eingeschlagen worden, um die Wesensmerkmale des Controllings herauszudestillieren. Einen beliebten Ansatz verkörpert dabei die **empirisch-induktive** Vorgehensweise, die, nachdem Controlling ja von der Praxis „erfunden" wurde, herauszufinden versucht, welche Zwecke und Funktionen sowie organisatorischen Maßnahmen damit verknüpft werden. Die Untersuchungen sind in der Mehrzahl jedoch weder repräsentativ noch können sie streng genommen als empirische Arbeiten bezeichnet werden, da sie im allge-

---

[1] Preißler, Controlling, S. 10; siehe auch: Buchner, a.a.O., S. 133 f.; Franzen, Controlling, S. 607-621

[2] Horvath, Controlling, S. 65; Franzen, a.a.O., S. 621; Harbert, Controlling-Begriffe und Controlling-Konzeptionen

meinen nicht einen theoretischen Bezugsrahmen überprüfen, sondern lediglich die Realität beschreiben[3]. Vielmehr stellen die durch die „empirischen" Untersuchungen widergespiegelten Controlling-Auffassungen der Unternehmenspraxis ein derart diffuses Konglomerat allgemeinbetriebswirtschaftlicher Aufgabenstellungen dar, dass sich für die weitere Vorgehensweise lediglich Orientierungshinweise für die Feststellung des Controlling-Gegenstandes ergeben können[4]. Ein Beispiel zu einer empirischen Erhebung, die den Wandel der Controller-Aufgaben dokumentieren soll, befindet sich in **Anlage 2**[5].

Eine weitere Möglichkeit, die Wesensmerkmale des Controllings herauszuarbeiten, besteht darin, das **Schrifttum** zu diesem Themenbereich zu studieren. Dabei lassen sich, trotz der fast unüberschaubaren Vielfalt der Literaturbeiträge, einige Schwerpunkte und Entwicklungslinien nachvollziehen. Auf einen geschichtlichen Abriss wird bewusst verzichtet, da hierzu genügend Untersuchungen vorliegen[6] und der Verfasser sich davon keine entscheidenden Erkenntnisse zum Controlling-Gegenstand erwartet. Der Verfasser lehnt sich an eine von Reichmann entwickelte Vorgehensstruktur an, um sich den Inhalten und Gestaltungsmöglichkeiten des Controllings annähern zu können. Allerdings bedeutet dies nicht, dass die inhaltlichen Ausprägungen der einzelnen Stufen dieser Struktur von Reichmann unkritisch übernommen werden! Die dabei gefundenen Wesensmerkmale des Controllings können als Elemente des Subsystems Controlling aufgefasst werden, wobei natürlich die Interdependenzen zwischen den Elementen eine herausragende Rolle spielen (siehe Abb. 2.1 auf Seite 87).

2.2   Ableitung von Controlling-Zielen

Die Controllingziele dienen nach diesem Vorgehensplan sowohl als Kriterium für die Abgrenzung der Controlling-Aufgaben und des Controlling-Instrumentariums im Rahmen eines Controlling-Systems als auch zur Entwicklung einer Controlling-Konzeption[7]. Eine gedankliche Ausrichtung an bestimmten Zielen ist insbesondere dann erforderlich, wenn auf analytischem Wege versucht wird den Erkenntnisgegenstand des Controlling abzugrenzen und darüber hinaus theoretische Gestaltungsvorschläge für das Controlling abgeleitet werden sollen. Nachdem den Zielen eine **Lenkungsfunktion** für alle unternehmerischen Aktivitäten zukommt, kann die Zielableitung zum Kernbereich betriebswirtschaftlicher Theoriebildung gezählt werden[8]. Auch für die Entwicklung einer Controlling-Konzeption kann eine finale Beziehung zwischen dem Gegenstand des Controllings und einer betriebswirtschaftlichen Zwecksetzung zugrunde gelegt werden.

---

[3]   Richter, a.a.O., S. 8 f.

[4]   Ebenda, S. 218

[5]   Weber, Einführung in das Controlling, S. 10; eine ausführliche Darstellung empirischer Studien befindet sich in: Horvath, Controlling, S. 34 und S. 54-60

[6]   Weber, Einführung in das Controlling, S. 4-11; Horvath, Controlling, S. 26-72; Haase, Zur Planungs- und Kontrollorganisation des Controlling(I), S. 314 f.

[7]   Siehe auch: Schweitzer/Friedl, a.a.O., S. 142

[8]   Richter, a.a.O., S. 85 ff.; Kubicek, Unternehmungsziele, Zielkonflikte und Zielbildungsprozesse, S. 458 ff.

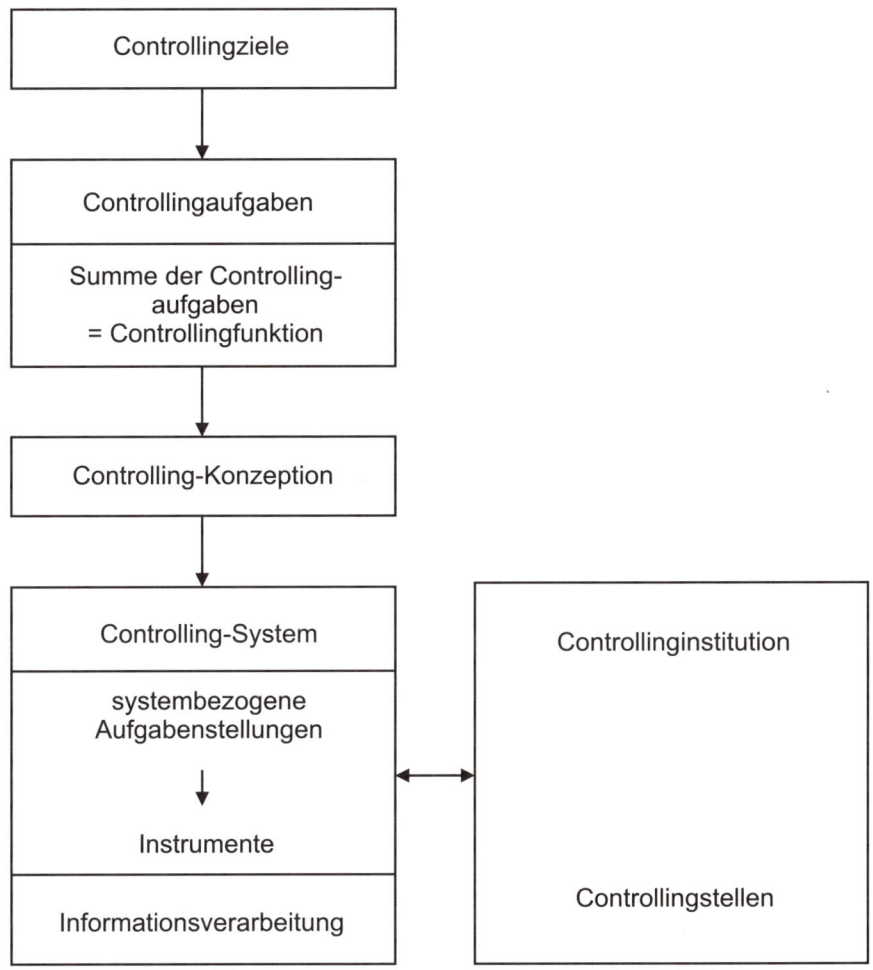

Abb. 2.1 Vorgehensweise bei der Ableitung der Wesensmerkmale des Controllings[9]

Wie bereits herausgestellt wurde, geht die Betriebswirtschaftslehre wie andere wissenschaftliche Disziplinen immer von **Problemen** aus. Um Problemsituationen überhaupt erkennen zu können, ist es wichtig, sich die Ziele bewusst zu machen, anhand derer die Erfassung einer Situation als Problem geleitet wird[10]. Die damit verbundenen Schwierigkeiten im Umgang mit komplexen Situationen wurden ausführlich dargestellt (Kapitel 1.1.). Zunächst wird ein

---

[9] Reichmann, Controlling-Konzeption in den 90er Jahren, S. 51; Reichmann, Controlling mit Kennzahlen …, S. 8 ff.

[10] Richter, a.a.O., S. 87 f.; Probst/Gomez, Die Methodik des vernetzten Denkens zur Lösung komplexer Probleme, S. 9; Hauschildt, „Ziel-Klarheit" oder „kontrollierte Ziel-Unklarheit" in Entscheidungen, S. 320; Daenzer, a.a.O., S. 67 ff.

Zustand als unbefriedigend angesehen, ohne dass klar ist, was denn befriedigend wäre. Allgemein ist die Konkretisierung solcher unexakten, globalen Ziele nicht immer einfach und von Anfang an möglich. Außerdem liegen meistens mehrere Ziele vor, die noch dazu in einem Konfliktverhältnis zueinander stehen können. In Anlehnung an Pfohl lassen sich Probleme in einer Unternehmung letztlich auf mehrere zielbezogene Problemquellen zurückführen, nämlich ungeeignete Ziele und unzulängliche Leistungen zur Zielerreichung[11]. Aus den genannten Gründen kann die Zielbildung nicht als erste Phase des Entscheidungsprozesses eingeordnet werden, sondern die **Zielbildungsaktivitäten sind über die gesamte Dauer des Problemlösungsprozesses verteilt**, wobei in empirischen Untersuchungen kein einheitlicher Verlauf festgestellt werden konnte[12].

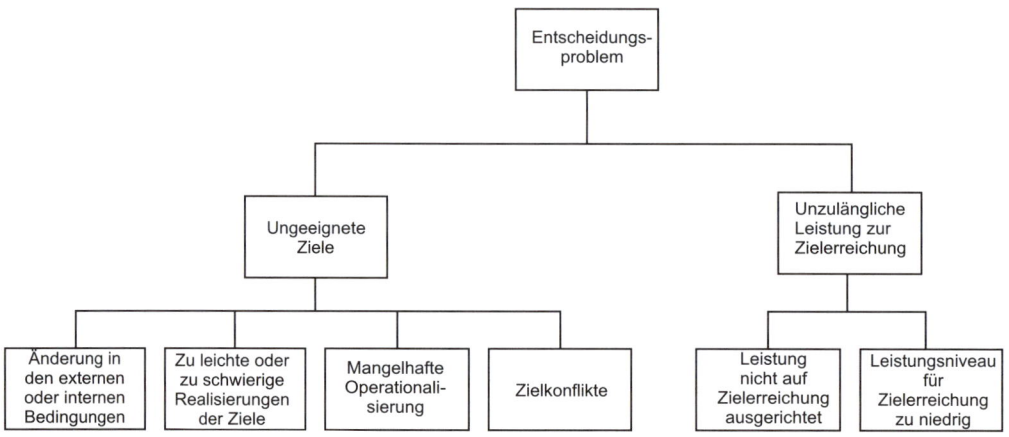

Abb. 2.2   Problemquellen in einer Unternehmung

In Bezug auf die **Zielformulierung** lassen sich einige **Grundsätze** ableiten[13]:

- Zielformulierungen sollten lösungsneutral sein, d. h. sie sollen sich auf die Wirkungen konzentrieren, die von „guten" Lösungen erwartet werden können. Interessant sind insbesondere jene Wirkungen, die der Zielsetzende als „gewollt" bzw. „nichtgewollt" bezeichnet. Neben den positiven (erwünschten Wirkungen) ist auch die Vermeidung negativer (unerwünschter) Wirkungen in die Zielformulierung aufzunehmen.

- Das Zielbündel sollte als Zielsystem strukturiert werden, um transparenter zu werden und bei der Lösungssuche besser im Auge behalten werden zu können.

---

[11]   Pfohl, a.a.O., S. 65

[12]   Hauschildt, Entscheidungsziele, Zielbildung in innovativen Entscheidungsprozessen, S.98 ff und S. 104 ff., Kreikebaum/Grimm, Die Analyse strategischer Faktoren …, S. 12

[13]   Daenzer, a.a.O., S. 69 ff.

- Ziele sollten möglichst operational formuliert werden, das bedeutet, dass sie für die beteiligten Personen verständlich sind und eine eindeutige Kommunikation zulassen und die Zielerreichung eindeutig feststellbar ist.

- Außerdem ist auf eine Unterscheidung zwischen Muss- und Wunschzielen zu achten.

- Zielkonflikte sind unvermeidbar; sie sollten nicht unterdrückt, sondern aufgedeckt und bewältigt werden.

- Die während der Zielsuche festgelegten Zielformulierungen sind in der Regel nicht endgültig.

Bei der Zielsuche und -formulierung kann ebenfalls den Leitvorstellungen der Systemtheorie gefolgt werden, indem ein mehrebenenbezogenes Denken angestrebt wird, d. h. ein Denken in Zielsystemen[14]. **Ziel-Mittel-Verkettungen** werden in diesem Zusammenhang besonders hervorgehoben. Ulrich/Krieg gliedern dementsprechend den Führungsprozess in drei Führungsphasen[15]:

- Was wollen wir erreichen? (Ziele)

- Womit wollen wir es erreichen? (Mittel)

- Wie wollen wir dabei vorgehen? (Wege)

Mit diesem Denken ist die Annahme verbunden, dass ein Oberziel in Elemente zerlegt werden kann, die in Abhängigkeit von der jeweiligen Perspektive als Unterziele oder als Mittel zu betrachten sind. Daraus lässt sich dann eine **Zielhierarchie** ableiten.

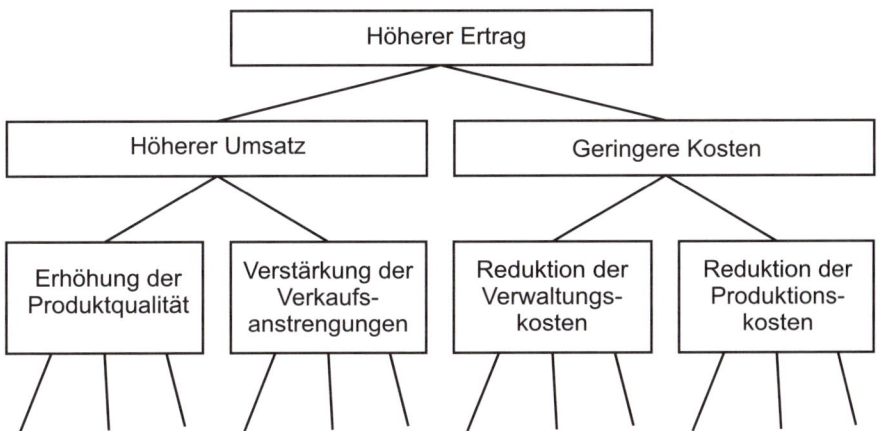

Abb. 2.3 Beispiel einer Ziel-Mittel-Hierarchie[16]

---

[14] Eggers, Ganzheitlich-vernetzendes Management, S. 309 f.

[15] Ulrich, H./Krieg, Das St. Galler Management Modell, S. 78

[16] Daenzer, a.a.O., S. 272

Das Erkennen von Zusammenhängen zwischen Zielen und Mitteln stellt demnach eine Grundlage zur Entwicklung von Maßnahmen für Problemlösungszwecke dar[17]. Allgemein gelten Ziele in der Tradition des Ziel-Mittel-Denkens als Schlüssel für das praktische und wissenschaftliche Verständnis der sozialen Realität[18].

Diese Ziel-Mittel-Beziehungen können auch dahingehend interpretiert werden, dass die Ziele als Wirkungen und die Mittel als Ursachen betrachtet werden[19].

Mit diesem Ziel-Mittel-Denken sind einige nicht ganz unproblematische **Prämissen** verbunden:

- Es wird dabei unterstellt, dass in jeder betrieblichen Situation eine Komplementaritätsbeziehung zwischen den genannten Zielen bzw. Mitteln besteht. Für Ziele, die in einem Konfliktverhältnis stehen, werden andere Ordnungsformen benötigt.

- Außerdem wird implizit angenommen, dass die Welt vorhersehbar ist und dass klare Wege vorgezeichnet werden können. „Vernünftige" Mitarbeiter und Führungskräfte können im Wege zielbewusster Aktivitäten die angestrebten Ziele auch erreichen, wobei der Fortschritt in Bezug auf die Zielerreichung sowohl messbar als auch kontrollierbar ist. Des Weiteren wird erwartet, dass sich die Werte und Bedürfnisse der Organisation nicht ändern und dass die gesetzten Ziele kurz- wie langfristig wünschbar bleiben.

- Die damit verbundene Zielrationalität setzt voraus, dass wir ausreichendes Wissen über die die Erreichung des Zieles bestimmenden Kausalitäten besitzen. Komplexe Systeme haben jedoch viele Möglichkeiten, ihr Ziel zu erreichen.

Eine Möglichkeit bestünde darin, dieses Ziele-Wege-Mittel-Paradigma auf den Kopf zu stellen[20]: Zu Beginn sollte auf breiter Front in die Entwicklung der eigenen Leistungsfähigkeit der Unternehmung investiert (Mittel) werden. Danach sollten die unteren Führungsebenen dazu ermutigt werden, plötzlich auftauchende technologische Chancen und Marktchancen (Wege) zu nutzen. Im Vordergrund steht dabei die Suche nach stetigen Verbesserungen innerhalb eines dynamischen Umfeldes. Bei dieser Vorgehensweise stehen jedoch ebenfalls Ziele, wie z. B. Erreichen einer hohen Wirtschaftlichkeit oder Wettbewerbsfähigkeit, im Hintergrund. Eine gewisse Zielorientierung ist demnach nicht auszuschließen.

Welche Ziele nun letztendlich von den Unternehmungen verfolgt werden, hängt maßgeblich von den **Umfeldbedingungen** ab, denen sich das jeweilige Unternehmen ausgesetzt sieht. Das Subsystem Controlling hängt natürlich in Bezug auf seine Ziele direkt von den gesetzten Unternehmenszielen ab, aber auch von den Zielsetzungen, die anderen Subsystemen, wie z. B. dem betrieblichen Rechnungswesen, vorgegeben werden. „Unternehmungsziele beinhalten die Leitlinien unternehmerischer Maßnahmen und Verhaltensweisen. Die Formulie-

---

[17] Eggers, Ganzheitlich-vernetzendes Management, S. 310; Steinle/Eggers, Ganzheitliches Problemlösen …, S. 308

[18] Kubicek, Unternehmungsziele …, S. 459

[19] Reichmann, Controlling mit Kennzahlen, S. 37

[20] Hayes, a.a.O., S. 54 f.

rung der Unternehmungsziele gilt als die wichtigste Aufgabe der Unternehmensleitung"[21].
Der Bedingungsrahmen für Unternehmensziele ist aus Abb. 2.4 ersichtlich[22].

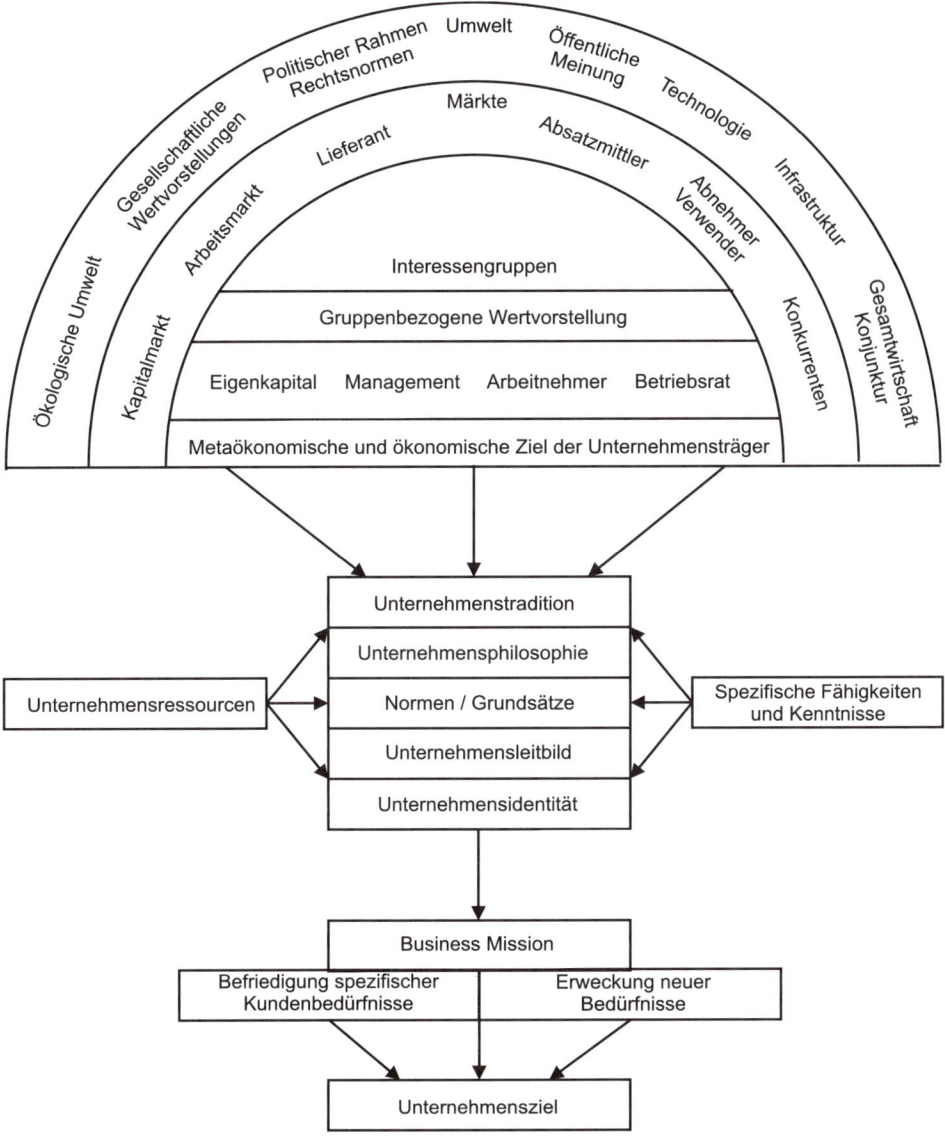

Abb. 2.4   Bedingungsrahmen für Unternehmensziele

---

[21]   Bramsemann, a.a.O., S. 120

[22]   Kahl, a.a.O., S. 200

Inwieweit nun das **Controlling bei der Zielbildung mitwirken** soll, ist nicht ganz eindeutig. Während herkömmlicherweise der Schwerpunkt des Controllings in diesem Zusammenhang in der Umsetzung (und Koordination) der Unternehmensziele in Planvorgaben gesehen wird, gehen verschiedene Autoren durchaus weiter. So verlangt die Anpassungsfunktion des Controlling, dass es Anstöße für die Änderung des Zielsystems in Hinblick auf Wandlungen der Umweltbedingungen geben muss[23]. Dies setzt eine umfassende Umfeldbeobachtung voraus. Einen fundamentalen Eingriff in die Aufgaben des Managements würde der Vorschlag darstellen, als Aufgabe des Controllings festzulegen, aus der Vielzahl möglicher Ziele zunächst die „richtigen" Ziele zu bestimmen, und sie nach Zielinhalt, Ausmaß und Zeitbezug zu operationalisieren. Daran anschließen würde sich dann die Formulierung von Ziel-Mittel-Beziehungen, z. B. in Form von Kennzahlenhierarchien, die Festlegung von Ziel-Prioritäten und die Zuordnung von Zielen zu Managementebenen[24]. Dies würde die Kompetenzen des Führungssubsystems Controlling weit überschreiten. Realistischer erscheint da schon der Vorschlag Bramsemanns, dass das Controlling ein formal-inhaltliches Zielkonzept liefern sollte, das gewissermaßen als erster Vorschlag anzusehen ist und von den beteiligten Stellen anschließend modifiziert werden kann[25].

In Bezug auf die **Controlling-Ziele** sind in der entsprechenden Literatur schwerpunktmäßig folgende Angaben zu finden[26]:

- Die Unterstützung der Unternehmensführung gilt als allgemein anerkannte oberste Zielsetzung des Controllings.

- Daneben wird dem Controlling häufig das Ziel zugesprochen, betriebliche Fehlentwicklungen rechtzeitig zu erkennen, um Anpassungsmaßnahmen antizipieren zu können.

- Das Gewinnziel, wie auch die Sicherung der Unternehmensexistenz, werden ebenso als Controlling-Ziele angeführt.

- Die Sicherung von Integration und Koordination, die Prüfung und Verbesserung der Aussagefähigkeit des Rechnungswesens sowie die Sicherstellung rationaler Entscheidungen in der Unternehmung gelten ebenfalls als Controlling-Ziele.

In jüngerer Zeit wird verstärkt die Forderung an den Controllerdienst herangetragen, **sich selbst zunächst einmal zu „controllen"**. Dies bedeutet, Transparenz im eigenen Haus zu schaffen und effektive Controllingtools auf das „eigene Geschäft" anzuwenden. Die Zielsetzung besteht darin, die Controllingprozesse einfacher und effizienter zu gestalten[27].

Diese Heterogenität in den Controlling-Zielen wird auf die fehlende theoretische Fundierung des Controllings zurückgeführt. Umstritten ist vor allem der **Stellenwert von Erfolgszielen,**

---

[23] Küpper, Industrielles Controlling, S. 903

[24] Dellmann, a.a.O., S. 121

[25] Bramsemann, a.a.O., S. 129

[26] Siehe dazu: Richter, a.a.O., S. 88 f. und die angegebenen Literaturquellen.

[27] Losbichler, Controlling – 30 Jahre in die Zukunft, S. 55 ff.

insbesondere der des Gewinns. Nach herrschender Meinung wird das Gewinnstreben zwar als eine wichtige und notwendige Zielsetzung aufgefasst; allerdings ist das Gewinnstreben in ein umfassendes Zielsystem zu integrieren, das auch andere Zielsetzungen enthält[28]. Der Verfasser schließt sich der Meinung an, dass der Zweck von Wirtschaftsunternehmen darin gesehen werden muss, in erster Linie für die Gesellschaft und damit für die Kunden einen Nutzen zu erbringen. Bietet das Unternehmen bessere Problemlösungen für die Kunden als die Konkurrenz an, so wird es in einer funktionierenden Marktwirtschaft einen überdurchschnittlichen Gewinn erzielen. Dies kann ebenso mit der Analogie „dass Menschen essen, um zu überleben" näher begründet werden. „Gewinn machen" stellt wie das „Essen" keinen ausreichenden Lebenszweck dar, sondern verkörpert eine notwendige Bedingung für das Überleben[29]. Der weltweit erfolgreichste Automobilhersteller **Toyota** lebt seit Jahrzehnten eine langfristige Unternehmensphilosophie mit dem Leitsatz, den Kunden und der Gesellschaft einen Mehrwert zu bieten. Hierzu passt die Sichtweise des Managements, das es als seine Hauptaufgabe ansieht, in erster Linie Menschen zu entwickeln, nicht Autos[30].

Eine ausschließliche Orientierung der Unternehmung an kurzfristigen Erfolgszielen, wie Gewinn, Cash Flow, Umsatz- und Marktanteilssteigerung, wird überwiegend als nicht ausreichend erachtet, um eine **langfristige Existenzsicherung** der Unternehmung zu gewährleisten, was als Hauptaufgabe bzw. -Zielsetzung des Managements angesehen werden muss[31]. Mit der obersten strategischen Zielsetzung, das langfristige Überleben der Unternehmung sicherzustellen, ist immer die Bewältigung des Flexibilitäts-Ordnungsdilemmas verbunden. Gefragt ist der Übergang von einer reaktiven Anpassungs- zu einer proaktiven Aktionsflexibilität[32].

Der Behauptung, dass die Erhaltung der Unternehmensexistenz weitgehend vom erwirtschafteten, geldmäßigen Erfolg (Gewinn, Cash Flow etc.) abhängig sei[33], muss demzufolge widersprochen werden. Angesichts der zunehmenden Turbulenzen kann selbst ein gewinnmaximierendes Verhalten das Überleben einer Unternehmung nicht gewährleisten[34]. Erfolgsgrößen, wie dem Gewinn bzw. Cash Flow, kommt demnach nicht per se eine Strategierelevanz zu – sie lässt sich erst, wenn überhaupt, durch Bezugnahme auf die Strategie(n) herstellen[35].

---

[28] Ulrich, H./Krieg, a.a.O., S. 64; Weber, Einführung in das Controlling, S. 58 f.

[29] Gickeleiter, Was erfolgreiche Unternehmen und Manager ausmacht, S. 1052/6

[30] Liker, a. a. O., S. 14 f.

[31] Mann, Anforderungen an ein strategisches Controlling, S. 478; Siegwart, Worin unterscheiden sich amerikanisches und deutsches Controlling?, S. 98; Malik, Strategie des Managements komplexer Systeme, S. 491; Vester, Leitmotiv vernetztes Denken, S. 42 f.; Weber, Einführung in das Controlling, S. 58 f.

[32] Wüthrich, Neuland des strategischen Denkens, S. 183 und S. 198 f.

[33] Siegwart, Kennzahlen, S. 119

[34] Malik, Strategie des Managements komplexer Systeme, S. 67 f.; Coenenberg/Baum, Strategisches Controlling, S. 27 ff.

[35] Schreyögg/Steinmann, Strategische Kontrolle, S. 402; Mann, Das ganzheitliche Unternehmen, S. 39

Zwischen der Gewinnerzielung und der Existenzsicherung bestehen folgende **Interdependenzen**[36]:

- Ein ausreichender Gewinn ist eine der Voraussetzungen für die Existenz der Unternehmung. Zur Existenzsicherung muss unbedingt die künftige Gewinnerzielung gewährleistet werden.

- Existenzsicherung „kostet" Gewinn. Der Aufbau zukunftsträchtiger Erfolgspotentiale beinhaltet in der Regel kurzfristig einen (teilweisen) Gewinnverzicht.

- Andererseits begrenzt die Notwendigkeit, laufend einen ausreichenden Gewinn zu erzielen, die Erschließung zukünftiger Erfolgspotentiale.

- Gewinn entsteht jedoch nicht voraussetzungslos, d. h. es muss eine Reihe von Bedingungen erfüllt sein, wie z. B. das Vorliegen wettbewerbsfähiger Produkte, damit überhaupt Gewinn entstehen kann. Dies kann nur durch nutzbare Erfolgspotentiale sichergestellt werden.

Erfolgspotentiale können als immaterielle Faktoren bzw. positive Unterscheidungen vom Wettbewerb in wichtigen Marktfaktoren bezeichnet werden, die in der Zukunft in materielle Gewinne umgewandelt werden können[37]. Im Grunde genommen geht es darum, **Nutzenpotentiale** für die unternehmungsrelevanten Bezugsgruppen zu schaffen, die dann im Rahmen des strategischen Managements in Form strategischer Erfolgspotentiale konkretisiert werden[38]. Seit einigen Jahren wird diese Ausrichtung auf Erfolgspotentiale unter dem Begriff „Intangible Assets" intensiv in Theorie und Praxis diskutiert und auch umgesetzt[39].

Die in diesem Abschnitt diskutierten Erfolgsgrößen stellen Führungsgrößen mit unterschiedlichen zeitlichen Bezügen dar[40]. Der Erfolg (Gewinn) gilt als **Vorsteuergröße** für die Liquidität und die Substanz, während **Erfolgspotentiale Vorsteuergrößen für den Erfolg** verkörpern. Die Sicherung von Erfolgspotentialen erhöht die Wahrscheinlichkeit eines künftigen Erfolgs[41].

---

[36] Scheffler, a.a.O., S. 2149

[37] Mann, Anforderungen an ein strategisches Controlling, S. 475

[38] Bleicher, Das Konzept Integriertes Management, S. 97

[39] Müller A., Controlling von Intangible Assets

[40] Gälweiler, Determinanten des Zeithorizontes in der Unternehmensplanung

[41] Mann, Anforderungen an ein strategisches Controlling, S. 474 f.; Pfohl, a.a.O., S. 120; Coenenberg/Baum, Strategisches Controlling, S. 43

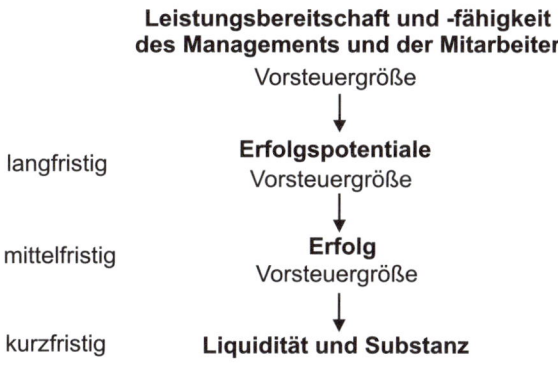

**Leistungsbereitschaft und -fähigkeit
des Managements und der Mitarbeiter**
Vorsteuergröße

langfristig   **Erfolgspotentiale**
                  Vorsteuergröße

mittelfristig   **Erfolg**
                  Vorsteuergröße

kurzfristig   **Liquidität und Substanz**

Abb. 2.5   Unterschiedlicher Zeitbezug der Führungsgrößen

Die wohl bedeutendste Vorsteuergröße für die Erfolgspotentiale der Unternehmung dürften die Leistungsbereitschaft und -fähigkeit, insbesondere die Kreativität und Problemlösungsfähigkeit, des Managements und der Mitarbeiter sein[42].

Vor allem Gälweiler hat darauf hingewiesen, dass durch das operative Management nicht Maßnahmen ergriffen werden dürfen, die zugunsten einer kurzfristigen Gewinnmaximierung zukünftige Erfolgspotentiale vernachlässigen oder sogar schädigen und damit letztendlich das Erreichen langfristiger Ziele konterkarieren[43]. Es muss jedoch davon ausgegangen werden, dass sich die meisten Unternehmungen zu kurzfristige Ziele setzen, was u. a. dazu führt, dass sich das Controlling schwerpunktmäßig mit dem operativen Tagesgeschäft beschäftigt und erfolgswirtschaftliche Zielgrößen dominieren[44]. Insbesondere beherrscht eine strikte und fast ausschließliche **Kostenfokussierung** das Wirken des Controllings. Dies kann auf das sogenannte „**Gresham's law of Planning**" zurückgeführt werden, wonach in Unternehmen programmierte, routinisierte und operative Tätigkeiten die nicht programmierbaren und strategischen Aufgaben verdrängen[45]. Eine einschneidende Konsequenz dieses empirisch bestätigten Gesetzes läuft darauf hinaus, dass „weiche" zugunsten „harter" Informationen vernachlässigt werden, was schlussendlich zu einer Verdrängung schlecht-strukturierter (komplexer) Probleme gerade in den Planungs- und Kontrollsystemen der Praxis führt[46]. Darin kann sogar die Wurzel des Gresham'schen Gesetzes gesehen werden. In Bezug auf die Unternehmungsziele bedeutet dies eine einseitige Orientierung an quantitativen Zielen, d. h.

---

[42]   Mann, Das ganzheitliche Unternehmen, S. 201 ff.

[43]   Gälweiler, Strategische Unternehmensführung, S. 28

[44]   Hayes, a.a.O., S. 49; Scheffler, a.a.O., S. 2149; Dellmann a.a.O., S. 119; Horvath, Controlling, S. 73 und S. 238; Krüger, Controlling, S. 160 ff.; Siegwart, Worin unterscheiden sich amerikanisches und deutsches Controlling?, S. 100; Reichmann, Controlling mit Kennzahlen, S. 4

[45]   Siller, a.a.O., S. 53 und S. 143 ff.; Kreikebaum, a.a.O., S. 145; Bleicher, Ein systemorientiertes Organisations- und Führungsmodell, S. 171

[46]   Pfohl, a.a.O., S. 98 f.; Siller, a.a.O., S. 134

qualitative Ziele werden außer Acht gelassen[47]. Deutlicher kann dies nicht zum Ausdruck gebracht werden, wenn einer der exponiertesten Vertreter des praxisorientierten Controlling, Albrecht Deyhle, die These ausgibt „Ziele sind Zahlen"[48]. Dies läuft jedoch nicht nur der notwendigen strategischen Ausrichtung der Unternehmung auf Erfolgspotentiale entgegen, sondern lässt sich auch empirisch nicht nachweisen.

Vielmehr findet sich das Streben nach einem Optimum (auf Basis präzise formulierter Ziele) in der Praxis äußerst selten. Demzufolge kann tatsächliches Handeln auch auf der Grundlage von Zielsystemen möglich sein, die **nicht** den theoretisch begründeten Ansprüchen höchster Präzision genügen[49]. Bereits an dieser Stelle kann festgehalten werden, dass „so notwendig ein zahlenmäßiges Controlling-System heute für ein Unternehmen ist, so deutlich wird von Jahr zu Jahr, daß ein solches System zur Sicherung der Lebensfähigkeit des Unternehmens nicht mehr ausreicht"[50].

Peters/Waterman haben in ihrem Bestseller „In Search of Excellence" eingehend darauf hingewiesen, dass sich das Management nicht nur auf „harte" Faktoren, die in quantifizierter Form vorliegen, verlassen kann, sondern „**weiche**" **Faktoren** in die Entscheidungsprozesse einbeziehen muss. Im Rahmen ihres „7-S-Konzeptes" bedeutet dies die Berücksichtigung der „weichen" Faktoren Selbstverständnis, Stil, Stammpersonal, Spezialkenntnisse neben den „harten" Faktoren Strategie, Struktur und Systeme[51].

---

[47] Pfohl, a.a.O., S. 96 f.; Hayes, a.a.O., S. 49

[48] Deyhle, Controlling in vernetzter Betrachtungsweise, S. 76. Im selbem Aufsatz gibt Deyhle von sich: „Der Controllingstoff ist matrixartig vernetzt"!?

[49] Hauschildt, Zielsysteme, Sp. 2427

[50] Mann, Das ganzheitliche Unternehmen, S. 26

[51] Peters/Waterman. Auf der Suche nach Spitzenleistungen, S. 32; die Abbildung wurde entnommen aus: Bleicher, Das Konzept Integriertes Management, S. 29

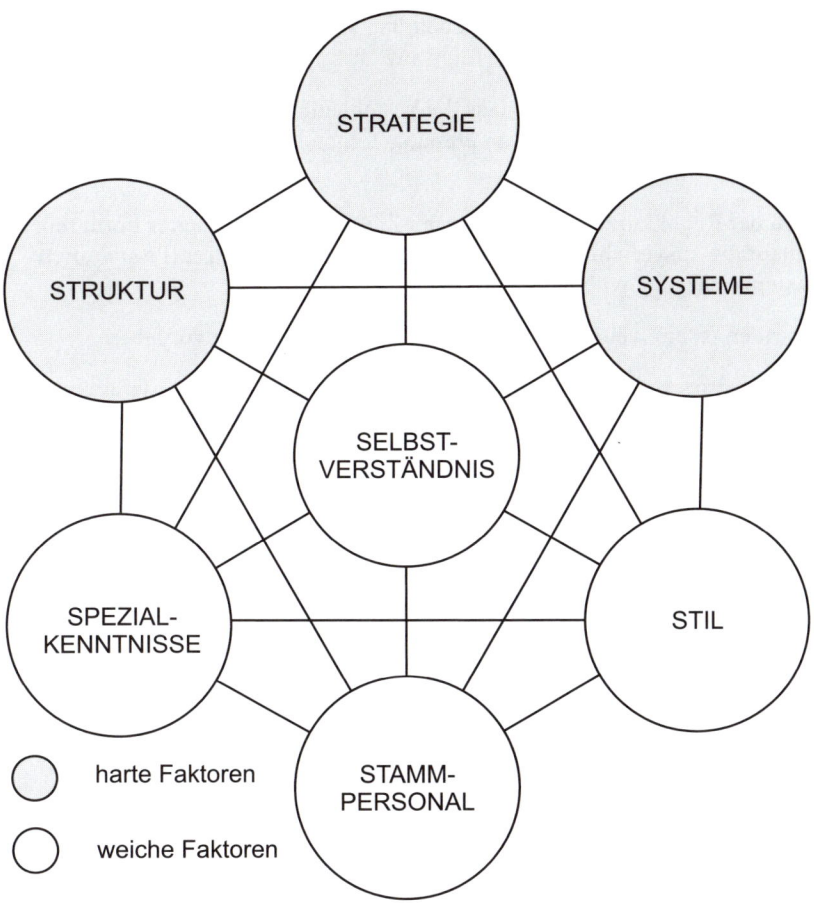

Abb. 2.6 Das „ 7 -S- Konzept" von Peters/Waterman

Eine weitere bekannte empirische Studie im Rahmen der PIMS-Untersuchungen belegt eben-falls die Bedeutung qualitativer Einflussfaktoren auf den Unternehmenserfolg[52]. In einer empirischen Untersuchung zum Entwicklungsstand des strategischen Instrumentariums in bundesdeutschen Unternehmen stellen Coenenberg/Günther neben den bekannten quantitati-ven Zielen, wie Marktanteile, Renditen, Cash Flow, auch **qualitative Ziele**, wie Unterneh-mensimage und Flexibilität, fest[53]. Die aktuellen Forschungsschwerpunkte auf den Themen-

---

[52] Buzzel/Gale, Das PIMS-Programm: Strategien und Unternehmenserfolg, S. 39 ff. und S. 91 ff.

[53] Coenenberg/Günther, Der Stand des strategischen Controlling in der Bundesrepublik Deutschland, S. 461 f.

bereich „Intangible Assets" zeigen ebenfalls die Bedeutung von Human-, Struktur- und Partnerkapital als qualitative Vorsteuergrößen des Erfolgs auf[54].

Zusammenfassend kann festgehalten werden, dass die bestehende Komplexität und Dynamik
hinsichtlich der Zielformulierung für die Unternehmung folgende Konsequenzen nach sich
ziehen:

- Neben den in der Regel kurzfristig orientierten Zielen in quantifizierter Form müssen mehr qualitativ ausgerichtete Ziele treten, die die „weichen" Einflussfaktoren
  auf die Existenzsicherung widerspiegeln.

- Damit verbunden ist ein weitgehender Verzicht auf „präzise" Zielvorgaben.

- Der Zielbildungsprozess steht nicht abschließend und endgültig am Anfang eines
  Problemlösungsprozesses, sondern die Ziele sind im Zuge neuer Erkenntnisse laufend zu überwachen und gegebenenfalls zu revidieren.

- Im Zusammenhang mit der Forderung nach einer ganzheitlichen Betrachtungsweise
  ist der Vernetzung von Zielen ein besonderes Augenmerk zu widmen.

Zum letzten Punkt führt Dörner aus, dass Vernetztheit der Variablen eines Systems auch
Vernetztheit der Ziele bedeutet, wobei die Verknüpfung der Zielkriterien je nachdem, ob
ein konfliktbeladenes, komplementäres oder neutrales Verhältnis besteht, verschiedene Formen annehmen kann[55]. Demnach reicht die Entwicklung einer Zielhierarchie nicht aus, sondern ist um Vernetzungen zu ergänzen, falls mit dieser linear ausgerichteten Komplexitätsreduktion wichtige Wirkungsbezüge unter den Zielsystem-Bestandteilen nicht abgebildet werden können. Das Grundmuster einer vernetzten Zielhierarchie ist in Abb. 2.7 ersichtlich[56].

In einem **Praxisbeispiel** bei Hewlett Packard wurde eine andere Vorgehensweise gewählt,
um der Vernetztheit der Unternehmensziele Rechnung zu tragen[57]. Ausgangspunkt waren die
bereits 1957 formulierten Unternehmensziele Gewinn, Kundenzufriedenheit, Betätigungsge-
biet, Wachstum, Mitarbeiter, Führungsstil, gesellschaftliche Verantwortung. Offensichtlich
sind diese Ziele vernetzt, d. h. sie bedingen sich gegenseitig und haben positive und negative
Rückkoppelungseffekte. Zunächst wurde für jedes dieser Ziele ein Netzwerk entwickelt,
wobei in diesem Zusammenhang auch andere Aufgaben (Aufbau eines ganzheitlichen Frühwarnsystems) in einem Projektteam durchgeführt wurden. Für das Unternehmensziel Kundenzufriedenheit ist folgendes **Netzwerk** abgeleitet worden (siehe Abb. 2.8 auf Seite 100)[58].

---

[54] Müller A., Controlling von Intagible Assets

[55] Dörner, Die Logik des Mißlingens, S. 77

[56] Eggers, Ganzheitlich-vernetzendes Management, S. 311 f.

[57] Deiss/Dierolf, a.a.O., S. 214 ff.

[58] Die Vorgehensweise zur Erstellung solcher Netzwerke wird in Kapitel 3. ausführlich dargestellt.

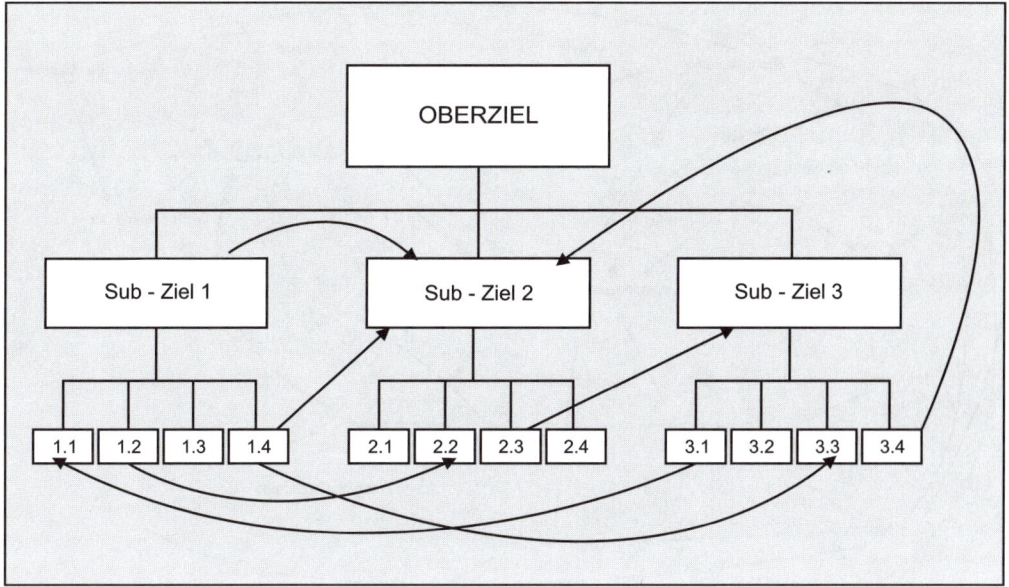

Abb. 2.7   Grundmuster einer vernetzten Zielhierarchie

Wie daraus zu ersehen ist, beeinflussen viele unterschiedliche Faktoren diese Zielsetzung und werden ihrerseits wiederum beeinflusst. Die Richtung der Beeinflussung wird durch die Pfeile wiedergegeben, wobei ein positiver Pfeil eine gleichgerichtete Wechselwirkung (**positive Rückkoppelung**) und ein negativer Pfeil eine entgegen gerichtete Wechselwirkung (**negative Rückkoppelung**) ausdrücken[59]. Dazu eine kurze Erläuterung anhand des abgebildeten Netzwerkes: Je mehr Forschung und Entwicklung betrieben wird, desto höher ist der technologische Stand der Produkte; dies wiederum führt zu einer größeren Kundenzufriedenheit. Andererseits verursachen mehr Forschung und Entwicklung aber auch höhere Kosten, die nun in der Regel zu einer Preiserhöhung führen, was negative Auswirkungen auf die Kundenzufriedenheit hat.

Durch dieses Zusammenwirken vieler oftmals bekannter Wirkungen entsteht nach und nach ein Netzwerk, das größere Zusammenhänge sichtbar macht. Diese Netzwerke für einzelne Ziele können dann zu einem Gesamtnetzwerk zusammengefügt werden. Wichtig ist noch der Hinweis, dass das Netz einem fortwährenden Wandel unterliegt, der natürlich zu berücksichtigen ist.

---

[59] Ulrich, H./Probst, a.a.O., S. 46 ff.

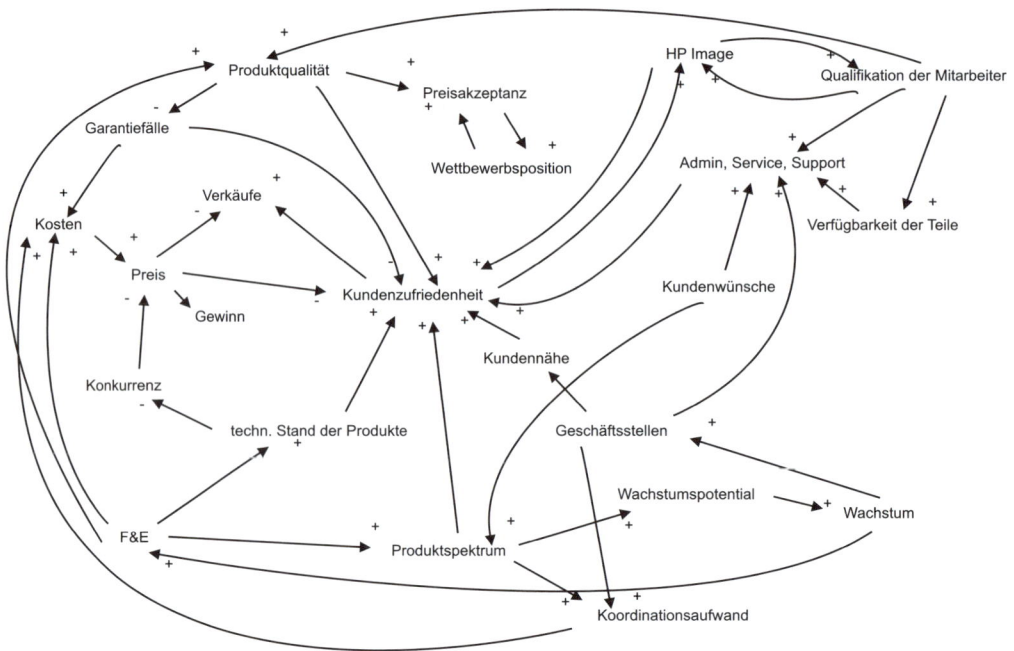

Abb. 2.8   Netzwerk für das Unternehmensziel Kundenzufriedenheit

Als **Ziel des Controlling** kann zusammenfassend abgeleitet werden: Das Controlling hat als Zielsetzung das Management bei der Bewältigung der zunehmend komplexer werdenden Probleme zu unterstützen. Die Hilfestellung des Führungssubsystems Controlling bezieht sich dabei auf das Transparentmachen von zu lösenden Problemen, auf die Bereitstellung und Beratung in Bezug auf geeignete Problemlösungsansätze und -methoden sowie auf die Überwachung der Zielerreichung, immer unter Beobachtung der Veränderungen in der Problemlandschaft. Diese recht allgemein gehaltene Zielvorstellung entfernt sich sehr weit von dem häufig in der Praxis vorzufindenden operativen Controllingansatz und begibt sich demzufolge auf das weitgehend „unbeackerte" Feld eine Unterstützung des strategischen Managements.

2.3   Bestimmung der Controlling-Aufgaben

Gemäß Abb. 2.1 auf Seite 87 sind die Controlling-Aufgaben aus den zuvor abgeleiteten Controlling-Zielen zu bestimmen. Dass damit verschiedene Probleme verbunden sind, wie z. B. der Vorläufigkeitscharakter der gewählten Ziele, wurde schon herausgearbeitet. Nicht weiter verwunderlich dürfte sein, dass das Controlling in Bezug auf seine Aufgaben wenig klar und vieldeutig in Praxis und Wissenschaft abgegrenzt wird[60]. In der Literatur wird, wie schon bei der Zielbestimmung des Controllings, zum Teil versucht mittels einer empirisch-induktiven Vorgehensweise bzw. einer Analyse des entsprechenden Schrifttums sich dem Aufgabengebiet des Controllings anzunähern[61]. Auf die Problematik dieser Ansätze wurde bereits mehrfach hingewiesen. „Controlling ist in der Praxis eng, ja unlösbar mit Unternehmensführung verknüpft"[62]. Bei der Entwicklung einer Theorie des Controllings muss eine möglichst präzise und eindeutige **Abgrenzung von den Aufgaben der Unternehmensführung** hergestellt werden. Controlling muss demzufolge ein Teilsegment der Unternehmensführung „besetzen", das

- bislang vernachlässigt wurde und/oder dem zuwenig Bedeutung beigemessen wurde,

- genügend Eigenständigkeit aufweist, um eine gesonderte Betrachtung zu rechtfertigen,

- eine genügend hohe Deckungsgleichheit mit der praktischen Realisierung des Controllings vorweist, um den Begriff Controlling zu Recht zugeordnet zu bekommen.

In der Praxis werden dem Controller heute zwei **Aufgabenschwerpunkte** zugewiesen[63]:

- Mitwirkung bei der Planung und Kontrolle, wobei dieser Aufgabenbereich im Vordergrund steht und

- Gestaltung und Betreiben des Systems der innerbetrieblichen Informationsversorgung mit dem Schwerpunkt internes Rechnungswesen.

Betont wird insbesondere der Stellenwert der Informationsversorgung des Managements im Rahmen der Aufgaben des Controllings. Controlling erfüllt im Kern die Aufgabe, „das die Entscheidungen der Unternehmensführung unterstützende, auf rationale Überlegungen, gegründete Informationssystem eines Unternehmens so zu gestalten, dass jeder Entscheidungsträger und jedes Entscheidungsgremium innerhalb der Unternehmensführung die zur Erfüllung der jeweiligen Aufgaben erforderlichen Informationen in wirtschaftlicher Form erhält"[64]. Die informatorischen Prozesse resultieren dabei nicht nur aus der Informationsnachfrage seitens des Führungssystems, sondern werden ebenso aufgrund der Eigeninitiative des Subsystems Controlling angestoßen[65]. In diesem Zusammenhang kann das Controlling als eine zentrale Einrichtung der betrieblichen Informationswirtschaft verstanden und konzipiert

---

[60] Küpper, Industrielles Controlling, S. 853

[61] Umfangreiche Literaturauswertungen befinden sich u. a. in: Horvath, Controlling, S. 62 ff.; Richter, a.a.O., S. 25 ff.; Sahl/Schmidt; a.a.O., S. 30 f.; Küpper, Industrielles Controlling, S. 856

[62] Weber, Controlling – Sprechen Theorie und Praxis eine unterschiedliche Sprache?, S. 191

[63] Horvath, Controlling, S. 17; Siegwart, Der Controller in der Unternehmung, S. 13; Pfohl, a.a.O., S. 221; Sahl/Schmidt, a.a.O., S. 32; Peemöller/Bömelburg/Ernst, a.a.O., S. 248

[64] Schildbach, a.a.O., S. 23

[65] Richter, a.a.O., S. 196; Siller, a.a.O., S. 18

werden[66]. Hierbei ergeben sich natürlich Abgrenzungsprobleme zu einer traditionellen Einrichtung der betrieblichen Informationswirtschaft, dem betrieblichen Rechnungswesen. Dem Controlling obliegt die Aufgabe, die wesentlichen Leistungsmängel des betrieblichen Rechnungswesens zu überwinden, insbesondere bei der Bereitstellung qualitativer (weicher) Informationen im Rahmen der strategischen Planung[67]. Fraglich ist, ob die informationelle Sicherstellung ergebnisorientierter Planung, Steuerung und Überwachung des Unternehmensgeschehens[68] – grundsätzlich verbunden mit einer Koordinationsfunktion – als wesentliche Controlling-Aufgabe den Anspruch erfüllen kann, ein neues, bisher nicht beackertes Aufgabengebiet zu schaffen, das eine eigenständige Teildisziplin in der Betriebswirtschaftslehre zu begründen vermag. Hierzu wird im folgenden Kapitel 2.4 „Entwicklung von Controlling- Konzeptionen" ausführlich Stellung bezogen. Die Informationsbereitstellung für betriebliche Entscheidungsprozesse, insbesondere für Planungs- und Kontrollsysteme, stellt jedenfalls eine „uralte" betriebswirtschaftliche Problemstellung dar, die allein die Eigenständigkeit einer Forschungsdisziplin Controlling nicht zu rechtfertigen vermag[69].

Wie bereits herausgearbeitet wurde, haben die Unternehmungen mit **zumeist schlecht- strukturierten Entscheidungsproblemen** zu kämpfen, die mit dem operativ ausgerichteten Zahlenwerk des betrieblichen Rechnungswesens nur sehr unzureichend angegangen werden können. Angesichts der zunehmenden Diskontinuitäten fällt dem Controllingsystem die Aufgabe zu durch entsprechende Informationsaufnahme und -verarbeitung antizipativ vorzugehen. Dem strategischen Controlling werden somit umfangreiche Aufgaben zugewiesen, um die mit der Komplexität und Dynamik verbundenen Problemstellungen erfolgversprechend bewältigen zu können. Controlling ist demzufolge **vergangenheits- und zukunftsorientiert**, „indem die richtigen und relevanten Informationen in qualitativer und umfangmäßiger Form, zum richtigen Zeitpunkt und am richtigen Ort aufgenommen, verarbeitet und dem Entscheidungsträger für Entscheidungen der langfristigen Unternehmungssicherung und -entwicklung zugeführt werden"[70].

Hinsichtlich der Bestimmung der durch das Controlling zu leistenden Aufgaben wird in der Literatur eine Orientierung an den einzelnen Phasen von Führungs- und Ausführungsprozessen vorgeschlagen.

Dabei wird von folgenden Phasen ausgegangen[71]:

1. Zielbildung

2. Problemanalyse

3. Alternativensuche

---

[66] Müller, W., Die Koordination von Informationsbedarf und Informationsbeschaffung als zentrale Aufgabe des Controlling, S. 683 ff.; Eschenbach, Entwicklungstendenzen …, S. 120

[67] Müller, W., a.a.O., S. 684; Horvath, Controlling, S. 345

[68] Hahn, Strategische Führung und strategisches Controlling, S. 7

[69] Weber, Controlling …, S. 191

[70] Probst, Die Bausteine des vernetzten Denkens für Frühwarnung, Strategie und Controlling, S. 10

[71] Krüger, a.a.O., S. 164; Welge, Unternehmensführung, Band 3, Controlling, S. 439

4. Alternativenbeurteilung

5. Entscheidung

6. Durchsetzung

7. Ausführung

8. Kontrolle

Daraus abgeleitet, können dem Controlling folgende **wesentliche Aufgaben** zugeordnet werden, die zugleich ein geeignetes Grundraster zur vollständigen Ableitung von typischen Controlling-Aufgaben darstellen[72]:

- Zielüberprüfung und -anregung im Rahmen von Zielbildungsprozessen.

- Problemerkennung im Rahmen der Problemanalyse.

- Alternativenanregung, Informationsbeschaffung und -bereitstellung sowie Plan-überprüfung und -koordination im Rahmen der Alternativensuche und –beurteilung.

- Budgetierung im Rahmen von Durchsetzungsprozessen.

- Orientierung und Motivation im Rahmen von Ausführungsprozessen.

- Durchführung von Kontrollvergleichen und Abweichungsanalysen sowie Methodenentwicklung im Rahmen von Kontrollprozessen.

Diese Aufgabenzusammenstellung erscheint wiederum zu sehr die operativen Aufgaben im Rahmen der kurzfristigen Planung, Steuerung und Überwachung in den Vordergrund zu stellen. Ergänzt werden muss dieser Aufgabenkatalog um strategische Problemstellungen und die Anforderungen, die aus der komplexer und dynamischer gewordenen In- und Umwelt der Unternehmung herrühren. Hierbei spielen eine **ganzheitlich-vernetzte** Denkweise und Methodik eine entscheidende Rolle (siehe Kap. 3). Allgemein muss das Controlling in diesem Kontext die Anpassungs- und Steuerungsfähigkeit des Unternehmens zu optimieren versuchen[73].

Durch dieses umfassende Aufgabengebiet provoziert das Controlling durchaus den Verdacht, anstelle seiner führungsunterstützenden Funktion zu einer Art „Metaführung" zu werden[74]. Diese Gefahr der „Omnipotenz" des Controlling, die insbesondere aus dem Wissensvorsprung durch die Aufgaben der Informationsbeschaffung, -aufbereitung und (komprimierten) Weiterleitung sowie der Anregungsfunktion von Änderungen resultiert, ist nicht von der Hand zu weisen. Offensichtlich wird damit in „klassische" Kompetenzbereiche des Managements eingegriffen. Becker versucht diese **Abgrenzungsproblematik** zu umgehen, indem er dem Management Verantwortung für die existenzsichernde, erfolgsorientierte und zudem möglichst visionäre und dynamische Unternehmensführung zuweist. Andererseits „gehört es

---

[72] Krüger, a.a.O., S. 164 – 168; Becker, a.a.O., S. 313 f.

[73] Vester, Leitmotiv vernetztes Denken, S. 157

[74] Schneider, Versagen des Controlling durch eine überholte Kostenrechnung, S. 770

zu den Funktionen des Controlling, die allseits abgestimmte, schnelle und insbesondere be-
darfsgerechte Versorgung des Managements mit erfolgsorientierten, zuverlässigen und zudem transparenten Informationen zu gewährleisten"[75]. Überschneidungen oder zumindest
erhebliche Beeinflussungen der betrieblichen Entscheidungsprozesse sind damit nicht auszuschließen, wenn dem Controlling das gesamte Informationsmanagement und die Möglichkeit
zur Anregung, praktisch in allen Phasen des Problemlösungsprozesses, übertragen werden.
Die Aufgabenzuordnung Deyhles bringt da auch nicht weiter, wenn er schreibt „Controlling
ist Sache eines jeden Managers" und der Controllerdienst macht nicht das Controlling, sondern er sorgt dafür, dass es gemacht wird.[76]

2.4   Entwicklung von Controlling-Konzeptionen

2.4.1   Allgemeine Anforderungen

Eine Controlling-Konzeption umfasst Aussagen über die funktionale, instrumentale und
institutionelle Gestaltung des Controllings[77]. Von einer Controlling-Konzeption kann nur
gesprochen werden, wenn sich der Controllinggegenstand zur Lösung einer betriebswirtschaftlichen Problemstellung eignet[78]. Hinzukommen muss noch eine gewisse Neuigkeit,
zumindest in der Bedeutung des Untersuchungsgegenstandes, und Eigenständigkeit des
Controlling-Forschungsgebietes. Problemsicht und Problemlösung sind in diesem Zusammenhang geprägt von der **Bewältigung praktischer Probleme der Unternehmensführung**[79]. Wie bereits herausgearbeitet wurde, können empirische Studien zum Themenbereich
Controlling keine Controlling-Konzeptionen der Praxis abbilden[80]. Auch die zahlreichen sich
unterscheidenden Definitionen des Controlling-Gegenstandes gehen allesamt von keiner
geschlossenen Controlling-Konzeption aus. Eine geschlossene Controlling-Konzeption wird
jedoch als Voraussetzung für eine leistungsfähige Controlling-Definition genannt, die den
vielfältigen, in neuerer Zeit formulierten Anforderungen in Theorie und Praxis gerecht werden kann[81].

---

[75]   Becker, a.a.O., S. 312

[76]   Deyhle, Controlling in vernetzter Betrachtungsweise, S. 74

[77]   Schweitzer/Friedl, a.a.O., S. 142 f.

[78]   Coenenberg/Baum, Strategisches Controlling, S. 1 f.

[79]   Ebenda, S. 7 ff.; Siller, a.a.O., S. 21

[80]   Richter, a.a.O., S. 9

[81]   Reichmann, Controlling mit Kennzahlen, S. 2

Nach Küpper, einem Vertreter aus der Controlling-Literatur, der sich seit Jahren um die Entwicklung einer Controlling-Konzeption bemüht, kann eine Controlling-Konzeption durch zwei Aspekte gekennzeichnet werden[82]:

- Zum einen durch die Zwecksetzungen oder Funktionen, die vom Controlling zu erfüllen sind, wie die Ziel- oder Gewinnorientierung, die Koordination, die Unterstützung der Unternehmensführung, die Anpassung, die Innovation sowie die Spezialisierung und die Sicherung rationaler Entscheidungen. In der Literatur besteht größte Übereinstimmung in Bezug auf die Koordinationsfunktion.

- Zum anderen ist zu untersuchen, auf welche Führungsbereiche sich die Tätigkeiten des Controllings erstrecken sollen, z. B. auf das Informationssystem und das Planungs- und Kontrollsystem.

Was hier fehlt, ist der **Problembezug des Controllings**, das es ja mit einer qualitativen Veränderung der Problemstruktur, bedingt durch die zunehmende Komplexität und Dynamik der In- und Umwelt der Unternehmung, zu tun hat. Die Controlling-Konzeption ist dementsprechend um Aussagen über unternehmensinterne und -externe Einflussgrößen auf die Gestaltung des Controllings zu erweitern. Darauf aufbauend kann der Gegenstandsbereich von Controlling-Konzeptionen wie folgt abgeleitet werden (siehe Abb. 2.9)[83].

Die **Entstehungsursachen**, die den Stellenwert des Controllings unzweifelhaft erhöht haben, lassen sich einmal auf eine gestiegene **Komplexität im System Unternehmung** zurückführen. Hierbei spielt die zunehmende Differenziertheit der Unternehmung durch die ausufernde arbeitsteilige Organisation eine große Rolle. Außerdem ist die gestiegene Eigenkomplexität aufgrund der veränderten Umfeldbedingungen von entscheidender Bedeutung. Auf die gestiegene **Dynamik und Komplexität des unternehmerischen Umfeldes** wurde bereits ausführlich eingegangen. Nicht zu vergessen, ist die gestiegene **Wettbewerbsintensität** u. a. durch die verstärkt auftretende internationale Konkurrenz.

Dies führt zu einer nie auszuschließenden Unsicherheit bei der Entscheidungsfindung, die für das Controlling konkrete **Problembereiche** nach sich zieht und entsprechende **Aufgabenschwerpunkte** erkennen lässt:

- Die permanente und systematische Überwachung des Umfeldes der Unternehmung, z. B. über Früherkennungssysteme; aber auch die interne Überwachung mittels moderner Controlling-Instrumente, wie der Prozesskostenrechnung, um Ineffizienzen aufzudecken.

- Die Sicherung der Adaptions- und Antizipationsfähigkeit der Unternehmung mittels der internen und externen Überwachung, aber auch mit Hilfe einer Sicherung bzw. Weiterentwicklung der Flexibilität.

---

[82] Küpper, Konzeption des Controlling aus betriebswirtschaftlicher Sicht, S. 87 ff.; derselbe, Koordination und Interdependenz …, S. 164 f.

[83] Coenenberg/Baum, Strategisches Controlling, S. 8 f.; siehe auch: Horvath, Controlling, S. 1 ff.

Eine herausragende Bedeutung kommt hierbei die Beachtung der **Interdependenzen** zwischen den internen und externen Einflussfaktoren auf das Controlling zu. Eine praxisorientierte Controlling-Konzeption muss demzufolge diese auftretenden Interdependenzen unbedingt berücksichtigen.

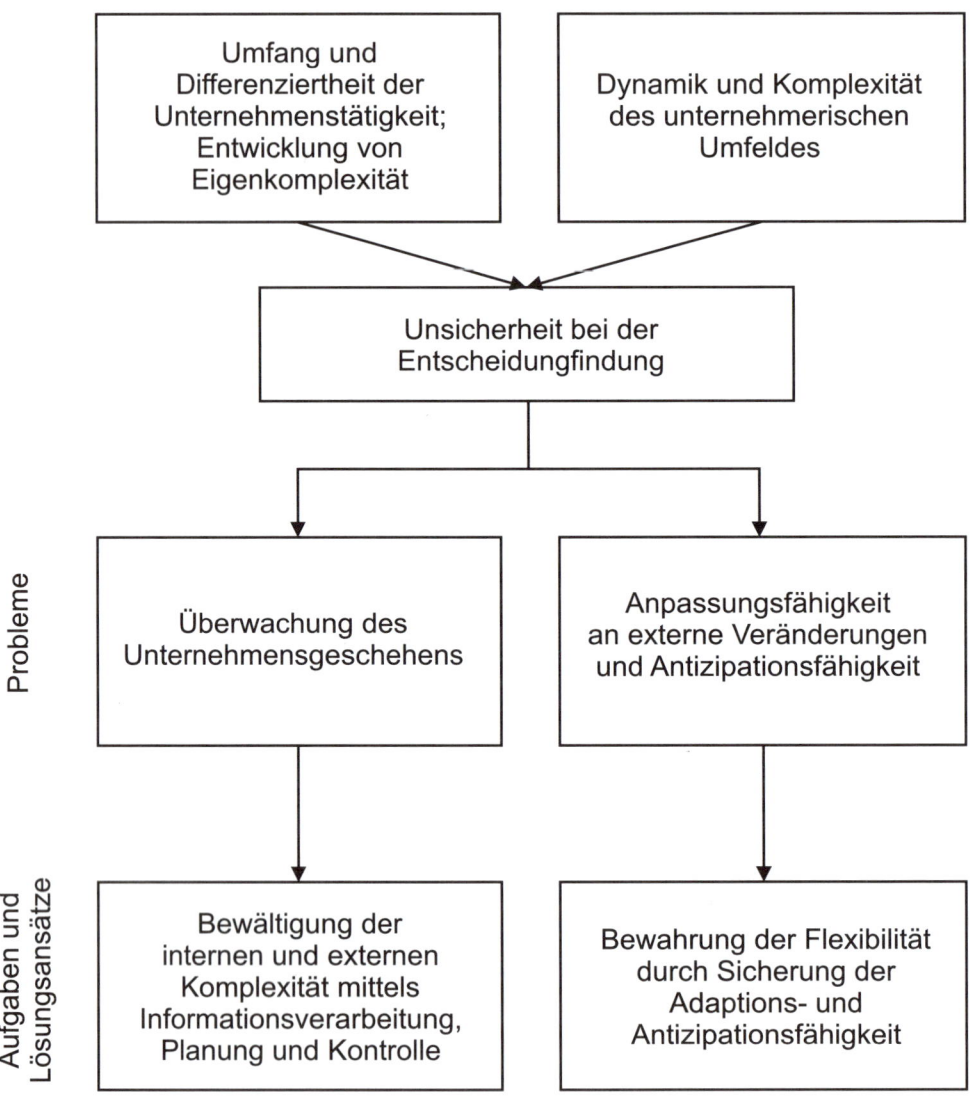

Abb. 2.9   Gegenstandsbereich von Controllingkonzeptionen

2.4.2   Schwerpunktverlagerung auf eine koordinationsbezogene Sichtweise

In der betriebswirtschaftlichen Literatur hat es nicht an Versuchen gefehlt, auf der Basis der Entwicklung von Controlling-Konzeptionen dem Controlling eine theoretische Fundierung zu geben. Eine Übersicht der bekanntesten Controlling-Konzeptionen befindet sich im Anhang, in **Anlage 3**[84]. Nach Weber können folgende Ansätze zur Definition des Controllings, die eine entsprechende Konzeption begründen sollen, unterschieden werden[85]:

- Bei einem nicht unerheblichen Teil der Definitionen des Controlling-Gegenstandes steht die Informationsversorgungsfunktion im Vordergrund. Schwierig ist in diesem Zusammenhang die Abgrenzung zu den Funktionen des betrieblichen Rechnungswesens. „Streng genommen sieht dieser Ansatz nichts anderes vor, als ein seit langem bearbeitetes Problemfeld, das Informationssystem bzw. die Informationswirtschaft, „quasi im Handstreich" zum Controlling zu erklären". Der Anspruch einer schlüssigen und eigenständigen Verankerung in der Führungstheorie kann damit nicht erreicht werden.

- In einer weiteren Gruppe von Definitionen wird das Controlling als Teilbereich der Unternehmensführung gesehen, der für eine konsequente Zielausrichtung des Unternehmens Sorge zu tragen hat. Auch diese Ableitung des Controlling-Begriffs besitzt wenig Neuigkeitswert, denn er fasst letztendlich nur bereits bestehende und bekannte Führungsbereiche unter einem neuen Namen zusammen –Controlling ist hier nichts anderes als „alter Wein in neuen Schläuchen".

- Vor allem in jüngster Zeit hat sich in der Controlling-Literatur als zentrale Aufgabe des Controllings die Koordination der unterschiedlichen Teilsysteme der Unternehmensführung manifestiert. Da dieser Ansatz zu einer umfassenden Controlling-Konzeption eine dominierende Stellung einnimmt, soll er näher dargestellt und auch kritisch beleuchtet werden.

Unter Koordination wird üblicherweise die Abstimmung von Einzel- und Gruppenaktivitäten im Hinblick auf ein übergeordnetes Ziel der Organisation verstanden[86]. Koordination muss somit als umfassendes Phänomen betrachtet werden. „Es gibt kaum einen betrieblichen Vorgang, der nicht Koordinationsprobleme aufwirft"[87]. Koordinationsbedarf wird wiederum durch die erhebliche Komplexität des sozio-technischen Systems Unternehmung verursacht, die mittels **Systemdifferenzierung** bewältigt werden kann[88]. Dahinter steht nicht nur die Spezialisierung und damit verbundene Arbeitsteilung in der Unternehmung, sondern auch die

---

[84]   Entnommen aus: Küpper, Konzeption des Controlling aus betriebswirtschaftlicher Sicht, S. 88; ähnliche Zusammenstellungen finden sich in: Schweitzer/Friedl, a.a.O., S. 144 f. und Küpper, Koordination und Interdependenz …, S. 166 f.

[85]   Weber, Einführung in das Controlling, S. 19-39

[86]   Frese, Koordination, Sp. 2263; Staehle, Management, S. 520 f.

[87]   Frese, Koordination, Sp. 2263

[88]   Weber, Einführung in das Controlling, S. 27

bereits detailliert herausgestellte Notwendigkeit des „variety engineering", indem versucht wird störende Umwelteinflüsse (Turbulenzen etc.) mit Hilfe der Systemdifferenzierung auf bestimmte Subsysteme zu begrenzen[89]. Dennoch muss der enge Zusammenhang zwischen Arbeitsteilung und Koordination besonders herausgestellt werden. Die Koordination stellt neben der Arbeitsteilung das **zweite organisatorische Grundprinzip** dar, welches alle Organisationen charakterisiert[90]. Durch die vielfältigen Koordinationsprobleme im Zuge der zunehmenden Bürokratisierung der Organisationsstruktur werden erhebliche Energien und Ressourcen gebunden. Mit Hilfe von Planungs-, Steuerungs-, Informations- und Kontrollsystemen wird versucht, die steigende Anzahl der Schnittstellen zu verknüpfen. Dabei wird unnötige Eigenkomplexität erzeugt, die die Mitarbeiter von der eigentlichen Aufgabenstellung, der Orientierung am Kunden, ablenkt[91]. Auch die in der Praxis vorzufindenden **Ziel- und Interessendivergenzen** der Beteiligten und Betroffenen machen die Koordination zu einem überlebensnotwendigen Systemerfordernis[92]. Neben der vorhandenen Systemdifferenzierung spielen ebenso **Interdependenzen** eine entscheidende Rolle bei der Entstehung des Koordinationsbedarfs. Interdependenzen liegen dann vor, wenn mehrere Variable (Einflussfaktoren) das Ausmaß der Zielerreichung gemeinsam bestimmen. Deshalb müssen die im Leistungs- und Führungssystem der Unternehmung sowie die zu ihrer Umwelt bestehenden Interdependenzen herausgearbeitet, Modelle zu deren Abbildung formuliert und Hypothesen über Art und Gewicht der festgestellten Interdependenzen gefunden werden. Dabei kann die Analyse der Interdependenzen als theoretische, die Entwicklung sowie Beurteilung von Koordinationsinstrumenten als Gestaltungsaufgabe einer wissenschaftlichen Teildisziplin Controlling verstanden werden[93]. Die Einflussfaktoren auf den erforderlichen Bedarf an Koordination können dann wie folgt dargestellt werden (Abb. 2.10)[94]:

---

[89] Bleicher, Die Entwicklung eines systemorientierten Organisations- und Führungsmodells der Unternehmung, S. 113; Horvath, Controlling, S. 3 f.

[90] Kieser/Kubicek, Organisation, S. 104

[91] Kamiske/Malorny, Total Quality Management, S. 277

[92] Staehle, Management, S. 521

[93] Küpper, Koordination und Interdependenz …, S.173

[94] Staehle, Management, S. 522 (modifiziert übernommen)

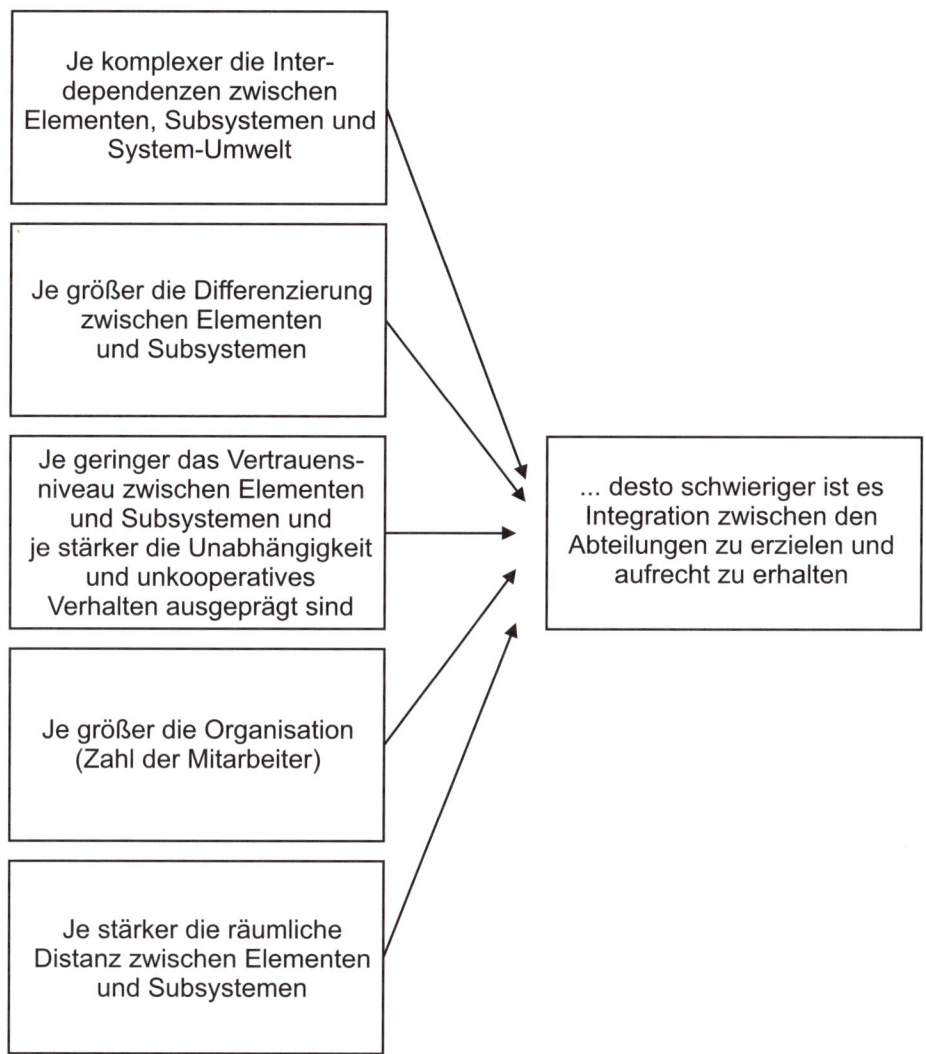

Abb. 2.10   Einflussfaktoren auf den erforderlichen Bedarf an Koordination

Letztendlich werden die meisten dieser Einflussfaktoren wiederum von der zunehmenden Komplexität und Dynamik in der In- und Umwelt der Unternehmung beeinflusst[95]. Als abgeleitete Zwecksetzung der Koordination wird die Abstimmung der Unternehmensführung auf die Umweltentwicklungen (**Anpassungsfunktion**) genannt. Dazu gehört auch die **Innovationsfunktion** der Unternehmung, die ebenfalls als Koordination der Unternehmung mit ihrer

---

[95]   Weber, Einführung in das Controlling, S. 35 f.

Umwelt interpretiert wird[96]. Ausgehend von der vorher abgeleiteten Definition von Koordi-nation erscheint die Zuordnung der Anpassungs- und Innovationsfunktion zum Koordinati-onsbegriff und damit zur -funktion des Controllings etwas weit hergeholt.

Sinnvoller wäre er sicherlich, die Unterstützung der Unternehmensführung durch das Cont-rolling nicht nur in einem „Sammelsurium" an Koordinationsinhalten zu sehen, sondern weitere wichtige Serviceleistungen, wie ein näher zu bestimmender Beitrag zur Anpassungs- und Innovationsfähigkeit der Unternehmung, zumindest gleichrangig in das Aufgabenspekt-rum aufzunehmen.

Welche **Subsysteme** nun durch das Controlling koordiniert werden sollen, ist nach wie vor nicht eindeutig festgelegt. Übereinstimmung besteht darin, dass sich die Koordinationsfunk-tion des Controlling nur auf die Subsysteme des Führungssystems (Leitungssystems) erstre-cken soll, nicht jedoch auch auf die des Ausführungssystems (Leistungssystems). Horvath geht von einer Differenzierung des Führungssystems der Unternehmung in ein Planungs- und Kontrollsystem sowie in ein Informationsversorgungssystem aus und leitet daraus den für das Controlling relevanten Koordinationsbedarf ab[97]. Einen wesentlich größeren Koordina-tionsumfang gesteht Küpper dem Controlling zu, wenn er das Führungssystem der Unter-nehmung in die Subsysteme Zielsystem, Planungs- und Kontrollsystem, Informationssystem, Personalführungssystem und Organisation unterteilt (Abb. 2.11)[98].

Zwar übernehmen einzelne Führungssubsysteme wie die Organisation und die Planung spe-zielle Koordinationsaufgaben gegenüber dem Leistungssystem. Die zusätzliche Aufgabe der Koordination innerhalb des Führungssystems verbleibt jedoch beim Controlling.

Grundsätzlich sind alle Führungsprozesse auf die **Zielerreichung** der Unternehmung auszu-richten. Dementsprechend muss die Koordination von Unternehmensprozessen zielorientiert erfolgen – mit Hilfe der Koordination sollen also die gesetzten Ziele besser erreicht werden, als ohne. Die **Zielorientierung** wird somit zu einer **zentralen Zwecksetzung** des Control-lings[99].

---

[96]   Küpper, Industrielles Controlling, S. 858

[97]   Horvath, Entwicklung und Stand einer Konzeption zur Lösung der Adaptions- und Koordinationsprobleme der Führung, S. 194-208; derselbe, Controlling, S. 142 ff. und S. 239.

[98]   Küpper, Koordination u. Interdependenz ..., S. 168 f.

[99]   Küpper, Industrielles Controlling, S. 858 f.; siehe auch: Meier, Koordination, Sp. 894

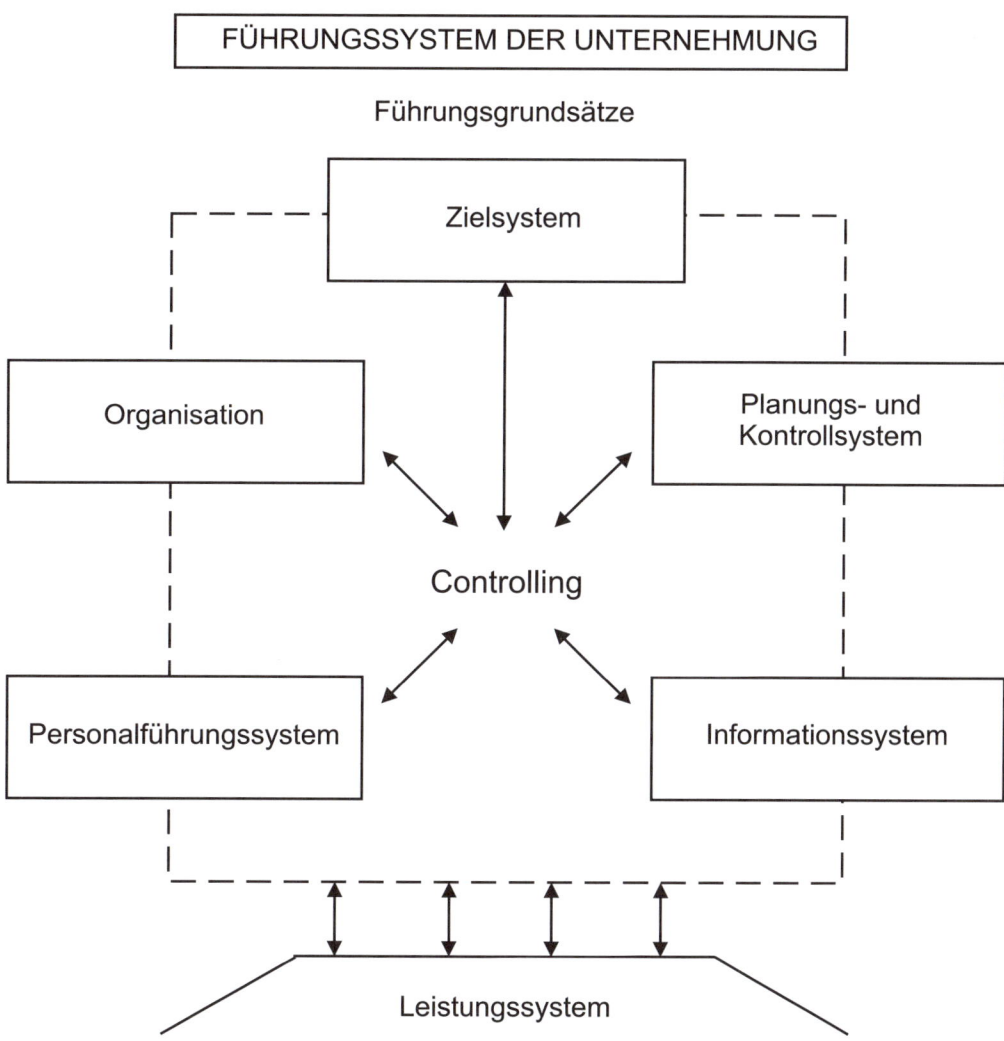

Abb. 2.11   Das Führungssystem der Unternehmung

Was die **Instrumente** der Koordination angeht, so werden diese von den verschiedenen Führungsteilsystemen geliefert. Mit der Entwicklung von **Führungsgrundsätzen** kann ein abgestimmtes Verhalten und eine Orientierung an denselben Werten und Zielen angestrebt werden[100]. Aus der **Organisationstheorie** sind einige allgemeine Koordinationsinstrumente

---

[100] Küpper, Industrielles Controlling, S. 863 ff.

bzw. -mechanismen bekannt, die gemäß Kieser/Kubicek wie in Abb. 2.12 dargestellt werden[101].

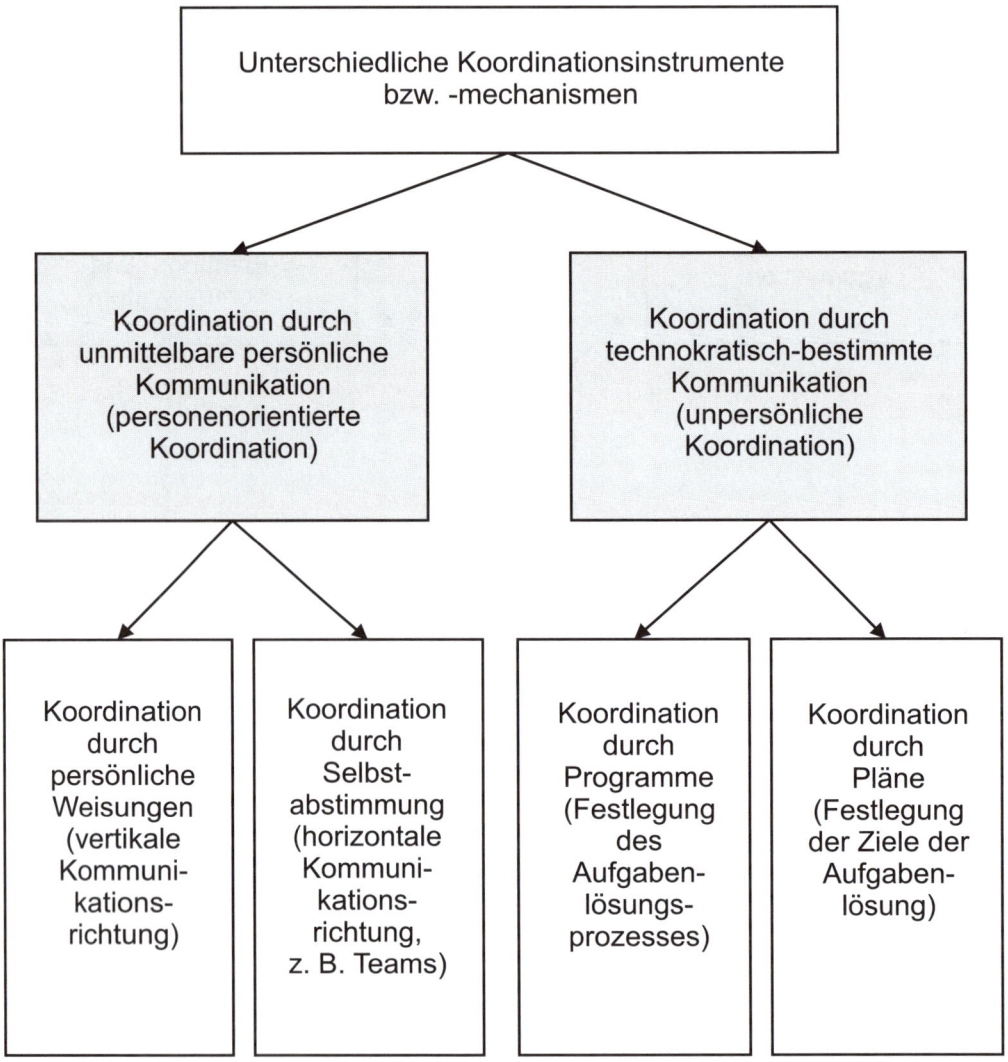

Abb. 2.12   Allgemeine Koordinationsinstrumente und -mechanismen

[101] Kieser/Kubicek, Organisation, S. 112-127; das Abb. 2.12 sowie die Interpretation wurde entnommen aus: Weber, Einführung in das Controlling, S. 32 ff.

Während bei den personenorientierten Koordinationsmechanismen Personen unmittelbarer Träger der Koordinationsleistung sind, beruht bei den technokratischen Koordinationsmechanismen die Koordination auf vorgedachten Regeln und Systemen. Im Einzelnen sind zu unterscheiden:

- Bei der Koordination durch persönliche Weisungen obliegt die Koordinationsaufgabe der einzelnen Führungskraft. Bei der bestehenden Komplexität und Dynamik des Unternehmensgeschehens besteht die Gefahr, dass die Führungskräfte überlastet und überfordert werden. Außerdem widerspricht eine Koordination durch persönliche Weisungen demokratischen Führungsvorstellungen, was zu einer mangelnden Akzeptanz und damit Leistungswilligkeit bei den Mitarbeitern führen kann.

- Die Koordination durch Selbstabstimmung beinhaltet Gruppen als Träger der Koordination. Damit verbunden ist eine wesentliche Erhöhung der Entscheidungsautonomie der einzelnen Gruppenmitglieder und der Gruppe insgesamt. Der umfassende Einsatz (teil)autonomer Gruppen im Rahmen eines Lean-Managements gilt als ein wesentlicher Grund für den wirtschaftlichen Aufstieg Japans[102]. Dieser Lean-Management-Ansatz kann durchaus als ganzheitlicher Ansatz interpretiert werden[103], insbesondere wenn seine große Nähe zum Total Qualiy Management berücksichtigt wird. Die größere Entscheidungsautonomie einer Einheit führt zwar zu weniger stabilen Verhaltenserwartungen anderer Einheiten und erschwert tendenziell die Koordination. Andererseits wird jedoch die Handlungsfähigkeit der Einheit in dynamischen Umweltsituationen erhöht und damit der Koordinationsaufwand wiederum vermindert[104]. In einer komplexen, sich ständig in nicht vorhersehbarer Weise ändernden Umwelt sind laufend Anpassungen einer so großen Zahl von Einflussfaktoren erforderlich, um die Lebensfähigkeit und Effizienz der Unternehmung sicherzustellen, dass diese Leistung nur von selbstorganisierenden Systemformen erbracht werden kann[105].

- Eine Koordination durch Programme lässt sich am besten mit dem Begriff „Bürokratie" veranschaulichen. Die Koordinationshandlungen erfolgen vorab, indem Inhalt und Ablauf festgelegt werden, wobei sich die Kontrolle auf die Einhaltung der Regeln bezieht. Dieser Koordinationsmechanismus setzt stabile Umweltzustände voraus, was seine Anwendbarkeit praktisch nur sehr eingeschränkt zulässt.

- Als zweiter technokratischer Koordinationsmechanismus ist die Koordination durch Pläne zu nennen. Für die Ausführenden stellen sie eine verbindliche Vorgabe von Zielen für die Aufgabenerfüllung dar; hierauf stützen sich auch die Kontrollen. Der Erfüllungsprozess dagegen wird nicht reglementiert und kontrolliert. Planung gilt als wichtiges Koordinationsinstrument zur Lenkung des Unternehmensprozesses,

---

[102] Siehe dazu: Bogaschewsky, Lean Production – Patentrezept für westliche Unternehmen? S. 276; Horvath/Seidenschwarz/Sommerfeldt, Von Genka Kikaku bis Kaizen ..., S. 12; Bleicher, Japanisches Management ..., S. 446 ff.; Scholz, Lean Management, S. 180 – 186,. Hagiwara, Qualität, Flexibilität, Teamwork, S. 131 ff.; Miybayashi, Die japanische Herausforderung, S. 116 f.: Kamiske/Malorny, a. a. O., O. S. 277

[103] Reiss, a. a. O., S. 40; Ehrlenspiel, a. a. O., S. 73 ff.

[104] Frese, Koordinationskonzepte, Sp. 915; Meier, a. a. O., Sp. 897

[105] Malik/Probst, a. a. O., S. 128

wobei damit versucht wird, die Unsicherheit zu bewältigen. Allerdings stehen die Planer angesichts der Komplexität und Dynamik beim Erkennen und Vorhersagen der Entscheidungskonsequenzen vor einer unlösbaren Aufgabe, fehlen doch die dazu benötigten Informationen[106]. Weber sieht trotz dieses Dilemmas das Aufgabengebiet des Controlling auf Unternehmen beschränkt, deren Management die Ausführung primär durch Pläne koordiniert, muss aber auch konstatieren, dass eine Koordination durch Pläne an zu hoher Dynamik der Umweltentwicklung scheitern kann[107].

Eine zusammenfassende Beurteilung der verschiedenen allgemeinen Koordinationsmechanismen ist aus Abb. 2.13 ersichtlich[108]:

Koordinations-mechanismen	Komplexitäts-erfassung	Informations-verarbeitung	Aufwand der Anwendung	Aufwand der Erstellung
Regeln und Programme	gering	niedrig	gering	hoch
Hierarchie				
Planung				
Selbstabstimmung	hoch	hoch	hoch	gering

Abb. 2.13   Beurteilung der allgemeinen Koordinationsmechanismen

Deutlich wird wiederum, dass in Bezug auf die erforderliche Komplexitätsbewältigung die **Selbstabstimmung** die besten Chancen bietet. Die Selbstabstimmung räumt auch mit dem „Mythos" auf, dass die Strukturen und Abläufe in einer Unternehmung das Ergebnis einer bewussten und planvollen Gestaltung verkörpern und nicht ebenso das Resultat von Selbstorganisationsprozessen aller Organisationsteilnehmer.

Neben diesen sicherlich bedeutenden Koordinationsinstrumenten aus dem Subsystem Organisation gibt es noch weitere aus den anderen zu koordinierenden Führungssubsystemen, auf die zum größten Teil ausführlicher in den folgenden Kapiteln eingegangen wird[109]. Einen Überblick bietet Abb. 2.14. Auffällig ist wiederum die einseitige Fokussierung auf operative

---

[106] Horvath, Controlling, S. 159 ff.

[107] Weber, Einführung in das Controlling, S. 41 ff. und S. 51. Auf die operative und strategische Planung wird in Kap. 4.1.2.1 noch näher eingegangen.

[108] Staehle, Management, S. 527 f.

[109] Küpper, Industrielles Controlling, S. 864 f.; siehe auch: Albach, Theorie und Praxis der Unternehmensplanung, S. 15

Koordinationsinstrumente, insbesondere im Planungs- und Kontrollsystem wie auch bei den Informationsinstrumenten.

Koordinationsinstrumente

Führungs-grundsätze	Organisati-ons-instrumente	Personalfüh-rungs-instrumente	Informations-instrumente	Planungs-instrumente	Kontroll-instrumente
	Standardisie-rung bzw. Programmie-rung	Zielvorgabe	Informations-bedarfanalyse	Einsatz simultaner Planungs-modelle	Überwa-chungs-instrumente
	Aufgaben- und Kompe-tenzen-verteilung	Schaffung gemeinsamer Wert-vorstellungen	Integrierte Systeme der Erfolgs-rechnung	Sukzessive Plan-abstimmung	Abwei-chungs-analyse-instrumente
	Formale Kommunika-tionsstruktur	Gemeinsame Erwartungs-bildung	Kosten- und Leistungs-rechnung	Plan-anpassung	
	Koordinati-onsorgane	Schaffung positiver sozio-emotionaler Beziehungen	Investitions-rechnung	Kennzahlen- und Zielsys-teme	
			Berichts-systeme	Systeme der Budget-vorgabe	
				Lenkung-preissysteme	

Abb. 2.14   Zusammenfassung der Koordinationsinstrumente des Controlling

Abweichend von der in der Organisationstheorie üblichen Unterscheidung der Koordinationsmechanismen schlägt Horvath eine Differenzierung in **systembildende** und **systemkoppelnde** Maßnahmen vor[110]:

- Die Koordination erfolgt einmal durch die Bildung aufeinander abgestimmter formaler Systeme (system-bildend). Hierbei steht eine Anpassung an erwartete künftige Ereignisse im Vordergrund, um auf diese Weise Störungen vorab zu reduzieren. Das Organisations- sowie das Planungs- und Kontrollsystem stellen konkrete Ergebnisse dieser systembildenden Koordination dar. Voraussetzung und zugleich Instrument der systembildenden Koordination ist die Systemdifferenzierung mittels Unterteilung des Systems in Subsysteme und Verknüpfung dieser Subsysteme miteinander. Für die Controllingfunktion bedeutet dies:

  o Schaffung eines Planungs- und Kontroll- sowie Informationssystems, d. h. funktionale Verkettung über Informationsaustausch;

  o Schaffung besonderer Koordinationsorgane und/oder

  o Regelungen zur Behandlung der im bestehenden Systemgefüge auftretenden Koordinationsprobleme.

- Systemkoppelnde Koordination beinhaltet Abstimmungsprozesse in einem gegebenen Systemgefüge. Hierbei stehen im Rahmen der gegebenen Systemstruktur Aktivitäten im Vordergrund, die zur Problemlösung sowie als Reaktion auf „Störungen" stattfinden und eine Aufrechterhaltung sowie Anpassung der Informationsverbindungen zwischen den Subsystemen gewährleisten sollen. Angesichts der Variabilität betrieblicher Tatbestände erfolgt eine einzelfallspezifische (kasuistische) Ungewissheitsreduktion durch abstimmende und zielausrichtende Tätigkeiten.

Diese Art der Differenzierung von Koordinationsmechanismen kann durchaus in weitgehende Übereinstimmung zu den Vorschlägen von Kieser/Kubicek gebracht werden[111].

Nachdem die koordinationsbezogene Sicht des Controllings eine dominierende Stellung in der entsprechenden Literatur einnimmt, soll auch ausführlicher auf die **Schwächen** dieses „Konzeptes" eingegangen werden. Dabei steht die Problematik der Bewältigung der hohen Komplexität und Dynamik des Unternehmensgeschehens durch das Management und den „Dienstleister" Controlling im Mittelpunkt. Wie nicht anders zu erwarten, wird der Koordinationsbegriff nicht nur nicht eindeutig und einheitlich definiert, sondern es liegt sogar eine regelrechte **Begriffsverwirrung** vor. Bedenklich ist die Vorgehensweise einiger Autoren, die unter den Controllingbegriff nahezu alle Funktionen subsumieren, die mit dem Controlling in Verbindung gebracht werden. Die Anpassungs- und Antizipationsfunktion des Controllings stellen somit eigenständige Aufgabenbereiche des Controlling dar, die nur mit einer waghalsigen Begriffsausdehnung der Koordinationsfunktion zugeordnet werden können.

Diese Sichtweise hat natürlich auch einen maßgeblichen Einfluss auf den **Stellenwert** der Koordinationfunktion im Rahmen des Controllings. Die Verfechter des Koordinationskon-

---

[110] Horvath, Controlling, S. 122 f.; siehe auch: Weber, Einführung in das Controlling, S. 37 ff.

[111] Weber, Einführung in das Controlling, S. 38 f.

zepts verkennen nach Ansicht des Verfassers ohnehin die Bedeutung der Koordination innerhalb der Managementfunktionen[112]. Die Fähigkeit zu Koordination und Integration stellt nur eine der grundlegenden Fähigkeiten dar, die das Management beherrschen muss. Ebenso erforderlich sind Lern- und Wandlungsfähigkeit, aber auch die Fähigkeit zur Bewältigung von Komplexität. Wichtig ist es auch, die Interdependenzen zwischen diesen (und anderen) Kernfähigkeiten zu beachten[113]. Für das Controlling verkörpert die Koordinationsaufgabe nur eine derivative Funktion, da die Koordination schon immer als wesentliche Aufgabe der gesamten Führung angesehen werden muss[114]. Außerdem lassen sich **Überschneidungen** zu anderen Hauptaufgaben des Management und (daraus abgeleitet) des Controlling nicht vermeiden, beispielsweise bei der Beschaffung, Verarbeitung und Weiterleitung von Informationen an die verschiedenen Managementebenen[115]. Abgrenzungsprobleme ergeben sich auch dadurch, dass ebenso andere Subsysteme im Unternehmen mit Koordinationsaufgaben befasst sind, wie z. B. die Organisationsabteilung. Die Beschränkung der Koordinationsaufgabe des Controlling auf das Leitungssystem der Unternehmung dürfte sich als etwas praxisfern herausstellen, da durch die zunehmende Dezentralisierung z. T. der Bedarf an Koordination steigt und dies sicherlich auch Aufgabenbereiche, wie z. B. die Informationsbeschaffung, des Controlling tangiert.

Auf die nachlassende Bedeutung der Koordinationsfunktion im Zuge der **Ausdehnung der Autonomie** in Form von verstärkter Gruppenarbeit wird in der Organisationsliteratur schon seit Jahren hingewiesen[116]. Kieser leitet zwar aus einer Analyse von Praxisbeispielen und Gestaltungskonzepten ab, dass die Voraussetzungen für eine Selbstkoordination in Gruppen meistens erst durch Fremdorganisation geschaffen werden – der Bildung „spontaner Ordnungen" bleibt damit nur ein geringer Spielraum. Unter anderem müssen Aufgaben neu zugeschnitten und neuartige Planungs- und Informationssysteme eingerichtet werden. Dazu gehört auch die Vorgabe von Problemlösungsverfahren zur Strukturierung der komplexen Entscheidungsprobleme[117]. Bei diesen „Investitionen" in neue Verfahren und Methoden hat das Controlling, neben anderen Subsystemen, wie der Organisationsabteilung sicherlich seinen Beitrag zu liefern. Es darf dabei aber nicht verkannt werden, dass neue Managementansätze wie das „Lean Management" bzw. „Total Quality Management", in denen eine verstärkte Autonomie der Subsysteme des Leistungssystems angestrebt wird, einen entscheidenden Einfluss auf die Aufgabeninhalte und den Aufgabenumfang nehmen. Scherm geht sogar soweit zu behaupten, dass die Koordinationsaufgabe des Controllings mit der erfolg-

---

[112] Siehe dazu empirische Auswertungen zu den Anforderungen an das Management in: Staehle, Management, S. 86 f., die der Koordinationsfunktion nur eine untergeordnete Bedeutung beimessen.

[113] Baumann, Das System Unternehmung …, S. 44 – 49

[114] Becker, a.a.O., S. 309

[115] Sahl/Schmidt, a.a.O., S. 33

[116] Bleicher, Die Entwicklung eines systemorientierten Organisations- und Führungsmodells der Unternehmung, S. 174; Staehle, Management, S. 526; Frese, Koordination, Sp. 2268

[117] Kieser, Fremdorganisation, Selbstorganisation und evolutionäres Management, S. 218 f.

reichen Umsetzung des Lean – Gedankens entfällt[118]. Zumindest muss eine Einschränkung der Koordinationsaufgabe des Controllings in Zukunft in Kauf genommen werden. Beispielsweise hat im Rahmen eines ganzheitlichen Ansatzes die Abflachung der Hierarchie sowie die Verringerung der Arbeitsteilung in einem Automobilwerk zu einem Abbau der Koordinations- und Kontrollstellen geführt[119]. Diese Beschränkung der Koordinationsaufgaben ist noch unter einem anderem Blickwinkel in Bezug auf die zunehmende Autonomie in der Unternehmung interessant. Es gibt nämlich Hinweise, dass Organisationslehren, welche die Koordination als besondere Führungsfunktion hervorheben, eine technokratische Lösung des Koordinationsproblems anstreben, die sogar kooperatives Arbeitsverhalten hemmt[120].

Das Aufgabengebiet der Koordination berührt eine Problemstellung die man wie folgt umschreiben könnte: Wo hört die Unterstützungsfunktion des Controlling auf und wo fängt Management an? Anders formuliert, könnte man führungssystembezogene Koordinationsaufgaben als „**Führung der Führung**" interpretieren[121]. Diese Sichtweise wird durch die Verfechter der Koordinationsfunktion durchaus genährt. So fordert Küpper, die Controller mit mehr Kompetenzen auszustatten, als dies für Stäbe typisch ist. „Insbesondere bei Innovationsaufgaben erscheint ein Anweisungsrecht für Controllingstellen notwendig, damit der Widerstand gegen Neuerungen überwunden wird"[122]. Das Controlling habe die Koordination aller Entscheidungen in der Unternehmung sicherzustellen; dies umfasst sowohl Entscheidungen über Realisationsmaßnahmen als auch über realisationsorientierte Führungsteilsysteme[123]. Angesichts der in der Praxis vorherrschenden „Bremserrolle" des Controllerdienstes besteht die große Gefahr, dass Innovationen aus einer einseitigen Kostenfokussierung heraus regelrecht abgewürgt werden. Dies wäre natürlich fatal für die Stärkung der Wettbewerbsfähigkeit von forschenden Unternehmen.

Betrachtet man den Zusammenhang von Koordination und Entscheidungskompetenzen, so wird deutlich, dass **die Koordinationskompetenz die Befugnis zum Ergreifen von Maßnahmen zur Aktivierung der Zielerreichung beinhaltet**. Dies kann u. a. durch Verfügungsrechte über sachliche und finanzielle Ressourcen gewährleistet werden[124]. Schneider kommt darauf aufbauend zu der wenig schmeichelhaften Aussage, dass ein mit der Koordinationsaufgabe von Führungssubsystemen befasstes Controlling zwangsläufig eine Anmaßung von Wissen und Können involviert[125]. Diese Sichtweise des Controlling, die im Grunde genommen von einer „**Omnipo-**

---

[118] Scherm, Konsequenzen eines Lean Management für die Planung und das Controlling in der Unternehmung, S. 654 f.

[119] Krenn, Neue Arbeitsstrukturen in einem Automobilwerk, S. 43 ff.

[120] Daenzer, a.a.O., S. 218

[121] Weber lehnt diese Sichtweise als Fehleindruck ab. Die Argumente dazu sind jedoch nicht überzeugend. Weber, Einführung in das Controlling, S. 292

[122] Küpper, Industrielles Controlling, S. 866

[123] Schweitzer/Friedl, a.a.O., S. 151

[124] Bleicher, Kompetenz, Sp. 1059 ff.

[125] Schneider, Controlling im Zwiespalt zwischen Koordination und interner Mißerfolgsverschleierung, S. 19

tenz" des Controlling ausgeht, stützt sich wiederum auf die unrealistische (konstruktivistische) Vorstellung, dass das System Unternehmung bewusst gemäß rationalen Vorgaben gestaltet werden könnte. Angesichts der immensen Komplexität und Dynamik des Unternehmungsgeschehens muss dies wohl ein frommer Wunsch bleiben.

Wie bereits herausgearbeitet wurde, lassen sich in einer turbulenten Umwelt nicht alle Ereignisse voraussehen und vorher denken. Dies führt dazu, dass das Management mit situativen Ereignissen konfrontiert wird, auf die es mit kurzfristigen Maßnahmen reagiert, ohne dass eine Abschätzung der Wirkungen in ihrer Vernetztheit in vollem Umfang erfolgt, geschweige denn eine Abstimmung stattfinden kann. Bleicher bezeichnet ein solches situatives, unter dem Druck bereits eingetretener Ereignisse erfolgendes ex-post Handeln als **koordinierendes Vorgehen**[126]. Dem herkömmlichen Controlling liegt eine derartige vergangenheitsorientierte Grundeinstellung sicherlich zugrunde. Gefordert ist demnach ein integratives Denken und Handeln, das eng mit einer **ganzheitlichen** Betrachtungsweise zusammenhängt. Das Controlling geht somit weit über eine rechnungsorientierte Koordination oder Informationsversorgung hinaus[127]. „Die entscheidungsrelevanten Informationen müssen im vernetzten System „Unternehmung" erst einmal lokalisiert, erfasst und interpretiert werden, die Konsequenzen in den verschiedenen künftig betroffenen Bereichen, Dimensionen, Departements und Beteiligten vorausgedacht werden, Weichen gestellt und die Zukunft gestaltet und letztlich auch Abweichungen von geplanten Entwicklungen oder Veränderungen in den Prämissen (Umwelt, Unternehmung, Führung) erfasst werden". **Controlling ist somit komplexer Natur!** Küpper weist zwar darauf hin, dass im Rahmen der koordinationsbezogenen Sichtweise des Controllings die Analyse der Interdependenzen zu einem zentralen Gegenstand der theoretischen Forschung des Controllings wird. Dazu gehören die Abbildung dieser Interdependenzen, die Herausarbeitung ihrer Bestimmungsgrößen und ihrer Wirkungen[128]. Es wird aber gleichzeitig von den Vertretern des Koordinationsansatzes – von einer Konzeption kann selbst aus der Sicht der Verfechter dieses Ansatzes „noch" nicht gesprochen werden – festgestellt, dass noch erheblicher Forschungsaufwand betrieben werden muss, um dies zu gewährleisten. Nicht erkennbar ist dabei, eine konsequente Orientierung an der ganzheitlich-vernetzten Denkweise und insbesondere an den bereits vorhandenen Handlungsanleitungen und Methoden, um dies umzusetzen (siehe Kapitel 3). Aufgrund der stark **konstruktivistisch ausgerichteten** Sicht- und Handlungsweise dieses Ansatzes kann nach Ansicht des Verfassers nicht damit gerechnet werden, dass damit eine theoretische Fundierung bzw. eine Weiterentwicklung des Controlling-Gedankens erreicht werden kann.

In den letzten Jahren ist von Jürgen Weber der Versuch unternommen worden, das koordinationsbezogene Controlling-Konzept mit Hilfe einer Verschiebung der Schwerpunktsetzung zu „retten"[129]. Weber kommt zu der wenig schmeichelhaften Erkenntnis, dass die koordinationsbezogenen Controllingansätze in der Praxis kaum verbreitet und nur eingeschränkt akzep-

---

[126] Bleicher, Das Konzept Integriertes Management, S. 404

[127] Probst, Die Bausteine des vernetzten Denkens für Frühwarnung, Strategie und Controlling, S.9 f.

[128] Küpper, Industrielles Controlling, S. 957

[129] Siehe im Folgenden: Weber/Schäffer, Sicherstellung der Rationalität von Führung als Aufgabe des Controllings?, S.731-747; Weber/Schäffer, Controlling als Koordinationsfuntion, S.109-118

tiert sind. Des Weiteren spielen sie in der internationalen Diskussion keine Rolle. Die koordinationsbezogenen Controllingansätze könnten somit nicht den Kern der betriebswirtschaftlichen Teildisziplin bilden.

Aus dieser fundamentalen Kritik heraus haben Weber/Schäffer ein „neues„ Gedankengebäude zur theoretischen Fundierung des Controlling in die betriebswirtschaftliche Diskussion eingebracht. Controlling wird als Funktion betrachtet, die für die **Sicherstellung der Rationalität der Führung** zu sorgen hat. Diese Sichtweise finde sich bereits in älteren Controllingansätzen wie den koordinationsbezogenen und auch bei Deyhle – dem Controlling-Urvater – wider. Weber/Schäffer sehen darin „eine spezifische und eigenständige Problemstellung, die so noch von keiner anderen Teildisziplin der Betriebswirtschaftslehre systematisch behandelt wird und auch nicht – wie der Metaführungsansatz – mit dem Nukleus einer allgemeinen Betriebswirtschaftslehre gleichzusetzen ist„. Dabei umfasst die Controllingaufgabe nur die Sicherstellung der Führungsrationalität.

Die vorgeschlagene Aufgabenteilung zwischen Controller und Manager ist gemäß dieser Sichtweise erforderlich, „um Opportunismus (mangelndes Wollen) und die Folgen beschränkter Rationalität (mangelndes Können) von Handlungsträgern zu begrenzen„. Controller können außerdem Probleme auch dort reduzieren helfen, wo individuelle kognitive Begrenzungen und Verzerrungen vorliegen. Dabei besteht die Controllingaufgabe zumeist darin, gegenüber der intuitiven Seite der Führung den reflektiven von Controllern besetzten Faktor entgegenzuhalten.

Rationalität wird in der ökonomischen Theorie in Anlehnung an Max Weber fast durchgängig als **Zweckrationalität** verstanden. Dieser Definition schließen sich auch Weber/Schäffer an, wobei die Zweckrationalität einer Handlung sich in der effizienten Mittelverwendung bei gegebenen Zwecken ausdrückt. Damit wird zweckrationales Verhalten ausdrücklich von einem emotionalen Verhalten abgegrenzt. In der Betriebswirtschaftslehre gibt es keinen Konsens darüber, was Effizienz eigentlich bedeutet. Max Weber definiert zweckrationales Handeln als Orientierung des Handelns an Zweck, Mitteln und Nebenfolgen. Effizienz kann als eine Form von Optimalität beschrieben werden, die keine Verschwendung nicht nur bei den Zwecken, sondern auch bei den relevanten Mitteln und Nebenfolgen zulässt. Im Gegensatz dazu lässt sich Effektivität als Zweckmäßigkeit (-erfüllung, -wirksamkeit) einer Handlung definieren.

Weber/Schäffer wie auch die Anhänger ihres Gedankengebäudes gehen davon aus, dass ein rational-orientiertes Controllingkonzept im Hinblick auf die Formulierung einer theoretischen Fundierung viel versprechend ist. Dagegen spricht, dass wesentliche Teile der Betriebswirtschaftslehre sowie auch Ansätze aus anderen Wissenschaften, z. B. Soziologie und Psychologie, sich den Rationalitätsbegriff zu Eigen machen. Die Frage erscheint deswegen berechtigt, ob hier nicht die Gefahr konzeptioneller Beliebigkeit besteht. Die Fokussierung des Controlling-Gegenstandes auf die Sicherstellung der Führungsrationalität – und nicht auf deren Antizipation und Gestaltung – erscheint konstruiert. Eine klare Aufgabentrennung von anderen Forschungsdisziplinen, gerade auch in der Betriebswirtschaftslehre, wird damit erschwert, wenn nicht sogar unmöglich gemacht[130].

---

[130] Müller A., Controlling als Funktion zur Sicherstellung der Führungsrationalität?

Grundsätzlich offenbart sich mit einem derartigen Erkenntnisobjekt eine veraltete Sichtweise, die sich stark an das (verblichene) exakte Weltbild der Physik anlehnt. Eine Reduktion der Komplexität des umfassenden Erkenntnisobjektes Unternehmung auf deren ökonomische Handlungsweisen nach dem Rationalprinzip unterschlägt dabei entscheidende Einflussfaktoren, insbesondere soziale, ohne die die Funktionsweise der Unternehmung nicht erklärt werden kann[131].

Rationales Verhalten wie auch rationale Entscheidungsfindung erweisen sich selbst in Unternehmungen nicht unbedingt als Normalfall[132]. Entscheidungen und Handlungen in der Unternehmung lassen sich nicht vollständig ohne Bezugnahme auf Menschen (z. B. Mitarbeiter, Kunden) erklären. Allgemein gilt, dass **kein Mensch auf rationale Erklärungen reduzierbar ist**. Das Entscheidungen zugrunde liegende Denken beginnt nicht logisch, sondern beruft sich eher auf im Rahmen der Evolution gewachsene Vorstellungsbilder[133]. Der Direktor am Max-Planck-Institut für Bildungsforschung, Gerd Gigerenzer, meint dazu: „Wenn die Informationen nicht ausreichen, denkt sich das Gehirn etwas aus, das auf Annahmen über die Welt beruht"[134] Gefühle sind von entscheidender Bedeutung für Rationalität[135]. Ebenso erscheint die umfassende Beeinflussung des Menschen nach rationalen Vorgaben als zweifelhaft. Der Mensch ist zwar durch externe Einflüsse durchaus beeinflussbar, aber nicht steuerbar[136].

Weber/Schäffer müssen selbst konstatieren, dass die **Rationalität des Menschen beschränkt ist**[137]. Der Intuition komme deswegen eine entscheidende Bedeutung zu.[138] Die hohe Kunst des Controllers bestehe darin, die fragile Beziehung zwischen Intuition und Reflexion zu kultivieren. Es könne demzufolge durchaus erforderlich sein, „mehr Intuition und schöpferische Freiheit des Managements zu fördern"[139]. Gemäß Daniel Kahneman, „Nobelpreisträger" für Wirtschaftswissenschaften 2002, ist intuitives Denken „wahrnehmungsähnlich, schnell und mühelos" – im Gegensatz zum logischen Denken, das meist anstrengend, aufwändig und langsam ist[140]. Intuitives Denken und Handeln erfordern oft nur eine sehr geringe Menge an Informationen, um eine Entscheidung zu treffen. Allerdings weist die Intuition eventuell auch massive Schwächen auf: Sie wird durch Stimmungen, Vorurteile und äußere Einflüsse verfälscht.

---

[131] Bleicher, Grenzen menschlicher Gestaltbarkeit von und in Organisationen, S. 394 f.

[132] Ebenda, S. 399; Mintzberg/Westley, Entscheiden, S. 9 ff.

[133] Fischer, Die andere Bildung, S. 101 und S. 385 ff.

[134] Gigerenzer, Bauchentscheidungen, S. 52

[135] Damasio, Descastes´ Irrtum, S. 163

[136] Sprenger, Störfall Persönlichkeit, S. 363

[137] Weber/Schäffer, Balanced Scorecard & Controlling, S. 36

[138] Gigerenzer, a.a.O.

[139] Weber/Schäffer, Sicherstellung der Rationalität von Führung …, S. 736; Weber/Schäffer, Balanced Scorecard & Controlling, S. 120

[140] Ernst, Intuition, S. 20 – 27

Die dem Controller zugewiesene Rolle des risikoscheuen Counterparts[141], der die intuitiven Eingebungen des Managements – falls nötig – bremst, ist vor diesem Hintergrund nicht eindeutig abzuleiten. Es besteht sogar die große Gefahr, dass deswegen notwendige Investitionen in neue Verfahrenstechnologien und Produktinnovationen unterbleiben, die der Unternehmung einen Wettbewerbsvorteil verschaffen könnten.

Insgesamt verfestigt sich der Eindruck, dass der dem Controllingverständnis zugrunde liegende Rationalitätsbegriff verschwommen und nicht eindeutig abgrenzbar bleibt. Rationalität gibt des Weiteren nur einen Teilaspekt betriebswirtschaftlicher Entscheidungen wider und dies noch dazu nicht in Reinform. Darauf eine neue Controlling-Konzeption zu bauen, stellt sich alles andere als viel versprechend dar.

Wie schon der koordinationsbezogene Controlling-Ansatz unterstellt ebenso ein rationalitätsorientiertes Controllingverständnis eine **Omnipotenz des Controllers** und damit letztendlich eine Führung der Führung. Nachdem Controlling ja eine anwendungsbezogene Forschungsdisziplin der Betriebswirtschaftslehre verkörpert, wäre zunächst einmal die Frage zu stellen, wie die Rolle des Controllers in der betrieblichen Praxis zu beurteilen ist. Am Lehrstuhl von J. Weber ist dazu im Jahre 1999 eine empirische Untersuchung durchgeführt worden, die u. a. den Einfluss des Controllers messen sollte[142]. Die hierarchische Einstufung des Leiters Controlling in den beteiligten Unternehmen zeigt dabei, dass knapp 70 % als Bereichsleiter, gut 20 % als Abteilungsleiter und nur gut 10 % als Vorstand/Geschäftsführer tätig sind. Dies spiegelt einerseits den hohen Stellenwert der Institution Controlling in der Unternehmung wider, auf der anderen Seite wird aber auch deutlich, dass das Controlling nur in Ausnahmefällen im Top-Management vertreten ist. Die Einspruchsrechte des Controllers bei betrieblichen Entscheidungen sind in größeren Unternehmen stärker ausgeprägt.

Für die Sicherstellung der Führungsrationalität ist die Einbeziehung des Controllers als „Pflichthürde" bei Entscheidungsprozessen unabdingbar. Es spricht einiges dafür, dass bei der großen Mehrzahl der Unternehmen, die ja als klein bzw. mittelständisch einzustufen sind, die Einflussmöglichkeiten des Controllers doch sehr beschränkt sind[143]. In dieselbe Richtung weist ein Erfahrungsbericht von Biel, der herausstellt, dass der Erfolg des Controllers maßgeblich davon abhängt, Aufmerksamkeit und Akzeptanz zu gewinnen – was anscheinend nicht selbstverständlich ist[144]. In diesem Zusammenhang erscheint eine Feststellung von Deyhle recht interessant, der beklagt, dass Controller bis zu 70 % ihrer Zeit vor dem PC verbringen – daraus könne wohl keine solide Beratungspraxis für das Management erwachsen.

Wenn also die Praxis vielfach nicht die Omnipotenz des Controllers bestätigt, so könnte ja die Sicherstellung der Führungsrationalität durch den Controller als Idealmodell propagiert werden. Den Controllern in der Praxis sind sicherlich gewisse Fachkompetenzen nicht abzusprechen. Daraus jedoch die Schlussfolgerung zu ziehen, das Management benötige den unbeirrt rational denkenden und agierenden Controller, um die richtigen Entscheidungen zu

---

[141] Weber/Schäffer, Sicherstellung der Rationalität von Führung ..., S. 734

[142] Weber/Schäffer/Bauer, Controller & Manager im Team, S. 7 – 42

[143] Weber/Schäffer, Sicherstellung der Rationalität von Führung ..., S. 742

[144] Biel, Controllers Lust und Frust, S. 27 – 32

treffen, ist etwas weit hergeholt. Ohne Zweifel beinhaltet die Informationsversorgungsfunktion des Controllers Einflussmöglichkeiten auf Entscheidungsprozesse. Dennoch ist es überzogen, daraus eine gleichbedeutende Machtkompetenz des Controllers, vergleichbar des Machtpromoters Management, abzuleiten. Eine richtig verstandene Unterstützungsfunktion des Controllers sieht ihn als **betriebswirtschaftlichen Berater** im Unternehmen, also als Fachpromoter.

„Rationale Führung setzt ausreichendes Wissen voraus. Neben Methoden- zählt hierzu Faktenwissen. Liegt letzteres nicht vor, ist keine rationale Lösungsfindung möglich"[145]. Dass in der Zukunft Informationen und Wissen die wichtigsten Ressourcen verkörpern, ist mittlerweile unumstritten[146]. Weber/Schäffer unterstützen in diesem Zusammenhang den Vorschlag von Harbert, dass dafür gesorgt werden müsse, dem Rechnungswesen durch das Controlling mehr Einfluss auf die Geschäftsführung einzuräumen[147]. An anderer Stelle bezeichnen sie den starken Fokus auf die Kosten als nicht unbedenklich, haben doch die Kosten ihre zentrale Bedeutung für die Steuerung von Maßnahmen zur Effizienzverbesserung vielfach eingebüßt. „Eine verstärkt marktorientierte Ausrichtung der Controller auf Kunden, Lieferanten und Wettbewerber ist in vielen Fällen überfällig"[148]. Diese Widersprüchlichkeit in der Fokussierung des Controlling (als Sicherstellung der Führungsrationalität) findet sich ebenso in der von Weber/Schäffer formulierten Fragestellung wider: Sind nicht in jedem Fall alle Sachziele der Unternehmung in letzter Instanz auf das Ergebnisziel (Gewinnmaximierung) auszurichten?[149].

Folgende Aussage von Einstein passt hervorragend in diesen Kontext: „Unsere Theorien bestimmen was wir messen"[150]. Die im rationalitätsbezogenen Gedankengebäude des Controlling verankerte **Ergebnisfixierung** ist aus mehreren Gründen unhaltbar:

- Unternehmen in einem marktwirtschaftlichen System haben die gesellschaftliche Aufgabe Kunden „optimal" mit Gütern zu versorgen. Diese „Optimalität" stellt sich am besten bei vorherrschendem Leistungswettbewerb ein. Ist eine Unternehmung in für die Kunden relevanten Leistungsaspekten besser als die Konkurrenz, wird sie berechtigterweise überdurchschnittliche Ergebnisse erzielen.

- Daraus folgt, dass eine (rationalitätsbezogene) Fokussierung auf Ergebnisse (Resultanten) unzulänglich bleiben muss, vergleichbar einem Autofahren mit dem Rückspiegel. Entscheidend sind die Vorsteuergrößen des Erfolgs: Stärken, Kompetenzen, Erfolgspotenziale, Kunden- und Mitarbeiterorientierung. „Wer Ergebnisse erzielen will, muss Stärken nutzen"[151].

---

[145] Weber/Schäffer, Sicherstellung der Rationalität von Führung ..., S. 737 ff.

[146] Malik, Führen Leisten Leben, S. 11; Drucker, Die Kunst des Managements, S. 163 f.

[147] Weber/Schäffer, Sicherstellung der Rationalität von Führung ..., S. 741

[148] Weber/Schäffer/Bauer, Controller & Manager im Team, S. 16 ff.

[149] Weber/Schäffer, Controlling als Koordinationsfunktion?, S. 115

[150] zitiert in: Sprenger, Störfall Persönlichkeit, S. 357

[151] Malik, Führen Leisten Leben, S. 133

- In einer „age of discontinuity" muss davon ausgegangen werden, dass die benötigten Informationen nicht vollständig vorliegen und noch dazu mit Unsicherheiten behaftet sind. Es ist deswegen nicht von der Hand zu weisen, dass Manager auf Grund unvollständiger Informationen und begrenzter Rationalität kaum jemals vollkommen effektiv und effizient handeln können[152].

Die oben aufgezeigte Problematik ist gerade auch in den angeblich exakten Naturwissenschaften wiederzufinden[153]: Die Wissenschaft muss (endlich) zur Kenntnis nehmen, dass es das Unsagbare, das Unaussprechbare, das Unzulängliche gibt. Damit wird die Wissenschaft immer stärker durch Unsicherheit, Unvorhersagbarkeit und Unentscheidbarkeit herausgefordert. Was die Genauigkeit von Messungen angeht, verliert diese an Bedeutung, wenn dabei Komponenten in einem System betroffen werden, das stark vernetzt ist und nur in dieser Form funktioniert.

Dies darf nun nicht bedeuten, dass man verzagt die Hände in den Schoß legen sollte. Die steigende **Bedeutung von „weichen" Einflussfaktoren** ist ein seit Jahren festzustellendes Phänomen gerade auch in der Betriebswirtschaftslehre. Konzepte wie EFQM, Balanced Scorecard und Früherkennungssysteme stellen auf derartige Vorsteuergrößen ab (enabler, Leistungstreiber, weak signals). „Wo nicht gemessen werden kann, muss beurteilt werden"[154]. Vielleicht ist das Verständnis von Management als eine Disziplin, vergleichbar mit Ärzten und Ingenieuren, zutreffend. Bloß, wo bleibt dann der Controller – verkörpert er die resolute OP-Schwester oder den Anästhesisten?

Weber/Schäffer kritisieren an den systemtheoretischen Controlling-Ansätzen, insbesondere dem Koordinationsansatz, dass der zugrunde liegende Systemansatz „leer" sei, d.h. ihm fehle die Systemidee. Zudem könne der Systemansatz keinen unmittelbaren Beitrag zur Erklärung und Prognose betriebswirtschaftlicher Sachverhalte leisten[155]. Die mangelnde Erklärungs- und Prognosefähigkeit von theoretischen Ansätzen in der Betriebswirtschaftslehre ist ein allgemeingültiges Phänomen. Dieses ist meines Erachtens auf die Komplexität des Untersuchungsgegenstandes, die sich in der Vernetztheit und Dynamik der relevanten Einflussfaktoren widerspiegelt, zurückzuführen. Auch andere Wissenschaften, insbesondere die Naturwissenschaften, bedienen sich der Systemtheorie, um reale Phänomene zu erklären, weisen jedoch zunehmend auf die Unwägbarkeiten und Unsicherheiten hin[156].

Dass es den systemorientierten Controllingansätzen an einer Systemidee fehlt, mag für den Koordinationsansatz gelten. Im Zeitalter der Diskontinuitäten lässt sich eine eigenständige Problemstellung für das Controlling damit begründen, dass das Management das komplexe System Unternehmung unter Kontrolle zu bringen und zu halten hat. Hierbei hat der Controller eine entscheidende Unterstützungsfunktion zu leisten, um die Anpassungsfähigkeit und damit die Existenzsicherung des produktiven, sozialen Systems Unternehmung sicherzustel-

---

[152] Dyckhoff/Ahn, Sicherstellung der Effektivität und Effizienz von Führung, S. 117

[153] Fischer, Die andere Bildung, S. 394, 406 f. und 413

[154] Malik, Führen Leisten Leben, S. 246 und S. 385

[155] Weber/Schäffer, Controlling als Koordinationsfunktion?, S. 110

[156] Fischer, Die andere Bildung, S. 394, S. 406 f. uns S. 413

len[157]. Für die Betriebswirtschaftslehre als Wissenschaftsdisziplin stellt dies eine nahe liegende Problemsicht dar, denn die Unternehmung bedarf einer gezielten Lenkung. Dem Controller wird demzufolge die altbekannte **Rolle des Navigators** zugewiesen – in einer „Age of
Discontinuity" eine äußerst anspruchsvolle und wichtige Aufgabe. Der Controller als Innovator ist nicht so zu verstehen, als könnte damit die Lotsenfunktion abgelöst werden. Vielmehr
soll damit ausgedrückt werden, dass die Informationsversorgungsfunktion des Controllings
eine adäquate betriebswirtschaftliche Mess- und Regeltechnik erfordert; in diesem Zusammenhang ist die Innovativität und Überzeugungskunst des Controllerdienstes gefragt. Diesem Controllingverständnis entspricht das in Jahrzehnten gewachsene Controller-Leitbild des
Internationalen Controllervereins (ICV)[158].

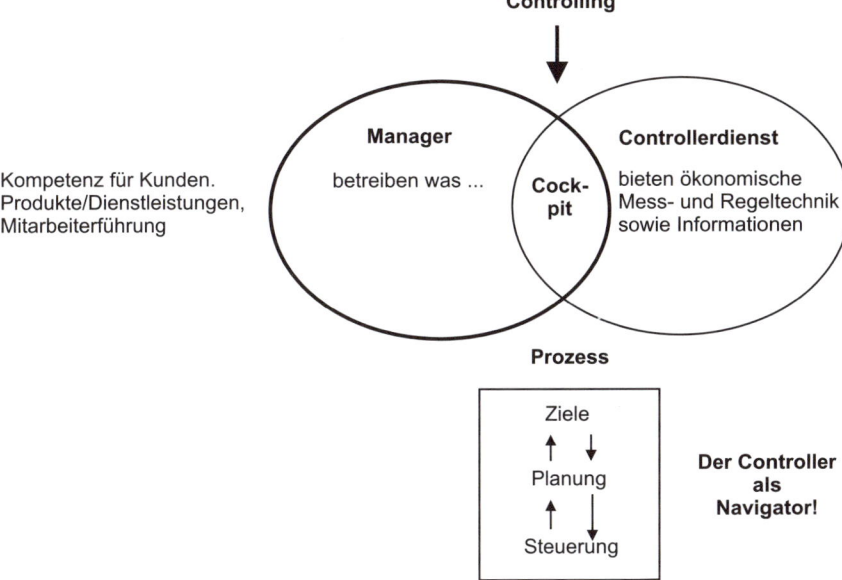

Abb. 2.15   Abgrenzung Management und Controlling

Informationen aus dem betrieblichen Rechnungswesen sind alleine betrachtet unzureichend;
sie basieren aus systemtheoretischer Sicht auf reduktionistischen Modellen. Es geht in erster
Linie um die „Messung" von Erfolgspotenzialen, weak signals, generell um Vorsteuergrößen. Gemäß dem Varietätsgesetz muss das Subsystem Controllerdienst die in der betrieblichen Realität bestehende Dynamik und Komplexität annehmen. Hier gilt nach wie vor die
Aussage von Galileo Galilei[159]:

> *„Messe alles, und das nicht Messbare mache messbar".*

---

[157] Müller, Controlling-Konzepte, S. 25 f. und S. 247 ff.

[158] Hauser, Controlling im Wandel der Zeit

[159] Zitiert in Hauber, Performance Measurement in der Forschung und Entwicklung, S. 10

Neue Konzepte, wie die Balanced Scorecard, können herzu wertvolle Hilfestellung leisten, die kybernetische Lenkung des komplexen und dynamischen Systems Unternehmung an die angesprochenen Erfordernisse anzupassen[160].

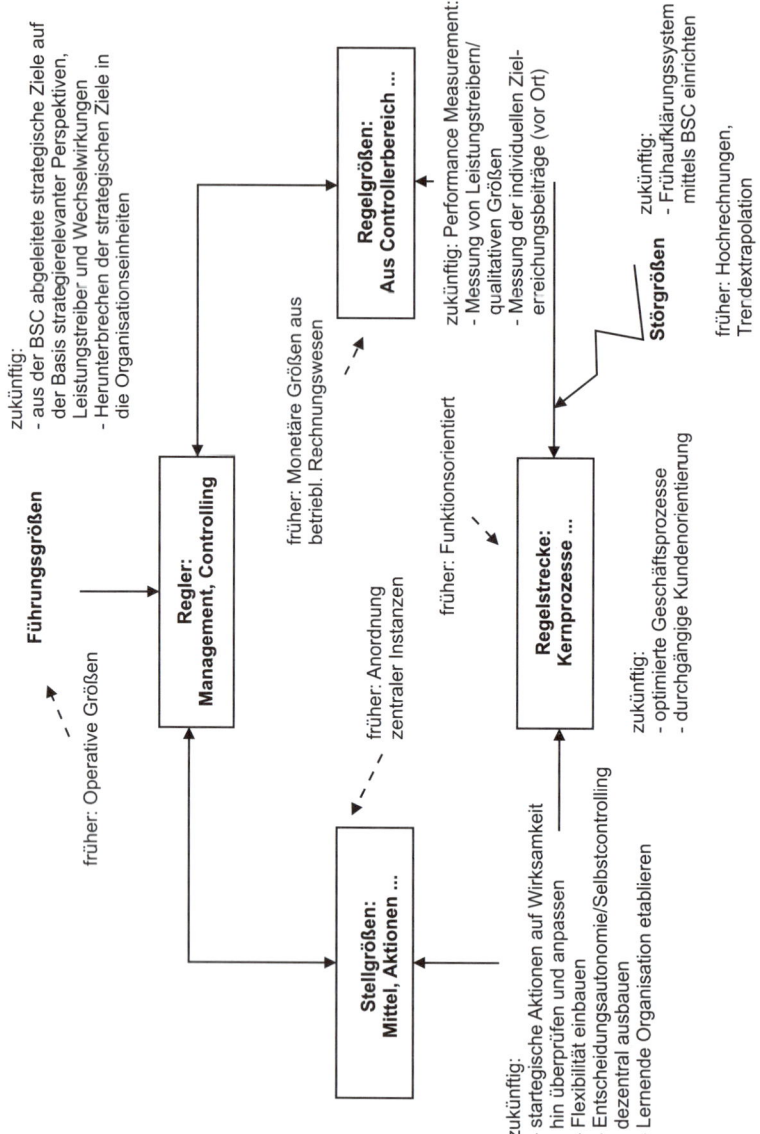

Abb. 2.16　Grundzüge einer kybernetischen Controlling-Konzeption

---

[160] siehe die folgende Abb. 2.16 in: Müller, Controlling-Konzepte, S. 253 f.

2.5   Gestaltung des Controlling-Systems

In Anlehnung an die von Reichmann vorgeschlagene Vorgehensstruktur zur Bestimmung der Wesensmerkmale des Subsystems Controlling (siehe Abb. 2.1 auf Seite 87) folgt auf die Entwicklung einer Controllingkonzeption die Ableitung des Controllingsystems. Das Controllingsystem stellt dabei ein Konkretisierung der allgemeinen Konzeption durch Festlegung bestimmter Konzeptionsparameter dar. Dementsprechend wird im Controllingsystem festgelegt, welche Aufgabenstellungen in welchen Unternehmensbereichen zu analysieren sind, welche Informationsbasis und welche Rechengrößen im Einzelnen sowie welche Systemelemente verwendet werden[161]. Mit Hilfe der Systemtheorie sollen die jeweiligen Determinanten eines Systems und ihr wechselseitiges Zusammenwirken untersucht werden sowie konkrete Problemstellungen für die einzelnen Entscheidungsbereiche diskutiert werden. Nach Reichmann geht das Controllingsystem also von klaren Vorstellungen über die Art der Entscheidungsprobleme, die mit Hilfe des Controllings zu lösen sind, aus. Dass dies eben nicht vorausgesetzt werden kann, wurde bereits wiederholt anhand der bestehenden und künftigen Turbulenzen abgeleitet. Der Ausrichtung der Controlling-Aktivitäten auf das Erfolgsziel der Unternehmung im Rahmen des Controllingsystems kann ebenfalls nicht gefolgt werden, verkörpert doch das Erfolgsziel ein abgeleitetes Ziel unter mehreren Zielen.

Reichmann stellt vor allem das Aufgabengebiet der **Informationsverarbeitung** im Rahmen der Entwicklung eines Controllingsystems heraus (siehe Abb. 2.17)[162]. Informationsprozesse werden darin anhand der Dimensionen Funktionseinteilung der Unternehmung, Kategorien von Informationen und der zeitlichen Komponente abgebildet. Was wiederum auffällt, ist eine **starke Orientierung an den Rechengrößen des betrieblichen Rechnungswesens**[163]. „Weiche" Informationen spielen anscheinend ebenso keine Rolle wie die Messung von Intangible Assets. Außerdem „erschöpft" sich der Aufgabenbereich des Controllings darin, für den Führungsbereich aus den monetären Größen des Rechnungswesens aussagefähige Berichte anhand diverser Pläne und Gegenüberstellung von Ist-Daten abzuleiten sowie Führungskennzahlen zur Steuerung des Unternehmens anzubieten.

---

[161] Reichmann, Controlling mit Kennzahlen und Managementberichten, S. 8 ff.

[162] Ebenda, S. 10 ff.

[163] In den „Schriften zum Controlling" (herausgegeben von Reichmann) hat dementsprechend Richter (Theoretische Grundlagen des Controlling) versucht Vorschläge zu erarbeiten, wie das Rechnungswesen zu einem rechnungswesenorientierten Controlling weiterentwickelt werden kann; siehe insbesondere die S. 144 ff.

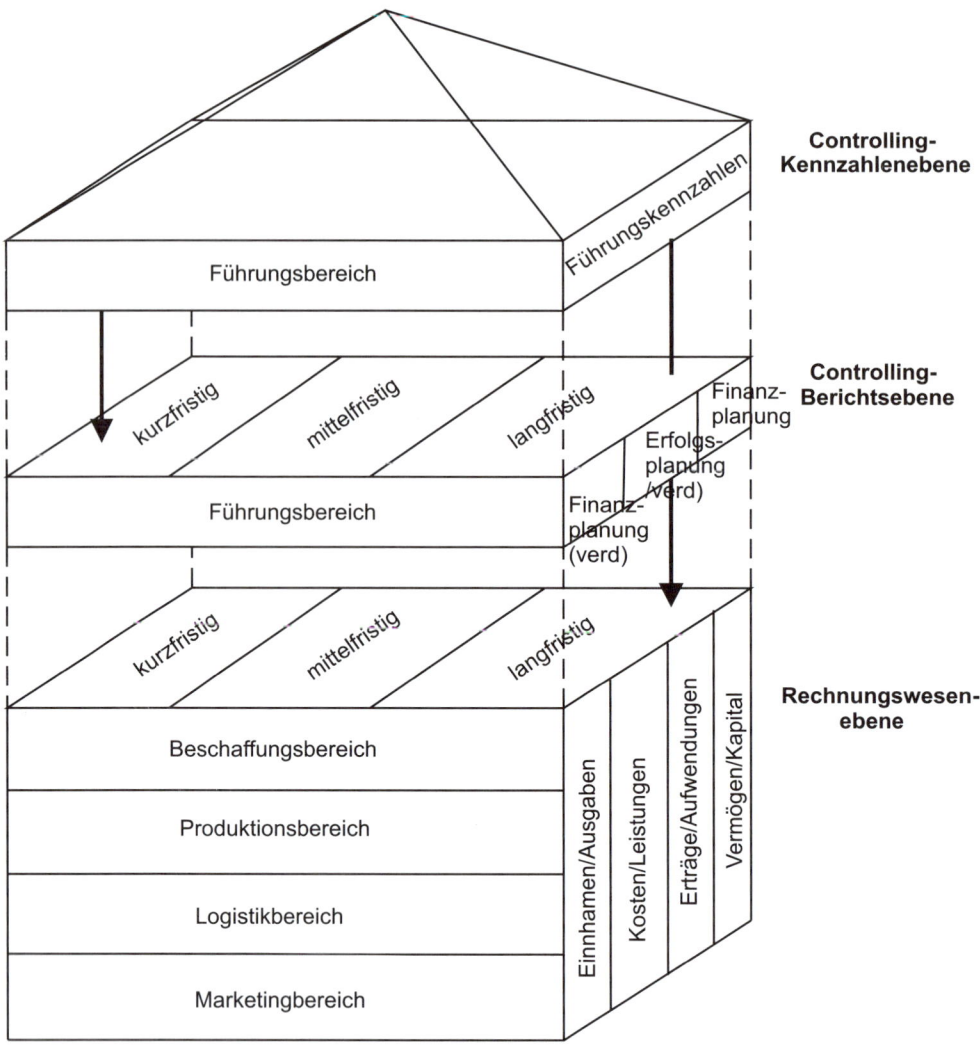

Abb. 2.17   Die mehrdimensionale Controlling-Konzeption gemäß Reichmann

Dass damit keine eigenständige Führungsdisziplin „Controlling" entwickelt werden kann, wurde schon herausgearbeitet. Hinzukommt noch, dass dieser Ansatz **wenig geeignet** erscheint, fundierte Vorschläge **zur Bewältigung der Komplexität** zu liefern.

Zur Entwicklung eines Controllingsystems liegen demnach allenfalls Bruchstücke in Bezug auf die relevanten Subsystemelemente und die Wechselwirkungen zwischen den Elementen und des Subsystems Controlling zum System Unternehmung bzw. zum Umfeld der Unternehmung vor. Dies ist auch nicht weiter verwunderlich, sieht man sich die verschiedenen, kaum theoretisch fundierten Controlling-Ansätze in der Literatur an. Besonders wichtig für ein effektives und effizientes Controllingsystem sind sicherlich die **Instrumente und Methoden**, die das **Controlling zur Bewältigung der Komplexität anzubieten hat**. Hierzu erfolgt eine ausführliche Darstellung und Diskussion in den nächsten Kapiteln.

2.6 Institutionelle Verankerung des Controlling

Bei der institutionellen Verankerung des Controllings (gemäß der Vorgehensstruktur von Reichmann) geht es um die organisatorische Einordnung des Controllerdienstes in die Aufbauorganisation der Unternehmung. Selbstverständlich sind viele der abgeleiteten Controllingaufgaben von den verschiedenen Stellen und Führungsfunktionen, die an der Steuerung und Komplexitätsbewältigung im Unternehmen beteiligt sind, wahrzunehmen. Grundsätzlich ist die Ausübung des Controllings nicht an das Vorhandensein einer besonderen Stelle oder Abteilung gebunden. Gerade auch kleinere und mittelständische Unternehmen können mit Hilfe der Dezentralisation und Delegation alle Aspekte der Controllingaufgabe wahrnehmen[164]. Die wesentliche Controllingaufgabe besteht in der Unterstützung des Managements bei ihren Problemlösungsaufgaben. Umstritten ist nach wie vor, ob dem Controllerdienst weitergehende Befugnisse als die einer typischen Stabstelle zuzuweisen sind. Vor allem strategische Aufgabenstellungen verlangen zur Durchsetzung in operative Vorgaben umfangreiche Weisungsbefugnisse[165]. In der entsprechenden Literatur wird deswegen eine Einordnung in die oberste Hierarchie- (bzw. zumindest in die zweite) -ebene der Unternehmung als notwendig erachtet[166]. Auf die Gefahr der „Führung der Führung" wurde bereits ausführlich eingegangen.

Zu beachten sind auf jeden Fall die zunehmenden Autonomiebestrebungen in vielen Unternehmungen, die vor allem dem Lean Management-Ansatz entspringen. Auf die Aufgabeninhalte und den Aufgabenumfang der Dienstleistungsstelle Controlling nimmt diese Entwicklung einen entscheidenden Einfluss. Zum einen reduziert die damit verbundene verstärkte Delegation von Aufgaben und Verantwortung die operativen Planungs- und Kontrollaufgaben zentraler Stellen, da diese „vor Ort" erfüllt werden müssen. Anderseits zieht die Übertragung des Lean Management-Ansatzes auf den Managementbereich flachere, durch Teamarbeit gekennzeichnete Strukturen nach sich. Dies schafft mehr Eigenverantwortung für die Mitarbeiter und lässt direkte Kommunikationsbeziehungen zwischen den unterschiedlichen Funktionen entstehen[167]. „War die Entwicklung des Controllings als eigenständige, organisatorisch selbständige Funktion bisher noch mit der hohen Komplexität der Unternehmensführung, der starken Arbeitsteilung und dem damit verbundenen Verlust des Bezugs zu den Unternehmungszielen auf den nach geordneten Ebenen zu begründen, entfallen diese Gründe in einer schlanken Unternehmung mit ganzheitlichen Aufgaben, besonderer Identifikation

---

[164] Horvath, Controlling, S. 843

[165] Reichmann, Controlling mit Kennzahlen und Managementberichten, S. 13; Siller, a.a.O., S. 94

[166] Küpper, Industrielles Controlling, S. 867 ff.

[167] Scherm, a.a.O., S. 648 ff.

der Mitarbeiter mit den Unternehmungszielen und überschaubaren, flachen Strukturen sowie kurzen, direkten Informations- und Kommunikationskanälen"[168]. Allerdings darf dabei nicht übersehen werden, dass die Dynamik und Komplexität im Umfeld der Unternehmen erheblich zugenommen haben.

Was operative Aufgabenstellungen betrifft, muss sogar von einer Freisetzung zentraler Spezialisten ausgegangen werden. Eine verstärkte Durchsetzung des Lean Management-Gedankens würde somit einschneidende Konsequenzen für die Mitarbeiter des Controllerdienstes bedeuten. Als Aufgabenfelder für das Subsystem Controlling als Institution verblieben,

- die beratende Mitwirkung bei strategischen Planungen und Kontrollen.

- die Lösung von Problemen im Zusammenhang mit der Selbstabstimmung der einzelnen Teams, wobei gemeinsam mit den Betroffenen Verfahrens- und Konfliktlösungsregeln zu erarbeiten wären.

- die Mitwirkung – eventuell als Moderator – in diversen interdisziplinär zusammengesetzten Teams, die sich mit gruppen- und abteilungsübergreifenden Problemstellungen, wie der Einführung von TQM, zu beschäftigen haben.

Die Lean Management-Philosophie hat noch weitere grundlegende Auswirkungen auf das Controlling[169]. Die häufig vorzufindende Trennung in Planung und Ausführung lässt sich danach nicht mehr aufrecht erhalten. Gefragt ist vielmehr eine Verlagerung von Verantwortung an den Ort der Wertschöpfung. Der damit einhergehende „Kontrollverlust" erfordert eine Änderung von der Misstrauens- zur Vertrauensperspektive – eine Vorraussetzung für lernende Systeme. Kosten-, qualitäts- und zeitgerechtes Verhalten kann eigentlich nur sehr unzureichend zentral überprüft werden; es muss am Ort der direkten Wertschöpfung im gesamten Netz der Leistungserstellung „produziert" werden. Zentrale Informations- und Steuerungssysteme verlieren dem entsprechend an Bedeutung, wenn in den operativen Einheiten direkt über adäquate Ziel- und Messgrößen „controlled" wird. Die Diskussion über die Dezentralisierung und „Verschlankung" des Controllerdienstes hat in den letzten Jahren noch eine entscheidende Erweiterung erfahren, indem der Dienstleistungscharakter des Controllerdienstes stärker hervorgehoben wird. Hierbei wird als konzeptionelle Grundlage das Interne Kunden-Lieferanten-Prinzip zugrunde gelegt[170]. Eine Optimierung des Wertschöpfungsprozesses, mit der Zielsetzung die Kundenanforderungen weitgehend zu erfüllen, muss demzufolge an der Gestaltung interner Kunden-Lieferanten-Beziehungen ansetzen. Für möglichst viele Geschäftsprozesse sind zunächst einmal die internen Kunden zu bestimmen, die die entsprechenden Leistungen auf der Basis verschiedener Anforderungsmerkmale nachfragen und bereit sind dafür einen Preis zu zahlen. Das jeweilige Preis-Leistungsverhältnis ist zwischen dem Lieferanten (Ersteller der Leistung) und den Kunden (Bestellern der Leistung) zu vereinbaren. Als Grundlage dienen Marktpreise, aber auch Verhandlungspreise bzw. (in

---

[168] Ebenda, S. 657

[169] Pfeiffer/Weiß, Lean Management – …, S.38f.

[170] Siehe im Folgenden, Müller A., Umfassende Marktorientierung der Unternehmung mit Hilfe des Center-Konzeptes, und die darin angegebenen Literaturquellen.

Ausnahmefällen) Kalkulationsergebnisse, die den Ressourcenverbrauch für die erstellte Leistung widerspiegeln sollen.

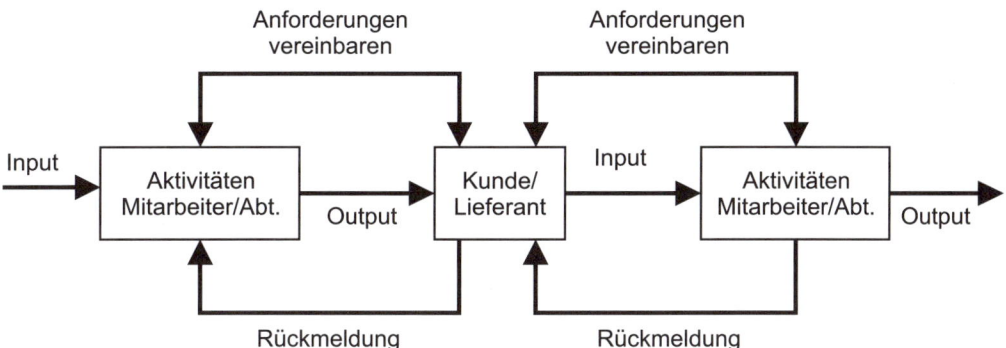

Abb. 2.18   Interne Kunden-Lieferanten-Beziehungen

Ein richtig verstandener und umgesetzter Leistungsvereinbarungsprozess zwischen dem Ersteller und Besteller einer bestimmten Leistung entspricht dem Target Costing-Ansatz weitgehend. Gemeinsam mit den internen Kunden werden die Anforderungen an die Leistungserstellung und -bereitstellung festgelegt. Gewinnerzielung ist bei diesen internen Prozessen nicht vorgesehen. Allerdings ist der Leistungsersteller angehalten, die Kundenwünsche zu dem vereinbarten Preis zu erfüllen, ansonsten kann – nach einer bestimmten Übergangszeit (1 bis 2 Jahre) – der Kunde die Leistung von externen Anbietern beziehen. Besteller und Ersteller der Leistung haben daneben ein gemeinsames Interesse, ständig nach Verbesserungen im Zusammenhang mit der Leistungserstellung und Bereitstellung der Leistung zu suchen. Insofern wird das Marktprinzip auch für interne Dienstleistungen voll zur Geltung gebracht.

Die Zielsetzung aus Mitarbeitern mittels der Schaffung interner Märkte „Entrepreneurs" zu machen, kann nur erreicht werden, wenn in diesem Zusammenhang ein kultureller Wandel in der Organisation eingeleitet wird. Erfahrungen aus der Praxis zeigen, dass bei derartig weit reichenden Reorganisationsprozessen erhebliche Widerstände seitens der Mitarbeiter und Führungskräfte auftreten können, da Schwierigkeiten bei der Akzeptanz der neuen Aufgaben-, Kompetenz- und Informationsstrukturen zu wenig beachtet wurden bzw. nicht beseitigt werden konnten. Ein schrittweises Vorgehen, bei dem zunächst die Vorteile bewährter Strukturen beibehalten werden, ist ebenso zu empfehlen, wie eine möglichst frühzeitige Einbindung der Mitarbeiter und der nach geordneten Managementebenen. Bewährt haben sich auch die Formulierung, Kommunikation und Überwachung „Allgemeiner Spielregeln", beispielsweise

- Unternehmensoptimum geht vor Center-Optimum.

- Interner Bezug geht vor externem Einkauf, falls Kapazität vorhanden ist.

- Der interne Preis darf den anzulegenden Marktpreis nicht übersteigen.

- Der Absatz auf dem externen Markt erfolgt in Abstimmung mit dem übergeordneten Management.

- Profit-Center, Effizienz-Center und Cost-Center sind gleichwertige Einheiten.

- Der relative Center-Beitrag (Plan/Ist) ist wichtiger als dessen absolute Höhe.

- Sicherheits- und Qualitätsstandards ergänzen die Leistungsvereinbarungen.

Die damit verbundene Verankerung interner Märkte für (Dienst-)Leistungen setzt eine durchgehende Veränderung der Organisation und auch der Führung voraus, die mit Hilfe von Organisations- und Personalentwicklungsmaßnahmen umgesetzt werden muss. Als hilfreich hat sich in diesem Zusammenhang die Einführung eines Center-Konzeptes erwiesen:

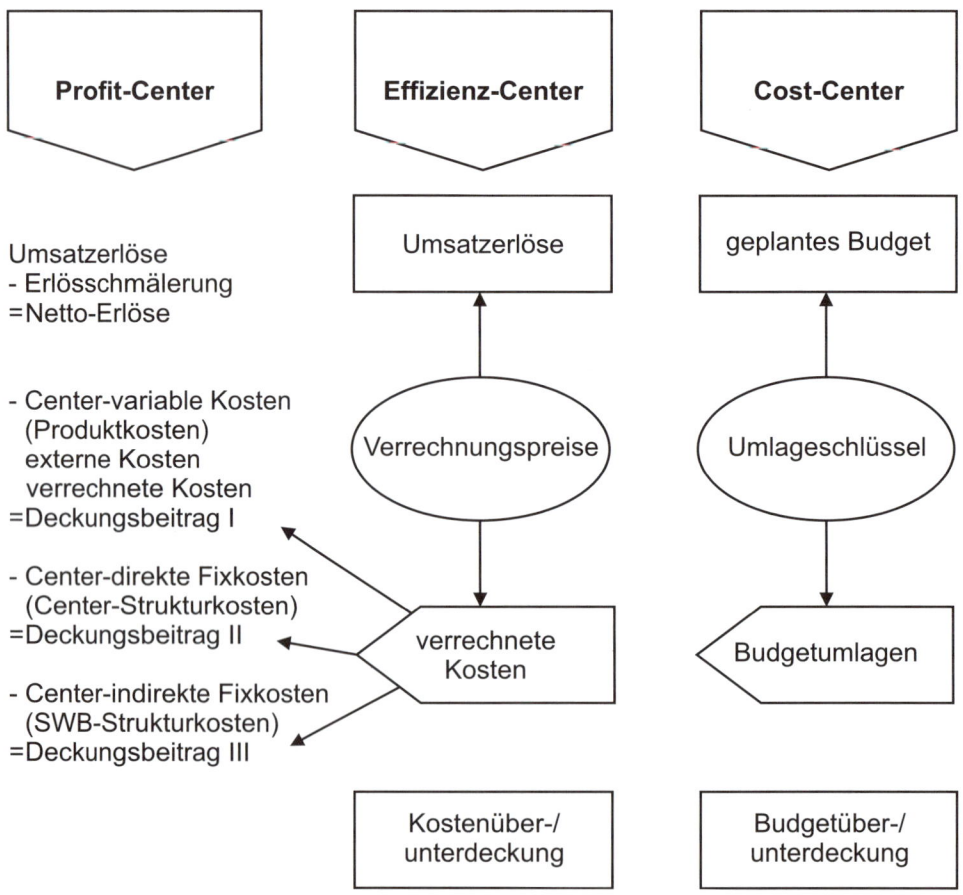

Abb. 2.19   Center-Typen und Erfolgsrechnungen (Beispiel Stadtwerke Bremen – SWB)

- In vielen Unternehmen werden bereits seit etlichen Jahren Profit-Center eingesetzt, die als Unternehmen im Unternehmen folgende Charakteristika aufweisen,

    o   ergebnisorientierte sowie marktnahe Führung,

    o   weitgehende organisatorische Selbstständigkeit,

    o   Beeinflussbarkeit der relevanten Entscheidungsparameter,

    o   Delegation subunternehmerischer Kompetenz und

    o   eigene Ergebnisverantwortung.

- Effizienz-Center (auch Service-Center genannt) lassen sich wie folgt kennzeichnen,

    o   ergebnisorientierte wie auch bedarfsgesteuerte Führung,

    o   Schnittstellen insbesondere zu Profit-Centern,

    o   Beeinflussbarkeit der relevanten Entscheidungsparameter und

    o   eigene Ergebnisverantwortung.

- Cost-Center können folgendermaßen beschrieben werden,

    o   kostenfokussierte Führung,

    o   Schnittstellen zu allen Center-Typen,

    o   Beeinflussbarkeit der relevanten Kostentreiber,

    o   definierte Leistungsstandards, z. B. in Bezug auf die Qualität der Leistungen und damit verbundene Durchlaufzeiten und

    o   eigene Budgetverantwortung.

Cost-Center verkörpern ebenfalls interne Dienstleister, die allerdings zu den vorgegebenen Budgets ihre Leistungen verrechnen. Ihre Leistungen können entweder auf dem internen Markt nicht sinnvoll „verkauft" werden, weil den Leistungsströmen kein eindeutiger Empfänger (Kunde) zugeordnet werden kann; oder die Geschäftsführung erklärt bestimmte Dienstleistungen zu sogenannten Monopoldienstleistungen, die nur selbst erstellt werden dürfen und von den internen Kunden abgenommen werden müssen[171]. Gründe dafür können sein, dass Sicherheitsaspekte dafür sprechen, wie z. B. bei den Leistungen der Arbeitssicherheit oder des betrieblichen Umweltschutzes. Zum anderen können Geheimhaltungsgründe eine gewisse Rolle spielen, wie z. B. bei der Bilanzbuchhaltung oder dem Controlling. Es spricht jedoch Einiges dafür den Controllerdienst als Service-Center aufzufassen.

Zusammengefasst ergibt sich für das Subsystem Controlling eine tief greifende Veränderung hinsichtlich der Aufgabenzuordnung, aber auch in Bezug auf die organisatorische Gestaltung sind neue Wege zu gehen. In den Vordergrund treten dabei temporäre Organisationsformen, wie die Mitwirkung in Teams. Ferner bieten sich Methoden zur Bewältigung komplexer

---

[171]   VCI, Leistungsvereinbarungen …, S. 117 und S. 121

Problemstellungen, wie die Methodik des vernetzten Denkens, auf den ersten Blick auch für die Gestaltung des Subsystems Controlling an (siehe dazu Kap. 3).

3 Die Methodik des vernetzten Denkens als Ansatz zur Bewältigung von Diskontinuitäten

3.1 Allgemeine Voraussetzungen

Aus den bisher gemachten Ausführungen müsste deutlich geworden sein, dass es einen Controlling-Ansatz, der sich ganzheitlich nennen könnte, bisher nicht gibt. Zwar wird in der betriebswirtschaftlichen Literatur, insbesondere zum Themenbereich Controlling, zunehmend eine ganzheitliche Sicht- und Vorgehensweise gefordert, ohne jedoch im Regelfall die daraus abzuleitenden Anforderungen zu beachten. So bringt Horvath am Anfang seines Standardwerks „Controlling" ein Anwendungsbeispiel der Fa. Signal Versicherungen, das seiner Ansicht nach den Versuch darstellt, einen ganzheitlichen Controllingansatz zu konzipieren[1]. Das Controlling-System der Fa. Signal geht über das traditionelle Controllingverständnis jedoch nicht hinaus. Insbesondere wird die Vernetzung der Einflussfaktoren auf die Wettbewerbsposition der Unternehmung nicht explizit herausgearbeitet. Was bisher vorliegt, sind **Mosaiksteinchen** zu einem ganzheitlich-vernetzenden Controlling-Ansatz, die vor allem von Autoren der St. Galler Managementschule wie Ulrich H., Gomez, Probst, Malik und Siegwart, entwickelt wurden (siehe auch: Mann). Impulse kommen wiederum von der Praxis, die die zugrunde liegenden Gedankengänge zum Teil aufnimmt und versucht diese bei der Bewältigung komplexer Problemsituationen anzuwenden[2].

In den folgenden Kapiteln soll nun versucht werden, eine **grundlegende Systematik für die Bewältigung komplexer Problemsituationen abzuleiten**. Als Ausgangspunkt dient das in Kap. 1.3.1 abgeleitete Wissenschaftsverständnis, nach dem Ausgangspunkt einer jeden Wissenschaft Probleme sind und sich dementsprechend jede wissenschaftliche Tätigkeit als Problemlösungsprozess auffassen lässt. Eine wissenschaftliche Durchdringung des Controlling- Gegenstandes muss diese Sichtweise als Ausgangspunkt ihrer Forschungsbemühungen

---

[1]   Horvath, Controlling, S. 22 ff.; in dieselbe (unbedachte) Richtung geht Deyhle, Controlling in vernetzter Betrachtungsweise

[2]   Siehe dazu die Beiträge im Sammelband von Probst/Gomez (Hrsg), Vernetztes Denken ….sowie Strüby, Management Controlling als Grundlagen ganzheitlicher Unternehmensführung

voranstellen. Gerade die zunehmenden Diskontinuitäten lassen einen dringenden Bedarf an adäquaten Problemlösungsinstrumenten entstehen (siehe Abb. 1.6 auf Seite 15). Die idealtypische Entwicklung eines Controlling-Systems für die Unternehmung sieht dann vor, dass den jeweiligen Organisationseinheiten ein ausreichendes Instrumentarium zur Kontrolle und Selbststeuerung zur Verfügung gestellt wird[3]. Ebenso wurde bereits herausgestellt, dass die **systemorientierte Sichtweise** der Unternehmung einen tauglichen Ansatz bietet, diese neuartigen Probleme besser als die herkömmlichen Ansätze einer Lösung näher zu bringen. Mit dem Systemansatz wird eine Perspektive, ein Raster, geboten, mit der bzw. mit dem Probleme erfasst und Phänomene analysiert werden können. Der systemtheoretische Ansatz stellt „Werkzeuge" bereit, die helfen (können), die komplexe Realität zu strukturieren und zu verarbeiten[4].

Die Hauptaufgabe des Controllers besteht demzufolge darin, bei der Gestaltung des Systems Unternehmung – in Richtung eines komplexitätsverarbeitenden Systems – entscheidend mitzuwirken. Dabei kann sich der Controller der Systematik und des Instrumentariums der **Systemanalyse** bedienen[5]. Die Auswahl der anzuwendenden (System-) Technik muss sich dabei am systemischen Charakter orientieren, d. h. die Komplexität der Problemsituation darf nicht zerstört werden, sondern es muss die Möglichkeit eröffnet werden, sie zu verringern[6]. Allerdings darf diese Art von Systemanalyse nicht missverstanden werden. Die damit gewonnenen Informationen weisen zwangsläufig keinen allzu hohen Detaillierungs- bzw. Präzisionsgrad auf. Ältere Ansätze der Systemanalyse bzw. Systemtechnik, die noch weitgehend mit mathematischen Methoden des Operations Research arbeiten, sind deswegen von vorneherein verfehlt[7]. Die neuere Systemanalyse führt damit lediglich zu einer Art Orientierung, d. h. zu **Prinziperklärungen**. Die Standards der „exakten" Naturwissenschaften werden damit nicht erreicht. Es wird aber, eine Verhaltensorientierung ermöglicht, die im Sinne des strategischen Managements für die Gesamtpositionierung eines sozio-technischen Systems in seiner Umwelt wichtig ist[8].

---

[3]   Bramsemann, a.a.O., S. 160; Grossmann, a.a.O., S. 155 ff.

[4]   Lenk/Maring/Fulda, a.a.O., S. 169

[5]   Horvath, Controlling, S. 129

[6]   Gomez, Modelle und Methoden des systemorientierten Managements, S. 33

[7]   Für solche Formen der Systemanalyse plädieren in den Anfangsjahren der Systemtechnik: Zangemeister, Systemtechnik; Grochla/Lehmann, Systemtheorie und Organisation; Fuchs, Systemanalyse im Betrieb; Baetge, Systemtheorie

[8]   Malik, Strategie des Managements komplexer Systeme, S. 412

3.2 Ganzheitlich-vernetzende Problemlösungsansätze

3.2.1 Einführung

In der moderneren Literatur zum systemorientierten Management werden eine Reihe von Problemlösungsansätzen und -methoden diskutiert, die geeignet erscheinen, das Management bei der Bewältigung komplexer Problemstellungen zu unterstützen[9]. Für die Einführung eines ganzheitlich-orientierten Controllings sind vor allem die Ansätze interessant, die es gestatten, die zunehmende Komplexität und Dynamik des Unternehmensgeschehens

- umfassend, im Sinne einer ganzheitlichen Vorgehensweise, anzugehen,

- dabei die zugrunde liegenden Vernetzungen systematisch analysieren und bei der Problembewältigung berücksichtigen

- sowie ein Vorgehensmodell und ein Instrumentarium beinhalten, welche eine anwendungsfreundliche Nutzung in der betrieblichen Praxis erlauben.

In diesem Zusammenhang werden vor allem zwei Ansätze in der Literatur dargestellt, die auf eine breitere Anwendungsbasis zurückblicken können. Der **System Dynamics-Ansatz** ist von Forrester bereits in den 50er Jahren entwickelt worden. Er kann vor allem zur Analyse komplexer, nichtlinearer Systeme in betriebswirtschaftlichen Bereich verwendet werden. Als theoretische Grundlagen dienen die Systemtheorie, die Theorie der Informations-Feedback-Systeme, die formalisierte Entscheidungstheorie sowie die Simulationstechnik unter Einsatz leistungsfähiger Computer[10]. Mit diesem Ansatz können mittels formaler Modelle, die die Mikrowelten der Manager abbilden, quasi im Laborexperiment die Wirkungen verschiedener Unternehmenspolitiken auf die Entwicklung des Unternehmens, insbesondere auf die angestrebten Unternehmensziele untersucht werden[11]. Die Grundzüge der System-Dynamics-Methodik sind aus Abb. 3.1 ersichtlich[12].

Seinen spezifischen Charakter gewinnt der System-Dynamics-Ansatz vor allem durch den **Regelkreisbezug** von Entscheidungsprozessen und die damit zusammenhängende Berücksichtigung von „Feedback-Loops". Ein **Feedback-Loop** stellt dabei einen in sich geschlossenen Prozess kausaler Beziehungen zwischen Variablen dar, wobei die geforderte Kausalität weniger auf nomologischen Hypothesen, sondern vielmehr auf empirisch gewonnenen Erkenntnissen, beruht[13].

---

[9] Einen umfassenden Überblick dazu geben u. a.: Grossmann, Komplexitätsbewältigung im Management, S. 44 – 189; Gomez, Modelle und Methoden des systemorientierten Managements, S. 87 – 288

[10] Forrester, Grundzüge einer Systemtheorie; Kortzfleisch/Krallmann, Industrial Dynamics, Sp. 725 ff.

[11] Zahn, Die strategische Renaissance des Unternehmens, S. 21 f.

[12] Wiedmann, a.a.O., S. 430 ff.

[13] Ebenda, S. 430; Kortzfleisch/Krallmann, a.a.O., Sp. 725 f.

Mit Hilfe von Simulationen werden Wenn-dann-Aussagen abgeleitet, die die analytische Grundlage für die zu treffenden Maßnahmen zur Problemlösung bilden. Ein wichtiges Instrument verkörpert beim System-Dynamics-Ansatz das **Feedback-Diagramm**[14] welches im folgenden Kapitel ausführlich beschrieben und beurteilt wird.

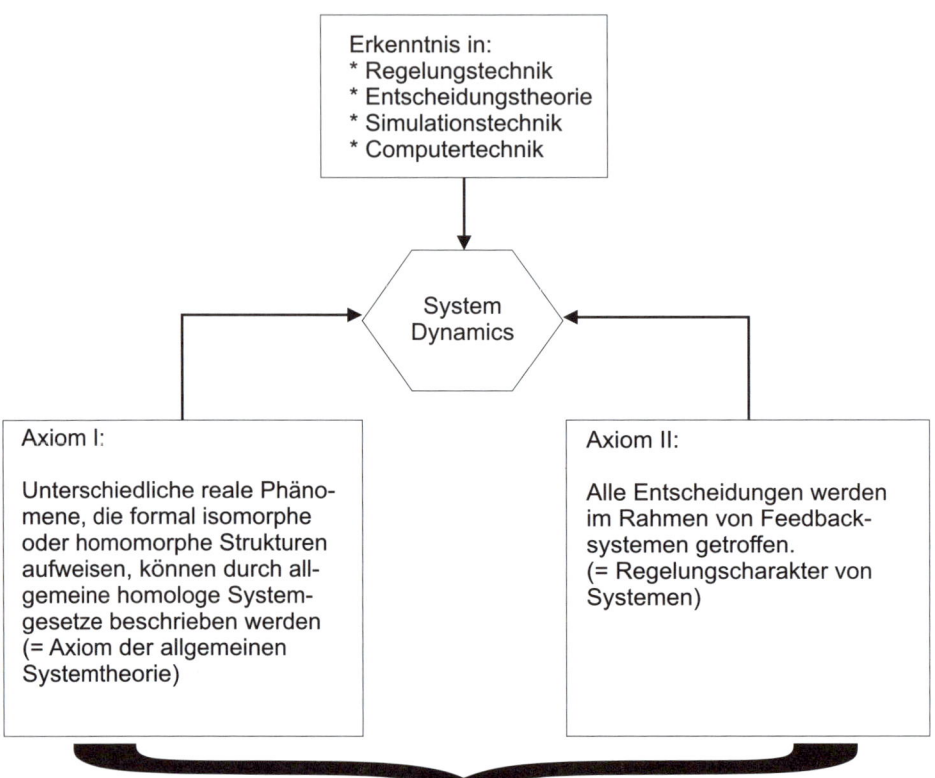

Abb. 3.1   Grundzüge der System-Dynamics-Methodik

14   Grossmann, a.a.O., S. 101 ff.

Der System-Dynamics-Ansatz ist bei einer Vielzahl von Problemstellungen angewendet worden. Dennoch gibt es einige massive **Kritikpunkte**, die eine sinnvolle Anwendung bei komplexen Problemen in Frage stellen[15]. Ein zentraler Schwachpunkt liegt darin, dass dieser Ansatz von geschlossenen Systemgrenzen ausgeht, damit ein mathematisches Gleichungssystem aufgestellt werden kann. Durch die Mathematisierung entsteht eine allzu starke quantitative Ausrichtung, wodurch „weiche" (qualitative) Faktoren zwangsläufig vernachlässigt werden. Rückkoppelungen werden nur teilweise berücksichtigt, so z. B. bei externen Einflüssen.

Als Überleitung bzw. Zwischenschritt zur Methodik des vernetzten Denkens kann die Ableitung von Wirkungsketten und deren Verknüpfung betrachtet werden. Zunächst einmal können für eine bestimmte Problemstellung einfache Wirkungsketten aufgebaut werden[16]. In einem nächsten Schritt geht es nun darum, die Wirkungsketten zu verknüpfen.

Abb. 3.2   Wirkungsketten

---

[15] Ebenda, S. 106-111; Kortzfleisch/Krallmann, a.a.O., Sp. 727 f.

[16] Honegger/Vettinger, Ganzheitliches Management in der Praxis, S. 43 ff; siehe auch: Senge, Die fünfte Disziplin, S. 90 ff.

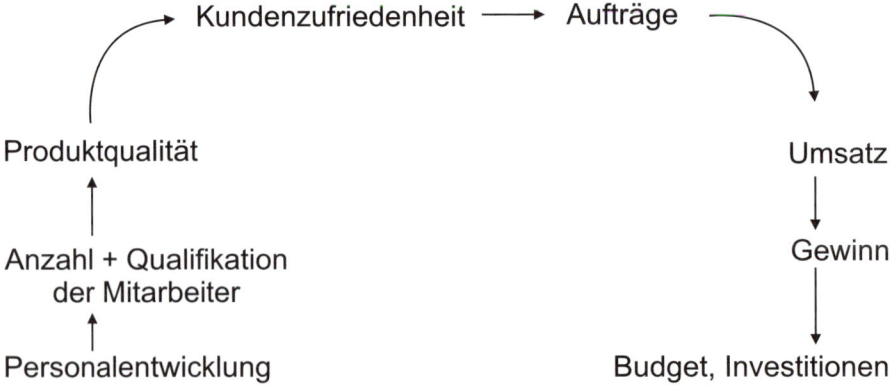

Abb. 3.3   Verknüpfung der Wirkungsketten

Abb. 3.4   Wirkungskreislauf

Als weiterer Ansatz zu einer ganzheitlich-vernetzenden Problembewältigung kann das Vorgehensmodell der St. Galler Managementschule betrachtet werden[17]. Ein wesentlicher Bau-

---

[17] Siehe dazu: Ulrich, H./Probst, Ganzheitliches Denken und Handeln, Gomez/Probst, Vernetztes Denken im Management

stein dieses Ansatzes ist die „Methodik des vernetzten Denkens", die ein besonderes Augenmerk auf Früherkennung, Controlling und konkrete Maßnahmepläne legt[18]. Allgemein kann die Methodik des vernetzten Denkens als Grundmuster eines ganzheitlichen Problemlösungsprozesses verstanden werden[19]. Die Methodik des vernetzten Denkens stützt sich im Wesentlichen auf drei Säulen[20]:

1. Der Soft Systems Methodology von Checkland, die speziell für die Handhabung „weicher" Probleme entwickelt wurde.

2. Der (bereits dargestellten) System Dynamics-Methode von Forrester.

3. Dem Sensitivitätsmodell von Vester/Hesler (siehe dazu Kap. 3.2.3.1).

Mit der Methodik des vernetzten Denkens sollen fünf Anforderungen erfüllt werden, die bisher von keiner Methodik gleichzeitig erfüllt werden konnten:

1. Ausrichtung auf spezifische Fragen des Managements.

2. Einbezug multipler Perspektiven und Dimensionen.

3. Unterstützung bei der Abgrenzung und Definition des Problems.

4. Kombination qualitativer und quantitativer Modellierung.

5. Hilfestellung nicht nur bei der Modellierung, sondern auch bei der Implementierung.

3.2.2 Der Problemlösungsansatz der St. Galler-Managementschule

Bei diesem Problemlösungsansatz geht es nicht primär um das Gewinnen von Wissen über die beste Problemlösung, sondern um das Erlernen einer bestimmten, situationsgerechten Vorgehensweise oder Problemlösungsmethodik. Angeboten wird dementsprechend eine Heuristik, d. h. eine Reihe von Vorgehensregeln und Instrumenten, die die Wahrscheinlichkeit des Findens einer „guten" Lösung erhöhen, aber nicht garantieren. Der Vorgang des Problemlösens wird logisch in einzelne Schritte bzw. Phasen unterteilt, wobei die vorgeschlagene ganzheitliche Problemlösungsmethodik auf komplexe Situationen ausgerichtet ist[21]:

---

[18] Grossmann, a.a.O., S. 188

[19] Ebenda, S. 156 und S. 204

[20] Schwaninger/Zindel, Systemmodellierung mit der Methodik des Vernetzten Denkens ..., S. 1 / 2 ff.

[21] Ulrich, H./Probst, a.a.O., S. 112 ff; Schwaninger/Zindel, a.a.O., S. 1 / 2

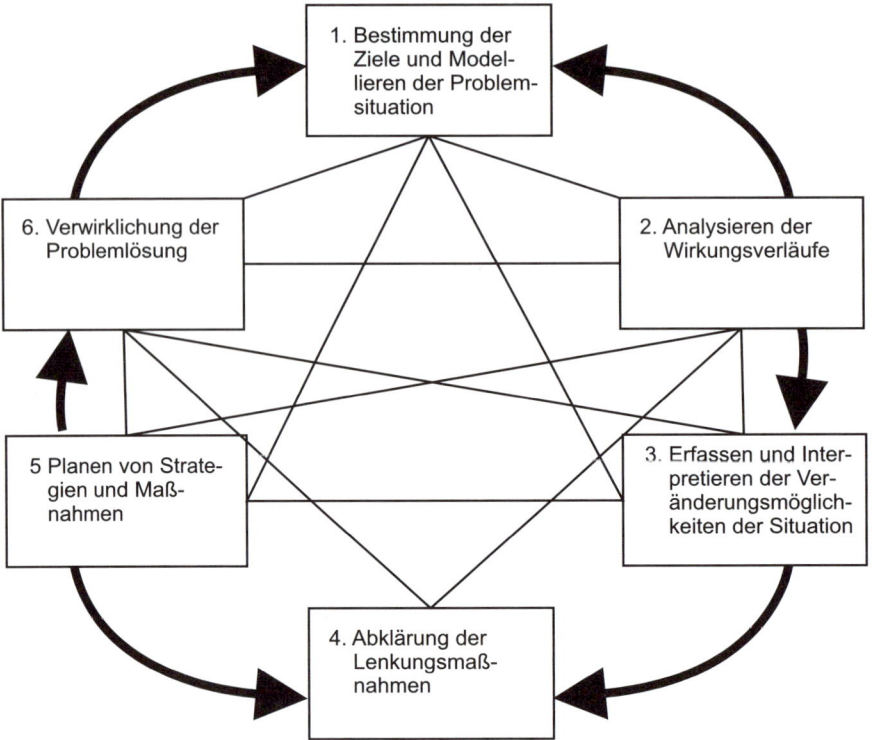

Abb. 3.5   Die Schritte des ganzheitlichen Problemlösungsprozesses

Die Problemlösungsschritte der Methodik des vernetzten Denkens sind mittlerweile überarbeitet worden,[22] die inhaltlichen Änderungen sind jedoch nicht besonders weit reichend, so dass die ursprüngliche Vorgehensweise beibehalten werden kann. Im Folgenden sollen die Schritte des ganzheitlichen Problemlösungsprozesses im Einzelnen näher erläutert werden.

3.2.2.1   Bestimmen der Ziele und Modellieren der Problemsituationen

Wie bereits herausgestellt wurde, verkörpern Probleme (subjektiv) wahrgenommene **Diskrepanzen** zwischen einem erwünschten Zustand und der Wirklichkeit. Der Problemlösungsprozess ist nun darauf gerichtet, diese Diskrepanzen zum Verschwinden zu bringen[23].

---

[22] Siehe dazu: Gomez/Probst, Die Praxis des ganzheitlichen Problemlösens

[23] Ulrich, H./Probst, a.a.O., S. 116 f.

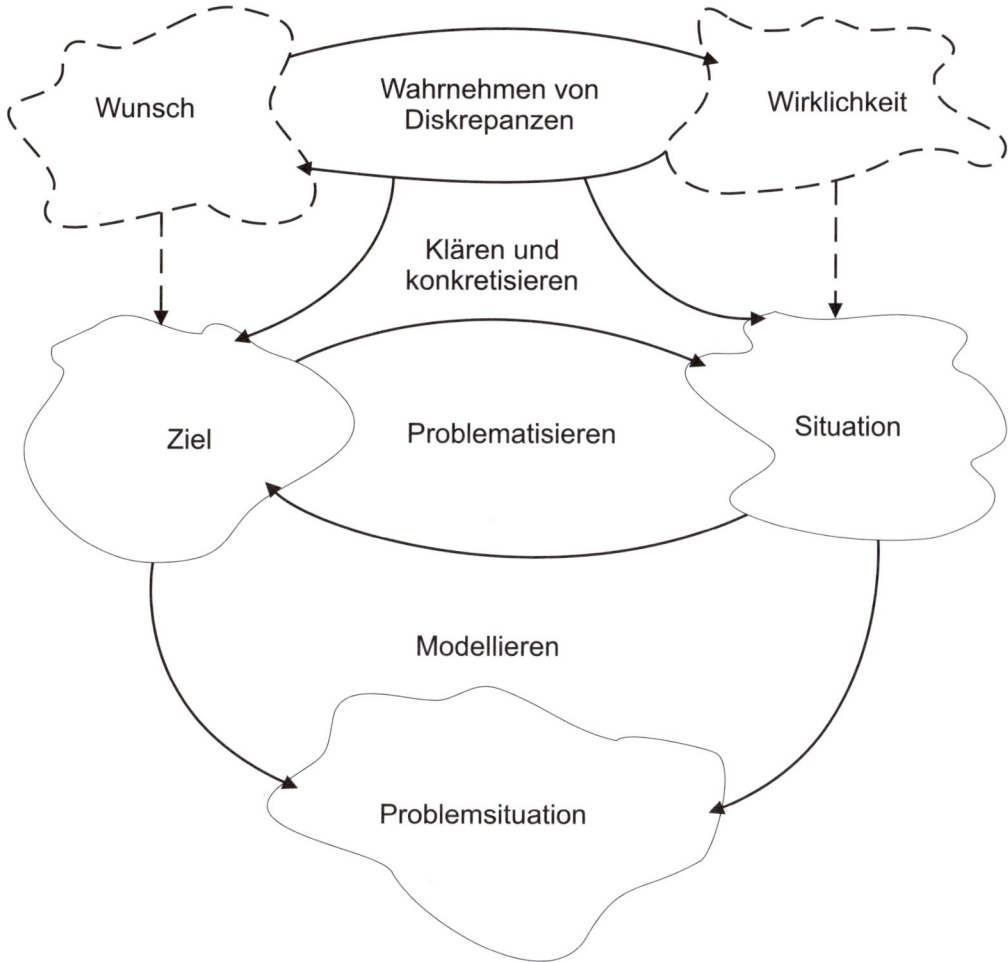

Abb. 3.6 Das Entstehen eines Problems

Dabei wird deutlich, dass eine klare Zielvorstellung und ein zutreffendes Bild der realen Problemsituation unabdingbare Voraussetzungen für die weitere Vorgehensweise darstellen. Wird diesem Schritt nicht genügend Aufmerksamkeit gewidmet, so führt dies unter Umständen zu einer reinen **Symptombekämpfung**, d. h. es werden die falschen Ziele verfolgt und für die Lösung des Gesamtproblems unbedeutende Teilprobleme angegangen[24]. Grundlegend für eine ganzheitliche Problemlösungsmethodik ist, dass die zu problematisierende Situation als ein System mit bestimmten Eigenschaften abgebildet wird. Diese Eigenschaften leiten sich aus den Bausteinen ganzheitlichen Denkens ab, nämlich Ganzheitlichkeit, Vernetztheit, Offenheit zur Umwelt, Komplexität, Geordnetheit, Lenkfähigkeit und Entwicklungsfähig-

---

[24] Probst/Gomez, Die Methodik des vernetzten Denkens zur Lösung komplexer Probleme, S. 9

keit. Zusammenfassend kann festgehalten werden: „Unsere Absichten und Zielsetzungen geben uns die Kriterien an die Hand, die uns sagen, was an der Situation für uns wesentlich ist; die Systemeigenschaften leiten uns an, wie wir dieses Wesentliche erfassen und modellieren sollten"[25].

Für den ersten Schritt der Problemlösungsmethodik, die Ziele zu bestimmen und die Problemsituation zu modellieren, bietet sich folgende Vorgehensweise an[26]:

- Zielvorstellungen prüfen und konkretisieren: In komplexen Situationen liegen meist mehrere Ziele vor, die noch dazu in einem Konfliktverhältnis zueinander stehen können. Es ist von Anfang an eine fundierte Auseinandersetzung, Spezifizierung und Balancierung der Ziele und Teilziele vorzunehmen, auch wenn diese häufig mit zunehmenden Erkenntnissen im Laufe des Problemlösungsprozesses noch angepasst bzw. verändert werden müssen.

- Problemsituationen aus verschiedenen Perspektiven abgrenzen: Häufig besteht in der Praxis die Gefahr, dass eine Reduktion auf das Wesentliche erfolgt, d. h. die Problemsituation wird zu rasch auf einige wenige Einflussfaktoren reduziert, die aufgrund von Erfahrungen gerade wesentlich erscheinen. Um ein solches vorschnelles Verhalten zu vermeiden, ist die Problemsituation aus der Sicht verschiedener Interessengruppen, Institutionen und Dimensionen abzugrenzen. Damit entsteht je nach dem Standpunkt, den ein Betrachter zugrunde legt, eine andersartige Umschreibung der Situation. Toyota gilt als ein Unternehmen, welches sich für die Lösung einer Problemstellung sehr viel Zeit lässt, indem die Problemsituation unter verschiedenen Blickwinkeln betrachtet wird[27].

Zunächst einmal werden die Verbindungen zwischen den einzelnen Einflussfaktoren hergestellt und damit das Bild eines Wirkungsgefüges oder eines vernetzten Ganzen aufgebaut. Dadurch werden die Wechselwirkungen und kreisförmigen Verbindungen zwischen mehreren Faktoren aufgezeigt, die als **Regelkreise** interpretiert werden können. Die Richtung der Beeinflussung (Ursache und Wirkung) wird mit Pfeilen angedeutet. Letztendlich wird damit die aus Elementen und Beziehungen bestehende Struktur des zu untersuchenden Systems abgebildet.

3.2.2.2   Analysieren der Wirkungsverläufe

Die im ersten Schritt des ganzheitlichen Problemlösungsprozesses gewonnene Netzwerkdarstellung spiegelt nur ein statisches Bild der Problemsituation wider[28]. Grundsätzlich wird jede Problemsituation als das Resultat einer Vielzahl miteinander interagierender Einflussgrößen gesehen[29].

---

[25] Ulrich, H./Probst, a.a.O., S. 121

[26] Ebenda, S. 121 – 133

[27] Liker, a. a. O., S. 335 ff.

[28] Ulrich, H./Probst, a.a.O., S. 135

[29] Probst/Gomez, Die Methodik des vernetzten Denkens …, S. 11

Als Instrument zur Analyse der Wirkungsverläufe wird die Netzwerktechnik (Feedback-Diagramm) angewendet, die es gestattet, nicht nur die Beziehungen zwischen den Einflussfaktoren festzuhalten, sondern diese auch in ihren Eigenschaften zu analysieren und abzubilden. Beziehungsnetzwerke sind vor allem durch die Studien des Club of Rome bekannt geworden[30]. Dieses Instrumentarium bietet jedoch nicht nur für globale Studien eine wertvolle Hilfestellung, sondern auch komplexe Problemstellungen der betrieblichen Praxis lassen sich damit Erfolg versprechend untersuchen. So verlangen korrigierende Eingriffe im Hinblick auf die Zielerreichung eine hinreichende Kenntnis der Wirkungszusammenhänge und zwar jeweils mit und ohne Maßnahmenänderung[31]. Strategien sollen sich generell nicht ausschließlich auf punktuelle Ereignisse beziehen. Vielmehr ist eine umfassende Betrachtungsweise gefragt, die die Interdependenzen zwischen kurz- und langfristigen Wirkungsverläufen und die Vernetzungen einzelner Elemente und der Bereiche des Netzwerkes berücksichtigt[32].

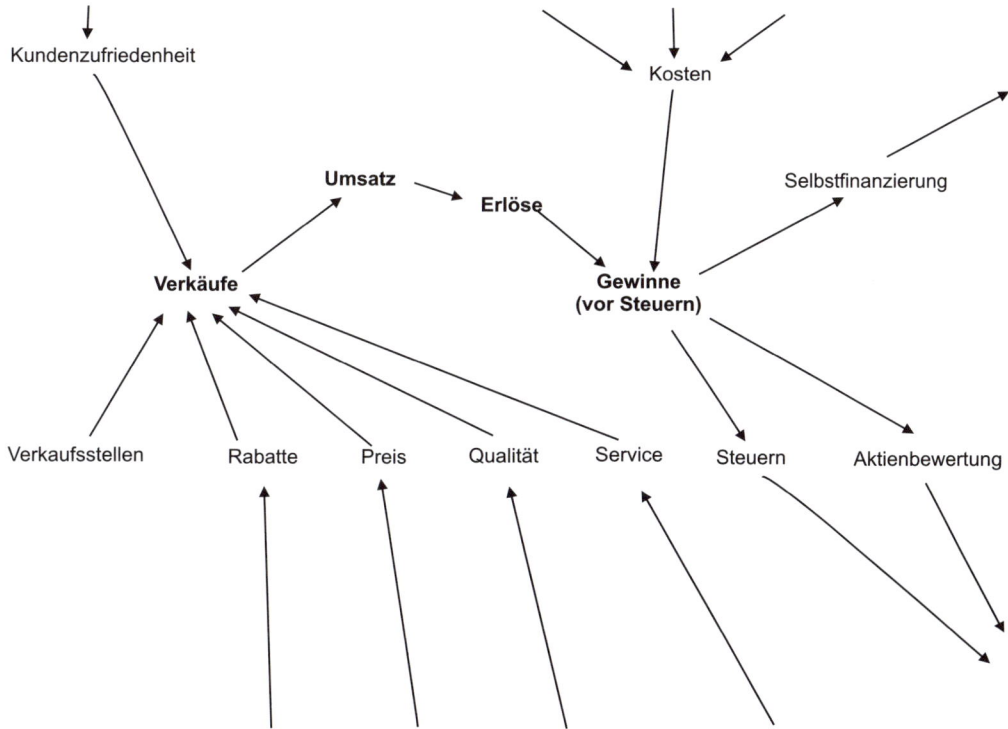

Abb. 3.7 Auszug aus einem (vereinfachten) Netzwerk

---

[30] Probst/ Selbst-Organisation, S. 30; siehe auch: Meadows/Meadows/Randers, Die neuen Grenzen des Wachstums …

[31] Coenenberg/Baum, a.a.O., S. 123

[32] Fankhauser, Die Unternehmung im Netzwerk des gesellschaftlich politischen Umfeldes, S. 136

Die in der Realität gegebene **Dynamik vernetzter Systeme** erfordert, die vorliegenden Beziehungen in ihrem Beeinflussungsmuster, ihrer Wirkungsrichtung, den Zeitaspekten und der Intensität zu erfassen. Für jede zu untersuchende Wirkungsbeziehung stellen sich drei Fragen[33]:

1.   Welcher Art ist der Einfluss, der von einem Element auf ein anderes ausgeübt wird?

2.   Welche Intensität weist die Wirkung auf?

3.   Wie ist der Zeitverlauf zwischen „Ursache" und „Wirkung"?

Bei der Entwicklung des Netzwerkes empfiehlt es sich die **Metaplan-Technik** einzusetzen[34]. Dazu werden mobile Wände benötigt, auf die Kärtchen, die die Teilnehmer des Teams mit Stichworten etc. versehen haben, die z. B. Einflussfaktoren kennzeichnen, in beliebiger Anordnung geheftet werden. Die Gruppe kann so mit verschiedenen Strukturen experimentieren, Beziehungen herstellen und wieder ändern und mit Hilfe von Farben verschiedene Perspektiven zum Ausdruck bringen. Wichtig dabei ist, entworfene Strukturen und Beziehungen in der Gruppe immer wieder zu diskutieren, durchzuspielen und zu überdenken. Bewährt hat sich in vielen Problemsituationen auch eine Stakeholder-Sichtweise: Einzelne Team-Mitglieder können beispielsweise in verschiedene Rollen schlüpfen, die jeweils einer relevanten Anspruchsgruppe nahe kommt.

Bei der Ermittlung, der **Art des Einflusses** der Elemente aufeinander geht es um die Unterscheidung in gleich gerichtete und entgegen gerichtete Wirkungen.

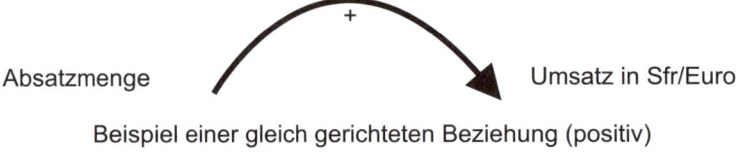

Beispiel einer gleich gerichteten Beziehung (positiv)

Beispiel einer entgegen gerichteten Beziehung (negativ)

Abb. 3.8   Arten von Wirkungsbeziehungen

Eine Wirkungsbeziehung, die von A nach B führt, beinhaltet die Frage: In welcher Richtung wird sich B verändern, wenn A sich in einer bestimmten Richtung verändert. Der Wirkungs-

---

[33]   Ulrich, H./Probst, a.a.O., S. 135; Probst/Gomez, Vernetztes Denken ..., S. 911 ff.

[34]   Gomez/Probst, Vernetztes Denken im Management, S. 46 ff.

verlauf muss allerdings nicht unbedingt linear sein, er kann auch progressiv bzw. degressiv oder sich sogar aus mehreren Verlaufsarten zusammensetzen. Auch der zeitliche Wirkungsverlauf kann eher langsam oder schnell (mit Zwischenstufen) erfolgen. Die Einwirkung eines Elementes auf ein anderes ist demnach komplizierter als zunächst angenommen. Eine aussagekräftige Wirkungsanalyse kann ohnehin nicht isoliert für jedes Element, sondern nur unter Berücksichtigung der Vernetzung, vorgenommen werden[35].

Eine positive Wirkungsbeziehung, z. B. führt eine erhöhte Absatzmenge eines Produktes zu einem erhöhten Umsatz, stellt eine **positive Rückkoppelung** dar. Dagegen verkörpert eine negative Wirkungsbeziehung, z. B. bedingt ein Anstieg der Stückkosten einen verminderten Gewinn pro Stück, eine **negative Rückkoppelung**. Im Vordergrund stehen das Entdecken und Charakterisieren von **Regelkreisen**. Positiv wirkende Regelkreise schaukeln das System auf, ja sie können es zur „Explosion" bzw. zur Auflösung bringen, während negative Regelkreise stabilisierend wirken.

Ob nun eine positive bzw. negative Wirkung des betrachteten Regelkreises vorliegt, ergibt sich durch Multiplikation der einzelnen Wirkungsarten; eine gerade Zahl von Minuszeichen führt immer zu einem Plus, eine ungerade Zahl dagegen zu einem Minus[36]. Besonders wichtig ist der Schritt von der Analyse einzelner Wirkungsverläufe zu den ganzen Prozessen, da damit die Dynamik im System deutlich wird.

Bei der Beurteilung der **Intensität der Wirkungen** wird versucht, das Ausmaß der Beeinflussung ausfindig zu machen und zu messen. Dabei muss sich der Anwender immer der Gefahr der „Reduktion auf das Messbare" bewusst sein[37]. Viele Beziehungen sind nur intuitiv und qualitativ in ihrer Intensität zu unterscheiden. Dafür genügt eine **Einflussmatrix**, in der die Elemente des Netzwerks mit den entsprechenden Intensitätskennziffern, versehen werden, wenn sie eine direkte Wirkung aufeinander haben[38]. Diese Einflussmatrix geht auf den „Papiercomputer" von Frederic Vester zurück[39]. Der **Papiercomputer** stellt ein einfaches Hilfsmittel dar, um die relative Rolle (Wirkungsintensität) zu schätzen, die die verschiedenen Elemente im ganzen System (Netzwerk) der wechselseitigen Beeinflussung spielen[40]. Die Abschätzung der Wirkungsintensitäten ist gleichbedeutend mit der Bestimmung der „kybernetischen Rolle" jeder Variablen im Systemzusammenhang, die sich ausschließlich aus den Wechselbeziehungen (Interdependenzen) mit den übrigen Variablen (Elementen) ableiten lässt. Dabei ist der Papiercomputer durchaus vergleichbar mit einer Art **Cross Impact Analyse**[41].

---

[35] Ulrich, H./Probst, a.a.O., S. 44 f. und S. 136 ff.

[36] Gomez/Probst, Vernetztes Denken im Management ..., S. 20 f., Ulrich, H./Probst, a.a.O., S. 136 ff.

[37] Ulrich, H./Probst, a.a.O., S. 138 ff.

[38] Probst/Gomez, Die Methodik des vernetzten Denkens ... S. 13 f.

[39] Vester/Hesler, Sensitivitätsmodell, S. 271 ff.

[40] Ulrich, H./Probst, a.a.O., S. 141 und S. 148

[41] Vester, Ausfahrt Zukunft, S. 36

EINFLUSS von \ auf	1	2	3	4	5	6	7	8	9	10	11	12	13	14	15	AS	Q =AS:PSx100	
1 Außendienstkapazität	-	2					2						1			5	500	
2 Außendienstmotivation	1	-	3													4	57	
3 Kundenbetreuung			-		2		3		1					3		9	129	
4 Lieferfähigkeit				-	2		1									5	250	
5 Absatz		2			-		1									3	25	
6 Verkaufspreise					2	-										2	29	
7 Kosten						1	-									1	9	< reaktiv
8 Kundenzahl					2			-								2	40	
9 Ernährungstrends									-	3		3	3			9	?	< aktiv
10 Verbrauchernachfrage					3			2	-							5	71	
11 Produktqualität		1			3	1			3	-						11	?	< aktiv
12 Sortiment (eigenes)		1	2			2					-		2			7	233	
13 Außendienstschulung		3	2				1						-			6	100	
14 Einkaufspreise						3	3							-		6	?	< aktiv
15 Kundenzufriedenheit				1											-	1	13	
PS	1	7	7	2	12	7	11	5	0	7	0	3	6	0	8			
P = AS x PS	5	28	63	10	36	14	11	10	0	35	0	21	36	0	8			

Abb. 3.9   Aufbau und Funktionsweise des Papiercomputers

Der Aufbau und die Funktionsweise des Papiercomputers können nun wie folgt beschrieben werden[42]:

- In den Zeilen und Spalten sind jeweils alle Systemelemente (Variablen) aufgeführt.

- Zeilenweise wird nun durch Zahlenwerte angegeben, wie intensiv die Wirkung des Zeilenelementes auf das Spalten-Element einzuschätzen ist. Folgende Abstufungen werden dabei unterschieden:

  - schwacher bis mittlerer Einfluss

  - mittlerer bis starker Einfluss

  - starker bis sehr starker Einfluss

---

[42] Siehe dazu: Vester, Ausfahrt Zukunft, S. 36 ff.; Gomez/Probst, Vernetztes Denken im Management …., S. 24 ff. und S. 51 ff.; Grossmann, a.a.O., S. 157 f.; Hub, Ganzheitliches Denken im Management. (Abb. 3.9 daraus entnommen), S. 103 ff.

- Im Anschluss daran werden alle eingetragenen Werte zeilen- und spaltenweise addiert.

- Die Auswertung des Papiercomputers knüpft nun an den Zeilen- und Spaltensummen an. Die Zeilensummen (=Aktivsummen) drücken aus, wie stark das jeweils betrachtete Element insgesamt andere Elemente beeinflusst. Dagegen spiegeln die Spaltensummen (=Passivsummen) wider, wie stark das jeweilige Element insgesamt von anderen Elementen beeinflusst wird.

Bei der weiteren Auswertung des Papiercomputers können eine rechnerische und eine graphische Variante unterschieden werden. Die **rechnerische Auswertung** basiert auf den Relationen zwischen den entsprechenden Aktiv- und Passivsummen (siehe Abb. 3.9). Daraus ergibt sich die folgende Charakterisierung von Elementen:

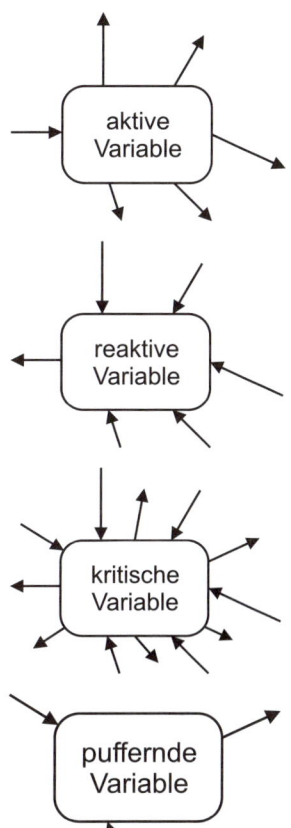

- **Aktive Elemente** (hoher Q-Wert) beeinflussen alle anderen am stärksten und werden von ihnen am wenigsten beeinflusst.

- **Passive Elemente** (niedriger Q-Wert) haben auf die anderen einen schwachen Einfluss, werden aber selbst stark beeinflusst.

- **Kritische Elemente** (hoher P-Wert) beeinflussen die anderen am stärksten und werden gleichzeitig von ihnen am stärksten beeinflusst.

- **Träge bzw. puffernde Elemente** (niedriger P-Wert) üben auf andere einen schwachen Einfluss aus und werden auch nur schwach beeinflusst.

Bei der **graphischen Auswertungsvariante**[43] wird eine Matrix zugrunde gelegt, deren Ordinate die Höhe der jeweiligen Spaltensumme und damit die Stärke der (passiven) Beeinflussung misst, während die Abszisse die Höhe der jeweiligen Zeilensumme und somit die Stärke der (aktiven) Einflussnahme widerspiegelt (siehe Abb. 3.10).

Obwohl es sich beim Papiercomputer nur um grobe Schätzungen der Wirkungsintensitäten handelt, gelingt es damit das untersuchte System von einer neuen Seite kennen zu lernen. Mit Hilfe der Matrix wird auf einfache Weise die **Vernetzung** deutlich gemacht und das Wirkungsbild der verschiedenen Kräfte und Gegenkräfte offenkundig, wodurch die Stabilisatoren und Schwachpunkte des Systems herausgestellt werden können[44]. So ist es nicht weiter verwunderlich, dass der Papiercomputer gerade auch für die Strategieentwicklung im Rahmen des strategischen Managements der Unternehmung empfohlen wird[45].

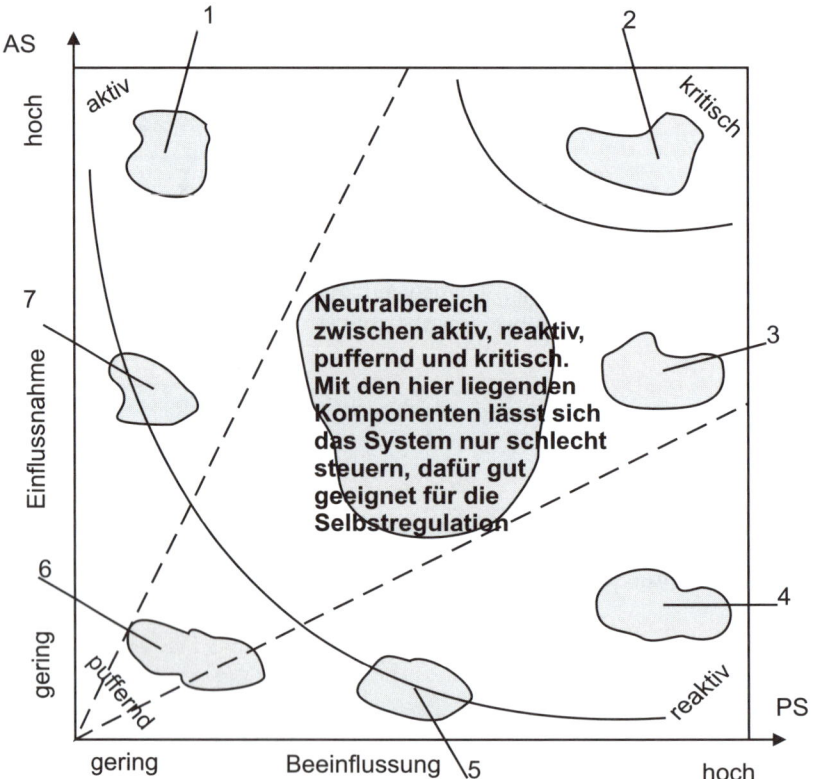

Abb. 3.10   Graphische Auswertung des Papiercomputers

---

[43]   Hub, Ganzheitliches Denken im Management, S. 105 f.; Vester, Ausfahrt Zukunft, S. 39; Ulrich, H./Probst, a.a.O., S. 144 ff.; Abbild 3.10 mit Erläuterungen aus: Vester, Ausfahrt Zukunft, Supplement. S. 101

[44]   Vester, Ausfahrt Zukunft, S 37 ff.

[45]   Geschka/Hammer, a.a.O., S. 327 f.; Reibnitz, a.a.O., S. 77 f.

Allerdings darf nicht verkannt werden, dass speziell der Papiercomputer doch zu **erheblicher Kritik** Anlass gegeben hat. Von Anwendern wird kritisiert, dass der Einsatz des Papiercomputers als aufwändig und verwirrend empfunden wurde. Es bestehe die Gefahr, dass die Anwender (-Gruppen) aus Gründen der Vereinfachung zur „Flucht in die Mittelwerte" oder Extremwerte neigen[46]. Die rechnerische Auswertung kann wegen ihrer deterministischen Schematik leicht zu Scheingenauigkeiten und Verzerrungen in der Analyse führen. Durch die Anwendung der Multiplikation und Division (gerade auch mit und durch den Zahlenwert „0"!) führen selbst kleine Zahlenunterschiede zu erheblichen Ergebnisveränderungen und einer demzufolge anderen Beurteilung der Wirkungscharakteristik, obwohl die Intensitätsunterschiede im Wirkungsgefüge nur marginal sind. „Diese Rechenoperationen sind prinzipiell ungeeignet, um die Wirkungscharakteristik eines Elementes entsprechend dem Systemzusammenhang zu diagnostizieren"[47]. Deswegen reicht es in aller Regel aus, nur die Aktiv- und Passivsummen für die Charakterisierung der Elemente heranzuziehen.

Zwar treten diese Probleme bei der graphischen Auswertung nicht auf. Allerdings ist zu beachten, dass die Einteilung der Einflussmatrix in vier Quadranten nur von einem einzigen Element bestimmt wird – dem mit der höchsten aller Zeilen- und Spaltensummen. Dadurch kann es im Extremfall dazu kommen, dass ein besonders stark reaktives (=passives) Element wegen der relativ hohen Spaltensumme verhindert, dass es überhaupt aktive Elemente gibt. Die Ergebnisse der Auswertung des Papiercomputers sind angesichts dieser aufgezeigten Mängel vorsichtig zu interpretieren und durch andere Analysearten zu ergänzen. Hierbei kommt vor allem die (geistige) **Simulation** in Frage, die die Wirkungen der Einflussgrößen des Netzwerkes den Pfeilen entlang verfolgt[48].

Im Rahmen einer **Feinanalyse** werden die festgestellten Wirkungsintensitäten näher betrachtet. Dabei geht es in erster Linie darum, sich vom Denken **in linearen Kausalketten**, der Linearitäts-Falle, zu lösen. Von besonderer Bedeutung ist, dass die Punkte erkannt werden, in denen sich die Charakteristik des Wirkungsverlaufes wesentlich ändert, also Beginn und Ende von „Schwellen", die am Anfang oder Ende von Wachstumsvorgängen stehen bzw. Umkehrpunkte oder „Grenzwerte", bei denen Zunahmen in Abnahmen übergehen und umgekehrt[49].

Neben der Beurteilung der Art und der Intensität von Wirkungen ist es offensichtlich wichtig zu wissen, ob Wirkungen rasch oder erst allmählich eintreten. Gerade dieses **Denken in Zeitabläufen** und das **Abschätzen des Zeitbedarfs** bereiten erfahrungsgemäß Schwierigkeiten. Für den Problemlöser ist der Zeitaspekt in zweifacher Hinsicht von Bedeutung. Zum einen als Merkmal der Eigendynamik der Situation und zum anderen bei der Maßnahmenplanung, mit der die Situation gezielt verändert werden soll. Die zeitliche Fixierung der Maßnahmen stellt dabei einen Bestandteil der Problemdefinition dar. Für die Erfassung des Zeitverhaltens im Netzwerk genügt in der Regel die Einteilung in eine kurzfristige, mittel-

---

[46] Güntert/Hartfelder, Vernetztes Denken lehren …, S. 57; Deiss/Dierolf, a.a.O., S. 120

[47] Hub, Ganzheitliches Denken im Management, S. 107

[48] Grossmann, a.a.O., S. 224

[49] Ulrich, H./Probst, a.a.O., S. 149 ff.

und langfristige Periode. Die Pfeile im jeweiligen Netzwerk können dementsprechend in ihrer Dicke unterschieden werden[50]. Mit der zeitlichen Dimension können auch der Aufbau und die inhaltliche Gestaltung von **Früherkennungssystemen** unterstützt werden. Sind etwa Indikatoren im Hinblick auf kommende Entwicklungen erkennbar, so führt eine systematische Beobachtung dieser Indikatoren zu einem Früherkennungssystem. Wichtig ist dabei zu wissen, wie lange im Voraus ein (schwaches) Signal zur Verfügung steht[51]. Die zeitlichen Abhängigkeiten im betriebswirtschaftlichen Netzwerk einer Buchhandelskette sind in Abb. 3.11 ersichtlich[52].

In diesem Beispiel wird angenommen, dass sich eine Preisänderung rasch auf die erzielbare Absatzmenge auswirkt, eine Verbesserung des Sortimentmixes dagegen erst mittelfristig Wirkungen zeigt, bis eine entsprechende Wertschätzung beim Kunden eintritt.

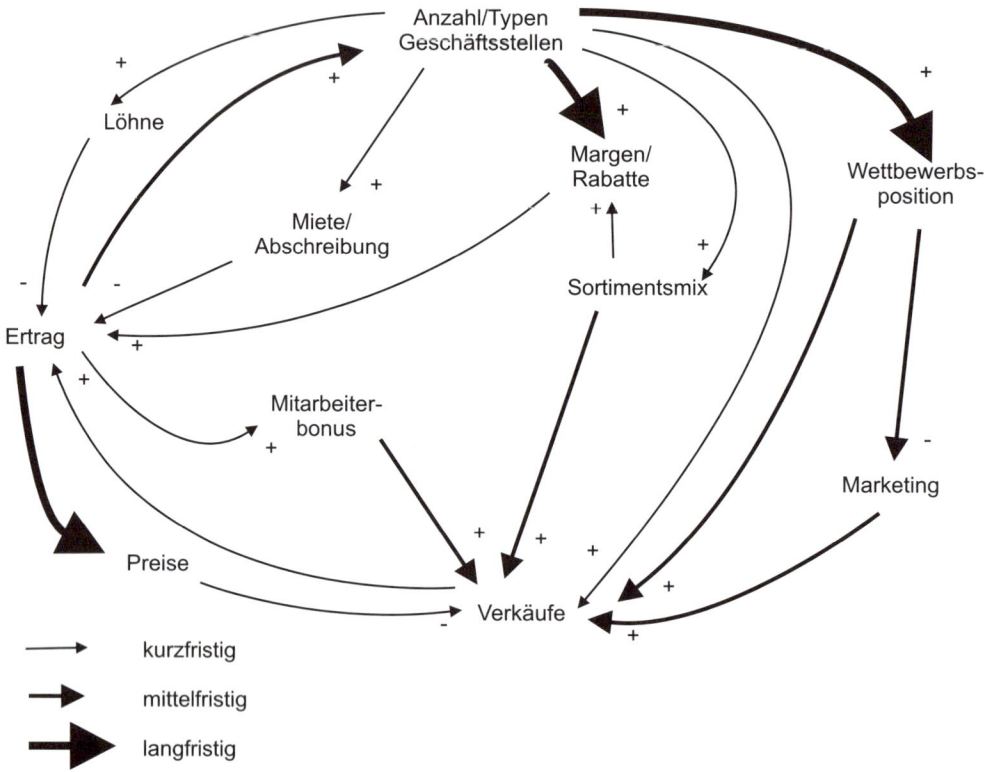

Abb. 3.11   Netzwerk einer Buchhandelskette

---

[50]   Ebenda, S. 153 ff., Probst/Gomez, Die Methodik des vernetzten Denkens ..., S. 11 ff.; Gomez/Probst, Vernetztes Denken im Management ..., S. 22 ff.

[51]   Probst/Gomez, Die Methodik des vernetzten Denkens ..., S. 13; Grossmann a.a.O., S. 158; Gomez, Frühwarnung in der Unternehmung, S. 24 ff.; Deiss/Dierolf, a.a.O., S. 219 f.

[52]   Gomez/Probst, Vernetztes Denken im Management, S. 39; Ulrich, H./ Probst, a.a.O., S. 154 ff.

3.2.2.3   Erfassung und Interpretation der Veränderungs-möglichkeiten der Situation

Während in den beiden ersten Schritten der ganzheitlichen Problemlösungsmethodik die Problemsituation als Netzwerk erfasst und die Wirkungsverläufe zwischen den Elementen im einzelnen untersucht werden, beinhaltet der dritte Schritt die Analyse der Situation als ganzes in der Zukunft, um Maßnahmen planen zu können, mit deren Hilfe zielgerichtet in die Situation eingegriffen werden kann[53]. Im Grunde genommen geht es darum, einzelne Kreisläufe aus dem vorliegenden Netzwerk herauszulösen und im Detail „durchzuspielen". Es werden somit Erwartungen über künftige Veränderungen der Problemsituation gebildet. Dabei spielt die **Ableitung von Szenarien** eine bedeutende Rolle (siehe auch: Kap. 4.1.4.3.4)[54]. Interessant sind vor allem Umweltfaktoren, die auf die Unternehmung einwirken, die sie aber kaum beeinflussen kann. Herausgesucht werden demzufolge diejenigen **Einflussfaktoren (Schlüsselgrößen)**, die **stark aktiv** sind. Die Erarbeitung von Szenarien soll jedoch keine Momentaufnahme in einem bestimmten zukünftigen Zeitpunkt liefern, sondern eine Beschreibung der Dynamik des Systems, als der zu erwartenden Veränderungen in einem Zeitraum[55]. Als Bestandteile der Umweltszenarios gehen solche Einflussfaktoren ein, die auf Änderungen in einem umfassenden System viel stärker und rascher reagieren als etwa träge Elemente, so dass sie sich selbst auch in allernächster Zukunft wesentlich verändern könnten. Allerdings stößt der Anwender beim Versuch die überaus vielfältige Umwelt in den Griff zu bekommen bald auf eine derartige Zahl unterschiedlicher Elemente, dass er hoffnungslos überfordert wäre, deren zukünftige Entwicklung zu prognostizieren, noch dazu weil die Vernetzung solcher Supersysteme nicht bekannt ist. Was übrig bleibt, ist die Vereinfachung auf ein, **grobes Modell der Umwelt**, mit den folgenden Umweltbereichen:

- Absatz- und Beschaffungsmärkte
- Gesamtwirtschaft
- Gesellschaft und Staat
- natürliche Umwelt

Diese Vereinfachung ist nach Ansicht des Verfassers durchaus vertretbar, werden doch die wesentlichen Umsysteme der Unternehmung betrachtet. Besser wäre es sicherlich für diese Umfeldanalyse das **„Five Forces-Modell"** von Porter einzusetzen.

In Abb. 3.12 ist beispielhaft die Bestimmung der Szenariobereiche dargestellt (siehe folgende Seite)[56]. Auf der Basis eines „überraschungsfreien" Grundszenarios und von Alternativszenarien werden dann die künftigen Veränderungsmöglichkeiten der Problemsituation einer Interpretation unterzogen. Dabei wird auf das vorhandene Modell der Problemsituation zurückgegriffen und es werden die Wirkungen analysiert, die sich aus den angenommenen

---

[53] Ulrich, H./Probst, a.a.O., S. 158 ff.

[54] Probst/Gomez, Vernetztes Denken …, S. 915; Ulrich, H./Probst, a.a.O., S. 159 und S. 162 – 170; Gomez/Probst, Vernetztes Denken im Management …, S. 53 ff.

[55] Ulrich, H./Probst, a.a.O., S. 160 ff.

[56] Ebenda, S. 163 ff.

Änderungen der Umwelt-Schlüsselgrößen ergeben können. Vor allem die aus den Alternativ-Szenarien abgeleiteten möglichen Veränderungen der Umweltbedingungen sind einer gründlichen Analyse zu unterziehen (siehe auch **Anlage 4**)[57].

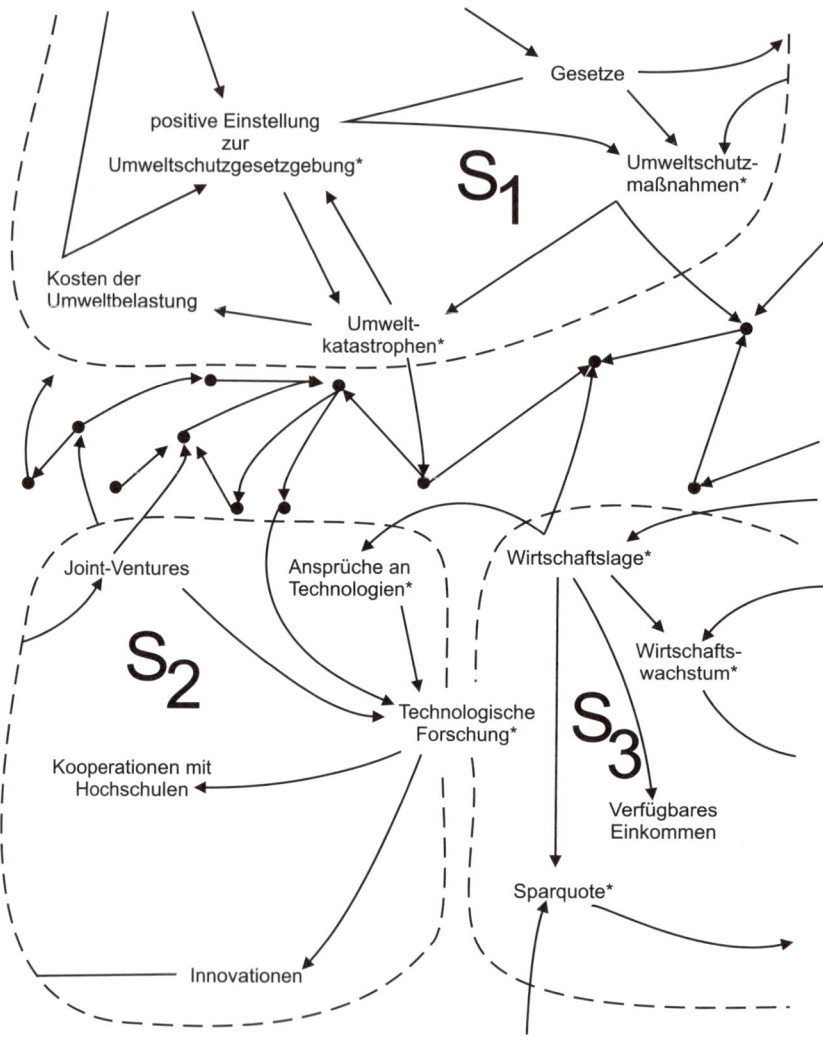

* = Umweltschlüsselgrößen S= zu erstellende Szenarien (Bereiche)

Abb. 3.12   Die Bestimmung der Szenariobereiche

---

[57] Ebenda, S. 166 ff. und S. 169

3.2.2.4 Abklären der Lenkungsmöglichkeiten

Die Ermittlung der eigenen Lenkungsmöglichkeiten geht von der Erkenntnis aus, dass sich Problemsituationen, insbesondere wenn sie komplex sind, nicht „beherrschen" sondern nur im begrenzten Umfang beeinflussen lassen[58]. Wichtig bei der Bestimmung der Lenkungsmöglichkeiten ist die Unterscheidung in verschiedene Führungsebenen. Dabei wird, wie bei der Arbeit mit einem **Zoom-Objekt**, jeweils die Ebene der Betrachtung geändert. Eine wertvolle Hilfestellung leistet in diesem Zusammenhang der **Auflösungskegel**. Für die verschiedenen Ebenen kann dann das jeweilige Netzwerk oder zumindest ein vereinfachtes Beziehungsgefüge der wichtigsten Elemente abgeleitet werden, wobei daraus die Lenkungsmöglichkeiten jeweils separat zu diskutieren sind[59].

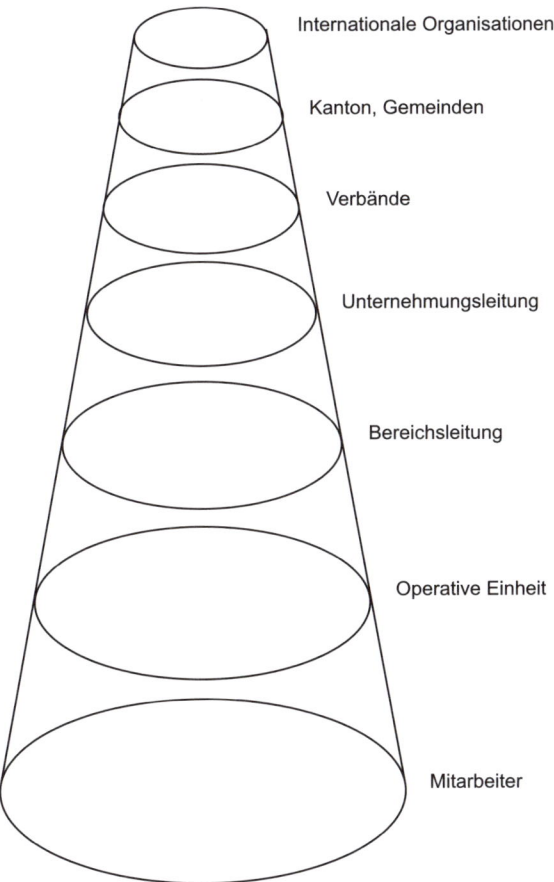

Abb. 3.13   Verschiedene Lenkungsebenen

---

[58]   Probst/Gomez, Die Methodik des vernetzten Denkens …, S. 15 f.

[59]   Gomez/Probst, Vernetztes Denken im Management, S. 56; Ulrich, H./Probst, a.a.O., S. 174 ff.

Aus den Netzwerken bzw. Beziehungsgefügen der verschiedenen Ebenen lassen sich in einem nächsten Teilschritt die lenkbaren und nicht-lenkbaren Faktoren sowie Indikatoren feststellen. Dieser Teilschritt dient dazu, diejenigen Faktoren zu erkennen, die im Rahmen des Problemlösungsprozesses verändert werden können bzw. außerhalb unserer Beeinflussungsmöglichkeiten liegen[60]. Demzufolge sind

- lenkbare Faktoren, jene Elemente und Beziehungen im Modell der Problemsituation, die wesentlich beeinflusst werden können, während
- nicht-lenkbare Faktoren nicht oder nur unwesentlich beeinflusst werden können (Umweltfaktoren).

Daneben sind noch **Indikatoren** ausfindig zu machen, die als Elemente und Beziehungen wesentliche Veränderungen der Gesamtsituation anzeigen können. Interessant sind vor allem **Frühaufklärungsindikatoren**, deren Veränderung frühzeitig eine wesentliche Veränderung der Problemsituation signalisiert. Zwar schließen sich die beiden Kategorien „lenkbar" und „nicht lenkbar" gegenseitig aus, sie können aber gleichzeitig Indikatoren verkörpern. In Frage kommen vor allem Einflussfaktoren aus der Umwelt, die eine kommende Veränderung der Rahmenbedingungen frühzeitig anzeigen[61]. Bedingung ist, dass die Indikatoren „gut" beobachtbar sein müssen. Als **Früherkennungsindikatoren** können jene Elemente dienen, die aktiv auf andere Elemente der Problemsituation einwirken, wobei jedoch die Wirkungsverläufe Zeitverzögerungen aufweisen.

Diese Unterscheidung in lenkbare und nicht-lenkbare Faktoren ist nun in Verbindung zu den bereits abgeleiteten Wirkungseigenschaften der Elemente zu bringen. Hierbei gelten **aktive Elemente** als ideal für Lenkungseingriffe. **Kritische Elemente** können zwar auch als geeignet für Lenkungseingriffe angesehen werden, jedoch sind Kettenreaktionen, die möglicherweise auftreten können, zu beachten[62].

Größen	Charakterisierung	Ermittlung	Bewertung
Aktive Größen	Beeinflussen andere Größen stark, werden selbst aber wenig beeinflusst.	Höchster Q	Ideal für Lenkungseingriffe
Passive Größen	Beeinflussen andere Größen wenig, werden selbst stark beeinflusst.	Tiefster Q	Wenig geeignet für Lenkungseingriffe
Kritische Größen	Beeinflussen andere Größen stark und werden selbst stark beeinflusst.	Höchster P	Geeignet für Lenkungseingriffe, aber Achtung! – Kettenreaktion
Träge Größen	Beeinflussen andere Größen wenig und werden selbst wenig beeinflusst.	Tiefster P	Nicht geeignet für Lenkungseingriffe

Abb. 3.14   Lenkungseigenschaften von Elementen

---

[60]   Ulrich, H./Probst, a.a.O., S. 181 ff.

[61]   Ulrich, H./Probst, a.a.O., S. 183

[62]   Gomez/Probst, Vernetztes Denken im Management, S. 65 und S. 56

Das Hauptaugenmerk darf sich bei der Bestimmung der Lenkungsmöglichkeiten nicht nur auf die lenkbaren Elemente richten. Die nicht-lenkbaren Elemente können sich ebenfalls ändern und somit auf die Problemsituation einen maßgeblichen Einfluss ausüben. Daher sind **Eventualmaßnahmen** mitzudenken und vorzubereiten[63].

Des Weiteren können Einflussfaktoren auch **Zielgrößen** sein[64]. Bei der Visualisierung im Netzwerk bietet es sich an, unterschiedliche Symbole bzw. Farben für die unterschiedlichen Faktoren zu verwenden.

Für die **Gestaltung der Lenkungseingriffe** sind mehrere Aspekte zu berücksichtigen. Zum einen können die **systemischen Lenkungsregeln** (siehe Abb. 1.22 auf Seite 59) wie eine Art Checkliste herangezogen werden. Die Kenntnisse über die Wirksamkeit einzelner Elemente (aktive, kritische) ist an diesen Regeln zu messen, wobei folgender Fragenkatalog hilfreich sein kann[65]:

- Wie können Lenkungseingriffe durchgesetzt werden?

- Widersprechen Lenkungseingriffe einer einzelnen oder mehreren Regeln?

- Können bei der Beachtung der Regeln Lenkungseingriffe besser verwirklicht und wirksamer gestaltet werden?

- Wie und wo lassen sich Lenkungsprozesse des Systems nutzen und mit anderen Absichten, Zielen usw. verbinden?

Wichtig ist in diesem Zusammenhang auch die Abklärung der Frage, inwieweit eigendynamische Prozesse auf der jeweiligen Führungsebene wirken und genutzt werden können. In **Anlage 5** befindet sich ein entsprechendes Formular, das Lenkungsregeln (Gestaltungsregeln) und Lenkungsmaßnahmen in Verbindung bringt[66].

Der vierte Schritt des Problemlösungsprozesses, der aus der Bestimmung der Lenkungsmöglichkeiten besteht, lässt sich am besten in der Form eines **Lenkungsmodells** bewältigen[67]. Auch hier hat sich in der praktischen Anwendung der Einsatz von Arbeitsteams bewährt.

Insgesamt lernt der Anwender durch die Untersuchung der Wirkungen möglicher Lenkungseingriffe verstehen, wie das System auf die getroffenen Maßnahmen zur Problemlösung voraussichtlich reagieren wird[68].

---

[63] Probst/Gomez, Die Methodik des vernetzten Denkens …, S. 17

[64] Grossmann, a.a.O., S. 90

[65] Gomez/Probst, Vernetztes Denken im Management, S. 58 und S. 30

[66] Ebenda, S. 68

[67] Ebenda, S. 56 und S. 67

[68] Ulrich, H./Probst, a.a.O., S. 187

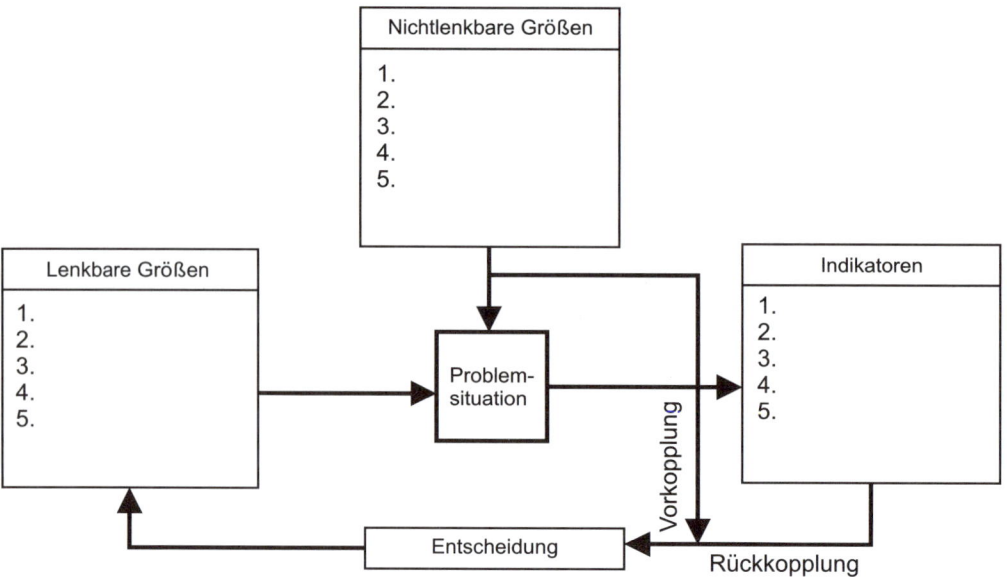

Abb. 3.15   Entwicklung eines Lenkungsmodells

3.2.2.5   Planen von Strategien und Maßnahmen

Im fünften Schritt der ganzheitlichen Problemlösungsmethodik geht es darum, das bis dahin erworbene Wissen zusammenfügend zu nutzen, indem Schlüsse in Bezug auf das eigene Handeln gezogen, alternative Handlungsmöglichkeiten durchdacht und bestimmte Handlungen ausgewählt werden. Die Suche nach möglichen, Erfolg versprechenden Handlungsalternativen verkörpert dabei weitgehend einen schöpferischen Vorgang, für den nur in beschränktem Maße eine methodische Hilfestellung gegeben werden kann. Wichtig dabei ist vor allem die Ausschaltung von „Denkbarrieren" mit Hilfe des Einsatzes von **Kreativitätstechniken** wie Brainstorming, sowie der Arbeit im Team[69].

Analog zum Papiercomputer kann eine **strategische Umwelt-Einflussmatrix** abgeleitet werden, die auf einfache Art und Weise die Beziehungen zwischen den Rahmenbedingungen und den strategischen Handlungsalternativen aufzeigt. Mit Hilfe dieser Matrix kann die Einflussstärke der einzelnen Umwelt-Schlüsselfaktoren auf die verschiedenen strategischen Aktionsbereiche herausgefunden werden. indem eine Einzelbewertung und eine übersichtliche Darstellung erfolgen. Auf der einen Dimension werden die beeinflussbaren Faktoren zu „strategischen Aktionsfeldern" (strategischen Variablen) zusammengefasst, die auf einer konkreteren Ebene je ein ganzes Maßnahmenbündel darstellen werden. Die zweite Dimension enthält die von der Unternehmung unbeeinflussbaren Rahmenbedingungen[70]. Die Ein-

---

[69]   Ebenda, S. 189 und S. 193 ff.

[70]   Ebenda, S. 197 ff.; Geschka/Hammer, a.a.O., S. 327 f.

flussintensität jedes Schlüsselfaktors (Umweltdeskriptors) auf jeden strategischen Aktionsbereich wird anhand einer einfachen Skala (wie beim Papiercomputer) beurteilt.

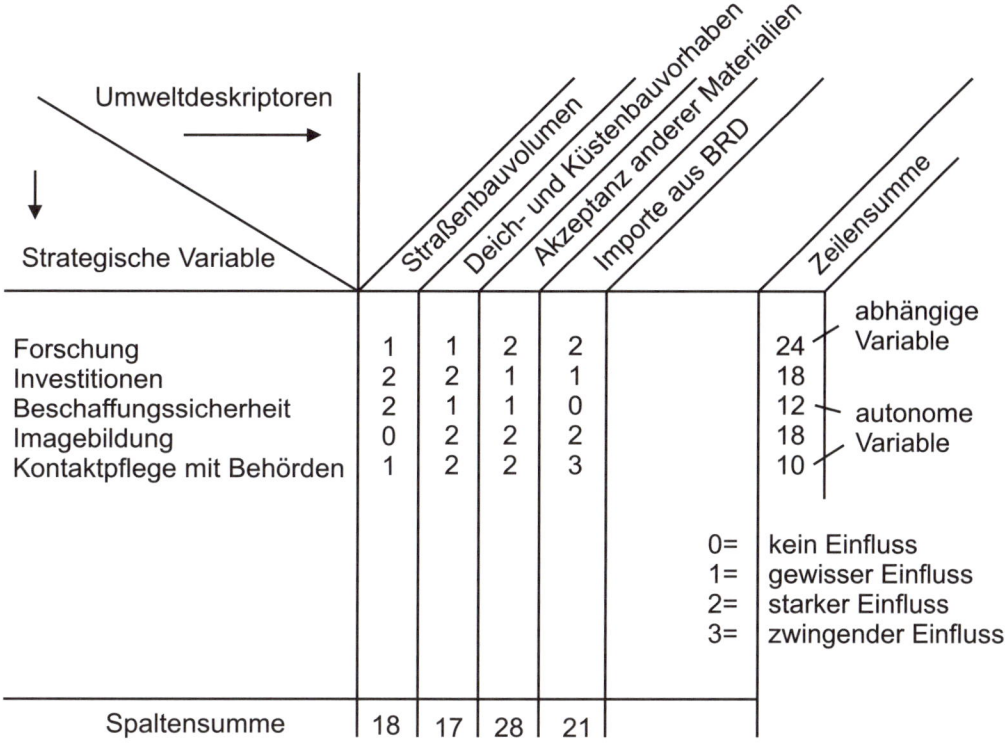

Abb. 3.16 Strategische Umwelt-Einflussmatrix

Auf Basis dieser Umwelt-Einflussmatrix können nun die strategischen Alternativen durchdacht und auf ihre Abhängigkeit von Umweltfaktoren überprüft werden. Folgende **Grundüberlegungen** spielen dabei eine entscheidende Rolle:

- Strategische Aktionsfelder, die stark von Umweltfaktoren beeinflusst werden (hohe Zeilensumme), sind anhand der vorher abgeleiteten Szenarien näher zu analysieren.

- Strategische Aktionsfelder, die von Umweltfaktoren nur wenig beeinflusst werden (geringe Zeilensumme), können im Rahmen einer Strategie relativ unabhängig von Veränderungen in den Umweltfaktoren zielgerichtet aktiviert werden. Einzelne Umweltfaktoren, die trotz des insgesamt geringen Umwelteinflusses stark auf das betrachtete Aktionsfeld einwirken, sind wiederum im Lichte der aufgestellten Szenarien auf ihre Veränderungen hin zu untersuchen.

- Umweltfaktoren, die die Aktionsfelder stark beeinflussen (hohe Spaltensumme), machen den Erfolg einer Strategie stark abhängig von ihrer künftigen Entwicklung. Auch hier helfen Szenarien das dadurch entstehende Risiko einzuschätzen.

- Schließlich können Umweltfaktoren, welche die Aktionsfelder nur wenig beeinflussen (geringe Spaltensumme), weitgehend vernachlässigt werden.

Aus den Alternativszenarien sind in Verbindung mit Früherkennungsindikatoren „Strategien auf Vorrat" zu entwickeln, um in Krisensituationen eine rasche Anpassung zu gewährleisten. Nachdem die Strategien ausgewählt worden sind, geht es darum, sie mit Hilfe von Projekten und konkreten Maßnahmen in die Praxis umzusetzen. Im Vordergrund steht dabei die Planung der dafür einzusetzenden Ressourcen und der zu ihrer Realisierung benötigten Zeit[71]. Grundsätzlich werden bei der Planung von Strategien und Maßnahmen nicht nur schöpferische Phantasie, Erfahrung und spezifisches Fachwissen benötigt, sondern auch Erkenntnisse über die Eigenschaften des Systems, in das eingegriffen werden soll. Auf der Grundlage dieser systemischen Sichtweise geht es bereits bei der Planung darum, „systemwidrige" Maßnahmen zu vermeiden und weitestgehend die Eigendynamik des Systems auszunützen. Dazu sind die bereits dargestellten Systemregeln entwickelt worden (siehe Abb. 1.22 auf Seite 59)[72].

3.2.2.6   Verwirklichung der Problemlösung

Im sechsten und letzten Schritt stellt sich die Frage, wie die Problemlösung so in die Praxis umgesetzt werden kann, dass sie sich laufend überprüft, verbessert und anpasst. „Analog zu einem Lernprozess soll die Situation periodisch hinterfragt, getestet und eine Lösung verworfen, verändert, akzeptiert oder bewahrt werden"[73]. Das bedeutet, dass bei einer Änderung der Prämissen die Problemlösung ebenfalls die nötige Flexibilität, Anpassungs- und Entwicklungsfähigkeit aufweisen muss[74].

In Unternehmungen geht es meistens darum, geplante Projekte und Maßnahmen in eine Vielzahl von unterschiedlichen Handlungen der beteiligten Mitarbeiter umzusetzen. Bei Toyota wird dazu **Policy Deployment** eingesetzt. Ausgehend von den strategischen Geschäftszielen werden diese kaskadenartig auf jede Funktion und jede Ebene im Unternehmen herunter gebrochen. Dabei handelt es sich um konkrete, messbare Ziele, die vor allem Zeit-, Qualitäts-, Kosten- und Innovationsgrößen beinhalten[75]. Hilfreich in diesem Zusammenhang kann auch die Implementierung eines **Balanced Scorecard-Systems** (siehe Kap. 4.2) sein.

Neben klaren Realisierungsplänen, -projekten und Instrumenten werden **motivierte Mitarbeiter**, die sich mit den erarbeiteten Ergebnissen identifizieren, benötigt. Bereits mehrfach

---

[71] Ulrich, H./Probst, a.a.O., S. 201 f.

[72] Ebenda, S. 202 ff.

[73] Gomez/Probst, Vernetztes Denken im Management, S. 59

[74] Probst/Gomez, Die Methodik des vernetzten Denkens …, S. 18

[75] Liker, a. a. O.,S. 310 und S. 364 f.

wurde herausgestellt, dass die **Teamarbeit**, insbesondere in Workshops, dazu ein wertvolles Mittel darstellt[76]. „Es entspricht allgemeiner Erfahrung, dass viele Probleme in kleinen überschaubaren Einheiten viel rascher und besser gelöst werden können, als wenn sie als Problem des ganzen komplizierten Systems aufgefasst werden"[77]. In kybernetischer Hinsicht sollte der Maßnahmenvollzug nicht von der Konzeption des Steuerns aus gestaltet werden, sondern er sollte so konzipiert werden, dass sich das System im vorgegebenen Rahmen selbstständig lenkt, ohne dass Schwierigkeiten von oben ausreguliert werden müssen [78].

Für die Verwirklichung der Problemlösung bietet sich folgende Vorgehensweise an[79]:

- Um die Problemsituation auch in Zukunft unter Kontrolle zu halten, müssen die bereits herausgearbeiteten Indikatoren im Lichte der inzwischen erfolgten Planung und Entscheidung überprüft werden. Im Vordergrund steht der Aufbau eines Kontrollinformationssystems, mit dem möglichst frühzeitige Hinweise auf sich anbahnende Änderungen gegeben werden können. Dies erfordert Ergänzungen am bestehenden Controlling, da das herkömmliche Instrumentarium dazu im Regelfall nicht ausreichen wird.

- In einem zweiten Teilschritt sind Mechanismen der Selbstlenkung zu entwerfen und einzuführen. Das Modell der Problemsituation ist demzufolge im Hinblick auf die beabsichtigten Maßnahmen zu überprüfen, wobei ungünstig wirkende Regelkreise möglichst auszuschalten und wenn möglich neue zu schaffen sind, die bezüglich der Problemlösung entweder stabilisierend oder verstärkend wirken.

- Die Gestaltung und Anregung von Lernprozessen hilft ganz allgemein, die Fähigkeit einer Institution, Probleme zu lösen, zu verbessern. Für zweckorientierte soziale Systeme wie Unternehmungen, die ständig mit neuen Anforderungen der Umwelt, besseren Leistungen der Konkurrenz, veränderten Kundenwünschen etc. konfrontiert werden, stellt ein kontinuierliches qualitatives Lernen ein zwingendes Gebot zur Aufrechterhaltung ihrer Existenz dar.

Auf der folgenden Seite (siehe Abb. 3.17) sind die einzelnen Schritte und Fragen im Rahmen der ganzheitlichen Problemlösungsmethode noch einmal in einer Übersicht zusammengestellt[80]. Zur Netzwerktechnik (Feedback-Diagramme) gibt es mittlerweile eine Reihe von dokumentierten **Anwendungsbeispielen**, die sich vor allem in dem Sammelband von Probst/Gomez befinden[81]. Starke **Berührungspunkte zum Controlling** ergeben sich vor allem bei der Bestimmung von Erfolgsfaktoren[82], der Entwicklung von Früherkennungssys-

---

[76] Ebenda, S. 18; Ulrich, H./Probst, a.a.O., S. 214 ff.

[77] Ulrich, H./Probst, a.a.O., S. 211

[78] Ebenda, S. 215

[79] Ebenda, S. 217 f.

[80] Probst/Gomez, Vernetztes Denken …, S. 920

[81] Probst/Gomez (Hrsg), Vernetztes Denken. Ganzheitliches Führen in der Praxis

[82] Gomez/Probst, Vernetztes Denken im Einzelhandel – Erfolgsfaktoren einer Buchhandelskette

temen[83], der Projektabwicklung[84] und der Betriebsführung allgemein[85]. Der Schwerpunkt der Anwendungsbeispiele liegt dabei auf **Problemstellungen des strategischen Managements**.

Übersicht über die Schritte und Fragen in der Methode	
Fragen	**Vorgehensweisen**
1. Bestimmen der Ziele und Modellieren der Problemsituationen	
Was sind unsere Ziele?	Zielvorstellungen prüfen und konkretisieren
Welches sind die problemrelevanten Faktoren?	Problemrelevante Elemente der Situation bestimmen
Wie sind die Faktoren miteinander verknüpft?	Netzwerk bestimmen
2. Analysieren der Wirkungsverläufe	
Wie wirken die Faktoren aufeinander ein?	Wirkungsläufe im Netzwerk untersuchen
3. Erfassen und Interpretieren der zukünftigen Veränderungsmöglichkeiten der Situation	
Welche zukünftigen Veränderungen in den Rahmenbedingungen sind zu erwarten?	Szenarien über mögliche Veränderungen der Rahmenbedingungen erstellen
Welche Veränderungen der Problemsituationen können sich daraus ergeben?	Zukünftige Veränderungsmöglichkeiten der Situation bei unterschiedlichen Rahmenbedingungen erfassen und interpretieren
4. Abklären der Lenkungsmöglichkeiten	
Auf welcher Kompetenzebene kann/soll das Problem gelöst werden?	Verschiedene Lenkungsebenen definieren
Welche Eingriffe in die Situation sind möglich?	Lenkbare und nicht lenkbare Faktoren unterscheiden

---

[83] Chehab/Fröhlich, Vernetztes Denken für die Früherkennung bei Swissair; Deiss/Dierolf, Strategische Planung und Frühwarnung durch Netzwerke bei Hewlett-Packard; Brugger, Entwicklung eines Frühwarnsystems für die Patria Versicherungen

[84] Baganz, Vernetztes Denken und Handeln in der Projektabwicklung

[85] Probst, Was also macht eine systemorientierte Führungskraft als „Vertreter des vernetzten Denkens"?

Welche Faktoren zeigen uns rechtzeitig problemrelevante Änderungen der Situation an?	Indikatoren zur Überwachung der Problemsituationen festlegen
Welche Wirkungen gehen von Lenkungseingriffen aus?	Wirkungen möglicher Lenkungsmaßnahmen untersuchen

5. Planen von Strategien und Maßnahmen

Welche grundsätzlichen Handlungsalternativen bestehen und was sind ihre Wirkungen?	Alternative Strategien suchen und beurteilen
Welche Strategien wollen wir verwirklichen?	Zu verwirklichende Strategien bestimmen
Wie können die gewählten Strategien in konkretes Handeln umgesetzt werden?	Projekte und Maßnahmen bestimmen

6. Verwirklichen der Problemlösung

Wie können wir zukünftig Entwicklungen informationell unter Kontrolle halten?	Kontrollinformationssystem schaffen und in Gang setzen
Was können wir vorkehren, damit sich Störungen ausregulieren?	Mechanismen zur Selbstlenkung entwerfen und einführen
Was können wir vorkehren, damit die Problemlösung kontinuierlich verbessert wird?	Lernprozesse gestalten und in Gang setzen

Abb. 3.17   Schritte und Fragen der ganzheitlichen Problemlösungsmethodik

Ein **kontextorientierter Controllingansatz** muss gerade die vielfältigen Einflüsse aus dem Umfeld der Unternehmung berücksichtigen, wenn das Controlling nicht zu einer inhaltslosen und problemabgewandten Worthülse verkommen soll. Die Vernetzung der internen und externen Einflussfaktoren spielt dabei eine entscheidende Rolle und muss deswegen in die strategische Entscheidungsfindung miteinbezogen werden. Die dargestellte ganzheitlich-orientierte Problemlösungsmethodik bietet dazu eine anwendungsorientierte Vorgehensweise und praxisbezogene Instrumente, um komplexe Probleme besser bewältigen zu können.

Im Vergleich zu den herkömmlichen Strategieansätzen erweitert die Methodik des vernetzten Denkens diese um neue Denkansätze, Steuergrößen und Instrumente bzw. eine inhaltliche Neubestimmung vorhandener Instrumente, wie z. B. der Früherkennung (siehe Abb. 3.18)[86].

---

[86]   Gomez/Probst, Vernetztes Denken für die strategische Führung …, S. 26 f.

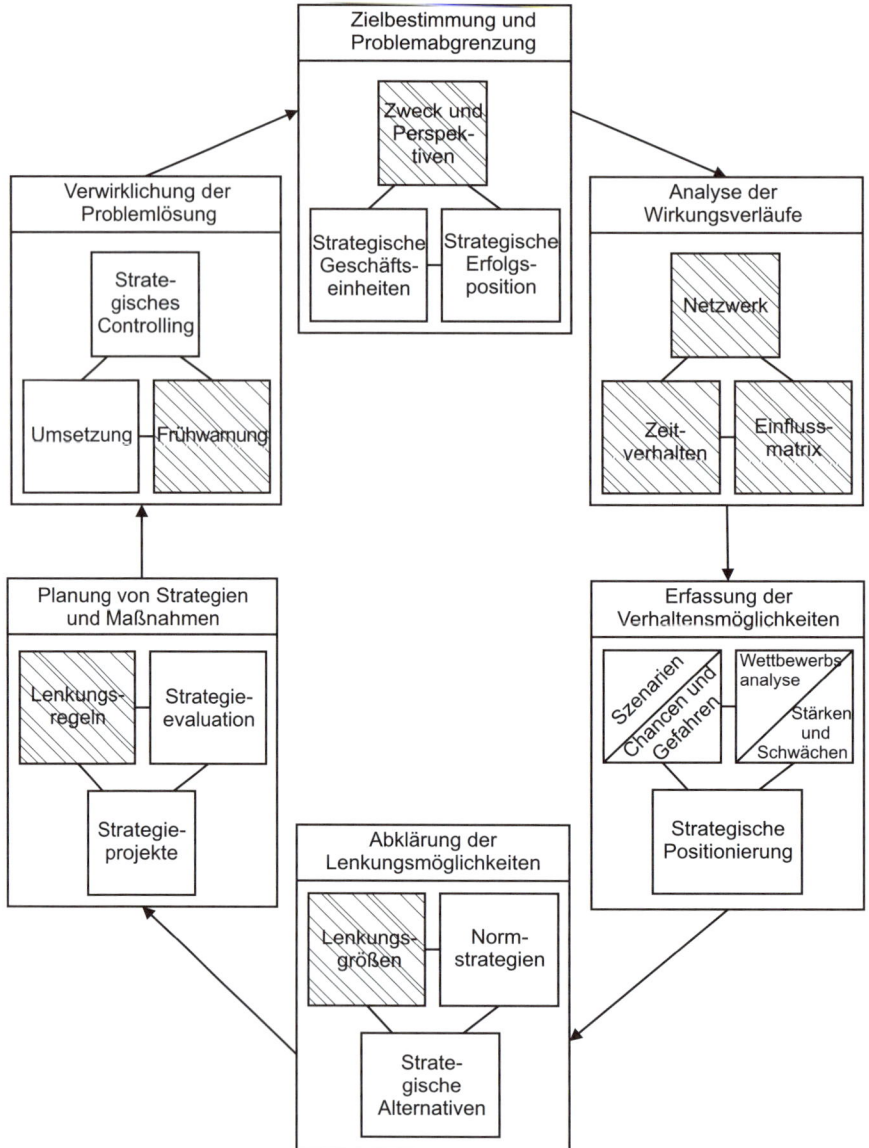

Abb. 3.18   Methodik des vernetzten strategischen Denkens

3.2.3   Weitere Ansätze und Software-Lösungen

Die in diesem Kapitel dargestellten Ansätze einer ganzheitlich-vernetzenden Problemlösungsmethodik basieren allesamt auf der **systemorientierten Sichtweise**, die auch dem bereits dargestellten St. Galler Managementansatz zugrunde liegt. Unterschiede ergeben sich

vor allem im Umfang des jeweiligen Problemlösungsprozesses, in der Schwerpunktsetzung und im Einsatz von Instrumenten.

3.2.3.1 Das Sensitivitätsmodell von Vester

Vester gilt, wie bereits mehrmals herausgestellt wurde, als einer der Väter der „Methodik des vernetzten Denkens". Mit Hilfe des von ihm entwickelten Sensitivitätsmodells liegt dazu seit etlichen Jahren ein praxiserprobtes Instrumentarium vor[87]. Mittlerweile gibt es eine computerunterstützte Fassung dieses Modells, die den Entscheidungsträgern eine instrumentelle Hilfe für das erforderliche vernetzte Denken und Planen liefert[88].

Auf das Sensitivitätsmodell wurde bereits indirekt eingegangen, insbesondere bei der Darstellung der **Netzwerktechnik** in Kap. 3.2.2. Die Verfahrensschritte des Sensitivitätsmodells sind aus **Anlage 6/1** und **2** ersichtlich[89]. Das Sensitivitätsmodell führt seinen Benutzer zu einem vollkommen neuen Umgang mit der Komplexität und verhilft ihm automatisch zu Strategien, die den jeweiligen Systemzusammenhang berücksichtigen. Dazu ist es erforderlich, die Ganzheit des Systems und seine sozio-ökonomisch-ökologische Umwelt zu erfassen. Mit Hilfe einer leicht anwendbaren Benutzeroberfläche wird ein PC-Programm angeboten, das aus einem Interpretations-, Simulations- und Bewertungsmodul besteht.

Das Sensitivitätsmodell reduziert die vorhandene Komplexität auf vertretbare Weise und berücksichtigt eine überschaubare Zahl von repräsentativen Einflussgrößen. Neben quantitativen Inputs gehen auch qualitative Zusammenhänge in das Modell ein. Der Benutzer kann mit dem „heranwachsenden" System kontinuierlich interagieren und gegebenenfalls Daten aktualisieren oder Schwerpunkte akzentuieren, so wie es der rekursive Arbeitsprozess erfordert. Außer dem Computerprogramm werden noch ein Methodenhandbuch und weitere Arbeitsmaterialien sowie Schulungen angeboten. Das Methodenhandbuch ist nach Gesichtspunkten der modernen Lernbiologie aufgebaut.

Das Sensitivitätsmodell nach Vester kann auf eine breite Anwendungspraxis zurückgreifen. So findet man praktische Erfahrungen im Rahmen der Regionalplanung genauso vor, wie Systemstudien über die Entwicklungschancen der Automobilindustrie oder über Fluggastkabinen bei Swissair.

Im Gegensatz zur Methodik des vernetzten Denkens bei Ulrich/Gomez/Probst beinhaltet das Sensitivitätsmodell eine **weitergehende kybernetische Interpretation und Bewertung** (nach den acht biokybernetischen Grundregeln)[90]. Trotz einiger Schwächen, die insbesondere bei der Anwendung des Papiercomputers auftreten können (siehe Kap. 3.2.2.2) wird dem

---

[87] Vester/Hesler, Sensitivitätsmodell

[88] Siehe im folgenden: Sbu (Hrsg.), Eine Vision gewinnt Kontur. Sensitivitätsmodell Prof. Vester

[89] Vester, Ausfahrt Zukunft. Supplement …, S. 24 f.

[90] Grossmann, a.a.O., S. 181

Sensitivitätsmodell Vesters eine hohe Problemlösungskapazität gerade bei komplexen Problemen zugesprochen)[91].

3.2.3.2   GAMMA – Ganzheitliche Modellierung und Management komplexer Systeme

Die PC-Software „GAMMA" steht für „Ganzheitliche Modellierung und Management komplexer Systeme". Diese PC-gestützte Methodik wurde vom St. Galler Managementansatz wesentlich beeinflusst[92]. Mittlerweile gibt es von dem Software-Unternehmen TERTIA Edusoft GmbH, Tübingen, eine überarbeitete Version (seit 2004) mit der der Verfasser arbeitet. In der Referenzliste zu GAMMA befinden sich ca. 1.500 Unternehmen, Institute, Hochschulen und andere Organisationen.

Bei der Anwendung von GAMMA sind vier Bearbeitungsschritte zu unterscheiden[93]:

1. Schritt: **Aufgabenstellung erfassen und abgrenzen.** Hierbei geht es um eine vorläufige Kennzeichnung der Problemsituation, der zu erreichenden Ziele und der relevanten Einflussfaktoren.

2. Schritt: **System modellieren und abbilden.** Elemente und Beziehungen werden nach mehreren Kriterien charakterisiert und daraus ein Modell der Problemsituation mit Hilfe eines Wirkungsnetzes erstellt. Die einzelnen Elemente werden nach Beeinflussbarkeit und Zielcharakteristik differenziert, während die Beziehungen zwischen den Elementen nach Richtung, Art, Intensität und Fristigkeit bestimmt werden.

3. Schritt: **System analysieren.** Das erarbeitete Wirkungsgefüge wird mit dem Ziel unter verschiedenen Blickwinkeln analysiert, Erkenntnisse über Struktur und Dynamik der wesentlichen sich im System abspielenden Prozesse zu gewinnen. Damit wird versucht, Wissen zu erlangen,

- welche Einflüsse von den verschiedenen Elementen des Systems ausgehen,

- wie lange es dauert, bis die Veränderung eines Elementes auf ein anderes durchschlägt,

- mit welchen Veränderungen der Problemsituation zu rechnen ist.

4. Schritt: **Systemeingriffe planen und realisieren.** Zunächst ist zu prüfen, welche Eingriffsmöglichkeiten auf welcher Entscheidungsebene überhaupt bestehen. Auf dieser Grundlage sind dann Strategien zu entwickeln, zu bewerten und auszuwerten sowie mit Hilfe eines Projektmanagements umzusetzen.

---

[91]   Ebenda, S. 182 ff.

[92]   Hub, Ganzheitliches Denken im Management, S. 69; derselbe, Für Einsteiger und Trainer: Eine Methodik zum PC-Werkzeug GAMMA …, S. 2/2

[93]   Hub, Ganzheitliches Denken im Management, S. 76

Demzufolge ähnelt die Methodik von GAMMA sehr stark der von der St. Galler Management-schule entwickelten Problemlösungsmethodik auf Basis des vernetzten Denkens. Ein wesentlicher Vorteil besteht darin, dass die einzelnen Schritte computerunterstützt durchge-führt werden können, was die Praktikabilität und Durchschaubarkeit der Methodik wesent-lich erhöht. Zur im vorigen Kapitel vorgestellten Problemlösungsmethodik gibt es allerdings einen erwähnenswerten Unterschied, der die Handhabung der Einflussanalyse der Variablen im Netzwerk betrifft[94]. Bei GAMMA müssen keine numerischen Werte eingegeben werden, vielmehr wird die Beziehungsintensität zwischen zwei Elementen durch die Dicke der Pfeile angegeben. Von dem Programm wird automatisch eine **Einflussanalyse** in Form einer Mat-rix erstellt – ein Hintergrundprogramm von GAMMA arbeitet jedoch mit denselben Berech-nungen wie der Papiercomputer (z. B. wird einem dünnen Pfeil der Wert 1 zugeordnet). Allerdings wird die Aussagefähigkeit der Einflussanalyse nicht überschätzt. Insbesondere wird gemäß einer ganzheitlichen Denkweise den **indirekten Wirkungsbeziehungen** mehr Beachtung geschenkt, die vom Papiercomputer nicht berücksichtigt werden. Hierzu werden die Wirkungsverläufe gesondert zur Einflussanalyse untersucht

- in wie weit positive bzw. Regelkreise im Netzwerk vorliegen.

- über welche Stationen sich die Wirkungen ausbreiten.

GAMMA liefert zu diesem Problemkreis, wie auch zu anderen, eine wertvolle Unterstützung durch Visualisierungsmöglichkeiten (siehe Abb. 3.19)[95]. Die Wirkungsintensität ist durch die unterschiedliche Dicke der Verbindungspfeile gekennzeichnet, z. B. beinhaltet ein dünner Pfeil einen schwachen bis mittleren Einfluss. Die Fristigkeiten der Wirkungen werden mit Hilfe unterschiedlicher Farben der Pfeile ausgedrückt. Die Problemlösungsmethodik GAM-MA bietet noch weitere Instrumente und Möglichkeiten an, wie z. B. die Ableitung von Teilnetzen oder die Erarbeitung einer strategischen Umwelt-Einflussmatrix zur Bewertung von Strategien. In allen Bearbeitungsschritten von GAMMA werden Simulationsmöglichkei-ten angeboten, die letztlich darauf ausgerichtet sind, mit dem betrachteten System zu ler-nen[96]. Trotz der Kritikpunkte am Einsatz des Papiercomputers – auch die St. Galler Metho-dik des vernetzten Denkens benutzt noch andere Analysemethoden in Bezug auf die Wir-kungsbeziehungen der Variablen – besteht eine sehr enge Verwandtschaft zum Problemlö-sungsansatz der St. Galler Managementschule. Mit der PC-Software GAMMA besteht, wie beim Sensitivitätsmodell Vesters, eine anwendungsfreundliche und leicht erlernbare Hilfe-stellung, den Umgang mit komplexen Problemsituationen besser bewältigen zu können.

---

[94] Hub, Ganzheitliches Denken im Management, S. 104 – 122; derselbe, Für Einsteiger und Trainer: Eine Metho-dik zum PC-Werkzeug GAMMA …, S. 2/21 – 2/32

[95] Ganzheitliches Denken im Management, S. 94 – 100

[96] Ebenda, S. 151

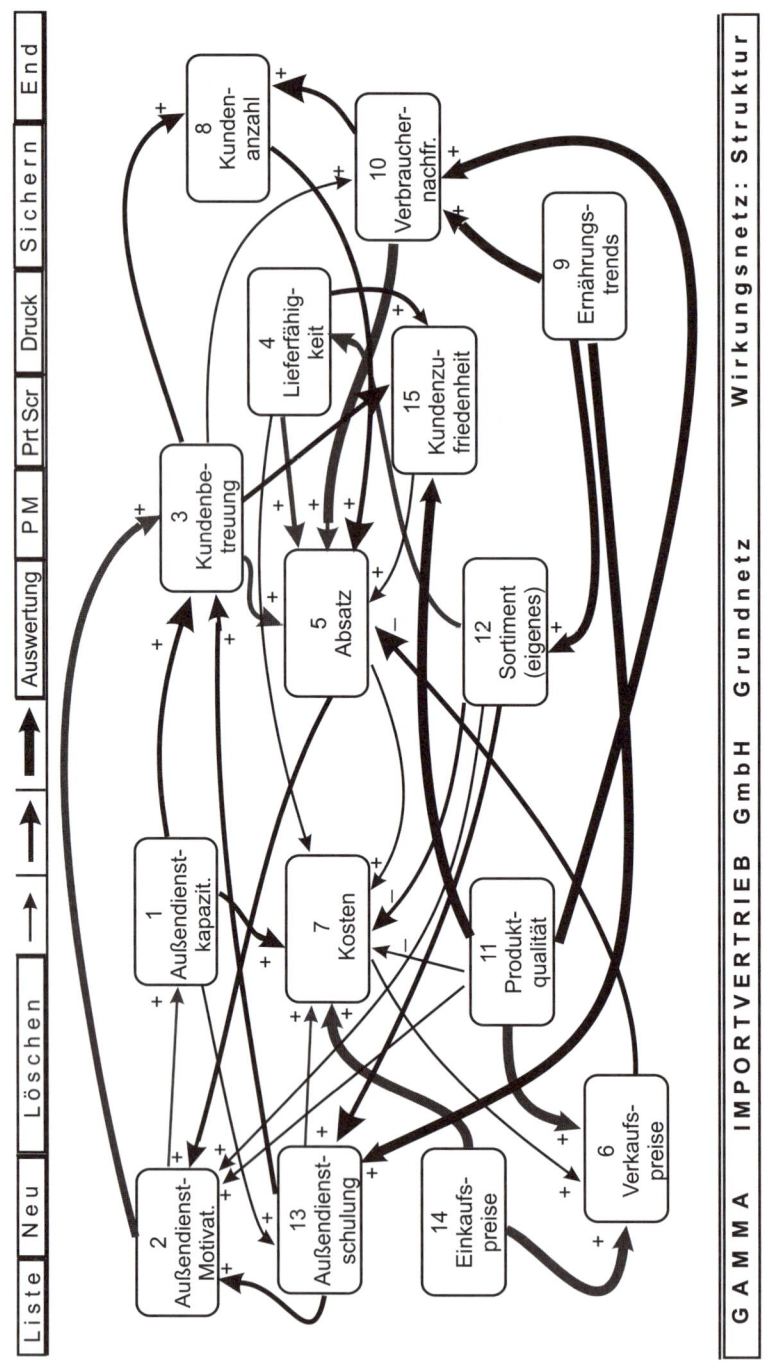

Abb. 3.19   Grundnetz für ein GAMMA – Anwendungsbeispiel

3.2.3.3 Ganzheitliches Problemlösen auf Basis der PUZZLE-Methodik

Das Akronym „PUZZLE" beinhaltet die Anfangsbuchstaben der zentralen Sachverhalte, die mit dieser Methodik im Zusammenhang stehen: Phänomene, Untersuchungen, Zielplanung, Zentralprojekte, Lösungsideen und Entscheidungen. In Analogie zu den bekannten PUZZLE-Bildern soll ein unstrukturierter (Problem-) Zustand in einen wohlstrukturierten übergeführt werden [97].

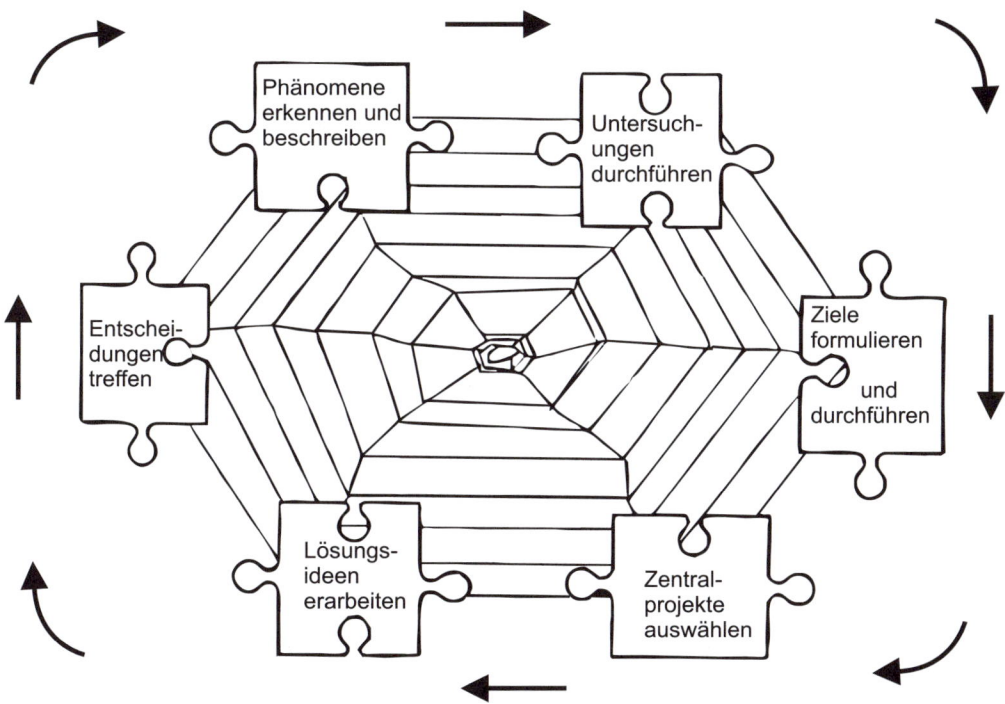

Abb. 3.20 PUZZLE als zirkulär-vernetzter Problemlösungsprozess

Die zugrunde liegende Methodik ist ebenfalls auf systemtheoretische Wurzeln zurückzuführen [98]. Die Erfinder der PUZZLE-Methodik, Steinle und Eggers, schränken jedoch den Anwendungsbereich des Verfahrens ein [99]. PUZZLE soll in erster Linie der **Strategierevision** und einer Problemhandhabung bei Umentscheidungsprozessen dienen, die durch das Auf-

---

[97] Steinle/Eggers, Ganzheitliches Problemlösen auf Basis der PUZZLE-Methodik, S. 298; Eggers, Ganzheitlich-vernetzendes Management, S. 254 ff.

[98] Eggers, Ganzheitlich-vernetzendes Management, S. 251; Steinle/Eggers, a.a.O., S. 300

[99] Eggers, Ganzheitlich-vernetzendes Management, S. 256

kommen bzw. die Veränderung von bedeutsamen Phänomenen, welche ein „fühlbares" Chancen- und Risikopotential im Hinblick auf vorhandene Strategien aufweisen, für das Unternehmen relevant werden.

Die Leitkonzepte und Elemente der PUZZLE-Methodik setzen sich aus den verschiedensten Richtungen zusammen [100]:

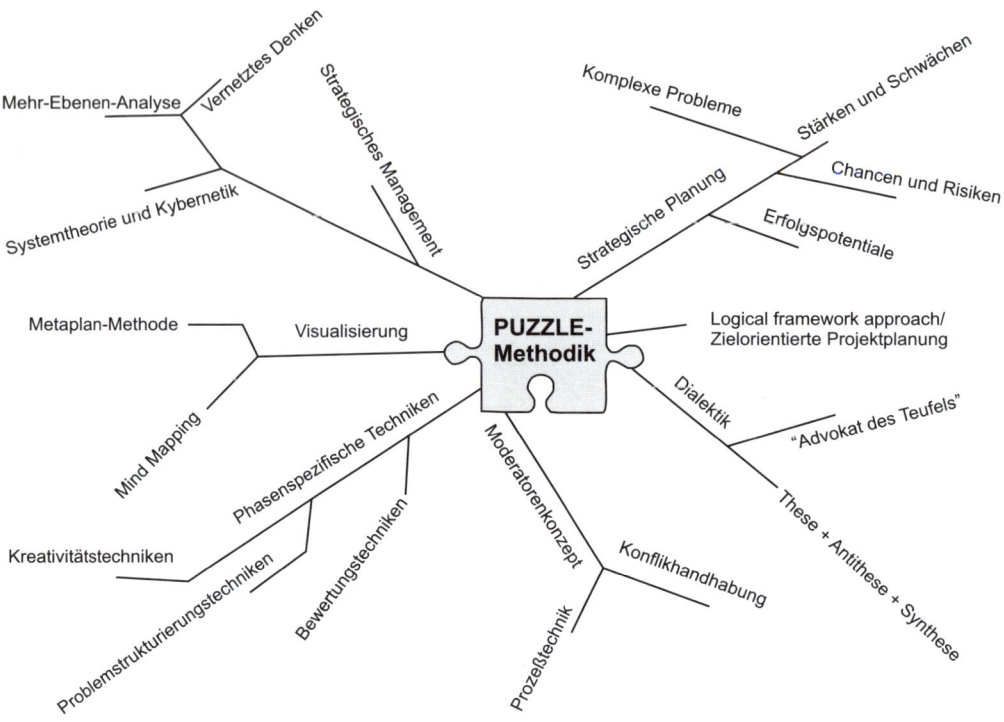

Abb. 3.21   Leitkonzepte und Elemente der PUZZLE-Methodik

Bei der Darstellungsform in Abb. 3.21 wurde die Technik des „**Mind-Mapping**" benutzt, die auch im Rahmen der PUZZLE-Methodik eingesetzt wird. Hierbei handelt es sich im Kern um eine Darstellungstechnik zur Abbildung komplexer Sachverhalte in Form von Baumstrukturen. Die Vorteile der Netzwerktechnik, insbesondere in der Form von Feedback-Diagrammen, können dabei jedoch nicht erreicht werden (siehe Kap. 3.2.2.2). Zum einen können die Wechselwirkungen zwischen den „Ästen" nicht abgebildet werden. Zudem fehlen Angaben zu den Wirkungsrichtungen, Wirkungsintensitäten und den Zeithorizonten der Wirkungen. Mit Hilfe von Workshops und Gruppenbefragungsmethoden, wie z. B. der Metaplan- Technik, wird zunächst die strategische Ausgangslage des Unternehmens im Hinblick

---

[100] Steinle/Eggers, a.a.O., S. 302 f.

auf „fühlbare" Chancen- und Risikopotentiale analysiert [101]. Im Anschluss an die Problemsuche sind dann alle Teilaspekte zu einem Ganzen zu integrieren; hierbei kommt auch die **Netzwerktechnik** zum Tragen.[102] Die weiteren Schritte bestehen in:[103]

- Der Entwicklung „ganzheitlicher" Sollvorstellungen (Zielplanung), wobei Ziel-Mittel-Verkettungen als Basis einer Entwicklung von Maßnahmen zur Problemlösung angesehen werden.

- Der Ableitung von (Projekt-)Maßnahmen (Zentralprojekte) zur Handhabung der Kernprobleme.

- Der Generierung detaillierter Projektmaßnahmen in Richtung der strategischen Zielsetzungen (Lösungsideen).

- Der Formulierung und Bewertung von Projektstrategien und Einzelmaßnahmen (als Entscheidungsvorlagen).

Wie bereits erwähnt wurde, stützt sich die PUZZLE-Methodik von Steinle/Eggers auf den systemorientierten Ansatz und beruft sich auch ausdrücklich auf den ganzheitlichen Problemlösungsansatz von Ulrich/Gomez/Probst. Negativ auf die Problemlösungskapazität der PUZZLE-Methodik wirkt sich ihre Konzentration auf Probleme der Strategierevision aus, sodass das Einsatzgebiet von vornherein stark eingeschränkt wird. Außerdem gelingt die Abbildung der Wechselwirkungen weit weniger konsequent und detailliert.

3.2.3.4 Systems Engineering

Der in diesem Kapitel vorgestellte Problemlösungsansatz basiert ebenfalls auf der **Systematik der Systemanalyse**. Die in den USA konzipierten, ausschließlich technisch orientierten Systems Engineering-Ansätze wurden vom Betriebswissenschaftlichen Institut der ETH Zürich in eine Problemlösungsmethodik umgeformt, die eine generelle Anwendbarkeit auf komplexe Vorhaben gestattet [104]. Gemäß diesem Ansatz wird „Systems Engineering als eine, auf bestimmten Denkmodellen und Grundprinzipien beruhende Wegleitung zur zweckmäßigen und zielgerichteten **Gestaltung komplexer Systeme** betrachtet" [105]. Mit den Methoden des Systems Engineering (SE) sollen Probleme gelöst werden, die in sich komplex sind und/oder eine relativ starke Verflechtung mit der Umwelt aufweisen. Die Anwendung dieser Methodik bietet zwar keine Gewähr für optimale Lösungen, schafft aber bessere Vorausset-

---

[101] Ebenda, S. 304 ff.

[102] Eggers, Ganzheitlich-vernetzendes Management, S. 265 f.

[103] Steinle/Eggers, a.a.O., S. 308-312

[104] Haberfellner, Systems Engineering (SE) …; Daenzer, Systems Engineering …, Haberfellner/Nagel/Becker/Büchel/ von Massow, Systems Engineering …; Horvath, Controlling, S. 129 – 135

[105] Daenzer, a.a.O., S. 4

zungen dafür [106]. Im Mittelpunkt der SE-Methodik steht der Problemlösungsprozess, der zwei gedanklich voneinander abgrenzbare Komponenten enthält [107]:

- Die Systemgestaltung als die eigentliche konstruktive Arbeit für die Lösungsfindung. Dabei handelt es sich um inhaltliche Aspekte des Problemlösungsprozesses, das zu gestaltende Objekt und dessen relevante Umwelt.

- Das Projektmanagement, also die Frage nach der Organisation und Koordination des Problemlösungsprozesses. Hierbei geht es um die Zuteilung von Aufgaben, Verantwortung und Entscheidungskompetenzen an die am Projekt beteiligten Personen bzw. Gruppe, deren organisatorische Verankerung, die Organisation der Entscheidungsprozesse sowie die Durchsetzung der getroffenen Entscheidungen, die Termin- und Kostenplanung, die Disposition der verschiedenen Ressourcen, die psychologischen Aspekte der Projektarbeit u.s.w..

Als „geistiger Überbau" des Systems Engineering dienen das Systemdenken und ein generelles Vorgehensmodell als Leitfaden der Problemlösung [108]. Gemäß den bereits in Kap. 1 herausgearbeiteten Charakteristika systemischen Denkens wird wegen der engen Verflechtung von Problemen eine **ganzheitliche Betrachtungsweise** als zwingend erforderlich erachtet [109]. Zusammenfassend kann eine Reihe von Postulaten und Arbeitshypothesen des Systems Engineering angeführt werden, die diesen Ansatz zutreffend kennzeichnen [110]:

- Das Systemkonzept wird als geeignete Grundlage betrachtet, komplexe Sachverhalte zu gliedern und überschaubar zu strukturieren. Damit werden unterschiedliche Betrachtungsaspekte gegenüber demselben Sachverhalt sowie eine Differenzierung hinsichtlich des Detaillierungsgrades der Betrachtung ermöglicht.

- Wie erfolgreich die Systemgestaltung letztlich sein wird, hängt wesentlich von der Abgrenzung des zu bearbeitenden Problems ab. Hierbei ist eine Abwägung zwischen einer umfassenden und einer handhabbaren Grenzziehung zu treffen.

- Es empfiehlt sich, den Prozess der Systemgestaltung in klar abgegrenzte Arbeitsphasen und Vorgehensschritte mit institutionalisierten Zwischenentscheidungen zu unterteilen.

- Zu Beginn jedes Gestaltungsprozesses ist eine explizite Zielformulierung auszuarbeiten, anhand derer sich die nachfolgenden Tätigkeiten ausrichten können.

Einen entscheidenden Bestandteil des geistigen Überbaus der SE-Philosophie stellt neben dem Systemdenken das **Vorgehensmodell** dar, das als Leitfaden zur Problemlösung dient.

---

[106] Ebenda, S. 28; Haberfellner, a.a.O., S. 373 ff.

[107] Haberfellner/Nagel/Becker/Büchel/von Massow, a.a.O., S. XX

[108] Daenzer, a.a.O., S. 8; Haberfellner, a.a.O., S. 373 f.

[109] Haberfellner, a.a.O., S. 374; Haberfellner/Nagel/Becker/Büchel/von Massow, a.a.O., S. 5 ff. und S. 19 ff.

[110] Daenzer, a.a.O., S.5 f.

Dem Vorgehensmodell liegen mehrere Grundgedanken zugrunde, die es als kombiniert zu verwendende Bausteine zu betrachten gilt [111]:

- Der erste Grundgedanke lässt sich in der Forderung „vom Groben zum Detail vorzugehen und nicht umgekehrt" ausdrücken. Damit verbunden ist ein schrittweises Einengen des Betrachtungsfeldes mit Hilfe eines Zoom-Objektives sowie eine stufenweise Variantenbildung und -ausscheidung. Abwechslungsweise kommen dabei die wirkungs- und die strukturbezogene Betrachtungsweise zum Ansatz. Werden auf einer bestimmten Systemebene die Wirkungen der verschiedenen Elemente des Systems analysiert, so liegt eine wirkungsbezogene Betrachtungsweise oder das Black-Box-Prinzip vor. Auf der nächst tieferen Ebene ist dann zu fragen, wie die Elemente zu strukturieren sind, damit die gewünschte Wirkung zustande kommt (strukturbezogene Betrachtungsweise).

- Im zweiten Grundgedanken geht es darum, nach zeitlichen Gesichtspunkten voneinander abgegrenzte Lebensphasen zu bilden, um den Werdegang einer Lösung in überschaubare Teiletappen zu gliedern und damit einen stufenweisen Planungs-, Entscheidungs- und Konkretisierungsprozess zu ermöglichen. Als Grobphasen werden unterschieden:

    o Die Phase der Entwicklung mit Vorstudie, Hauptstudie und Detailstudien.

    o Die Phase der Realisierung, bestehend aus Systembau und -einführung.

    o Die Nutzungsphase, die begleitet wird von Phasen der Anpassung bzw. Neugestaltung.

- Der dritte Grundgedanke beinhaltet den eigentlichen Problemlösungszyklus, der innerhalb jeder Lebensphase mehrfach zur Anwendung kommen kann. Ausgangspunkt ist eine Situationsanalyse, die dazu dient, das Problem zu verstehen, d. h. Symptome einer unbefriedigenden Situation, mögliche Chancen und Gefahren sowie deren Ursachen näher zu untersuchen. In dieser Phase der Zielsuche schließt sich die Zielformulierung an. Darauf folgt dann die Phase der Lösungssuche mit der Synthese, die ein Systemkonzept erarbeiten soll und der Analyse, die u. a. die Konsequenzen von Lösungsalternativen bestimmen soll. Abgeschlossen wird der Problemlösungszyklus mit der Auswahlphase, die aus der Bewertung und der Entscheidung besteht.

Die **Komponenten des Systems Engineering** sind anhand der folgenden Abbildung ersichtlich [112]:

---

[111] Siehe dazu im einzelnen: Daenzer, a.a.O., S. 26 – 51; Haberfellner/Nagel/Becker/Büchel/von Massow, a.a.O., S. 29 – 60. Daenzer spricht von drei Grundgedanken, wobei „vom Groben zum Detail" und „das Denken in Varianten" zusammengehören; bei Haberfellner verkörpert letzteres einen gesonderten Grundgedanken.

[112] Ebenda, S. 7 f.; Haberfellner/Nagel/Becker/Büchel/von Massow, a.a.O., S. XIX

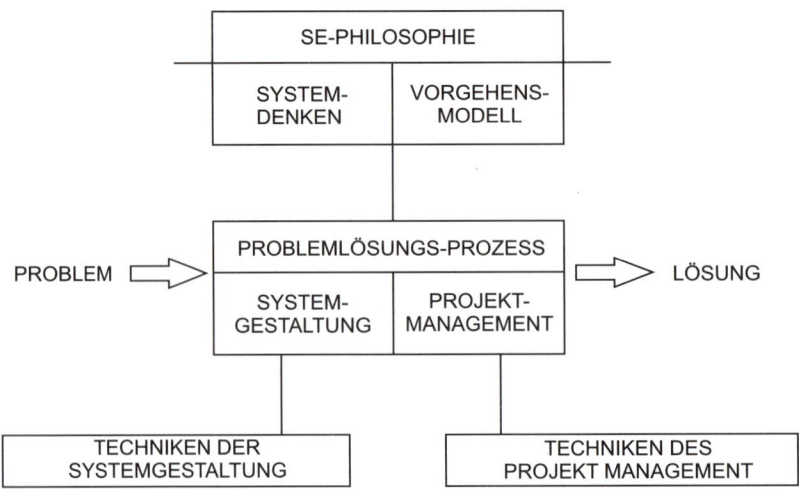

Abb. 3.22   Komponenten des Systems Engineering

In der Abb. 3.23 sind noch einmal die Zusammenhänge zwischen den verschiedenen Komponenten des SE-Vorgehensmodells aufgezeigt[113]. Die einzelnen Grundgedanken und Komponenten des Vorgehensmodells stellen dabei **Bausteine einer gesamthaften Methodik** dar, zwischen denen sinnvolle Beziehungen existieren bzw. hergestellt werden können. Dieses Vorgehensmodell wird nun auf Basis des zugrunde liegenden Systemdenkens auf den konkreten Problemlösungsprozess mit seinen Aufgabenkomplexen Systemgestaltung und Projektmanagement angewendet. Hierbei leisten spezielle Techniken der Systemgestaltung und des Projektmanagements Hilfestellung, auf die nicht näher eingegangen werden kann.

Kritikpunkte an der Methodik des Systems Engineering sind von mehreren Seiten anzuführen. Phasenschemata als ausschließliche Arbeitsregel bei der Systementwicklung einzusetzen, widerspricht dem Gestaltungsprozess in der Realität, der iterativ abläuft, d. h. die einzelnen Phasen werden mehrfach in den unterschiedlichsten Kombinationen durchlaufen. Ein Verbesserungsvorschlag lautet deshalb, nicht nur die Phasen, sondern auch dominante Methodenkomplexe zum Ausgangspunkt der Analyse zu wählen[114]. Da das Systems Engineering insbesondere zur Lösung komplexer Problemstellungen beitragen will, wäre zu erwarten gewesen, dass die Methodik des vernetzten Denkens eine entscheidende Rolle im Problemlösungsprozess spielt. Dieses zentrale Modul einer ganzheitlichen Problemlösungsmethodik wird aber nur eher beiläufig erwähnt und stellt keinen maßgeblichen Baustein bei der Systemgestaltung dar. Hierin ist denn auch eine fundamentale Schwäche des Systems Engineering-Ansatzes zu sehen. Einer umfassenden Behandlung strategischer Probleme, wie z. B. der Früherkennung, läuft ebenso zuwider, dass der Systemansatz im Sinne von Forrester (Systems Dynamics-Ansatz) als Basis zur Quantifizierung und mathematischen Behandlung des System-

---

[113] Haberfellner/Nagel/Becker/Büchel/von Massow, a.a.O., S. 58 ff.

[114] Horvath, Controlling, S. 132

verhaltens betrachtet wird. Dementsprechend werden Methoden des Operations Research für die Planung, Bewertung und Entscheidungsprozesse empfohlen[115]. Gerade hier kommt der ingenieurwissenschaftliche Ursprung des Systems Engineering stark zum Ausdruck.

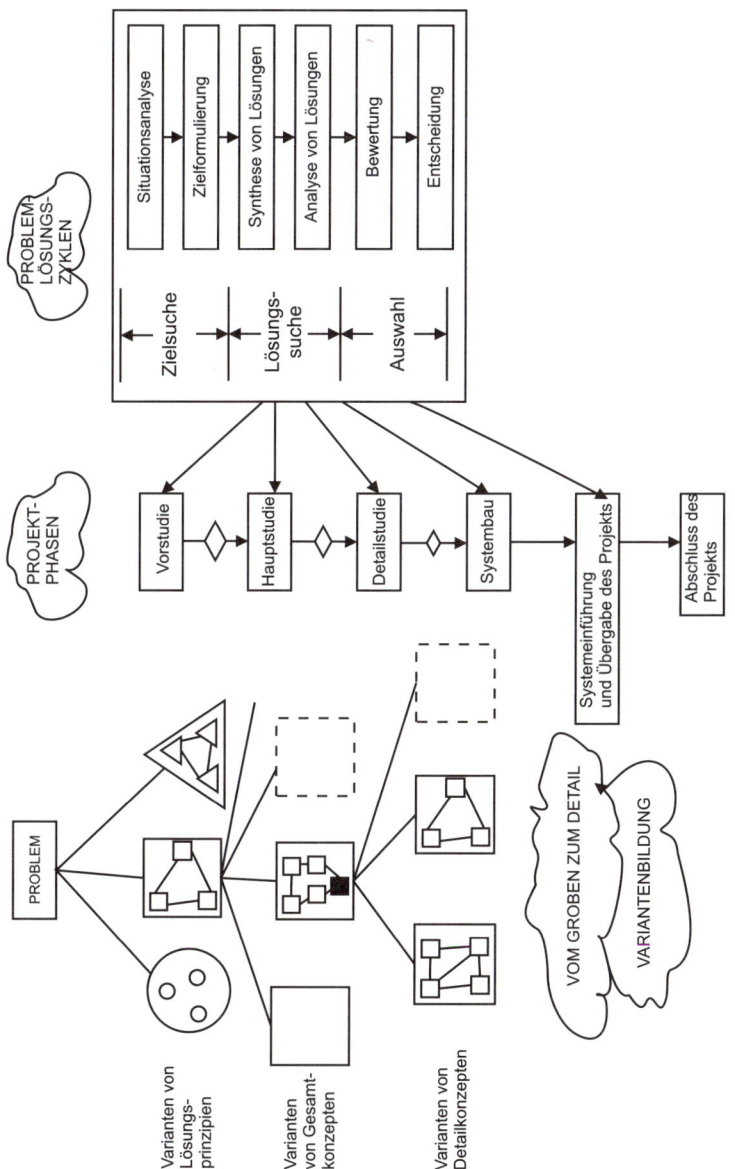

Abb. 3.23   Zusammenhänge zwischen den verschiedenen Komponenten des SE-Vorgehensmodells

---

[115] Daenzer, a.a.O., S. 21 ff., S. 105 und S. 115 f.

3.3   Ableitung einer Bewertungstabelle für Controlling-Werkzeuge

Im Folgenden soll eine Bewertungstabelle abgeleitet werden anhand derer das Potential der in Kapitel 4 betrachteten Controlling-Werkzeuge beurteilt werden kann. Die Bewertungskriterien resultieren dabei aus den Anforderungen, die im Zusammenhang mit der Darstellung eines ganzheitlich-systemischen Ansatzes herausgearbeitet worden sind. Im Einzelnen gehören dazu:

- Die umfassende Abbildung der Problemstellung, wobei hierbei vertretbare Abstriche gemacht werden müssen.

- Die Berücksichtigung verschiedener Einflussfaktoren auf die Problemsituation soll den Fokus von ausschließlich finanzwirtschaftlichen Größen um qualitative Vorsteuergrößen erweitern helfen.

- Die Vernetzung dieser Einflussfaktoren stellt eine Grundvoraussetzung für die ganzheitliche Betrachtung von Problemsituationen dar.

- Ebenso müssen die verschiedenen Betroffenen der Problemsituation Eingang in die Analyse finden.

- Die Beachtung der Dynamik ist eine Mussvorschrift, um überhaupt adäquate Ziele und Maßnahmen ableiten zu können.

- Die erforderliche strategische Ausrichtung von Organisationen muss sich in den Controllingtools wieder finden.

- Schließlich muss das Controlling-Werkzeug auch verständlich sein und mit einem vertretbaren Aufwand eingesetzt werden können.

Bewertungsschema zur Beurteilung der Ganzheitlichkeit von Controllingtools		
Betrachtetes Controllingtool:		
Bewertungskriterien	Erfüllungsgrad (++ + +/- - --)	Bemerkung
Umfassende Abbildung einer Problemstellung gewährleistet?		
Berücksichtigung von verschiedenen Einflussfaktoren möglich?		
Vernetzung der Einflussfaktoren berücksichtigt?		
Verschiedene Stakeholderinteressen integriert?		
Veränderlichkeit der Problemsituation abbildbar?		
Strategische Sichtweise involviert?		
Praktische Handhabbarkeit gegeben?		

Abb. 3.24 Bewertungsschema zur Ganzheitlichkeit von Controlling-Werkzeugen

4 Operatives und strategisches Controlling zur Unterstützung des Diskontinuitäten-Managements

4.1 Der Stellenwert des operativen bzw. strategischen Controllings

4.1.1 Wesensmerkmale des operativen Controllings

Wie bereits herausgearbeitet wurde, ist das operative Controlling durch seine (kurzfristig orientierte) Zielsetzung der Rentabilitäts- und Liquiditätssicherung gekennzeichnet[1]. „Zu den Hauptaufgaben des operativen Controllings zählen Aufbau und Durchführung der erfolgs-zielbezogenen operativen Planung, Aufbau und Durchführung der erfolgszielbezogenen operativen Kontrolle, Unterstützung der Budgetierung sowie betriebswirtschaftliche Führungsunterstützung der Fachabteilungen"[2]. Die betriebswirtschaftliche „Führungsunterstützung" der Fachabteilungen bezieht sich in erster Linie auf die **Versorgung mit entscheidungsrelevanten Informationen**. Damit das operative Controlling funktionieren kann, müssen folgende Voraussetzungen erfüllt sein[3]:

- Es liegt eine vom Unternehmensmanagement getragene Zielsetzung vor, die in Form von betriebswirtschaftlichen Kennziffern (z. B. Umsatzrendite) als mehrdimensionale operative Zielsetzung abgebildet werden kann.

- Diese betriebswirtschaftliche Zielsetzung ist nachweisbar mittelfristig (in Stufen) erreichbar.

---

[1] Bramsemann, a.a.O., S. 148; Mann, Anforderungen an ein strategisches Controlling, S. 472; Horvath, Schnittstellenüberwindung durch das Controlling, S. 9

[2] Peemöller/Bömelburg/Ernst, a.a.O., S. 256

[3] Mann, Anforderungen an ein strategisches Controlling, S. 472

- Zielsetzung und darauf aufbauende Planung verkörpern einen von allen Beteiligten und Betroffenen getragenen Kompromiss zwischen Erreichbarkeit und Ansporn, nicht zu einfach, aber auch nicht unmöglich.

- Die operative Planung ist vollständig, d. h. sie umfasst alle erforderlichen Teilpläne und beinhaltet eine Hochrechnung für das alte Jahr.

- Das Berichtswesen ist geeignet, einen Plan =/Ist-Vergleich nach Verantwortungsbereichen (Kostenstellen, Profit-Centers etc.) durchzuführen.

- Zum Berichtswesen gehören auch eine hierarchisch aufgebaute Produkt-Erfolgsrechnung und eine absatzkanalbezogene Kunden-Ergebnisrechnung.

- Kurzfristige betriebswirtschaftliche Entscheidungen basieren auf einer funktionierenden Deckungsbeitragsrechnung.

- Mit der Abweichungsanalyse werden Preis- und Beschäftigungsabweichungen und besonders intensiv Verbrauchsabweichungen untersucht. In den Verbrauchsabweichungen verbergen sich nicht nur Mehrverbrauch durch „Schlendrian", sondern auch Auswirkungen struktureller Veränderungen durch Verschiebungen im Sortiment, bei Kunden usw..

- Die Gegensteuerungsmaßnahmen sind erprobt und entsprechen jeweils dem neuesten Stand, d. h. es kommen neuere Methoden zum Einsatz, wie die Prozesskostenrechnung oder Target Costing Management (Ergänzung des Verfassers). Außerdem stehen organisatorische Maßnahmen, wie die Projekt-Organisation, zur Verfügung.

- Dem Controller obliegt die Aufgabe, die weiterentwickelten Methoden im Unternehmen anwenderbezogen anzubieten.

Die Einrichtung des operativen Controlling funktioniert am besten in einem **geschlossenen Regelkreissystem**, das dann gegeben ist, wenn

- alle Funktionen (Planung, Berichtswesen, Analyse, Kontrolle, Gegensteuerung) vorhanden sind;

- sämtliche Funktionen auf eine verantwortliche Stelle übertragen worden sind;

- die Stelle kompetent ist Hilfestellung zu leisten;

- der Controller die einzelnen Werkzeuge integriert einsetzt.

Allgemein wird davon ausgegangen, dass die Grundbedingung für ein funktionierendes operatives Controlling ein **funktionierendes betriebliches Rechnungswesen** ist[4]. Die Gliederung des betrieblichen Rechnungswesens wird in der betriebswirtschaftlichen Literatur

---

[4] Mann, Anforderungen an ein strategisches Controlling, S. 472; Horvath, Entwicklungstendenzen des Controlling: Strategisches Controlling, S. 408; Siegwart/Mahari/Caytas/Sander, a.a.O., S. 12; Hahn, Strategische Führung und strategisches Controlling, S. 7; Siller, a.a.O., S. 16

unterschiedlich vorgenommen[5] (siehe Abb. 4.1). Weitgehende Übereinstimmung besteht darin, dass **Plankosten-** sowie **Teilkostenrechnungssysteme** zu den Hauptinstrumenten des Betrieblichen Rechnungswesens gehören.

Am betrieblichen Rechnungswesen, als ältestem Informationsversorgungssystem der Unternehmung, hat sich zunehmend massive Kritik entzündet. Kritisiert wird vor allem die **einseitige Ausrichtung an quantifizierten monetären Daten**, die einer kurzfristigen Betrachtungsweise entspringen. Das betriebliche Rechnungswesen in der herkömmlichen Form kann vor allem die strategische Steuerung des Unternehmens nicht wirksam unterstützen, fehlt es doch an der Einbeziehung nicht-monetärer Einflussgrößen, wie z. B. Durchlaufzeiten im Betrieb, und an der Berücksichtigung „weicher" Faktoren, die auf Erfolgspotentiale der Unternehmung gerichtet sind[6] und somit die entscheidenden **Vorsteuergrößen** des Erfolgs verkörpern. Insbesondere komplexe Entscheidungsprobleme übersteigen das Informationspotential des traditionellen Rechnungswesens[7].

Das betriebliche Rechnungswesen, setzt für eine adäquate Führungsunterstützung nämlich **wohlstrukturierte und quantifizierbare Informationen** voraus[8]. „Kurzfrist- und Gegenwartsdaten wie Umsätze, Kosten oder Deckungsbeiträge haben nur insoweit einen Erkenntniswert für langfristige Entscheidungen, wie eine stabile oder kontinuierlich-dynamische Umwelt unterstellt werden kann"[9]. Nachdem letztendlich das Umsystem über die Effizienz des betrieblichen Rechnungswesens entscheidet[10], liegt es nahe eine Verschiebung des Betrachtungsschwerpunktes zu einem strategisch orientierten Rechnungswesen zu fordern, wobei hierbei die **Verarbeitung der Komplexität** in der Unternehmung und in seinem Umfeld im Vordergrund stehen müssen[11]. Hieraus kann eine Hauptaufgabe des Controllings abgeleitet werden, die darin besteht, „den konzeptionellen Rahmen zu schaffen, in welchem das Rechnungswesen erst zu einem sinnvollen Führungsinstrument ausgestaltet werden kann"[12].

---

[5] Entnommen aus: Plinke, Industrielle Kostenrechnung …, S. 9; bei Kilger, Einführung in die Kostenrechnung, S. 12, käme noch die Betriebsstatistik dazu, während Investitionsrechnungen nicht darunter fielen.

[6] Horvath, Controlling, S. 431; Siegwart/Raas, a.a.O., S. 83 f.; Munari/Naumann, Strategische Steuerung …, S. 372

[7] Hoffmann, a.a.O., S. 367 ff.

[8] Malik, Strategie des Managements komplexer Systeme, S. 63 f.

[9] Coenenberg/Baum, Strategisches Controlling, S. 27

[10] Hoffmann, a.a.O., S. 369

[11] Horvath (Controlling, S. 441) stellt diese Verschiebung schon fest. Dieser Ansicht kann, wie in den folgenden Kapiteln noch näher ausgeführt wird, nicht gefolgt werden.

[12] Ulrich, H., Controlling als Managementaufgabe, S. 17; siehe auch: Richter, a.a.O., S. 146 ff.

	Externes Rechnungswesen		**Internes Rechnungswesen**		
Teilbereich	Jahresabschluss		Kosten- und Leistungs- rechnung	Finanzrechnung	
Rechenwerk	Bilanz	Gewinn- und Verlust- rechnung (GuV)	Kostenarten-/ Kostenstellen-/ Kostenträger-/ rechnung	Finanz- planung	Investitions- rechnung (Wirtschaft- lichkeits- rechnung)
Bezugsobjekt der Rechnung	Unter- nehmung/ Zeitpunkt	Unternehmung/ Periode	Unter- nehmung/ Periode/ Produkt/ Einzelobjekt	Unter- nehmung/ Periode	Einzelobjekt
Rechengrößen	Vermögen/ Schulden	Ertrag/ Aufwand	Leistungen/ Kosten	Einzah- lungen/ Auszah- lungen	Diskontierte Einzahlungen/ diskontierte Auszahlungen
Saldogrößen	Eigenkapital	Gewinn/ Verlust (pagatorisch)	Gewinn/ Verlust (kalkulato- risch)	Finanz- über- schuss/ Finanz- defizit	Kapitalwert der Investiton

Abb. 4.1   Herkömmliche Gliederung des betrieblichen Rechnungswesens

4.1.2   Bausteine eines operativen Controlling-Systems

4.1.2.1   Das Planungs- und Kontrollsystem

Die Bildung von Planungs- und Kontrollsystemen, als Subsysteme der Unternehmensführung, stellt nach herrschender Meinung ein wichtiges Mittel dar, um den vielfältigen und
komplexen Anpassungsproblemen wirksam begegnen zu können[13]. Planung und Kontrolle
gehören zusammen[14], allerdings gilt der ursprünglich angenommene enge Zusammenhang,

---

[13]   Horvath, Controlling, S. 175 ff.

[14]   Siegwart/Menzl, a.a.O., S. 85 ff.; Pfohl. a.a.O., S. 17

der sich wie folgt ausdrücken lässt, Planung ohne Kontrolle ist sinnlos, Kontrolle ohne Planung unmöglich[15], nicht mehr[16].

Allgemein beinhalten Planungs- und Kontrollprozesse die Phasen **Problemformulierung**, **Problemlösung** und **Durchführung der Lösung**, die noch weiter verfeinert werden können, in[17]:

- Zielbildung

- Problemfeststellung

- Alternativensuche

- Prognose

- Bewertung und Entscheidung

- Durchsetzung

- Realisation

- Vorgabe von Sollwerten im Rahmen des Soll-Ist-Vergleichs

- Ermittlung von Istwerten

- Soll-Ist-Vergleich (Ermittlung der Soll-Ist-Abweichung)

- Abweichungsanalyse

Allgemein formuliert, hat Planung mit dem frühzeitigen Erkennen von Problemen zu tun, deren Bewältigung Zeit beansprucht[18].

Die Zuordnung der einzelnen Teilphasen auf die Planung und Kontrolle ist in der Literatur umstritten, insbesondere, ob die Zielbildung und Entscheidung dazugehören. Entscheidend hierfür dürfte die Ausstattung des Controllings mit Entscheidungsbefugnissen sein. In einer engeren Betrachtungsweise lassen sich die controllingspezifischen Aufgaben im Rahmen des Planungs- und Kontrollprozesses wie folgt zusammenfassen[19]:

- Aufstellen von Teilplänen (in Bezug auf Produkt- und Funktionsbereiche sowie Regionen)

- Abstimmen der Teilpläne

---

[15] Wild, Grundlagen der Unternehmensplanung, S. 44

[16] Schreyögg/Steinmann, a.a.O., S. 396 f. Auf diese Problematik wird in den folgenden Kapiteln noch ausführlich eingegangen.

[17] Schweitzer, Planung und Kontrolle, S. 15 f.; Wild, Grundlagen der Unternehmungsplanung, S. 33 ff.

[18] Götzen/Kirsch, Problemfelder und Entwicklungstendenzen der Planungspraxis, S. 174

[19] Staehle, Management, S. 620 f.

- Umwandlung der Plandaten in numerische Ausdrücke und deren Bewertung mit Marktpreisen bzw. innerbetrieblichen Verrechnungspreisen

- Vorgabe von wertmäßigen Plandaten (Budget)

- Bereitstellen von Vergleichsmaßstäben (Zeit- und Quervergleich)

- Laufende Ist-Daten-Erfassung

- Abweichungsanalyse

- Information und Einleiten von Korrekturmaßnahmen

„Planung und Kontrolle bedürfen der Informationsversorgung". Dabei geht es darum, alle für die Planung und Kontrolle benötigten Informationen mit dem erforderlichen Genauigkeits- und Verdichtungsgrad am richtigen Ort und zum richtigen Zeitpunkt bereitzustellen. Die **Informationsversorgung** der Unternehmensführung hat von Anfang an die Kernaufgabe des Controllers verkörpert; allerdings haben sich die Auffassungen über die zu erfassenden Sachverhalte im Laufe der Entwicklung stark gewandelt[20]. Je nach der Ebene der Planung und Kontrolle unterscheiden sich die Merkmale der entsprechenden Planungs- und Kontrollprobleme fundamental. Dies hat natürlich einschneidende Konsequenzen für die notwendige Informationsversorgung des Managements (siehe Abb. 4.2)[21]. Gerade hier wird die Notwendigkeit der Einbeziehung qualitativer („weicher") Informationen neben den vom Rechnungswesen zur Verfügung gestellten „hard facts" offenkundig. Inwieweit dies im Rahmen der Unternehmensplanung und auch in der darauf aufbauenden Kontrolle einen Niederschlag gefunden hat, soll näher untersucht werden.

4.1.2.1.1   Das herkömmliche Verständnis von Unternehmensplanung

„Planung als gedanklicher Prozess der systematischen Auseinandersetzung mit der Zukunft ist im Prinzip uralt und kann sogar als ein Wesensmerkmal des denkenden Menschen angesehen werden"[22]. In traditioneller Sicht wird Planung als systematisches zukunftsbezogenes Durchdenken und Festlegen von Zielen sowie Maßnahmen und Ressourcen zur künftigen Zielerreichung bezeichnet[23]. Allgemein hat die Planung gemäß Wild folgende **Aufgaben** zu erfüllen[24]:

1. Minderung des Risikos von Fehlentscheidungen.

2. Schaffung künftiger Handlungsspielräume zur Vermeidung von späteren Sach- und Zeitzwängen.

---

[20]   Horvath, Controlling, S. 345

[21]   Pfohl, a.a.O., S. 123

[22]   Hahn/Klausmann, Entwicklung der betriebswirtschaftlichen Planung, Sp. 407

[23]   Wild, Grundlagen der Unternehmungsplanung, S. 13

[24]   Ebenda, S. 15 – 18

3. Reduzierung von Komplexität durch Stabilisierung von Verhaltensweisen und –erwartungen.

4. Integration von Einzelentscheidungen in einen übergeordneten und umfassenderen Gesamtplan unter Berücksichtigung der vorhandenen Handlungsinterdependenzen.

Merkmale von Planungs und Kontrollproblemen / Ebene der Planung und Kontrolle	Aggregation/ Differenziertheit (Aufgliederung in Teilpläne und entsprechende Kontrollbereiche)	Detailliertheit (Erfassung von Einzelheiten)	Präzision/ Bestimmtheit (Information über die zu erfassenden Größen)	Fristigkeit (Planungshorizont/ Prognosereichweite)	Problemstruktur (Abgrenzung des Suchraums für zulässige Lösungen)	Bedeutung von Normen (Verhältnis von normativen zu empirischen Informationen)
strategisch	wenig differenziert (Gesamtplan)	globale Größen (Problemfelder)	grobe Informationen über die Größen	langfristig	schlecht definierte Probleme	relativ große Bedeutung
taktisch						
operativ	stark differenziert (viele Teilpläne)	detaillierte Größen (Detailprobleme)	feine (exakte) Informationen über die Größen	kurzfristig	wohl definierte Probleme	relativ geringe Bedeutung

Abb. 4.2 Charakterisierung strategischer, taktischer und operativer Planungs- und Kontrollprobleme

Bezogen auf die gegeben Problematik, die in einer effektiven Bewältigung der zunehmenden Komplexität und Dynamik besteht, erfüllt die Planung in der Unternehmung somit wichtige

Funktionen. Jede Unternehmensplanung hat dabei mit folgenden **Schwierigkeiten** zu kämpfen[25]:

- Über die künftige Entwicklung besteht prinzipielle Unsicherheit.

- Da die zu planenden Gegenstände in der Realität ausgesprochen komplex sind, müssen in der Regel sehr viele Faktoren erfasst werden. Die Unsicherheit wird durch die vielfältigen Verknüpfungen (Vernetzungen) zwischen den einzelnen Faktoren noch potenziert. Es bleibt nichts anderes übrig, als sich auf die als wichtig angesehenen Variablen zu konzentrieren.

- Anstelle exakter quantitativer Angaben sind häufig nur qualitative Aussagen möglich.

- Das Eintreten der geplanten Ergebnisse hängt nicht nur vom eigenen Handeln, sondern auch von den Aktionen und Reaktionen der „Mitspieler" ab (Konkurrenten, Kunden, Lieferanten, Staat, etc.).

- Planung wird umso komplexer und damit schwieriger, je stärker Interessenten die Planung beeinflussen können.

- Pläne tendieren generell dazu, sich zu verselbständigen. Beispielsweise besteht die Gefahr, dass ein einmal beschlossener Plan auch bei einer Veränderung der ursprünglichen Bedingungen beibehalten wird.

Das System der Unternehmensplanung lässt sich wie folgt darstellen (siehe Abb. 4.3)[26]. Ausgehend von den fundamentalen Zwecken der Unternehmung, den Wertvorstellungen der Top-Manager und den Informationen über die Stärken und Schwächen der Unternehmung sowie den Chancen und Risiken sind im Rahmen der Unternehmenspolitik **operationale Ziele** zu formulieren, die in die strategische, mittel- und kurzfristige Planung einfließen. Außerdem sind die **Strategien** und **Maßnahmen** aufzuzeigen, mit denen sich die vorgegebenen Ziele erreichen lassen und es sind die **Ressourcen** festzulegen, die dadurch gebunden werden. Dabei müssen selbstverständlich die zukünftigen Unternehmens- und Umweltbedingungen berücksichtigt werden[27].

Letztendlich sollen durch die Planung Führungsgrößen vorgegeben werden, die als Grundlage für die Steuerungs- bzw. Regelungsentscheidungen in der Unternehmung gemäß dem **Regelkreisprinzip** dienen[28]. Diese Sichtweise involviert eine bestimmte Ausrichtung des Controllings, die sich auf das Wort „control" stützt. Controlling wird dann aus einer kybernetischen Perspektive mit Steuern, Regeln, Überwachen definiert, wobei die Planung eine

---

[25] Kreikebaum, a.a.O., S. 24

[26] Siegwart, Kennzahlen für die Unternehmungsführung, S. 131; siehe auch: Steiner, Top Management Planung, S. 66

[27] Pfohl, a.a.O., S. 16; Gomez, Frühwarnung in der Unternehmung, S. 9 ff.

[28] Pfohl, a.a.O., S. 120

Grundvoraussetzung verkörpert[29]. Damit wird der Auffassung des ICV entsprochen, was das Aufgabengebiet des Controllerdienstes angeht (siehe Kap. 2.4.2).

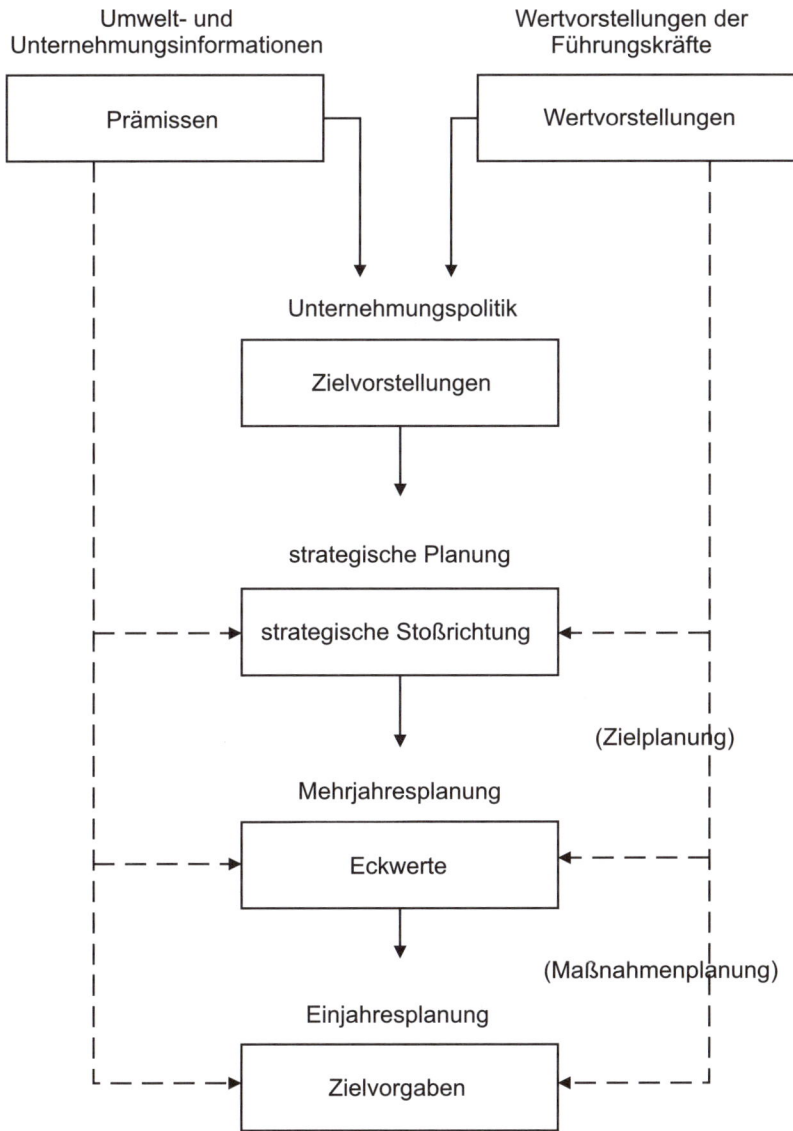

Abb. 4.3   Das System der Unternehmungsplanung

---

[29]   Horvath, Controlling, S. 145; Haase, a.a.O., S. 364 ff.

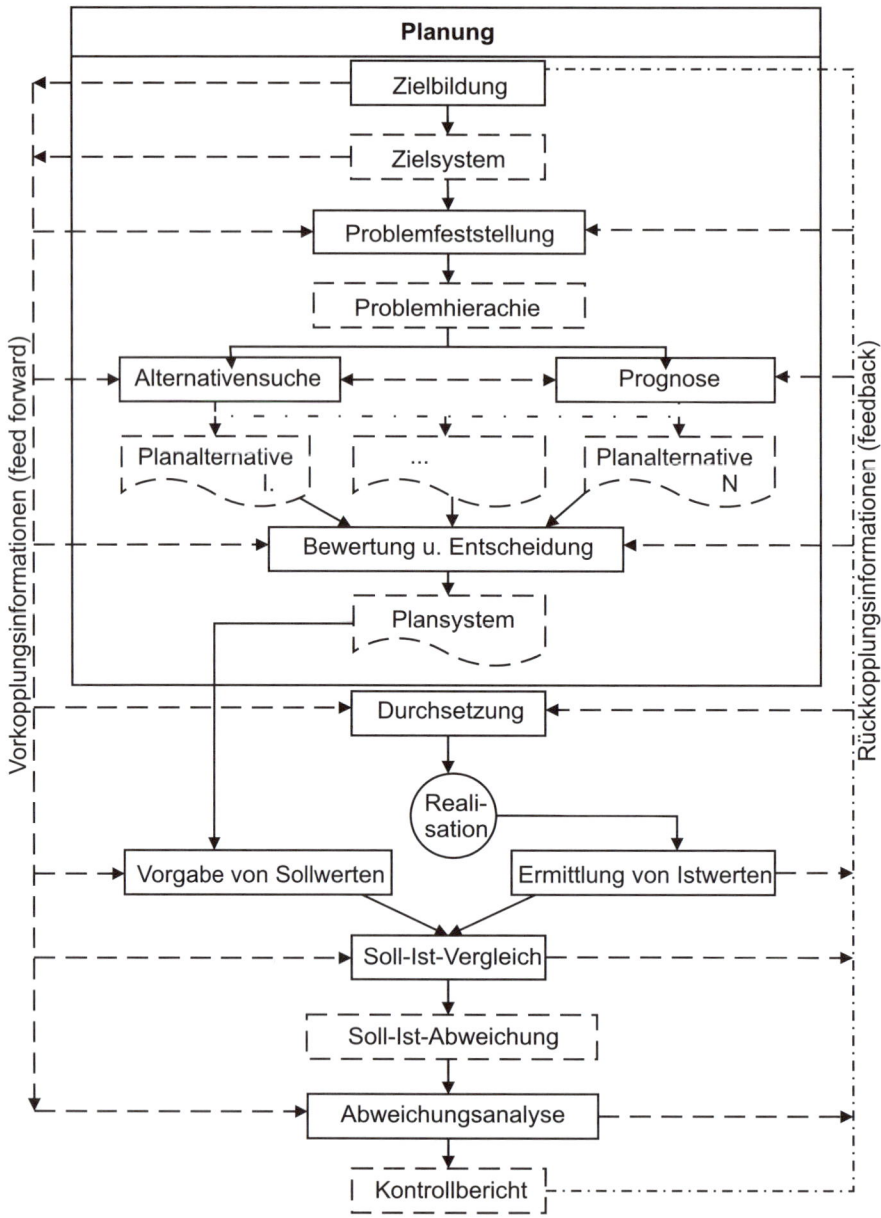

Abb. 4.4   Stellung der Planung im Planungs- und Kontrollprozess der Unternehmung

Im Rahmen des Planungs- und Kontrollprozesses umfasst die Planung folgende **Phasen**, wobei die ersten Prozessphasen der Planung als Input-Output-Prozess von Informationen interpretiert werden können. Eingangsinformationen werden durch Planer in mehreren Bearbeitungsstufen arbeitsteilig, mittels bestimmter Techniken in Ausgangsinformationen, d. h. zu Planalternativen, verarbeitet[30].

Ausgehend vom festgelegten Zielsystem gilt es die zu lösenden Probleme festzustellen. Hierzu kann die Methodik des vernetzten Denkens Hilfestellung leisten. Die Alternativensuche zur Lösung der Probleme hängt maßgeblich von der Prognosequalität ab. Coenenberg/Baum betrachten die Planung als Konditionalaussage. Die Prognose wird dabei mit den Phasen Entscheidung (Alternativenbewertung) und Lenkung (Vorgabe/Steuerung) verknüpft und beinhaltet somit aktionsorientierte Wenn-Dann-Aussagen. „Die im Wege der Prognose erarbeiteten Bedingungskonstellationen und Wirkungshypothesen bilden die konditionale Wenn-Komponente für die bei der Entscheidungsrechnung relevante Bestimmung von Zielerreichungsgraden (Dann-Komponente). Hieraus erwachsen dann durch die Entscheidung die Vollzugsvorgaben für die Ausführungsorgane"[31].

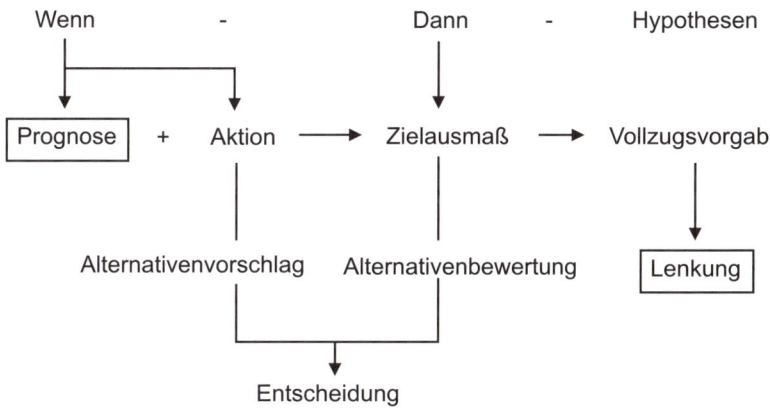

Abb. 4.5   Planung als Konditionalaussage

Die Prognose kann als **Kardinalproblem** der Gütebeurteilung von Plänen verstanden werden[32]. Gerade das **operative Führungskonzept** ist gekennzeichnet durch **wohlstrukturierte Probleme** und entsprechende **quantifizierbare Informationen** für die Planung[33]. Planung kann dann als die Suche nach optimalen Lösungen für klar formulierte Fragen verstanden werden, wozu die Betriebswirtschaftslehre eine Fülle von Planungstechniken entwickelt hat, wie beispielsweise die Methoden des Operation Research[34]. Nun basiert ja die operative

---

[30] Schweitzer, Planung und Kontrolle, S. 16 ff.

[31] Coenenberg/Baum, Strategisches Controlling, S. 16 f.

[32] Ebenda, S. 19

[33] Krystek/Müller-Stewens, a.a.O., S. 10 f.

[34] Albach, Theorie und Praxis der Unternehmensplanung, S. 13; Zahn, Entwicklungstendenzen und Problemfelder der Strategischen Planung, S. 157; Coenenberg/Baum, Strategisches Controlling, S. 23 f.

Planung auf der aus der Unternehmenspolitik abgeleiteten strategischen Planung und birgt somit alle damit verbundenen **Unsicherheiten** in sich. Die mit der Planung involvierten Informationsprozesse sind geradezu durch Unsicherheit und Komplexität gekennzeichnet[35]. Die klassische Lehre von der Unternehmensführung, die davon ausgeht, dass alle betrieblichen Handlungen ihre Bestimmung durch die Planung erfahren, ist demzufolge hinfällig. Vorausgesetzt wird nämlich, dass alle aus der Umwelt und dem System Unternehmung aufkommenden Probleme von der Planung aufgefangen und abgearbeitet werden können, Dies kann jedoch nur bei nicht-komplexen Gegebenheiten sowie gut prognostizierbaren und beherrschbaren Entwicklungen gewährleistet werden[36]. In der Praxis wird gerade der Unsichere tendenziell versuchen, genauer zu planen, wobei sich die Unsicherheit sogar vergrößern statt verkleinern kann[37]. Allgemein kann festgehalten werden, dass Planungssysteme, wie alle anderen intellektuellen Bestrebungen, durch bestehende Denkmodelle und Problemlösungsmethoden sowie durch die Tatsache eingeengt werden, dass es äußerst schwierig ist, über eine Extrapolation der in der heutigen Gesellschaft und in der physischen Umwelt bestehenden Sachverhalte und Trends hinauszugehen[38].

In Bezug auf die notwendigen Prognosen ergeben sich einschneidende Konsequenzen. „Jede Prognose geht davon aus, dass sich bestimmte Trends unter bekannten Bedingungen fortsetzen oder verändern. Nur sind es gerade die Bedingungen, die sich heute verändern. Da wir die Bedingungen noch nicht kennen, die künftig eintreten, können mathematische Verfahren auch nicht helfen, sie zu quantifizieren"[39]. Daraus den Schluss zu ziehen, das Prognose als Vorhersage-Instrument sei tot, schießt jedoch über das Ziel hinaus. Allerdings ist das **Dilemma** für die Planung nicht wegzudiskutieren, wenn einerseits mit zunehmender Komplexität die Notwendigkeit zur Planung und damit zur Prognose wächst, während zugleich die Möglichkeit in diesen umfassenden und komplexen Zusammenhängen überhaupt noch planerisch tätig zu werden, eher eingeengt wird[40]. Wie bei der Budgetierung noch gezeigt wird, gibt es durchaus Unternehmen, die auf die herkömmliche starre Jahresplanung verzichten. Gefordert wird deshalb, dass die qualitativen Veränderungen der Umwelt in Richtung zunehmender Komplexität, Dynamik und Unsicherheit eine **qualitative Veränderung der Unternehmensplanung** nach sich ziehen müssen[41]. Eine veränderte Unternehmensplanung hat demnach nicht mehr nur die relevanten Märkte als Engpassfaktor zu berücksichtigen. Ebenso sind die im Unternehmen tätigen Mitarbeiter und Führungskräfte mit ihren gestiegenen Erwartungshaltungen und veränderten Werteinstellungen, die aufgrund der zunehmen-

---

[35] Pfohl, a.a.O., S. 30 ff.

[36] Schreyögg/Steinmann, a.a.O., S. 394

[37] Dörner, Die Logik des Mißlingens, S. 247 ff.

[38] Hertz, Systemanwendung in der Unternehmungspraxis, S. 95

[39] Mann, Das ganzheitliche Unternehmen, S. 28

[40] Szyperski, Forschungs- und Entwicklungsprobleme der Unternehmungsplanung, S. 26; Pfohl, a.a.O., S. 252

[41] Coenenberg/Baum, Strategisches Controlling, S. 21

den Konkurrenz und Technologien veränderten Betriebsabläufe sowie die komplexer gewordene Umwelt mit in die Überlegungen einzubeziehen[42].

Die qualitative Veränderung der Planung läuft darauf hinaus, den **Systemansatz als Grundlage für die Planung** heranzuziehen.

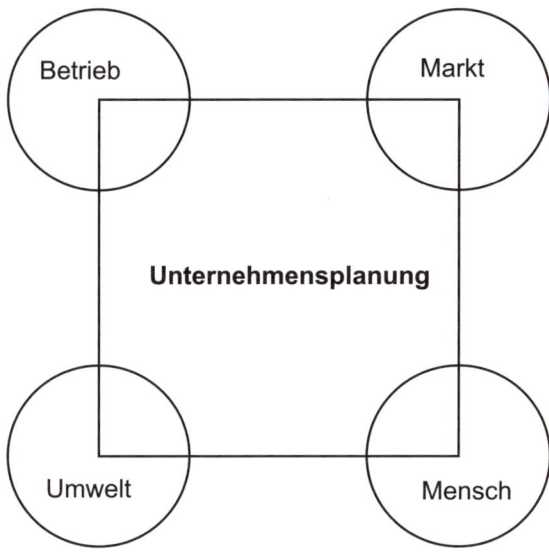

Abb. 4.6   Engpassorientiertes Anforderungsprofil der Unternehmensplanung

Erfahrungen gerade aus der Praxis der Unternehmensberatung zeigen, dass die wirklich relevanten Informationen bzw. das Verstehen eines komplexen Systems in der Regel nur im Verlauf des Arbeitens in und mit dem System gewonnen werden können[43]. Dementsprechend wird von der Unternehmensplanung erwartet, dass sie bei der Lösung ihrer Aufgaben **alle relevanten Einflussfaktoren berücksichtigt**, d. h. das Risiko von Fehlplanungen soll also durch ganzheitliches Denken verringert werden[44]. Diese Einflussfaktoren sind zum einen endogene Variable, die vom Entscheider beeinflusst werden können; zum anderen sind auch nicht-beeinflussbare (exogene) Variable zu berücksichtigen[45].

Planung vollzieht sich wie alles menschliche Denken über komplexe Sachverhalte auf der Basis von **Modellen** über diese Sachverhalte; zwar löst die Modellierung selbst keine Probleme, jedoch werden reale Probleme ohne Modellbildung, wenn überhaupt, wahrscheinlich

---

[42]   Ebenda, S. 22 f.

[43]   Malik, Strategie des Managements komplexer Systeme, S. 515

[44]   Daenzer, a.a.O., S. 21 f.

[45]   Pfohl, a.a.O., S. 30 f.

nur minder effektiv und effizient erkannt und gelöst[46]. Von großer Bedeutung für die Eignung von **Planungsmodellen** ist, dass sie als Abbildungen des zu lösenden Sachproblems die gleiche Struktur wie das Sachproblem aufweisen sollten, d. h. sie sollten **isomorphe Abbildungen** des zugrunde liegenden Sachproblems sein. In der Regel sind die verwendeten Planungsmodelle nur ähnliche (=homomorphe) Abbildungen des realen Sachproblems, was die Aussagekraft bzw. die Brauchbarkeit daraus abgeleiteter Pläne als Führungsinstrumente mindert[47]. Es muss sogar davon ausgegangen werden, dass angesichts der vorherrschenden Komplexität und Dynamik die Abbildung der Problemstruktur in der Planungspraxis in einem **vereinfachten Modell** der Realität versucht wird[48]. Die Planung soll dazu beitragen, die hohe Umwelt- und Aufgabenkomplexität und -dynamik, die zu Unsicherheit und Ambiguität führen, zu reduzieren[49]. Vorgeschlagen wird dazu, komplexe Probleme in Teilprobleme aufzugliedern, um nach Möglichkeit zu wohlstrukturierten Unterproblemen zu gelangen, die sich leichter behandeln lassen[50]. Vor allem die entscheidungsorientierte Betriebswirtschaftslehre hat diese Möglichkeit als wesentliche Aufgabe der Planung herausgestellt[51]. Die Zerlegung eines zu komplexen, nicht lösbaren Grundproblems in isoliert zu behandelnde Teilprobleme bringt es aber mit sich, dass die Beziehungen zwischen den Variablen der einzelnen Teilprobleme verloren gehen[52]. Bei aller perfekten Planung im Detail, führen unsichtbare **Vernetzungen** in der Regel gerade dort zu Problemen, wo sie am wenigsten erwartet werden[53].

Diese Vorgehensweise entspricht weitgehend einer **inkrementalen Planung**. Bei der inkrementalen Planung dominieren Aspekte der Machbarkeit („muddling through"). Es wird in der Regel auf eine Gesamtkonzeption verzichtet, indem nur die drängendsten Teilprobleme eines Gesamtproblems aufgegriffen werden[54]. Dagegen wird mit der **holistischen Planung** versucht, Probleme durch eine umfassende Planung ganzheitlich zu lösen. Die holistische Planung birgt allerdings ebenso wesentliche Schwächen in sich. In einer Welt der Diskontinuitäten gibt es ein **Dilemma**, das für das Verhältnis zwischen inkrementaler und holistischer Planung charakteristisch ist: „Während der Bedarf an holistischer Planung in dem Maße zunimmt, in dem die Anwendungsvoraussetzungen für ihren erfolgreichen Einsatz ungünstiger werden, wird umgekehrt ein rein inkrementales Problemlösungsverhalten

---

[46] Szyperski/Winand, Zur Bewertung von Planungstechniken im Rahmen einer betriebswirtschaftlichen Unternehmensplanung, S. 198

[47] Schweitzer, Planung und Kontrolle, S. 22 f.

[48] Pfohl, a.a.O., S. 30; Schweitzer, Planung und Kontrolle, S. 20

[49] Staehle, Management, S. 506; Bleicher, Die Entwicklung eines systemorientierten Organisations- und Führungsmodells der Unternehmung, S. 4

[50] Küpper, Industrielles Controlling, S. 905

[51] Adam/Witte, Merkmale der Planung in gut- und schlechtstrukturierten Planungssituationen, S. 382

[52] Ebenda, S. 384

[53] Vester, Leitmotiv vernetztes Denken, S. 8 ff.

[54] Meyer zu Selhausen, Inkrementale Planung, Sp. 748 f.

um so gefährlicher, je eher es von den Planungsbedingungen (nämlich dem Ausmaß an Umweltkomplexität) her geboten scheint"[55].

Angesichts der aufgeführten Schwierigkeiten für die Unternehmensplanung gilt es nun Überlegungen anzustellen, wie die mit der Planung involvierte Beschäftigung mit zukünftigen Entwicklungen erfolgreicher angegangen werden kann. Einen Verzicht auf die Planung kann sich im Grunde genommen kein Unternehmen leisten, das auf Wettbewerbsmärkten tätig ist. Wenig hilfreich erscheint die Behauptung, Controlling lebe nicht von richtiger Planung, sondern von der falschen. Erst über die festgestellten Abweichungen werden detaillierte Untersuchungen und die Suche nach Gegensteuerungsmaßnahmen ausgelöst, die das Controlling in einen Lernprozess einbeziehen. Allerdings wurde schon darauf hingewiesen, dass die zugrunde liegende Feedback-Steuerung nicht ausreicht, um ein wirksames Controlling zu gewährleisten. Erforderlich ist vielmehr eine **Feedforward-Steuerung**, die hilft durch rechtzeitige Aktionen ungewollte Entwicklungen zu vermeiden[56]. **Qualitative Prognosetechniken**, wie die Delphi-Methode oder die Szenario-Technik, können ebenso wie Früherkennungssysteme einen Beitrag leisten, die Planung zu verbessern[57]. Vor einer Überschätzung der Möglichkeiten der Unternehmensplanung muss allerdings gewarnt werden. Gerade der Konstruktivismus führt zu einer zu optimistischen Sichtweise der Planung und damit in eine „Utopiefalle", die in einer Überschätzung der Planung besteht[58]. Die Forderung nach **wissenschaftlich begründeten Prognosen** muss als „frommer Wunsch" bezeichnet werden, verhindert doch die komplexe Einflussstruktur eine genügende Erklärbarkeit der das Realisationsergebnis bestimmenden Variablen[59]. Dennoch gibt es ein paar Ansätze, die die Unternehmensplanung in der Praxis entscheidend verbessern können:

- Auf die Notwendigkeit der Bildung von Planungsmodellen, die die Vernetzungen zwischen den Einflussfaktoren, soweit sie relevant sind, abbilden können, wurde bereits hingewiesen. Dies steht in einem engen Zusammenhang mit dem wichtigsten Merkmal der Unternehmensplanung, der Anpassungsfähigkeit, die die Integration der für die Unternehmung bedeutsamen internen und externen Entwicklungen in das Planungsmodell erfordert.

- Ausgehend von dem herkömmlichen Phasenschema der Unternehmensplanung kann nicht mehr davon ausgegangen werden, dass die Planung auf eindeutigen, vorgegebenen Frage- bzw. Problemstellungen basiert. Vielmehr beinhaltet die Ausgangssituation in Form schlechtstrukturierter Problemstellungen die Aufgabenstellung, vor allem für die strategische Planung, nach den richtigen Fragestellungen zu suchen, mit den sich das Unternehmen zur Existenzsicherung auseinanderzusetzen hat.

---

[55] Bretzke, Holistische Planung, Sp. 649 f. und Sp. 652 f.

[56] Mann, Controlling und Planung, Sp. 225 f.; Weber, Einführung in das Controlling, S. 313

[57] Bramsemann, a.a.O., S. 242–256. Diese Techniken werden in den folgenden Kapiteln eingehend dargestellt.

[58] Szyperski, Wo liegen die Fallstricke der strategischen Planung?, S. 5

[59] Schweitzer, Planung und Kontrolle, S. 43; Coenenberg/Baum, Strategisches Controlling, S. 18

- Sicherlich ist es vernünftig, in sehr komplexen und sich schnell verändernden Situationen nur in groben Zügen zu planen und möglichst viele Entscheidungen nach „unten" zu delegieren. Dies scheint gerade in japanischen Unternehmen ein wesentlicher Faktor für deren weltweiten wirtschaftlichen Erfolg zu sein. Denkbar ist auch ein völliger Verzicht auf die starre Jahresplanung, wie es einige Unternehmen unter dem Schlagwort „Beyond Budgeting" seit etlichen Jahren erfolgreich praktizieren[60].

- Die wohl häufigsten Hinweise zu einer qualitativen Verbesserung der Unternehmensplanung beziehen sich auf eine Verbesserung der Anpassungsfähigkeit bzw. Flexibilität der Planung und damit letztendlich der Unternehmung. Dahinter steht die Vorstellung in einer nur teilweise bekannten Realität die Möglichkeit zu schaffen, nachsteuern zu können.[61] Grundsätzlich entstehen Schwachstellen (auch bei der Planung) wie Problembereiche durch mangelnde Anpassung der Systeme und ihrer Subsysteme an veränderte Bedingungen.[62] Die Unsicherheit der Erwartungen soll mit Hilfe einer flexiblen Planung, die unterschiedliche Formen annehmen kann, berücksichtigt werden:[63]

  o Nach dem Prinzip der rollenden Planung werden unter Berücksichtigung des sich ständig verbessernden Informationsstandes die aufgestellten Pläne angepasst und zugleich zunehmend detailliert.

  o Durch Vorsehen von Planreserven kann Überraschungen begegnet werden. Dies bedeutet jedoch einen Verzicht auf kostenminimale Planansätze.

  o Mit der Alternativplanung werden besonders wichtige Einflussgrößen in ihren Erwartungswerten systematisch verändert.

  o In „Notfällen", wenn nicht vorhersehbare einschneidende Änderungen der Planungsprämissen eintreten, können Planänderungen notwendig werden.

  o Planrevisionen werden im Rahmen einer periodischen Überprüfung der Planziele im Hinblick auf Prämissenänderungen und vorliegende Ist-Daten durchgeführt.

  o Eine Fall-zu-Fall-Planung bietet sich bei sehr großen Turbulenzen an. Bei Bekanntwerden bestimmter, als wesentlich erachteter Umweltänderungen werden dann Pläne aufgestellt.

- Die Erwartungshaltung des Managements, dass die Planer im Unternehmen Informationen über zukünftige Trends, Chancen und Risiken etc. zur Verfügung stellen können, welche es erlauben, präzise Strategien abzuleiten, muss schleunigst revidiert

---

[60] Hope/Fraser, Beyond Budgeting

[61] Dörner, Die Logik des Mißlingens, S. 267

[62] Bramsemann, a.a.O., S. 256

[63] Agthe, Strategie und Wachstum der Unternehmung …, S. 49 ff.

werden[64]. Der Stellenwert der Planung, die nach wie vor an erster Stelle im Aufgabenkatalog des Controllers in der Praxis steht, muss ebenfalls überdacht werden. Die strategische Planung rückt dabei immer mehr in den Vordergrund. Auch die Stellung der Kontrolle im Planungs- und Kontrollsystem bedarf einer Neuorientierung.

4.1.2.1.2 Traditionelle Kontrollaufgaben und -methoden

Kontrolle und Controlling werden in der deutschsprachigen Literatur nur in Ausnahmefällen gleichgesetzt. Controlling beinhaltet neben der Kontrolle noch weitere Funktionen, wie z. B. Beratung des Managements, Informationsversorgung der verschiedenen Führungsebenen. Dennoch bleibt festzuhalten, dass der Kontrollfunktion in sämtlichen Begriffsfassungen des Controllings eine **zentrale Bedeutung** zuerkannt wird. Man kann sogar behaupten, dass die Kontrolle den „harten Kern" einer jeden Controlling-Konzeption bildet[65]. Allgemein muss die Kontrolle dem Management wesentliche und handlungsrelevante **Informationen** zur Verfügung stellen[66]. Dem Kontrollbegriff liegt inhaltlich **die Durchführung eines Vergleichs** zwischen zwei oder mehreren Kontrollgrößen zugrunde, von denen eine normativ als Vergleichswert vorgegeben wird. **Kontrollmethoden** lassen sich dann ausgehend vom kybernetischen Grundprinzip, je nachdem welche Größen miteinander verglichen werden, wie folgt unterscheiden[67]:

- Bei Ist-Ist-Vergleichen werden realisierte Größen ex post, also im nach hinein, miteinander verglichen. Damit liegt kein direkter Bezug zur Planung vor; indirekt könnten durchschnittliche Ist-Größen als Vergleichsgrößen (Soll-Größen) abgeleitet werden.

- Soll-Soll-Vergleiche werden ex ante, also im Voraus, vorgenommen. Durch solche Vergleiche ist ein direkter Bezug zur Planung gegeben – es kann die Verträglichkeit von verschiedenen Zielen überprüft werden. Somit kann die Konsistenz der von der Planung gesetzten Soll-Größen einer Prüfung unterzogen werden.

- Beim Wird-Wird-Vergleich werden prognostizierte Größen auf ihre Konsistenz hin kontrolliert. Dies kann in Bezug auf die prognostizierten Daten (Entwicklungsprozesse) als auch bei der Prognose von Wirkungen unterschiedlicher Alternativen (Wirkungsprognosen) geschehen.

- Die Soll-Ist-Kontrolle ist die am häufigsten diskutierte Kontrollmethode. Durch eine derartige Realisationskontrolle wird festgestellt, inwieweit die in der Planung gesetzten Soll-Größen tatsächlich erreicht wurden. Die Realisationskontrolle ist damit wesentlicher Bestandteil des Prinzips der Rückkoppelung (Feedback).

- Dagegen ist der Soll-Wird-Vergleich wesentlicher Bestandteil des Prinzips der Vorkoppelung. Den gesetzten Soll-Größen werden schon während der Periode prognos-

---

[64] Ansoff/Kirsch/Roventa, Unschärfenspositionierung in der strategischen Portfolio – Analyse, S. 964

[65] Ahlert, a.a.O., S. 30 f.

[66] Siller, a.a.O., S. 86

[67] Pfohl, a.a.O., S. 59 ff,; Schweitzer, Planung und Kontrolle, S. 66 f.

tizierte Wird-Größen gegenübergestellt, die Prognosen über die spätere Planrealisierung verkörpern. Soll-Wird-Vergleiche spielen eine besondere Rolle bei der Planfortschrittskontrolle, bei der schrittweise die Erfüllung eines Planes kontrolliert wird. Dies ist vor allem wichtig, wenn die Planung keine kontinuierliche Entwicklung der Ergebnisse versieht.

- Bei Wird-Ist-Vergleichen wird überprüft, ob die prognostizierten Wird-Größen, die die Prämissen der Planung waren, noch zutreffen, d. h. mit den gegenwärtigen Ist-Größen übereinstimmen. Diese Prämissenkontrolle ist erforderlich, da die Ausgangsannahmen zwischenzeitlich von der Wirklichkeit überholt sein können.

Die Vorgabe von Vergleichswerten ist Aufgabe der Planung, während die Ermittlung von Größen, die diesen vorgegebenen Vergleichswerten gegenübergestellt werden, sowie die Analyse der Abweichungen zwischen diesen Größen, Aufgabe der Kontrolle sind[68]. Kontrollinformationen, die ein Individuum **während** der Ausführung seiner Aufgaben erhält, liefern ihm Hinweise, ob sein Leistungsverhalten geeignet ist, die Soll-Werte zu erreichen. Dies eröffnet die Möglichkeit **zu lernen**, um das künftige Leistungsverhalten in der erforderlichen Weise auf die Führungsgrößen auszurichten[69].

Unter „Kontrolle" wird in der deutschsprachigen Literatur überwiegend der Vergleich zwischen vorgegebenen Sollwerten und ermittelten Istwerten in Form der **Budgetkontrolle** zum Zwecke der Überprüfung der Sollwerteinhaltung verstanden[70]. Eine strategische Kontrolle wird demzufolge in der Regel vernachlässigt. Auf die Problematik einer ausschließlich feedback-orientierten Kontrolle wurde bereits mehrfach hingewiesen – dabei ist nur noch ein „Nachsteuern" auf bereits eingetretene Fehlentwicklungen (Abweichungen) möglich. Soll-Ist-Abweichungen werden gewöhnlich mit den „falschen" Reaktionen behandelt, einem inkrementalen „Weiterwursteln" (muddling through) im Problemdschungel, ohne den eingeschlagenen Pfad rechtzeitig und grundlegend zu verlassen [71].

Kontrollen geben auf Basis dieser traditionellen Sichtweise nur Aufschluss über die Entwicklung innerhalb des durch die Planung festgelegten Rahmens – für die Unternehmung sind jedoch grundsätzlich auch andere Realitätsbereiche relevant[72]. Die Kontrollfunktion in der Unternehmung hat natürlich ebenfalls die Auswirkungen der zunehmenden Komplexität und Dynamik in mehrfacher Hinsicht zu berücksichtigen:

- Kontrolle als Ergänzung der Planung hat die Probleme bei der Prognose der Unternehmensentwicklung und der Ableitung adäquater Vergleichswerte voll mitzutragen. Tendenziell ist eine einseitige Ausrichtung der Kontrolle an quantitativen Zielen und damit eine Vernachlässigung qualitativer Aspekte festzustellen. Außerdem

---

[68] Pfohl, a.a.O., S. 20

[69] Ebenda, S. 92; Haase, a.a.O., S. 317

[70] Franken/Frese, Kontrolle und Planung, Sp. 888; Schweitzer, Planung und Kontrolle, S. 62; Schrey-ögg/Steinmann, Strategische Kontrolle, S. 399

[71] Steinle, Zukunftsgerichtetes Controlling, S. 10

[72] Franken/Frese, Kontrolle und Planung, Sp. 896

steht die Erreichung kurzfristiger Ziele im Vordergrund, wodurch Langfristziele der Unternehmung ebenfalls als zweitrangig angesehen werden.

- Hinzukommen noch kaum abschätzbare Verhaltenswirkungen der Planung und Kontrolle, bei denen es schwerpunktmäßig um Konfliktaustragung und Konsensbildung geht.

- Da die Kontrolle in der Unternehmung mit schlecht-strukturierten Informationen und Aufgaben zu kämpfen hat, liegen auch keine eindeutigen Lösungsverfahren vor, anhand derer die Qualität der gefundenen Problemlösung exakt festgestellt werden könnte. Die Kontrolle wird somit wesentlich schwieriger[73] – dies gilt ebenso für die anderen angeführten Punkte.

Angesichts dieser Probleme, wird in der betriebswirtschaftlichen Literatur vereinzelt versucht, den **Kontrollbegriff neu zu definieren** und damit der Kontrollfunktion einen veränderten Inhalt zu geben. Ausgangspunkt ist die Widerlegung des Arguments, die turbulente Umwelt ließe sich beherrschen und die Planung könne dementsprechend vom Ungewissheitsproblem entlastet werden. „Unternehmensplanung ist unvermeidlich mit (Prognose-) Ungewissheit von System und Umwelt konfrontiert"[74] – sie ist somit einer Situation der Ambiguität ausgesetzt. Insbesondere die strategische Planung erfordert eine Vereinfachung des Planungsproblems, was zu einem Spannungsfeld von Selektion und Risiko bzw. Ordnung und Überraschung führt. Der Kontrolle kommt in diesem Zusammenhang eine neue Aufgabe zu. Sie muss versuchen, Überraschungen und Veränderungsnotwendigkeiten frühzeitig zu erfassen und zu signalisieren. Damit wird der Einsicht Rechnung getragen, dass die **Richtigkeit der Planung** und des zugrunde liegenden Selektionsprozesses **immer in Frage steht**. Konsequenterweise muss dann auch das Verhältnis von Planung und Kontrolle neu bestimmt werden: Die Kontrolle tritt in ein kompensatorisches Verhältnis zur Planung, d. h. „die Kontrolle wird zur Bedingung der Möglichkeit von Planung"[75]. Die Steuerungsphilosophie der traditionellen Feedback-Kontrolle wird damit durchbrochen. Demzufolge tritt die Kontrolle aus dem Status eines nachgeordneten, an fertige Planungen angeschlossenen Prüfverfahrens heraus und begleitet den gesamten Planungs- und Realisierungsprozess, vergleichbar mit einem Alarmsystem, von Anfang an.

Es reicht allerdings nicht aus einen weiteren **Regelkreislauf** aufzubauen, bei dem die Rückkoppelungsinformation der Abweichungsanalyse einschließlich Korrekturempfehlung über den Planungsprozess in eine Vorkoppelungsinformation umgesetzt wird[76].

---

[73] Küpper, Industrielles Controlling, S. 951

[74] Schreyögg/Steinmann, Strategische Kontrolle, S. 396

[75] Ebenda, S. 396 f.

[76] Der Meinung sind: Coenenberg/Baum, Strategisches Controlling, S. 114

4.1.2.2   Wesentliche Instrumente des operativen Controllings

4.1.2.2.1   Budgetierung und Abweichungsanalyse

Budgets, Plankostenrechnung und Planmanagementerfolgsrechnung gelten als unerlässlich für die Ermittlung jener Informationen, die die verschiedenen Managementebenen für die Ausübung ihrer Controlling-Aufgaben benötigen[77]. In der Praxis des Controllers nehmen Budgets eine zentrale Stellung ein[78]. Schätzungen gehen davon aus, dass bis zu 50 % der Controller-Kapazitäten für Planung und Budgetierung verbraucht werden[79]. Allerdings beinhaltet die Budgetierungsfunktion in der praktischen Controllertätigkeit lediglich eine Prozess- bzw. Durchführungsverantwortung. Es gehört somit nicht zum **Aufgabenfeld des Controllers**, die Höhe von Budgetansätzen festzuschreiben. Dem Controller obliegt die Aufgabe, ein adäquates Budgetierungssystem aufzubauen, Budgetmöglichkeiten und -wünsche entgegenzunehmen und einen Prozess des Abgleichs zwischen diesen vorzubereiten und zu organisieren. Das Management sollte sich auf die Vorgabe globaler Budgetrichtwerte beschränken, während der Controller-Organisation die „Fein"abstimmung zugeordnet wird[80]. In traditioneller Sichtweise obliegt dem Controller auch die Kontrolle der Budgeteinhaltung mittels Soll-Ist-Vergleich und anschließenden Abweichungsanalysen. Ausgehend von einem moderneren Führungsverständnis spricht jedoch einiges dafür, diese Aufgabe den betroffenen Managementebenen und Mitarbeitern bzw. (autonomen) Gruppen zu übertragen – den eigentlichen Controllern käme dann nur noch eine beratende Funktion zu.

Die Budgetierung ist ein „uraltes" Instrument und steht im engen Zusammenhang mit dem Führungskonzept des „Management by Objectives"[81]. Die aus den Zielsetzungen abgeleiteten Planvorgaben müssen im Rahmen der Planung noch in konkrete Sollvorgaben „übersetzt" werden – diesem Steuerungszweck dient vor allem die Budgetierung[82]. Unter einem **Budget** versteht man dann eine schriftlich fixierte, wertmäßige Plangröße, die einem organisatorischen Verantwortungsbereich für eine Planperiode vorgegeben wird[83]. Budgetierung wird allgemein mit Erfolgsplanung gleichgesetzt[84]. Damit kommt deutlich der kurzfristige, operative Charakter zum Vorschein.

---

[77] Siegwart, Der Controller in der Unternehmung, S. 12

[78] Horvath, Controlling, S. 255 ff.

[79] Daum, Beyond Budgeting, S. 2/401 – 2/410

[80] Weber, Einführung in das Controlling, S. 137

[81] Albach, Theorie und Praxis der Unternehmensplanung, S.10; Munari/Naumann, a.a.O., S. 376; Götzen/Kirsch, a.a.O., S. 172 f.

[82] Krüger, a.a.O., S. 166

[83] Schweitzer/Friedl, a.a.O., S. 164; ähnlich: Horvath, Controlling, S. 255; Weber, Einführung in das Controlling, S. 128

[84] Horvath, Controlling, S. 258

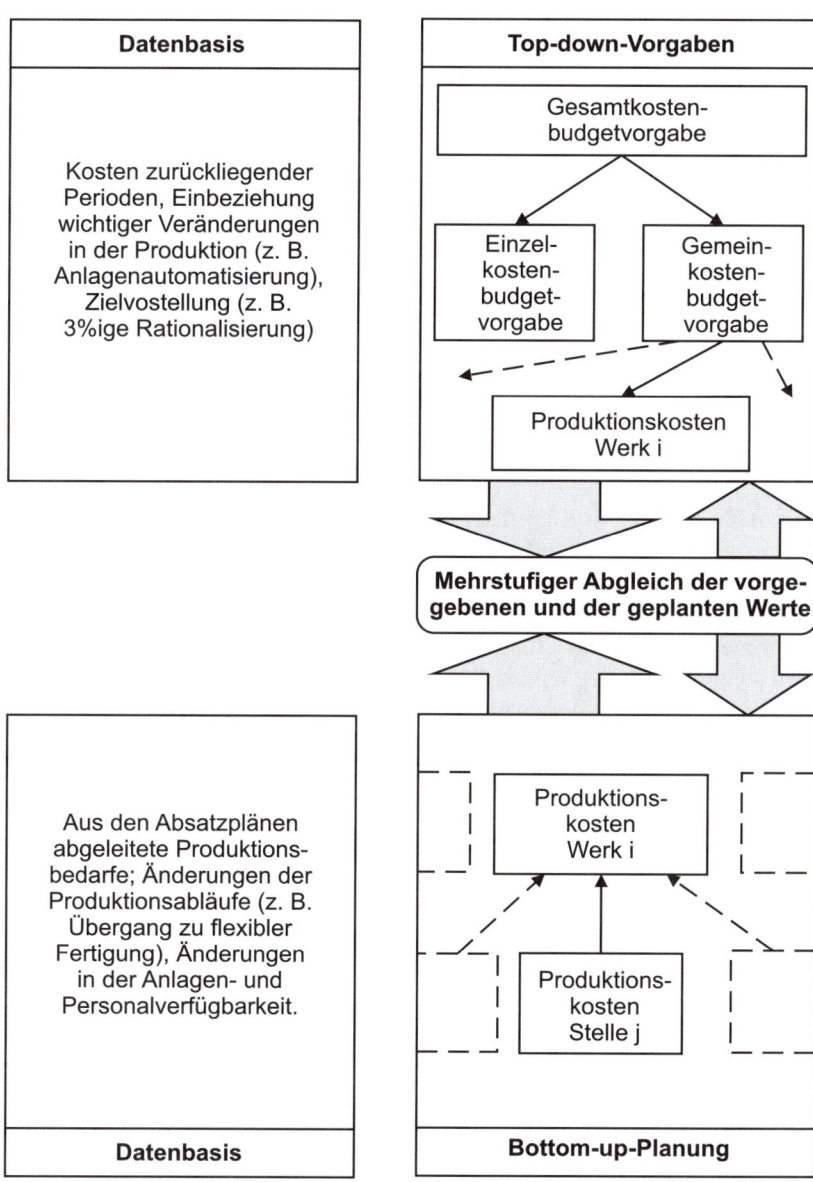

Abb. 4.7   Budgetierung im Gegenstromverfahren für Produktionskosten

Die Vorgabe von Budgets für alle Einheiten und Ebenen der Unternehmung gilt als das in der Praxis wirkungsvollste Mittel, die Entscheidungsträger zum gewünschten zielorientierten Verhalten zu bewegen[85]. Um eine Identifikation der betroffenen Führungskräfte und Mitar-

---

[85]   Weber, Einführung in das Controlling, S. 128; Küpper, Industrielles Controlling, S. 928 ff.

beiter mit den Budgetansätzen zu gewährleisten, wird das **Gegenstromverfahren** beim Budgetierungsvorgehen empfohlen. Hierbei erfolgt ein mehrstufiger Abgleich der „Top-down"- Vorgaben mit den „Bottom-up"-Planungen[86]. Ein Beispiel zu einem Budgetierung-„Fahrplan" ist in **Anlage 7** ersichtlich[87].

Budgets können wie folgt unterschieden werden[88]:

- Nach der Abhängigkeit von der Bezugsgröße (Beschäftigung) in fixe und flexible Budgets.

- Nach dem Umfang der Wertvorgaben in Budgets auf Voll- bzw. Teilkostenbasis.

- In Bezug auf Entscheidungseinheiten in Funktions-, Sparten- und Projektbudgets.

- Nach der Geltungsdauer in unterjährige Budgets, Jahres- bzw. Mehrjahresbudgets.

Für das Controlling werfen vor allem **fixe Budgets** diverse **Probleme** auf.

Fixe Budgets beinhalten Kostenarten in Kostenstellen, die sich nicht in Abhängigkeit von der Veränderung bestimmter Bezugsgrößen ändern. Die Höhe der Kosten wird von der Unternehmensführung – meist auf Basis von Vergangenheitswerten – vorgegeben, ohne dass eine **Kontrolle der Wirtschaftlichkeit** der Kostenverursachung dadurch gewährleistet werden kann. Angesichts der zunehmenden Bedeutung der indirekten Leistungsbereiche in der Unternehmung, die einen steigenden Anteil an den fixen Gemeinkosten verursachen – die meistens auf die zunehmende Komplexität zurückzuführen sind – erweist sich die herkömmliche Budgetierungspraxis als ungeeignet, eine wirksame Kostenkontrolle gemäß dem Wirtschaftlichkeitsprinzip zu erreichen[89]. Verbesserungsvorschläge kommen wiederum aus der strategisch-orientierten Literatur. Zum einen wird in der **Prozesskostenrechnung** ein effektives Instrumentarium gesehen. Des Weiteren wird eine **strategische Budgetierung** vorgeschlagen, die aus den externen Erfolgspotentialen langfristige Erlöse abzuleiten versucht und diesen langfristige Kosten aus den jeweiligen Fähigkeitspotentialen gegenüberstellt[90]. Im Rahmen der strategischen Unternehmensplanung dominieren sowieso andere Instrumente, wie z. B. die Portfolio-Analyse, die seit etlichen Jahren eingeführt sind und auf langjährige praktische Erfahrungen zurückgreifen können.

---

[86] Weber, Einführung in das Controlling, S. 132

[87] Deyhle, Management- & Controlling-Brevier, S. 134 f.

[88] Peemöller, Controlling, S. 161 f.

[89] Müller, A., Gemeinkosten-Management, Vorteile der Prozeßkostenrechnung, S. 1 – 10 und insbesondere S. 18 ff.

[90] Weber, Einführung in das Controlling, S. 141

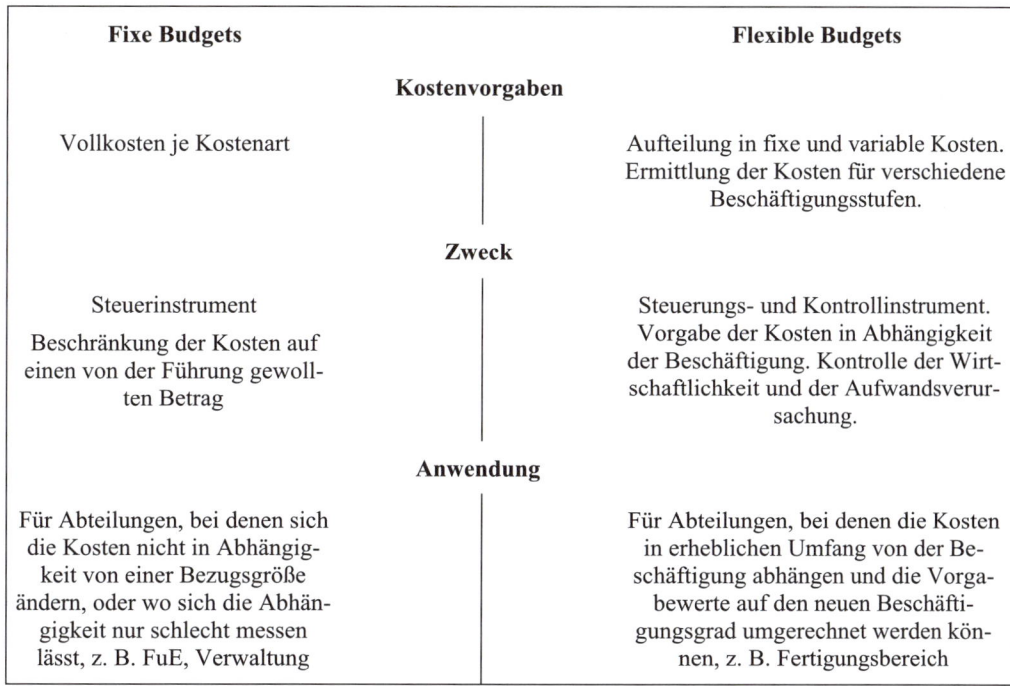

Fixe Budgets	**Flexible Budgets**
Kostenvorgaben	
Vollkosten je Kostenart	Aufteilung in fixe und variable Kosten. Ermittlung der Kosten für verschiedene Beschäftigungsstufen.
Zweck	
Steuerinstrument Beschränkung der Kosten auf einen von der Führung gewollten Betrag	Steuerungs- und Kontrollinstrument. Vorgabe der Kosten in Abhängigkeit der Beschäftigung. Kontrolle der Wirtschaftlichkeit und der Aufwandsverursachung.
Anwendung	
Für Abteilungen, bei denen sich die Kosten nicht in Abhängigkeit von einer Bezugsgröße ändern, oder wo sich die Abhängigkeit nur schlecht messen lässt, z. B. FuE, Verwaltung	Für Abteilungen, bei denen die Kosten in erheblichen Umfang von der Beschäftigung abhängen und die Vorgabewerte auf den neuen Beschäftigungsgrad umgerechnet werden können, z. B. Fertigungsbereich

Abb. 4.8   Unterschiede zwischen fixen und flexiblen Budgets

Umstritten ist, inwieweit die Budgetierung einen Beitrag zur Komplexitätsbewältigung liefern kann. Küpper sieht darin ein geeignetes Instrument der Planung und Steuerung bei schlecht-definierten Problemen, da Budgets durch das Offenlassen von Handlungsspielräumen die Eigeninitiative und Leistungsbereitschaft der Mitarbeiter fördern. An anderer Stelle stellt derselbe Autor fest, dass sich Budgets umso eher gewinnen lassen, je besser die Planungsprobleme strukturiert sind[91]. Die Erstellung von Budgets verlangt in der praktischen Anwendung eine Präzisierung detailliert geplanter Ziele und Maßnahmen in Form quantitativer ökonomischer Größen[92]. Dies ist jedoch angesichts der beschriebenen Turbulenzen und der Komplexität im Regelfall nicht möglich. Demzufolge ist, wie bereits mehrfach herausgearbeitet wurde, mit einer Vernachlässigung qualitativer und langfristiger Aspekte im Rahmen der Budgetierung zu rechnen. Eine Berücksichtigung der Vernetzung zwischen den Einflussfaktoren auf die Planvorgaben und Istgrößen ist ohnehin nicht zu erwarten. Hope/Fraser gehen sogar davon aus, dass die Budgetierung regelrecht die Effektivität von strategischen Managementsystemen, wie der Balanced Scorecard, untergräbt[93], d. h. Budgetierung und strategisches Management sind weitgehend unvereinbar.

---

[91]   Küpper, Industrielles Controlling, S. 923 f.

[92]   Pfohl, a.a.O., S. 197

[93]   Hope/Fraser, a. a. O., S. 9 und S. 156 ff.

Die **Abweichungsanalyse** steht in einem engen Zusammenhang zur Budgetierung. Allgemein gilt die Abweichungsanalyse als eines der wichtigsten Kontrollinstrumente im Rahmen des operativen Controllings. Basis der Abweichungsanalyse ist wie bei der Budgetierung die Planung der Kosten der Kostenstelle bzw. eines Verantwortungsbereichs anhand von Kostenfunktionen[94]. In der Regel wird sie anhand eines Soll-Ist-Vergleichs durchgeführt, indem bei nicht-tolerierbaren Abweichungen zwischen dem Ist- und Sollwert eine Ursachenanalyse betrieben wird[95].

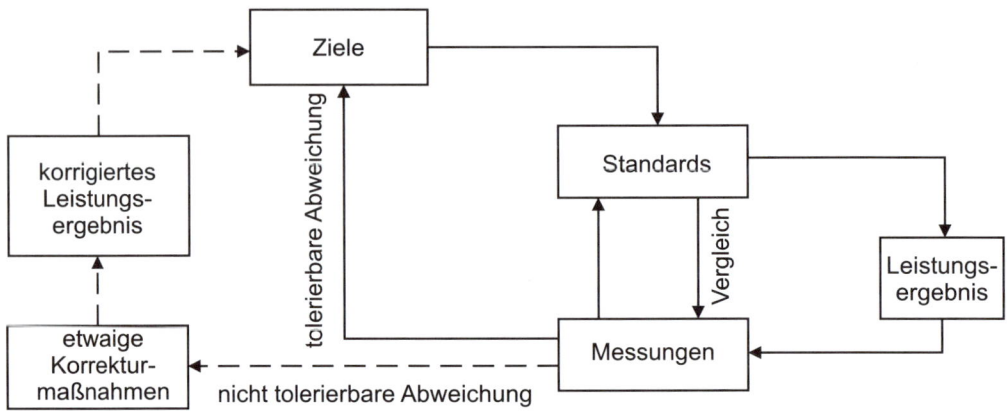

Abb. 4.9   Abweichungen im Planungs- und Kontrollprozess

Bei der Abweichungsanalyse können folgende **Phasen** unterschieden werden[96] (siehe Abb. 4.10). Im Mittelpunkt steht die Ermittlung der Hauptabweichungen, nämlich der Preis-, Verbrauchs- und Beschäftigungsabweichung. Zunächst einmal werden die **Preisabweichungen** bestimmt, indem bei gleicher Mengenbasis die Unterschiede zwischen Plan- (Verrechnungs-) Preisen und Ist-Preisen, z. B. bei den beschafften Materalien, errechnet werden. Die Berechnung der **Beschäftigungsabweichung** in den einzelnen Kostenstellen zielt lediglich auf eine Auslastungskontrolle des Fixkostenblocks (Nutz- und Leerkostenanalyse) ab[97]. Damit werden keine echten Mehr- oder Minderkosten wie bei den anderen Kostenabweichungen bestimmt, sondern es wird die im Zuge der Fixkostenproportionalisierung fehlerhafte Verrechnung der fixen Kosten ausgedrückt (bei Unterbeschäftigung zu wenig bzw. bei Überbeschäftigung zu viel)[98]. Bei der Grenzplankostenrechnung entfällt die Beschäftigungsabweichung, da darauf verzichtet wird, fixe Kosten zu verrechnen. Für das Controlling sind vor allem die **Verbrauchsabweichungen** interessant. Diese Abweichungsart beinhaltet mit festen Verrech-

---

[94]   Weber, Einführung in das Controlling, S. 153 ff.

[95]   Siller, a.a.O., S. 46

[96]   Vormbaum/Rautenberg, Kostenrechnung III für Studium und Praxis, Plankostenrechnung, S. 220

[97]   Freidank, Kostenrechnung, S. 206 ff.

[98]   Kilger, Flexible Plankostenrechnung und Deckungsbeitragsrechnung, S. 578 ff.

nungspreisen bewertete Mengendifferenzen. Wenn davon Spezialabweichungen wie Seriengrößen-, Intensitäts-, Verfahrens- und Ausbeuteabweichungen eliminiert werden, kann eine Verbrauchsabweichung als Restabweichung festgestellt werden, die bei entsprechendem Vorzeichen auf **Unwirtschaftlichkeiten** in der jeweiligen Kostenstelle hindeutet[99].

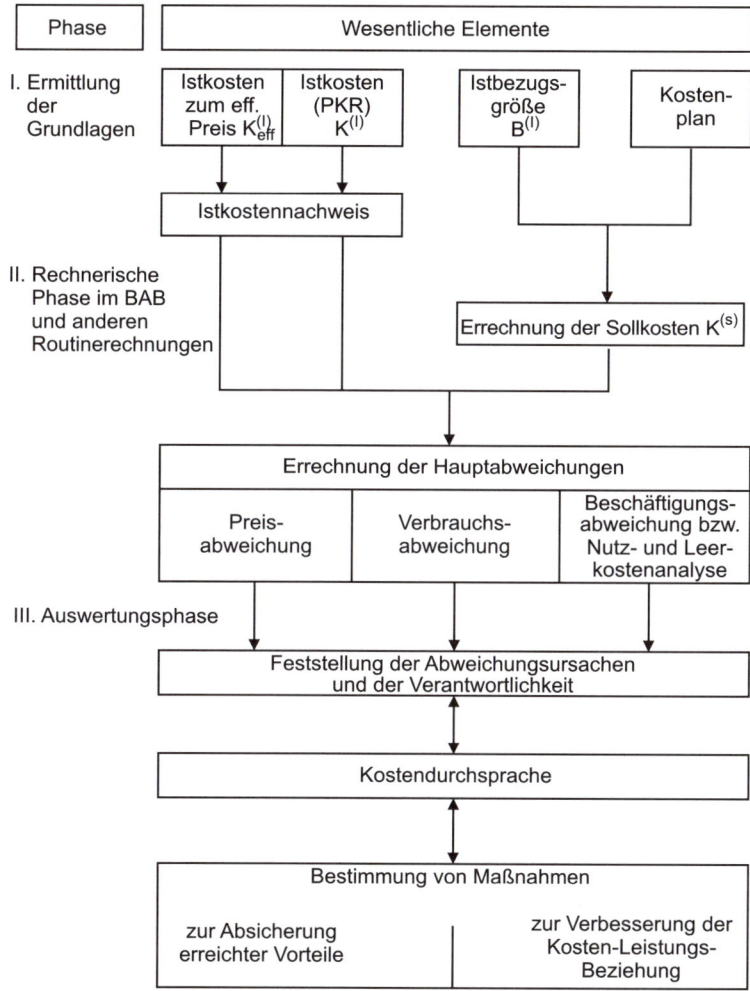

Abb. 4.10   Phasen der Abweichungsanalyse

Allerdings sind dazu noch weitere spezifische Ursachenanalysen erforderlich, um wirklich zu Unwirtschaftlichkeiten vorstoßen zu können. Die Ursachen für Abweichungen können aber

---

[99] Freidank, a.a.O., S. 209 f.; Haberstock, Kostenrechnung II – (Grenz-) Plankostenrechnung, S. 272

auch aus **Planungs-** bzw. **Ausführungsfehlern** bestehen, z. B. durch Prognosefehler bei Änderung der Planprämissen oder eine fehlerhafte Erfassung der Istwerte[100]. Gerade für die steigenden Gemeinkosten in den indirekten Leistungsbereichen erweist sich die herkömmliche Ermittlung von Verbrauchsabweichungen jedoch als untauglich, Unwirtschaftlichkeiten bei der Leistungsstellung aufzudecken[101]. Sollkosten, die auf Basis einer Bezugsgröße abgeleitet werden, können nur für die Fertigungsbereiche unproblematisch bestimmt werden. Hier zählt als Bezugsgröße die Beschäftigung (Kapazitätsauslastung). Auf dieser Grundlage werden dann bei Beschäftigungsschwankungen Verbrauchs- und Beschäftigungsabweichungen mit Hilfe des Soll-Ist-Vergleichs ermittelt.

Die Abweichungsanalyse auf Basis eines Soll-Ist-Vergleichs eignet sich in erster Linie für die kurzfristige Kontrolle, ob die Zielvorgaben einer Jahresperiode erreicht wurden. Für die kurzfristige Erfolgsrechnung empfiehlt es sich, ein **Canyon-Chart** zu benutzen, um aufzeigen zu können, wodurch das betriebswirtschaftliche Ergebnis positiv oder negativ beeinflusst wurde[102].

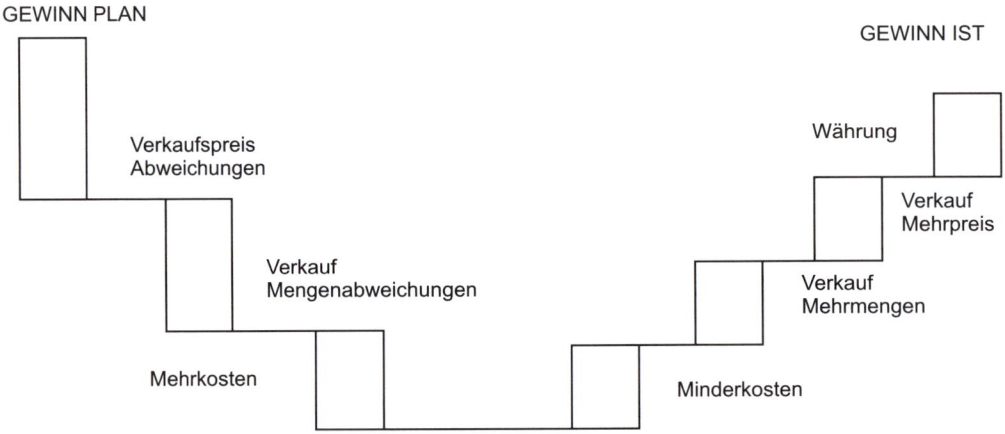

Abb. 4.11   Das Canyon-Chart zur Darstellung der Ergebnisse der Abweichungsanalyse

Mit der herkömmlichen Abweichungsanalyse sind einige **prinzipielle Schwachstellen** verbunden, die die Aussagekraft und die Steuerungsmöglichkeiten dieses Instrumentariums doch stark einschränken. Ein solches grundsätzliches Problem besteht in der Zurechnung von **Sekundärabweichungen** bei der Abweichungsermittlung. Die Sekundärabweichung, als Produkt von Mengen- und Preisänderung kann theoretisch nicht eindeutig auf die Bestim-

---

[100] Coenenberg/Baum, Strategisches Controlling, S. 117

[101] Müller, A., Gemeinkosten-Management …, S. 18 ff.; Schneider, Versagen des Controlling durch eine überholte Kostenrechnung, S. 766

[102] Siegwart, Der Controller in der Unternehmung, S. 16

mungsfaktoren Preis und Menge zugerechnet werden[103]. Deshalb behilft man sich in der Praxis mit Näherungslösungen.

Die Abweichungsanalyse als **feedback-orientiertes** Instrumentarium krankt daran, dass nur noch eine Kompensation bereits entstandener Abweichungen möglich ist. Eine Steuerung ist somit genau genommen hinfällig, d. h. das geplante Jahresziel kann nur noch erreicht werden, wenn bereits eingetretene Negativabweichungen durch positive Abweichungen in der Zukunft kompensiert werden[104]. „Wenn sich Ereignisse in betriebswirtschaftlichen Zahlen messen lassen, ist es zu spät für die Steuerung"[105]. Dies steht im Widerspruch zu der Vorstellung, die Abweichungsanalyse könne eine plankonforme Steuerung des gesamten Unternehmensgeschehens gewährleisten[106].

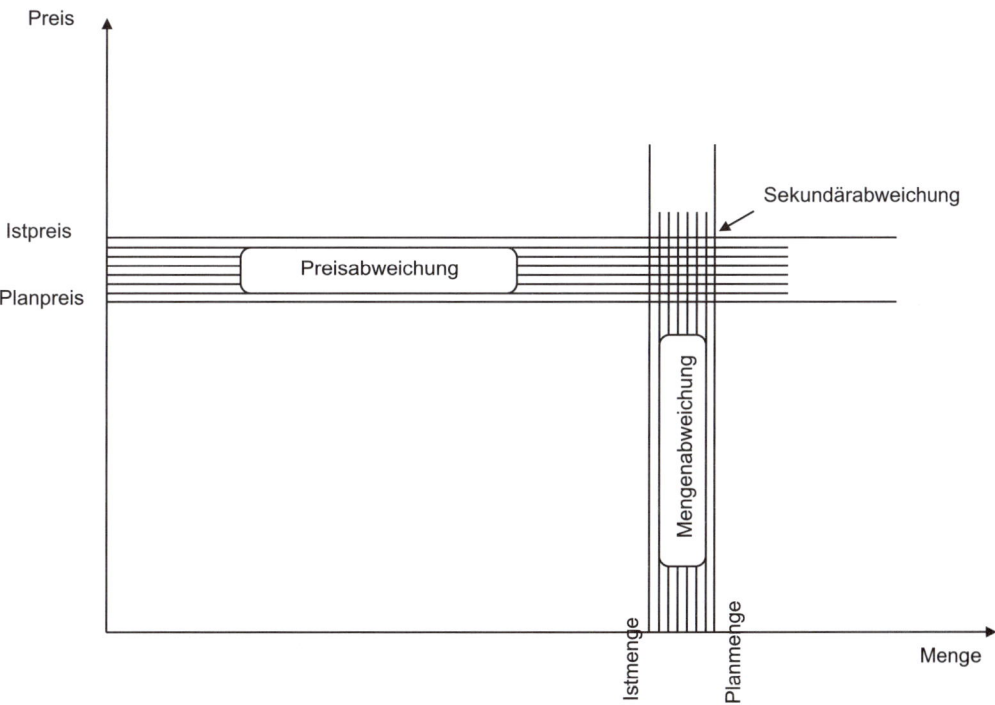

Abb. 4.12   Sekundärabweichungen im Rahmen der Abweichungsanalyse

---

[103] Horvath, Controlling, S. 539 ff.; Die Mengenabweichung beinhaltet die Beschäftigungs- und Verbrauchsabweichung; siehe auch: Günther, Ergebnisanalyse auf Basis einer flexiblen Plankostenrechnung, S. 831 ff.

[104] Mann, Das ganzheitliche Unternehmen, S. 194

[105] Mann, Anforderungen an ein strategisches Controlling, S. 474

[106] Schweitzer, Planung und Kontrolle, S. 60

Diese enge Koppelung an die Planung wurde schon als problematisch herausgearbeitet, wenn die zunehmende Komplexität und Dynamik des Unternehmensgeschehens ins Spiel gebracht wird. Eine „plankonforme" Steuerung nützt dann nichts, wenn die Planungsergebnisse bereits in Frage zu stellen sind. Demzufolge wird eine grundlegende **Neuorientierung der Kontrolle** in Form des Soll-Ist-Vergleichs gefordert, die darin bestehen muss:

- Im Sinne einer feedforward-orientierten Erweiterung ist die Einbeziehung weicher Faktoren im Rahmen des strategischen Controllings erforderlich. Dementsprechend sind Informationssysteme zu entwickeln, die auch qualitative Daten einbeziehen und das Zusammenwirken von quantitativen und qualitativen Faktoren berücksichtigen.[107]

- Außerdem hat sich das Controlling von der traditionell im Vordergrund stehenden Abweichungsermittlung im Bereich der Fertigungsdurchführung zu lösen. In Zukunft ist das Hauptaugenmerk auf die kostentreibenden Bereiche, in denen die Kosten festgelegt werden, zu richten. Dazu gehören die Investitionsplanung, FuE sowie Konstruktion, Fertigungsplanung, Beschaffung und andere administrative Bereiche.[108] Das entsprechende Instrumentarium liefern die Prozesskostenrechnung und das Target Costing Management.

- Eine Ursachenanalyse der aufgetretenen Abweichungen reicht noch nicht aus, um geeignete Anpassungsmaßnahmen (Gegensteuerung) ergreifen zu können.[109] Horvath schlägt dazu vor, nichtfinanzielle Kennzahlen heranzuziehen, um herauszufinden, welche Steuerungsnotwendigkeit besteht. Diese Messgrößen sind häufig mit Kostentreibern identisch und bilden ein Bindeglied zur strategischen Planung.[110] So betrachtet, können Abweichungen als helfende Signale für notwendige Anpassungen der Unternehmung aufgefasst werden. Hierbei sind alle Mitarbeiter im Unternehmen, insbesondere die Führungskräfte, als Teil eines Früherkennungssystems zu sehen.[111]

- Toyota verfolgt eine konsequente Prozessoptimierung mit Hilfe der Einrichtung eines Kontinuierlichen Verbesserungs-Prozesses; damit stellen sich die gewünschten finanziellen Resultate von alleine ein[112].

In der betrieblichen Praxis hat es immer wieder Versuche gegeben, aus dieser „Budgetierungsfalle" herauszukommen. Letztendlich konnten sich aber Methoden wie die Gemeinkosten-Wertanalyse und das Zero-Base-Budgeting nicht durchsetzen[113]. In jüngster Zeit wird ein radikaler Ansatz in einer breiteren Öffentlichkeit diskutiert, der es sich unter dem Begriff „Beyond Budgeting" zum Ziel gesetzt hat, die genannten Schwächen durch einen (weitgehenden) Verzicht auf Budgetierung zu überwinden. Als fundamentale Schwächen der herkömmlichen Budgetierungspraxis werden ergänzend zu den bereits genannten angeführt[114]:

---

[107] Ebenda, S. 474; Steinle, a.a.O., S. 9

[108] Siegwart/Raas, a.a.O., S. 74 f.

[109] Gegensätzlicher Meinung ist: Kupper, Industrielles Controlling, S. 945

[110] Horvath, Schnittstellenüberwindung durch das Controlling, S. 20 f.; Krystek/Müller-Stewens, a.a.O., S. 114

[111] Mann, Das ganzheitliche Unternehmen, S. 57

[112] Liker, a. a. O., S. 351 ff.

[113] Müller, A., Gemeinkosten-Management, S. 54 ff.

[114] Hope/Fraser, a.a.O., S. 3 – 13 und S. 54; Daum, Beyond Budgeting, S. 2/401 f. und S. 2/408 ff.

- Die Budgetierung ist Ausdruck einer „command and control"-Kultur, die sich mit einem modernen Führungsverständnis nicht vereinbaren lässt. Budgetierung verbraucht eine Unmenge an Zeit für einen ungewissen Nutzen. Eine US-Benchmarkingstudie zeigt, dass Unternehmen durchschnittlich mehr als 25.000 Mitarbeitertage pro Milliarde US-Dollar Umsatz in den Planungs- und Performance Measurement-Prozess investieren. Schätzungen gehen davon aus, dass bis zu 50 % der Controller-Kapazitäten für Planung und Budgetierung verbraucht werden.

- Planungs- und Budgetierungssysteme erzeugen Prognosen in zwei Kategorien,

    o Zunächst gibt es die „Morgen wird das Wetter so wie heute"-Version. Für diesen Fall drängt sich die Frage auf, warum so viel Zeit für Forecasts verschwendet wird.

    o Die zweite Version lautet, „Morgen haben wir anderes Wetter als heute". In diesem Fall sind exakte Forecasts und Budgets kaum möglich.

- Fixierte Leistungsvereinbarungen in Form von Budgets lähmen Entscheidungen und können zu Buchungstricks führen. Empirische Untersuchungen kommen zu dem Schluss, dass Budgettricks und –manipulationen weit verbreitet sind.

- Finanzielle Abweichungen von den geplanten Vorgaben können im Regelfall kaum etwas über die Ursachen des eigentlichen Problems aussagen. Intangible Assets als Vorsteuergrößen werden im Budgetierungsprozess erst gar nicht berührt.

- Budgets können Kosten nicht begrenzen, im Gegenteil es werden Reserven in das Budget eingeplant sowie Strukturen und Prozesse nicht hinterfragt. Die entscheidenden Kostentreiber werden damit nicht ersichtlich.

- Budgetierung fördert inkrementelles Denken und politisches Agieren der Manager.

- Die schnelle Anpassungsfähigkeit des Unternehmens wird dadurch behindert.

- Budgetbasierte Steuerung ist in der Praxis auf Misstrauen aufgebaut, erzieht die Manager zur Unselbstständigkeit und hält sie in einer markt- und kundenfernen Scheinwelt gefangen.

Hope/Fraser sehen Beyond Budgeting als ein alternatives Managementmodell, das

- zum einen eine verstärkte Einbeziehung und Empowerment der Mitarbeiter in den dezentralen Einheiten und damit eine Verlagerung der Leistungsverantwortung beinhaltet.

- Zum anderen wird ein Performance Measurement gefordert, welches auf relativen Verbesserungen basierende Leistungsvereinbarungen zum Ausgangspunkt für Vergleiche mit Weltklasse-Benchmarks etc. vorsieht[115].

Damit die Verankerung des Beyond Budgeting in der Organisation umgesetzt werden kann, sind jeweils sechs Management- und Führungsprinzipien sowie Steuerungs- und Performan-

---

[115] Hope/Fraser, a.a.O., S. XV und S. 27

ce Measurement-Prinzipien zu beachten (siehe Abb. 4.13)[116]. Die Bestimmung von „Key Performance Indicators" (KPI´s) für die Zielfestlegung sollte sich eindeutig an den Leistungstreibern der jeweiligen Organisation ausrichten.

Unternehmensumfeld	**(1) Managementprozesse**	**(2) Organisation: radikal dezentralisiert**
- Investoren fordern mehr Leistung - Fehlen talentierter Mitarbeiter - Steigende Innovationsrate - Globaler Wettbewerbsdruck - Kunden können frei wählen - Höhere ethische Anforderungen - ...	-Ziele: ambitionierte, relative, eigenbestimmte KPI´s als Triebfedern nachhaltigen Erfolgs - Vergütung: teambasierte Anreize, Druck durch "Peers" bzw. Wettbewerb, die Verbesserungen kontinuierlich antreiben. - Strategie: delegierte Strategie- und Maßnahmenplanung; ereignisgetriebene Fortschreibung - Ressourcen: direkter Zugang innerhalb vereinbarter Größen; bedarfsgetriebene Allokation erhöht Reaktionsfähigkeit und vermindert Verschwendung - Koordination: dynamisch, kundengetrieben, markliche Abstimmung - Messung/Kontrolle: relative Indikatoren; vielschichtige, vielseitige Informationen für dezentrale Entscheidungen	- **Selbststeuerung:** Aufbau eines am Wettbewerb orientierten Leistungsklimas - **Herausforderung und Werte:** teambezogen, klare Werte, geteilte finanzielle Anreize - **Ergebnis-Verantwortung:** "Rückgabe" der Entscheidungsverantwortung an marktnahe Teams; Handlungsfreiheit und -fähigkeit schaffen - **Empowerment:** operative Manager haben Ressourcen zum selbstständigen Handeln - **Organisationsform:** Netzwerk kundenorientierter Teams, die Fähigkeiten und Ressourcen dynamisch teilen - **Transparenz:** offene, transparente Informationssysteme/ -prozesse

Erfolgsfaktoren

- Talentierte Mitarbeiter/ Manager
- Kundenorientierung
- Nachhaltig überlegene Leistung
- Schnelle Reaktionsfähigkeit
- Kontinuierliche Innovation
- Operational Excellence
- ...

Abb. 4.13   Gestaltungsprinzipien des Beyond Budgeting

Letztendlich verkörpern auch in diesem Modell die Fähigkeiten der Mitarbeiter den wahren Erfolgsfaktor einer Organisation und es geht um den Aufbau dauerhafter Kundenbeziehungen[117]. Demzufolge weist das Beyond Budgeting-System starke Gemeinsamkeiten mit dem Balanced Scorecard-Managementsystem auf.

Die Tauglichkeit der herkömmlichen Unternehmensplanung, insbesondere der starren Budgetierung, zur Bewältigung der zunehmenden Dynamik und Komplexität des Wirt-

---

[116] Ebenda, S. 29 ff. und S. 61 ff.; Daum, Beyond Budgeting, S. 2/413 ff.; Pfläging, a.a.O., S. 190 ff.

[117] Hope/Fraser, a.a.O., S. 151 und S. 167

schaftsgeschehens ist insgesamt doch sehr beschränkt, wie die folgende Bewertungstabelle aufzeigt.

Bewertungsschema zur Beurteilung der Ganzheitlichkeit von Controllingtools		
Betrachtetes Controllingtool:	**Unternehmensplanung/Budgetierung**	
Bewertungskriterien	Erfüllungsgrad (++ + +/- - --)	Bemerkung
Umfassende Abbildung einer Problemstellung gewährleistet?	-	Siehe Kritikpunkte!
Berücksichtigung von verschiedenen Einflussfaktoren möglich?	--	Nur monetäre Einflussgrößen
Vernetzung der Einflussfaktoren berücksichtigt?	-	Ansatzweise Kunden; eventuell Wettbewerber
Verschiedene Stakeholder-interessen integriert?	+/-	Zulieferer und teilweise Kunden
Veränderlichkeit der Problemsituation abbildbar?	+/-	Eventuell durch Flexibilisierung der Planung
Strategische Sichtweise involviert?	+	Strategische Planung als Ausgangspunkt
Praktische Handhabbarkeit gegeben?	+	Jahrelange Erfahrung, allerdings sehr hoher Aufwand

Abb. 4.14   Bewertungsschema zur Budgetierung

4.1.2.2.2   Deckungsbeitragsrechnungen

Systeme der Teilkostenrechnung, wie die Grenzplankostenrechnung und Deckungsbeitragsrechnungen, gelten allgemein als moderne Verfahren der Kosten- und Leistungsrechnung und stellen somit ein wesentliches Instrument für das operative Controlling dar[118]. Erforderlich ist bei allen Varianten eine **Kostenspaltung** der Kostenarten je Kostenstelle in variable (in der Regel proportionale) und fixe Bestandteile, wobei als maßgebliche Bezugsgröße die

---

[118] Horvath (Unter Zugzwang, S. 34) sieht die Deckungsbeitragsrechnung sogar als Hauptinstrument des Controllers an.

Beschäftigung herangezogen wird. In ihrer einfachsten Form lässt sich die Deckungsbeitragsrechnung als Methode des aus den USA kommenden Direct Costing wie folgt darstellen[119]:

$$\text{Netto-Erlöse}$$

$$\underline{- \quad \text{Grenzkosten (proportionale Kosten)}}$$

$$= \quad \text{Deckungsbeitrag}$$

Der Deckungsbeitrag dient vor allem als Grundlage für kurzfristige unternehmerische Entscheidungen, wie z. B. kostenoptimale Maschinenbelegung, Auftragsannahme. Der verbleibende **Fixkostenblock** muss zumindest mittel- bzw. langfristig von den Deckungsbeiträgen aller verkauften Erzeugnisse des Unternehmens abgedeckt werden. Teilkostenrechnungen sind gerade wegen der „Unmöglichkeit einer verursachungsgerechten Zurechnung der Gemeinkosten auf die Kostenträger – weil der größte Teil der Gemeinkosten, die Fixkosten, nicht produktabhängig ist und durch Verteilung (nach welchem Schlüssel auch immer) proportionalisiert und damit produktabhängig gemacht wird, was der Wirklichkeit widerspricht und leicht zu falschen Dispositionen führen kann"[120], entwickelt worden.

Eine generelle Problematik der Teilkostenrechnungssysteme stellt die Kontrolle des Fixkostenblocks dar. Dies ist gerade vor dem Hintergrund besonders bedeutsam, da der Fixkostenblock in Relation zu den variablen Kosten in den letzten Jahrzehnten ständig zugenommen hat[121]. Mit Hilfe einer Aufspaltung des Fixkostenblocks in Schichten bzw. Stufen hat man versucht zumindest eine größere Transparenz zu bekommen (siehe Abb. 4.15)[122].

Diese stufenweise Fixkostendeckungsrechnung (Deckungsbeitragsrechnung) verbessert zwar die Erfolgsanalyse, indem sichtbar gemacht wird, bis zu welcher „Produktionstiefe" die Deckungsbeiträge der betrieblichen Erzeugnisse zur Fixkostendeckung reichen[123]. Demzufolge wird dieses Kostenrechnungssystem gerade auch in jüngeren Veröffentlichungen als zukunftsweisend für die Kosten- und Leistungsrechnung und damit das Controlling angese-

---

[119] Mellerowicz, Planung und Plankostenrechnung, Bd II, S. 367; Seicht, Die Entwicklung der Grenzplankosten- und Deckungsbeitragsrechnung, S. 39; Müller, A., Gemeinkosten-Management, S. 28 ff.

[120] Mellerowicz, a.a.O., S. 367

[121] Müller, A., Gemeinkosten-Management, S. 1–8; eine gewisse Gegenbewegung tritt mittlerweile durch die Verringerung der Wertschöpfungstiefe und damit einhergehende Zunahme des Outsourcing auf.

[122] Agthe, Stufenweise Fixkostendeckung im System des Direct Costing, S. 404 ff.; Mellerowicz, a.a.O, S. 372 ff.; Kilger, Flexible Plankostenrechnung und Deckungsbeitragsrechnung, S. 98 ff.

[123] Kilger, Flexible Plankostenrechnung und Deckungsbeitragsrechnung, S. 99; Seicht, Die stufenweise Grenzkostenrechnung, S. 693

hen[124]. Ungelöst bleibt jedoch nach wie vor das Problem, wie der **„richtige" Umfang der Fixkosten** bestimmt werden kann[125].

Erlös-/Kostenposition	Beispiele zum Inhalt der Position
Geplante Nettoerlöse	Umsatzerlöse minus Erlösschmälerungen;
- geplante proportionale Kosten	z. B. Rohstoffkosten gemäß Rezeptur
= Plan-Deckungsbeitrag I	
- geplante Erzeugnisfixkosten	z. B. Kosten einer Spezialmaschine
= Plan-Deckungsbeitrag II	
- geplante Erzeugnisgruppenfixkosten	z. B. F&E-Kosten, Werbekosten
= Plan-Deckungsbeitrag III	
- geplante Kostenstellenfixkosten	z. B. Gehaltskosten Einkauf
= Plan-Deckungsbeitrag IV	
- geplante Bereichsfixkosten	z. B. Gehaltskosten Marketing-Leiter
= Plan-Deckungsbeitrag V	
- geplante Unternehmensfixkosten	z. B. Vergütung Vorstandsmitglieder
= Plan-Deckungsbeitrag VI	

Abb. 4.15 Schema der stufenweisen Deckungsbeitragsrechnung

Die Kontrolle der Fixkosten erfordert dementsprechend eine detaillierte Bezugsgrößenplanung, die auch von der Grenzplankostenrechnung in der Unternehmenspraxis bisher nicht geleistet wurde[126]. Diese Bezugsgrößenplanung versucht die **Prozesskostenrechnung** sowohl für die Verrechnung der Gemeinkosten auf Kostenträger als auch für die Gemeinkostenkontrolle anzubieten. Demzufolge verliert die Deckungsbeitragsrechnung bei einem ge-

---

[124] Vikas, Leistungs- und Kostenplanung im Verwaltungsbereich, S. 8/53; Reichmann/Schwellnuss/Fröhling, Fixkostenmanagementorientierte Plankostenrechnung, S. 60 ff.

[125] Mellerowicz, a.a.O., S. 278; Picot/Rischmüller, Planung und Kontrolle der Verwaltungskosten in Unternehmungen, S. 334

[126] Vikas, a.a.O., S. 8/39; Witt/Witt, Aktivitätscontrolling und Prozeßkostenrechnung, S. 35

ringer werdenden Anteil der variablen Kosten und einer Zunahme der komplexitätsbedingten Kosten, z. B. durch eine höhere Variantenzahl, an Aussagekraft für die Zwecke der kurzfristigen Programmplanung und die Bestimmung von Preisuntergrenzen[127]. Insbesondere wenn es um langfristige Kostenwirkungen geht, erweist sich die Deckungsbeitragsrechnung als untauglich, entsprechende Informationen und Steuerungsempfehlungen zu liefern[128].

Bewertungsschema zur Beurteilung der Ganzheitlichkeit von Controllingtools		
Betrachtetes Controllingtool:	**Deckungsbeitragsrechnungen**	
Bewertungskriterien	Erfüllungsgrad (++ + +/- - --)	Bemerkungen
Umfassende Abbildung einer Problemstellung gewährleistet?	--	Nur monetäre Sichtweise Siehe weitere Kritikpunkte
Berücksichtigung von verschiedenen Einflussfaktoren möglich?	--	Nur monetäre Größen
Vernetzung der Einflussfaktoren berücksichtigt?	-	Ansatzweise Kunden und eigenes Unternehmen
Verschiedene Stakeholderinteressen integriert?	-	Ansatzweise Kunden und eigenes Unternehmen
Veränderlichkeit der Problemsituation abbildbar?	+/-	Durch Verzahnung mit der Unternehmensplanung
Strategische Sichtweise involviert?	--	Typisches operatives Instrument
Praktische Handhabbarkeit gegeben?	+	Jahrelange Erfahrung; allerdings Fixkostenzuordnung

Abb. 4.16   Bewertungsschema zu Deckungsbeitragsrechnungen

---

[127] Siegwart/Raas, a.a.O., S. 237 und S. 242; Horvath, Unter Zugzwang, S. 34 ff.; derselbe, Controlling, S. 475

[128] Schulz, a.a.O., S. 131; Weber, Einführung in das Controlling, S. 299

4.1.2.2.3 Kennzahlen(systeme)

Kennzahlen(systeme) verkörpern ein weiteres Instrument, welches eine zentrale Bedeutung für das operative Controlling inne hat[129]. Allgemein stellen Kennzahlen **quantitative** Daten dar, „die als bewusste Verdichtung der komplexen Realität über zahlenmäßig erfassbare betriebswirtschaftliche Sachverhalte informieren sollen"[130]. Weber weist Kennzahlen(systemen) folgende **Funktionen** zu [131].

Funktionen von Kennzahlen

Operationalisierungsfunktion

Bildung von Kennzahlen zur Operationalisierung
von Zielen und Zielerreichung (Leistungen)

Anregungsfunktion

Laufende Erfassung von Kennzahlen zur Erkennung
von Auffälligkeiten und Veränderungen

Vorgabefunktion

Ermittlung kritischer Kennzahlenwerte
als Zielgrößen für unternehmerische Teilbereiche

Steuerungsfunktion

Verwenden von Kennzahlen zur Vereinfachung
von Steuerungsprozessen

Kontrollfunktion

Laufende Erfassung von Kennzahlen zur
Erkennung von Soll-Ist-Abweichungen

Abb. 4.17   Funktionen von Kennzahlen(systemen)

---

[129] Weber, Einführung in das Controlling, S. 200

[130] Ebenda, S. 200 f.; Richter, a.a.O., S. 201

[131] Weber, Einführung in das Controlling, S. 202

Umstritten ist, ob Kennzahlen(systeme) auch für die **Früherkennung** von Chancen und Risiken für die Unternehmung geeignet sind. Reichmann konstatiert für sein RL-Kennzahlensystem (Rentabilitäts-Liquiditäts-Kennzahlensystem), dass es der Geschäftsleitung jederzeit einen gesamtbetrieblichen Überblick ermöglicht, um bei erkennbaren Fehlentwicklungen oder positiven Entwicklungen frühzeitig reagieren und steuern zu können[132]. Wie alle bekannteren Kennzahlensysteme basiert auch das RL-Kennzahlensystem auf **operativen Erfolgsgrößen** die es nicht gestatten, steuernd in die Entwicklung von Erfolgspotentialen einzugreifen[133].

Gegen die Nutzung von Kennzahlen zur Früherkennung von Chancen und Risiken, spricht auch die damit verbundene hohe Verdichtung, die sich eher als Nachteil für die Früherkennungseigenschaften auswirkt. Zudem beruhen Kennzahlen(systeme), wenn überhaupt zukunftsorientierte Werte angesetzt werden, zumeist auf quantitativen Prognosen, die kaum in der Lage sind, neuartige Chancen und Risiken aufzuspüren[134]. Die entscheidenden Vorsteuergrößen und Umfeldentwicklungen können damit nicht transparent gemacht werden.

Eine wesentliche Funktion von Kennzahlensystemen besteht in ihrer Eigenschaft, komplexe Wirkungszusammenhänge zu erfassen und darzustellen[135]. Reichmann, der seine Controlling-Konzeption auf der Basis von Kennzahlensystemen entwickelt, erkennt zwar auch die Notwendigkeit einer integrativen Erfassung von Kennzahlen an, wobei mit Hilfe einer umfassenden Systemkonzeption Mehrdeutigkeiten in der Interpretation ausgeschaltet und Abhängigkeitsbeziehungen zwischen den Systemelementen erfasst werden können. An anderer Stelle schlägt er vor, nur quantitative Größen als Ausgangspunkt der Analyse zu wählen, um zu Erklärungsfunktionen zu kommen. Damit könnte auf recht schnelle Weise versucht werden, die Problemursache zu erfassen, um dann frühzeitig genug mögliche Gegenmaßnahmen anvisieren zu können. **Interdependenzen** zwischen den einzelnen Kausalklassen können somit vernachlässigt werden[136]. Mit dieser kausalanalytischen Vorgehensweise wird in keiner Weise den zuvor propagierten systemorientierten Anforderungen entsprochen. Ein darauf aufbauendes Kennzahlensystem krankt schon vom Ansatz her an den bereits ausführlich besprochenen Mängeln konstruktivistischer Ansätze.

Aus dem Charakter von Kennzahlen(systemen) als Führungsinstrument leiten sich allgemeine Anforderungen ab, die vergleichbar zu denen für Ziel- und Planungssysteme sind[137]. All-

---

[132] Reichmann, Controlling mit Kennzahlen …, S. 51

[133] Es ist deswegen Horvath (Controlling, S. 559) nicht zuzustimmen, der meint, dass die rechnerische Auflösung der obersten Zielgröße eine systematische Analyse der Haupteinflussfaktoren des Unternehmensergebnisses erlaubt.

[134] Krystek/Müller-Stewens, a.a.O., S. 57 ff.

[135] Oeller, Systemorientierte Unternehmungsführung mit Hilfe kybernetischer Kennzahlensysteme, S. 112; siehe auch: Siegwart, Kennzahlen für die Unternehmungsführung, S. 149

[136] Reichmann, Controlling mit Kennzahlen …, S. 19 und S. 48 f.; auch Siegwart (Kennzahlen …, S. 29) ist der Meinung, mit Hilfe von Kennzahlen könne das Management kausale Zusammenhänge erkennen.

[137] Krystek/Müller-Stewens, a.a.O., S. 47; Hopfenbeck, Allgemeine Betriebswirtschafts- und Managementlehre, S. 773

gemein wird davon ausgegangen, dass **einzelne Kennzahlen** hinsichtlich ihrer Aussagefähigkeit nur in begrenztem Umfang eingesetzt werden sollten. Insbesondere die Möglichkeit **vieldeutiger Interpretationen** schränkt ihre Anwendbarkeit stark ein[138].

Grundsätzlich können verschiedene Arten von Kennzahlen unterschieden werden, die sowohl absolute als auch Verhältniszahlen beinhalten[139].

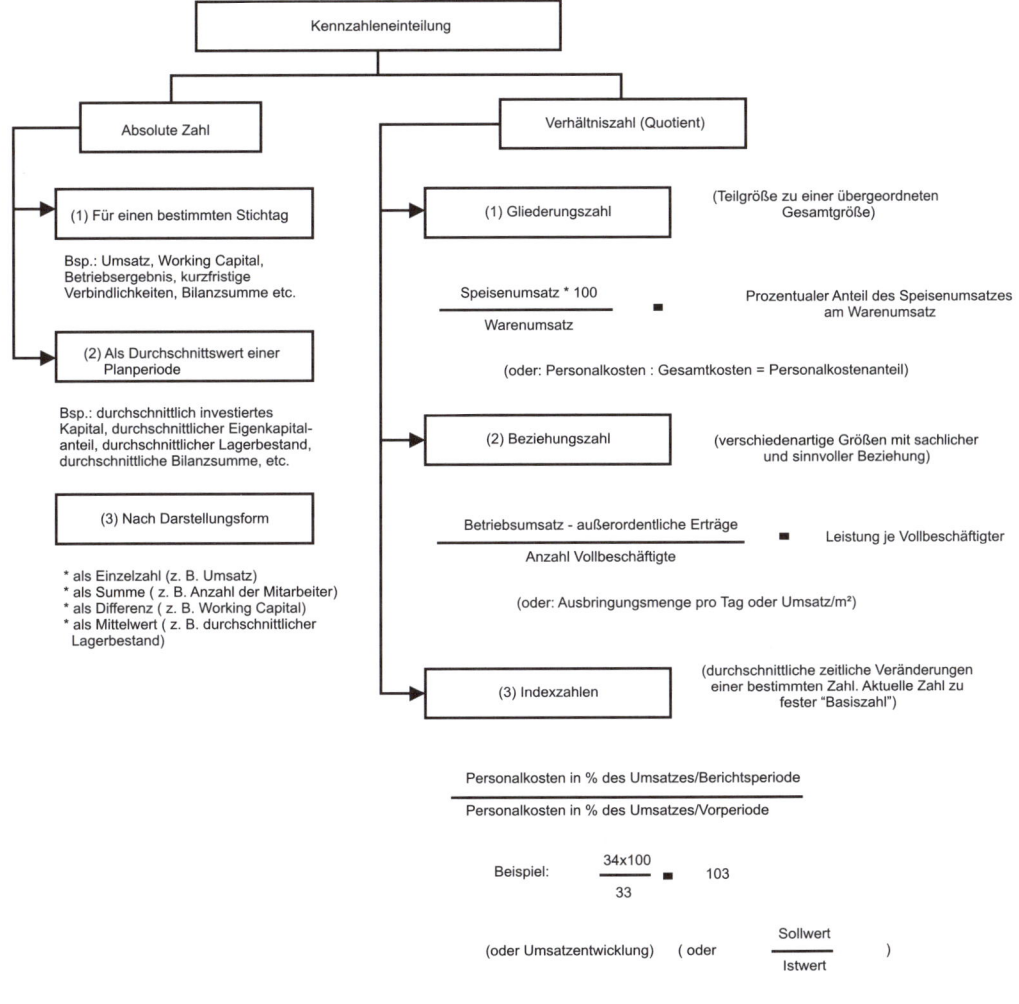

Abb. 4.18   Arten von Kennzahlen

---

[138] Staehle, Kennzahlen und Kennzahlensysteme …, S. 67

[139] Hopfenbeck, Allgemeine Betriebswirtschafts- und Managementlehre, S. 769; Siegwart, Kennzahlen für die Unternehmungsführung, S. 23; Meyer, Kundenbilanzanalyse für Kreditinstitute, S. 18

Von einem **Kennzahlensystem** wird dann gesprochen, wenn die Einzelkennzahlen zu einem System gegenseitig abhängiger und sich ergänzender Kennzahlen zusammengefasst werden. Mit Hilfe eines **Ordnungssystems** werden sie in einem bloßen Systematisierungszusammenhang gruppiert bzw. durch ein **Rechensystem** rechnerisch miteinander zu einem geschlossenen Informationssystem verknüpft[140]. „Kennzahlensysteme gehen i. d. R. von einem quantifizierbaren Oberziel aus, aus dem operationale Subziele für die jeweiligen Entscheidungsträger in der Unternehmenshierarchie abgeleitet werden". Falls mehrere Ziele berücksichtigt werden müssen, „muss versucht werden, ersatzweise mehrere getrennte Zielhierarchien mit unterschiedlichen Oberzielen zu verwenden, wobei durch die möglichen Zielkonflikte zwischen den Zielhierarchien Grenzen gesetzt werden"[141].

Bislang sind jedoch noch keine Kennzahlensysteme vorzufinden, die explizit auf der Basis theoretisch abgeleiteter Hypothesen, die empirisch bestätigt sind, fundiert wurden. Notgedrungen wird deshalb versucht, Kenntnisse über die Beziehungen von Kennzahlen auf **empirisch-induktivem** Wege zu gewinnen.

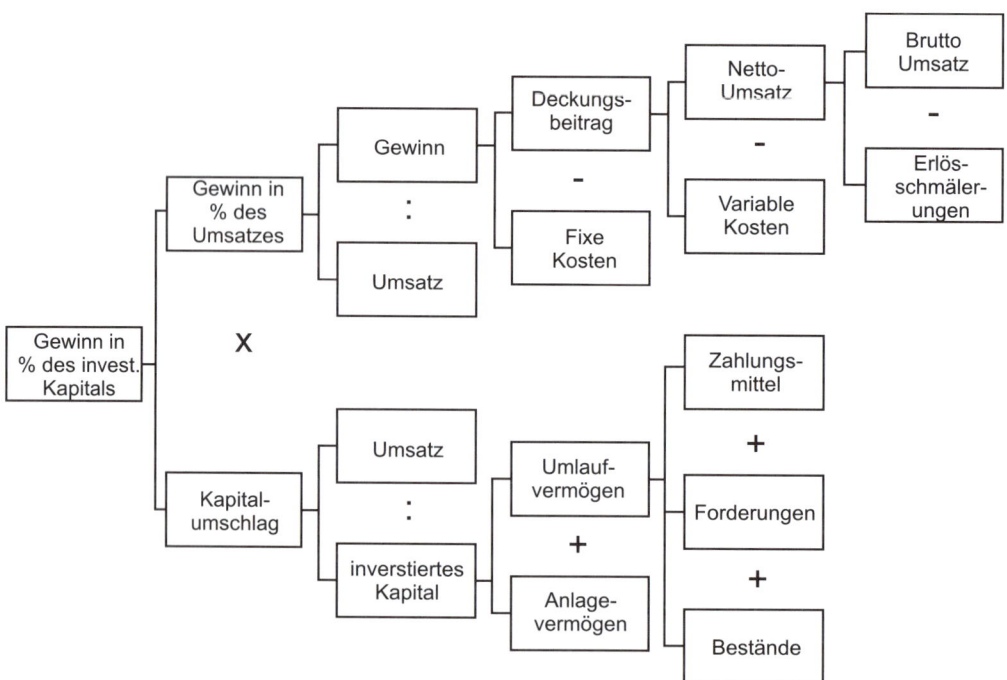

Abb. 4.19   Das DuPont-Kennzahlensystem

---

[140] Hopfenbeck, Allgemeine Betriebswirtschafts- und Managementlehre, S. 771; siehe auch: Siegwart, Kennzahlen für die Unternehmung, S. 39; Wilken, Controlling mit Kennzahlensystemen, S. 106-126

[141] Reichmann, Controlling mit Kennzahlen …, S. 20 f.; siehe auch: Hauschildt, Zielsysteme, Sp. 2425 ff.

Dabei werden aus der Fülle betrieblicher und überbetrieblicher Daten statistisch Verdichtungen für bestimmte Ziele vorgenommen[142]. Aufgrund der empirischen Untersuchung von Beaver wird beispielsweise der Kennzahl Cash Flow/Fremdkapital die größte Bedeutung beigemessen. Diese mehr theoretischen Defizite der herkömmlichen Kennzahlensysteme schränken natürlich die Möglichkeit stark ein, kausale Zusammenhänge zu erkennen und daraus Schlüsse für die Lenkung der Unternehmung zu gewinnen. Aussagen, wie „die Kennzahlen in der Planung bilden die eigentlichen Führungsgrößen für die Gestaltung und Lenkung der Unternehmung"[143], sind aus den bereits aufgeführten Gründen mit Vorsicht zu genießen und überschätzen die Bedeutung und Möglichkeiten von Kennzahlensystemen total.

Ebenso liegt eine einseitige **kausalanalytische Sichtweise** zugrunde, wenn davon ausgegangen wird, dass die rechnerische Auflösung der obersten Zielgröße (z. B. return on investment) eine systematische Analyse der Haupteinflussfaktoren des Unternehmensergebnisses erlaubt[144]. Dies offenbart eine **kurzsichtige Betrachtungsweise**, die strategische Größen (Erfolgspotentiale), die letztlich die operativen Zielgrößen im Kennzahlensystem bedingen, einfach negiert. Dadurch, dass Kennzahlen voraussetzungsgemäß durch Operationalität und quantitative Exaktheit bestechen, wird stets eine Verengung bzw. Komprimierung der relevanten Realität in Kauf genommen. Wichtige nicht-quantitative Zielgrößen und Interdependenzen werden in der Regel ausgeschlossen, z. B. werden die Auswirkungen ökonomisch-orientierter Entscheidungen auf ökologische Zielgrößen, wie Emissionsminderung, nicht beachtet[145]. Gerade in japanischen Unternehmen sind nicht-finanzielle Kenngrößen sehr verbreitet, wie Ausfall- und Stillstandszeiten, aber auch externe Kenngrößen wie Anzahl der Kundenreklamationen[146]. Im Vordergrund steht dabei die Beeinflussung der Mitarbeiter zu „richtigem" Handeln vor Ort.

Ordnungssysteme scheinen durch ihre enge Verflechtung mit der jeweiligen Problemstellung geeignet zu sein, diese prinzipiellen Mängel der herkömmlichen Kennzahlensysteme zu umgehen. Grundsätzlich bestehen Ordnungssysteme aus einer Menge von Kennzahlen, die unter einem bestimmten Blickwinkel oder von einer bestimmten Problemstellung aus zusammengehören. Die Beziehungen zwischen den einzelnen Kennzahlen müssen nicht wie bei Rechensystemen mathematisch formulierbar sein, sondern entstehen durch die Zusammenhänge, die zwischen der Problemstellung und den relevanten empirischen und theoretischen Größen vermutet werden. Ein Ordnungssystem kann mit Hilfe eines **Feedback-Diagrammes** anhand der Methodik des vernetzten Denkens dargestellt werden[147]. So betrachtet, kann die Zerlegung von Kennzahlen mit der Aufspaltung komplexer Probleme in überschaubare Sub-

---

[142] Küpper, Industrielles Controlling, S. 919 ff.; Bramsemann, a.a.O., S. 304 und S. 311

[143] Siegwart, Kennzahlen für die Unternehmungsführung, S. 125; siehe auch: Reichmann, Controlling mit Kennzahlen …, S. 35

[144] Horvath, Controlling, S. 557 ff.

[145] Weber, Einführung in das Controlling, S. 205 f.

[146] Fröhling/Wullenkord, Das japanische Rechnungswesen …, S. 72; Horvath/Seidenschwarz/Sommerfeldt, a.a.O., S. 16; Hiromoto, a.a.O., S. 133

[147] Oeller, a. a. O., S. 130 f.

probleme verglichen werden, ohne dass jedoch die Interdependenzen vernachlässigt werden[148].

Weitere Kritikpunkte an Kennzahlen(systemen) beziehen sich darauf, dass

- es sich größtenteils um zeitpunktbezogene, statische Größen handelt;
- sie meistens aus dem Jahresabschluss abgeleitet werden und somit einen nur noch historischen Wert haben;
- die Vorsteuergrößen für die Ergebnisgrößen (Kennzahlen) intransparent bleiben;
- die richtige Auswahl von entscheidender Bedeutung ist;
- sie zu einer „blinden Zahlengläubigkeit" der Entscheider und Anwender führen können;
- häufig „falsch" interpretiert werden;
- sie durch eine „Monozielausrichtung" gekennzeichnet sind, die den Zielpluralismus der Realität nicht berücksichtigt;
- Kennzahlensysteme in Form von rechnungsorientierten Pyramiden zwei entscheidende Beschränkungen aufweisen[149]:
  - o Zum einen muss die Auswahl der Spitzenkennzahl die von einer bestimmten Problemstellung aus wichtigste Information enthalten. Ist dies nicht gegeben, führt auch eine noch so sorgfältige Zerlegung zu keiner befriedigenden Lösung.
  - o Die Zerlegung in weitere Kennzahlen hängt davon ab, in wie weit mathematisch arithmetisch beschreibbare Beziehungen vorliegen. Ist eine quantitative Beziehung nicht feststellbar, kommt es ebenfalls zu unbefriedigenden Ergebnissen.

Der Stellenwert von Kennzahlen(systemen) ist demnach zu relativieren. Für die Bewältigung des zunehmend dynamischer und komplexer werdenden Wirtschaftsgeschehens sind nur sehr eingeschränkt tauglich (siehe Abb. 4.20). Allerdings besitzen sie in ihrer Anwendung vor Ort, z. B. in autonomen Gruppen, und im Tagesgeschäft eine wertvolle Steuerungsfunktion.

Verbesserungen können erreicht werden, wenn die Wechselwirkungen zwischen den Einflussgrößen auf eine quantifizierte Zielsetzung herausgearbeitet werden; dies kann mit Hilfe eines **Ishikawa-Diagramms** geschehen. Noch besser bei der Lösung dieser Problemstellung ist die Nutzung der Methodik des vernetzten Denkens, in Form eines **Feedback-Diagramms** (Netzwerks) oder einer daraus abgeleiteten **Wirkungsmatrix**. Ein Anwendungsbeispiel zur Verkürzung der Zielgröße „time to market" bei einem Automobilhersteller im Premiumsegment befindet sich in **Anhang 8/1 und 8/2**[150]. Anhand des Beispiels wird ersichtlich, dass die Vorsteuergrößen für die Erreichung der Zielgröße „time to market" aufgezeigt werden kön-

---

[148] Ebenda, S. 112 ff.

[149] Siegwart, Kennzahlen für die Unternehmungsführung, S. 145-150; Lachnith, Zur Weiterentwicklung betriebswirtschaftlicher Kennzahlensysteme, S. 219 ff.; Oeller, a.a.O., S. 139 f.

[150] Müller A., Problematik und Praxis der Messung von FuE-Perfomance, S. 39 ff.

nen. In der Wirkungsmatrix sind dies die aktiven Elemente Mitarbeiterqualifikation, Methodenwissen bzw. die Zusammenarbeit mit Wettbewerbern bei FuE-Vorhaben.

Der enge Kennzahlenbegriff kann darüber hinaus überwunden werden, wenn qualitative Einflussgrößen mit Kennzahlen in Form eines Ordnungssystems verknüpft werden. Für das FuE-Controlling könnte ein derartiges Messsystem wie folgt aussehen[151] (Abb. 4.21). Wiederum können mit Hilfe der abgeleiteten Treiber des Erfolgs die relevanten Vorsteuergrößen bestimmt werden. Beispiele sind die Implementierung eines Target Costing-Systems bzw. von „Simultaneous Engineering", aber auch eine Intensivierung der Weiterbildung und den Ausbau von Kooperationen mit Forschungsinstituten und startup-Unternehmen. Diese Treiber der FuE-Performance müssen dann durch adäquate Messgrößen regelmäßig in ihrem Erfüllungsgrad überprüft werden. Als Messgrößen sind beispielsweise ein Kundenzufriedenheitsindex, „first pass yield" und die Bewertung des Methodeneinsatzes geeignet. Hierbei helfen Kennzahlen nur z. T. weiter; ergänzend müssen Indikatoren, aber auch Befragungen, qualitative Bewertungen mit Scoringmodellen oder Beschreibungen für die Messung herangezogen werden.

Bewertungsschema zur Beurteilung der Ganzheitlichkeit von Controllingtools		
Betrachtetes Controllingtool:	**Kennzahlen(systeme)**	
Bewertungskriterien	Erfüllungsgrad (++ + +/- - --)	Bemerkungen
Umfassende Abbildung einer Problemstellung gewährleistet?	-	Nur quantitative Sichtweise Siehe weitere Kritikpunkte
Berücksichtigung von verschiedenen Einflussfaktoren möglich?	+/-	Bei Ordnungssystemen möglich
Vernetzung der Einflussfaktoren berücksichtigt?	-	Im Regelfall einseitig monetär; bei Ordnungssystemen möglich
Verschiedene Stakeholder-Interessen integriert?	-	Ansatzweise Kunden und eigenes Unternehmen
Veränderlichkeit der Problemsituation abbildbar?	-	Im Regelfall vergangenheitsorientiert und starr
Strategische Sichtweise involviert?	--	Typisches operatives Instrument
Praktische Handhabbarkeit gegeben?	+/-	Jahrelange Erfahrung; allerdings entscheidende Schwachstellen

Abb. 4.20   Bewertungsschema zu Kennzahlen(systemen)

---

[151] Ebenda, S. 38

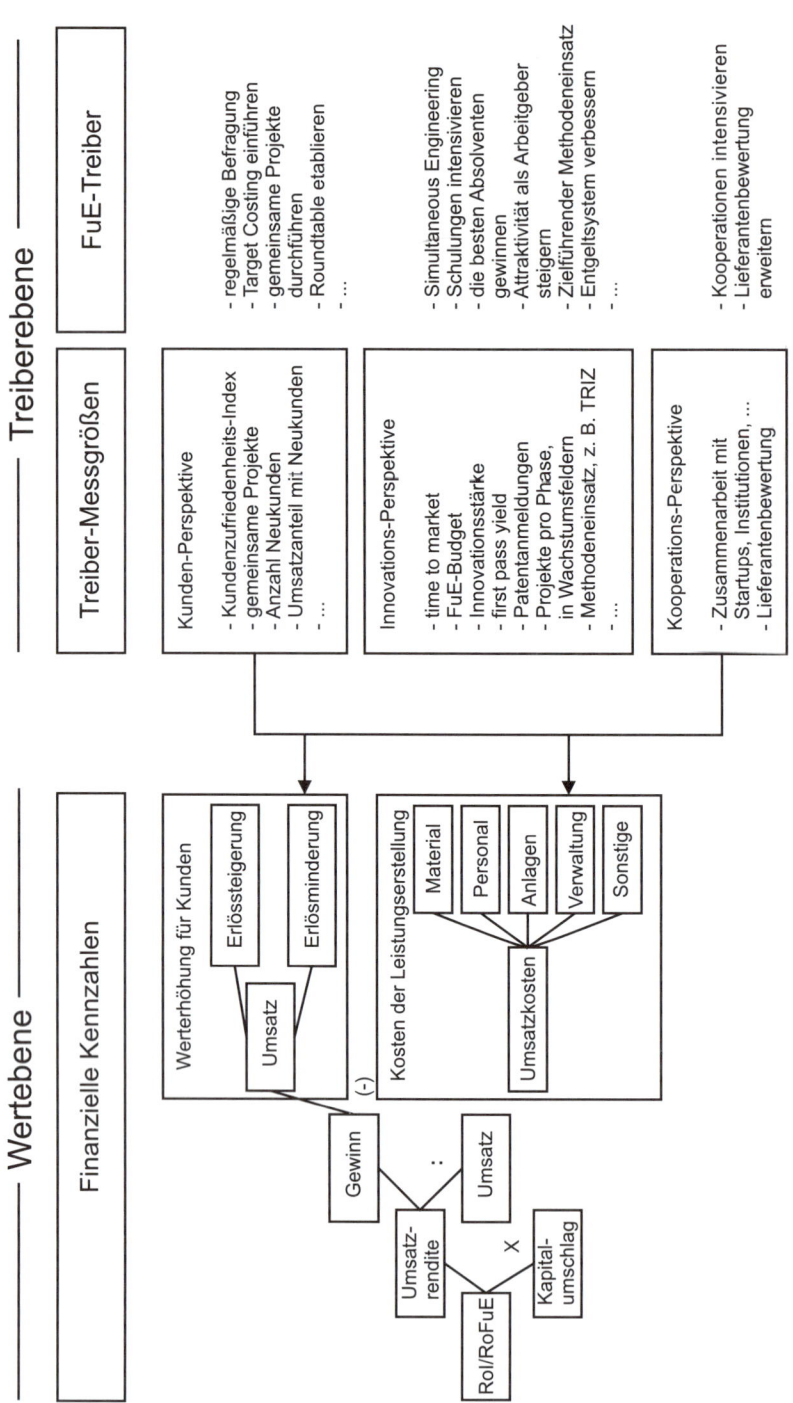

Abb. 4.21   Roi/RoFuE-Messgrößensystem

4.1.3 Prinzipielle Mängel des operativen Controllings

Bei den Aufgabengebieten und Instrumenten des operativen Controllings wurde schon mehrfach auf diverse Schwachstellen hingewiesen. In diesem Kapitel sollen grundlegende Mängel des operativen Controllings herausgestellt werden, wobei der Beitrag zur Bewältigung des komplexen und dynamischen Unternehmensgeschehens wiederum im Vordergrund stehen soll.

Das operative Controlling basiert, wie bereits betont wurde, auf den **Daten des betrieblichen Rechnungswesens**. Diese Basisdaten weisen prinzipielle Mängel auf, die eine Mithilfe bei der Bewältigung der komplexen und dynamischen Realität als nahezu unmöglich erscheinen lassen[152]:

- Zum einen wird das n-dimensionale Geschehen in der Unternehmung auf eine einzige Dimension reduziert, nämlich monetär-quantifizierte Größen. Durch diese Vereinfachung und Aggregierung wird ein Informationsverlust erzeugt.

- Des Weiteren werden strategisch bedeutsame Veränderungen der Umwelt erst dann registriert, wenn sie sich in Zahlen manifestieren. Die Antizipationsfähigkeit in einer Zeit zunehmender Dynamik des Umfeldes kann somit nicht sichergestellt werden.

Gefordert wird deshalb nicht nur eine Ausdehnung des zeitlichen Horizonts im Rahmen des betrieblichen Rechnungswesens, sondern auch eine Berücksichtigung qualitativer Daten. Außerdem wird eine Abbildung der Beziehungen zwischen den Einflussfaktoren auf den Erfolg eines Unternehmens als notwendig erachtet Damit können die entscheidenden Vorsteuergrößen der gewünschten Ergebnisse herausgearbeitet werden.

Neben den Mängeln in der Informationsversorgung wird als weiterer **Schwachpunkt das herkömmliche Planung- und Kontrollsystem** genannt. Angesichts der zunehmenden Turbulenzen exakte Daten für die Planung zu erwarten, wie es das operative Controlling eigentlich voraussetzt, ist weitgehend unrealistisch. Die zugrunde gelegten Prognosemethoden stoßen hierbei sehr früh an ihre Grenzen. Eine darauf aufbauende Kontrolle kann die aufgezeigten Planungsmängel nicht kompensieren, im Gegenteil ihr Aussagewert wird dadurch entscheidend abgewertet. Dementsprechend „kranken" auch andere Instrumente und Funktionen, wie das Berichtswesen und die betriebswirtschaftliche Beratung, an diesen grundsätzlichen Mängeln des operativen Controllings.

Zusammenfassend gilt die Aussage von Rudolf Mann uneingeschränkt[153]: Schnellere Veränderungen unserer Umwelt und längere – da komplexere – Anpassungsprobleme erzeugen eine Unzufriedenheit mit dem, was heute als Steuerungswerkzeug zur Existenz-Sicherung der Unternehmung benutzt wird. Bezogen auf das operative Controlling ist festzustellen, dass es nicht mehr weitsichtig und sensibel genug ist, um rechtzeitig und umfassend Signale zu möglichen Chancen und Risiken bzw. Stärken und Schwächen der Unternehmung zu geben.

---

[152] Horvath, Controlling, S. 430 f.; Siller, a.a.O., S. 94

[153] Mann, Anforderungen an ein strategisches Controlling, S. 465; siehe auch; Siller, a.a.O., S. 29

Zur Existenzsicherung der Unternehmung ist demzufolge eine **strategische Ausrichtung** des Controllings unbedingt erforderlich!

4.1.4 Schwerpunktverlagerung auf ein strategisches Controlling

4.1.4.1 Wesensmerkmale des strategischen Controllings

4.1.4.1.1 Unterschiede zwischen operativem und strategischem Controlling

Die Geschichte der Betriebswirtschaftslehre kann durch eine Abfolge verschiedener Lenkungs- bzw. Steuerungssysteme gekennzeichnet werden, wobei als letztes System die **strategische Führung**, gleichbedeutend mit dem **strategischen Management**, genannt werden muss[154].

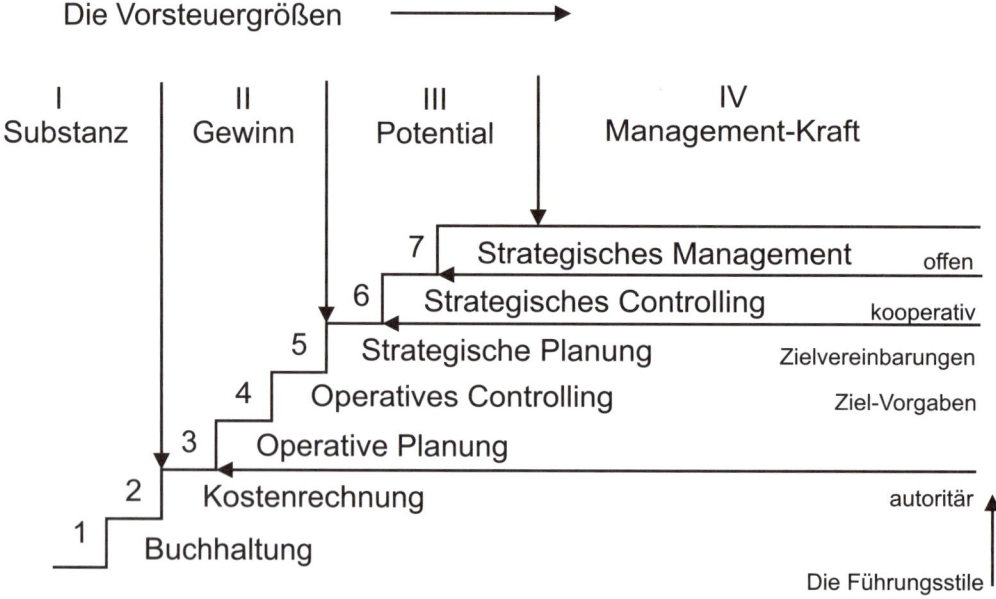

Abb. 4.22   Die Entwicklung der Unternehmenssteuerung

Strategische Planung und strategisches Controlling folgen demnach zeitlich nach dem operativen Controlling und stellen Zwischenstufen auf dem Weg zur nächsten Entwicklung, dem strategischen Management dar. Der Verfasser legt in Bezug auf die zeitliche Einordnung des

---

[154] Mann, Das ganzheitliche Unternehmen, S. 56 f.; Coenenberg/Günther, Erfolg durch strategisches Controlling?, S. 42

strategischen Controllings eine etwas andere Sichtweise zugrunde. Das strategische Controlling muss das strategische Management bei seinen Aufgabenstellungen begleiten, verkörpert also ein wichtiges Subsystem zur Unterstützung des Managements. Mit zunehmender Bedeutung der strategischen Aufgaben der Unternehmensführung haben sich auch die Controlling-Funktionen Planung, Steuerung und Überwachung sowie Informationsversorgung des Managements stärker am strategischen Denken zu orientieren[155]. Damit wird auf Basis der zugrunde gelegten **Controllingdefinition des ICV** eine andere betriebswirtschaftliche Mess- und Regeltechnik zur Generierung von Informationen verlangt als bisher üblich. Ein Vergleich mit verschiedenen Wesensmerkmalen des operativen Controllings soll das Aufgabenfeld des strategischen Controllings verdeutlichen[156]:

Controlling-Typen Merkmale	Strategisches Controlling	Operatives Controlling
Zielgrößen	Existenzsicherung, Erfolgspotentiale	Wirtschaftlichkeit, Gewinn, Rentabilität
Zeitbezug	„Unbegrenzter" zeitlicher Horizont	Planungszeitraum i.d.R. 1–5 Jahre; Budget 1 Jahr
Datenursprung	Einbeziehung der Umwelt neben Unternehmensdaten	Primär unternehmensinterne Daten
Art der Daten	Vor allem qualitative Daten („soft facts")	Quantitative Daten („hard facts")
Steuerungsgrößen	Chancen / Risiken / Stärken / Schwächen, Erfolgspotentiale	Kosten / Leistungen, Aufwendungen / Erträge, Einnahmen / Ausgaben
Kontrollarten	Prämissenkontrolle, strategische Überwachung, Durchführungskontrolle	
Ablauf	Kein momentaner Zwang zu strategischen Entscheidungen; keine detaillierte Festlegung	Ständig operative Entscheidungen zu treffen (Tagesgeschäft); exakt festgelegter Ablauf

Abb. 4.23   Vergleich zwischen strategischem und operativem Controlling

---

[155] Scheffler, a.a.O., S. 2149

[156] Diese Zusammenstellung findet sich nur bruchstückhaft in der Literatur wieder; siehe dazu: Horvath, Entwicklungstendenzen des Controlling: Strategisches Controlling, S. 406; Siller, a.a.O., S. 31 und S. 81 ff.; Scheffler, a.a.O., S. 2149; Hammer/Hinterhuber, a.a.O., S 178 f.

Das dem operativen Controlling zugrunde liegende **klassische Regelkreismodell** erweist sich als **wenig hilfreich** für die Handhabung der Controllingfunktionen im Rahmen der strategischen Unternehmensführung. „Strategische Entscheidungen entziehen sich oft den Voraussetzungen eines quanitiativ kardinalen Soll-Ist-Vergleichs". Daraus folgt, dass sich das Messinstrument **der Problemstruktur anzupassen** hat und nicht umgekehrt, wie es häufig geschieht. Qualitative Einflussgrößen sollten dementsprechend nicht über einen mehr oder minder willkürlichen Transformationsmechanismus quantifiziert werden[157].

Mit der Einführung des strategischen Controllings wird das operative Controlling nicht überflüssig gemacht. Es gilt daher, strategische und operative Aspekte im Unternehmen gleichmäßig zu berücksichtigen, wobei ein tragbarer Kompromiss zwischen den Doktrinen des **Holismus** (ganzheitliche Betrachtungsweise) und des **Inkrementalismus** (singuläres schrittweises Vorgehen) gefunden werden muss[158]. Dies betrifft vor allem die Verhaltensanforderungen für Führungskräfte, die derart verändert werden müssen, dass es zu einer „cultural transformation" kommt. Damit gemeint ist ein **Synergieeffekt** in den Bemühungen um die Erreichung eines Gleichgewichts strategischer und operativer Aspekte im Unternehmen[159]. „Die Berücksichtigung strategischer und operativer Aspekte in der Unternehmensführung und eine umfassende Umweltorientierung des Unternehmens ist zwar anspruchsvoll, jedoch im Interesse jener Anpassung an die diskontinuierliche und turbulente Wirtschaftsentwicklung notwendig"[160]. Gerade die (strukturelle) **Anpassungsfähigkeit** des Unternehmens erfordert eine annähernd **gleichmäßige Beachtung** strategischer und operativer Problemlösungsaspekte in Entscheidungsprozessen[161].

4.1.4.1.2   Unterstützung des strategischen Managements

4.1.4.1.2.1   Allgemeines zum strategischen Management

Strategisches Controlling soll zunächst einmal als Subsystem der Unternehmung verstanden werden, welches ganz allgemein das strategische Management bei seinen Aufgaben zu unterstützen hat. Diese Unterstützungsfunktion kann nur dann genauer beschrieben werden, wenn erst einmal die Aufgaben- und Problemstellungen des strategischen Managements verdeutlicht werden. Die Entstehung des strategischen Management lässt sich, wie schon die Entwicklungsgeschichte der Steuerungsinstrumente im Unternehmen in Abb. 4.22 aufzeigt, auf ein spezifisches **Führungsversagen** zurückführen, das darin bestand und immer noch besteht, dass Manager vieles bei stabilen Umfeldbedingungen unbewusst richtig gemacht haben und dabei erfolgreich waren, ihre Vorgehensweisen und Methoden jedoch bei veränderten

---

[157] Coenenberg/Baum, Strategisches Controlling, S. 120

[158] Siller, a.a.O., S. 70

[159] Ansoff/Declerck/Hayes, From Strategic Planning to Strategic Management, S. 395

[160] Siller, a.a.O., S. 74

[161] Ebenda, S. 148. Die Berücksichtigung strategischer und operativer Aspekte wird auch von anderen Autoren gefordert; siehe dazu beispielsweise: Horvath, Controlling, S. 238; Bramsemann, a.a.O., S. 135

Bedingungen auf einmal versagten[162]. Die **hauptsächlichsten Probleme**, die im Rahmen des strategischen Managements entstehen können, betreffen die Art und Möglichkeit von Zukunftsprognosen, die Grenzen der Informationsgewinnung über das unternehmerische Umfeld und die Abstimmung der angestrebten externen Strategien mit den internen Möglichkeiten[163]. Insbesondere ein operatives Denken und Handeln, um „Optimal"-Zustände, gemessen an Kriterien wie Gewinn etc., zu erreichen, kann das strategische Management geradezu behindern[164]. Im Folgenden soll unter strategischer Unternehmungsführung (=strategischem Management) verstanden werden, die

- Festlegung der Unternehmungsphilosophie
- grundsätzliche, auf längere Sicht ausgerichtete Zielbestimmung im Rahmen der Unternehmenspolitik
- Geschäftsfeld-, Funktionsbereichs- und Regionalstrategieplanung
- Organisations-, Rechtsform- und Rechtsstrukturplanung
- Führungssystemplanung mit Führungskräfte-, Informationssystem- und Anreizplanung
- zu deren Umsetzung erforderlichen Steuerungs- und Kontrollprozesse
- angestrebte Unternehmungskulturplanung (siehe auch Abb. 4.24)[165]

Strategien spielen in diesem Zusammenhang eine herausragende Rolle. Allgemein beinhalten **Strategien** Handlungsalternativen zur Erreichung der in der Unternehmenspolitik festgelegten obersten Unternehmensziele. Mit ihnen werden die **künftigen Erfolgspotentiale unternehmerischen Handelns definiert**, d. h. Unternehmensstrategien schaffen die Voraussetzungen für den dauerhaften zukünftigen Erfolg. Im Vordergrund stehen die Fähigkeiten (Stärken und Schwächen) des Unternehmens, die sich aus der Unternehmensumwelt ergebenden Anforderungen (Chancen und Risiken) zu meistern[166]. Dabei geht es, wie sofort ersichtlich ist, um die **Bewältigung äußerst komplexer und dynamischer Problemsituationen**[167]. Strategien können aus dem Verständnis heraus als Problemlösungspfade in komplexen Situationen verstanden werden[168]. Dem strategischen Controlling käme dann die Rolle eines kybernetischen Systems (im Sinne der modernen Kybernetik) zur Beherrschung der Komplexität zu[169]. An die Fähigkeiten der strategischen Führung werden in diesem Zusammenhang umfassende Anforderungen gestellt[170]:

---

[162] Trux/Kirsch, Strategisches Management …, S. 215 ff.

[163] Gomez, Modelle und Methoden des systemorientierten Managements, S. 76 f.; Krystek/Müller-Stewens, S. 174

[164] Berthel, Unternehmungsführung im Wandel?, S. 11

[165] Hahn, Strategische Führung und strategisches Controlling, S. 5 f.

[166] Pfohl/Zettelmeyer, Strategisches Controlling?, S. 150

[167] Ulrich, H./Probst, a.a.O., S. 266 f.

[168] Hinterhuber, Strategische Unternehmungsführung, S. 106

[169] Hinterhuber, Die Objektivierung der Strategie als Voraussetzung für das strategische Controlling, S. 114

[170] Hammer/Hinterhuber, a.a.O., S. 196

- Entwicklung von Sensibilität für Chancen aus der Umwelt – Unternehmensbeziehung.
- Zielorientierung als Fähigkeit klare, eindeutige und erstrebenswerte Ziele zu formulieren, zu kommunizieren und die Unternehmung danach auszurichten.
- Motivation der Mitarbeiter zum Einsatz ihrer Fähigkeiten und Kreativitätspotentiale.
- Entwicklung kreativer Lösungswege.
- Innovationsfreude.
- Durchsetzungskraft.

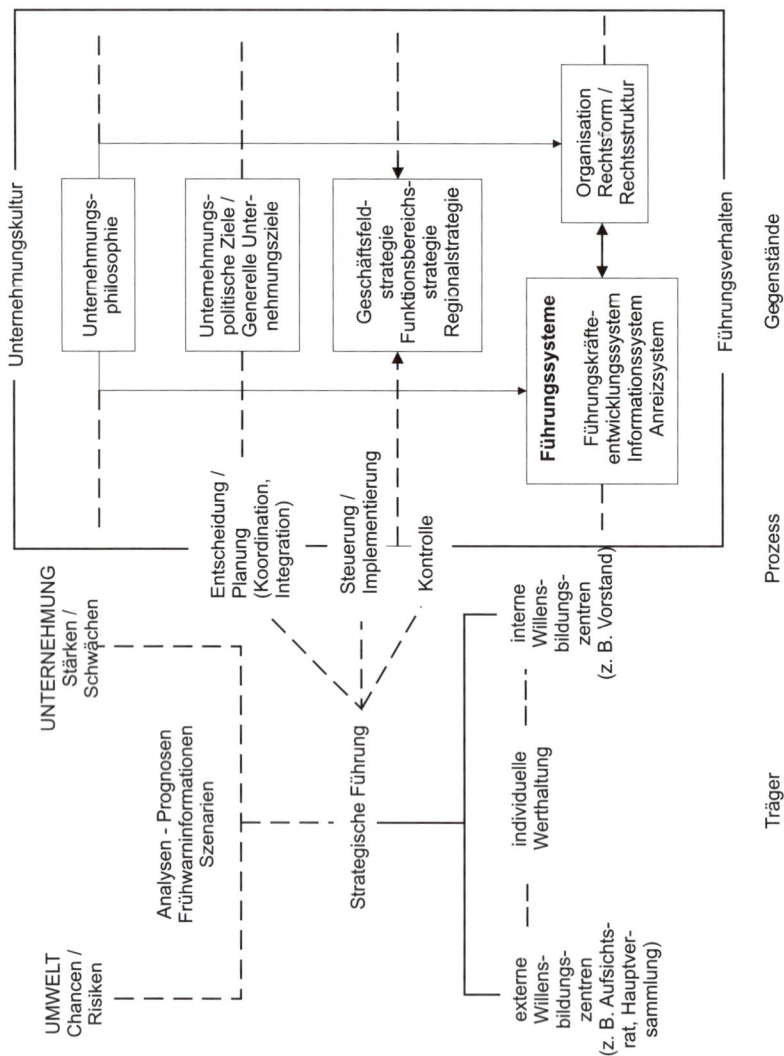

Abb. 4.24   Träger, Prozess und Gegenstände strategischer Unternehmungsführung

Eine **Schlüsselqualifikation** wird dabei im Umgang mit dem notwendigen **Wandel** der Unternehmung gesehen. Dementsprechend kann strategisches Management als „Management of Evolution" konzipiert werden. Als wesentliches Kennzeichen wäre dann die Steuerung der langfristigen Evolution der Unternehmung durch eine **konzeptionelle Gesamtsicht** der Unternehmenspolitik zu nennen. „Evolution beruht immer darauf, auf Vorhandenem aufzubauen, Bewährtes zu bewahren und vom jeweils erreichten Entwicklungsstand aus weitere Neuerungen auszuprobieren"[171].

Die **Konzeption der geplanten Evolution als Grundprinzip des strategischen Managements** würde nicht nur die Evolution der Produktlinien, Märkte und Ressourcen umfassen, sondern darüber hinaus auch die Evolution der Informations- und Planungssysteme, des betrieblichen Bildungswesens, der Absatzkanäle und Distributionssysteme und nicht zuletzt der zugrunde liegenden Organisationsstrukturen beinhalten[172].

Dem strategischen Controlling kommt dabei die entscheidende Aufgabe zu, dem Wandel das Moment der Überraschung zu nehmen, indem es rechtzeitig Gestaltungsmaßnahmen zu initiieren und ihre Durchsetzung aktiv zu steuern versucht. Dabei geht es im Grunde genommen um die **strukturelle Anpassungsfähigkeit** des Unternehmens, die es sicherzustellen gilt.

Die strukturelle Anpassungsfähigkeit ist begrifflich von Ansoff eingeführt worden und zwar als Fähigkeit zum innen geleiteten Wandel, zu Änderungen aufgrund der Wandlungserscheinungen in der Umwelt des Unternehmens aus sich heraus[173]. Da aufgrund der Dynamik und Komplexität des Unternehmensgeschehens strategische Überraschungen nicht ausgeschlossen werden können, bleiben der Unternehmung zwei Optionen:

- Benötigt wird zum einen ein leistungsfähiges Krisenmanagement, das eine rasch aktivierbare und wirksame ex-post-Reaktionsbereitschaft gegenüber unvermutet auftretenden Diskontinuitäten eröffnet.

- Zum anderen kann die Problemstellung ex ante behandelt werden, um die Wahrscheinlichkeit strategischer Überraschungen zu minimieren. Früherkennungssysteme bieten hierzu einen sinnvollen Ansatzpunkt.

- Für die Unternehmung ist es empfehlenswert, beide Optionen im Auge zu behalten[174].

4.1.4.1.2.2 Umsetzung eines neuen strategischen Denkens

Diese Sichtweise des strategischen Managements geht einher mit einer **veränderten (strategischen) Denkweise**. „Strategisches Denken tritt an, die sich beschleunigenden Veränderun-

---

[171] Malik/Probst, Evolutionäres Management, S. 125

[172] Götzen/Kirsch, a.a.O., S. 193; Kirsch/Trux, Strategische Frühaufklärung und Portfolio-Analyse, S. 48; Krystek/Müller-Stewens, a.a.O., S. 160; Ulrich, H., Unternehmenspolitik – Instrumente und Philosophie ganzheitlicher Unternehmungsführung, S. 399

[173] Siller, a.a.O., S. 137 und S. 81 f.

[174] Ansoff, Die Bewältigung von Überraschungen und Diskontinuitäten durch die Unternehmensführung, S. 234 ff.

gen im Unternehmen und im Unternehmensumfeld zur wirtschaftlichen Lenkung des Unternehmens in den Griff zu bekommen und im Idealfall dem Unternehmen Maßnahmen (=Strategien) zu empfehlen, die diese Veränderungen antizipieren. Das Unternehmen soll in die Lage versetzt werden, rechtzeitig zu **agieren** und seine Ressourcen- und Produkt-Markt-Strategien auf den Wandel einzustellen anstatt der Gefahr zu obliegen, auf Veränderungen erst dann **reagieren** zu können, wenn diese bereits eingetreten sind"[175]. Es liegt nahe, strategisches Denken zunächst mit langfristigem Denken gleichzusetzen. Dies wäre jedoch eine Fehlinterpretation des strategischen Denkens, das sich in einigen wesentlichen Merkmalen vom langfristigen Denken unterscheidet[176]:

Langfristiges Denken	**Strategisches Denken**
geht inkremental (schrittweise) vor	geht synoptisch (ganzheitlich) vor
basiert auf Trends der Vergangenheit	lässt alternative Zukünfte zu
unterstellt eine kontinuierliche Entwicklung	strebt eine Beherrschung von Diskontinuitäten an
beruht auf starken Signalen	legt schwache Signale zu Grunde
beinhaltet periodische Planungsrituale	stellt Planungen laufend in Frage
ist reaktiv angelegt	ist proaktiv angelegt
bedeutet Rigidität	bedeutet Flexibilität

Abb. 4.25   Strategisches versus langfristiges Denken

Die heutigen Strategie-Konzepte lassen schwerwiegende **Defizite im strategischen Denken** erkennen, die wie folgt zusammengefasst werden können[177]:

- Strategien streben einen Gleichgewichtszustand zwischen Unternehmung und Umfeld an, obwohl dies eher eine Ausnahme möglichen Systemverhaltens darstellt.

- Strategien liegt das traditionelle systemtheoretische Steuerungsprinzip zugrunde, das eine Reduzierung von Turbulenz und Komplexität bezweckt, anstatt eine Varietätsverstärkung zu bewirken.

- Strategien basieren auf einer ausgeprägten Zweck-Rationalität, die zu stark leistungs- und zu wenig sinnorientiert ausgelegt ist.

---

[175] Coenenberg/Günther, Erfolg durch strategisches Controlling?, S.3

[176] Bleicher, Das Konzept Integriertes Management, S. 200

[177] Wüthrich, a.a.O., S. 169 ff. und S. 172

- Strategien sind des Weiteren von einem Handlungspragmatismus geprägt und führen zur Zentralisation, die die notwendige Aktionsflexibilität nicht gewährleisten kann.

- Strategien sind stark vom ökonomischen Prinzip der Kräftekonzentration geprägt, das einem überlebensentscheidenden Risiko-Ausgleich nur ungenügend Rechnung trägt.

- Dass bei großen Turbulenzen kaum verlässliche Informationen über die Zukunft zu gewinnen sind, wird weitgehend ignoriert.

- Strategien entspringen dem klassischen Kader-Prinzip, das die partizipative Intelligenz der Mitarbeiter nicht nutzt.

- Strategien basieren auf einem eindimensionalen, auf die Konkurrenz ausgerichteten militärisch geprägten Rivalitätsmuster, das andere Aspekte, z. B. ökologische Herausforderungen und Kooperationsmöglichkeiten, vernachlässigt.

- Strategien sind von einer starken Anpassungsoptik geprägt und dem Diktat des Marktes verpflichtet, wodurch eine eigenständige unternehmerische Wirklichkeitsbildung auf einer visionären Basis wenig Beachtung findet.

Gefordert wird deswegen folgerichtig eine Denkweise, die als wesentlicher Erklärungsansatz für den japanischen Wirtschaftserfolg gelten kann und sich dementsprechend auch auf das strategische Management und das Controlling auswirkt. Gemeint ist wiederum ein **ganzheitlich-evolutionäres** Denken und Handeln[178]. In diesem Zusammenhang wird die These vertreten, dass sich zu Beginn des 21. Jahrhunderts der Übergang vom US-dominierten strategischen Management zu einem stärker ganzheitlichen Konzept der evolutionären Führung vollziehen wird, das die Besonderheiten der europäischen Kultur berücksichtigt, aber auch offen gegenüber asiatischen Kulturen ist[179]. Damit verbunden ist eine grundlegende Veränderung der Management-Philosophie von einem derzeit dominierenden reduktionistischen zu einem holistischen Weltbild (siehe Abb. 4.26)[180]. Der vorübergehende verstärkte Einsatz von Shareholder Value-Ansätzen in vielen börsennotierten Unternehmen wird diese Entwicklung nicht aufhalten können – noch dazu sind die meisten dieser Unternehmen den Beweis schuldig geblieben, bessere Leistungen und auch Gewinne zu generieren. DaimlerChrysler gilt als klassisches Beispiel einer völligen Fehlorientierung in der strategischen Ausrichtung.

---

[178] Servatius, a.a.O., S. 158; Schneidewind, Beobachtungen zur Entscheidungsfindung in japanischen Unternehmen, S. 294 f.

[179] Servatius, a.a.O., S. 158; Wüthrich, a.a.O., S. 176; Hammer/Hinterhuber a.a.O., S. 181; Bleicher, Das Konzept Integriertes Management, S. 199 und S. 484; Eggers, Ganzheitlich-vernetzendes Management; Albach, Strategische Planung und Strategische Führung, S. 3; Heinrich, Führung-vernetztes Denken ist gefordert, S. 38 ff., Ahlert, a.a.O., S. 26; Hinterhuber, Strategische Unternehmungsführung, S. 21 f. und S. 37; Mann, Das ganzheitliche Unternehmen, S. 75; Ulrich, H., Unternehmungspolitik – Instrument und Philosophie ganzheitlicher Unternehmungsführung, S. 391

[180] Bleicher, Das Konzept Integriertes Management, S. 449 ff.; siehe auch: Eggers, Ganzheitlich vernetzendes Management, S. 15 ff.

Während das Bekenntnis zu „ganzheitlichem" Denken mittlerweile durchaus spürbar verbreitet ist, sind vergleichsweise praktische Umsetzungen dieses neuen Denkens in Unternehmungen weniger häufiger anzutreffen[181]. Dies rührt sicherlich zum Teil davon her, dass ganzheitliches Denken und Handeln gerade in der Betriebswirtschaftslehre zu einem **Modebegriff** verkommen ist. Etliche Autoren benutzen den Begriff im Zusammenhang mit dem strategischen Management und auch Controlling, ohne dabei die weitreichenden Konsequenzen des ganzheitlich-vernetzten Denkens voll durchdrungen zu haben und favorisieren immer noch die „alten" untauglichen Instrumente[182]. Des Weiteren kann nicht von heute auf morgen erwartet werden, dass „asiatische" Denkweisen, die sich über Jahrhunderte entwickelt haben, ohne Probleme auf westeuropäische Unternehmenskulturen übertragen werden können. Strategische Führung ist zwar nicht mit einer Sammlung von Methoden, Werkzeugen und Systemen gleichzusetzen. Andererseits stellt sie ein Denk- und Verhaltensmuster dar, das durch Methoden, Instrumente, Systeme und Prozeduren **verstärkt und ausgebaut werden kann** (siehe dazu Kapitel 3). Das eigentliche Problem besteht darin, dass ansatzweise das US-amerikanische Management entsprechende Instrumente zwar in seinen Unternehmen eingeführt hat, aber nicht begriffen hat, dass dies nicht ausreicht. Entscheidend ist der kulturelle Wandel hin zu einer Politik der kontinuierlichen Verbesserung[183]. Damit involviert ist sicherlich ein **lebenslanges Lernen** der Führungskräfte und Mitarbeiter, deren Bereitschaft dazu geweckt werden muss und deren Fähigkeiten zum großen Teil erst entwickelt werden müssen[184].

Dem Controlling kommt dabei, was die Förderung des Lernprozesses durch Einführung neuer (ganzheitlicher) Methoden und Instrumente angeht, eine entscheidende Bedeutung zu. Zunächst einmal geht es darum, dem Management durch eine adäquate betriebswirtschaftliche Mess- und Regeltechnik, beispielsweise ein Balanced Scorecard-System, maßgeschneiderte Informationen zur Verfügung zu stellen. Eine wichtige Funktion des strategischen Controllings kann auch darin gesehen werden, das **Management** gegenüber strategischen Problemen **zu sensibilisieren**; dies kann geschehen, indem bestimmte Fragestellungen, die strategische Zusammenhänge betreffen, auf den Tisch gebracht werden[185]. Es kann geradezu als Grundgedanke des strategischen Controllings gelten, die Entscheidungsträger zur Einsicht zu bringen, dass im Fall notwendiger strategischer Entscheidungen durch eine Ausrichtung an operativen Gesichtspunkten Optionen der Zukunft bereits in der Gegenwart preisgegeben werden. Der Controller hat dementsprechend dafür Sorge zu tragen, „dass strategische Probleme von den Entscheidungsträgern nicht verdrängt, zeitlich verlagert oder aus ihren Kompetenzbereichen abgeschoben werden"[186]. Dies setzt zum einen die **Schaffung eines**

---

[181] Hub, Ganzheitliches Denken im Management, S. 69; siehe auch: Coenenberg/Günther, Der Stand des strategischen Controlling ..., S. 463

[182] Beispiele dafür sind, Deyhle, Controlling in vernetzter Betrachtungsweise; Hinterhuber, Strategische Unternehmungsführung; Horvath, Controlling; Reichmann, Controlling mit Kennzahlen ...

[183] Liker, a. a. O., S.38f.; die Aussage dürfte auch auf deutsche Manager zutreffen.

[184] Timmermann, Strategisches Denken – Lebenslanges Lernen auch für Unternehmen, S. 226 und S. 199

[185] Böcker, Strategisches Controlling ..., S. 679; Kreikebaum, Strategische Unternehmensplanung, S. 149

[186] Siller, a.a.O., S. 148 ff. und S. 69

strategischen Bewusstseins bei den Führungskräften und auch Mitarbeitern voraus, zum anderen ist es erforderlich, die **Managementsysteme** auf der strategischen Ebene **entsprechend auszugestalten**, denn ohne diese besteht für die Entscheidungs- und Handlungsträger unter dem Druck des operativen Tagesgeschäfts wenig Anlass zu einer ganzheitlichen Vorgehensweise.

REDUKTIONISTISCHES WELT-BILD		HOLISTISCHES WELTBILD
Erklärbare Welt		Verstehbare Welt
	Lebensweltliche Grundlagen	
	Menschbild	
ökonomisch-rational		ganzheitlich-komplex
	Raumbild	
Suche nach Distanz		Suche nach Nähe
konzentrisch		föderalistisch
	Zeitbild	
Linear, kurzzeitlich		Zirkular, langzeitlich
	Strukturbild	
Mono-Interessenabhängigkeit		Multi-Interessenbezug
Stabilität		Flexibilität
inweltorientiert		umweltorientiert
arbeitsteilig gegliedert		integrativ vernetzt
Misstrauen		Vertrauen
	Mitarbeiterbild	
hierarchisch		professionell-vernetzt
repetitiv-standardisiert		innovativ-differenziert

Abb. 4.26   Inhalte von Management-Philosophien

4.1.4.1.2.3   Entwicklung von strategischen Erfolgspotentialen

Hinter dem vorher aufgezeigten Management-gestützten Ansatz verbirgt sich die Betonung der Entwicklung strategischer Erfolgspotentiale bei einer gleichzeitigen Abschwächung der operativen Ausbeutung bestehender Potentiale[187]. Dieser Schwerpunkt des strategischen Managements, der in der Schaffung und Erhaltung strategischer Erfolgspotentiale zur Existenzsicherung der Unternehmung besteht, wird in der betriebswirtschaftlichen Literatur durchweg hervorgehoben[188]. **(Erfolgs-)Potentiale** verkörpern dabei immaterielle Faktoren, wie z. B. technisches Know-How, positive Unterscheidungen zum Wettbewerb in wichtigen Marktfaktoren, die in Zukunft in materielle Gewinne umgewandelt werden können[189]. Im Vordergrund des **strategischen Controllings** steht dabei eine planmäßige, systematische Erfassung sämtlicher Ereignisse, Vorgänge und Problemlösungsprozesse, die die Erfolgspotentiale des Unternehmens direkt oder indirekt beeinflussen[190]. Gemäß Gälweiler, der den Begriff „strategischen Erfolgspotentiale" als **Kombination von Kernfähigkeiten** einer Unternehmung geprägt hat, lassen sich in diesem Zusammenhang folgende Aufgabenbereiche, Orientierungsgrundlagen, Steuerungsgrößen und Zeithorizonte ableiten (siehe Abb. 4.27)[191].

Strategische Erfolgspotentiale weisen eine enge Verbindung zu Chancen und Risiken bzw. Stärken und Schwächen der Unternehmung auf[192]. „Vereinfacht ausgedrückt steht das Erfolgspotential für den Deckungsgrad von unternehmerischen Stärken und umweltbezogenen Chancen"[193]. Ebenso ist eine starke Beziehung zu „schwachen Signalen" feststellbar, wie sie mittels Früherkennungssystemen eruiert werden sollen[194]. Der **strategischen Planung** als Bestandteil des strategischen Controllings kommt dabei die Aufgabe zu, hinreichend hohe und „sichere" Erfolgspotentiale zu eruieren, aufzubauen und zu erhalten, während es bei der **operativen Planung** um die bestmögliche Realisierung der in der jeweiligen aktuellen Periode bzw. kurzfristigen Zeitspanne bestehenden Erfolgspotentiale geht[195]. Ein **Management strategischer Erfolgspotentiale** könnte dann folgendermaßen aussehen (siehe Abb. 4.28)[196]:

---

[187] Bleicher, Das Konzept Integriertes Management, S. 484

[188] Reichmann, Controlling-Konzeptionen in den 90er Jahren, S. 67; Pümpin, a.a.O., S. 9; Müller-Stewens, Strategische Suchfeldanalyse, S. 4; Gälweiler, Unternehmensplanung, S. 26 ff., Pfohl, a.a.O., S. 195 f.; Kirsch, Grundzüge des Strategischen Managements, S. 13 und S. 17 ff.; Mann, Das ganzheitliche Unternehmen, S. 58 f; Wüthrich, a.a.O., S. 19; Hammer/Hinterhuber, a.a.O., S. 179

[189] Mann, Anforderungen an ein strategisches Controlling, S. 475

[190] Siller, a.a.O., S. 154

[191] Gälweiler, Strategische Unternehmensführung, S. 34

[192] Coenenberg/Baum, a.a.O., S. 131; Horvath, Controlling, S. 238

[193] Coenenberg/Baum, a.a.O., S 37

[194] Krystek/Müller-Stewens, a.a.O., S. 162

[195] Reichmann, Controlling-Konzeption in den 90er Jahren, S. 68

[196] Ahlert, a.a.O., S. 27 ff..

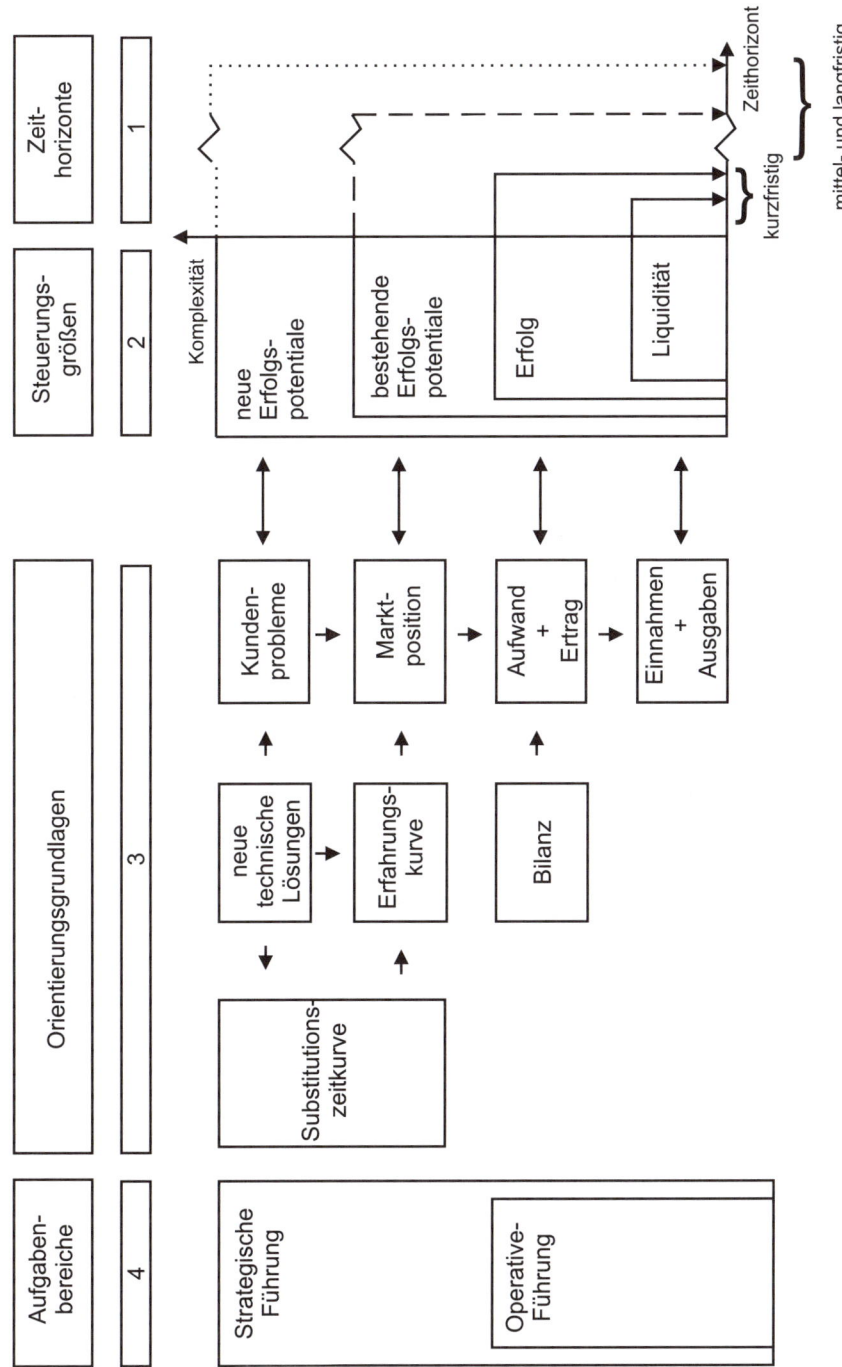

Abb. 4.27   Einordnung von Erfolgspotentialen nach Gälweiler

In Zeiten der Instabilität der Kontextfaktoren kann die **Anpassungsfähigkeit** als wichtigstes Erfolgspotential der Unternehmung angesehen werden[197]. Strategisches Management besteht dann jedenfalls zum wesentlichen Teil darin, Prozesse in Gang zu setzen und Systeme so zu gestalten und zu überwachen, die die Anpassungsleistung des Gesamtsystems gewährleisten[198].

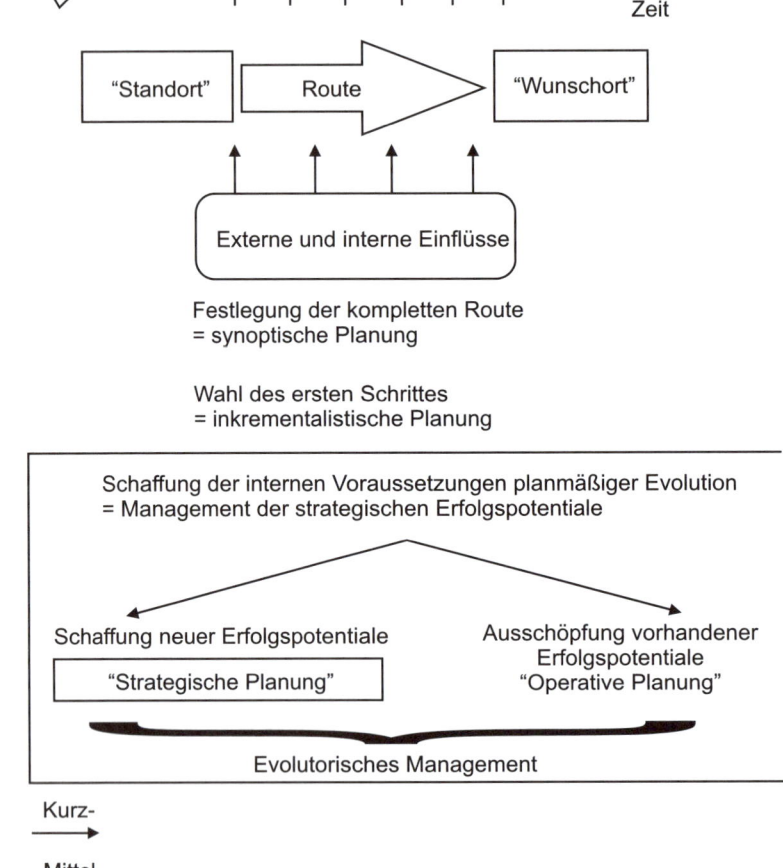

Abb. 4.28   Das Management der strategischen Erfolgspotentiale

---

[197] Ahlert, a.a.O., S. 29; Hinterhuber, Strategische Unternehmungsführung, S. 231; Picot, Strukturwandel und Unternehmensstrategie, S. 570

[198] Malik, Strategie des Managements komplexer Systeme, S. 411

Hierbei kommt dem strategischen Controlling eine bedeutsame Rolle zu. Dem Verhältnis von Stabilität und Anpassungsfähigkeit ist in diesem Zusammenhang besondere Beachtung zu schenken[199]. Der **klassische Zielkonflikt** zwischen dem deterministischen Ordnungs- und Stabilitätsanspruch der Strategie und der angesichts der zunehmenden Komplexität und Dynamik geforderten Varietät und Flexibilität rückt dabei in das Zentrum der Betrachtung[200]. Somit stellt das wichtigste Management-Problem der Zukunft die **dynamische Aktionsflexibilität** dar. Die zunehmende Autonomie der einzelnen Mitarbeiter und die dezentralisierter werdende Entscheidungsfindung verlangen eine Führung durch unausgesprochene Regeln auf der Basis indirekter, geistig kultureller Prinzipien[201].

In jüngster Zeit ist die Bedeutung von Erfolgspotenzialen im Zusammenhang mit dem Management und Controlling von **„Intangible Assets"** wieder stärker in das Zentrum der betriebswirtschaftlichen Diskussion gerückt. Untersuchungen, die die Differenz zwischen dem Marktwert und dem Buchwert des Eigenkapitals auf eben dieses Intellektuelle Kapital bzw. Intangible Assets zurückführen, weisen auf eine immense Steigerung im Zeitvergleich hin.[202]

Das bedeutet, dass für zahlreiche Unternehmen mittlerweile das **Intellektuelle Kapital** von größerer Bedeutung geworden ist als das Sach- und Finanzkapital[203]. Diese Entwicklung ist jedoch nicht nur für Unternehmen relevant, sondern gilt ebenso für Volkswirtschaften. Der „OECD report, Scoreboard 2001 – Towards a Knowledge – Based Economy", der alle zwei Jahre neu aufgelegt wird, zeigt auf, dass die Länder, die besonders intensiv in Wissensaufbau etc. investieren, die Gewinner hinsichtlich einer künftigen Wohlstandssteigerung sein werden[204]. Die top-ten Liste wird von der Schweiz, Schweden und der USA angeführt – Deutschland befindet sich nicht darunter.

Trotz der unbestrittenen Gewichtigkeit von Intangible Assets für Unternehmen und Volkswirtschaften wird dieser Bedeutung im Rahmen der **Bilanzierung** nicht annähernd Rechnung getragen. § 248 Abs. 2 HGB enthält ein Aktivierungsverbot für immaterielle Vermögensgegenstände des Anlagevermögens, die nicht entgeltlich erworben, sondern vom Unternehmen selbst geschaffen wurden[205]. Gemäß IFRS/IAS 38 verkörpert ein Intangible Asset einen identifizierbaren, nicht-monetären Vermögenswert ohne physische Substanz. Die Bilanzierungsfähigkeit von Intangible Assets erfordert darüber hinaus eine Kontrollmöglichkeit durch das bilanzierende Unternehmen, einen daraus entstehenden wirtschaftlichen Nutzen für das Unternehmen, der zumindest wahrscheinlich eintritt sowie eine zuverlässige Ermittlung der Anschaffungs- bzw. Herstellungskosten des jeweiligen immateriellen Vermögensgegenstandes. Diese strengen Anforderungen an die Aktivierung selbstgeschaffener Intangible Assets machen einen Ansatz im nennenswerten Ausmaß in der Bilanz eher un-

---

[199] Bleicher, Das Konzept Integriertes Management, S. 179

[200] Wüthrich, a.a.O., S. 156

[201] Ebenda, S. 161-169

[202] Daum, Intangible Assets oder die Kunst, Mehrwert zu schaffen, S. 18

[203] Jäger, Analysten entdecken das Human Capital, S. 16; Daum, Werttreiber Intangible Assets, S. 15 f.

[204] Edvinsson/Kivikas, New Perspectives of Leadership for Value Creation, S. 17 f.

[205] Coenenberg, Jahresabschluss und Jahresabschlussanalyse, S. 152 ff.

wahrscheinlich[206]. Insbesondere die ungenügende Kontrollmöglichkeit über den zu erwartenden zukünftigen wirtschaftlichen Nutzen, beispielsweise eines geschulten und motivierten Personals wie auch hervorragender Kundenbeziehungen, verhindern die Bilanzierungsfähigkeit dieser Intangible Assets[207]. Mitarbeiter wie auch Kunden können in aller Regel zu Konkurrenzfirmen abspringen. Aber auch die fehlende zuverlässige Ermittlung der Herstellungskosten von eben diesen Intangible Assets schließen eine Aktivierung praktisch aus.

In einigen Ländern gibt es Versuche, diese Lücke aufzufüllen[208]. Vorreiter ist die „Danish Guideline for Intellectual Capital Statements", die mit Hilfe von unterschiedlichen Kennzahlen eine Wissensbilanz zum Human-, Struktur- und Beziehungskapital verlangt. Zwar liefert die „Guideline" eine wertvolle Richtschnur für die Erstellung einer Wissensbilanz, allerdings ist das Indikatoren-Set aufgrund fehlender Zielwerte und Gewichtungen nur bedingt aussagefähig hinsichtlich der Gesamtentwicklung des Intellektuellen Kapitals. Zudem gelingt es nicht, klare Ursache-Wirkungs-Zusammenhänge zwischen den Indikatoren, Zielen und Maßnahmen herzustellen.

Selbst eine gesetzgeberische Verpflichtung von Kapitalgesellschaften bzw. größeren Unternehmen zur Aufstellung und Veröffentlichung eines entsprechenden Statements zu den Immateriellen Vermögenswerten im Jahresabschluss kann nach Ansicht des Verfassers keine ausreichende Grundlage für ein Management und Controlling der Intangibles bieten. Die betroffenen Unternehmen dürften kein Interesse an der Offenlegung der Investitionen und anderen Aktivitäten bezüglich ihrer Intangible Assets haben. Demzufolge ist zu erwarten, dass nur wenig aussagekräftige Kennzahlen, wie z. B. die Weiterbildungskosten je Mitarbeiter, an die Öffentlichkeit weitergegeben werden. Ein Einblick in die künftige Vermögens-, Finanz- und Ertragslage wird damit nicht ermöglicht.

Auch das **Interne Rechnungswesen** ist durch seine Kostenfokussierung nicht in der Lage, Bestand und Entwicklung von Intangible Assets abzubilden[209]. Es ist davon auszugehen, dass sich der Wert eines Unternehmens in erster Linie an seinen Möglichkeiten in der Zukunft und nicht nach den Umsatzerlösen und Gewinnen des letzten Jahres oder Quartals bemisst. Das Betriebliche Rechnungswesen konzentriert sich, zeitlich betrachtet, auf die falsche Seite der Wertschöpfungskette, nämlich auf ihr Ende[210]. Somit werden im Wesentlichen nur Ergebnisse gemessen, die auf Entscheidungen und Entwicklungen basieren, die im Regelfall bereits Jahre zurückliegen. Die Vorsteuergrößen des Erfolgs, nämlich die Intangible Assets, bleiben dadurch intransparent und können demzufolge nicht zielführend beeinflusst werden[211]. Dem herkömmlichen Controlling, das sehr stark operativ ausgerichtet ist, fehlen weitgehend geeignete Methoden, um Aufbau, Einsatz und Nutzung des Intellektuellen Kapi-

---

[206] Ebenda, S. 155; siehe auch Daum, Transparenzproblem Intangible Assets, S. 48 f., der für die US-GAAP zu einem ähnlichem Urteil kommt.

[207] Wehrheim, Die Bilanzierung immaterieller Vermögensgegenstände („Intangible Assets") nach IAS 38, S. 87

[208] Edvinsson/Kivikas, a. a. O., S. 22 f.; Grübel/North/Szogs, Intellectual Capital Reporting, S. 19 ff.

[209] Daum, Intangible Assets, S. 60 f.; Müller, A., Controlling-Konzepte, S. 26 ff.

[210] Daum, Intangible Assets, S. 78 f.

[211] Müller, A., Controlling-Konzepte, S. 60 ff.

tals beurteilen zu können[212]. Im Grunde genommen messen die Controller eben nur die „Spitze des Eisbergs"[213]. Ergebnisgrößen, wie Umsatzerlöse, Kosten bzw. Rentabilitäten, sind eben die Folge der Nutzung von Intangible Assets. Ein Problem besteht darin, dass sich keine Eins-zu-Eins-Beziehung zwischen einem Intangible Asset, wie etwa dem Wissen eines Mitarbeiters, und dem finanziellen Ergebnis herstellen lässt[214]. Erst die Kombination mehrerer Intangible Assets kann zu einem gewollten Ergebnis führen – das herkömmliche betriebliche Rechnungswesen ist dabei überfordert diese Ursache-Wirkungsbeziehungen abzubilden. Vereinfacht dargestellt, wird eine mehrstufige Logik benötigt, um die Zusammenhänge zwischen Intangible Assets und finanziellen Ergebnissen auch nur annähernd zu verstehen[215].

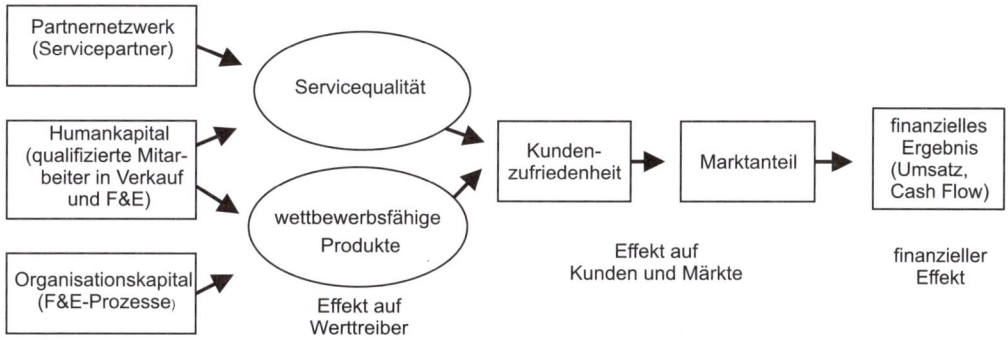

Abb. 4.29   Von Intangible Assets zu Finanzergebnissen

Häufig werden in der Literatur Intangible Assets und das Intellektuelle Kapital gleichgesetzt. Unter dem Begriff Intellektuelles Kapital werden im Wesentlichen Kunden- und Partnerbeziehungen, aber auch das Wissen und die Kompetenz der Mitarbeiter verstanden. Des Weiteren werden die Unternehmenskultur, das Image des Unternehmens und seiner Güter sowie die Prozessbeherrschung, z. B. in Bezug auf den Kernprozess Forschung und Entwicklung, genannt. Einen Überblick zum Intellektuellen Kapital liefert Abb. 4.30[216]. Das **Strukturkapital** nimmt hierbei eine Sonderstellung ein, da es als Grundlage für den Aufbau und die Nutzung der anderen Formen des Intellektuellen Kapitals angesehen werden kann. Allerdings bilden kompetente und engagierte Mitarbeiter die Voraussetzung für alle anderen Formen von Intangible Assets[217]. Wie aus dieser Definition ersichtlich wird, befindet sich ein Großteil der Intangibles nicht im Besitz des Unternehmens, kann also von der Konkurrenz abgeworben bzw. selbst aufgebaut werden. Da es hierbei in erster Linie um zwischen-

[212]   Stoi, Management und Controlling von Intangibles …, S. 192 ff.

[213]   Sveiby, Wissenskapital – das unentdeckte Vermögen, S. 90

[214]   Daum, Intangible Assets, S. 234 ff.

[215]   Ebenda, S. 249 ff. und S. 300

[216]   Stoi, a. a. O., S. 189 f.; North, Wissensorientierte Unternehmensführung, S. 57 ff.

[217]   Sveiby, a.a.O., S. 26 und S. 55

menschliche Beziehungen geht, ist die Basis derartiger Geschäftsbeziehungen gegenseitiges Vertrauen und ein eher locker geknüpftes Partnernetz[218]. Insbesondere „Kultur und Managementstil eines Unternehmens sind das Gewächshaus und der Dünger, die das Wachstum von Human-, Struktur- sowie von Kunden- und Partnerkapital fördern"[219].

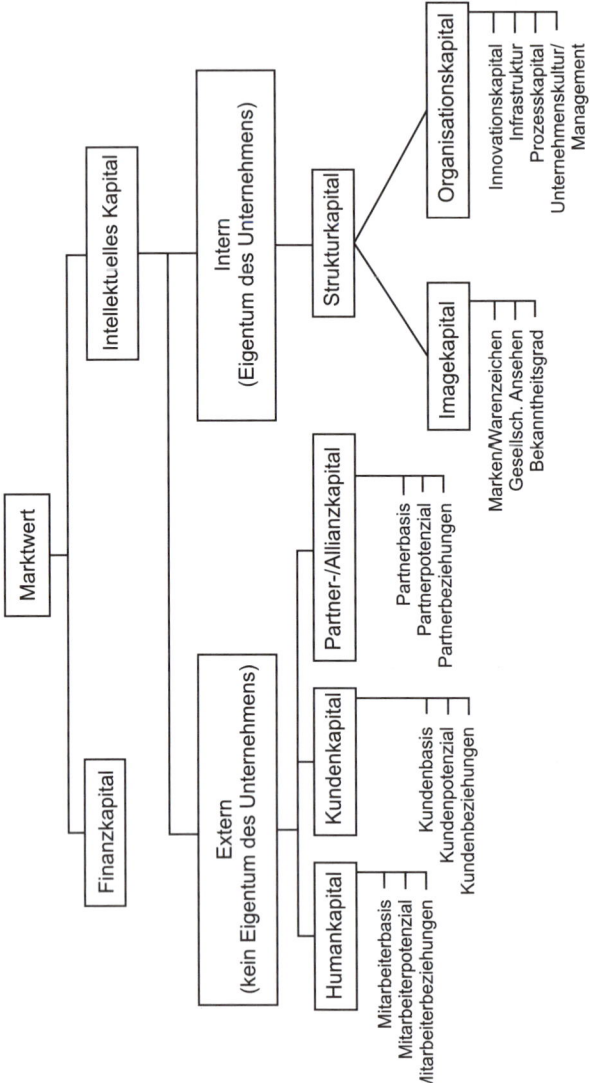

Abb. 4.30   Differenzierung des Intellektuellen Kapitals

---

[218] Daum, Intangible Assets, S. 92

[219] Ebenda, S. 52

Die begriffliche Einordnung in den Managementkontext erfordert darüber hinaus gehende Überlegungen. Kaplan/Norton stellen in einer neueren Veröffentlichung fest, dass immaterielle Werte das Fundament der Strategie jedes Unternehmens sind[220]. Die Schaffung und Weiterentwicklung von Intangible Assets ist demnach als **Kernaufgabe des Strategischen Managements** anzusiedeln. Diese Fokussierung auf Intangibles entspricht der Schwerpunktsetzung im herkömmlichen Strategischen Management auf Erfolgspotenziale[221] (siehe Abb. 4.31). Erfolgspotenziale sind hierbei mit Intangible Assets, aber auch „enablers" (European Foundation for Quality Management-Modell) und Leistungstreibern (Balanced Scorecard-Konzept) gleichzusetzen[222]. Sie verkörpern grundlegende Fähigkeiten und Möglichkeiten sich von der Konkurrenz abzuheben – dazu ist es u. a. erforderlich, die besten Hochschulabsolventen zu gewinnen, mit Top-Lieferanten zusammenzuarbeiten und insbesondere eine intensive und dauerhafte Kundenbeziehung aufzubauen. Auf der Grundlage dieser Erfolgspotenziale sind spezielle Fähigkeiten (Kernkompetenzen) zu entwickeln, die konkrete Kundenanforderungen besser erfüllen als die Wettbewerber. Dabei sind natürlich permanent die Kundenwünsche zu eruieren, aber auch vollkommen neue Produkte und Geschäftsfelder zu entwickeln, die als wichtigste Quelle für Wettbewerbsvorteile gelten können. Nach Hamel/Prahalad geht es letztlich für das Top-Management darum, „die Industrie neu zu erfinden und die Strategie zu erneuern"[223].

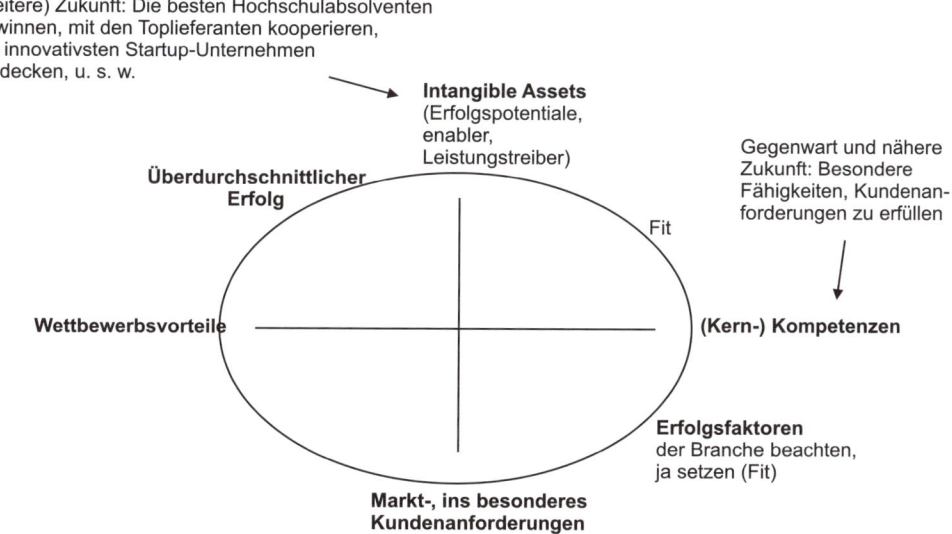

Abb. 4.31   Einordnung der Begriffswelt zu Intangible Assets

---

[220] Kaplan/Norton, Grünes Licht für Ihre Strategie, S. 33

[221] Müller, A., Controlling-Konzepte, S. 40 ff.

[222] Auf das EFQM-Modell und das Balanced Scorecard-Konzept wird in diesem Zusammenhang in einem späteren Kapitel noch näher eingegangen. Siehe auch: Müller A., Controlling von Intangible Assetes, S. 398 ff.

[223] Hamel/Prahalad, Wettlauf um die Zukunft, S. 38 und S. 46 (Zitat)

Die Intangible Assets sollten möglichst werthaltig, knapp sowie schwierig imitier- und substituierbar sein, damit dauerhafte Wettbewerbsvorteile generiert und dadurch die Existenzsicherung des Unternehmens gewährleistet werden können[224]. Demzufolge müssen sich die strategischen Zielsetzungen wie auch die entsprechenden Lenkungsgrößen in erster Linie auf diese Intangibles beziehen, um zu einer konsequenten Ausrichtung des Unternehmens beitragen zu können. Der Controllerdienst ist dabei mehrfach gefordert:

- Bei der Zielfestlegung muss der Fokus auf strategische Vorgaben ausgerichtet werden, die durchaus „weich" formuliert sein sollten, beispielsweise die Attraktivität als Arbeitgeber steigern. Wird in diesem Zusammenhang bereits wieder mit Kennzahlen („results") operiert, besteht die Gefahr, dass von vornherein eine eher operative Ausrichtung sich durchsetzt.

- Mit Hilfe eines Performance Measurement müssen diese strategischen Ziele messbar und damit lenkbar gemacht werden. Auch dies führt dazu, dass als Messgrößen nicht nur Kennzahlen herangezogen werden, sondern auch Indikatoren als indirekte Anzeiger von Entwicklungen, qualitative Messmethoden, wie Kundenbefragungen oder sogar bloße Beschreibungen von Sachverhalten.

Zur **Messung von Intangible Assets** werden verschiedene Methoden und Instrumente vorgeschlagen[225], wobei meistens eine Schwerpunktsetzung auf ein Teilgebiet, wie z. B. Wissensmanagement oder Human Capital Management, vorliegt. Am bekanntesten dürfte der **Skandia-Navigator** des schwedischen Finanzdienstleisters Skandia sein. In **Anlehnung an das Balanced Scorecard-Konzept**, mit den Perspektiven Finanzen, Kunden, Mitarbeiter, Prozesse, Erneuerungen und Entwicklung, werden Indikatoren zur Messung des Intellektuellen Kapitals abgeleitet. Kritisiert wird am (Skandia-)Navigator, dass

- zur Messung Ergebnisgrößen unterschiedlichen Aggregationsniveaus und Bedeutungsgehalts nebeneinander gestellt werden, die keine hinreichenden Steuerungshinweise liefern können.

- der Aussagegehalt der Indikatoren, wie z. B. Durchschnittsalter der Mitarbeiter und Weiterbildungstage, zum Teil fragwürdig ist.

- die Wechselwirkungen zwischen den Perspektiven und Einflussgrößen vernachlässigt werden.

Um die Intangible Assets gestalten und auch lenken zu können, müssen die Zielsetzungen und Lenkungsgrößen sich auf diese „enabler" beziehen und nicht erst auf die erwarteten „results". Beispiele dafür könnten sein[226]:

---

[224] Burmann, Immaterielle Unternehmensfähigkeiten…, S. 228 f.

[225] Einen umfassenden Überblick zum Wissensmanagement bietet: North, a. a. O., S. 188 ff.; interessant ist auch ein von Deyhle entwickelter Human Capital-Index, der neben bekannten Indikatoren, wie Fluktuationsrate, sechs „Klimafragen" enthält; Deyhle, Trends und Tendenzen bei Controlling und Controller

[226] Müller A., Controlling von Intangible Assets, S. 400

„enabler"	Strategische Ziele	Messgrößen
• Führung	• Verbesserung der Führungsqualität	• Qualifikations-auswertungen
		• Ergebnisse von Managements-Audits
	• verstärkte Kunden-orientierung des Mana-gements	• Dauer Kundenbesuche
		• Neukundengewinnung durch Management
• Mitarbeiterorientierung	• Attraktivität als Arbeit-geber steigern	• Notendurchschnitt von Einsteigern
		• Bewerbungen von Top-Hochschülern
		• Verbesserungsvorschläge je MA
		• Mitarbeiterzufriedenheits-index
• Politik und Strategie	• verbesserte Kommunika-tion von Unternehmens-politik und Strategie	• Bekanntheitsgrad (Befragung)
		• Lebensdauer der Strategie(n)
	• Kundenorientierung auch auf die Gewinnung im-materieller Nutzen richten	• Anteile der Aufträge/ Projekte am Umsatz
• Ressourcen und Koopera-tionen	• Kooperation mit Zulieferern ausbauen und verbessern	• Anteil Zulieferer in Target Costing Teams
	• Zusammenarbeit mit Startup-Unternehmen in-tensivieren	• Anzahl Projekte
		• Innovationsindex
• Prozesse	• Prozessbeherrschung verbessern	• time to market
		• Flexibilitätsindex

Abb. 4.32   Beispiele für auf Intangibles bezogene Ziele und Messgrößen

Die Nutzung des Balanced Scorecard-Konzeptes verspricht eine bestmögliche Erfüllung der Anforderungen an ein effektives Management und Controlling von Intangible Assets. Mit diesem Konzept kann es gelingen, die vorherrschende Orientierung an den Ergebnissen zu durchbrechen und das Management wie auch Controlling konsequent an den Vorsteuergrößen des Erfolgs auszurichten. Im Rahmen des Balanced Scorecard-Konzeptes sind mit „Intangible Assets" die Leistungstreiber gemeint, die mehrere Funktionen zu erfüllen haben[227].

Wird die Balanced Scorecard allerdings als Kennzahlensystem eingesetzt, können eine verbesserte Strategieumsetzung und ein begleitendes Performance Measurement nicht entsprechend implementiert werden. Deswegen ist eine konsequente Ableitung der strategischen Ziele aus der gewählten Vision (Strategie) unbedingt erforderlich, um eine zielorientierte Gestaltung und Lenkung von Intangible Assets sicherzustellen. Diese strategischen Ziele müssen sich auf die Schaffung und Weiterentwicklung von Intangible Assets konzentrieren und durch entsprechende Maßnahmen umgesetzt werden. Gleichzeitig ist für eine permanente Messung des Zielerreichungsgrades zu sorgen.

Für den Controllerdienst wird hinsichtlich der Unterstützung eines Managements von Intangible Assets ein radikales Umdenken, ja ein **Paradigmawechsel**, eingefordert. Zwar fungiert der Controllerdienst nach wie vor als Navigator, jedoch verändern sich die Ziele und Messmethoden/-größen entscheidend in Richtung mehr „weiche", qualitative Größen[228]. Der Controlling-Regelkreis muss dementsprechend in allen Modulen angepasst werden, um durch eine zielorientierte Gestaltung und Lenkung von Intangible Assets die Existenz der Organisation dauerhaft zu sichern[229]. Aber, wie John Maynard Keynes einmal sagte: „Die größte Schwierigkeit besteht nicht darin, Leute zu überzeugen, neue Ideen zu akzeptieren, sondern sie zu überzeugen, alte Ideen aufzugeben"[230].

4.1.4.1.2.4   Anforderungen an ein strategisches Controlling

Allgemein soll das strategische Controlling angesichts der Diskontinuitäten gewährleisten, dass die strategische Orientierung der Unternehmung den Umweltgegebenheiten und den Besonderheiten der Unternehmung entspricht[231]. Wie nicht anders zu erwarten, gibt es keine einheitliche Auffassung zum Gegenstandsbereich des strategischen Controlling in der betriebswirtschaftlichen Literatur. Im Wesentlichen können vier Auffassungen zum Bedeutungsinhalt des strategischen Controllings festgestellt werden[232]:

---

[227] Müller A., Controlling-Konzepte, S. 226 f.

[228] Dies erfordert, wie schon mehrfach herausgestellt, eine neue betriebswirtschaftliche Mess- und Regeltechnik.

[229] Müller, A., Controlling-Konzepte, S. 253 f.

[230] Sveiby, a.a.O., S. 61

[231] Böcker, Marketing-Kontrolle, S. 29

[232] Pfohl/Zettelmeyer, Strategisches Controlling?, S. 159 ff.

1. Strategisches Controlling   =   strategische Planung + operatives Controlling

2. Controlling   =   strateg. Controlling + operatives Controlling

3. strategisches Controlling   =   strategische Steuerung

4. strategisches Controlling   =   strategische Kontrolle

Der Verfasser schließt sich der Auffassung an, die dem Controlling inhaltlich das strategische und operative Controlling zuweist. Hinsichtlich der **Zielsetzung** des strategischen Controllings ist von der **Existenzsicherung der Unternehmung** auszugehen, die wesentlich durch die Erhaltung der strukturellen Anpassungsfähigkeit der Unternehmung gegenüber der Umwelt gestützt wird. Die organisatorische Verankerung des strategischen Controllings ist umstritten und soll am Schluss dieses Kapitels ausführlicher diskutiert werden.

Strategisches Controlling beinhaltet die Wahrnehmung der Controllingaufgaben zur **Unterstützung der strategischen Führung** der Unternehmung. Die Hauptaufgaben des strategischen Controllings erstrecken sich auf die strategische Planung und Kontrolle sowie die Informationsversorgung des Managements mit strategierelevanten Informationen[233].

Bis auf die strategische Ausrichtung sind oberflächlich betrachtet keine Unterschiede zum Aufgabengebiet des operativen Controllings erkennbar. Die zuvor herausgestellte Anpassungsfähigkeit der Unternehmung ist darüber hinaus vom strategischen Controlling als Subsystem zu unterstützen. Hierzu gilt es durch permanente und systematische Auseinandersetzung mit dem Umfeld der Unternehmung, z. B. mit Hilfe von Früherkennungssystemen, die **Antizipationsfähigkeit** der Unternehmung zu sichern[234]. Ferner beinhalten die strategische Planung und Kontrolle und die Informationsversorgung wesentlich andere Anforderungen an die Methodik und das Instrumentarium als die entsprechenden operativen Instrumente.

Das strategische Controlling muss sich vor allem mit strategischen Problemen auseinandersetzen, die von komplexer und dynamischer Natur sind und durch eine Vielzahl von interdependenten Aspekten gekennzeichnet sind. Gerade deswegen wird das strategische Controlling zunehmend wichtiger[235], soll es doch das strategische Management unterstützen, dessen Hauptaufgabe in der **Handhabung der Komplexität** zu sehen ist[236]. Umstritten ist in diesem Zusammenhang, inwieweit das Controlling in der Lage ist bzw. in die Lage versetzt werden soll, zur Komplexitätsbewältigung einen entscheidenden Beitrag zu liefern. Zum einen wird bezweifelt, ob das herkömmliche rechnungswesengestützte Controlling überhaupt die mit dem Wandel und der Unsicherheit zusammenhängenden Probleme bewältigen kann[237]. Die

---

[233] Ebenda, S. 255; Horvath, Controlling, S. 239; Coenenberg/Günther, Der Stand des strategischen Controlling, S. 460; Scheffler, a.a.O., S. 2149; Hammer/Hinterhuber, a.a.O., S. 180

[234] Siller, a.a.O., S. 168 f.

[235] Zahn, Entwicklungstendenzen und Problemfelder der strategischen Planung, S. 178 und S. 187

[236] Malik, Strategie des Managements komplexer Systeme, S. 184; Krieg, Management und Unternehmungsentwicklung ..., S. 268

[237] Zahn, Strategische Planung zur Steuerung der langfristigen Unternehmensentwicklung, S. 101

zwingendsten Einwände gegen eine Verankerung des strategischen Controllings im traditio-
nellen Controllingbereich betreffen die Persönlichkeitsstruktur der geforderten Controllertypen. Operatives und strategisches Controlling verlangen demzufolge vollkommen **unterschiedliche Fähigkeiten** bei der Erfüllung der jeweiligen Aufgaben, insbesondere was die
Wahrnehmung und Weiterverarbeitung von Informationen angeht. Das herkömmliche Controlling hat es üblicherweise mit Situationen mittlerer bzw. niedriger Komplexität zu tun,
während strategische Probleme, wie bereits herausgearbeitet wurde, durchwegs eine hohe
Komplexität aufweisen[238]. Diese geforderten unterschiedlichen Fähigkeiten beziehen sich
vor allem auf die **grundverschiedenen Denkweisen**, die dem operativen bzw. strategischen
Controlling zugrunde liegen. Für eine auch personelle Integration des operativen und strategischen Controllings sprechen einige gewichtige Argumente, denen der Verfasser den Vorzug gibt:

- Die Schaffung und Erhaltung von Erfolgspotentialen durch das strategische Controlling ist durch eine effiziente Nutzung der vorhandenen Erfolgspotentiale im
  Rahmen des operativen Controllings zu unterstützen. Eine organisatorische und personelle Trennung würde diese enge sachliche Beziehung erheblich beeinträchtigen.
  Darüber hinaus nehmen die Probleme der wechselseitigen Abstimmung, Koordination und Information erheblich zu.

- Bei einer Trennung bestünde außerdem die Gefahr, dass strategische Aspekte von
  Alltagsproblemen verdrängt werden würden.

- Die Schwerpunktverlagerung zu einem mehr strategisch orientierten Controlling
  bringt eine Aufwertung des Controlling mit sich und eröffnet die Chance, über die
  Definition neuer Ziele, Aufgabeninhalte, Methoden und Instrumente einen wesentlichen Beitrag zur Bewältigung der komplexen Unternehmensprobleme zu leisten.

- Die zunehmende Dezentralisierung von Entscheidungen und Autonomie von Gruppen bzw. Mitarbeitern bringt eine Verlagerung operativer Controllingaufgaben auf
  diese Organisationseinheiten mit sich. Dadurch entstehen Freiräume für eine strategische Ausrichtung des Controllings.

4.1.4.2   Strategische Planung und Kontrolle

Wie schon beim operativen Controlling, so stellen auch beim strategischen Controlling die
Funktionen Planung und Kontrolle wesentliche Aufgabengebiete dar. „Strategische Planung
beruht auf dem Grundgedanken, eine hohe Übereinstimmung („Fit") zwischen relevanten
Umweltchancen und Unternehmensstärken zu erzielen sowie Umweltrisiken und Unterneh-
mensschwächen frühzeitig zu erkennen und zu reduzieren"[239]. Der Objektbereich der strategischen Planung bezieht sich auf die Beziehungen zwischen Unternehmung und Umwelt,

---

[238] Pfohl/Zettelmeyer, Strategisches Controlling?, S. 157 f.; siehe auch: Zünd, Zum Begriff des Controlling – Ein
umweltbezogener Erklärungsversuch, S. 25

[239] Lange, Bestimmung strategischer Erfolgsfaktoren …, S. 27; siehe auch: Coenenberg/Baum, Strategisches Controlling S. 34

wobei damit eine bessere Beherrschung und Gestaltung dieser Beziehungen erreicht werden soll[240]. Dementsprechend kann die **strategische Unternehmensplanung** als ein Prozess verstanden werden, in dem ausgehend von einer rationalen Analyse der gegenwärtigen Situation und der zukünftigen Möglichkeiten und Gefahren eine Formulierung von Absichten, Strategien, Maßnahmen und Zielen vorgenommen wird[241]. Grundsätzlich sind so gut wie alle wichtigen unternehmenspolitischen Entscheidungen, die das Geschehen in der Unternehmung und vor allem seine Umweltbeziehungen nachhaltig bestimmen und verändern, Gegenstand der strategischen Planung[242]. Der strategische Handlungsspielraum der Unternehmung lässt sich dann wie folgt darstellen[243]:

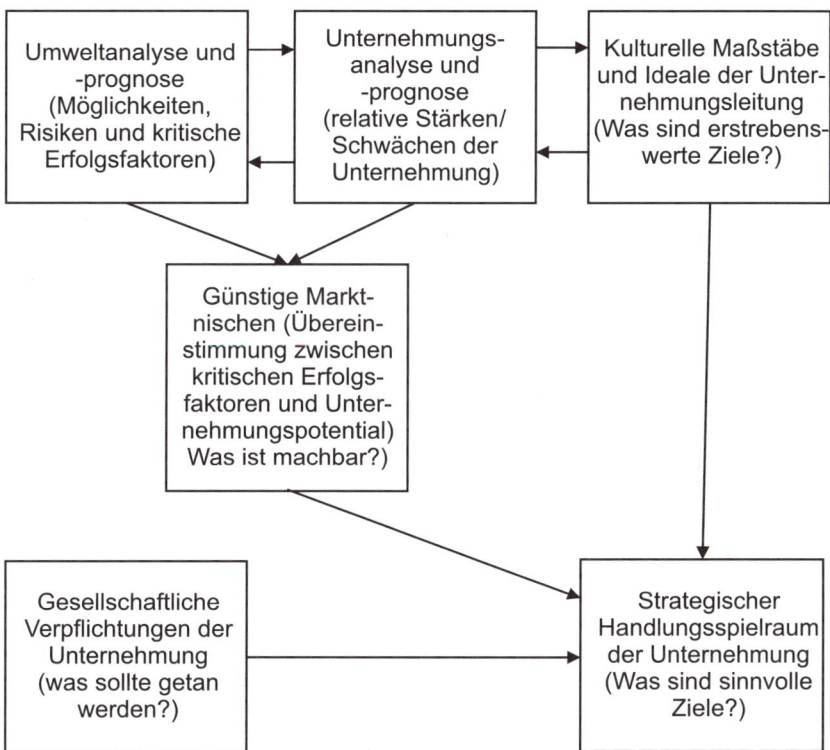

Abb. 4.33   Die Bestimmung des strategischen Handlungsspielraums der Unternehmung

---

[240] Kreikebaum/Grimm, a.a.O., S. 7; Zahn, Entwicklungstendenzen und Problemfelder der strategischen Planung, S. 147

[241] Kreikebaum, Strategische Unternehmensplanung, S. 26 f.; Meffert/Wehrle, Strategische Unternehmensplanung, S. 50

[242] Zahn, Entwicklungstendenzen und Problemfelder der strategischen Planung, S. 146

[243] Hinterhuber, Strategische Unternehmungsführung, S. 76

Der Prozess der strategischen Planung, umfasst als Aufgabeninhalt das systematische Entwickeln von Antworten auf die folgenden Fragen (siehe auch Abb. 4.34)[244]:

- Wo stehen wir heute, d. h. wie sehen die gegenwärtige Umweltsituation und Unternehmensposition aus?

- Wie sollte unser Geschäft von morgen aussehen?

- Welche Gefahren warten auf uns und welche Chancen bieten sich uns?

- Wo konkret wollen wir bis zum Ende des Planungshorizonts angelangt sein?

- Wie können wir diese Ziele erreichen?

- Was müssen wir jetzt tun, um zu erreichen, was wir wollen?

- Welchen Fortschritt haben wir gemacht, haben sich die Bedingungen inzwischen geändert und müssen wir Anpassungen vornehmen?

Übereinstimmung besteht in der betriebswirtschaftlichen Literatur darin, dass die Merkmale und Methoden der operativen Planung nicht sinnvoll auf die strategische Planung übertragen werden können. Schon in der Aufgabenstellung machen sich erhebliche Unterschiede bemerkbar, hat doch die strategische Planung die Aufgabe Erfolgspotentiale zu schaffen und zu erhalten, während die operative Planung die optimale Ausschöpfung der vorhandenen Erfolgspotentiale umfasst[245]. Hervorgehoben wurde schon, dass die strategische Planung nicht mit einer langfristigen Unternehmensplanung gleichgesetzt werden darf. Die **Langfristplanung** reduziert sich gewöhnlich darauf, mit Hilfe von Trendextrapolationen mehrere Jahre in die Zukunft zu blicken und die so gewonnenen Informationen als Basis für strategische Entscheidungen zu verwenden. So gesehen, stellt die Langfristplanung nur eine zeitlich in die Zukunft verschobene operative Planung dar. Im Zuge zunehmender Diskontinuitäten in der Umwelt des Unternehmens zeigt sich jedoch, dass die Zukunft eines Unternehmens nicht anhand von Extrapolationen vorherbestimmt werden kann. Dies hat letztendlich dazu geführt, die strategische Planung in eine umfassende strategische Führung zu integrieren[246].

Für das Controlling stellt sich somit die Frage, inwieweit die Unternehmensplanung nicht prinzipiell überdacht werden muss. Dabei stehen nicht nur die immensen **Prognoseprobleme** im Vordergrund, sondern auch die zu wählende Vorgehensweise. Grundsätzlich wird zwischen dem synoptischen (holistischen) und dem inkrementalen Planungsansatz unterschieden. Der **synoptische Ansatz** geht von einer **ganzheitlichen**, für wünschenswert gehaltenen Zielformulierung aus, die zur Ableitung der Strategien dient. Im Gegensatz dazu basiert der **inkrementale Ansatz** auf der Fragestellung, ob die bereits verfolgte Strategie im Lichte der durchgeführten Analysen modifiziert werden sollte. Erst in einem zweiten Schritt wird dann geprüft, ob die Strategien als annehmbar gelten können. Der inkrementale Ansatz verfolgt keine **ganzheitliche** Erfassung des Planungsproblems. Vielmehr wird das Gesamtproblem in mehrere Teilprobleme

---

[244] Zahn, Entwicklungstendenzen und Problemfelder der strategischen Planung, S. 178 ff.

[245] Gälweiler, Unternehmensplanung …, S. 152 f.

[246] Zahn, Entwicklungstendenzen und Problemfelder der strategischen Planung, S. 149 ff.; Szyperski, Wo liegen die Fallstricke der strategischen Planung?, S. 5; siehe auch: Coenenberg/Baum, Strategisches Controlling, S. 42 f.

aufgespalten, wobei diese schrittweise und nicht unbedingt in sachlogischer Reihenfolge bewältigt werden[247]. In der **Unternehmenspraxis** lässt sich eine Tendenz zu eher inkrementalen Problemlösungen feststellen – beziehungsweise wird diese Vorgehensweise auch „Management by muddling through" (Strategie des Durchwurstelns) genannt[248].

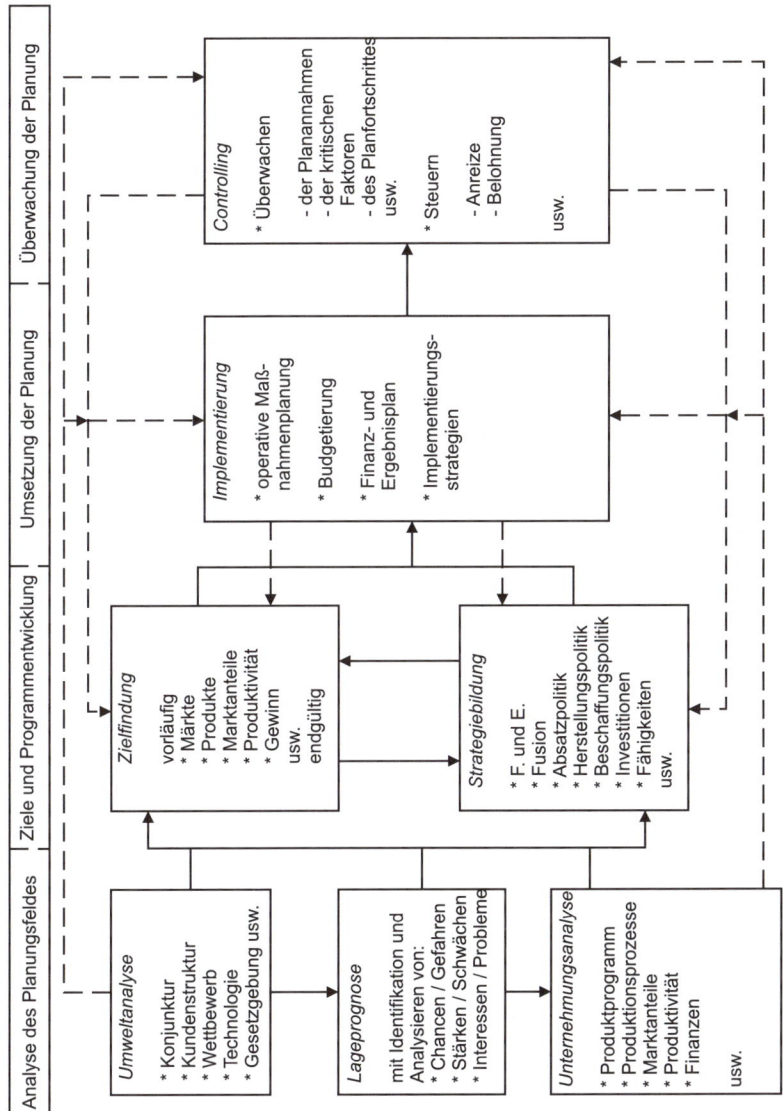

Abb. 4.34   Der Prozess der strategischen Planung

[247] Kreikebaum, Strategische Unternehmensplanung, S. 121; Siller, a.a.O., S. 65 f.

[248] Siller, a.a.O., S. 66 ff.; Staehle, Management, S. 567

Der inkrementale Planungsansatz gilt demnach nicht als akzeptable Alternative zum synopti-schen Ansatz. Als Gründe werden angeführt[249]:

- Es werden wesentlich beschränktere Suchprozesse des Umfeldes beim inkrementa-len Ansatz induziert.

- Damit werden vorzeitig und künstlich die Handlungsalternativen und die Flexibilität der Unternehmung beschnitten.

- Der inkrementale Ansatz stützt sich auf die Strukturen der Gegenwart und erlaubt nur ein bloßes Reagieren.

Die Folge ist eine Vernachlässigung strategischer Planungsaspekte.

Strategische Planungsfragen können demzufolge eher mit einer synoptischen Planungsdokt-rin angegangen werden. **Empirische Untersuchungen** weisen darauf hin, dass mit dem synoptischen Ansatz eine größere Kreativität und eine höhere Innovationskraft von Strate-gien gewährleistet werden können. Dies ist vor allem in Zeiten wichtig, in denen eine hohe Turbulenz der Umweltbedingungen vorherrscht[250]. Nicht zu übersehen ist jedoch, dass die synoptische Vorgehensweise sehr hohe Anforderungen an die Informationsverarbeitungska-pazität stellt. Es werden in diesem Zusammenhang **weitreichende Kenntnisse** über die Ziel-größen und die Wirkungsweise der internen und externen Einflussfaktoren verlangt. Wegen der bestehenden Komplexität und Dynamik stößt jedoch die Zielableitung im strategischen Raum nicht selten an prognostische Grenzen[251]. Das **Kernproblem** sämtlicher Instrumente der strategischen Planung, nämlich das begrenzte Wissen, zukünftige Entwicklungen und Ereignisse vorauszusagen, muss unbedingt beachtet werden, indem ein möglichst breites Wissensspektrum in den Planungsprozess einbezogen wird[252]. Daraus aber eine (starke) Beschränkung der als relevant erachteten Einflussgrößen auf diese Zukunft, die es zu prog-nostizieren gilt, abzuleiten, stellt einen verfehlten Ansatz dar, da damit die geforderte ganz-heitliche Vorgehensweise außer Kraft gesetzt wird. Ebenso abwegig erscheint es, angesichts der qualitativen Datenbasis, quantitative (wertmäßige) Kriterien strategischen Kernentschei-dungen zugrunde zulegen, wie es einige Autoren fordern[253].

Was übrig bleibt, ist eine Art „Kompromiss", der eine Kombination der eben diskutierten Planungsansätze im Rahmen des **evolutionären Managementansatzes** vorsieht. Dement-sprechend wird die Schrittfolge, soweit es die verfügbaren Informationen zulassen, im Vor-aus geplant und dabei eine **lernorientierte Anpassung integriert**. Voraussetzung ist, dass die Unternehmensleitung die Bedingungen für eine planmäßige Evolution schafft, bei der jederzeit Anpassungen möglich sind[254]. Dahinter steht letztendlich ein **heuristisch-system-**

---

[249] Ahlert, a.a.O., S. 27; Schreyögg, Unternehmensstrategie ..., S. 234; Bircher/Krieg, a.a.O., S. 161; Siller, a.a.O., S. 67 ff.

[250] Kreikebaum, Strategische Unternehmensführung, S. 122

[251] Coenenberg/Baum, Strategisches Controlling, S. 40

[252] Weber, Einführung in das Controlling, S. 95; Meffert/Wehrle, a.a.O., S. 56

[253] Reichmann/Haiber/Fröhling, Open System Simulation ..., S. 304 ff.

[254] Ahlert, a.a.O., S. 28 f.

orientierter Planungsansatz, der für die strategische Planung eine Synthese aus der inkrementalen und der synoptischen Vorgehensweise anstrebt[255]. Die Bedeutung des Systemansatzes insbesondere für die strategische Unternehmensplanung soll noch einmal zusammenfassend verdeutlicht werden[256]:

- Es werden alle relevanten externen und internen Einflussfaktoren in ihren wechselseitigen Abhängigkeiten und Veränderungstendenzen erfasst und problembezogen verarbeitet.

- Das systemorientierte Planen ist des Weiteren dadurch gekennzeichnet, dass abwechselnd auf verschiedenen Abstraktionsebenen operiert wird.

- Das Planungsgeschehen wird als Teil umfassenderer Gestaltungsaktivitäten ökologischer, sozialer, technologischer und ökonomischer Art betrachtet.

- Durch diese umfassende Betrachtungsweise der systemorientierten Planung wird das Risiko von Fehlplanungen vermindert und

- es entsteht ein Zwang zur Systematisierung und Strukturierung sowie eine erleichterte Kommunikation über komplexe Sachverhalte.

Ulrich/Probst haben darüber hinaus „Systemregeln" zur Planung von Strategien und Maßnahmen entwickelt[257]:

Regel 1:	Passe Deine Lenkungseingriffe der Komplexität der Problemsituation an
Regel 2:	Berücksichtige die unterschiedlichen Rollen der Elemente im System
Regel 3:	Vermeide unkontrollierbare Entwicklungen mit Hilfe stabilisierender Rückkopplungen
Regel 4:	Nutze die Eigendynamik des Systems zur Erzielung von Synergieeffekten
Regel 5:	Finde ein harmonisches Gleichgewicht zwischen Bewahrung und Wandel
Regel 6:	Fördere die Autonomie kleinerer Einheiten
Regel 7:	Erhöhe mit jeder Problemlösung die Lern- und Entwicklungsfähigkeiten des Systems

Abb. 4.35   Systemregeln zur Planung von Strategien und Maßnahmen

Letztendlich steht wiederum die **Anpassungsfähigkeit** der Unternehmung im Vordergrund, wobei es dabei um die Fähigkeit geht, jede Strategie zu ändern, sobald sie sich als überholt

---

[255] Zahn, Entwicklungstendenzen und Problemfelder der strategischen Planung, S. 159

[256] Bircher/Krieg, a.a.O., S. 163; Daenzer, a.a.O., S. 21 ff.; siehe auch: Gälweiler, Strategische Unternehmensplanung in der Praxis, S. 237 ff.

[257] Ulrich, H./Probst, a.a.O., S. 203

erweist, also um die Fähigkeit ständig neue Strategien zu entwickeln[258]. Dies hat eine Flexi-bilisierung der strategischen Planungsprozesse zur Folge. Besonders hilfreich können in dieser Hinsicht **systemorientierte Simulationsmodelle** sein, die zur Beantwortung gezielter Fragen wie „Was geschieht, wenn …?" oder „Wie erreiche ich was?" dienen können[259].

Eine wesentliche Verbesserung der strategischen Planung wird gerade durch den **Einsatz von Frühaufklärungssystemen** erwartet, die durch Antizipation zukünftiger Entwicklungen und Ereignisse abgestufte Reaktionsstrategien ermöglichen[260]. Dies bedeutet, dass anstelle der in der traditionellen strategischen Planung zugrunde gelegten wohl-strukturierten Infor-mationen „schwache Signale" einzubeziehen sind[261]. Ansoff nutzt das Konzept der „schwa-chen Signale", um weg von einem reaktiven Krisenmanagement herkömmlicher Art zu ei-nem **antizipativen/präventiven Krisenmanagement** zu kommen, das die Vermeidung von Unternehmenskrisen zum Inhalt hat. Damit sollen potentielle und latente Krisen, von denen noch keine unmittelbaren Bedrohungen für das Unternehmen ausgehen, gedanklich vorweg-genommen und das Unternehmen durch präventive Strategien/Maßnahmen darauf eingestellt werden. Die Führungskräfte stellen sich dabei grundsätzlich und aktiv (antizipativ und prä-ventiv) dem Wandel und werfen in diesem Zusammenhang die Frage nach der Krisenträch-tigkeit der Entwicklung im Sinne eines „**Strategic Issue-Managements**" auf[262].

---

[258] Malik, Strategie des Managements komplexer Systeme, S 70; Horvath, Controlling, S. 195 ff.; Hinterhuber, Strategische Unternehmensführung, S. 50 f.; Kreikebaum, Strategische Unternehmensplanung, S. 150; Ansoff, Die Bewältigung von Überraschungen und Diskontinuitäten durch die Unternehmensführung. S. 244 f.

[259] Zahn, Entwicklungstendenzen und Problemfelder der strategischen Planung, S. 169 f.

[260] Müller-Stewens, Strategische Suchfeldanalyse, S. 97; Pfohl, a.a.O., S. 29

[261] Ansoff, Die Bewältigung von Überraschungen und Diskontinuitäten durch die Unternehmensführung …

[262] Krystek/Müller-Stewens, a.a.O., S. 30 f.; Ansoff, Implanting Strategic Management, S. 20 f. und S. 131 ff.; Kreikebaum, Strategic Issue Analysis

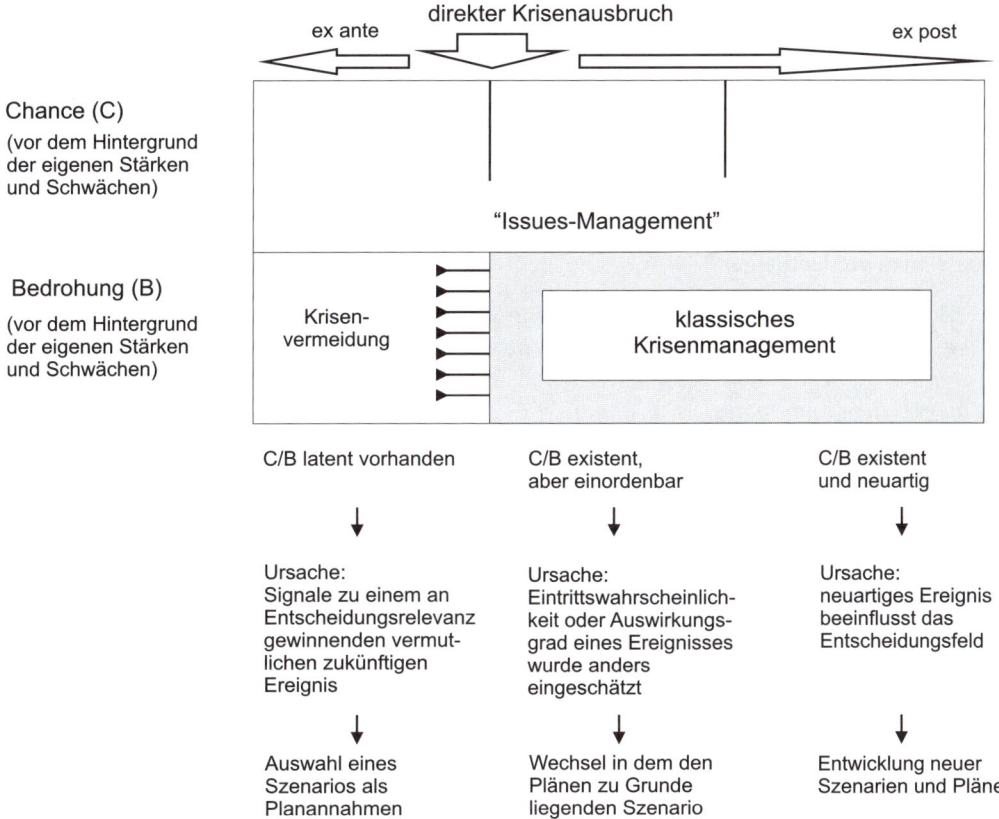

Abb. 4.36   Spektrum des „Strategic Issue Managements"

Während das strategische Issue Management jedoch für eine antizipative Handhabung von Diskontinuitäten („before the fact preparedness") sorgt, konzentriert sich die strategische Planung auf das Chancen- und Krisenmanagement nach vollständiger Konkretisierung eines Sachverhalts („after the fact approach")[263]. Im Zentrum steht der Begriff des „Issues". Allgemein beinhaltet der Begriff „(strategic) issue" im Wesentlichen das Spektrum der **Wirkungen komplexer Phänomene**[264]. Er könnte auch als Umschreibung eines unternehmensrelevanten (zukünftigen) Ereignisses aufgefasst werden, welches noch unbewertet hinsichtlich seines Chancen-/Bedrohungscharakters ist. „Strategic issues" stehen im engen Zusammenhang zu „schwachen Signalen" und damit zu einer **strategischen Frühaufklärung**. Dasselbe gilt für **Diskontinuitäten**, die von Ereignissen und Trends ausgehen, welche sich in der Unternehmensumwelt oder auch im Unternehmen herausbilden und strategische Issues

---

[263] Liebl, Schwache Signale und künstliche Intelligenz im strategischen Issue Management, S. 11

[264] Eggers, Ganzheitlich-vernetzendes Management, S. 46 f.; siehe auch: Zahn, Entwicklungstendenzen und Problemfelder der strategischen Planung, S. 176

darstellen[265]. Bei Entwicklung zu einem Krisenphänomen wird das **präventive Krisen-management** aktiv, um diskontinuierlichen Wandel zu „managen". Daneben umfasst das „Strategic Issue-Management" aber auch ein „Chancen-Management" vor dem Hintergrund eigener Stärken und Schwächen. Frühaufklärungssysteme, die mittels „schwacher Signale" frühzeitig Chancen und Bedrohungen erkennen (einschließlich der Initiierung von Strategien/Maßnahmen) kämen dann noch als abschließende Dimension hinzu[266].

Ein Beispiel zu einem „strategic issue" aus der Rechtssprechung soll diese Zusammenhänge noch einmal verdeutlichen[267]:

> *„Am Anfang einer neuartigen Entwicklung stehen also ungewöhnliche und einzigartige Vorläuferereignisse, die, wenn man sie aggregiert, zu bedeutungsvollen Mustern werden können. Solche Muster werden nicht selten von führenden Experten erkannt, aufgegriffen und analysiert. I. a. dauert es dann nicht lange, bis diese Autoritäten in der Avantgarde-Literatur (oder an anderen Orten der Meinungsäußerung von Eliten und Vorreitern) Stellung zu diesem neu aufkommenden „strategic issue" beziehen. Durch diese Niederschrift erfährt das Problemfeld eine relativ weite Verbreitung in der Öffentlichkeit. Die verschiedenartigsten Organisationen beginnen sich dafür zu interessieren und beziehen Stellung dazu. Vielleicht greifen nun Politiker, die die öffentliche Meinung zu repräsentieren haben, den neuen Trend auf. Aus Furcht vor dem Unbill der Öffentlichkeit reagieren entweder die Beteiligten, indem sie freiwillig den Missstand beseitigen, oder, wenn dies nicht der Fall ist, die nationale und internationale Legislative, indem sie ein Gesetz oder eine Richtlinie zur Regulierung des Problem erlässt."*

Aus dem Begriff des „Issues" läßt sich der **Problembegriff** aus strategischer Sicht verdeutlichen. Die in deutschsprachiger Literatur verwendete Übersetzung mit „strategisches Problem" kommt jedoch den Wirkungen komplexer Phänomene nicht nahe genug. Vielmehr sind auch Gelegenheiten oder Chancen unter diesen Begriff zu subsumieren[268].

---

[265] Liebl, a.a.O., S. 4 ff.

[266] Krystek/Müller-Stewens, a.a.O., S. 31 ff.

[267] Ebenda, S. 165

[268] Eggers, Ganzheitlich-vernetzendes Management, S. 47 f.

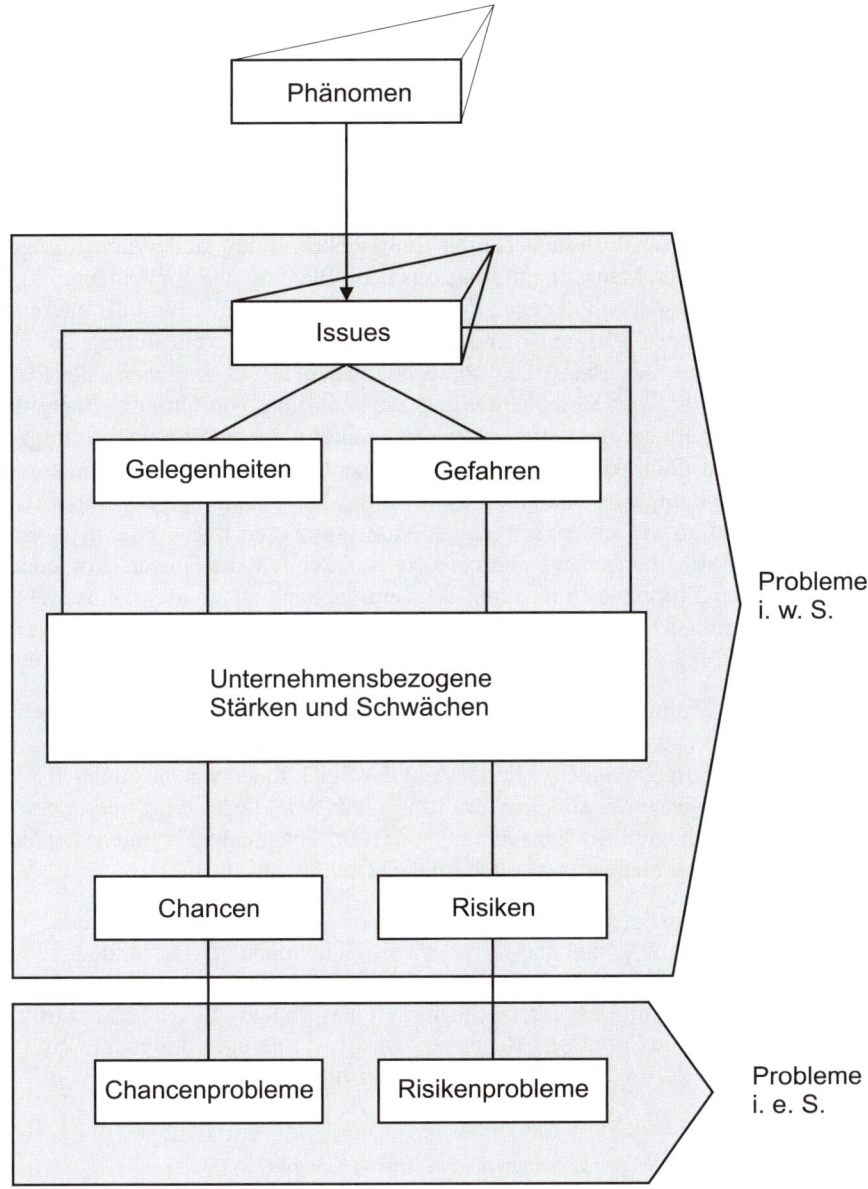

Abb. 4.37   Problembegriff und „Strategic Issues"

Zusammenfassend erfordert die strategische Planung wesentlich weitergehende Voraussetzungen, wie z. B. die Einbeziehung qualitativer Daten, als etwa die operative Planung.

In enger Verbindung zur strategischen Planung ist die **strategische Kontrolle** angesiedelt. Die Problematik der Kontrolle strategischer Pläne ist in der Literatur bisher wenig bearbeitet worden[269]. Auch in der strategischen Führungspraxis scheint die strategische Kontrolle weit davon entfernt zu sein, eine zentrale Stellung einzunehmen[270]. Dennoch wird der strategischen Kontrolle eine zunehmend größere Bedeutung in der betriebswirtschaftlichen Literatur attestiert. Insbesondere bei einer dynamischer und turbulenter werdenden Umwelt nimmt der Stellenwert der strategischen Planung zugunsten der strategischen Kontrolle (einschließlich organisatorischer Anpassungs- und Lernprozesse) ab[271]. Bisher wird die strategische Kontrolle jedoch überwiegend im Sinne des **klassischen Regelkreismodells** verstanden – die Kontrolle und die Abweichungsanalyse in Form der Strategiebewertung stellen demzufolge die letzte Phase des strategischen Managementprozesses nach Planung und Implementierung dar[272]. Schreyögg/Steinmann verstehen dagegen die strategische Kontrolle quasi als alternatives Konzept, das den gesamten Planungs- und Realisierungsprozess von Anfang an als Überwachungssystem begleitet. Als Basis dient die **Systemtheorie** von Luhmann, die Planung als Mittel zur Reduzierung von Komplexität und zur Schaffung von Ordnung begreift. Kontrolle verkörpert demgegenüber die kompensierende Funktion des permanenten Infragestellens der Richtigkeit und Gültigkeit der Ordnung[273]. Die Luhmann'sche Systemtheorie hebt darauf ab, dass ein System, um handeln zu können, die Umweltambiguität durch laufende (sinngeleitete) Selektion auf ein bearbeitbares Maß reduzieren muss. Hierin ist ein deutlicher Unterschied zur kybernetischen Systemtheorie zu erkennen, die eine erschöpfende Erfassung von potentiellen Störungen und deren Abwehrmaßnahmen im Regler anstrebt. Damit bleibt die darauf aufbauende Kontrolle der traditionellen Feedback-Vorstellung verhaftet[274].

„Die von der strategischen Planung zu erbringende Orientierungsleistung für die Unternehmung erfordert einen Prozess sukzessiver Selektion von der Festlegung der Geschäftsfelder bis hin zu strategischen Einzelmaßnahmen. Mit der Zahl der Selektionen wächst zugleich der Aufgabenbereich der Kontrolle, muss sie doch das mit jedem Selektionsschritt verbundene Risiko kompensierend zu begrenzen versuchen"[275]. Dem entsprechend unterscheiden Schreyögg/Steinmann drei verschiedene Arten der strategischen Kontrolle[276]:

- Die Prämissenkontrolle befasst sich mit der Frage, ob die der Strategie zugrunde liegenden Annahmen gültig sind und inwieweit sie sich verändern. Die strategischen Prämissen beziehen sich insbesondere auf die internen Stärken und Schwächen der Unternehmung und die externen Chancen und Risiken. Besonders intensiv zu überwachen sind jene Prämissen, die auf schwachen Prognosen basieren (Anm. des Verfassers: Dies dürfte der Regelfall sein), dem eigenen Einflussbereich voll

---

[269] Hammer/Hinterhuber, a.a.O., S. 176; Schreyögg/Steinmann, Strategische Kontrolle, S. 391

[270] Schreyögg/Steinmann, Zur Praxis strategischer Kontrolle, S. 40 f. und S. 47

[271] Staehle, Management, S. 623

[272] Schreyögg/Steinmann, Strategische Kontrolle, S. 391

[273] Ebenda, S. 391-407; siehe auch: Staehle, Management, S. 505 und S. 512

[274] Schreyögg/Steinmann, Strategische Kontrolle, S. 398

[275] Ebenda, S. 401

[276] Ebenda, S. 401-407; siehe auch: Hammer/Hinterhuber, a.a.O., S. 185 ff.

entzogen sind und im strategischen Konzept einen kritischen Stellenwert einnehmen, etwa weil bereits geringfügige Abweichungen weit reichende Konsequenzen nach sich ziehen.

- Der weit in die Zukunft reichende Planungshorizont des strategischen Managements macht es angesichts der Dynamik und Komplexität erforderlich, kürzerfristige Handlungsziele in Form von „Meilensteinen" zu formulieren. Damit soll eine sukzessive Realisierung der Strategie ermöglicht werden. Die Kontrolle der damit verbundenen Handlungen und ihrer Auswirkungen obliegt der Durchführungskontrolle. Ihrem Charakter nach ist die Durchführungskontrolle eine Ergebnis-/(Feedback)-kontrolle, die jedoch zu strategischen Steuerungszwecken (Feedforward) eingesetzt wird. Im Gegensatz zur operativen Kontrolle, die nach Umsteuerungsmaßnahmen innerhalb einer gegebenen Strategie fragt, zielt die strategische Durchführungskontrolle auf solche Informationen aus dem Prozess der Strategierealisierung ab, die die Notwendigkeit einer Strategieänderung signalisieren können.

- Prämissen- und Durchführungskontrolle stellen gerichtete Aktivitäten dar. Damit kann der Komplexität und Unsicherheit innerhalb und außerhalb der Unternehmung nicht hinreichend Rechnung getragen werden. Die strategische Überwachung muss somit Ausblendungen der beiden anderen Kontrollarten und das damit verbundene Risiko auffangen. Sie beinhaltet demnach eine ungerichtete Beobachtungsaktivität, die die „Absicherung" der gewählten Geschäftsfelder und Wettbewerbskonzepte gewährleisten soll. Die strategische Überwachung verkörpert sozusagen die Kernfunktion der strategischen Kontrolle und erstreckt sich auf die Umwelt und interne Faktoren, wie die Ressourcen der Unternehmung.

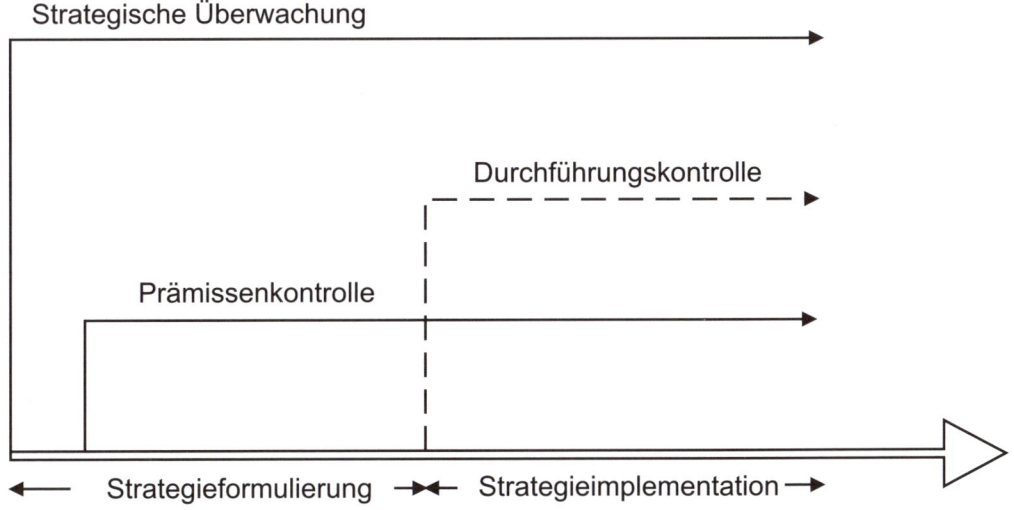

Abb. 4.38   Strategische Überwachung als „Auffangkontrolle"

Hahn hält das Controlling für prädestiniert, im Rahmen der strategischen Kontrolle Durchführungskontrollen zu übernehmen[277]. Damit kann die Unterstützungsfunktion des Controllings jedoch nicht gewährleistet werden. Hinzukommen müssen unbedingt noch die Prämissenkontrolle und die strategische Überwachung.

Die bisherigen Ausführungen zur strategischen Kontrolle, insbesondere zur strategischen Überwachung, lassen eine gewisse Verwandtschaft zu den in der betriebswirtschaftlichen Literatur ausgiebig diskutierten **Früherkennungssystemen** erkennen. Schreyögg/Steinmann stellen allerdings einige Unterschiede fest[278]:

1. Bei einem indikatorgestützten Früherkennungssystem liegt durch die Definition von Indikatoren und Beobachtungsfeldern zwangsläufig eine gerichtete Vorgehensweise vor. Damit wird eher eine Prämissenkontrolle als eine strategische Überwachung unterstützt.

2. Die strategische Überwachung konzentriert sich auf eine zuvor selektierte Strategie, während sich Früherkennungssysteme generell auf alle bestandskritischen Bereiche beziehen.

3. Das Aufspüren strategischer Chancen stellt keine originäre Aufgabe der strategischen Kontrolle dar; sie gehört zum Bereich der Neuplanung von Strategien.

Dieselben Autoren konstatieren, dass der erste Unterschied nicht für die sogenannte dritte Generation von Früherkennungssystemen auf der Basis von „schwachen Signalen" gilt! Auch die beiden anderen Unterschiede halten einer kritischen Überprüfung nicht stand, beinhaltet doch eine richtig verstandene strategische Überwachung ebenfalls das Aufspüren der wesentlichen Einflussfaktoren, die nicht nur für bestehende Strategien sondern auch für neue Strategien ihre Bedeutung haben und eigentlich auch nicht voneinander getrennt werden können. Dabei geht es schließlich auch um das Erkennen von Chancen. Demzufolge lassen sich Früherkennungssysteme sehr wohl in den Kontext der strategischen Kontrolle einordnen[279].

Es gibt noch einige weitere kritische Anmerkungen zum Ansatz einer strategischen Kontrolle, wie sie Schreyögg/Steinmann vorschlagen. Die systemtheoretische Grundlage (nach Luhmann) negiert praktisch das Varietätsgesetz von Ashby, das neben einer Komplexitätsreduktion durchaus in bestimmten Fällen eine Varietätserhöhung für erforderlich hält (siehe auch: Kap. 1). Des Weiteren kommen allgemeine Probleme der strategischen Kontrolle hinzu, wie[280]

- das Messproblem. D. h. dass eine eindeutige Vorgabe des Kontrollmaßstabes langfristig wegen der Prognoseprobleme und der Dominanz von qualitativen Zielsetzungen nicht möglich ist.

---

[277] Hahn, Strategische Führung und strategisches Controlling, S. 22

[278] Schreyögg/Steinmann, Strategische Kontrolle, S. 405 f.

[279] Siehe auch: Schreyögg/Steinmann, Zur Praxis strategischer Kontrolle, S. 48 (Anm.1)

[280] Meffert/Wehrle, a.a.O., S. 57

- Organisatorische Probleme, die eine Kontrolle erschweren, da strategische Ansätze bereichsübergreifend sind und nicht eindeutig Verantwortungsbereichen zugeordnet werden können (eine Ausnahme wären Profit Center).

- Verhaltensbedingte Barrieren die zum Tragen kommen, da das Management sich i. d. R. weigert strategische Vorgaben formell niederzulegen, um später nicht festgelegt zu sein.

- Die Strategische Kontrolle hat mit einem Dilemma zu kämpfen, bei dem es zum einen darum geht, eine geplante Evolution und damit auch Veränderungen der Strategie durch die stete Kontrolle von Prämissen und Ergebnissen in Gang zu setzen. Und andererseits ist eine gewisse Konstanz der Richtlinien und Ziele erforderlich, sonst wird kaum noch konsequent an den festgelegten Zielen gearbeitet, da diese eventuell in Kürze wieder geändert werden.

Die aufgezeigten Mängel einer strategischen Kontrolle rechtfertigen nicht die Schlussfolgerung, auf eine strategische Kontrolle verzichten zu können. Ein antizipatives Chancen- und Risikomanagement erfordert eine permanente Überwachung der Umweltfaktoren und internen Einflussfaktoren sowie der Auswirkungen von im Realisationsstadium befindlichen Strategien. Im Folgenden soll nun kritisch beleuchtet werden, inwieweit die herkömmlichen strategischen Instrumente diesen Anforderungen gerecht werden, ein ganzheitlich-ausgerichtetes Controlling zu unterstützen.

4.1.4.3 Herkömmliche strategische Instrumente

Die Auswahl der folgenden strategischen Instrumente ist entsprechend ihrer Nennung und Darstellung in der einschlägigen betriebswirtschaftlichen Literatur erfolgt. Außerdem wurde noch der Bekanntheitsgrad in der Unternehmenspraxis berücksichtigt. Als wesentliche traditionelle Instrumente, die eine strategische Ausrichtung vorweisen, werden in diesem Kapitel behandelt:

1. Die Portfolio-Analyse, verzahnt mit dem Erfahrungskurven- und Produktlebenszykluskonzept.

2. Die PIMS-Studie, ebenfalls eng mit der Portfolio-Analyse verbunden.

3. Stärken-/Schwächen-Analysen sowie Umfeldanalysen.

4. Die wertorientierte Strategieplanung, auch Shareholder Value-Ansatz genannt.

5. Die Cross-Impact-Analyse, da sie Ansätze zu einer umfassenderen Betrachtung strategischer Probleme beinhaltet.

6. Früherkennungssysteme verschiedener Generationen.

7. Die Szenariotechnik.

8. Das Balanced Scorecard-System als relativ neues Strategisches Management- und Controlling-System.

(Strategische) Instrumente, die eine Weiterentwicklung des Betrieblichen Rechnungswesens verkörpern, wie die Prozesskostenrechnung und das Target Costing, werden nicht (wie in der ersten Auflage) weiter behandelt. Diese Instrumente sind sehr einseitig auf eine monetäre Abbildung der (künftigen) Realität fixiert – im Vordergrund steht die Beeinflussung von Kosten im Sinne eines zielorientierten Kostenmanagements. Zwar werden im Rahmen des Target Costing Managements auch Kundenwünsche und eventuell Wettbewerberanalysen integriert, die in den vorhergehenden Kapiteln herausgearbeiteten Anforderungen an ein strategische Management und Controlling werden jedoch weitgehend missachtet.

4.1.4.3.1   Die Portfolio-Analyse

„Das Instrument der Portfolio-Analyse, das von einer ganzen Reihe von Beraterfirmen in unterschiedlichen Varianten angeboten wird, hat viel dazu beigetragen, dass die Idee eines Strategischen Managements in der Praxis zunehmend an Boden gewinnt"[281]. Vor allem im Rahmen der strategischen Planung nimmt die Portfolio-Analyse einen zentralen Platz ein[282]. Die Unternehmung wird in Anlehnung an ein Wertpapierportefeuille als Gesamtheit von Anlageoptionen gesehen, die **wohlausgewogen** in Bezug auf einen optimalen Risiko- und Renditeausgleich gewählt werden müssen[283]. Die Ausgewogenheit bezieht sich dabei zum einen auf eine gleichmäßige Verteilung der Produkt-/Markt-Kombinationen auf die einzelnen **Phasen des Produktlebenszyklus**, nämlich die Abfolge Nachwuchs-, Wachstums-, Sättigungs- und Schrumpfungsphase. Der zweite Aspekt der Ausgewogenheit betrifft den Finanzstatus, wobei jeder Phase in Verbindung mit der Stellung im Wettbewerb ein ganz bestimmter Cash Flow-Status zugeordnet wird[284]. Ziel der strategischen Bemühungen ist es demzufolge, ein ausgewogenes Portfolio pro strategische Geschäftseinheit zu entwickeln, d. h. ausreichend Cash-Kühe zu haben, die die Nachwuchs-Produkte mitfinanzieren; sich selbst finanzierende Star-Produkte zu besitzen, die zur Marktanteilsausweitung aufgebaut werden können und Problem-Produkte, solange sie erforderlich sind, zu halten[285].

Der **Grundgedanke der Portfolio-Konzepte** besteht darin, auf der Basis einer Unternehmungs- und Umfeldanalyse sowie -prognose potentielle Einflussfaktoren auf Erfolg und Cash-Flow, z. B. Marktwachstum, Wettbewerbsposition, Finanzstärke, der einzelnen strategischen Geschäftseinheiten zu bestimmen und diese zu jeweils zwei maßgeblichen Einflussgrößen zu verdichten, auf deren Basis die Analyse und Diskussion der Entwicklungsmöglichkeiten der jeweiligen strategischen Geschäftseinheiten erfolgen können[286]. Ziel der stra-

---

[281] Kirsch/Trux, Strategische Frühaufklärung, S. 225; siehe auch: Staehle, Management, S. 603

[282] Mann, Das ganzheitliche Unternehmen, S. 40 f.; Kreikebaum, a.a.O., S. 91; Weber, Einführung in das Controlling, S. 91 f.; Hahn, Zweck und Standort der Portfolio -Konzepte in der strategischen Unternehmungsplanung, S. 5

[283] Robens, Schwachstellen der Portfolio-Analyse, S. 192; Weber, Einführung in das Controlling, S. 92

[284] Coenenberg/Baum, a.a.O., S. 45 f.

[285] Staehle, Management, S. 605

[286] Hahn, Zweck und Standort der Portfolio-Konzepte in der strategischen Unternehmungsplanung, S. 5; Schweitzer/Friedl, a.a.O., S. 158; Hinterhuber, a.a.O., S. 108

tegischen Portfolio-Analyse ist es, die künftig zu erwartenden Ressourcen in solche Geschäftsfelder zu lenken, in denen die Marktaussichten (Chancen) günstig beurteilt werden und in denen die Unternehmung relative Wettbewerbsvorteile nutzen kann[287].

„Voraussetzung für die Formulierung einer Erfolg versprechenden Gesamtstrategie ist das Erkennen und Verarbeiten jener Faktoren, die den unternehmerischen Erfolg langfristig bestimmen"[288]. Die Portfoliotechnik will darauf aufbauend die unternehmerischen Aktivitätsfelder im Lichte dieser **Erfolgsfaktoren** abbilden. Grundsätzlich lassen sich zwei Arten von strategischen Erfolgsfaktoren unterscheiden:

- Interne Begrenzungsfaktoren, wie z. B. die Produktions- und Kostensituation

- Ergänzungsfaktoren, die Ausdruck der Umweltsituation sind und das externe Chancenpotential aufdecken sollen

Mit Hilfe dieser Erfolgsfaktoren werden dann die Markt- und Wettbewerbsposition der Unternehmung bzw. von strategischen Geschäftsfeldern beurteilt. Bei der Bestimmung der relevanten Erfolgsfaktoren müssen zum einen die gewinn- und risikowirksamen Einflussfaktoren vollständig erfasst werden, um die Qualität der strategischen Planung nicht zu gefährden. Andererseits muss jedoch eine Beschränkung auf wenige wichtige Erfolgsfaktoren erfolgen, um die Transparenz und Handhabbarkeit der Portfolio-Analyse zu gewährleisten. Diese **Reduktion** kann aufgrund von Kreativität, Intuition, Plausibilitätsüberlegungen oder aufgrund empirischer Studien (z. B. PIMS-Studie) bzw. theoretischer Erkenntnisse (z. B. Erfahrungskurvenkonzept) durchgeführt werden[289]. Von den Beratungsfirmen, die die verschiedenen Varianten der Portfolio-Analyse einsetzen, wird unterstellt, die jeweilige Portfolio-Methode basiere auf empirisch bewährten Zusammenhängen; insbesondere die gewählten Erfolgsfaktoren seien allgemein gültig im Sinne nomologischer Hypothesen oder Gesetzmäßigkeiten[290]. Für die Ableitung relevanter Erfolgsfaktoren werden vor allem das Produktlebenszyklus-, das Erfahrungskurven- oder das PIMS-Konzept zugrunde gelegt[291]. Auf die PIMS-Studie wird in einem gesonderten Kapitel näher eingegangen. Die **Erfahrungskurve** gilt als Erweiterung der Lernkurve, nach der mit der kumulierten Produktionsmenge die Fertigungszeiten und damit die Fertigungskosten sinken. Außerdem wird im Erfahrungskurvenkonzept eine Beziehung zum Marktanteil und zur Wettbewerbsdynamik hergestellt. Untersuchungen der Boston Consulting Group haben ergeben, dass die Stückkosten vieler Produkte bei jeder Verdoppelung der kumulativ erzeugten Menge um einen nahezu konstanten Faktor zwischen 20 und 30 % zurückgehen.

---

[287] Gabele, Die Leistungsfähigkeit der Portfolio-Analyse …, S. 46; Wiedmann/Löffler, Portfolio-Simulation und Portfolio-Planspiele als Unterstützungssysteme der strategischen Früherkennung, S. 422

[288] Coenenberg/Baum, a.a.O., S. 46 f.; siehe auch: Hahn, Zweck und Standort der Portfolio-Konzepte …, S. 25

[289] Meffert/Wehrle, a.a.O., S. 54

[290] Gabele, a.a.O., S. 48

[291] Wiedmann/Löffler, a.a.O., S. 423; Bramsemann, a..a.O., S. 219 f.; Pfohl, a.a.O., S. 192 ff.; Dunst, Portfolio Management …, S. 65 ff.; Roventa, Portfolio-Analyse und Strategisches Management, S. 114 ff. und S. 132 ff.

Die kumulativ erzeugte Menge verkörpert dabei einen Indikator für die Erfahrung[292]. Die bei der Erfahrungskurve unterstellte Degression stellt sich jedoch nicht automatisch ein, sondern muss im Wesentlichen durch gezielte Maßnahmen erreicht werden[293]:

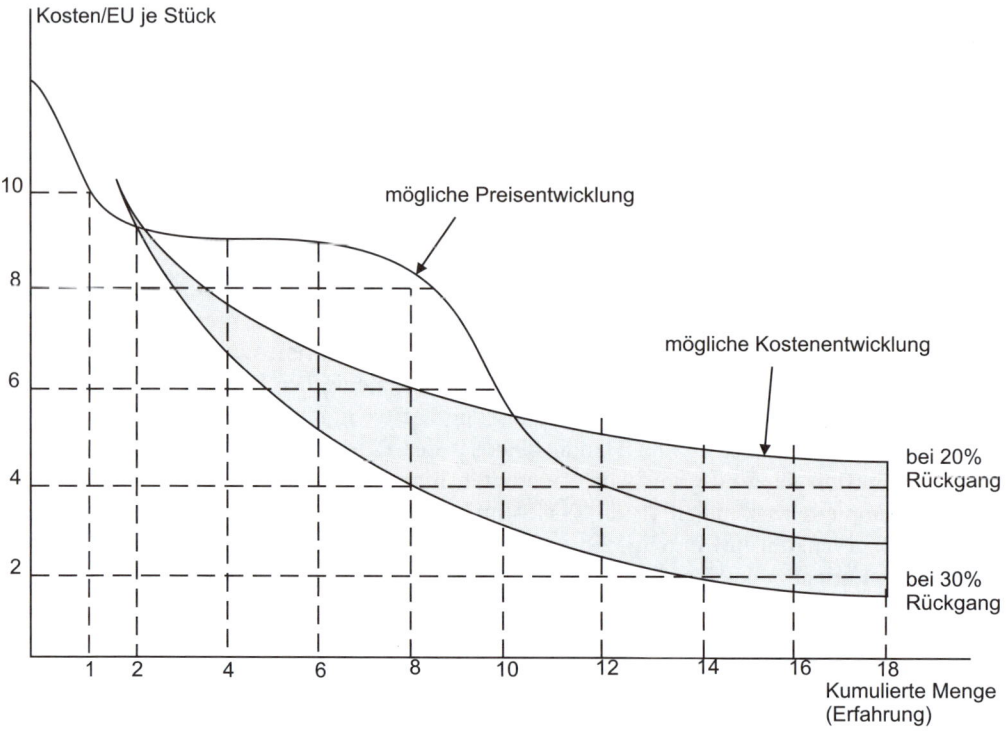

Abb. 4.39   Kosten-Erfahrungskurve mit möglicher Preiskurve[294]

Analog zum Kosten-Erfahrungseffekt wurde ein Preis-Erfahrungseffekt festgestellt. Dabei wird unterstellt, dass der Marktführer aufgrund seines Kostenvorteils die Preise so festsetzen kann, dass den Wettbewerbern keine ausreichende Rendite bleibt und sie sich letztlich vom Markt zurückziehen müssen. Die Erkenntnisse der Erfahrungskurve nehmen eine weitreichende Bedeutung für die Planung strategischer Geschäftsfelder einer Unternehmung ein[295]:

---

[292] Gabele, a.a.O., S. 48 ff.; Henderson, Die Erfahrungskurve in der Unternehmensstrategie, S. 19 ff.; Pfohl, a.a.O., S. 193 f.; Albach, Strategische Unternehmensplanung bei erhöhter Unsicherheit, S. 765; Timmermann, a.a.O., S. 200; Hahn, Zweck und Standort der Portfolio-Konzepte …, S. 8

[293] Coenenberg/Baum, a.a.O., S. 52; Weber, Einführung in das Controlling, S. 82

[294] Gälweiler, Strategische Unternehmensführung, S. 37 ff.

[295] Hahn, Zweck und Standort der Portfolio-Konzepte …, S. 8. Auf Kritikpunkte zum Erfahrungskurvenkonzept wird am Schluss des Kapitels eingegangen.

- Die Sicherung hoher relativer Marktanteile gilt als zentrale Voraussetzung für die Erwirtschaftung einer hohen Rentabilität.

- Die Sicherung hoher relativer Marktanteile ist möglichst in Märkten mit künftig hohen Wachstumsraten anzustreben.

Die Kostensenkungen stellen sich allerdings nicht automatisch ein, vielmehr müssen zielgerichtete Maßnahmen ergriffen werden.

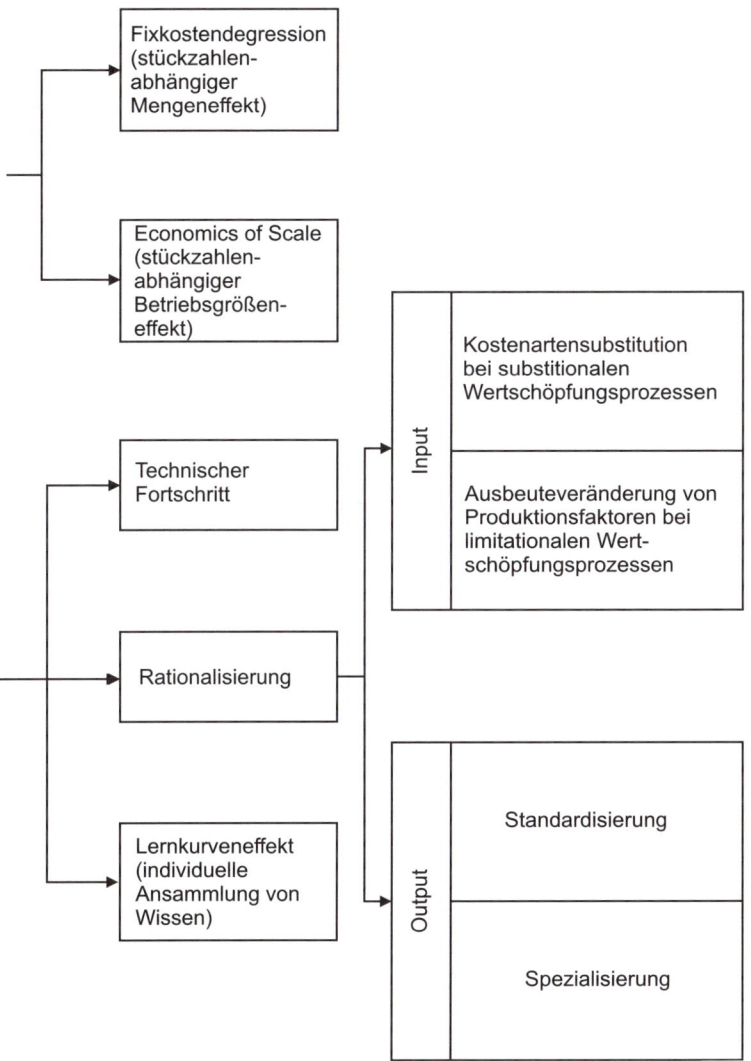

Abb. 4.40   Gründe für die Gültigkeit des Erfahrungskurveneffekts

Das **Konzept des Produktlebenszyklus** hat zusammen mit der Erfahrungskurve beim Marktwachstum-Marktanteil-Portfolio als Grundlage gedient. Unter einem Produktlebenszyklus wird in Anlehnung an die Natur der Zeitraum von der Entstehung der Produktidee bis zum Ausscheiden des Produktes aus dem Markt verstanden. Die folgende Darstellung des Produktlebenszyklus ist typisch[296]. Die Produktlebenskurve stellt ein Beschreibungsmodell dar, das in der strategischen Planung mangels der Existenz gehaltvoller Erklärungs- und Prognosemodelle als Basis für die Ableitung von wachstumsabhängigen Strategien herangezogen wird[297]. Das unterstellte idealtypische Phasenablaufmuster taugt für Lösungsansätze jedoch nur, soweit normierte Verhaltensweisen der Marktteilnehmer und eine einheitliche Entwicklung bei der Technologieakzeptanz und der Marktstruktur gegeben sind. Empirische Untersuchungen haben diesen idealtypischen Verlauf jedoch überwiegend nicht nachweisen können[298].

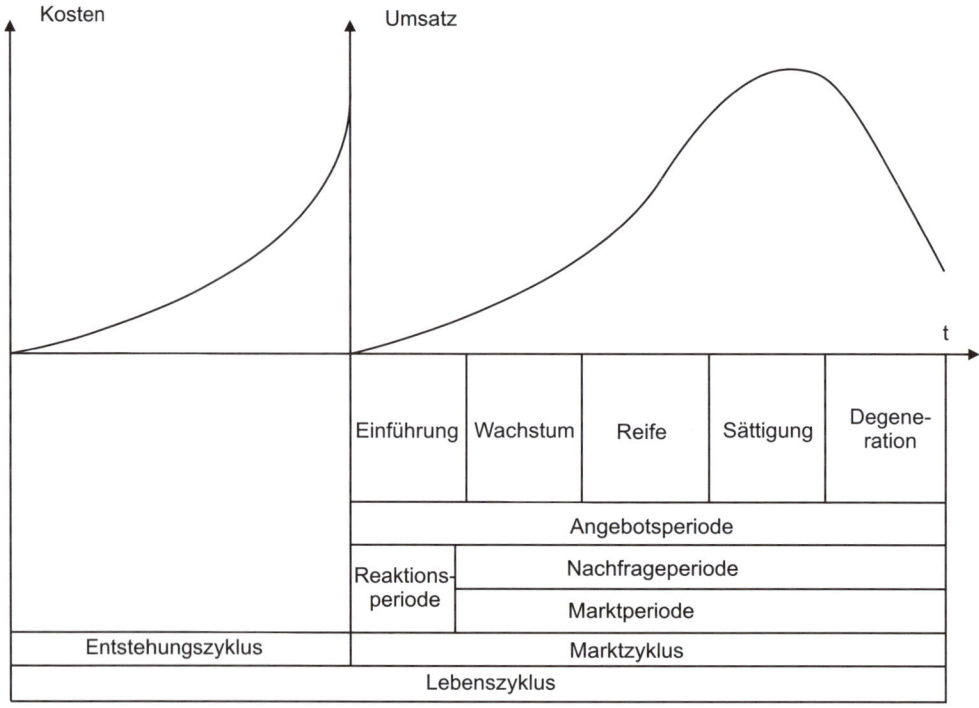

Abb. 4.41   Darstellung des Produktlebenszyklus

---

[296] Kreikebaum, Strategische Unternehmensplanung, S. 73 ff.

[297] Pfohl, a.a.O., S. 192

[298] Coenenberg/Baum, a.a.O., S. 56

Die Portfolio-Analyse läuft in folgenden **Arbeitsschritten** ab[299]:

1. Abgrenzung geeigneter Planungseinheiten: Hierbei geht es darum, bestimmte Produkt-Markt-Kombinationen im Rahmen der strategischen Planung zu Strategischen Geschäftseinheiten bzw. -feldern zusammenzufassen, die folgende Bedingungen erfüllen müssen:

   a. Die strategische Geschäftseinheit hat nach innen eine möglichst hohe Homogenität aufzuweisen, d. h. ihre Elemente teilen soweit wie möglich dasselbe Produktions- und Vertriebspotential und treffen im Wesentlichen auf dieselben Nachfrager und Konkurrenten.

   b. Eine strategische Geschäftseinheit ist nach außen hin möglichst heterogen, d. h. ihre Aktivitäten sollen keine Auswirkungen auf die Resultate von Aktivitäten anderer SGEs haben.

   Strategische Geschäftseinheiten sind demnach Erfolgsträger mit eigenen Chancen und Risiken und zeigen die Erfolgspotentiale der Unternehmung auf. Insbesondere die Vernachlässigung der Interdependenzproblematik hält den Anforderungen der Praxis nicht stand. So gesehen ist die Ermittlung der Erfolgspotentiale der Unternehmung aus Einzelstrategien auch angreifbar.

2. Ermittlung geeigneter Beurteilungskriterien: Charakteristisch für alle Verfahrensvarianten der Portfolio-Analyse ist, dass sie einen zweidimensionalen Beurteilungsraum zugrunde legen. Allerdings unterscheiden sich die Bewertungsdimensionen darin, dass die Dimensionen entweder auf der Basis von einfaktoriellen oder multifaktoriellen Kriterien abgeleitet werden. In der Portfolio-Matrix ist eine Achsendimension weitgehend von Faktoren bestimmt, die die Unternehmensleitung direkt beeinflussen kann, z. B. Marktanteil; die zweite Achsendimension enthält nur indirekt beeinflussbare Faktoren, die weitgehend am Markt orientiert sind, z. B. das Marktwachstum: Auch hier wird unterstellt, dass es sich um zwei überschneidungsfreie bzw. beziehungslose Beurteilungsmaßstäbe handelt.

3. Gewinnung notwendiger Informationen: Hierbei spielt die definitorische Basis der entsprechenden Informationen eine entscheidende Rolle. Beispielsweise sind in Abhängigkeit von der Definition des Marktanteils bzw. des Marktwachstums abweichende Zuordnungen von SGE-Kategorien möglich. Die Abgrenzung des relevanten Marktes stellt ein weiteres Teilproblem in diesem Zusammenhang dar.

4. Bildung von SGE-Kategorien: In der Portfolio-Analyse werden die Bewertungsmaßstäbe durch ein Raster vorgegeben, das die Koordinaten der Matrix (=Bewertungsdimensionen) in eine 4- (oder 9-) Felder-Matrix trennt. Die unterschiedliche Einteilung in „Hoch"- und „Niedrig"-Kategorien beeinflusst die Ergebnisse einer Portfolio-Analyse beachtlich.

---

[299] Robens, a.a.O., S. 192-199; siehe auch: Schweitzer/Friedl, a.a.O., S. 160 ff.

5. Ableitung von Normstrategien: Die Portfolio-Analyse geht über den Charakter eines reinen Messinstruments der strategischen Position von SGE hinaus und versteht sich als Wegweiser für ein bestimmtes strategisches Verhalten. Hierzu dienen sogenannte „Normstrategien", die Standardheuristiken verkörpern, um auf den Märkten „richtig" agieren zu können. Daraus abgeleitet werden Investitionspläne. Grundsätzlich sind drei verschiedene Normstrategien zu unterscheiden: Investitions- und Wachstumsstrategien, Abschöpfungs- bzw. Desinvestitionsstrategien sowie selektive Strategien. Synergistische Effekte zwischen mehreren SGE werden auch hier vernachlässigt; ein „Abstoßen" von „dogs" übersieht, dass von diesen „cash cows" oder „stars" ausgehen können. Die Portfolio-Verfahren sind letztlich Analysemethoden und keine Methoden zur Formulierung von Strategien. Normstrategien können erst abgeleitet werden, wenn weitere interne und externe Informationen hinzukommen.

In der betriebswirtschaftlichen Literatur werden nun **unterschiedliche Arten** von Portfolio-Analysen diskutiert, die ihren Ursprung in der Hauptsache in der praktischen Erprobung diverser Beratungsfirmen haben[300]. Zu den in der Praxis am häufigsten vorzufindenden und auch in der Literatur am intensivsten behandelten Arten zählen das Produkt-Markt-Portfolio und die Marktattraktivitäts-Wettbewerbsvorteils-Portfolio-Matrix. Diese beiden Portfolio-Methoden sollen etwas ausführlicher dargestellt werden; außerdem lassen sich die damit verbundenen Probleme auch auf andere Portfolio-Arten übertragen.

Der „Urtyp" der **produkt-marktbezogenen Portfolio-Analyse** geht auf den von der Boston Consulting Group entwickelten Ansatz zurück und bezieht sich bei den strategischen Erfolgsfaktoren nur auf jeweils einen, nämlich

- Den relativen Marktanteil (beeinflussbare Größe).
- Das Marktwachstum (exogen vorgegebene Größe).

Dies stellt eine starke Vereinfachung der für den Markterfolg wichtigen Faktoren dar[301]. Die Marktanteils-Marktwachstums-Matrix mit ihren Normstrategien und den entsprechenden Auswirkungen auf die Investitionshöhe und die Höhe des erwirtschafteten Deckungsbeitrages zeigt Abb. 4.42[302]:

Die wichtigsten **Prämissen** des Marktwachstums-Marktanteils-Portfolios lauten[303]:

1. Der Marktanteil hat einen direkten Einfluss auf die Profitabilität.

2. Wachstumsmärkte sind am attraktivsten, da hier eine Marktanteilsausweitung am leichtesten und billigsten möglich ist.

---

[300] Bramsemann, a.a.O., S. 217-233; Albach, Strategische Unternehmensplanung bei erhöhter Unsicherheit, S. 705-711; Meffert/Wehrle, a.a.O., S. 54 ff.; Hinterhuber, Strategische Unternehmungsführung, S. 106-143; Hahn, Zweck und Standort der Portfolio-Konzepte …, S. 6-21

[301] Weber, Einführung in das Controlling, S. 92 ff.; Albach, Strategische Unternehmensplanung bei erhöhter Unsicherheit, S. 705 f.; Horvath, Controlling, S. 250

[302] Hinterhuber, Strategische Unternehmungsführung, S. 128 ff.; siehe auch: Bramsemann, a.a.O., S.220 f.

[303] Kreikebaum, Strategische Unternehmungsplanung, S. 92

3. Es besteht ein systematischer Zusammenhang zwischen den Netto-Cash-Flow einer Geschäftseinheit und ihrer Position bzw. Entwicklungsrichtung in der Matrix.

4. Unternehmen lassen sich in voneinander unabhängige strategische Geschäftseinheiten zerlegen und die einzigen Interdependenzen sind finanzieller Natur.

5. Ziel des Portfoliomanagements ist ein Finanzmittelausgleich zwischen den Geschäftseinheiten.

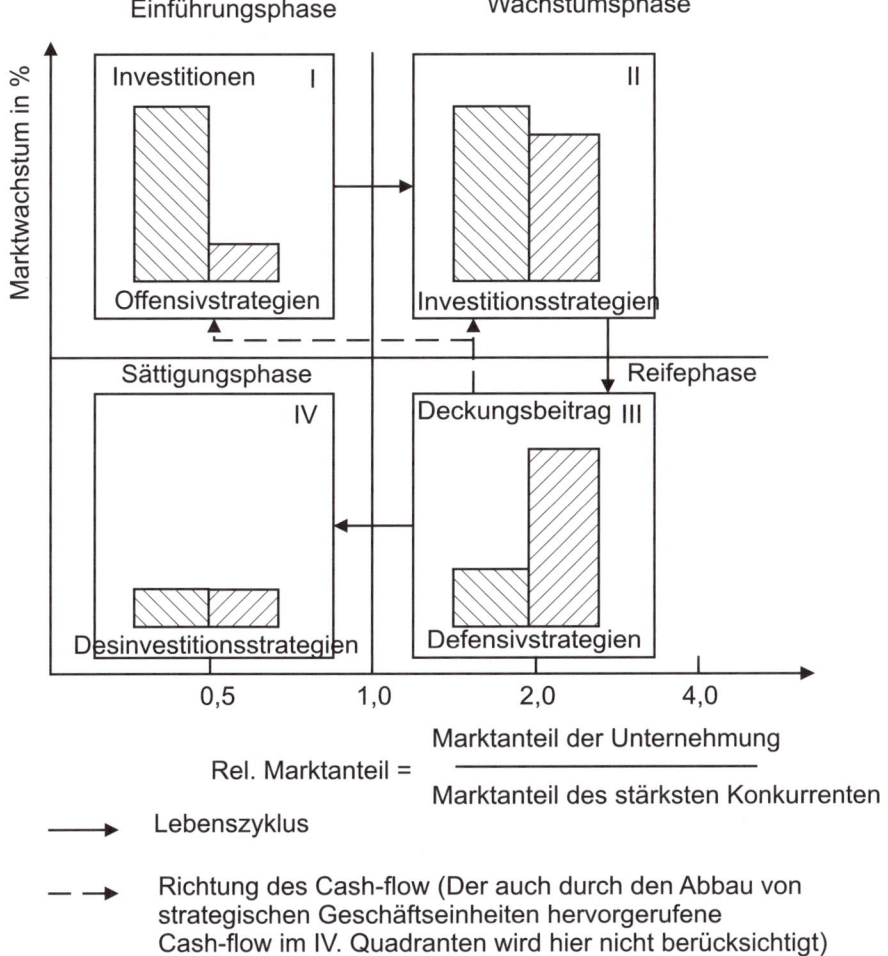

Abb. 4.42   Die Marktanteils-Marktwachstums-Portfolio-Matrix

Angesichts der wachsenden Komplexität und Dynamik des Unternehmensgeschehens ist die Forderung nach einem „einfachen" System natürlich gefährlich, ist doch nicht auszuschließen, dass wegen der unzureichenden Informationen Fehlentscheidungen vorgenommen werden[304]. Auf einige Schwachstellen des Erfahrungskurven- bzw. Produktlebenszykluskonzepts, die als Basis für diese Portfolio-Methode gelten, wurde bereits hingewiesen. Das zugrunde liegende „Marktgesetz", das einen direkten Zusammenhang zwischen relativem Marktanteil und Cash- Flow-Status bzw. Rentabilität behauptet, muss – wie zahlreiche empirische Beispiele belegen – in Zweifel gezogen werden[305]. Ebenso unrealistisch ist die Annahme der Portfolio-Analyse in Verbindung mit dem Produktlebenszykluskonzept, die für das Produktsortiment eine ausgewogene Altersstruktur unterstellt[306].

Das Marktattraktivitäts-Wettbewerbsvorteils-Portfolio versucht, die Aussagekraft des Marktwachstums-Marktanteils-Portfolios durch eine differenziertere Beurteilung der Einfluss- und Erfolgsfaktoren der unternehmerischen Strategien zu verbessern[307]. Es wurde vom US-amerikanischen Beratungsunternehmen McKinsey entwickelt und hat inzwischen etliche Varianten hervorgebracht. Im Gegensatz zum Marktwachstums-Marktanteils-Portfolio basiert diese Portfolio-Methode auf keiner inhaltlichen Hypothese über den Zusammenhang zwischen bestimmten Variablen. Es existieren nur zwei grundlegende Gestaltungsregeln:

1. Die Trennung der analysierten Variablen in externe, weitgehend unternehmensunabhängige Faktoren (Umweltdimension: „Marktattraktivität") und interne, unternehmensbezogene Faktoren (Unternehmensdimension: „Wettbewerbsvorteil").

2. Die Ableitung von Normstrategien auf der Basis der strategischen Positionierung der Geschäftseinheiten in der Matrix.

Die beiden Dimensionen „Marktattraktivität" und „Wettbewerbsvorteile" (bzw. „Wettbewerbsstärke") werden in einzelne Bewertungskriterien aufgeschlüsselt und mit einem Gewichtungsfaktor versehen[308]. Die **Problematik** besteht darin aus der Vielzahl möglicher Einflussfaktoren die „richtigen" Faktoren auszuwählen und auch in Bezug auf die Vergabe der Gewichtungsfaktoren „richtig" zu liegen. In der deutschsprachigen betriebswirtschaftlichen Literatur hat sich vor allem die Einteilung von Hinterhuber durchgesetzt (siehe Abb. 4.43)[309]:

Die einzelnen Variablen der Marktattraktivität bzw. relativen Wettbewerbsposition können nun wiederum in einzelne Kriterien unterteilt werden, wobei diese z. T. als Kennzahlen abgebildet werden können (siehe **Anlage 9/1 und 9/2**)[310].

---

[304] Ansoff/Kirsch/Roventa, a.a.O., S. 978; Bramsemann, a.a.O., S. 233

[305] Henzler, a.a.O., S. 1291; Staehle, Management, S. 606

[306] Koch, Wirtschaftsunruhe und Unternehmensplanung, S. 338 f.

[307] Bramsemann, a.a.O., S. 225 ff.

[308] Staehle, Management, S. 605

[309] Hinterhuber, Strategische Unternehmensführung, S. 112 ff. und S. 115 f.; Abb. 4.43 entnommen aus: Gabele, a.a.O., S. 52

[310] Hinterhuber, Strategische Unternehmensführung, S. 114 und S. 117

Aus der Analyse der Portfolio-Matrix können nun Anhaltspunkte für die Verteilung der Ressourcen auf die strategischen Geschäftseinheiten der Unternehmung gewonnen werden. Als Grundlage dienen wiederum Normstrategien, die den verschiedenen Feldern der Matrix zugeordnet sind (siehe Abb. 4.44)[311].

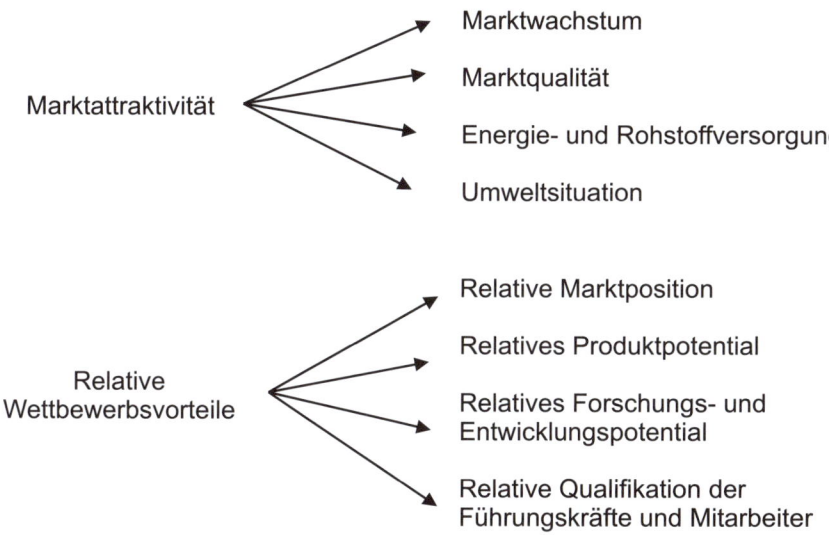

Abb. 4.43   Operationalisierung der Hauptvariablen in der Portfolio-Matrix nach Hinterhuber

Die Berücksichtigung einer Vielzahl von Einflussfaktoren liefert zwar ein verfeinertes Bild der strategischen Situation der Unternehmung. Insbesondere beinhalten die relativen Wettbewerbsvorteile einige Erfolgspotentiale. Das Ergebnis hängt jedoch in starkem Maße von der Auswahl und der Bewertung der Faktoren ab. Da sich jedes Unternehmen im Rahmen des strategischen Managements selbst die Kriterien und Werte vorgibt, nach denen es seinen Erfolg misst, kann daraus kaum eine allgemeine Aussage zur Leistungsfähigkeit der Portfolio- Analyse abgeleitet werden[312].

Die verschiedenen Portfolio-Methoden werden noch mit weiteren strategischen Instrumenten in eine enge Beziehung gebracht. So gilt die Portfolio-Analyse als eine zweckmäßige Ergänzung der klassischen **Gap-Analyse**[313]. Mit der Gap-Analyse wurde ein Verfahren zur Darstellung und Interpretation von Abweichungen entwickelt und zwar zwischen der prognostizierten Entwicklung des Basisgeschäfts und der potentiellen Entwicklungslinie bei Ausnut-

---

[311] Ebenda, S. 109; Abb. 4.44 entnommen aus: Schweitzer/Friedl, a.a.O., S. 162; Picot, a.a.O., S. 565 f.

[312] Bramsemann, a.a.O., S. 233; Gabele, a.a.O., S. 56 f.

[313] Kirsch/Trux, Strategische Frühaufklärung und Portfolio-Analyse, S. 68; Mauthe/Roventa, a.a.O., S. 191; Berthel, Unternehmungsführung im Wandel? S. 10

zung der Chancen der Umwelt und aller Stärken (Potentiale) der Unternehmung[314] (siehe Abb. 4.45). Die Aufgabe der Unternehmungsplanung besteht darin, Vorschläge zur Schließung der festgestellten Lücke zu machen. Bei operativen Lücken bietet sich eine weitere Marktdurchdringung in bestehenden Produkt-/Marktfeldern an, während zur Schließung der strategischen Lücke weitergehende Produkt-/Markt-Strategien entwickelt werden müssen, wie Markt- und Produktentwicklung, Diversifikation. Die Gap-Analyse gilt als nicht mehr zweckmäßig zur Lösung der anstehenden Probleme[315]. Am schwerwiegendsten zählt der Einwand, dass durch den extrapolativen Charakter der Gap-Analyse Diskontinuitäten in der Entwicklung auch nicht ansatzweise erfasst werden[316].

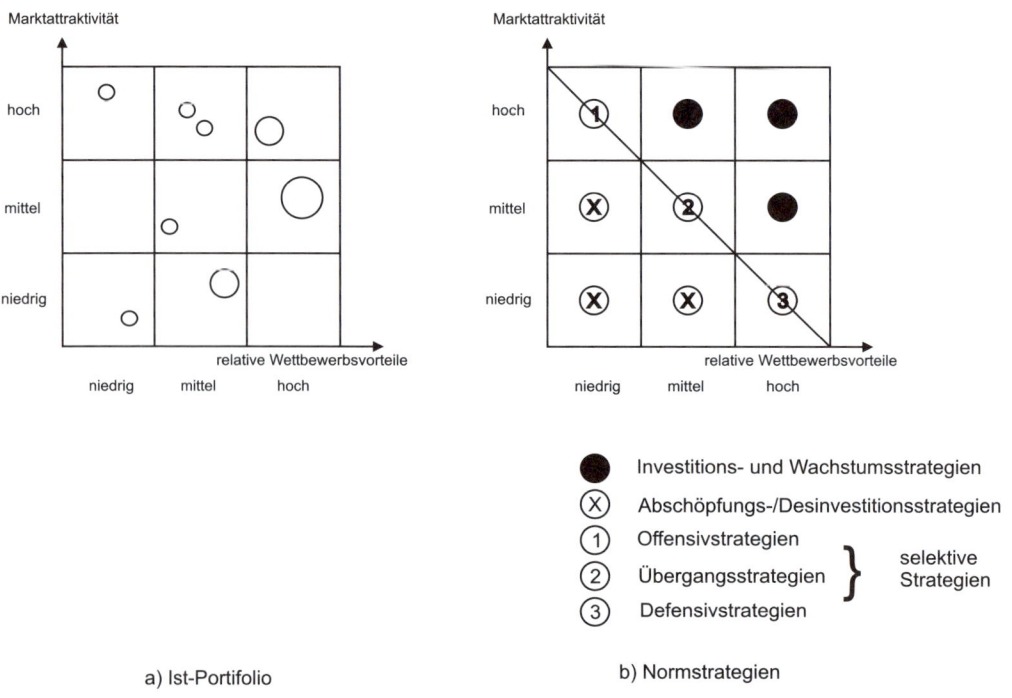

Abb. 4.44   Marktattraktivitäts-Wettbewerbsvorteils-Matrix und Normstrategien

---

[314] Staehle, Management, S. 598 f.; Kreikebaum, Strategische Unternehmensplanung, S. 44 ff.; Bramsemann, a.a.O., S. 207 f.; Götzen/Kirsch, a.a.O., S. 174 f.

[315] Götzen/Kirsch, a.a.O., S. 175

[316] Mauthe/Roventa, a.a.O., S. 191

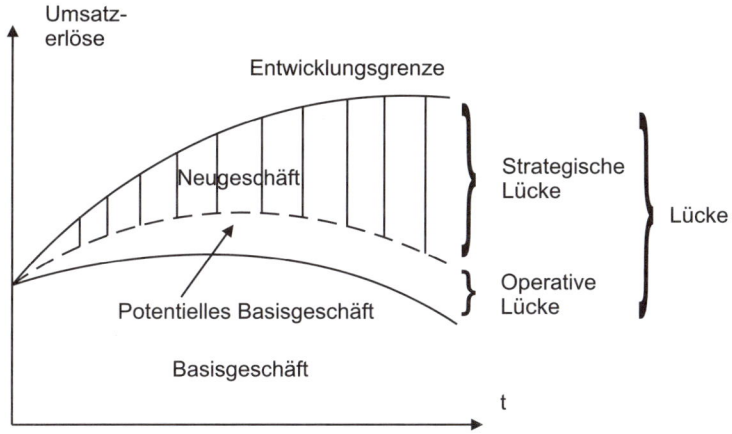

Abb. 4.45   Die Gap-Analyse

Die Portfolio-Analyse wird ebenso in Verbindung mit **Früherkennungssystemen** gebracht. Das Muster des Ist-Portfolios kann als eine Art Frühindikator für zukünftige Gefahren aber auch für Chancen aufgefasst werden[317]. Dennoch eignet sich die Portfolio-Analyse nur bedingt für die strategische Früherkennung. Zwar werden in der multifaktoriellen Variante der Portfolio-Analyse durchaus wichtige Frühindikatoren berücksichtigt, beispielsweise die relative Qualifikation der Führungskräfte und Mitarbeiter. Allerdings müssten die Portfolio-Matrizen anstelle der üblichen Ist-Werte noch stärker mit Prognosewerten arbeiten[318]. Einen interessanten Verbesserungsvorschlag stellt der Ansatz dar, die Portfolioanalyse so auszugestalten, dass sie zur **Verstärkung schwacher Signale** beitragen kann[319]. Gerade Unsicherheiten bei der Positionierung der Produkt-Markt-Kombinationen in den strategischen Geschäftsfeldern deuten auf mögliche Signale bevorstehenden Strukturwandels hin. „Schwache Signale" finden ihren Ausdruck vor allem in der Unsicherheit und/oder im Dissens in Bezug auf eine Beurteilung der strategischen Position einzelner SGE, und zwar sowohl bei der Abschätzung künftiger Ausprägungen der Erfolgsfaktoren als auch bei der Gewichtung einzelner Erfolgsfaktoren[320]. Vorgeschlagen wird deswegen anstelle der sonstigen „Punktpositionierung" der SGE innerhalb der Portfolio-Matrix bewusst eine **„Bereichspositionierung"** vorzunehmen bzw. sog. **„Unschärfeflächen"** aufzuzeigen. Damit soll u. a. vermieden werden, dass dem Management durch die Konsensbildung im Vorfeld (=typische „Informationspathologie" des klassischen Stab-Linien-Prinzips) zentrale Informationen vorenthalten werden[321]. Diese Vorgehensweise der Bereichspositionierung stellt die Bedeutung der „soft

---

[317] Kirsch/Trux, Strategische Frühaufklärung und Portfolio-Analyse, S. 56

[318] Wiedmann/Löffler, a.a.O., S. 425 ff.

[319] Ansoff/Kirsch/Roventa, a.a.O., S. 963-988; Kirsch/Trux, Strategische Frühaufklärung und Portfolio-Analyse, S. 56 ff.

[320] Picot, a.a.O., S. 566; Wiedmann/Löffler, a.a.O., S. 426 f.

[321] Krystek/Müller-Stewens, a.a.O., S. 184; Kirsch/Trux, Strategische Frühaufklärung und Portfolio-Analyse, S. 53 f.

facts" heraus – der Versuch, in turbulenten Zeiten „hard facts" vorrangig zu erhalten, ist gefährlich, wird dadurch doch das Prinzip der notwendigen Varietät verletzt[322]. Die Bereichspositionierung wird zum einen analytisch vorgenommen; zum anderen basiert die Festlegung des Unschärfebereichs auf einem Expertenteam, das mit den Analyseergebnissen des Stabes, z. B. Controlling, konfrontiert wird und diese eher intuitiv beurteilt. In einem letzten Schritt haben die Entscheidungsträger die Argumente gegenseitig abzuwägen und auf der Grundlage eigener Einschätzungen ein Urteil zu fällen[323].

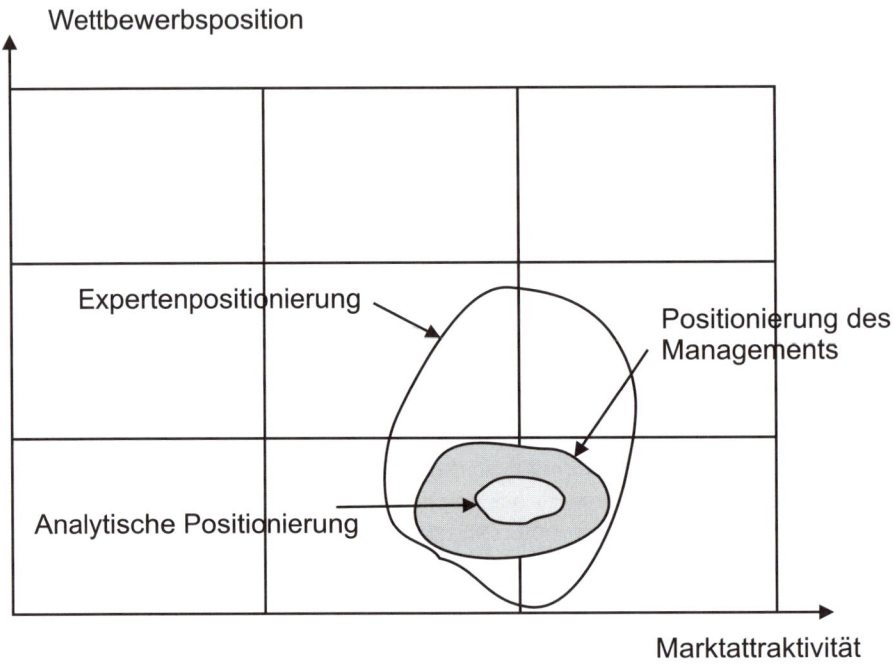

Abb. 4.46   Beispiel einer Positionierung des Managements

Sensitivitätsanalysen können im Rahmen der Unschärfenanalyse wertvolle Hilfestellung leisten. Dabei tritt jedoch ein Dilemma auf[324]. Um vermehrt „schwache Signale" empfangen zu können, wird einerseits die Zahl der Beteiligten erhöht. Damit ist aber gleichzeitig die Gefahr verbunden, dass eine Menge irrelevanter „Background-Geräusche" mitgeliefert wird. Eine sinnvolle Gestaltung von Auswertungsperioden, kann jedoch eine plausible Ausfilterung der sinnvollen „schwachen Signale" ermöglichen.

---

[322] Ansoff/Kirsch/Roventa, a.a.O., S. 970

[323] Ebenda, S. 975 ff.

[324] Ebenda, S. 977 f.

Da die Portfolio-Analyse das wohl bekannteste strategische Instrument darstellt, soll ihre **Eignung** für die **Bewältigung der komplexer und dynamischer gewordenen Unternehmensbedingungen** ausführlicher analysiert werden. Namhafte Autoren gehen davon aus, dass die Portfolio-Analyse eine Antwort auf derartige komplexe Probleme liefern kann, ja sogar vorhandene „Denk-Trampelpfade" dazu verlässt[325]. Die Portfolio-Analyse gilt als ein Instrument, welches die Formulierung einer konzeptionellen Gesamtsicht der Unternehmenspolitik fördert[326]. Dies geschieht vor allem durch die Einbeziehung interner und externer Einflussfaktoren auf den Erfolg der Unternehmung. Ein schwerwiegender Kritikpunkt besteht darin, dass die Portfolio-Analyse die angestrebte Gesamtsicht der Unternehmung nur z. T. verwirklichen kann. Sämtliche Portfolio-Methoden betrachten isoliert nur Produkt-Markt-Beziehungen. **Interdependenzen** zur Technologieentwicklung z. B. werden **vernachlässigt**[327]. Hahn schlägt deswegen eine ganzheitliche Portfolio-Analyse vor, die je nach Fragestellung unterschiedliche Analysen verbindet. Besonders sinnvoll erscheint nach seiner Ansicht eine Kombination der strategischen Aspekte von Markt-Portfolio, Technologie-Portfolio und Ökologie- Portfolio im Rahmen eines übergreifenden dynamischen Markttechnologie- und Ökologie- Portfolios[328]. Die Erweiterung der Portfolio-Analyse um andere das Unternehmensgeschehen beeinflussende Bereiche ist sicherlich ebenso begrüßenswert wie der Ansatz der Bereichspositionierung. Dennoch darf nicht übersehen werden, dass die Portfolio-Analyse auch in dieser Form dem Postulat einer ganzheitlich-vernetzten Betrachtungsweise nur zum Teil genügen kann. So werden die vielfältigen Interdependenzen zwischen den einzelnen Einflussfaktoren interner und externer Art nur unzureichend berücksichtigt. Interdependenzen werden vielmehr auf Basis **monokausaler Erklärungsansätze**, z. B. bedingt eine bestimmte Größenordnung des Marktanteils bestimmte Renditeerwartungen, abgebildet. Zusammenfassend kann festgehalten werden, dass die **Leistungsgrenze der Portfolio-Analyse** seit einiger Zeit, insbesondere in Folge der zunehmenden Turbulenzen, **erreicht ist**[329]. Es ist Mann zuzustimmen, der zum Ergebnis kommt, dass strategisches Denken nicht durch eine Verfeinerung und Komplizierung von Methoden gelöst werden kann, sondern nur durch eine Konzentration auf andere Faktoren[330]. Involviert mit dieser Aussage ist eine Warnung vor einer Überbetonung von Instrumenten. Vielmehr gibt es kein Ergebnis und keine Methode, die für sich allein Grundlage für eine (strategische) Entscheidung sein könnten. Nur das **mosaikartige Zusammensetzen** eines strategischen Bildes aus einer Vielzahl von (geeigneten) Methoden kann eine brauchbare Entscheidungsgrundlage liefern. So gesehen, sollten strategische Werkzeuge Denkwege verkörpern, die altbekannte „Denk-Trampelpfade" verlassen und neue Zusammenhänge erkennen helfen[331]. Im Vordergrund

---

[325] Mann, Anforderungen an ein strategisches Controlling, S. 485 f.; Albach, Theorie und Praxis der Unternehmensplanung, S. 14 f.

[326] Kirsch/Trux, Strategische Frühaufklärung und Portfolio-Analyse, S. 48; Mauthe/Roventa, a.a.O., S. 192 ff.

[327] Bramsemann, a.a.O., S. 233; Mann, Das ganzheitliche Unternehmen, S. 43

[328] Hahn, Zweck und Standort der Portfolio-Konzepte in der strategischen Unternehmungsplanung, S. 28; siehe auch: Gomez, Wertorientierte Strategieplanung, S. 557 ff.

[329] Henzler, a.a.O., S. 1291; Gälweiler, Strategische Unternehmensplanung in der Praxis, S. 233

[330] Mann, Das ganzheitliche Unternehmen, S. 49

[331] Ebenda, S. 67 ff.

stehen dabei jedoch „ganzheitliche Vorgehensheuristiken", die besser zur Handhabung strategischer Problemstellungen geeignet erscheinen als die klassische Strategietechnokratie[332]. Etliche Autoren bezweifeln jedoch diese gesamthafte Betrachtungsweise im Rahmen der Portfolioanalyse vom Grundsatz her. Informationen aus einer intuitiven und ganzheitlichen Realitätserfassung werden eher abgewertet, als das sie Eingang in die Portfolio-Analyse fänden[333].

Auf die großen Probleme bei der Ableitung der SGE, relevanten Erfolgsfaktoren und Normstrategien wurde schon bei den einzelnen Portfolio-Methoden hingewiesen. Selbst geringfügige Änderungen, z. B. in der

- Abgrenzung der Planungseinheiten

- Auswahl der Beurteilungskriterien

- Informationsbasis

- Trennung der SGE-Kategorien

haben einen erheblichen Einfluss auf die Lokalisierung der Unternehmensaktivitäten in der jeweiligen Portfolio-Matrix. „Diese hohe (negative) Sensibilität des Verfahrens stellt „die" Portfolio-Analyse als allgemeingültige und zuverlässige Basis einer Strategieplanung zumindest stark in Frage"[334]. Die zugrunde liegenden Konzepte wie das der Erfahrungskurve bzw. des Produktlebenszyklus stellen kein gesichertes theoretisches Wissen dar; dies gilt auch für die Aussagen der PIMS-Studie[335]. Außerdem kann es, wie bereits erwähnt, zur Fehleinschätzung von Produkten bezüglich der zu wählenden Strategie kommen[336].

Noch schwerer wiegen die Kritikpunkte, die sich auf die Bewältigung der Komplexität und Dynamik des Unternehmensgeschehens beziehen. Die Anwendung der Portfolio-Analyse setzt eine Welt voraus, **deren Märkte und Geschäftsfelder relativ stabil und einigermaßen berechenbar sind**. Dies ist jedoch angesichts der zunehmenden Diskontinuitäten kaum gegeben. Die abgeleiteten Strategien können somit nicht als zuverlässig angesehen werden. Die zugrunde liegende statische und deterministische Betrachtungsweise kann nicht dadurch aufgewogen werden, dass die Portfolio-Analyse in ihrer Handhabung einfach und anschaulich ist und der Planungsaufwand sich in Grenzen hält[337]. Auch hier gilt die bereits getätigte Feststellung, dass eine schlecht vorhersehbare Welt des Wandels nicht mit Instrumenten für

---

[332] Eggers, Ganzheitlich-vernetzendes Management, S. 12

[333] Ansoff/Kirsch/Roventa, a.a.O., S. 966; siehe auch: Hamermesh, Die Grenzen der Portfolioplanung, S. 70

[334] Robens, a.a.O., S. 197 ff

[335] Bamberger, a.a.O., S. 98-101; Kirsch, Grundzüge des strategischen Managements, S. 18; Coenenberg/Baum, a.a.O., S. 56 f.; Chrubasik/Zimmermann, Evaluierung der Modelle zur Bestimmung strategischer Schlüsselfaktoren, S. 429-444

[336] Kreikebaum, Strategische Unternehmensplanung, S. 146; Siller, a.a.O., S. 60

[337] Henzler, a.a.O:, S. 1291 f.; Meffert, Größere Flexibilität als Unternehmungskonzept, S. 129; Zahn, Entwicklungstendenzen und Problemfelder der strategischen Planung, S. 168; Timmermann, a.a.O., S. 199 und S. 204 f.; Robens, a.a.O., S 199; Eggers, Ganzheitlich-vernetzendes Management, S. 10

eine beherrschbare stabile Welt bewältigt werden kann. Insbesondere Instrumente, die auf einer extrapolierenden bzw. **inkremtalen Planung** basieren, sind unzureichend[338]. Aus den genannten Gründen erweisen sich Portfolio-Analysen für Steuerungszwecke als nahezu ungeeignet[339].

4.1.4.3.2   Die PIMS – Studie

Das Marktattraktivitäts-Wettbewerbsvorteils-Portfolio stützt sich wesentlich auf die empirischen Untersuchungsergebnisse der **PIMS-Studie**, die zum Ziel hat, die Einflussgrößen des Return on Investment (ROI) in einem Geschäftsfeld herauszuarbeiten[340]. Die Abkürzung PIMS bedeutet „Profit Impact of Market Strategies". PIMS verkörpert mittlerweile ein branchenübergreifendes empirisches Forschungsprojekt des Strategic Planning Institute. Ausgangspunkt war ein Computermodell von General Electric zur Rentabilitätsbeurteilung von SGE und Evaluierung von Marktstrategien, sowie zur Diagnose von Abweichungen von erwarteten Rentabilitätsstandards[341]. Ein Hauptanliegen der neueren PIMS-Untersuchungen besteht darin, branchenübergreifende, empirisch signifikante strategische Erfolgsfaktoren im Hinblick auf operative Erfolgsmaßstäbe, wie ROI und Cash-Flow, zu identifizieren[342]. Inzwischen gehören 450 amerikanische und europäische Unternehmungen dem PIMS-Projekt an, deren Daten (über 3.000 SGE mit jeweils 200 quantifizierbaren Daten) in einer Datenbank gespeichert, ausgewertet und den Mitgliedsfirmen zur Verfügung gestellt werden[343]. Das PIMS-Projekt sieht folgendermaßen aus (siehe Abb. 4.47)[344]:

---

[338] Berthel, Unternehmungsführung im Wandel? S. 10

[339] Coenenberg/Baum, a.a.O., S. 90

[340] Lange, a.a. O, S. 31; Robens, a.a.O., S. 193

[341] Chrubasik/Zimmermann, a.a.O., S. 438; Bramsemann, a.a.O., S. 235

[342] Coenenberg/Baum, a.a.O., S. 60 f

[343] Staehle, Management, S. 602

[344] Coenenberg/Baum, a.a.O., S. 71

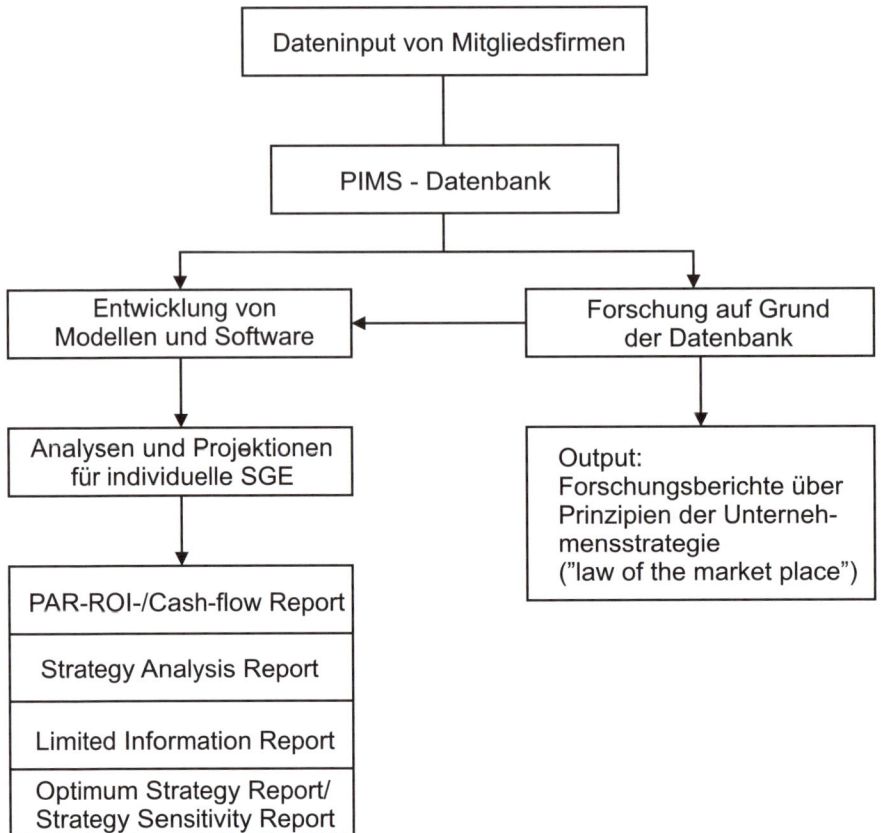

Abb. 4.47   Das PIMS-Projekt

Den PIMS-Mitgliedsfirmen werden regelmäßig die folgenden Berichte geliefert[345]:

- Par-ROI/Cash flow Report – Die Mitgliedsfirma kann damit erkennen, welcher ROI für die betreffende(n) SGE realistischerweise erwartet werden kann.

- Strategy Analysis Report – Welche Konsequenzen haben alternative Strategien für den ROI einer bestimmten SGE? Basis ist ein Computersimulationsmodell.

- Optimum Strategy Report – Welche Kombination strategischer Maßnahmen ist im Hinblick auf ein angestrebtes ROI-Ziel optimal?

- Report on Look-Alikes – Welche strat. Maßnahmen verfolgen vergleichbare SGE?

Die PIMS-Untersuchungen haben ca. 30 sogenannte „strategische Schlüsselfaktoren" herausgearbeitet, die gemeinsam ca. 70 % der ROI-Varianz erklären. Die wichtigsten ROI-

---

[345] Ebenda, S. 70 f.; Staehle, Management, S. 603

Bestimmungsfaktoren sind aus der folgenden Abbildung ersichtlich (siehe Abb. 4.48)[346]. In der Literatur befinden sich auch noch andere Nennungen von strategischen Erfolgsfaktoren, auf die jedoch nicht näher eingegangen werden soll[347]. Die Aussagen in Bezug auf die Erfolgswirksamkeit der strategischen Schlüsselfaktoren lassen sich wie folgt zusammenfassen[348]:

- Die Marktposition (sowohl absoluter als auch relativer Marktanteil) einer Geschäftseinheit ist am stärksten positiv korreliert mit Rentabilität und Cash-Flow.

- Das Marktwachstum hat im Allgemeinen einen positiven Einfluss auf den absoluten Gewinn und einen negativen Einfluss auf den Cash-Flow; der Einfluss auf den ROI wird als indifferent dargestellt.

WETTBEWERBSPOSITION   MARKTCHARAKTERISTIKA

* Relative Produktqualität   * Wachstum
* Relativer Marktanteil   * Konzentration
* Relativer Patentvorteil   * Marketing-Intensität
* Relativer Preis   * Investitionserfordernisse
                                       * Kundencharakteristika

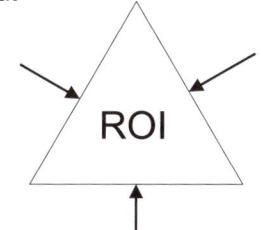

KAPITAL- UND PRODUKTIONSSTRUKTUR

* Investmentintensität
* Zusammensetzung des Investments
* Wirksamkeit der Investment-Nutzung
* Wertschöpfungstiefe

Abb. 4.48   Die wichtigsten Bestimmungsfaktoren des ROI

- Die Qualitätseinschätzung der Produkte und Dienstleistungen eines Unternehmens aus der Sicht der Kunden ist positiv mit ROI und Cash-Flow korreliert. Als Maßgröße der Qualität dient der Qualitätsindex.

---

[346] Luchs/Müller, R., Das PIMS-Programm …, S. 83 ff.

[347] Siehe dazu: Lange, a.a.O., S. 32; Kreikebaum/Grimm, a.a.O., S. 8; Staehle, Management, S. 602

[348] Bramsemann, a.a.O., S. 235 f.

Qualitätsindex

=

Prozent von Umsätzen aus Erzeugnissen,
die denjenigen der Konkurrenz qualitativ überlegen ist.

–

Prozent von Umsätzen aus Erzeugnissen,
die denjenigen der Konkurrenz qualitativ gleichwertig sind.

- Innovationsmaßnahmen zur Differenzierung gegenüber Mitbewerbern haben nur dann einen positiven Einfluss auf ROI und Cash-Flow, wenn das Unternehmen eine starke Marktposition besitzt.

- In ausgereiften oder stabilen Märkten wirkt sich ein hoher vertikaler Integrationsgrad positiv auf ROI und Cash-Flow aus.

  Die Investitionsintensität ist negativ korreliert mit ROI und Cash-Flow.

$$\frac{\text{Anlagevermögen (zu Buchwerten)} + \text{working capital (Umlaufvermögen-kurzfristige Verbindlichkeiten)}}{\text{Umsatz}} * 100$$

- Produktivität: Unternehmen mit höherer Wertschöpfung je Beschäftigten weisen im Vergleich zu Unternehmen mit geringerer Wertschöpfung einen höheren ROI und Cash-Flow auf. Werden zur Verbesserung der Produktivität Investitionen durchgeführt, wird der positive Effekt überkompensiert.

Die Ergebnisse und Schlussfolgerungen der PIMS-Studie sind für die Theorie und Praxis der strategischen Planung von erheblicher Bedeutung, obwohl es massive Kritikpunkte daran gibt[349]:

1. Die zugrunde liegende multiple Regressionsanalyse unterstellt lineare Abhängigkeiten und lässt bestehende Interdependenzen zwischen den Erfolgsfaktoren unberücksichtigt, komplexe Wirkungsstrukturen können damit grundsätzlich nicht abgebildet werden[350].

2. Eine Korrelation ist nicht mit Kausalität gleichzusetzen. Die normalerweise genannten Ursachen für die Korrelation zwischen Marktanteil und ROI (Betriebsgrößenvorteile, Erfahrungskurveneffekt, Marktmacht und Managementqualität) lassen sich auf Basis der PIMS-Datenbank nur schwer untersuchen. Hierbei spielt die allgemeine Kausalitätsproblematik eine entscheidende Rolle, die darin besteht, dass gegen jede aufgestellte Ursache-Wirkungsvermutung prinzipiell zwei logisch nicht ausschließbare Einwände er-

---

[349] Kreikebaum, Strategische Unternehmensplanung, S. 102 f.; Coenenberg/Baum, a.a.O., S. 72 f.; Weber, Einführung in das Controlling, S. 80

[350] Siehe auch: Chrubasik/Zimmermann, a.a.O., S. 442 f.

hoben werden können, nämlich dass nicht der betrachtete Erfolgsfaktor (Ursachefaktor) die spezifische Wirkung erzeugt, sondern jeweils ein anderer vorgelagerter Ursachefaktor oder ein intervenierender Faktor[351].

3. Da die am stärksten mit dem ROI korrelierenden Erfolgsfaktoren Marktanteil, Produktqualität und Kapitalintensität nur jeweils maximal zwischen 10 und 12 % der Varianz des ROI erklären können, ist es unzulässig sie als strategische Schlüsselfaktoren zu bezeichnen[352].

4. Dies bedeutet, dass die abgeleiteten strategischen Erfolgsfaktoren nur bedingt Gültigkeit besitzen. Damit kann nicht von geprüften Gesetzmäßigkeiten ausgegangen werden, allenfalls von Quasi-Gesetzen[353].

5. Bezweifelt werden muss generell die Eignung und Zuverlässigkeit von ROI und Cash-Flow als Indikatoren für die strategische Erfolgsträchtigkeit einer SGE. Beispielsweise berücksichtigt der ROI die Erfolgswirkungen von Investitionen und Produktneueinführungen nur unzureichend[354].

6. Der PIMS-Studie liegt eine retrospektive Datenanalyse zugrunde. Für die strategische Planung können die PIMS-Ergebnisse nur dann Relevanz besitzen, wenn die Zeitstabilitätshypothese als Prämisse in den Prognoseschluss eingeht. In der Realität ist allerdings von einer dynamischen Umwelt auszugehen, die bestehende Ursache-Wirkungszusammenhänge verändert und eine antizipative Anpassung des Inhalts und Umfangs der Menge strategischer Erfolgsfaktoren erfordert[355].

7. Die Geschäftsfelddaten werden branchenübergreifend erhoben, sodass Verzerrungen bei den Wirkungszusammenhängen nicht ausgeschlossen werden können.

8. Die Daten werden nicht nach einem allgemeinen Muster, sondern unternehmensspezifisch erfasst. Die Folgen davon sind Schätz- und Messprobleme die eine Vergleichbarkeit einschränken.

Eine besonders wichtige Feststellung aus den Kritikpunkten besteht darin, dass der Einfluss eines strategischen Erfolgsfaktors auf den ROI im Zusammenwirken mit anderen strategischen Faktoren oder Marktbedingungen, z. B. das Zusammenwirken von Marktanteil und Produktqualität, Marktanteil und Ausgaben für F & E, Marketingausgaben und Investitionsrate, vertikale Integration und Marktwachstum, zu untersuchen ist, da sich diese in ihrer Wirkungen u. U. gegenseitig aufheben oder verstärken und unter verschiedenen Bedingungen umkehren[356]. Was wiederum fehlt, ist eine Berücksichtigung der Komplexität und Dynamik im Unternehmensgeschehen durch eine ganzheitlich-vernetzende Betrachtungsweise.

---

[351] Siehe auch: Lange, a.a.O., S. 28; Wüthrich, a.a.O., S. 4

[352] Kreikebaum, Strategische Unternehmensplanung, S. 103

[353] Gabele, a.a.O., S. 50 f.; Bamberger, a.a.O., S. 100

[354] Chrubasik/Zimmermann, a.a.O., S. 443

[355] Chrubasik/Zimmermann, a.a.O:, S. 443 f.; Lange, a.a.O., S. 28; Gabele, a.a.O., S. 50

[356] Bamberger, a.a.O., S. 100

Dieser schwerwiegende Kritikpunkt betrifft nicht nur die PIMS-Studie, sondern gilt allgemein für die empirische Strategieforschung, die immer mehr Einzel-Variablen isoliert und deren Auswirkungen auf den Unternehmenserfolg analysiert, wie diverse „Excellence-Studien" (Peters/Waterman als Beispiel)[357].

Zusammenfassend muss die Tauglichkeit der Portfolio-Analysen und ihrer theoretischen sowie empirischen Grundlagen für die Abbildung des turbulenten Wirtschaftsgeschehens als stark eingeschränkt bewertet werden.

Bewertungsschema zur Beurteilung der Ganzheitlichkeit von Controllingtools		
Betrachtetes Controllingtool:	**Portfolio-Analyse**	
Bewertungskriterien	Erfüllungsgrad (++ + +/- - --)	Bemerkung
Umfassende Abbildung einer Problemstellung gewährleistet?	-	Basis ist zwar eine SWOT-Analyse, jedoch starke Vereinfachung
Berücksichtigung von verschiedenen Einflussfaktoren möglich?	+	bei McKinsey-Ansatz gegeben, jedoch unzusammenhängend
Vernetzung der Einflussfaktoren berücksichtigt?	--	Vernetzung nicht berücksichtigt
Verschiedene Stakeholderinteressen integriert?	+/-	i. d. R. Nur interne Sichtweise und Marktaspekte beachtet
Veränderlichkeit der Problemsituation abbildbar?	+/-	durch Soll-Portfolio möglich; regelmäßige Überprüfung nötig
Strategische Sichtweise involviert?	-	strategischer Fokus nur sehr reduktionistisch verwirklicht
Praktische Handhabbarkeit gegeben?	+/-	jahrelange Erfahrung; allerdings entscheidende Schwachstellen

Abb. 4.49   Bewertungsschema zur Portfolio-Analyse

4.1.4.3.3   Stärken-/Schwächen-Analyse und Umfeldanalyse

Die Stärken-/Schwächenanalyse gilt als Ergänzung der **Potentialanalyse**. Unter „Potential" wird die Gesamtheit der die Leistungsfähigkeit des Systems Unternehmung bestimmenden betrieblichen Faktoren verstanden. Materielle Potentiale sind beispielsweise Fertigungskapazitäten, Absatzwege; immateriell sind Ideenreichtum und Flexibilität der Mitarbeiter als Beispiele zu nennen. Mit Hilfe der Potentialanalyse sollen dann diese leistungsbestimmenden

---

[357] Wüthrich, a.a.O., S. 4 und Fußnote 10

Faktoren untersucht und bewertet werden[358]. Die **Stärken-/Schwächenanalyse** geht nun mehrere Schritte weiter. Zunächst sind die zentralen Erfolgsfaktoren der SGE festzulegen und im Vergleich zu den wichtigsten Konkurrenten zu bewerten[359]. Schwächen treten dort auf, wo das eigene Unternehmen die Erfolgsfaktoren schlechter erfüllt als die Wettbewerber. Die Erfolgsfaktoren sind mit den **strategischen Erfolgsfaktoren** gleichzusetzen, wobei die Bewertung mit Hilfe einer Ordinalskalierung erfolgt. Welche Merkmalsausprägung als Stärke oder als Schwäche zu interpretieren ist, ergibt sich aus der Gegenüberstellung mit entsprechenden „objektiven" Vergleichsmaßstäben. Neben dem Vergleich mit den wichtigsten Konkurrenten können Branchendaten und betriebswirtschaftliche Kennziffern herangezogen werden[360]. Ein Arbeitsblatt zur Unterstützung der Potential- bzw. Stärken-/Schwächen-Analyse könnte folgendermaßen aufgebaut sein[361]:

								Datum
Bewertungs-kriterium	Gewichtungs-faktor	sicher besser ++ 5	eher besser + 4	gleich gut = 3	schlech-ter - 2	sicher schlechter -- 1	Poten-tial-summe	Maß-nahmen-katalog
	100	Maximal: 500 Durchschnitt 300 Minimal: 100				Gesamt-potential		

Abb. 4.50   Arbeitsblatt zur Potential- und Stärken-/Schwächen-Analyse

Die Analyse und Bewertung der Ressourcen einer Unternehmung mit Hilfe einer Stärken-/ Schwächen-Analyse bezieht sich streng genommen nur auf die Gegenwart. Deshalb hat es

---

[358] Bramsemann, a.a.O., S. 202 ff.; Kreikebaum, Strategische Unternehmensplanung, S. 45 ff.

[359] Wieselhuber, Früherkennung von Insolvenzgefahren, S. 184; Weber, Einführung in das Controlling, S. 87

[360] Bramsemann, a.a.O., S. 203

[361] Deyhle/Stamm, „Formular-Set" zur Verkaufsplanung und Marketingsteuerung, S.119

sich im Rahmen der strategischen Planung als zweckmäßig erwiesen, auch die **Chancen und Risiken** in Hinblick auf künftige Umweltentwicklungen einzubeziehen. Aus dem Zusammenspiel von gegenwärtigen Stärken und Schwächen und zukünftigen Umweltentwicklungen ergeben sich dann künftige Chancen und Risiken[362]. Die Stärken-Schwächen-Analyse erfährt dadurch eine Erweiterung zu einer **SOFT-Analyse** (Strengths = Stärken, Opportunities = Chancen, Failures = Schwächen, Threats = Gefahren)[363]. Den Zusammenhang zwischen Gelegenheiten/Gefahren und Stärken/Schwächen zeigt Abb. 4.51 auf[364].

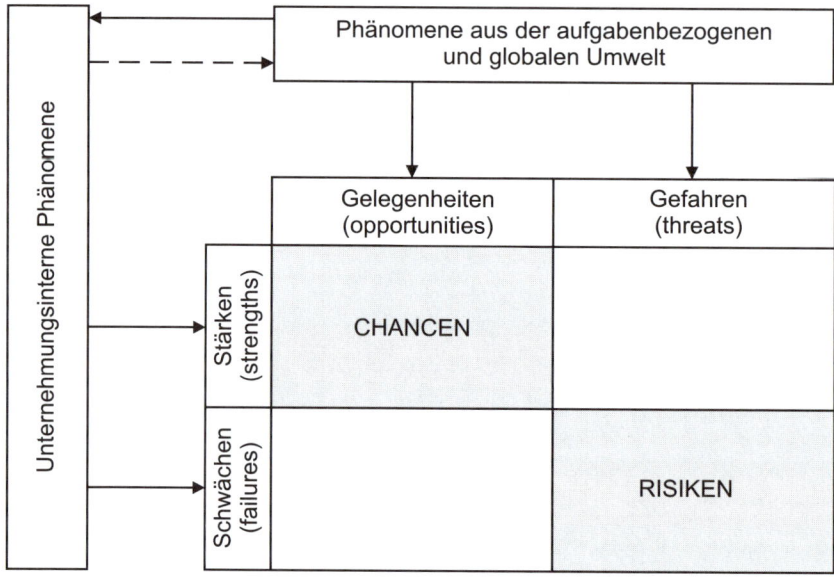

Abb. 4.51   Zusammenhang von Gelegenheiten/Gefahren und Stärken/Schwächen

SWOT-Analysen bringen demnach unternehmensinterne Bestimmungsfaktoren mit in der Unternehmensumwelt liegenden Chancen und Risiken in Verbindung. Für die SWOT-Analyse werden insbesondere folgende Methoden herangezogen[365]:

- Checklisten
- Frühwarnindikatoren
- Gap-Analyse

---

[362] Kreikebaum, Strategische Unternehmensplanung, S. 46 f.; Bircher/Krieg, a.a.O., S. 160 f.

[363] Weber, Einführung in das Controlling, S. 86 f.; mittlerweile ist der Begriff SWOT-Analyse geläufiger geworden – das „W" steht für „Weaknesses", anstelle von „Failures".

[364] Eggers, Ganzheitlich-vernetzendes Management, S. 50

[365] Pfohl, a.a.O., S. 153-160

- Verflechtungsmatrix, die in ähnlicher Form bei der „Cross-Impact-Analyse" eingesetzt wird.

- Ansätze zur Umfeldanalyse, wie die Szenariotechnik oder das „Five Forces-Modell" von M. Porter, auch Branchenstrukturanalyse genannt (siehe Abb. 4.52)[366].

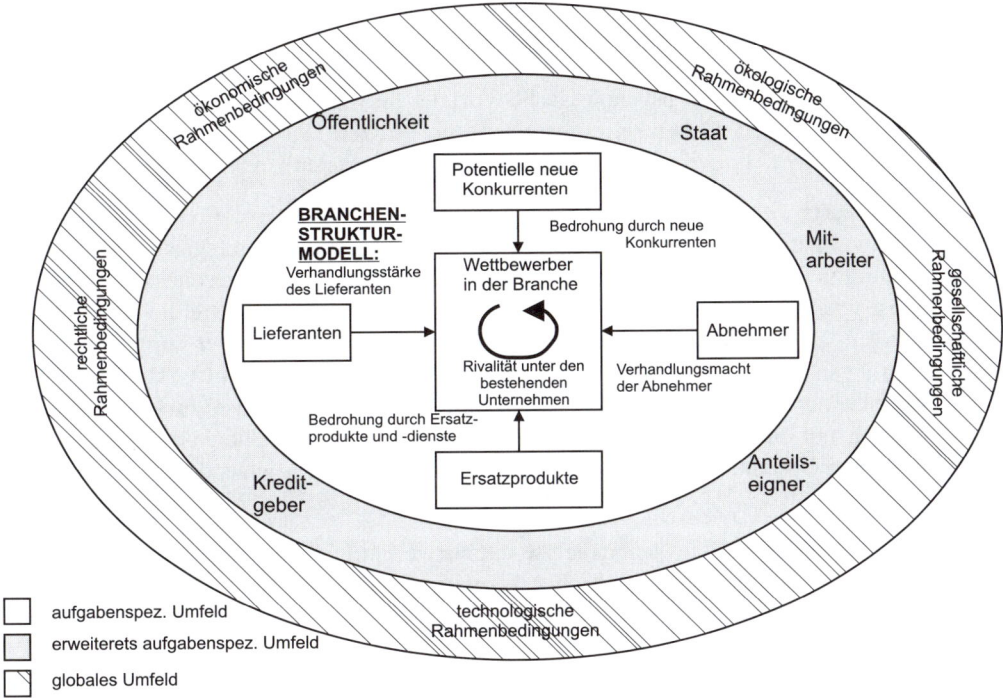

Abb. 4.52   Das „Five Forces-Modell" von M. Porter

Die **Cross-Impact-Analyse** versucht die Auswirkungen einer prognostizierten Entwicklung in einem Beobachtungsfeld auf diejenige in einem anderen Beobachtungsfeld abzuschätzen. Im Vordergrund steht demnach die Analyse von Interdependenzen und Interaktionen. Mit Hilfe einer Delphi-Befragung verschiedener Experten sollen die

- Richtung der Beziehungen zwischen den Ereignissen (Eintrittswahrscheinlichkeit eines Ereignisses als Folge eines anderen)

- Stärke des Einflusses

---

[366] Baum/Coenenberg/Günther, Strategisches Controlling, S. 57

- Diffusionszeit, d. h. die Zeitspanne zwischen dem Eintritt eines Ereignisses und seiner Wirkung auf das andere Ereignis[367].

untersucht werden.

Die Cross-Impact-Analyse ähnelt in starkem Maße der sogenannten **Verflechtungsmatrix**, bei der ebenfalls die gegenseitigen Wirkungen von Umweltvariablen und Unternehmungsvariablen erfasst werden[368]. Gegenübergestellt werden insbesondere wahrscheinliche Änderungen von Umweltfaktoren und potentielle strategische Aktionen, um so bedeutende Einflüsse zu erkennen. Die Cross-Impact-Analyse wurde verschiedentlich mit zufrieden stellendem Erfolg getestet, wobei einige psychologische Vorteile hervortreten, wie Sensibilität gegenüber Umweltänderungen, Entwickeln kreativer Ideen, Nutzen von Vorhersagen in Entscheidungsprozessen sowie die schnelle Assimilation von unerwarteten Umweltänderungen[369].

Das **Grundmuster** einer Cross-Impact-Analyse ist aus Abb. 4.53 ersichtlich[370]. Die Interdependenzen zwischen internen und externen Einflussfaktoren auf die strategische Position der Unternehmung in Gegenwart und Zukunft können damit durchaus aufgezeigt werden. Problematisch ist wiederum die Auswahl der relevanten Einflussfaktoren sowie die Abschätzung der Wirkungen, insbesondere, wenn diese Wirkungen nur in quantifizierter Form für Berechnungen vorliegen[371]. Dennoch verkörpert die Cross-Impact-Analyse ein wertvolles Instrument, um zu einer mehr ganzheitlich vernetzenden Betrachtungsweise zu kommen. Dies kann natürlich nur funktionieren, wenn dieses Instrument nicht isoliert angewendet wird, sondern in einen Gesamtzusammenhang mit einer ganzheitlich-vernetzenden Vorgehensweise gestellt wird.

Die (erweiterte) Stärken-/Schwächenanalyse gilt als wesentliches Instrument der Systemanalyse, insbesondere des systemmethodischen Planungsprozesses[372]. Dieser Systembezug darf jedoch nicht darüber hinweg täuschen, dass die Stärken-/Schwächen-Analyse in Theorie und Praxis erhebliche Mängel aufweist, die gerade auch aus der mangelhaften Umsetzung des systemorientierten Denkens herrühren.

---

[367] Staehle, Management, S. 596 f.; Welters, Cross Impact Analyse, Sp. 241 – 248

[368] Pfohl, a.a.O., S. 158 f.; Wiedmann/Kreutzer, Strategische Marketingplanung – Ein Überblick, S. 104; Horvath, Controlling, S. 404 ff.

[369] Zahn, Entwicklungstendenzen und Problemfelder der strategischen Planung, S. 183

[370] Wiedmann/Kreutzer, a.a.O., S. 105

[371] Gomez/Escher, Szenarien als Planungshilfen, S. 419

[372] Bircher/Krieg, a.a.O., S. 160

Unternehmensentwicklung (aktuell / potentiell) / Unternehmensaspekte (teil)	Sättigungstendenzen in angestammten Märkten	Zunehmendes öffentliches Kritikpotential	Technologien zur Fertigungsautomatisierung	Politische Restriktionen im Kommunikationsbereich	Verteuerung zentraler Produktionsfaktoren	...
Diversifikation	+	?	?!	?	+	
Internationalisierung	+	-	?	o	+	
Kooperation	+	?!	?	o	+	
CI-Konzept (Markendach für unterschiedliche Produkte)	+	-	o	+ -	o	
Motivationsprogramme	+ -	?	-	-	?!	
Mitarbeiteraquirierung	?	-	-	-	o	
...						

+: positiver Einfluss
-: negativer Einfluss
o: neutral
?: Einfluss vermutet / Wirkungsrichtung unbekannt
?!: Einfluss und Wirkungsrichtung unbekannt

Insbesondere die Bewertungen "?", "?!" sowie "+ - " (in einem Feld) sollten eine Triggerfunktion für weitere Analysen haben.

Abb. 4.53   *Grundmuster einer Cross-Impact-Analyse*

Grundsätzlich ist anzuzweifeln, ob aus der Stärken-/Schwächen-Analyse verbunden mit der Einbeziehung von Chancen/Risiken fundierte Strategien für die Unternehmung abgeleitet werden können[373]. Unbefriedigend gelöst ist das **Bewertungsproblem** der Stärken und Schwächen, insbesondere die Quantifizierung qualitativer Sachverhalte. Abhilfe kann z. T. geschaffen werden, durch eine sachgerechte Zusammensetzung des Bewertungsteams und eine Bewertung in Stufen (zunächst erfolgt eine verdeckte Bewertung durch die einzelnen Teammitglieder, danach schließt sich eine Diskussion und Gesamtbewertung im Team an)[374].

Problematisch ist auch die Wahl der Vergleichsbasis zur Beurteilung von Stärken und Schwächen[375]. Hierbei dürften zudem erhebliche Probleme bei der Eruierung der entsprechenden Vergleichsdaten von Konkurrenzfirmen auftauchen. Schwerwiegender stellen sich wiederum die Probleme im Zusammenhang mit der Einbeziehung der zunehmenden Komplexität und Dynamik dar. Stärken-/Schwächen-Analysen sind doch überwiegend retrospektiv angelegt – **Diskontinuitäten** in der Entwicklung werden auch nicht ansatzweise erfasst. Dementsprechend werden von Unternehmen Produkt-/Marktstrategien ausgewählt, die auf Stärken und Schwächen der Vergangenheit basieren[376]. Außerdem erwecken Stärken-/Schwächen-Profile den Eindruck, die zugrunde liegenden Kriterien seien voneinander unabhängig. Dies ist jedoch nicht der Fall. Gerade die Berücksichtigung von **Interdependenzen** wäre jedoch bedeutsam[377]. Bei der Umfeldanalyse etwa nach dem „Five Forces-Modell" sind ähnliche Kritikpunkte anzuführen. Durch regelmäßige Erhebungen ist zu gewährleisten, dass die Dynamik im Unternehmensumfeld wenigstens ansatzweise eingefangen wird. Zudem muss die Vernetzung der Umfeldfaktoren mit Hilfe der Methodik des vernetzten Denkens eingefangen werden.

So betrachtet, kann nicht davon ausgegangen werden, dass SWOT-Analysen ein ganzheitliches Instrument zur Bestimmung der strategischen Position der Unternehmung verkörpern, wie es Weber behauptet[378]. Die **ganzheitliche Verknüpfung** von Chancen und Risiken mit den Stärken und Schwächen im Rahmen einer SWOT-Analyse ist erst einmal über die Unterstützung entsprechender Vorgehensweisen und Instrumente zu gewährleisten (siehe Kap.3). Dabei wird deutlich, dass Stärken und Schwächen immer nur relativ, d. h. in Beziehung zu anderen Umfeldfaktoren, zu sehen sind[379]. Chancen und Risiken sollten in diesem Zusammenhang über „schwache Signale" eher qualitativ als quantitativ eingefangen werden[380].

---

[373] Gälweiler, Strategische Unternehmensplanung in der Praxis, S. 233

[374] Bramsemann, a.a.O., S. 207

[375] Horvath, Controlling, S. 245

[376] Mauthe/Roventa, a.a.O., S. 191 f.; Berthel, Unternehmungsführung im Wandel?, S. 11

[377] Coenenberg/Baum, a.a.O., S. 129

[378] Weber, Controlling in öffentlichen Organisationen ..., S. 310

[379] Bleicher, Das Konzept Integriertes Management, S. 203

[380] Ebenda, S. 200 f.

Bewertungsschema zur Beurteilung der Ganzheitlichkeit von Controllingtools		
Betrachtetes Controllingtool:	**SWOT-Analyse**	
Bewertungskriterien	Erfüllungsgrad (++ + +/- - --)	Bemerkung
Umfassende Abbildung einer Problemstellung gewährleistet?	+	SWOT-Analyse bietet einen umfassenden Überblick (s. u.)
Berücksichtigung von verschiedenen Einflussfaktoren möglich?	++	Externe und interne Einflussfaktoren systematisch erhoben
Vernetzung der Einflussfaktoren berücksichtigt?	--	Vernetzung nicht berücksichtigt
Verschiedene Stakeholder-interessen integriert?	++	Umfassende Berücksichtigung
Veränderlichkeit der Problemsituation abbildbar?	+/-	durch regelmäßige Anwendung möglich – sehr aufwendig
Strategische Sichtweise involviert?	+/-	nach traditioneller Sichtweise, ja! Vernetzung nicht problematisiert
Praktische Handhabbarkeit gegeben?	+	jahrelange Erfahrung; allerdings sehr aufwendig

Abb. 4.54   Bewertungsschema zur SWOT-Analyse

4.1.4.3.4   Die Szenariotechnik

Als Szenarien werden **alternative Zukunftsbilder** bezeichnet, die auf in sich stimmigen, logisch zusammenpassenden Annahmen basieren, außerdem werden im Zusammenhang mit Szenarien die Entwicklungspfade, die zu diesen Zukunftsbildern hinführen, beschrieben[381]. Mit Hilfe von Szenarien soll die gesamte Breite denkbarer und möglicher Entwicklungen einschließlich ihrer Randprobleme, Wechselwirkungen und Entwicklungsbrüche (Diskontinuitäten) erfasst werden. Dabei wird **das gesamte Umfeld** des zu prognostizierenden Bereichs systematisch analysiert und gedanklich weiterverfolgt, auch unter der Zielsetzung, einzeln auftretende Ereignisse, Randprobleme und zunächst für wenig wahrscheinlich gehal-

---

[381] Reibnitz, Szenarien als Grundlage strategischer Planung, S. 72; Hansmann, Heuristische Prognoseverfahren, S. 78

tene Entwicklungen ausfindig zu machen[382]. Diese möglichen Zukunftsbilder werden systematisch und nachvollziehbar aus der gegenwärtigen Situation heraus entwickelt[383].

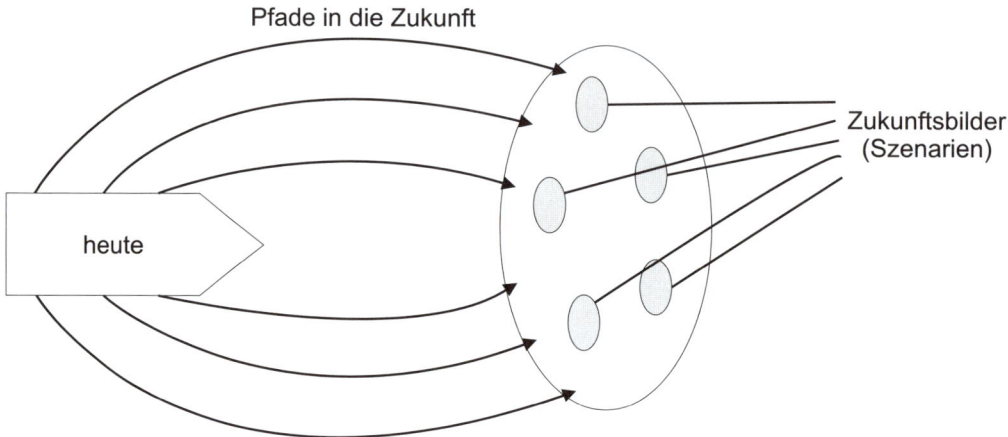

Abb. 4.55   Grundidee der Szenario-Technik

Ausgangspunkt ist die Überlegung, dass die Entwicklung der nahen Zukunft (zwei bis fünf Jahre) durch die Strukturen der Gegenwart (z. B. Normen und Gesetze, Verhaltensmuster), weitgehend festgelegt ist. Wird dagegen versucht, aus der Gegenwart heraus die weitere Zukunft (fünf bis zehn Jahre) zu prognostizieren, so nimmt der Einfluss der heutigen Gegebenheiten mit wachsendem Zeithorizont ab – das Möglichkeitsspektrum in der Zukunft öffnet sich dann gleichsam wie ein Trichter (siehe Abb. 4.56)[384]. Die denkbaren Zukunftsbilder befinden sich auf der Schnittstelle des Trichters. Eine trendmäßige Entwicklung würde Szenario A ergeben, während ein Störereignis zu einem völlig neuem Zukunftsbild, dem Szenario A 1, führen würde. In der Regel werden mehrere **Szenarien** zu einem Problemfeld entwickelt:

- Eine überraschungsfreie Perspektive, die explizit aufzeigt, warum und wo sie fragwürdig ist.

- Zwei Alternativstrategien, die sich auf die wichtigsten Ungewissheitsfaktoren konzentrieren. Diese Szenarien enthalten somit durchaus „Überraschungen" oder, gemessen am Grundszenario, „Störungen", die zwar nicht mit großer, aber doch mit einiger Wahrscheinlichkeit eintreten könnten.

- Denkbar ist auch die Kombination eines wahrscheinlichen Entwicklungspfades (Grundszenario) mit einer optimistischen bzw. pessimistischen Variante[385].

---

[382] Bramsemann, a.a.O., S. 245

[383] Geschka/Hammer, Die Szenario-Technik in der strategischen Unternehmensplanung, S. 314

[384] Reibnitz, a.a.O., S. 73; Geschka/Hammer, a.a.O., S. 314 ff.

[385] Gomez/Probst, Vernetztes Denken im Management, S. 53

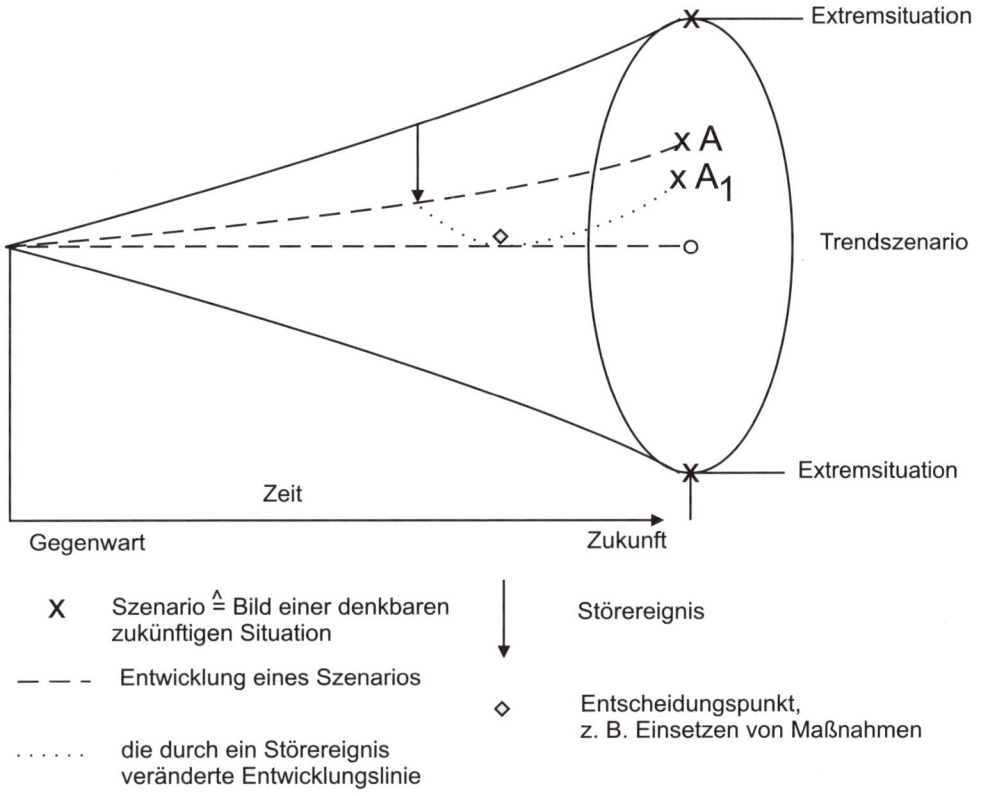

Abb. 4.56   Denkmodell zur Darstellung von Szenarien

Die Zielsetzung der Szenario-Technik in Verbindung zur Unternehmensführung besteht darin, eine **Sensibilisierung** gegenüber Bildern möglicher Zukünfte herbeizuführen. Szenarien sollen dann den Rahmen für denkbare Handlungskonzepte der Unternehmung liefern[386]. In der Praxis hat sich herausgestellt, dass dem Management am besten zwei konträre Szenarien angeboten werden – die Manager werden damit zum Denken in Alternativen gezwungen, wobei ein Kompromiss oder Unentschlossenheit in Richtung des trendmäßigen Szenarios vermieden werden[387]. Quellen von Szenarien können die eigene Erfahrung, Voraussagen von Experten oder Beiträge in der Literatur zu bestimmten Fachgebieten sein[388]. Eventuell stehen Szenariostudien von diversen Forschungsinstituten zur Verfügung (z. B. PROGNOS AG, Battelle-Institut, Basel); möglich ist aber auch die Erarbeitung von unternehmens- oder produktspezifischen Szenarien unter Einbindung von Experten, z. B. zu den

---

[386] Krystek/Müller-Stewens, a.a.O., S. 217

[387] Geschka/Hammer, a.a.O., S. 316

[388] Gomez/Probst, Vernetztes Denken im Management, S. 53

gesellschaftlichen Trends[389]. Bei der Ableitung von Szenarien haben sich acht Vorgehensschritte bewährt[390]:

1. Schritt: Strukturierung und Definition des Untersuchungsfeldes (Problemanalyse): Hierbei werden alle relevanten Informationen zur Aufgabenstellung gesammelt, analysiert und bewertet. Vorausgehen muss eine möglichst exakte Formulierung der Aufgabenstellung sowie eine Identifikation der Strukturmerkmale und Problemfelder des Untersuchungsgebietes.

2. Schritt: Identifizierung und Strukturierung der wichtigsten Einflussbereiche auf das Untersuchungsfeld (Umfeldanalyse): Mit Hilfe eines Ideenkarten-Brainwritings sind alle externen Einflussfaktoren auf das Untersuchungsfeld zu sammeln. Wichtig ist es, die Wirkungsbeziehungen der Einflussfaktoren untereinander und zum Untersuchungsfeld in Richtung und Stärke überschlägig zu bestimmen und in entsprechenden Strukturbildern niederzulegen.

3. Schritt: Ermittlung von Entwicklungstendenzen und kritischen Deskriptoren für die Umfelder (Trendprojektionen): Für jedes Umfeld sind Kenngrößen (Deskriptoren) zu ermitteln, die Teilaspekte des Umfeldes charakterisieren bzw. beschreiben. Grundsätzlich sollten die wichtigsten Einflussfaktoren durch entsprechende Deskriptoren abgedeckt sein. Neben quantifizierbaren sind auf qualitativen Einflüssen basierende Deskriptoren zu unterscheiden, die z. B. das Image von Produkten widerspiegeln. Für beide Arten von Deskriptoren ist der jeweilige Ist-Zustand zu bestimmen und darauf aufbauend die künftige Entwicklung zu prognostizieren. Besonders beachtet werden müssen die kritischen Deskriptoren, für die alternative Entwicklungsmöglichkeiten angenommen werden. Eine aktuelle Szenarioanalyse von Infratest hat folgende Deskriptoren herausgearbeitet (siehe **Anlage 10**)[391].

4. Schritt: Bildung und Auswahl alternativer, konsistenter Annahmenbündel (Annahmebündelung): Da davon auszugehen ist, dass die verschiedenen Ausprägungen der kritischen Deskriptoren nicht alle miteinander verträglich (konsistent) und damit sinnvoll kombinierbar sind, wird mit Hilfe einer Matrix ermittelt, welche Ausprägungen sich gegenseitig verstärken, welche neutral bzw. unabhängig voneinander sind und welche sich gegenseitig ausschließen.

5. Schritt: Interpretation der ausgewählten Umfeldszenarien (Szenariointerpretation): Hierzu werden die Umfeldszenarien aus der Gegenwart heraus über mehrere Zeitstufen (ca. 5 Jahre) entwickelt. Für jede Zeitstufe wird dann geprüft, ob die Annahmen tatsächlich noch miteinander verträglich sind.

---

[389] Reibnitz, a.a.O., S. 72; Geschka/Hammer, a. a. O., S. 319 ff.

[390] Ebenda, S. 319-323; Reibnitz, a.a.O., S. 73 ff.; siehe auch: Gomez, So verwenden wir Szenarien ...., S. 10; Gomez/Escher, a.a.O., S. 418

[391] www.Horizons2020.de

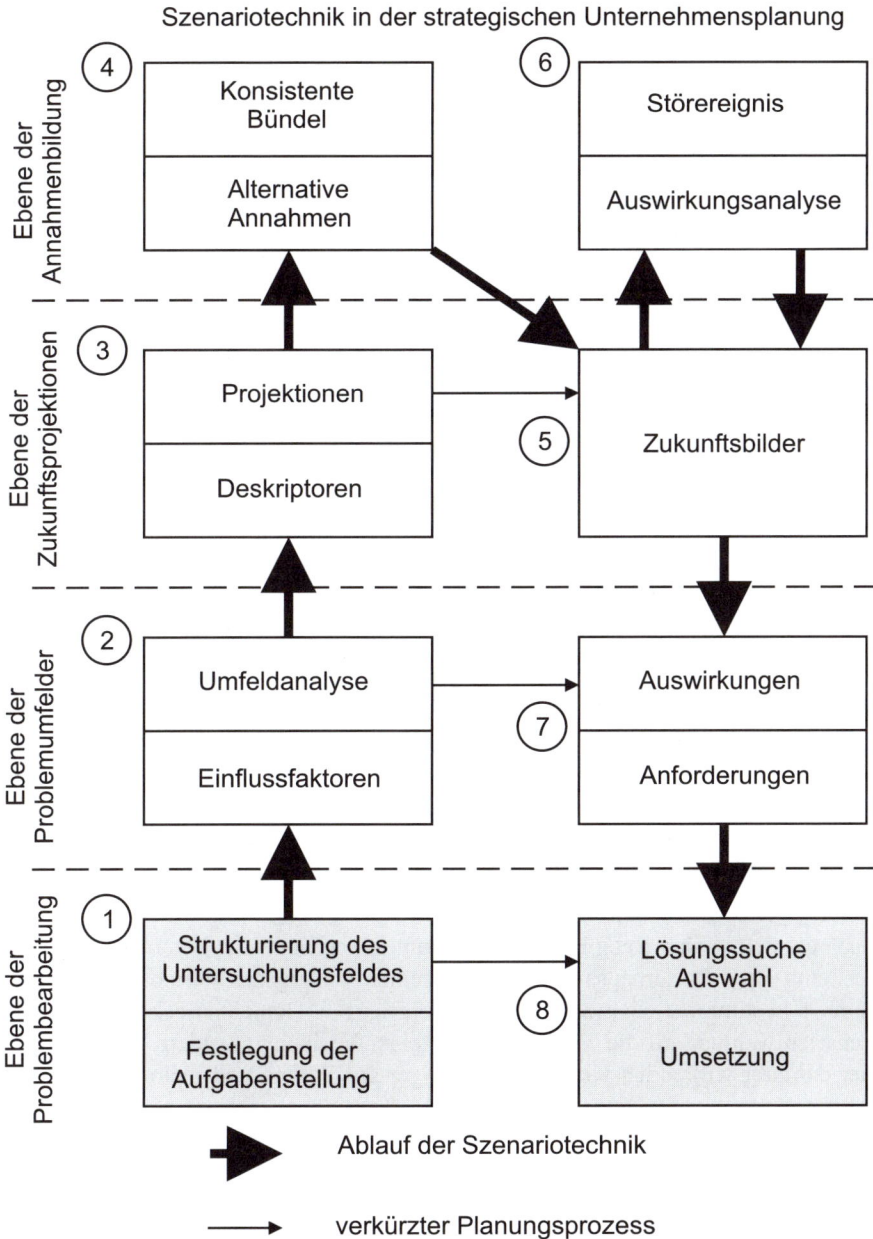

Szenariotechnik in der strategischen Unternehmensplanung

Abb. 4.57   Die acht Schritte der Szenario-Technik (aus: Geschka/Hammer)

6. Schritt: Einführung und Auswirkungsanalyse signifikanter Störereignisse (Störfall-analyse): Die Ermittlung von Störereignissen, d. h. von plötzlich auftretenden, einschneidenden Ereignissen, die vorher nicht trendmäßig erkennbar waren, kann durch Kreativitätstechniken (z. B. Brainwriting) oder Checklisten unterstützt werden. Es geht in diesem Zusammenhang nicht darum, künftige Störfälle exakt vorherzusagen, sondern das Durchspielen von solchen Störereignissen mit ihren Auswirkungen steht im Vordergrund.

7. Schritt: Ausarbeiten der Szenarien bzw. Ableiten von Konsequenzen für das Untersuchungsfeld (Auswirkungsanalyse): Hierbei sind zwei Vorgehensweisen denkbar – ist das Problem der Szenarioerarbeitung bereits sehr konkret formuliert, genügt es, aus den Umfeldszenarien Problem- und Chancenfelder abzuleiten sowie Problemlösungen zu erarbeiten. Bei Aufgaben mit Orientierungscharakter (z. B. Erstellen eines Unternehmensleitbildes) ist es dagegen zweckmäßig, auch Szenarien für das Untersuchungsfeld (Schritt 1) abzuleiten.

8. Schritt: Konzipieren von Maßnahmen und Planungen für das Unternehmen (Maßnahmenplanung): Dieser Schritt gehört zwar, bei einer engeren Auslegung, nicht mehr zur Szenario-Technik, ist jedoch entscheidend für den Erfolg der vorher erarbeiteten Szenarien.

Zur Szenariotechnik gibt es einige bekannte **Anwendungsbeispiele,** die für den Einsatz dieser Methode sprechen (siehe **Anlage 11**)[392].

Zum Gelingen der Szenariotechnik trägt die Unterstützung durch andere Methoden und Instrumente maßgeblich bei. Organisatorische Hilfsmittel dazu sind sicherlich Gruppenarbeitstechniken und die Nutzung von Workshops[393]. Häufig genannt werden auch Methoden, wie die Delphi-Technik, Cross-Impact-Analysen, Simulationsmodelle etc.[394]. Besondere Bedeutung erlangen Szenariobetrachtungen für die Entwicklung von **Früherkennungssystemen.** Der Nutzen für die Früherkennung besteht darin, durch permanente und systematische Beobachtung der einflussstärksten Deskriptoren die externen Variablen in der Systemperipherie ausfindig zu machen. Damit ist ein Ansatzpunkt gegeben, schwache Signale eruieren zu können[395].

Die Szenariotechnik stellt **keine Prognose** im herkömmlichen Sinne dar, vielmehr steht bei ihr die Beschreibung eines Systemausschnittes nach seinen wichtigsten Variablen unter Zugrundelegung einer bestimmten Sichtweise im Vordergrund[396]. Dementsprechend konzentrieren sich Szenarien weniger auf die Vorhersage einzelner Variablen, sondern mehr auf das Verständnis der dahinter wirkenden Kräfte, also weniger auf Zahlen und mehr auf Einsich-

---

[392] Zu den Erfolgen bei Royal Dutch/Shell im Hinblick auf die Bewältigung der 1. Ölkrise siehe: Wack, a.a.O., S. 60-77; Meadows/Meadows/Randers, Die neuen Grenzen des Wachstums (Anlage 11 entnommen aus: Krystek/Müller-Stewens, a.a.O., S. 219)

[393] Geschka/Hammer, a.a.O., S. 334

[394] Krystek/Müller-Stewens, a.a.O., S. 220; Wiedmann, a.a.O., S. 330; Raffee, Prognosen als ein Kernproblem der Marketingplanung, S. 162; Staehle, Management, S. 597; Reibnitz, a.a.O., S. 75

[395] Gomez, Frühwarnung in der Unternehmung, S. 11 und S. 41 ff.; Reibnitz, a.a.O., S. 78; Krystek/Müller- Stewens, a.a.O., S. 222 f.

[396] Krystek/Müller-Stewens, a.a.O., S. 216

ten[397]. Neben quantitativen Informationen werden – ebenfalls im Gegensatz zur herkömmlichen Prognose – auch **qualitative** Informationen verarbeitet[398]. Ein weiterer wesentlicher Unterschied zu den üblichen Prognosemethoden besteht darin, dass sich die Szenariotechnik nicht auf einzelne, isolierend herausgegriffene Elemente stützt, sondern einen möglichen zukünftigen Zustand eines komplexen, viele Elemente umfassenden Systems beschreibt[399]. Szenarien beinhalten demnach **vernetzte Gebilde**, die vor allem die Variablen einschließen, die durch Gestaltungsmaßnahmen und Entscheidungen des Managements nicht selbst beeinflusst werden können[400]. Die Basis für die Anwendung der Szenariotechnik verkörpert wiederum eine **ganzheitliche Problemsicht**[401]. So ist es nicht weiter verwunderlich, dass die Szenariotechnik im Rahmen ganzheitlich-vernetzender Problemlösungsansätze eine bedeutende Rolle spielt[402]. Als **Kritikpunkte** zur Szenariotechnik, die überwiegend positiv beurteilt wird, werden in der Literatur angeführt:

- Die Aufgabe, der sich die Szenariotechnik gegenübergestellt sieht, relevante Einflüsse und deren Unsicherheiten zu erfassen sowie die Interdependenzen zu analysieren, gestaltet sich um so schwieriger, je komplexer und dynamischer sich die Umweltsituation darstellt. Es besteht somit die Gefahr, dass Einflussfaktoren nicht erkannt werden, die schon heute oder in Zukunft auf die Unternehmung einwirken[403].

- Die Szenariotechnik gilt als sehr anspruchsvoll und zeitaufwändig[404].

- Das Schlüsselproblem der Szenariotechnik, die Schnittstelle zwischen Szenarien und Entscheidungsträgern, wird in der Praxis weitgehend ignoriert oder vernachlässigt. Szenarien müssen in diesem Zusammenhang den Entscheidungsträgern helfen, ein eigenes Gespür für die zukünftigen Trends, Wirkkräfte und Ungewissheitsfaktoren zu entwickeln und sich Kategorien zur Interpretation der Schlüsselfaktoren anzueignen[405].

Trotz mancher Unzulänglichkeiten ist die Szenariotechnik geeignet, in Verbindung mit anderen Methoden einen wesentlichen Beitrag zur Lösung komplexer Problemstellungen zu liefern (siehe Kap. 3). Bemerkenswert ist vor allem die ganzheitlich-vernetzende Betrach-

---

[397] Wack, a.a.O., S. 68

[398] Reibnitz, a.a.O., S. 72; Wack, a.a.O., S. 64

[399] Ulrich/Probst, a.a.O., S. 159

[400] Probst/Gomez, Die Methodik des vernetzten Denkens zur Lösung komplexer Probleme, S. 15; Reibnitz, a.a.O., S. 72; Krystek/Müller-Stewens, a.a.O., S. 223

[401] Reibnitz, a.a.O., S. 79; Ulrich, H., Unternehmungspolitik – Instrument und Philosophie ganzheitlicher Unternehmungsführung, S. 395; Eggers, Ganzheitlich-vernetzendes Management, S. 197

[402] Grossmann, a.a.O., S. 254; Gomez/Probst, Vernetztes Denken im Management, S. 26 f.; Ulrich/Probst, a.a.O., S. 166 f.

[403] Kreikebaum, a.a.O., S. 96 f.; Hansmann, a.a.O., S. 230

[404] Eggers, Ganzheitlich-vernetzendes Management, S. 197

[405] Wack, a.a.O., S. 71 f.; Reibnitz, a.a.O., S. 79

tungsweise und die systematische Auseinandersetzung mit der Zukunft, wobei von vorneher-ein alternative Entwicklungen berücksichtigt werden. Allerdings sprechen das benötigte Expertenwissen und der erhebliche Zeitaufwand gegen eine breite Anwendung in der Praxis, insbesondere im Mittelstand.

Bewertungsschema zur Beurteilung der Ganzheitlichkeit von Controllingtools		
Betrachtetes Controllingtool:	**Szenario-Analyse**	
Bewertungskriterien	Erfüllungsgrad (++ + +/- - --)	Bemerkung
Umfassende Abbildung einer Problemstellung gewährleistet?	++	Szenario-Analyse bietet einen umfassenden Überblick
Berücksichtigung von verschiedenen Einflussfaktoren möglich?	++	Externe und interne Einflussfaktoren systematisch erhoben
Vernetzung der Einflussfaktoren berücksichtigt?	+/-	Vernetzung wird betont, praktische Umsetzung jedoch unklar
Verschiedene Stakeholderinteressen integriert?	++	Prinzipiell werden alle Anspruchsgruppen berücksichtigt
Veränderlichkeit der Problemsituation abbildbar?	+/-	durch regelmäßige Anwendung möglich – sehr aufwendig
Strategische Sichtweise involviert?	++	Eindeutig und umfassend!
Praktische Handhabbarkeit gegeben?	--	Sehr komplex und aufwendig beschränkt auf Spezialisten

Abb. 4.58   Bewertungsschema zur Szenario-Analyse

4.1.4.3.5   Früherkennungssysteme

Der Aufbau und die inhaltliche Gestaltung von Früherkennungs- bzw. Frühaufklärungssys-temen nehmen natürlich in einem Zeitalter der Diskontinuitäten eine herausragende Bedeu-tung ein. Ihre Zielsetzung liegt in der systematischen Auseinandersetzung mit möglichen Zukünften, wobei dies möglichst frühzeitig geschehen soll, um Zeit und Optionen für ein überlegtes Handeln zur Verfügung zu haben[406]. Diese Bedeutungszunahme wird durch das Gesetz zur Kontrolle und Transparenz im Unternehmensbereich **(KONTRAG)**, das im Jahr 1998 in Kraft getreten ist, noch unterstrichen. Danach ist in § 91 Abs. 2 AktG eine Verpflichtung des Vorstands eingeführt worden, „ … geeignete Maßnahmen zu treffen, insbesondere ein Überwachungssystem einzurichten, damit den Fortbestand der Gesellschaft gefährdende Entwicklungen früh erkannt werden". Die Pflicht zur Einrichtung eines Frühwarnsystems – die Weiterentwicklung zu einem Frühaufklärungssystem bietet sich logischerweise an – wird sich höchstwahrscheinlich nicht nur auf börsennotierte Aktiengesellschaften beschränken[407].

Während man früher davon ausging, dass das Problem bereits existiert und man nur noch nach Problemlösungen zu suchen braucht, wird in letzter Zeit der Akt, der einen Problemlösungsprozess auslöst, in den Vordergrund gestellt. Dementsprechend wird der **möglichst frühzeitigen Problementdeckung** große Bedeutung beigemessen, da sich Problemsituationen verändern können und insbesondere die Gefahr besteht, dass eine Problemlösung mit der Zeit schwieriger, kostspieliger und eventuell überhaupt nicht mehr erreicht werden kann[408]. In der Literatur werden für das zugrunde liegende Informationssystem verschiedene Begriffe verwendet; gängig dabei sind Frühwarnsysteme, Früherkennungssysteme sowie Frühaufklärungssysteme[409].

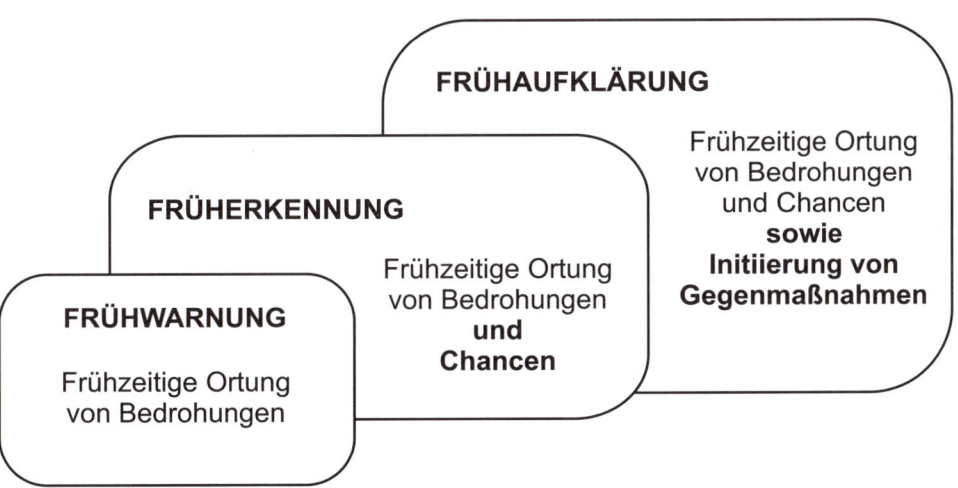

Abb. 4.59   Inhaltliche Unterschiede der Begriffe Frühwarnung, Früherkennung und Frühaufklärung

---

[406] Krystek/Müller-Stewens, a.a.O., S. 2

[407] Siehe im Folgenden, Müller A., Frühaufklärungssysteme …, S. 17-43; derselbe, Systematische Gewinnung von Frühindikatoren …, S. 212-222

[408] Kühn, Frühwarnung im strategischen Bereich, S. 497

[409] Krystek/Müller-Stewens, a.a.O., S. 21

Im Folgenden sollen die Termini Früherkennungs- bzw. Frühaufklärungssysteme verwendet werden, da es nicht nur um das Erkennen von Risiken gehen kann, sondern auch Chancen für die Unternehmung ausfindig gemacht werden müssen. Generell liegt die Schwierigkeit **strategischer Probleme** im rechtzeitigen Erkennen von Gefahren, die der Unternehmung drohen bzw. von Chancen, die sich ihr bieten, und in der entsprechenden Ableitung von Strategien zur Abwehr dieser Risiken bzw. Wahrnehmung der gebotenen Chancen[410]. Angesichts der zunehmenden Dynamik und Komplexität des Unternehmensgeschehens wird der Ruf nach einem sensiblen und weitsichtigen Früherkennungssystem immer lauter. Im Vordergrund steht dabei die **Früherkennung von strategischen Diskontinuitäten** und damit gleichlaufend die **Verbesserung der Anpassungsfähigkeit der Unternehmung** an die sich rasch ändernden Umweltbedingungen[411]. Die Folgeschritte einer zielorientierten Früherkennung stellen sich dann folgendermaßen dar (siehe Abb. 4.60)[412].

Um Aufschluss über die Auswirkungen auf die Unternehmung zu bekommen, müssen die identifizierten Phänomene anhand der Stärken und Schwächen der Unternehmung relativiert werden. Erst dann kann festgestellt werden, ob es sich dabei um eine Chance oder eine Bedrohung für das jeweilige Unternehmen handelt[413]. Früherkennungssysteme sind somit ein wesentlicher Bestandteil eines strategischen Managements und damit des strategischen Controllings[414]. Das frühzeitige Erkennen unternehmensrelevanter Entwicklungen bzw. Veränderungen stellt eine notwendige Existenzgrundlage für die Unternehmung dar. Um die **Erfolgspotentiale** der Unternehmung erkennen, voll ausschöpfen und langfristig sichern zu können, muss das Management versuchen, durch ein geeignetes Früherkennungssystem Flexibilität zu gewinnen[415]. Die **Fähigkeit zur Antizipation** möglicher externer Entwicklungen kann als eine der zentralen Fähigkeiten bezeichnet werden, mit denen überlebensfähige Organisationen ausgestattet sein sollten. Sie ist gleichrangig der Fähigkeit zum organisatorischen Lernen oder der Fähigkeit zur sensitiven Wahrnehmung des Umfeldes einzustufen[416]. Demzufolge gilt die Qualität der **Sensibilisierung des Managements gegenüber den Umfeldentwicklungen** als ausschlaggebender Erfolgsfaktor für eine Unternehmung[417]. Andererseits hängt der Erfolg eines Früherkennungssystems wesentlich davon ab, ob und in-

---

[410] Pfohl, a.a.O., S. 122

[411] Mann, Anforderungen an ein strategisches Controlling, S. 468 f.; Klausmann, Betriebliche Frühwarnsysteme im Wandel, S. 39 ff.; Krystek, Krisenbewältigungs-Management und Unternehmensplanung, S. 64 f.; Kreilkamp, Strategisches Management und Marketing, S. 309; Berthel, Unternehmungsführung im Wandel?, S. 10, Zahn, Diskontinuitätentheorie …, S. 48; Siller, a.a.O., S. 131 ff.

[412] Klausmann, a.a.O., S. 40

[413] Krystek/Müller-Stewens, a.a.O., S. 186 f.

[414] Kirsch/Trux, Strategische Frühaufklärung und Portfolio-Analyse, S. 50; Küpper/Bronner/Daschmann, a.a.O., S. 11/257; Haag, Entwicklung eines integrativen strategischen Früherkennungssystems, S. 271; Siller, a.a.O., S. 89; Pfohl, a.a.O., S. 189

[415] Wiedmann, Konzeptionelle und methodische Grundlagen der Früherkennung, S. 302

[416] Krystek/Müller-Stewens, a.a.O., S. 232

[417] Ebenda, S. 4; Steinle, Zukunftsgerichtetes Controlling, S. 13

wieweit das Management im Denken in komplexen, dynamischen Systemzusammenhängen geschult ist[418], ja überhaupt bereit ist, eine derartige Denkhaltung einzunehmen.

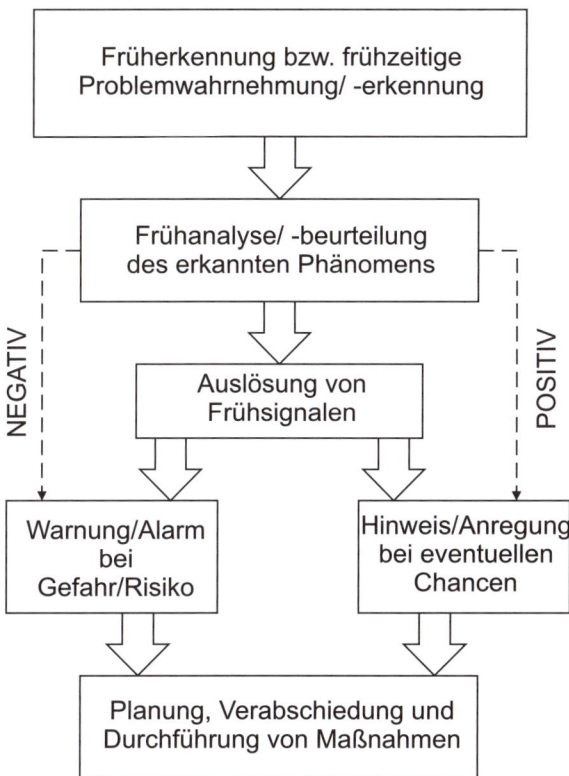

Abb. 4.60   Folgeschritte einer zielorientierten Früherkennung

Die Früherkennung erfüllt im Rahmen des **Regelkreisprinzips** die Funktion der Vorkoppelung, indem sie auf eine möglichst frühzeitige Entdeckung von Risiken und Chancen ausgerichtet ist[419]. Damit wird der Begriff der Gegensteuerung neu definiert und zwar im Gegensatz zu der üblichen operativen Betrachtungsweise. **Gegensteuerung** geht somit über eine reine Kompensation von Abweichungen hinaus und beinhaltet die Vorgabe, Abweichungen erst gar nicht entstehen zu lassen. Damit involviert ist die Vorgehensweise, Abweichungen

---

[418] Wiedmann/Löffler, a.a.O., S. 435

[419] Gomez, Frühwarnung in der Unternehmung, S. 7; derselbe, Modelle und Methoden des systemorientierten Managements, S. 206 ff.

bereits zu antizipieren, bevor sie entstehen und sich dementsprechend „materiell" in Zahlen niederschlagen[420].

Aus den vorhergehenden Ausführungen können zusammenfassend die folgenden **Aufgaben eines Früherkennungssystems** abgeleitet werden[421]:

- Gefahren und Gelegenheiten in der strategischen Zukunft des sozio-ökonomischen Feldes bereits zum Zeitpunkt ihres – auch inhaltlich noch unstrukturierten – Entstehens aufzuspüren und weiter zu beobachten.

- Ihre Ursachen und Zusammenhänge zu erforschen.

- Ihre Relevanz für die Unternehmung – relativiert an deren Stärken und Schwächen – zu beurteilen.

- Neu entstandene, zukünftige Chancen und Risiken zu signalisieren.

- Mögliche Antworten auf die sich stellenden Herausforderungen, speziell z. B. Strategien zum Auf- und Ausbau dauerhafter Wettbewerbsvorteile, zu entwerfen und zu bewerten.

Ein derart konzipiertes Früherkennungssystem verkörpert damit eine Strukturierungs- und Orientierungshilfe zur Steuerung eines evolutionären Strategieanpassungsprozesses[422]. Häufig wird in der entsprechenden betriebswirtschaftlichen Literatur strategischen Früherkennungssystemen auch die Funktion eines „**Radarsystems**" zugewiesen[423]. Der Einsatz eines „strategischen Radars" setzt allerdings neue Maßstäbe und erfordert eine **neue Denkweise**, die vor allem durch eine Abwehr und Überbetonung rein quantitativer Größen und einer einfachen Kausallogik geprägt ist[424]. Damit involviert ist auch eine Relativierung der Aussagefähigkeit von Prognosen, die ebenfalls in traditioneller Sicht einen wesentlichen Bestandteil von Früherkennungssystemen darstellen[425].

Früherkennungssysteme sind durch folgenden Ablauf gekennzeichnet, der verschiedene Phasen beinhaltet[426]:

- Identifikation im Sinne einer Problemerkenntnis.

- Diagnose als Untersuchung auf Richtigkeit, Suche nach Ursachen und relevanten Interdependenzen.

- Evaluation mittels Bewertung und Prognose der Auswirkungen hinsichtlich Relevanz, Ausmaß und Dringlichkeit.

---

[420] Mann, Anforderungen an ein strategisches Controlling, S. 469

[421] Wiedmann/Löffler, a.a.O., S. 421

[422] Coenenberg/Baum, a.a.O., S. 161

[423] Drexel, Ein Frühwarnsystem für die Praxis, S. 89

[424] Bramsemann, a.a.O., S. 115. Diese Sichtweise widerspricht herkömmlichen Interpretationen, wie der z. B. von Pümpin, Strategische Führung …, S. 66, der mittels eines Frühwarnsystem versucht will, Informationen über Störungen(=Kausalketten) zu gewinnen.

[425] Die Bedeutung von Prognosen stellen u. a. heraus: Rieser, Frühwarnsysteme aufbauen und bereithalten, S. 39; Haag, a.a.O., S. 263

[426] Coenenberg/Baum, a.a.O., S. 168

Coenenberg/Baum plädieren in diesem Zusammenhang dafür, die Dominanz von strategisch orientierten Prognosen zu reduzieren und sich dafür verstärkt den Phasen Identifikation und Diagnose zuzuwenden. Die Prognoserisiken, Datenunsicherheit, Datenunzulänglichkeit und Komplexität der realen Welt, insbesondere durch ein interdependentes Netzwerk von Beziehungen, sind nicht durch Methoden kompensierbar. Somit kann ein strategisches Früherkennungssystem nur indirekt zur Problemlösung dienen, im Vordergrund steht eine Erhöhung der Transparenz.

Früherkennungssysteme weisen eine mittlerweile jahrzehntelange Entwicklungsgeschichte im deutschsprachigen Anwendungsgebiet auf. Hierbei lässt sich ein Wandel im Verständnis der Früherkennung ausmachen, nämlich von einer Art spezieller Management-Informationssysteme hin zur **grundlegenden Leitidee strategischer Unternehmensführung**[427]. Folgende Generationen an Früherkennungssystemen lassen sich ableiten[428]:

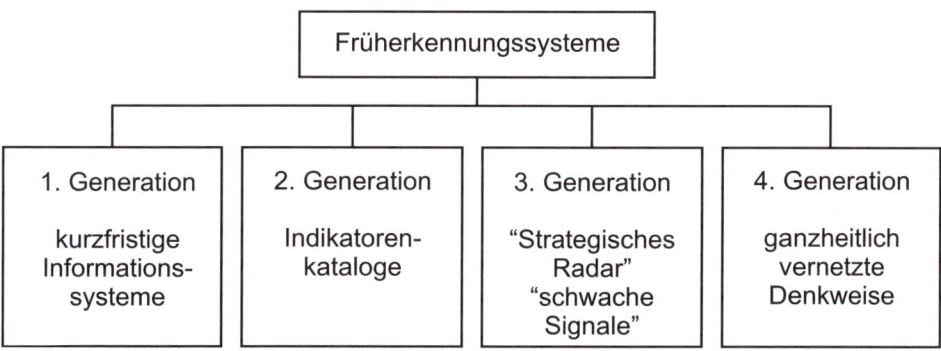

Abb. 4.61   Generationen von Früherkennungssystemen

Früherkennungssysteme der 1. Generation ergänzen den auf einem Soll/Ist-Vergleich basierenden Kontrollmechanismus durch einen Feedforward-Mechanismus, der mögliche Abweichungen bereits in ihrem Entstehungsstadium erkennen lässt. Typische Instrumente für diese Art von Früherkennungssystemen sind Kennzahlen und Kennzahlensysteme sowie Planungshochrechnungen, die einen Vergleich zwischen Plan (Soll) und hochgerechnetem, voraussichtlichem Ist (Wird) ermöglichen (Forecasting). Im Vordergrund steht das Erkennen von Risiken. Der hohe Stellenwert von Prognosen führt zu einer „Extrapolationsfalle" insbesondere im Hinblick auf die vorhandenen Turbulenzen. Außerdem wird nur ein Ausschnitt des Unternehmensgeschehens abgedeckt und der Zeithorizont ist überwiegend operativ angelegt[429].

---

[427] Wiedmann, a.a.O., S. 303

[428] In Anlehnung an: Gomez, Frühwarnung in der Unternehmung, S. 14-26

[429] Ebenda, S. 14 ff.; Klausmann, a.a.O., S. 41 f.; Krystek/Müller-Stewens, a.a.O., S. 19 und S. 73-76

Früherkennungssysteme der 2. Generation basieren auf mehr oder weniger umfangreichen Katalogen von (Früh-)Indikatoren. Diese Art von Früherkennungssystemen steht im Vordergrund bei dem Versuch, ein Früherkennungssystem für die Unternehmenspraxis zu entwickeln[430]. **Indikatoren** stellen zunächst nur „Anzeiger" für latente Ereignisse/Entwicklungen dar und verkörpern somit Hilfsgrößen, die Vorgänge/Prozesse sichtbar machen, die an sich durch andere Maßstäbe festgestellt werden sollten[431]. Allgemein dient der Aufbau von Indikatorenkatalogen dazu, eine möglichst flächendeckende Erfassung unternehmensinterner und externer Entwicklungen zu gewährleisten[432]. Ein Maximalkatalog von Anforderungen an Frühaufklärungsindikatoren müsste folgende inhaltliche Bedingungen abdecken[433]:

- Entwicklungen bzw. Erscheinungen in einem Beobachtungsbereich müssen eindeutig sowie mit hoher Sicherheit und Zuverlässigkeit angezeigt werden, um auf dahinter stehende, latente Chancen und Bedrohungen schließen zu können.

- Frühaufklärungsindikatoren sollen möglichst Chancen wie auch Bedrohungen aufzeigen.

- Erforderlich ist eine vollständige Erfassung aller relevanten Erscheinungen bzw. Veränderungen/Entwicklungen.

- Eine wichtige Anforderung besteht in der Frühzeitigkeit der entsprechenden Informationen, um noch hinreichend Zeit für das Planen und Realisieren wirksamer Gegenmaßnahmen zu haben.

- Die Wirkungszusammenhänge müssen (möglichst leicht) nachvollziehbar sein.

- Die dargestellten Wirkungszusammenhänge sollten einerseits robust sein, d. h. es sollten durch eine gewisse Stabilität auch diskontinuierliche Verläufe in ihre Erklärungsmuster integriert werden können. Andererseits muss eine Flexibilität gegenüber Veränderungen eingebaut werden.

- Die erforderliche hohe Empfangssensibilität sollte möglichst durch geringe Aggregationsstufen gewährleistet werden, um Frühzeitigkeit und Anpassungsfähigkeit zu garantieren.

- Frühaufklärungsindikatoren sollten auch in einem anderen Kontext einsetzbar sein.

- Schließlich ist ein ökonomisch sinnvolles Verhältnis zwischen Informationsnutzen und dem damit verbundenen Aufwand für die Informationsgewinnung zugrunde zu legen.

Wichtig ist noch die „Problemanzeige-Mächtigkeit" eines Frühaufklärungsindikators, die sich u. a. in der Bedeutung und Zahl der von einem Indikator angezeigten Probleme sowie im Grad der Sicherheit der Problemanzeige äußert[434].

---

[430] Wiedmann, a.a.O., S. 313

[431] Krystek/Müller-Stewens, a.a.O., S. 76 ff.

[432] Gomez, Frühwarnung in der Unternehmung, S. 16; Krystek, Controlling und Frühaufklärung …, S. 70 ff.

[433] Krystek/Müller-Stewens, a.a.O., S. 103 f.

[434] Kühn/Walliser, Problemdeckungssystem mit Frühwarneigenschaften, S.. 230

Für ein indikatororientiertes Frühaufklärungssystem sind folgende Aufbaustufen typisch[435]. Als Grundlage für die systematische Suche und Auswahl **relevanter Beobachtungsbereiche** müssen, wie auch für die anschließende **Bestimmung von Indikatoren**, die generellen Ziele des Unternehmens herangezogen werden. Insbesondere die Ziele sind von besonderer Bedeutung, die die Sicherung der Überlebensfähigkeit des Unternehmens zum Inhalt haben (Minimalziele)[436].

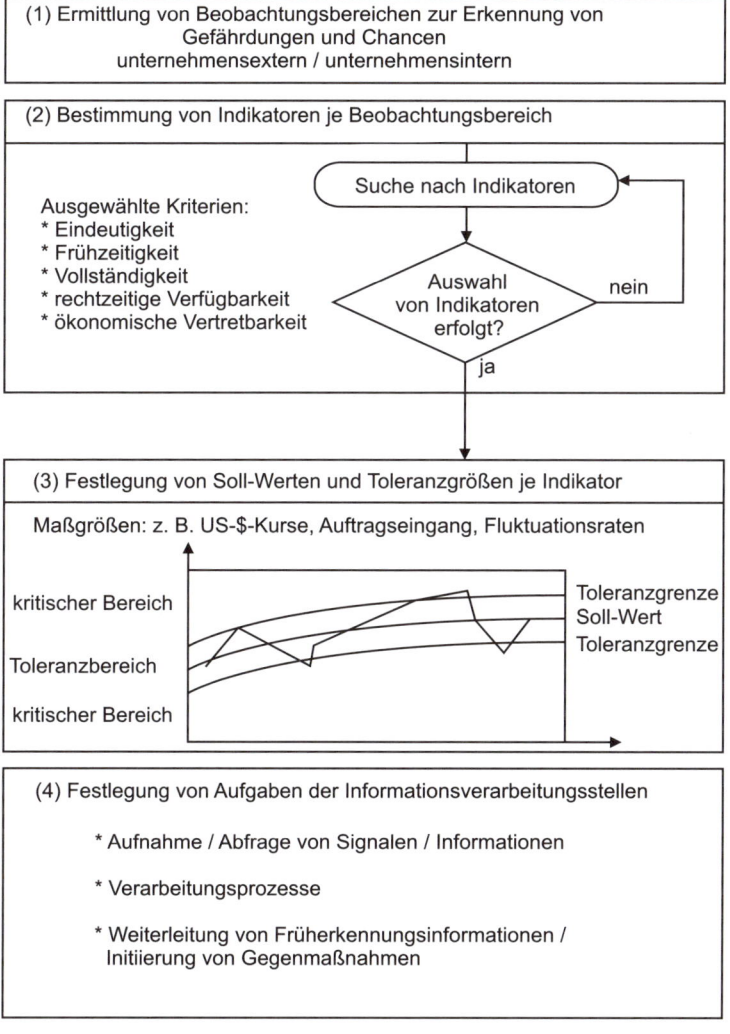

Abb. 4.62   Aufbaustufen des Grundmodells eines indikatororientierten Frühaufklärungssystems

---

[435] Krystek/Müller-Stewens, a.a.O., S. 95

[436] Ebenda, S. 94

Mit Hilfe unternehmensinterner und -externer Beobachtungsbereiche sollen Felder einge-grenzt werden, innerhalb derer auf Basis von Indikatoren gezielt nach relevanten Verände-rungen/Entwicklungen gesucht werden kann[437]. Folgende interne und externe Beobachtungs-felder können als relevant eingestuft werden, wobei ökologischen Faktoren zunehmend mehr Beachtung geschenkt werden muss (siehe Abb. 4.63)[438].

Der generelle Anspruch indikatororientierter Früherkennungssysteme, alle latenten Chancen und Risiken durch funktionsfähige Indikatoren frühzeitig zu erkennen, scheitert wohl an der faktischen Unmöglichkeit, dies in der Praxis umzusetzen[439].

Soll ein strategisches Früherkennungssystem seine erwarteten Vorteile für das strategische Management bringen, so müssen die **Wirkungszusammenhänge** zwischen Beobachtungs-bereichen, Früherkennungsinformationen, Erfolgsfaktoren und konkreten Unternehmenser-gebnissen bekannt sein[440]. Die theoretische Grundlage von Früherkennungssystemen mit Indikatoren basiert demnach auf einer **Wenn-Dann-Beziehung**. Dies ist zugleich eine ent-scheidende Schwachstelle, da damit die zugrunde gelegten Abhängigkeiten nicht erklärt wer-den können (siehe auch Kap. 1.3)[441]. Indikatoren können als Symptome bezeichnet werden, die zwar eine „Krankheit" anzeigen, sie aber nicht erklären können[442]. Weitere Kritikpunkte an indikatororientierten Früherkennungssystemen sind:

- Sie gelten als „klassische" Vertreter einer operativen Früherkennung. Bei vielen der zugrunde liegenden Indikatorenkataloge handelt es sich um nichts anderes als um aufgemöbelte Kennzahlensysteme, wobei die entsprechenden Informationen zu den Beobachtungsbercichen zu spät kommen[443].

- Außerdem liegt ihnen eine statische, analytische Betrachtungsweise zugrunde, mit deren Hilfe es nicht möglich ist, die zunehmend dynamischer und komplexer ge-wordenen Probleme der Unternehmen Erfolg versprechend anzugehen. Insbesonde-re die bestehenden Interdependenzen werden nicht systematisch berücksichtigt[444].

- Neben den „hard facts" sind unbedingt „soft facts" einzubeziehen[445].

---

[437] Ebenda, S. 122

[438] Hahn, Frühwarnsysteme, S. 12

[439] Krystek/Müller-Stewens, a.a.O., S. 119

[440] Ebenda, S. 90 f.

[441] Müller-Stewens, Strategische Suchfeldanalyse, S. 106; Coenenberg/Baum, a.a.O., S.169

[442] Pfohl, a.a.O., S. 49

[443] Krystek/Müller-Stewens, a.a.O., S. 93; Drexel, a.a.O., S. 96 f.

[444] Gomez, Frühwarnung in der Unternehmung

[445] Drexel, a.a.O., S. 96 f.

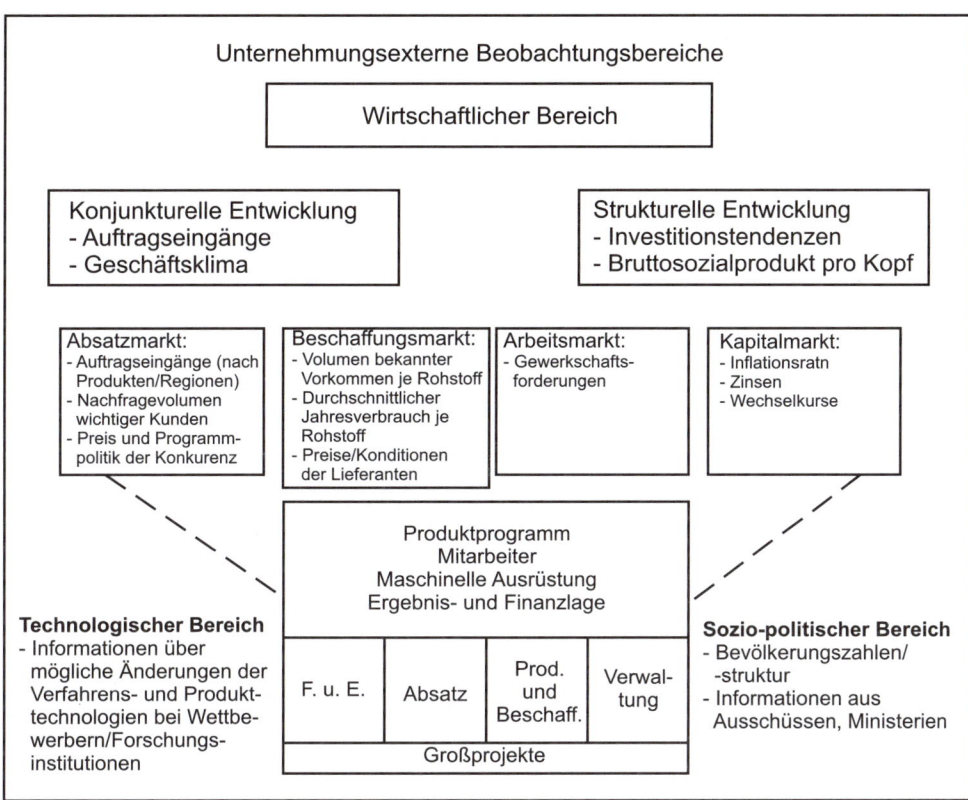

Abb. 4.63 Indikatorenkatalog aus unternehmensexternen und -internen Beobachtungsbereichen

Dennoch spielen Indikatorenkataloge in Verbindung mit Früherkennungssystemen bei neueren Ansätzen zur Bewältigung dynamischer und komplexer Probleme eine gewisse Rolle. Allerdings werden dabei dynamische Aspekte und die Darstellung und Bewertung von Vernetzungen (4.Generation) in den Vordergrund gestellt[446].

Die 3. Generation von Früherkennungssystemen basiert auf dem von Ansoff entwickelten **Konzept schwacher Signale**[447] (siehe Abb. 4.64). Dieses Konzept setzt an der einseitigen, klassischen entscheidungslogischen Behandlung unvollkommener Informationen an und versucht diese zu überwinden. Schwache Signale beinhalten schlecht-definierte Informationen, die mehrere Interpretationsmöglichkeiten eröffnen und unklare, äußerst schlecht-strukturierte Probleme implizieren[448]. Die Konzeption von Ansoff geht über ein reines Früherkennungssystem hinaus in Richtung zu einem strategischen Management[449]. Im Folgenden wird auf die wesentlichen Implikationen dieser Konzeption kurz eingegangen. Ausgangspunkt ist die These „dass „strategische Diskontinuitäten" zwar schwer vorhersehbar sind, dass sie sich aber doch durch gewisse Anzeichen, sogenannte „schwache Signale" (weak signals) ankündigen"[450]. Chancen und Risiken für die Unternehmung stellen meistens phänomenologische Wirkungen mit Zukunftsbezug dar, die in einem gegenwärtigen Stadium nur als schwache Signale erfasst werden können[451]. Erforderlich sind demzufolge eine **systematische Beobachtung der Umwelt**, aber auch interne Analysen[452]. In diesem Zusammenhang spielen zwei Basisaktivitäten eine entscheidende Rolle[453]:

- Von **Scanning** wird gesprochen, wenn quasi mit einem 360-Grad Radar das volle Umfeld des Unternehmens nach schwachen Signalen zu künftigen Gefahren und Chancen abgetastet wird. Die Suche erstreckt sich dabei auch auf solche Bereiche, aus denen bisher keine relevanten Entwicklungen für das Unternehmen entdeckt wurden.

- Das **Monitoring** setzt an einem vorhandenen Signal an und versucht durch Hinzugewinnung neuer Informationen das bestehende Stadium der Ignoranz zu vermindern.

---

[446] Siehe dazu: Ulrich, H./Probst, a.a.O., S. 183; Probst/Gomez, Vernetztes Denken …, S. 919; Hub, Ganzheitliches Denken im Management, S. 126 ff.

[447] Ansoff, Strategic Management; derselbe, Die Bewältigung von Überraschungen und Diskontinuitäten durch die Unternehmungsführung; derselbe, Managing Surprise and Discontinuity-Strategic Response to Weak Signals; derselbe, Die Bewältigung von Überraschungen – Strategische Reaktionen auf schwache Signale

[448] Kirsch/Trux, Strategische Frühaufklärung, S. 237; Ansoff, Die Bewältigung von Überraschungen und Diskontinuitäten durch die Unternehmensführung, S. 250

[449] Die Übersicht befindet sich in: Wiedmann, a.a.O., S. 304

[450] Ansoff, Die Bewältigung von Überraschungen und Diskontinuitäten durch die Unternehmungsführung, S. 263

[451] Eggers, Ganzheitlich-vernetzendes Management, S. 51

[452] Ansoff, Die Bewältigung von Überraschungen und Diskontinuitäten durch die Unternehmungsführung, S. 246 f.

[453] Müller, G., STAR. Ein Ansatz zur Verwirklichung einer strategischen Frühaufklärung, S. 374

Grundlegende Ansätze des strategischen Managements nach Ansoff	
Before Fact Approach (Früherkennung)	**After Fact Approach (Krisenmanagement)**
Die Grundidee liegt in der antizipativen Früherkennung, die die mangelnde Vorhersehbarkeit von Diskontinuitäten oder strategischen Überraschungen begrenzen und genügend Zeit für die Entwicklung von Strategien gewährleisten soll. Die Stoßrichtung geht hier in Richtung Ausbau und Verfeinerung de Informationssysteme bzw. der Analyse- und Prognosetechniken (Strategie Issue Analysis). Es wird dabei unterstellt, dass Diskontinuitäten sich zumeist durch soge- nannte schwache Signale (weak signals) ankündigen und damit prinzipiell antizipierbar sind.	Die Grundidee konzentriert sich auf eine Erhöhung der Abwehrbereitschaft („preparedness") des Unternehmens, die ein schnelles und wirkungsvolles Krisenmanagement ermöglichen soll, wenn (doch) strategische Überraschungen eintreten. Die Maßnahmen des Krisen- managements sind eher im Bereich der Organisation und Führung sowie einer Schubladenplanung angesiedelt; sie setzen allerdings auch das Abschätzen potentieller Krisensituationen voraus.

Früherkennung als Idee strategischer Unternehmensführung

Strategische Antworten auf schwache Signale
(strategic response to weak signals, keine „Abwartestrategie")

STRATEGIC ISSUE ANALYSIS	POSTULAT DER ABGESTUFTEN STRATEGISCHEN BEREITSCHAFT (Graduated Strategic Preparedness)
Strategisch relevante Erscheinungen und Entwicklungen sollen nicht nach einem festen Planungskalender (etwa einmal im Jahr) aufgegriffen und diskutiert werden, „sondern vielfach mehr oder weniger ad hoc, wenn An- passungen des strategischen Plans auf Grund von Änderungen innerhalb und außerhalb des Unternehmens erforderlich erscheinen, d. h. ein ‚Strategic Issue' vorliegt."	Die strategischen Antworten sind in einem hierarchisch abgestuften System dem jeweiligen Informationsstand hin- sichtlich bevorstehender Umweltver- änderungen anzupassen. Hierbei sind 5 Informationsgrade zu unterscheiden: Gefühl der Chance/Bedrohung, Quelle der Ch/B ist bekannt, die Ch/B konkre- tisiert sich, Reaktionen konkretisieren sich und das Ergebnis liegt vor. Als Strategien kommen in Betracht: Beobachtung der Umwelt sowie Selbst- beobachtung, interne sowie externe Flexibilität, interne Bereitschaft und schließlich direkte Aktionen.

Abb. 4.64   Die Konzeption des strategischen Managements nach Ansoff

Scanning setzt somit ein intuitives „Erfühlen" schwacher Signale aus dem Umfeld der Unternehmung voraus, wobei außerdem die Fähigkeit zu einem **ganzheitlichen** Zugang zur Problemstellung erforderlich ist. Die vom Scanning aufgewirbelten schwachen Signale werden dann vom Monitoring analytisch einer vertiefenden Untersuchung unterzogen. Wichtig ist dabei die **Vernetzung** mit anderen Phänomenen in das Visier zu nehmen, um das Verständnis des beobachteten Phänomens zu verbessern. Scanning und Monitoring können als gerichtete oder ungerichtete Suche konzipiert werden. In einem dynamischen und komplexen Umfeld können allerdings neue, an Relevanz gewinnende Themenbereiche nur mit einer **ungerichteten Suche** ausfindig gemacht werden[454].

Strategische Frühaufklärung sollte so gestaltet werden, dass sie einem „**Aufwirbel-Ansaug-Filter-System**" mit systematischem Recycling und automatischer Filterüberprüfung ähnelt. Demzufolge sollten strategisch relevante Signale von möglichst vielen Stellen empfangen und im Sinne einer zweckfreien Exploration geradezu „aufgewirbelt" werden[455]. Die „Ansaugvorrichtungen" müssen erst mit Hilfe von Sensorstellen in der Organisation geschaffen werden – das Suchverhalten muss aktiv sein.

	UNGERICHTETE SUCHE	GERICHTETE SUCHE	
Informal	Das Abtasten nach (schwachen) Signalen außerhalb der Domäne, ohne festen Themenbezug	Das Abtasten nach (schwachen) Signalen innerhalb der Domäne mit einem speziellen Themenbezug	**Scanning**
Formal	Das Abtasten nach (schwachen) Signalen außerhalb der Domäne, mit einem speziellen Themenbezug	Das Abtasten nach (schwachen) Signalen innerhalb der Domäne mit einem speziellen Themenbezug	
	Die Beobachtung und vertiefende Suche nach Informationen außerhalb der Domäne mit speziellen Themenbezug eines bereits identifizierten Signals	Die Beobachtung und vertiefende Suche nach Informationen innerhalb der Domäne mit speziellen Themenbezug eines bereits identifizierten Signals	**Monitoring**

Abb. 4.65   Basisaktivitäten einer strategischen Frühaufklärung

---

[454] Krystek/Müller-Stewens, a.a.O., S. 176 f.

[455] Kirsch/Trux, Strategische Frühaufklärung und Portfolio-Analyse, S. 55

Das aktive Suchverhalten äußert sich z. T. in einer absichtlichen Initiierung von Prozessen, die einen „Wirbel" verursachen, nicht völlig unter Kontrolle gehalten werden können und „Kettenreaktionen" auslösen, die „Neues" in den Bereich des Ansaugsystems bringen. „Je mehr aufgewirbelt und angesaugt wird, desto besser müssen die „Filter" des Systems arbeiten, um die Spreu vom Weizen zu trennen und eine Informationsüberladung der entscheidenden Instanzen zu verhindern"[456]. Gefragt ist in diesem Zusammenhang die Fähigkeit der Sensoren, die für das Unternehmen relevanten, sich andeutenden Ereignisse und Entwicklungen von „irrelevanten Backgroundgeräuschen" zu trennen, was sehr schwierig ist[457]. Im Vordergrund steht dabei wiederum eine entsprechend **hohe Problem-Sensibilisierung** der mit der Aufnahme und Interpretation von schwachen Signalen befassten Personen[458]. Dem strategischen Controlling kommt die Rolle zu, Sensorstellen zu schaffen, die das Umfeld und die Unternehmung permanent nach schwachen Signalen absuchen, diese zu koordinieren, für die Informationsaufbereitung zu sorgen, sowie bei relevanten Beobachtungen im Unternehmen unverzüglich einen multipersonalen Problemlösungsprozess in Gang zu setzen[459].

Diese „schwachen Signale" verkörpern nichts anderes als eine spezielle Form von Indikatoren. Ausgangspunkt der Ableitung dieser „weak signals" ist die Annahme, dass Diskontinuitäten zwar schwer vorhersehbar sind, sich aber doch durch gewisse Anzeichen ankündigen. Dabei handelt es sich um schlecht definierte und unscharf strukturierte Informationen, beispielsweise

- Die Verbreitung neuartiger Meinungen und Ideen in Medien.

- Die plötzliche Häufung gleichartiger Ereignisse mit strategischer Relevanz für das betreffende Unternehmen.

- Meinungen und Stellungnahmen von Organisationen und Verbänden bzw. von Schlüsselpersonen aus dem öffentlichen Leben.

- Tendenzen der Gesetzgebung und Rechtsprechung.

Die Bewertung dieser „schwachen Signale" beruht auf einer **diffusionstheoretischen Basis**[460]. Gegenstand der Diffusionsforschung ist die Erkundung des Weges, wie sich neue Verhaltensformen ausbreiten. Über Analogieschlüsse aus bereits untersuchten Diffusionsprozessen mit ähnlicher Strukturierung werden dann zukünftige Neuentwicklungen prognostiziert. Angesichts der zunehmenden Turbulenzen ist die dabei erwartete Prognosekraft natürlich zu relativieren. „Weak signals" werden bevorzugt über öffentlich zugängliche Kommunikationsorgane, wie z. B. das Internet verbreitet. Eine besondere Problematik „schwacher Signale" besteht aus der anfänglich vorherrschenden **Ignoranz bei den Empfängern**, die in eine regelrechte „Ignoranzfalle" münden kann: Bei einem sehr geringen Konkretisie-

---

[456] Kirsch, Grundzüge des strategischen Managements, S. 24 f

[457] Ansoff/Kirsch/Roventa, a.a.O., S. 983 f.; Siller, a.a.O, S. 133

[458] Klausmann, a.a.O., S. 44.; Picot, a.a.O., S. 568

[459] Siller, a.a.O., S. 162

[460] Krampe/Müller, G., a.a.O., S. 384-401; siehe auch: Hofbauer, Diffusionsforschung

rungsgrad „schwacher Signale" besitzt das Unternehmen in aller Regel noch eine sehr hohe Manövrierfähigkeit, die allerdings wegen des angedeuteten Ignoranzverhaltens nicht genutzt wird. Erst bei zunehmender Häufung solcher Signale und gleichzeitig abnehmender Ignoranz beim Empfänger wächst die Bereitschaft zu Reaktionsstrategien – die Manövrierfähigkeit des Unternehmens hat jedoch erheblich abgenommen.

Bei der Erfassung von „weak signals" sind natürlich in erster Linie die **peripheren Subsysteme und Elemente**, wie der Vertriebsaußendienst, des Unternehmens gefragt. Aber auch die Nutzung externer Informationsquellen, wie Marktuntersuchungen von Forschungsinstituten, und eigene Medienanalysen etc. sind erforderlich. Die Analyse der erfassten Signale kann hinsichtlich der Prognose ihrer Auswirkungen mit Hilfe der Szenariotechnik unterstützt werden. Bei der Beurteilung der Relevanz der analysierten Signale kann die Darstellung des Diffusionsstadiums hilfreich sein. Die Verbreitung (Diffusion) von Meinungen und Ideen verläuft, so die Unterstellung, nach einem typischen Trend, wie in Abb. 4.66 ersichtlich wird[461].

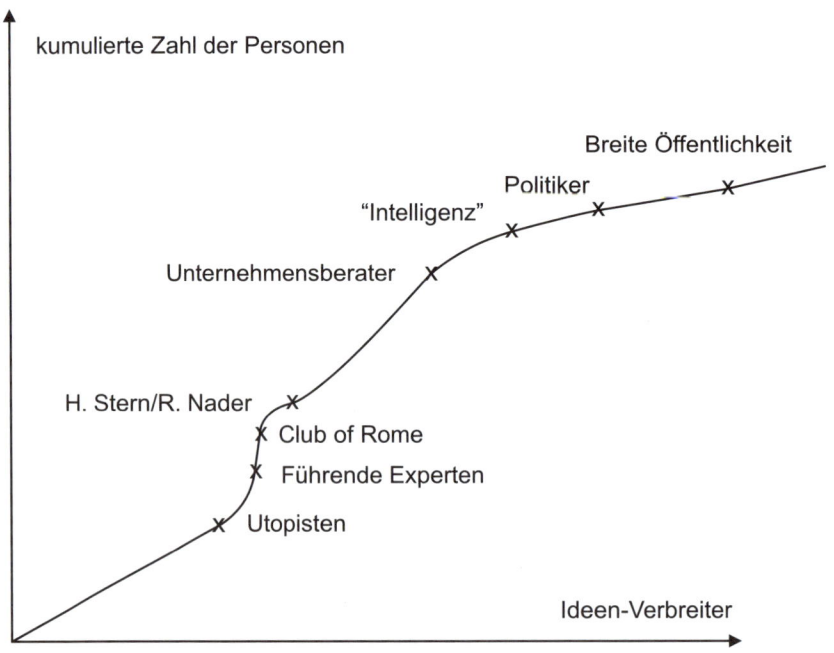

Abb. 4.66 Diffusionskurve-Beispiel einer strukturellen Trendlinie zum Auftreten von Ideen-Vorreitern

---

[461] Kühn/Fasnacht, Strategische Frühwarnung ..., S. 26

In diesem Zusammenhang gewinnt auch das Problem der **Informationspathologien** an Bedeutung[462]. Vor allem schlecht-strukturierte Informationen werden häufig überhaupt nicht oder nicht an den richtigen Stellen wahrgenommen, weil Organisationen vielfältige Informationspathologien aufweisen. Während strukturelle Informationspathologien aus den Merkmalen der Organisationsstruktur resultieren (Hierarchie, Führungsstil etc.), basieren psychologische Informationspathologien auf der Theorie der kognitiven Dissonanz – danach neigen Menschen dazu, Informationen zu ignorieren oder entsprechend neu zu interpretieren, wenn diese Informationen zu Prämissen im Widerspruch stehen, hinter denen aufgrund früherer Entscheidungen ein „Commitment" steht. Außerdem sind noch doktrinenbedingte Informationspathologien zu berücksichtigen, die in der Kultur der Unternehmung verankert sind. Demzufolge sind die Organisationsstruktur und die Kultur der Unternehmung daraufhin kritisch zu beleuchten, ob sie nicht im Widerspruch zu den Anforderungen an eine strategische Frühaufklärung stehen. Als Beispiel hierzu wird die **Profit-Center-Organisation** angeführt, die zu einer Überbetonung der kurzfristigen Gewinnverantwortung führt und damit einem langfristigen strategischen Denken entgegenwirkt sowie häufig ein „Klima" der strategischen Frühaufklärung verhindert.

Informations-gehalt \ Ungewiss-heits-grade	(1) Anzeichen der Bedrohung oder Chance	(2) Ursache der Bedrohung oder Chance	(3) konkrete Bedrohung oder Chance	(4) konkrete Reaktion	(5) konkretes Ergebnis
Überzeugung, dass Diskontinuitäten bevorstehen	Ja	Ja	Ja	Ja	Ja
Bereich oder Organisation als Ursache der Diskontinuität ist bekannt	Nein	Ja	Ja	Ja	Ja
Merkmale der Bedrohung, Art der Wirkung, allgemeiner Wirkungsgrad, Zeitpunkt der Wirkung	Nein	Nein	Ja	Ja	Ja
Reaktion festgelegt: Zeitpunkt, Handlung, Programme, Budgets	Nein	Nein	Nein	Ja	Ja
Wirkung auf den Gewinn und Folgen der Reaktionen sind errechenbar	Nein	Nein	Nein	Nein	Ja

Abb. 4.67   Stadien der Ignoranz (Ungewissheitsgrade) bei Diskontinuitäten

---

[462] Kirsch/Trux, Strategische Frühaufklärung, S. 227 f.; dieselben, Strategische Frühaufklärung und Portfolio-Analyse, S. 53 f.

Früherkennungssysteme auf der Basis schwacher Signale gelten nach herrschender Meinung als das ausgereifteste Konzept in dieser Richtung. Dennoch kann trotz der unbestrittenen Fortschritte bei der Entwicklung von Früherkennungssystemen nicht geleugnet werden, dass damit einige Unstimmigkeiten und Schwachstellen verbunden sind:

- Ansoff wird insbesondere vorgehalten, er habe keine Methoden oder Instrumente zur Handhabung schwacher Signale und auch keine organisatorischen Implikationen angeboten[463].

- Außerdem lässt sich der tragende Gedanke des Konzeptes, Diskontinuitäten seien prinzipiell vorhersehbar, nicht halten – Ansoff selbst entwickelt eine Art Krisenmanagement[464].

- Das Konzept unterstellt weiterhin, dass der Empfänger bzw. Nutzer schwacher Signale bereits ein Vorverständnis von dem erst auftauchenden Ereignis haben muss, also einem zunächst unspezifischen Signal einen spezifischen, wenn auch noch vagen Informationsgehalt zuschreiben kann.

- Wahrnehmungsprobleme sowie Probleme der Interpretation durch die Sensoren werden vernachlässigt.

Trotz der Kritikpunkte hat das Konzept der schwachen Signale als 3. Generation von Früherkennungssystemen dennoch den Blick auf einige wesentliche Faktoren, wie z. B. die Bedeutung qualitativer Einflussfaktoren, gelenkt und somit einen wesentlichen Beitrag zur Verbesserung von Früherkennungssystemen geleistet.

Die **4. Generation von Früherkennungssystemen** versucht auf der Basis einer **ganzheitlichen** Betrachtungsweise an die Problematik der strategischen Früherkennung heranzugehen[465]. Dabei werden durchaus Anleihen von den indikatorgestützten Früherkennungssystemen und dem Konzept der schwachen Signale genommen, allerdings mit anderen Schwerpunkten und Anforderungen. Kritisiert wird u. a. die herkömmliche Auswahl von Beobachtungsbereichen, die sich zwangsläufig aus der Vernachlässigung ganzheitlichen, systemischen Denkens zugunsten einer reduktionistischen Sichtweise ergibt. Dadurch besteht die Gefahr, dass der Blick für die Zusammenhänge verloren geht und einzelne Ereignisse/Entwicklungen nicht mehr vor dem Kontext des sie umgebenden Bedingungsgefüges gesehen werden[466]. Als zentraler Ansatzpunkt wird die **Herausarbeitung der Vernetzung**

---

[463] Siller, a.a.O., S. 129; Arnold, Strategische Unternehmensführung und das Konzept der „Schwachen Signale", S. 291 f.

[464] Siehe im folgenden: Arnold, a.a.O, S. 291 f.

[465] Gomez, Frühwarnung in der Unternehmung, S. 24 ff.; Wiedmann, a.a.O., S. 307 ff. und S. 322 f.; Klausmann, a.a.O., S. 40

[466] Krystek/Müller-Stewens, a.a.O., S. 97 f.; Coenenberg/Baum, a.a.O., S. 168

zwischen den Einflussfaktoren betrachtet, die mit Hilfe eines **Feedback-Diagrammes** (siehe **Anlage 12**) vorgenommen werden kann[467].

Ausgangspunkt der Betrachtung ist die Vorstellung, dass jedes Unternehmen durch ein komplexes Beziehungsmuster (Netzwerk) mit seiner Umwelt verflochten ist. Neben der Identifikation relevanter Beobachtungsbereiche werden Indikatorverkettungen über mehrere Beobachtungsbereiche hinweg ausfindig gemacht und analysiert[468].

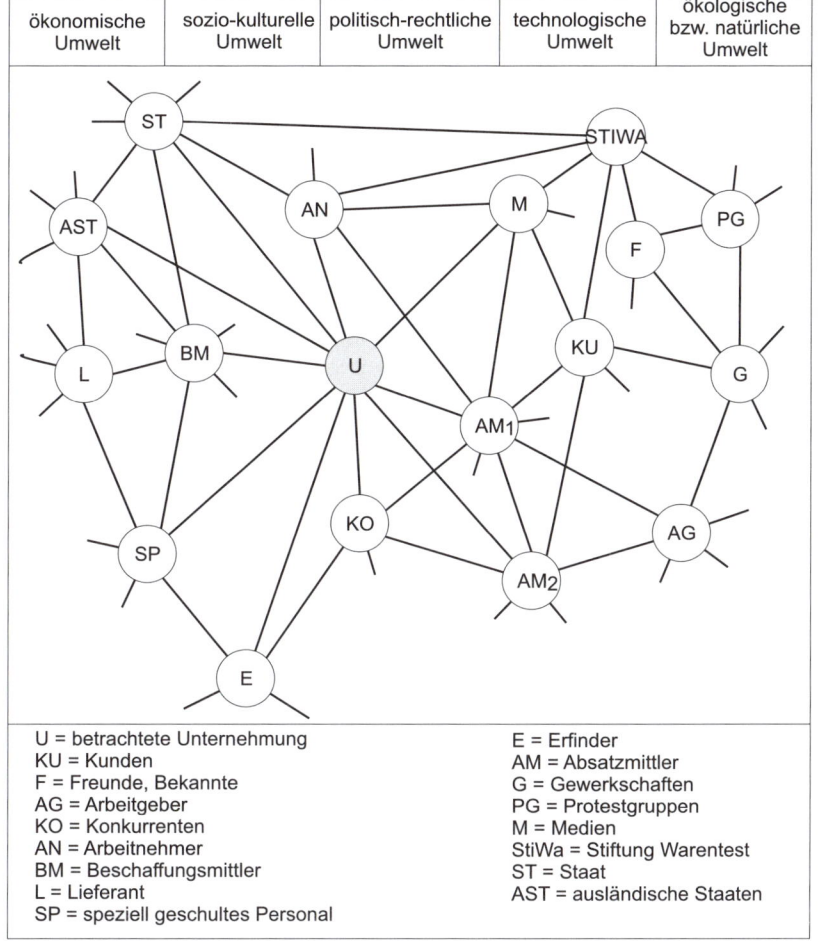

| ökonomische Umwelt | sozio-kulturelle Umwelt | politisch-rechtliche Umwelt | technologische Umwelt | ökologische bzw. natürliche Umwelt |

U = betrachtete Unternehmung
KU = Kunden
F = Freunde, Bekannte
AG = Arbeitgeber
KO = Konkurrenten
AN = Arbeitnehmer
BM = Beschaffungsmittler
L = Lieferant
SP = speziell geschultes Personal

E = Erfinder
AM = Absatzmittler
G = Gewerkschaften
PG = Protestgruppen
M = Medien
StiWa = Stiftung Warentest
ST = Staat
AST = ausländische Staaten

Abb. 4.68   Vereinfachtes Beispiel eines Netzwerkes zur Identifikation relevanter Beobachtungsfelder und Indikatoren

---

[467] Gomez, Frühwarnung in der Unternehmung, S. 31 ff.; Krystek/Müller-Stewens, a.a.O., S. 13; Deiss/Dieroff, a.a.O., S. 216 f.

[468] Wiedmann, a.a.O., S. 318 f. (Abb. 4.68 daraus entnommen); siehe auch: Müller, G., Strategische Frühaufklärung, S. 39 ff. und S. 163 ff.; Krystek/Müller-Stewens, a.a.O., S. 99 f.

Früherkennungsindikatoren sind mit Elementen des Netzwerkes identisch, deren Veränderungen sich wesentlich auf die gesetzten Zielgrößen auswirken können. Voraussetzung dafür ist, dass sich die Veränderung eines Indikators erst mit einer gewissen zeitlichen Verzögerung in den Zielen niederschlägt[469]. Nur auf der Basis von schwachen Signalen ermittelte Indikatoren stellen „echte" Früherkennungsindikatoren dar[470].

Zur Ermittlung von Frühindikatoren werden im Netzwerk ausgehend von den Zielgrößen die Kreisläufe so weit wie möglich zurückverfolgt. Dabei wird bei jedem Zwischenschritt jeweils gefragt, ob Frühaufklärungsindikatoren vorhanden sind bzw. erstellt werden können. Als Beispiel soll die Ableitung solcher Frühindikatoren bei **Hewlwett Packard (HP)** bezogen auf das „HP-Image bei Mitarbeitern und Kunden" in Abb. 4.69 dienen[471]. Aus den erstellten Netzwerken und **Feedback-Diagrammen** können netzwerkgebundene Prognosen mit Unterstützung von Experten und der Szenariotechnik getätigt werden. Hierbei sind alternative Entwicklungshypothesen abzuleiten, die für den Entwurf alternativer Handlungsprogramme (Schubladenpläne) als Grundlage dienen. Der Prozess der Erstellung der Netzwerke und der daraus abgeleiteten Prognosen ist dabei als ein systematischer Lernprozess zu sehen, der es gestattet, die zugrunde liegenden Netzwerke immer weiter zu verfeinern.

Wie bereits erwähnt, bietet sich das **Balanced Scorecard-Konzept** an, ein ganzheitlich-vernetztes Frühaufklärungssystem zu entwickeln. Der Balanced Scorecard liegen verschiedene Perspektiven zugrunde, z. B. eine Kunden-, Mitarbeiter-, Innovations-, Prozess- und Finanzperspektive. Ein Schwerpunkt des Balanced Scorecard-Konzeptes besteht darin, die Ursache-Wirkungsbeziehungen zwischen den Perspektiven und ihren Einflussgrößen transparent zu machen und für strategische Entscheidungen zu nutzen. Im Zuge der Entwicklung einer Balanced Scorecard können systematisch Frühaufklärungsindikatoren und ihre Wechselwirkungen abgeleitet werden[472].

---

[469] Deiss/Dierolf, a.a.O., S. 219 f.

[470] Ebenda, S. 226; Gomez, Frühwarnung in der Unternehmung, S. 33 ff.; Probst, Die Bausteine des vernetzten Denkens für die Frühwarnung, S. 17 f.

[471] Müller A., Controlling-Konzepte, S. 56 ff.

[472] Müller A., Systematische Gewinnung von Frühindikatoren für Frühaufklärungssysteme, S.218ff.

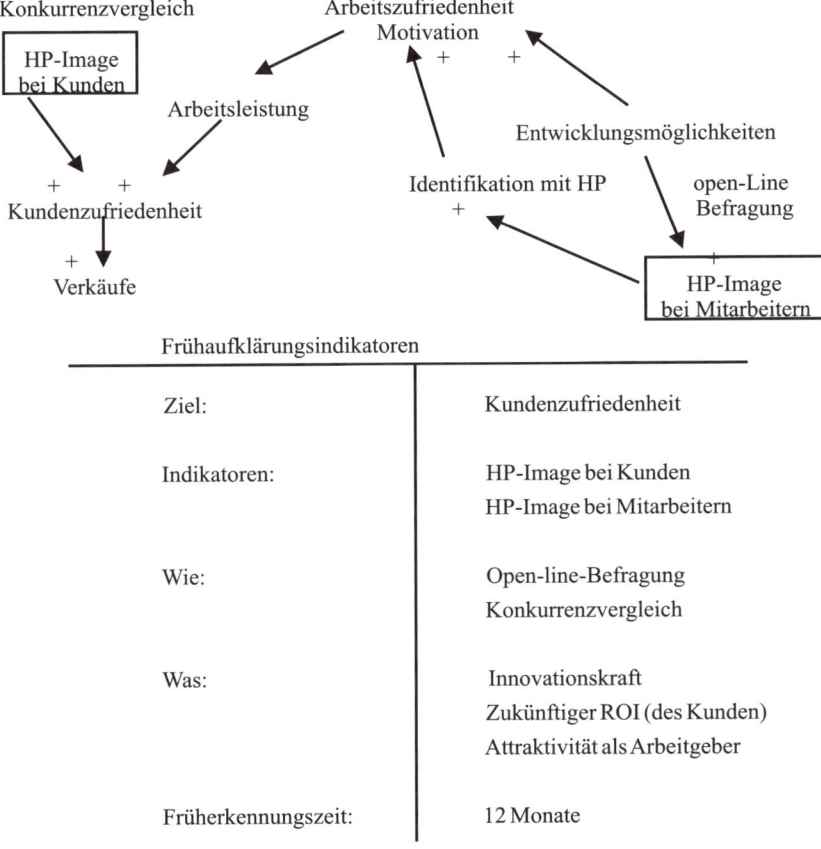

Abb. 4.69   Ableitung von Frühaufklärungsindikatoren bei Hewlett Packard (HP)

Die mit der 4. Generation von Früherkennungssystemen involvierte ganzheitlich-vernetzende Betrachtungsweise beinhaltet ein Denken in Modellen und Systemen[473]. Es wird davon ausgegangen, dass die Güte einer Problemlösung entscheidend von der Art und Weise beeinflusst wird, wie die zugrunde liegende Problemsituation abgebildet, d. h. modelliert wird[474]. Früherkennungssysteme lassen sich demzufolge aus systemtheoretischer Sicht als reale, komplexe und offene Systeme interpretieren, die durch ihre Elemente und Beziehungen näher gekennzeichnet werden können (siehe Abb. 4.70)[475].

---

[473] Müller-Stewens, Strategische Suchfeldanalyse, S. 107 f.

[474] Gomez, Frühwarnung in der Unternehmung, S. 27

[475] Hahn, Frühwarnsysteme, Krisenmanagement und Unternehmensplanung, S. 25 ff.

Perspektive	Vorlaufzeit	Beispiele für Frühindikatoren
Mitarbeiter	eher langfristig	• Entwicklung der Mitarbeiterzufriedenheit im Zeitvergleich • Vergleich der vorhandenen Mitarbeiterqualifikationen mit den künftigen Anforderungen (Quelle: Forschungsinstitute etc.)
Kunden	eher mittelfristig	• Entwicklung der Kundenzufriedenheit im Zeit- und Quervergleich • Kundenbindung im Zeit-/Quervergleich • Produkt- und Firmenimage im Zeitvergleich
Prozesse	eher kurz- und mittelfristig	• „time to market" im Zeit- und Quervergleich • Rücksendungen im Zeitvergleich
Finanzen	kurzfristig	• Spätindikatoren, wie Umsatzerlöse. Kosten, Marktanteil

Abb. 4.70   Beispiele für Frühindikatoren aus der Balanced Scorecard

Die Aufgabe der Peripher-Elemente (Sensoren) besteht in der Beobachtung von Umsystemsegmenten und unternehmensinternen Problembereichen sowie in der Wahrnehmung von Anzeichen in Bezug auf latente Chancen, Gefahren, Stärken und Schwächen.

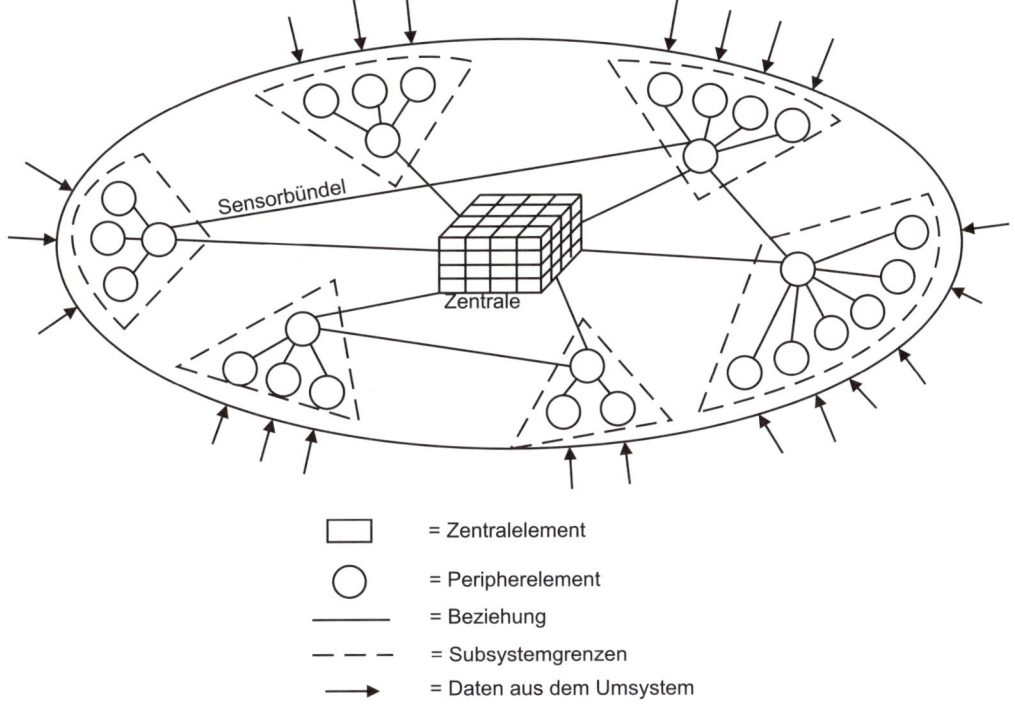

Abb. 4.71 Früherkennungssysteme aus systemtheoretischer Sicht

Dem liegt die Annahme zugrunde, Veränderungen von Handlungsspielräumen der Unternehmung könnten am besten von jenen Mitarbeitern wahrgenommen werden, die als Funktionsträger in den Grenzbereichen (z. B. Marketing) bzw. in den überlebenskritischen Funktionsbereichen der Unternehmung (z. B. Forschung und Entwicklung) tätig sind. Den Zentralelementen obliegt dann die Sichtung und Verarbeitung der von den Sensoren empfangenen Informationen und die Entscheidung über die Relevanz für die Unternehmung[476]. Der Prozess der Wahrnehmung von Datenänderungen sowie das Anstoßen eines Problemlösungsprozesses wirft grundsätzlich mehrere Probleme auf[477]:

- Die Peripher-Elemente sind in Bezug auf schwache Signale zu sensibilisieren.

- Die mangelnde Durchsetzungskraft vager, qualitativer Informationen ist zu berücksichtigen.

- Es ist eine übergreifende Sensorstelle zur Koordinierung und Beratung der Peripherelemente sowie zur Informationsverarbeitung und -aufbereitung einzurichten (strategisches Controlling).

---

[476] Hahn/Krystek, Betriebliche und überbetriebliche Frühwarnsysteme für die Industrie, S. 78

[477] Siller, a.a.O., S. 131 ff.

Da Früherkennung kein Selbstzweck ist, müssen auf Basis der daraus gewonnenen Erkenntnisse Maßnahmen abgeleitet werden, um einer Gefahr begegnen oder eine Chance wahrnehmen zu können. Gleichzeitig mit der Entwicklung eines Früherkennungssystems muss ein **Katalog von Reaktionen** auf mögliche Veränderungen in der In- und Umwelt der Unternehmung bereitgestellt werden. Hierzu bietet sich ein Lenkungsmodell an, das eine Problemsituation im Lichte der Lenkungsmöglichkeiten des Problemlösers abzubilden vermag[478]. Diese Ergänzung durch ein „Krisenmanagement" ist schon allein deswegen erforderlich, da angesichts der zunehmenden Komplexität und Dynamik des Unternehmensgeschehens die Unternehmen überfordert sind, alle relevanten Entwicklungen und Veränderungen rechtzeitig genug wahrzunehmen[479].

Allgemein wird die Aussagekraft von Früherkennungssystemen erhöht, wenn sie durch den Einsatz anderer Methoden unterstützt werden. Genannt werden in diesem Zusammenhang die Delphi-Methode als qualitatives Prognoseverfahren, aber auch die Sensitivitätsanalyse und vor allem die **Szenario-Technik**, mit der insbesondere die Ermittlung zukunftsorientierter relevanter Beobachtungsbereiche erleichtert wird[480].

An den verschiedenen Generationen von Früherkennungssystemen hat sich durchaus auch Kritik entzündet. Auf die Kritikpunkte wurde schon im Rahmen der Darstellung der zugrunde liegenden Konzepte z. T. eingegangen. Die traditionellen Früherkennungssysteme können die in sie gesetzten Erwartungen angesichts der Turbulenzen nicht erfüllen, da sie vergangenheitsorientiert und operativ ausgerichtet sind.

Die **Grenzen der Früherkennung** werden vor allem an ihrer Basis, nämlich der Informationsgewinnung deutlich[481]:

1. Problem: Beobachten wir die relevanten Umweltfaktoren?

2. Problem: Kann der Verlauf dieser Faktoren prognostiziert werden?

3. Problem: Sind die Prognosen verlässlich?

4. Problem: Ist das Management überhaupt bereit, sich warnen bzw. auf Chancen aufmerksam machen zu lassen?

5. Problem: Ist das Management fähig, Warnungen etc. richtig zu verwenden?

---

[478] Gomez, Frühwarnung in der Unternehmung, S. 52 ff.

[479] Hahn, Frühwarnsysteme, Krisenmanagement und Unternehmungsplanung, S. 44

[480] Krystek/Müller-Stewens, a.a.O., S. 96; Klausmann, a.a.O., S. 45; Kirsch/Trux, Strategische Frühaufklärung und Portfolio-Analyse, S. 63; Haag, a.a.O., S. 267; Gomez, So verwenden wir Szenarien für Strategieplanung und Frühwarnsystem, S. 9 ff.; Krampe/Müller, G., a.a.O., S. 396

[481] Rieser, a.a.O., S. 40 f.

Zum ersten Problem ist festzustellen, dass die Früherkennungssysteme der 3. und 4. Generation hierzu eine wesentliche Hilfestellung leisten können. Die mangelnde Sensibilisierung der Peripher-Elemente kann durch Lernprozesse ausgeglichen werden[482]. Dies gilt sicherlich auch für die Probleme 4 und 5, die über eine Sensibilisierung des Managements einer Lösung näher gebracht werden können.[483]

Besondere Aufmerksamkeit muss in diesem Zusammenhang auch der oft mangelhaften Akzeptanz schwacher Signale, die ja zunächst sehr vage und in qualitativer Form vorliegen, gewidmet werden. Es geht auch weniger darum, sophistische Früherkennungssysteme im Sinne einer ausgefeilten Sensorik zu entwickeln; vielmehr steht die Gestaltung ausreichend komplexer Kommunikationsstrukturen durch eine gelebte „Kommunikationskultur" und entsprechende Führungsinstrumente im Vordergrund[484].

Die massivste Kritik entzündet sich an den nach wie vor bestehenden **Prognoseproblemen** von Früherkennungssystemen. Diese Kritik geht am eigentlichen Zweck von Früherkennungssystemen vorbei. Wie bereits mehrfach erwähnt wurde, können die Prognoserisiken, Datenunsicherheit, Datenunzulänglichkeiten und Komplexität der realen Welt nicht durch Methoden kompensiert werden. Demzufolge kann ein Früherkennungssystem nur indirekt zur Problemlösung beitragen – in erster Linie geht es um eine Erhöhung der Transparenz. Ein großer Vorzug der neueren Früherkennungssysteme auf der Basis von schwachen Signalen verbunden mit einer ganzheitlich-vernetzenden Betrachtungsweise liegt gerade darin, die **Problementdeckung** in das Zentrum der Betrachtung zu stellen[485]. Mit Hilfe von nicht-nomologischen Prognoseverfahren und heuristischen Gestaltungshilfen können dann „Muster-Voraussagen" und „Erklärungen im Prinzip" (siehe Kap. 1.3) als methologische Basis für eine strategische Frühaufklärung abgeleitet werden[486]. Insgesamt betrachtet, liefern Früherkennungssysteme der beiden letzten Generationen durchaus Ansatzpunkte, die bei der Bewältigung strategischer Probleme dienlich sein können. Insbesondere wird das in den letzten Jahren verstärkt geforderte **Risikomanagement und Risikocontrolling** entscheidend unterstützt.

---

[482] Krystek/Müller-Stewens, a.a.O., S. 171 ff.; Siller, a.a.O., S. 141

[483] Allerdings sind kulturbedingte Barrieren, z.B. die Zahlenfixiertheit und kurzfristige Orientierung der Manager, nicht einfach weg zu diskutieren.

[484] Ruegg, a.a.O., S. 171

[485] Coenenberg/Baum, a.a.O., S. 168 f.; Kühn/Walliser, a.a.O., S. 224 ff.

[486] Müller-Stewens, Strategische Suchfeldanalyse, S. 107 f.

Bewertungsschema zur Beurteilung der Ganzheitlichkeit von Controllingtools		
Betrachtetes Controllingtool:	**Früherkennungssysteme**	
Bewertungskriterien	Erfüllungsgrad (++ + +/- - --)	Bemerkung
Umfassende Abbildung einer Problemstellung gewährleistet?	++	FES bieten die Möglichkeit eines umfassenden Überblicks
Berücksichtigung von verschiedenen Einflussfaktoren möglich?	++	Externe und interne Einflussfaktoren systematisch erhoben
Vernetzung der Einflussfaktoren berücksichtigt?	+	Vernetzung wird nur in der 4. Generation genutzt
Verschiedene Stakeholderinteressen integriert?	++	Umfassende Berücksichtigung
Veränderlichkeit der Problemsituation abbildbar?	+/-	Durch regelmäßige Anwendung möglich – sehr aufwendig
Strategische Sichtweise involviert?	++	Bei der 3. und 4. Generation zugrunde gelegt
Praktische Handhabbarkeit gegeben?	--	Sehr komplex und aufwendig, beschränkt auf Spezialisten

Abb. 4.72   Bewertungsschema zu Früherkennungssystemen

4.1.4.3.6   Wertorientierte Strategieplanung mit Shareholder Value-Ansätzen

Die wertorientierte Strategieplanung wird in den USA seit Jahren in einer ganzen Reihe von größeren Unternehmen genutzt – in der Bundesrepublik Deutschland ist sie bisher nur sehr wenig verbreitet[487]. Eine relativ aktuelle Analyse zum EVA-Ansatz kommt zu der wenig schmeichelhaften Aussage, dass Unternehmen die diesen Shareholder-Value Ansatz verfolgen im Regelfall sogar Werte vernichtet haben[488]. Dazu wurden mehrere Untersuchungen von EVA-getriebenen Unternehmen und 30.000 börsennotierten Unternehmen herangezogen. Das Ergebnis ist niederschmetternd: Von Januar 1998 bis Mai 2005 lagen die Kurse der Unternehmen, die sich am EVA-Ansatz orientierten, um etwa 10% niedriger als die Ver-

---

[487] Henzler, a.a.O., S. 1297; diese Aussage gilt nach wie vor – die Verbreitung von Shareholder Value-Ansätzen ist nur in Großunternehmen vorzufinden.

[488] Kröger, EVA vernichtet Werte, S.14ff.

gleichsgruppe. Es bestehe sogar die Gefahr, dass wegen kurzfristiger Gewinnsteigerungen Investitionen vom Management unterlassen werden und somit die langfristige Wettbewerbsfähigkeit gefährdet wird. Zu der Gruppe der „Underperformer" und „Simply Grower" gehören so bekannte Namen wie VW, Allianz, Daimler Chrysler, Bayer, Henkel, Siemens und Thyssen Krupp. Rappaport kommt als „Erfinder" der DCF-Methode in einem „Spiegel"-Interview zu der Aussage, dass die Managementpraxis eigentlich seinen auf langfristige Wertsteigerungen ausgelegten Ansatz in eine kurzfristige Sichtweise der Wertsteigerung umfunktioniert hätte[489]. Nach Ansicht des Verfassers klingt dies eher nach einer verfehlten Herangehensweise gemäss dem Motto „Die Theorie ist richtig, nur die Praxis falsch"! In der betriebswirtschaftlichen Diskussion nimmt der Shareholder Value jedoch merkwürdigerweise eine starke Stellung ein. Deswegen erfolgt eine kurze kritische Darstellung der damit verbundenen Ansätze[490], da damit von einigen Autoren eine wertorientierte Entwicklung von Strategien **im ganzheitlichen Sinn** erwartet wird[491]. Gomez erwartet für die 90er Jahre eine Wende im strategischen Denken, „die sich am besten mit wertorientierter Strategieplanung oder strategischer Ausrichtung auf die Steigerung des Unternehmungswertes umschreiben lässt"[492]. Auf der Basis von Erkenntnissen der modernen Finanztheorie sollen wertorientierte Planungstechniken dem Management helfen, den Beitrag einzelner Geschäfte zum Unternehmenswert zu bestimmen und die Auswirkungen von Strategieänderungen auf den Unternehmenswert abzuschätzen[493].

Die Shareholder Value-Ansätze verkörpern die praktische Anwendung der Theorie des "economic value" und damit der Investitionsrechnung im Bereich unternehmerischer Bewertungsfragen. Die in der Literatur und betrieblichen Praxis vorzufindenden Ansätze zeichnen sich dabei durch vielfältige Argumentationen und Vorgehensweisen aus. Während in der ersten Phase vor allem die Analyse auf Basis des Shareholder Value für die (externe) Beurteilung von Unternehmenswerten dominierte, erfolgte in den letzten Jahren eine Ausdehnung der Anwendungsfelder. Hierzu gehören,

- die Unterstützung der Strategieplanung durch Quantifizierung von Strategien;

- die strategische Überwachung und Leistungsmessung;

- die Gestaltung von Anreiz- und Entgeltsystemen.

Die Fokussierung der Shareholder Value-Konzepte richtet sich immer mehr auf eine Unterstützung des Strategischen Managements.

---

[489] Der Spiegel, Interview mit Alfred Rappaport, Nr.30/2002, S. 75

[490] Eine prägnante und kritische Darstllung der Problematik befindet sich in: Müller A., Zielgruppenorientiertes Controlling

[491] Gomez, Wertorientierte Strategieplanung, S. 560 f., Gomez gilt als einer der maßgeblichen Vertreter des systemorientierten Problemlösungsansatzes.

[492] Ebenda, S. 559

[493] Henzler, a.a.O., S. 1296

Die normative **Grundaussage der Shareholder Value-Ansätze** lautet – zumindest in der angelsächsischen Grundversion -, dass das Management der Unternehmung, welches die Eigentümer vertritt, den Shareholder Value zu steigern und keine anderen Zielsetzungen zu verfolgen hat. Allen Shareholder Value-Ansätzen ist demzufolge das Postulat inhärent, als oberstes Unternehmensziel die Maximierung des Marktwerts des Eigenkapitals anzustreben. Rappaport, einer der Hauptvertreter dieses Ansatzes, führt dazu aus: " In einer Marktwirtschaft, die die Rechte des Privateigentums hochhält, besteht die einzige soziale Verantwortung des Wirtschaftens darin, Shareholder Value zu schaffen und dabei die Prinzipien der Gesetzeskonformität und Integrität zu wahren".

Im Folgenden sollen kurz die beiden bekanntesten Ansätze zur Bestimmung des Shareholder Value vorgestellt werden: Auf Basis der Discounted Cash Flow-(DCF-)Methode bzw. der Ansatz des "Economic Value Added" (EVA)[494]. Die wesentlichen Charakteristika jeder **Discounted Cash Flow-(DCF-)Methode** sind

- eine zahlungs- und zukunftsorientierte Ermittlung der zu diskontierenden Erfolgsgröße.

- eine kapitalmarktbezogene Ableitung des risikoadjustierten Diskontierungsfaktors.

Als theoretische Basis gilt die Investitionstheorie, wobei die Kapitalwertmethode auf die Bewertung ganzer Unternehmen übertragen wird. Eine weitere Grundlage bildet die moderne Finanzierungs- und Kapitalmarkttheorie, indem die zukünftigen Zahlungsströme mit einem aus Kapitalmarktdaten abgeleiteten Kalkulationszinssatz diskontiert werden. Die Zielsetzung der DCF-Methode besteht dabei in der **Bestimmung des Marktwertes der Eigenkapitalanteile**.

Der Shareholder Value-Ansatz von Rappaport will sich damit von den herkömmlichen rechnungswesenbasierten Erfolgsmaßstäben, wie der Rentabilität auf das investierte Kapital (ROI) und der Rentabilität des Eigenkapitals abheben, die zu viele und entscheidende Unzulänglichkeiten beinhalten. Diese Mängel der Erfolgsmaßstäbe des traditionellen Rechnungswesens können wie folgt zusammengefasst werden: "Eine Zu- oder Abnahme des Gewinns muss nicht zu einer korrespondierenden Zu- oder Abnahme des Shareholder Value führen, da der Gewinn weder das Geschäftsrisiko und das finanzielle Risiko eines Unternehmens widerspiegelt, noch Investitionen in das Nettoumlauf- und in das Anlagevermögen zur Finanzierung des Wachstums berücksichtigt. Zusätzlich wird Gewinn durch eine große Zahl verschiedener Ansatz- und Bewertungswahlrechte beeinflusst".

Die Anwendung des Shareholder Value-Ansatzes geschieht in vier Stufen:

Stufe 1:   Prognose der freien Cash Flows

Stufe 2:   Schätzung der Kapitalkosten

Stufe 3:   Schätzung des Restwertes

Stufe 4:   Berechnung des Shareholder Value und Interpretation

---

[494] Siehe im Folgenden: Müller A., Zielgruppenorientiertes Controlling; derselbe, Controlling-Konzepte, S. 120–129

Die prognostizierten freien Cash Flows drücken dabei die relevanten zukünftigen Geldflüsse vor Finanzierung, nach Ertragsteuern und Investitionen in das Netto-Umlaufvermögen und Anlagevermögen während der Planperiode (i.d.R. 5 – 10 Jahre) aus.

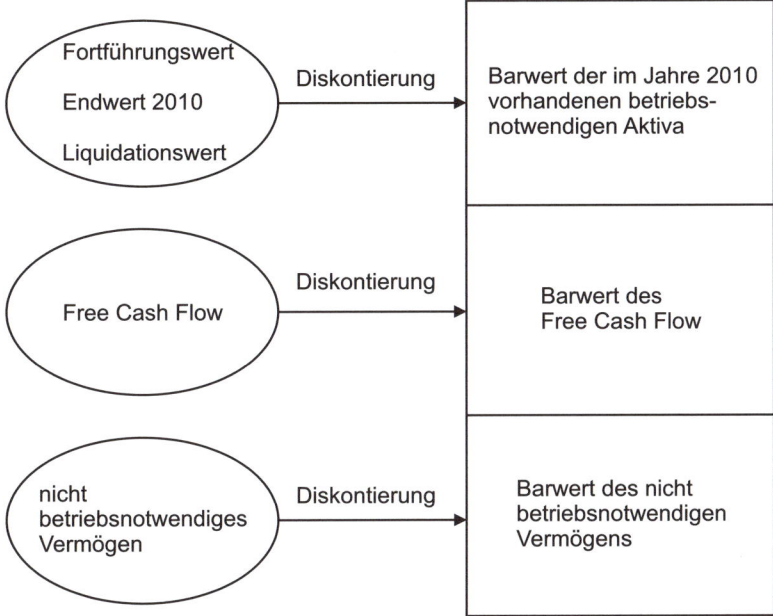

Abb. 4.73   Ermittlung des Shareholder Value mittels der DCF-Methode

Direkte Ermittlung des freien Cash Flow	Indirekte Ermittlung des freien Cash Flow
Betriebseinnahmen (ohne Zinseinnahmen)	Betriebsergebnis (vor Zinsen und Steuern)
- Betriebsausgaben (ohne Zinsausgaben)	+ Abschreibungen + Nettozuführungen zu langfristigen Rück-stellungen

= Cash Flow vor Zinsen und Steuern (Brutto-Cash-Flow)

- Steuerzahlungen
- Ersatz- und Erweiterungsinvestitionen in das Anlagevermögen
- Erhöhung des langfristigen Umlaufvermögens

= freier Cash Flow (vor Zinsen, Dividenden und Tilgungszahlungen)

Abb. 4.74   Ermittlung des Free Cash Flow

Endwert und nicht-betriebsnotwendige Vermögensteile werden gesondert bewertet. Der **freie Cash Flow** einer Periode erfasst somit als Residualgröße das Finanzmittelpotenzial, welches für Zins-, Tilgungs- und Dividendenzahlungen zur Bedienung der Fremd- und Eigenkapitalgeber verfügbar ist. Eine Wertsteigerung wird immer dann erzielt, wenn die "economic returns", die freien Cash Flows und die Veränderung des Endwertes, die Kapitalkosten übersteigen.

Die Bestimmungsfaktoren für die künftigen freien Cash Flows werden **Wertgeneratoren bzw. Werttreiber** genannt[495]. Als Werttreiber gelten:

- Wachstumsrate des Umsatzes

- betriebliche Gewinnmarge (Verhältnis zwischen Betriebsgewinn vor Zinsen und Steuern und Umsatz)

- Gewinnsteuersatz (Steuern auf den Betriebsgewinn eines Steuerjahres)

- Investitionen in das Umlaufvermögen

- Investitionen in das Anlagevermögen (Zusatzinvestitionen, die den Abschreibungsaufwand übersteigen)

- Kapitalkosten (Diskontierungsfaktor aus dem gewichteten Mittel der Kosten von Fremd- und Eigenkapital)

- die Länge der Prognoseperiode (i.d.R. 5 – 10 Jahre)

Das Management muss nun die Unternehmensstrategien dermaßen auf diese Werttreiber ausrichten, dass eine größtmögliche Hebelwirkung bei der Steigerung des Unternehmenswertes erzielt wird. Den Zusammenhang zwischen der Unternehmenszielsetzung, den Bewertungskomponenten, Werttreibern und Führungsentscheidungen zeigt Abb. 4.75 auf.

Die Schätzung der periodischen freien Cash Flows auf Basis der Werttreiber-Prognosen und die Ableitung eines kalkulatorischen Kapitalkostensatzes zur Berücksichtigung der Zeitkomponente und des Risikos verkörpern die **Hauptprobleme** bei der Bestimmung des Shareholder Value. Rappaport sieht den Kern seines Shareholder Value-Ansatzes in der Betonung langfristiger Cash Flows. Bezogen auf die Messung der Performance operativer Einheiten muss er allerdings konstatieren, dass der betreffende Wertbeitrag auf höchst unsicheren Annahmen über langfristige Cash Flows beruht. Außerdem muss davon ausgegangen werden, dass für einen gewichtigen Teil der Anteilseigner kurzfristige spekulative Momente ihre Entscheidungen beeinflussen.

Die Bestimmung des Kapitalkostensatzes beinhaltet die Mindestrenditeanforderung, die an das Unternehmen gestellt wird. Die DCF-Methode ermittelt die durchschnittlichen Kapitalkosten anhand der "Weighted Average Cost of Capital"-(WACC-)Methode, indem die Eigenkapital- und Fremdkapitalkosten des Unternehmens im Verhältnis ihrer jeweiligen Marktwerte unter Berücksichtigung steuerlicher Auswirkungen gewichtet werden. Insbeson-

---

[495] Gomez, Wertorientierte Strategieplanung, S. 560 ff.

dere die Quantifizierung des Marktwertes für das Eigenkapital kann nur näherungsweise erfolgen. Neben der Abschätzung der gewünschten Verzinsung der jeweiligen Shareholder sind Risikoüberlegungen auf Basis des "Capital Asset Pricing Model" anzustellen, die sich gemäß der Formel

$$\text{Eigenkapitalkosten} = \text{risikofreier Zins} + \text{Risikoprämie}$$

abbilden lassen. Für die Ableitung des risikofreien Zinssatzes wird die Verzinsung von Staatspapieren vorgeschlagen. Die Risikoprämie ist marktabhängig und lässt sich aus der Differenz zwischen der durchschnittlich erwarteten Marktrendite und dem risikofreien Zins, der mit dem individuellen systematischen Risikofaktor β gewichtet wird, berechnen.

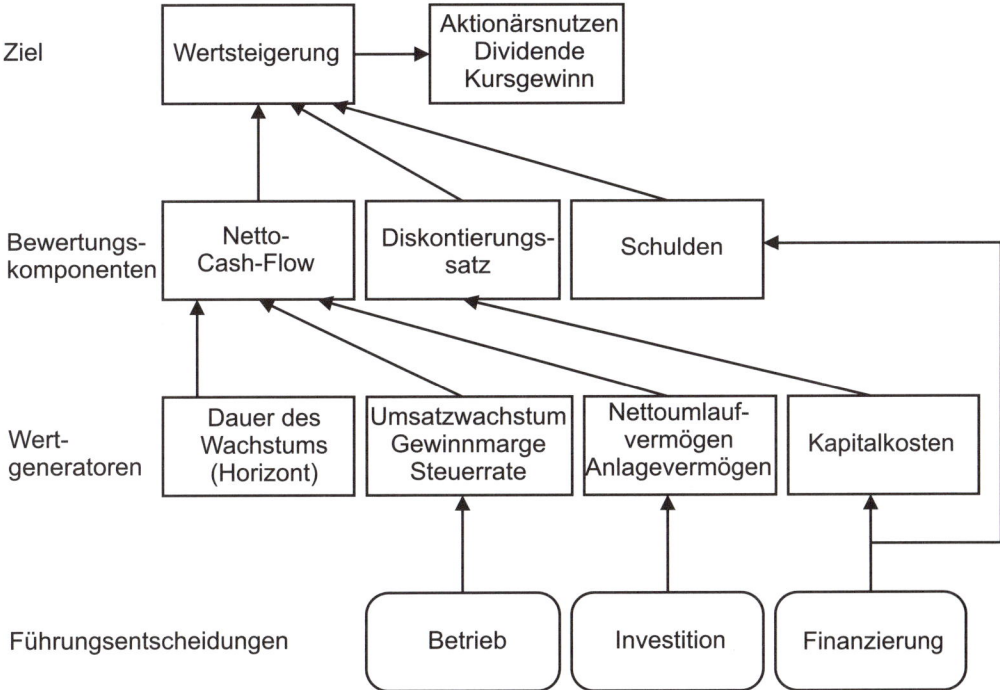

Abb. 4.75   Das Shareholder Value-Netzwerk

Das Management und Controlling dieser Werttreiber kann durch eine Valcor-Matrix unterstützt werden (siehe Abb. 4.76), in der zu den einzelnen Wertgeneratoren adäquate Maßnahmen abgeleitet werden[496].

---

[496] Gomz, Wertorientierte Strategieplanung, S. 560

Eine weitere wichtige Einflussgröße auf den Shareholder Value, der **Restwert**, wird unter vereinfachenden Bedingungen für die Zeit nach Ablauf des Planungshorizonts bestimmt. Die Errechnung erfolgt auf der Grundlage der Going-Concern-Prämisse als unendlicher Fortführungswert in Form einer ewigen Rente. Damit wird unterstellt, dass nach Ablauf des Planungshorizonts eine interne Unternehmensrendite erwirtschaftet wird, die exakt den Kapitalkosten entspricht.

Nutzen-potentiale / Umsatz-wachstum	Absatzmarkt	Beschaffung	Human Resources	J.V./ Akquisitionen
Umsatzwachstum	Spezialprodukte/ Systemlösungen	Rückwärts-integration		Überwindung von Eintritts-barrieren
Cash-flow-Marge		Zentraler Einkauf	Quality Circles	
Investitionen: Umlaufvermögen Anlagevermögen		Schließung Außenlager		Verkauf nicht betriebs-notwendigen Vermögens
Kapitalkosten				Leverage
Ertragssteuern	Zentrale Handels-gesellschaft		Steuer-spezialisten	Internationale Gruppen-struktur

Abb. 4.76   Valcor-Matrix der Wertsteigerungsstrategien

Im Konzept von Stern/Stewart bildet das auf Jahresbasis ermittelte (marktwertorientierte) Residualeinkommen, auch **Economic Value Added (EVA)** genannt, die entscheidende Lenkungsgröße. Folgende Formel liegt dem zugrunde:

EVA = (realisierte Rendite - Kapitalkosten) * eingesetztes Kapital

Demnach ist eine Investition wertschaffend, solange die Kosten für das eingesetzte Fremd- und Eigenkapital niedriger sind als die realisierte Rendite. Die Kosten für das Eigenkapital werden auch hier auf der Grundlage des "Capital Asset Pricing Model" abgeleitet. Die realisierte Rendite drückt das Verhältnis von operativem Ergebnis zum eingesetzten Kapital aus, wobei jahresabschlussbezogene Daten herangezogen werden.

Bei der **Siemens AG** beispielsweise wird seit Beginn des Geschäftsjahres 1997/98, ausgehend von der EVA-Konzeption, der Geschäftswertbeitrag (GWB) als entscheidende Lenkungsgröße verwendet[497].

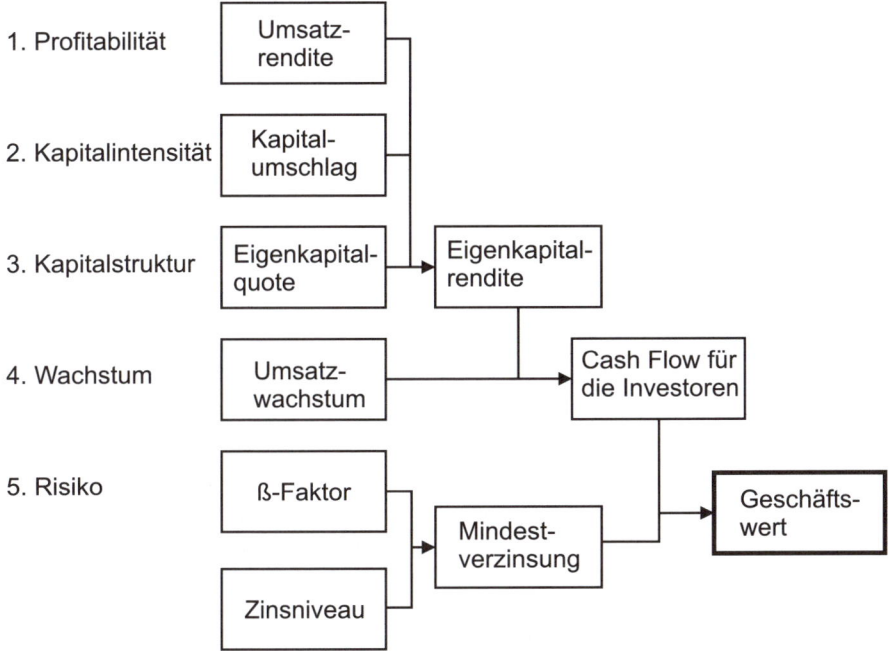

Abb. 4.77   Einflussgrößen auf den Geschäftswert (Siemens AG)

Der GWB basiert auf den **Daten des externen Rechnungswesens** und stellt in einer Residualgewinn-Konzeption die Komponenten Geschäftsergebnis und Kapitalkosten einander gegenüber. Dabei muss jede Unternehmenseinheit nachhaltig ihre Kapitalkosten verdienen und die darüber hinausgehenden Erwartungen des Kapitalmarktes übertreffen, um zur Steigerung des Geschäftswertes beizutragen. Bei der GWB-Performance-Messung werden für die verschiedenen Geschäftsbereiche **branchenspezifische Werttreiber** eingesetzt:

- Im operativen Geschäft bestehen die zentralen Werttreiber in der Stärkung der Ertragskraft und in einem effektiven Asset Management.

- Im Finanz- und Immobiliengeschäft stellen die Finanzierungsentscheidungen einen wesentlichen Werttreiber dar.

- Beim Pensionsfond wirken insbesondere die Aufzinsung der Pensionsrückstellungen und die Erträge aus dem Pensionsvermögen auf das Geschäftsergebnis.

---

[497] Müller A., Strategisches Management mit der Balanced Scorecard, S. 51 ff.

Die wesentlichen Vorteile des EVA-Ansatzes im Vergleich zum DCF-Ansatz liegen in einem geringeren Aufwand, stärkerer Planungsintegrität und besserer Kommunizierbarkeit begründet. Allerdings kann eine auf Buchwerten basierende Gewinn- und Vermögensermittlung keine analytisch begründbare Verbindung zur Wertsteigerung herstellen. Auch die zahlreich erforderlichen Anpassungen der Jahresabschlusszahlen können dieses grundlegende Manko nicht beseitigen. Grundsätzlich muss bezweifelt werden, ob der Jahresabschluss überhaupt von seiner originären Zweckbestimmung her eine geeignete Basis für Planungs- und Kontrollrechnungen von Anteilseignern sein kann. Kennzeichnend für die sonstigen Shareholder Value-Ansätze ist, dass

- sie ebenfalls auf dynamischen Investitionsrechenverfahren basieren.
- Cash Flow-Größen als Maßstab herangezogen werden.
- sie auf mehr oder weniger bereinigten Jahresabschlusszahlen fußen.

Die Shareholder Value-Ansätze können zusammenfassend wie folgt charakterisiert werden[498]:

- Shareholder Value-Management stellt keinen originär neuen Ansatz dar. Vielmehr kann es als logische Verknüpfung bekannter Erkenntnisse aus der Kapitalmarkttheorie, der Unternehmensbewertung sowie der strategischen und operativen Planung betrachtet werden.

- Die Ansicht von Rappaport u.a., es bestehe eine hohe Wahrscheinlichkeit, dass der Shareholder Value innerhalb der nächsten 10 Jahre der global anerkannte Standard zur Messung des Geschäftserfolges sein wird, hat sich nicht bewahrheitet. Insbesondere die relativ geringe Bedeutung der Eigenfinanzierung über den Kapitalmarkt, Akzeptanzprobleme in der Gesellschaft sowie die relativ geringe Verbreitung in Unternehmen im deutschsprachigen Raum sprechen gegen eine dominierende Stellung dieses Ansatzes.

- Die Shareholder Value-Ansätze beinhalten selbst große Schwierigkeiten bei der Ermittlung und Realisierung des Shareholder Value:
    o Bei der Ermittlung des Shareholder Value werden unterschiedliche Berechnungsgrundlagen und -methoden verwendet.
    o Hauptprobleme ergeben sich aus der Schätzung der periodischen freien Cash Flows und der Barwertberechnung anhand eines geeigneten Kapitalkostensatzes.
    o Auch die Annahme perfekter Kapitalmärkte, die völlig effizient funktionieren, ist unrealistisch.
    o Schließlich kann häufig nicht geklärt werden, ob sich (insbesondere kurzfristige) Kurssteigerungen am Aktienmarkt auf unternehmensspezifische substanzielle Faktoren zurückführen lassen oder das Ergebnis nicht substanzieller Einflussfaktoren sind.
- Auf die intensive Verwendung von Zahlen aus dem herkömmlichen betrieblichen Rechnungswesen wurde schon verwiesen. Dies gilt übrigens auch für die Schätzun-

---

[498] Zu den Kritikpunkten siehe: Müller A., Zielgruppenorientiertes Controlling; derselbe, Controlling-Konzepte, S. 127 ff.

gen über den möglichen Verlauf der Werttreiber, die überwiegend auf dem Jahresabschluss fußen. Bilanzpolitische Ermessensspielräume können somit nicht ausgeschlossen werden. Des Weiteren ist zu kritisieren, dass vergangenheitsbezogene Ergebnisgrößen fast ausschließlich zugrunde gelegt werden. Die eigentlichen Ursachefaktoren für die Veränderung des Unternehmenswertes können damit nicht herausgefunden werden.

- Die Prämisse, durch die Verfolgung der Interessen der Anteilseigner würden automatisch ebenso die Interessen der anderen Anspruchsgruppen (Stakeholder) befrie-
  digt, bleibt nach wie vor zweifelhaft. Um diesen Zusammenhang festzustellen, wird
  eine Art „Theory of Business" benötigt, die erst noch geliefert werden muss.

- Positiv ist anzumerken, dass die Shareholder Value-Ansätze das Augenmerk auf die
  Interessen der Anteilseigner gelenkt haben, die bisher anscheinend nicht unbedingt
  in den Vordergrund gestellt worden sind.

Letztendlich müssen „Werte" von der Unternehmung, wenn es seine Existenz sichern will,
aber auch für Mitarbeiter, Kunden, Lieferanten und die Gesellschaft geschaffen werden[499].
Die wertorientierte Strategieplanung stellt demzufolge keinen ganzheitlich-orientierten Ansatz dar, der die damit verbundenen Anforderungen erfüllen könnte.

Bewertungsschema zur Beurteilung der Ganzheitlichkeit von Controllingtools		
Betrachtetes Controllingtool:	**Wertorientierte Strategieplanung**	
Bewertungskriterien	Erfüllungsgrad (++ + +/- - --)	Bemerkung
Umfassende Abbildung einer Problemstellung gewährleistet?	--	einseitige Ausrichtung auf die Interessen der Anteilseigner
Berücksichtigung von verschiede-nen Einflussfaktoren möglich?	--	s. o.
Vernetzung der Einflussfaktoren berücksichtigt?	-	Verknüpfung mit Werttreibern nur einseitig monetär
Verschiedene Stakeholder-interessen integriert?	-	Fokus auf Anteilseigner
Veränderlichkeit der Problem-situation abbildbar?	+/-	durch regelmäßige Anwendung möglich – aufwendig
Strategische Sichtweise involviert?	--	langfristige Ausrichtung im Ansatz in der Praxis konterkariert
Praktische Handhabbarkeit gegeben?	-	relativ aufwendig und durch nicht eindeutige Definitionen erschwert

Abb. 4.78   Bewertungsschema zur Wertorientierten Strategieplanung

---

[499] Hinterhuber, Strategische Unternehmungsführung, S. 229 f.

4.2   Das Balanced Scorecard-System

4.2.1   Die Balanced Scorecard als Performance Measurement-System

Seit etwa 15 Jahren nimmt ein strategisches Managementsystem – die Balanced Scorecard – einen breiten Raum in der betriebswirtschaftlichen Diskussion ein. Das Balanced Scorecard-System wurde Anfang der 90-iger Jahre des vorigen Jahrhunderts bei 12 US-amerikanischen Firmen unterschiedlichster Branchen erstmals von Kaplan/Norton in einem Forschungsprojekt getestet. Anlass war u. a. die Unzufriedenheit mit der herkömmlichen finanzwirtschaftlichen Unternehmenssteuerung. Als Antwort darauf sollte mit der Balanced Scorecard ein **Perforformance Measurement** ermöglicht werden. Die Balanced Scorecard gilt als das Performance Measurement-System schlechthin. Ein elementarer Anspruch von Performance Measurement-Systemen besteht darin, die Unternehmensziele auch den nachgeordneten Ebenen in der Organisation transparent zu machen[500]. Damit soll eine konsequente Umsetzung der gewählten Zielsetzungen gewährleistet werden. Allgemein wird unter Performance Measurement der Aufbau und Einsatz von **Messgrößen aus verschiedenen Dimensionen** verstanden – meist handelt es sich um mehrere Messgrößen aus den Dimensionen Kosten, Zeit, Qualität, Innovationsfähigkeit, Kundenzufriedenheit. Diese Größen werden zur Beurteilung der Effektivität ("die richtigen Dinge tun") und Effizienz ("die Dinge richtig tun") der Leistungen sowie Leistungspotenziale verschiedener Leistungsebenen, z. B. bestimmter Organisationseinheiten, herangezogen. Außerdem sollen mit einem Performance Measurement-System mehr objektbezogene und -übergreifende Kommunikationsprozesse und eine erhöhte Mitarbeitermotivation angeregt sowie Lerneffekte erzeugt werden. Damit werden die Sach- und Formalziele anspruchsgruppen- und objektgerecht formuliert und Strategien stärker operationalisiert, quantifiziert und komplementär verknüpft[501].

In einer ersten Phase dient das Performance Measurement dem Aufbau erfolgskritischer Messgrößen (Key Performance Indicators). Diese **Key Performance Indicators** verkörpern quantifizierbare Messgrößen zur Kommunikation und Steuerung der Unternehmensergebnisse, die sich an den wesentlichen strategischen Erfolgspositionen der Organisation orientieren[502]. Erst wenn diese nicht-finanziellen Größen in die individuellen Ziele eingehen und Bestandteil von Mitarbeiterbeurteilungen und Belohnungssystemen werden, können die gesetzten Ziele auch erreicht werden. Das Konzept des Performance Measurement hilft den Unternehmen ihre vagen Unternehmensstrategien in konkrete messbare Ziele und Messgrößen zu übersetzen[503]. Letztendlich können mit einem Performance Management kontinuierliche Verbesserungsprozesse und Innovationen angestoßen und auch weiterhin gewährleistet werden.

---

[500]   Klingebiel, Performance Measurement, S. 13; eine überblicksmäßige Darstellung von Performance Measurement-Systemen in Theorie und Praxis befindet sich in derselben Veröffentlichung.

[501]   Gleich, Performance Measurement, S. 115 f.

[502]   Brunner/Sprich, Performance Measurement und Balanced Scorecard, S. 31

[503]   Ebenda, S. 32 ff.

Nach Horvath äußert sich der Grundgedanke der Balanced Scorecard dementsprechend darin, dass der (wirtschaftliche) Erfolg einer Organisation auf Einflussfaktoren basiert, die hinter den finanziellen Zielgrößen stehen und die Zielerreichung ursächlich bestimmen. Demzufolge ist es zur zielorientierten Lenkung einer Organisation erforderlich, aus der gewählten Strategie klar formulierte und messbare Lenkungsgrößen abzuleiten und diese – in den erfolgsbestimmenden Perspektiven "ausbalanciert" – Management und Mitarbeitern zur Einhaltung der vorgegebenen Richtung an die Hand zu geben[504].

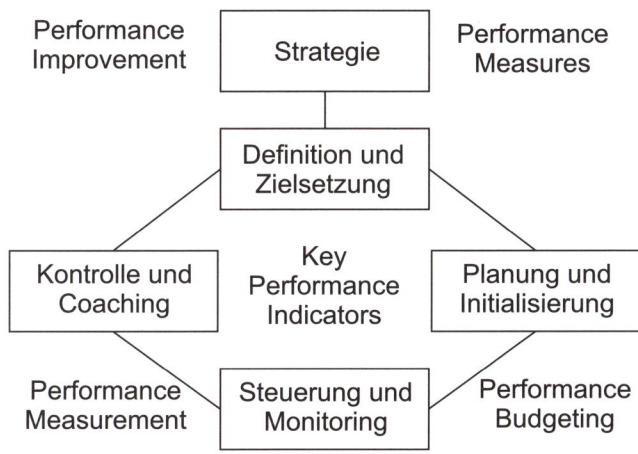

Abb. 4.79   Performance Measurement-Konzept

Die Ausgewogenheit ("Balance") dieses Berichtsbogens/Berichtswesens ("Scorecard") spiegelt sich wider in,

- kurz- und langfristigen Zielen,

- monetären und nicht-monetären Messgrößen,

- Spät- und Frühindikatoren sowie

- externen und internen Performance-Perspektiven[505].

Für Gleich besteht die Kernidee des Balanced Scorecard-Konzeptes in der Berücksichtigung unterschiedlicher Sichten, deren Zusammenhängen und spezifischen Maßgrößenbündeln, abgeleitet aus den Wünschen der verschiedenen Anspruchsgruppen, insbesondere der Shareholder des Unternehmens[506]. Diese Überbetonung der Shareholder-Interessen ist kritisch zu

---

[504] Horvath, Vorwort zur deutschen Ausgabe, S. V; Kaplan/Norton, Balanced Scorecard, S. 275;

  Brunner/Sprich, a.a.O., S. 32 f.

[505] Kaplan/Norton, Balanced Scorecard, S. VII

[506] Gleich, a.a.O., S. 116

sehen, verkörpert das Balanced Scorecard-System doch das glatte Gegenteil, nämlich einen Stakeholder-Ansatz. Verschiedentlich wird Performance Measurement mit der Balanced Scorecard **fälschlicherweise als Kennzahlensystem missverstanden**. Es gibt jedoch fundamentale Unterschiede zu traditionellen Kennzahlensystemen, die die Neuartigkeit des Balanced Scorecard-Systems erkennen lassen[507] (siehe Abb. 4.80).

Traditionelle Kennzahlensysteme   Performance Measurement

Traditionelle Kennzahlensysteme	Performance Measurement
• Monetäre Ausrichtung (vergangenheitsorientiert)	• Kundenausrichtung (zukunftsorientiert)
• Begrenzt flexibel; ein System deckt interne und externe Informationsinteressen ab	• Aus den operativen Steuerungserfordernissen abgeleitete hohe Flexibilität
• Einsatz primär zur Überprüfung des Erreichungsgrades finanzieller Ziele	• Überprüfung des Strategieumsetzungsgrades; Impulsgeber zur weiteren Prozessverbesserung
• Kostenreduzierung	• Leistungsverbesserung
• Vertikale Berichtsstruktur	• Horizontale Berichtsstruktur
• Fragmentiert	• Integriert
• Kosten, Ergebnisse und Qualität werden isoliert bewertet	• Qualität, Auslieferung, Zeit und Kosten werden simultan bewertet
• Unzureichende Abweichungsanalyse	• Abweichungen werden direkt zugeordnet (Bereich, Person)
• Individuelle Leistungsanreize	• Team-/Gruppenbezogene Leistungsanreize
• Individuelles Lernen	• Lernen der gesamten Organisation

Abb. 4.80   Traditionelle Kennzahlensysteme versus Performance Measurement

---

[507] Lynch/Cross, Measure up …, S. 38; Klingebiel, Performance Measurement, S. 61; Müller A., Strategisches Management mit der Balanced Scorecard, S. 73; derselbe, Controlling-Konzepte, S. 228 ff.

In den kritischen Würdigungen des Balanced Scorecard-Systems in der betriebswirt-schaftlichen Literatur überwiegen eindeutig die **Vorteile**, die damit erzielt werden können:

- Als wesentlichster Vorteil wird hervorgehoben, dass mit der Balanced Scorecard die Unternehmensstrategie in durchgängiger Weise mit dem operativen Geschäft ver-knüpft wird[508].

- Mit Hilfe von relativ wenigen Messwerten (15 – 20) wird es dem Management er-möglicht, ihr Unternehmen (und dessen Leistung) rasch und umfassend zu überblicken, insbesondere wie es um die Erreichung der Wettbewerbstrategie der betref-fenden Geschäftseinheit bestellt ist[509].

- Kaplan/Norton wie auch viele Berater weisen darauf hin, dass der Prozess der Ein-führung einer Balanced Scorecard mindest ebenso viele Vorteile bringt wie die re-sultierende Scorecard selbst. Die Führungskräfte werden dafür sensibilisiert, ihr ei-genes Zukunftsbild des Unternehmens kritisch zu hinterfragen und insbesondere Zielkonflikten eine größere Aufmerksamkeit zu schenken. Außerdem werden das Auffinden und Praktizieren einer gemeinsamen Sprache unterstützt – die Balanced Scorecard dient demnach als Kommunikationsmedium zwischen

    - zentralen Einheiten und dezentralen Managern,

    - Controllern und Linienverantwortlichen

    - sowie Management und Mitarbeitern allgemein

Durch die Vermittlung der Strategie und ihre konsequente Verknüpfung mit individuellen Zielvorgaben sollen ein einheitliches Verständnis und gemeinsames Engagement bei den Mitarbeitern erreicht werden. Der Einzelne soll seinen Beitrag zur Strategieverwirklichung und damit zur Zielerreichung erkennen können[510]. Erwartet wird eine verstärkte Förderung des unternehmerischen Denkens und Handelns bei den Mitarbeitern[511]. Mit der Einführung eines Balanced Scorecard-Systems ist zwangsläufig ein Lernprozess verbunden, der u.a. aufzeigt, welche Strategien und Maßnahmen letztlich zu den gewünschten (oder uner-wünschten) Finanzergebnissen geführt haben[512].

---

[508] Dusch/Möller, a.a.O., S. 120; Horvath, Vorwort zur deutschen Ausgabe, S. V; Kaplan/Norton, In Search of Excellence …, S. 38; Brunner/Sprich, a.a.O., S. 32 f.; Fink/Grundler, Strategieimplementierung im turbulenten Umfeld, S. 227

[509] Kaplan/Norton, In Search of Excellence …, S. 38; dieselben, Wie drei Großunternehmen methodisch ihre Leistung stimulieren, S. 98

[510] Weber, J./Schäffer, a.a.O., S. 20 ff.; Kaplan/Norton, Wie drei Großunternehmen methodisch ihre Leistung stimulieren, S. 101

[511] Fink/Grundler, a.a.O., S. 235

[512] Kaplan/Norton, In Search of Excellence …, S. 46

- Die Balanced Scorecard sorgt auch für ein besseres Verständnis der verschiedenen Interessenlagen der einzelnen Stakeholder und deren ausgewogene Einbeziehung bei der Entscheidungsvorbereitung[513].

- Positive Auswirkungen werden auch für die Zielformulierung und das Zielsystem erwartet: Das Zielsystem wird durchgängiger und konsistenter, der Zielbeitrag jedes einzelnen Verantwortlichen wird transparenter, es erfolgt eine konsequente Ausrichtung aller Mitarbeiter auf die Unternehmensziele und es wird ein breites Commitment zu den Zielen erreicht[514].

- Letztendlich verbessert ein Balanced Scorecard-System die Entscheidungsfindung und das Lösen von Problemen[515].

Die Balanced Scorecard ergänzt die herkömmlichen finanziellen Kennzahlen, die aus vergangenen Entscheidungen und Leistungen herrühren, um die treibenden Faktoren zukünftiger Leistungen. Dabei werden die Ziele und Messgrößen dieses Berichtsbogens von der Vision und Strategie des Unternehmens abgeleitet. Die Ziele und Messgrößen fokussieren die Unternehmensleistung aus vier **Perspektiven**, die den Rahmen für die Balanced Scorecard bilden[516]:

- Die finanzielle Perspektive,

- die Kundenperspektive,

- die Perspektive der internen Geschäftsprozesse sowie

- die Innovationsperspektive (auch Lern- und Entwicklungsperspektive oder Innovations- und Wissensperspektive oder Wachstums- und Lernperspektive genannt).

Diese Perspektiven sind zum einen als Strategiefelder zu interpretieren, die besonders wichtig hinsichtlich der Realisierung der Vision sind. Zum anderen ist der Begriff wörtlich zu nehmen – es geht darum, die Sichtweise (Perspektive) der Stakeholder, z. B. der Kunden, einzunehmen.

Die Übersetzung der je Perspektive zu erhebenden Größen ist uneinheitlich:

- Im Original sind jeweils "Objectives", "Measures", "Targets" und "Initiatives" zu bestimmen;[517]

- in der deutschen Übersetzung der Buchausgabe von Kaplan/Norton wird von "Ziele(n)", **"Kennzahlen"**, "Vorgaben" und " Maßnahmen" ausgegangen[518];

---

[513] Klingebiel, Leistungsrechnung/Performance Measurement …, S. 84

[514] Fink/Grundler, a.a.O., S. 235

[515] Kaplan/Norton, In Search of Excellence …, S. 46

[516] Kaplan/Norton, In Search of Excellence …, S. 38 ff.; dieselben, Balanced Scorecard, S. 8 f. und S. 23;

[517] Kaplan/Norton, Using the Balanced Scorecard as a Strategic Management System, S. 76;

[518] Kaplan/Norton, Balanced Scorecard, S. 9

- die Zusammenhänge werden wesentlich deutlicher, wenn ein Aufsatz von Horvath/Kaufmann zur Balanced Scorecard herangezogen wird, in dem je Perspektive " Strategisches Ziele", **"Messgrößen"**, "Operative Ziele" und "Aktivitäten" aufgelistet werden, die es zu bestimmen gilt[519].

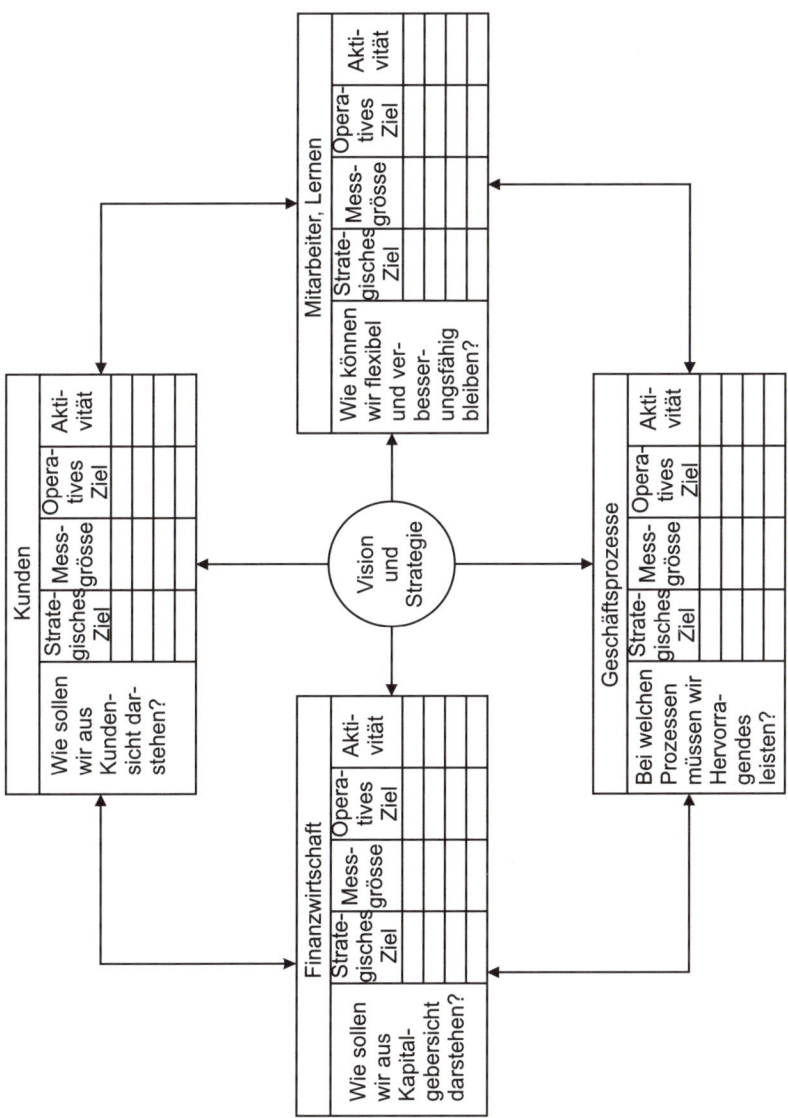

Abb. 4.81   Schlüsselfragen im Rahmen der Balanced Scorecard

---

[519] Horvath/Kaufmann, a.a.O., S. 41

Hiermit wird die geforderte Verknüpfung von strategischen Vorgaben und operativen Zielen verdeutlicht und dass es letztendlich darum geht, Vision und Strategie in den operativen Organisationseinheiten umzusetzen. Insbesondere die Übersetzung von "Measures" in "Kennzahlen" ist missverständlich, da wiederum der operative Charakter betont und nur eine mögliche Art von Messgrößen hervorgehoben wird. Mit "Messgrößen" ist dagegen ein Begriff gefunden, der die geforderte Ausgewogenheit im Hinblick auf quantitative und qualitative, finanzielle und nicht-finanzielle Faktoren, Spät- und Frühindikatoren sowie Kennzahlen und dahinter stehenden Leistungstreibern ausdrückt.

Die vorgeschlagenen vier Perspektiven können je nach Bedarf ergänzt oder auch ausgetauscht werden. In der Praxis findet man **im Regelfall vier bis sechs Perspektiven** vor. Sehr umweltbewusste Unternehmen beispielsweise werden sicherlich eine Perspektive "Betrieblicher Umweltschutz" in ihre Balanced Scorecard aufnehmen. Die entsprechenden Ziel- und Messgrößen sowie Aktivitäten können aus der Umweltschutzstrategie, dem Umweltprogramm und Stoff- und Energiebilanzen für das Unternehmen bzw. einzelnen besonders umweltbelastenden Prozessen abgeleitet werden[520]. Für Handelsunternehmen könnte anstelle oder zusätzlich zur internen Prozessperspektive eine Beschaffungsperspektive eingefügt werden, die u.a. die Zusammenarbeit mit den Lieferanten abbildet. Die Einführung einer Lieferanten-Perspektive dürfte auch bei vielen Industrieunternehmen erforderlich sein, da die Wertschöpfungstiefe wegen Outsourcing in den letzten Jahren erheblich reduziert wurde. Bei der Fa. Carl Zeiss Jena, einem sehr innovativem Unternehmen, hat sich die Aufspaltung der Innovations- und Wissensperspektive in eine getrennte Innovationsperspektive bzw. Mitarbeiterperspektive als sinnvoll erwiesen[521]. Die Balanced Scorecard ist demzufolge nicht als "Zwangsjacke" gedacht[522]. Die Nutzung eines Balanced Scorecard-Systems ist demnach nicht auf Industriebetriebe und Dienstleistungsunternehmen beschränkt. Es ist ebenso für andere gesellschaftliche Bereiche, wie öffentliche Einrichtungen oder Non-Profit-Organisationen, geeignet[523].

Mit der Bestimmung der Perspektiven und der Wechselwirkungen ist bereits in groben Zügen eine Art **Geschäftsmodell** bzw. eine „theory of business" verbunden, die Aufschluss über die Erfolg bestimmenden Ursache-Wirkungsbeziehungen in dem jeweiligen Tätigkeitsbereich der Organisation liefert.

Eine entscheidende Frage besteht darin, ob eine der gewählten Scorecard-Perspektiven eine **vorrangige Stellung** einnimmt? Bei einer Analyse der Literatur zum Balanced Scorecard-Konzept drängt sich der Eindruck auf, dass die finanzwirtschaftliche Perspektive übergeordnet ist[524]: Basierend auf einer Ausgangsperspektive – bei privatwirtschaftlichen Unternehmen in aller Regel die Finanzperspektive – werden die Perspektiven identifiziert, die nötig

---

[520] Müller, A., Umweltorientiertes betriebliches Rechnungswesen

[521] Klingebiel, Performance Measurement, S. 116

[522] Kaplan/Norton, Balanced Scorecard, S. 33

[523] Klingebiel, Performance Measurement, S. 53

[524] Stellvertretend dazu: Horvath & Partner, Balanced Scorecard umsetzen, S. 23 ff. und S. 26; die Vorrangigkeit der Finanz-Perspektive steht im Widerspruch zu der Aussage von Horvath & Partner auf S. 24: „Die Balanced Scorecard verhindert eine Isolation der Perspektiven, indem sie diese explizit macht und sie als interdependent und gleichgewichtig ansieht".

sind, um die (übergeordneten) Ziele der Ausgangsperspektive zu verwirklichen. So lautet bei Horvath & Partner die zugrunde liegende Frage für die Kunden-Perspektive: „Welche Ziele sind hinsichtlich Struktur und Anforderungen unserer Kunden zu setzen, um unsere finanziellen Ziele zu erreichen?" Kundenorientierung wird somit instrumentalisiert, um hervorragende Finanzergebnisse zu erzielen – eine für das Unternehmen gefährliche Sichtweise. Es besteht die latente Gefahr, dass aus kurzfristigen Gewinnsteigerungsgesichtspunkten Kundenanforderungen vernachlässigt werden, was sich u.a. negativ auf eine dauerhafte Kundenbindung auswirken wird. Das hinter dem Balanced Scorecard-Konzept stehende Geschäftsmodell besagt, dass sich überdurchschnittliche Finanzergebnisse quasi automatisch einstellen werden, wenn an den richtigen Stellhebeln Kunden-, Mitarbeiter- und Prozessorientierung angesetzt wird. Kaplan/Norton sind nicht ganz unschuldig an dieser grundlegenden Fehleinschätzung der Bedeutung der Scorecard-Perspektiven, sprechen sie doch der Finanz-Perspektive und ihren Zielen die Rolle zu, als Endziele für die Ziele der anderen Perspektiven zu fungieren[525]. Eine im Jahre 2002 durchgeführte weltweite Studie bestätigt diese Fehlentwicklung – im Rahmen der Balanced Scorecard werden überwiegend finanzwirtschaftliche Indikatoren eingesetzt[526]. Diese Sichtweise ist aus mehreren Gründen nicht haltbar[527]:

- Unternehmen sind in letzter Instanz nicht nur ihren Eigentümern Rechenschaft schuldig, wie dies Horvath & Partner sowie andere Autoren behaupten[528]. Letztendlich sind sie der Gesellschaft, insbesondere ihren Kunden, verantwortlich, in wie weit sie sinnvolle Produkte und Dienstleistungen anbieten.

- Eine konsequente, strategisch ausgerichtete Fokussierung auf die relevanten Handlungsfelder, Kunden-, Mitarbeiter- und Prozessorientierung, wird im Regelfall dazu führen, dass herausragende Finanzergebnisse erreicht werden und damit die Anteilseigner zufrieden gestellt werden können.

- Bisherige Lenkungsmodelle sind überwiegend auf finanzwirtschaftliche Ergebnisse fixiert, die eigentlich nur den Erfolg oder Misserfolg vergangener Entscheidungen und Entwicklungen als Spätindikatoren widerspiegeln. Gemäß der Terminologie der Methodik des vernetzten Denkens sind finanzwirtschaftliche Ziel- und Lenkungsgrößen von „passiver" Natur, d.h. sie werden stark von anderen Größen beeinflusst[529].

- Entscheidend für durchschlagende Lenkungseingriffe sind demzufolge „aktive" Einflussgrößen – in der Terminologie der Balanced Scorecard **Leistungstreiber** genannt –, die den Erfolg der strategisch beabsichtigten Veränderungen als Vorsteuergrößen maßgeblich beeinflussen können, da sie starke Wirkungen auf andere Zielgrößen innerhalb der Balanced Scorecard ausüben

Zusammenfassend bleibt festzuhalten, dass eine Vorrangstellung der finanzwirtschaftlichen Perspektive prinzipiell nicht gerechtfertigt ist und zudem noch an den falschen Stellhebeln ansetzt. In einem marktwirtschaftlichen System ist eine konsequente und umfassende Aus-

---

[525] Kaplan/Norton, Balanced Scorecard ..., S. 46 ff.

[526] Hope/Fraser, Beyond Budgeting, S. 9

[527] Müller, A., Controlling-Konzepte, S. 201 f.

[528] Horvath & Partner, Balanced Scorecard umsetzen, S. 25

[529] Siehe dazu, Gomez/Probst, Die Praxis des ganzheitlichen Problemlösens

richtung der Unternehmen an den Kundenwünschen unbedingt erforderlich, um im Wettbewerb dauerhaft bestehen zu können. Umfassende Kundenorientierung wird in zunehmendem Maße zur zentralen Orientierungsgröße vieler Strategien[530].

Die Erstellung einer Balanced Scorecard hilft erfahrungsgemäß die strategischen Ziel-setzungen zu klären und die wenigen wichtigen Motoren für den Erfolg der Strategie aufzuzeigen. Mit der Balanced Scorecard wird die Vision des Unternehmens in strategische Schlüsselthemen umgewandelt, die dann im gesamten Unternehmen weiterentwickelt und umgesetzt werden können[531].

„Visionen beschreiben (häufig personifizierte) Zukunftsbilder über den Zweck, die obersten Ziele, das Selbstverständnis und die Entwicklung eines Unternehmens"[532]. Die **Vision** der jeweiligen Organisation sollte durchaus ehrgeizig, eventuell sogar utopisch anmutend formuliert sein. Sie muss von jedem Organisationsmitglied verstanden werden können und anspornend wirken. Häufig wird in den veröffentlichten Praxisbeispielen die Marktführerschaft angestrebt. Diese sehr sachliche Ausrichtung der Unternehmensvision kann sicherlich bei Mitarbeitern und Management kaum Begeisterung und überdurchschnittliches Engagement hervorrufen. Mehr in diese Richtung weisen die folgenden Beispiele:

- Der (Personal-)Computer für jedermann (Steve Jobs).

- Mit kraftvollem Herzen an die Spitze (Vision eines Motorenherstellers für PKW´s).

- J.F. Kennedy hatte 1960 die Vision, dass ein Mensch – vorzugsweise ein US-Bürger – auf dem Mond spazieren geht. Dazu leitete er folgende Strategie ein: Konzentration aller führenden Kräfte/Wissenschaftlicher aus den relevanten Disziplinen in einem Projektteam und Bereitstellung nahezu unbegrenzter Finanzmittel. Im Herbst 1963 sprachen zehn führende NASA-Experten mehrere Stunden im Weißen Haus vor und wollten das Projekt wegen Nichtrealisierbarkeit abbrechen. Die Antwort von J.F.K. lautete: „Yes, gentlemen, you are right, but I see the man on the moon".

Damit die Vision und die strategischen Ziele tatsächlich in den operativen Einheiten ankommen und letztlich dort umgesetzt werden können, ist eine **frühzeitige und verständliche Kommunikation** in den verschiedenen Phasen des Balanced Scorecard-Prozesses erforderlich.

Im Zentrum der Bemühungen mit der Balanced Scorecard steht gemäß Kaplan/Norton die **Strategieumsetzung**, weniger die Strategieformulierung[533]. Der Verfasser ist jedoch der Meinung, dass im Zuge der Einführung sich durchaus Anpassungsbedarf ergeben kann, was die Strategieentwicklung angeht. Insbesondere die intensive Auseinandersetzung mit den relevanten Leistungsmessgrößen und ihren Wechselwirkungen untereinander kann neue Erkenntnisse gerade auch für die **Strategieentwicklung** mit sich bringen. Die Balanced

---

[530] Bailom/et.al., Das Kano-Modell der Kundenzufriedenheit, S. 117; siehe auch: Kaplan/Norton, Balanced Scorecard …, S. 66;

[531] Kaplan/Norton, Balanced Scorecard, S. 186

[532] Pfohl/Stölzle, a.a.O., S. 108

[533] Ebenda, S. 36; siehe auch: Kaufmann, a.a.O., S. 422

Scorecard eignet sich zudem hervorragend für die regelmäßige Strategiebeurteilung im Rahmen der strategischen Kontrolle[534].

Der Zusammenhang zwischen der Vision und den daraus abgeleiteten Strategien, Zielen, Messgrößen und Aktivitäten ist aus Abb. 4.82 ersichtlich.

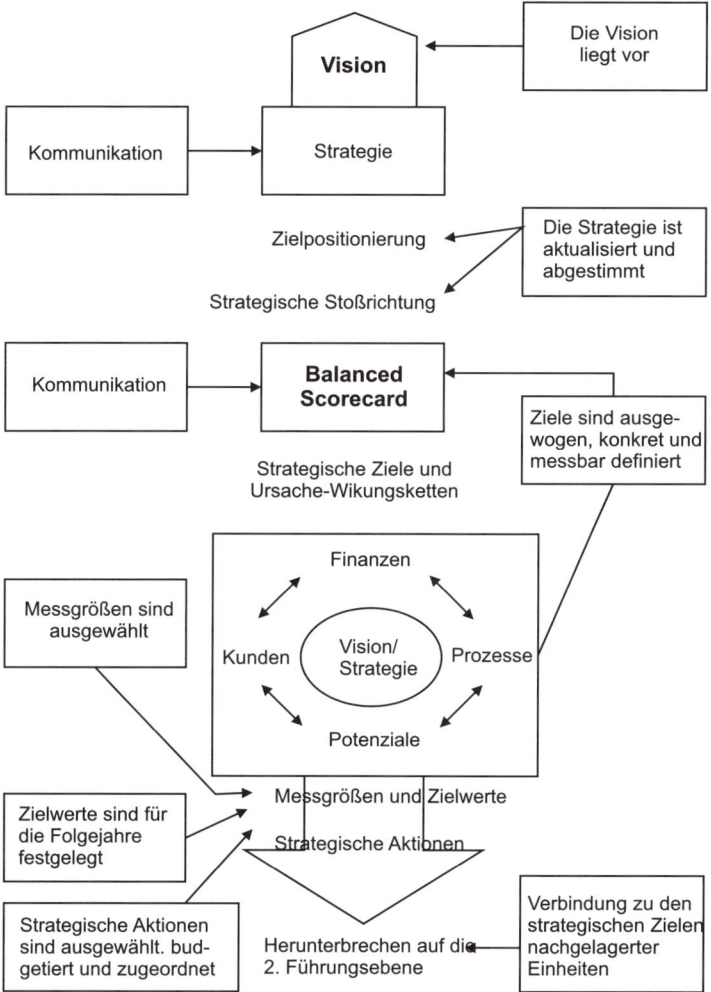

Abb. 4.82 Übersetzung der Vision/Strategie in konkrete Aktivitäten mit Hilfe des Balanced Scorecard-Konzeptes[535]

---

[534] Kaplan/Norton, Balanced Scorecard, S. 189

[535] Horvath & Partner, Balanced Scorecard umsetzen, S. 10 (überarbeitet)

Auf der Basis der formulierten Vision werden nun **strategische** Ziele abgeleitet, die den operativen Einheiten kommuniziert werden müssen. Die Balanced Scorecard ermöglicht und unterstützt die dynamische Transformation strategischer,, monetärer, aber auch qualitativer, „weicher" Ziele in „harte", kurzfristige operative Vorgaben.

Zwar wäre es verfehlt, ein allgemeingültiges Tableau an strategischen Zielen, Messgrößen, operativen Zielen und Aktivitäten entwickeln zu wollen[536]. Dennoch ist es erforderlich, grundlegende Anforderungen an die Komponenten der Balanced Scorecard zu formulieren. Viele Literaturbeiträge wie auch Praxisbeispiele zeigen nämlich, dass die beabsichtigte strategische Ausrichtung mit Hilfe der Balanced Scorecard bereits bei der Ableitung der strategischen Ziele ad absurdum geführt wird. In aller Regel finden sich hier Kennzahlen, die eine operative Zielausrichtung beinhalten. „Strategische Kennzahlen" sind ein gedankliches Konstrukt, das sich, nimmt man die dahinter stehenden Begriffsinhalte ernst, nicht widerspruchsfrei herstellen lässt. Die Ableitung der strategischen Ziele muss sich demzufolge an den für die Strategierealisierung relevanten **Vorsteuergrößen** orientieren. Eine adäquate Grundlage liefert dazu das **EFQM-Modell** mit seinen „enablers", die eine inhaltliche Übereinstimmung mit Erfolgspotenzialen, Intangible Assets und Leistungstreibern aufweisen[537].

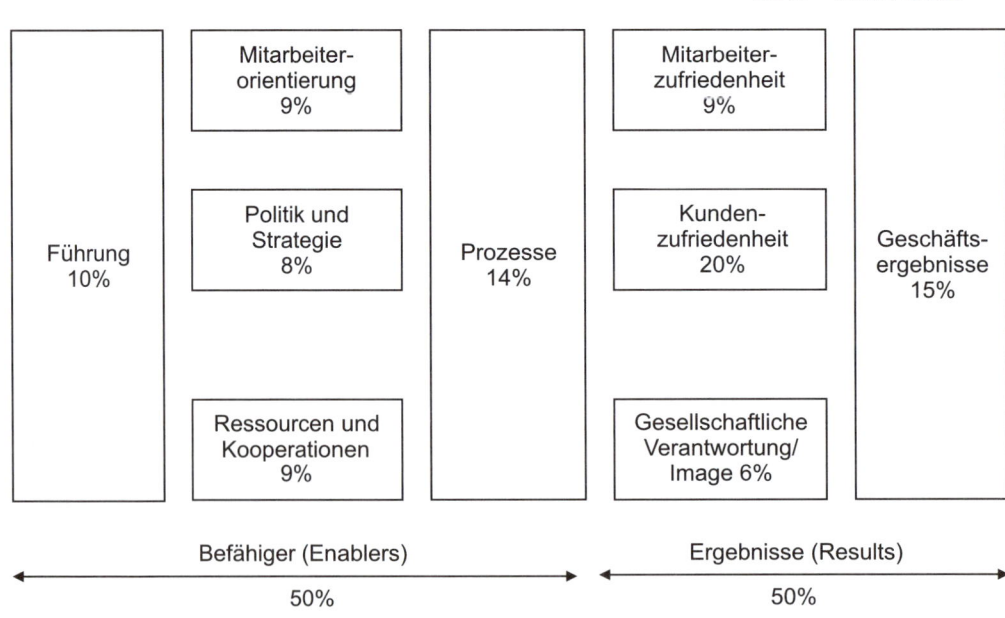

Abb. 4.83   Kriterien des europäischen TQM-Modells der EFQM

---

[536] Kaplan/Norton, Balanced Scorecard, S. 295

[537] Müller A., Strategisches Management mit der Balanced Scorecard, S. 37

Damit diese strategischen Zielsetzungen bei den operativen Einheiten „ankommen" und somit umgesetzt werden können, müssen sie entsprechend heruntergebrochen werden[538]. Anhand der operationalisierten Ziele auf der Abteilungs- und Teamebene können bereits entsprechende Maßnahmen, hier Wertanalyse-Projekte anstoßen, abgeleitet werden. Diese Operationalisierung der strategische Ziele ist eng mit der **Wahl der Messgrößen** verknüpft. „Messgrößen präzisieren die strategischen Ziele und sollten den Charakter des betreffenden Zieles richtig widerspiegeln"[539]. Gleich fordert, dass die Messgrößen mit den jeweiligen Objektzielen und -strategien korrelieren sollten, wobei sie jederzeit quantifizierbar sein und Rückschlüsse auf die Auswirkungen von Handlungen erlauben sollten[540]. Diese Anforderung engt den Spielraum für die Ableitung von Messgrößen unzulässigerweise ein. Als Messgrößen kommen Kennzahlen in Betracht, aber auch Indikatoren und „weiche" Bewertungsmaßstäbe und –methoden müssen eingesetzt werden. Kunden- und Mitarbeiterbefragungen gehören in die zuletzt genannte Kategorie. Hier können Beschreibungen von Eindrücken, möglichst von mehreren involvierten Personen aus verschiedenen Bereichen wie auch von außerhalb, die unternehmensrelevante Entwicklungen beinhalten, ebenfalls genutzt werden. Häufig werden in der Praxis auch Scoring-Modelle, wie die Nutzwertanalyse, für die Bewertung von „soft facts" eingesetzt.

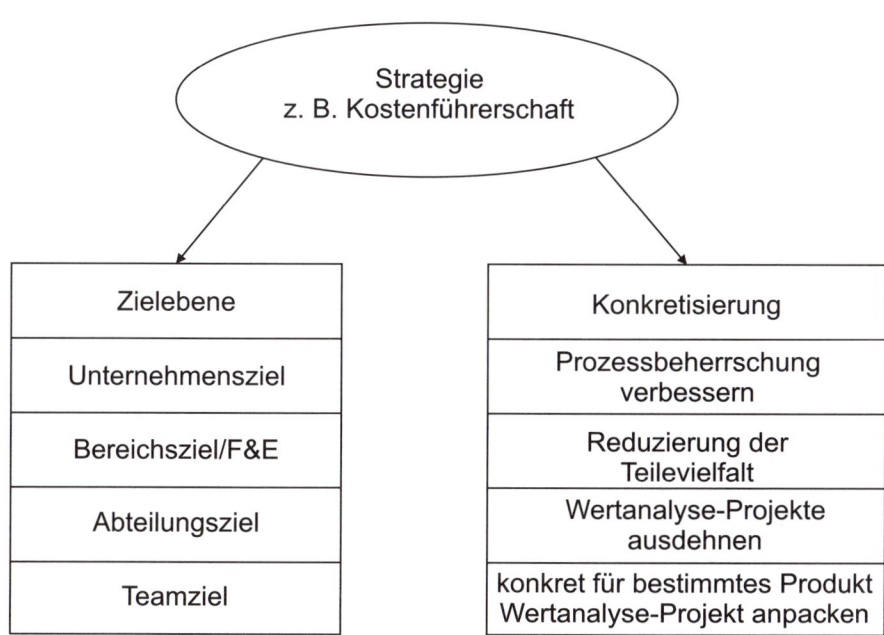

Abb. 4.84   Herunterbrechen von strategischen Zielen

---

[538] Ebenda, S. 88 ff.

[539] Horvath & Partner, Balanced Scorecard umsetzen, S. 182

[540] Gleich, a.a.O., S. 115

Im Zusammenhang mit Bestimmung der Messgrößen müssen folgende Fragen gestellt werden:

- Was wird gemessen?

- Welche Grundhypothese wird durch die Messgröße ausgedrückt? Die Fluktuationsrate z. B. ist für die Messung des Betriebsklimas alleine unzureichend. Das Betriebsklima wird nämlich maßgeblich von der jeweiligen Arbeitsmarktsituation mit beeinflusst.

- Welche Aussagen kann die Messgröße nicht liefern bzw. kann sie falsch interpretiert werden?

- Wer ist der Hauptbeeinflusser der Messgröße?

- Wie und durch wen wird ein Soll- bzw. Istwert hergeleitet?

- Welche Verknüpfungen mit anderen Messgrößen sind nachweisbar?

- Unterstützt die Messgröße notwendige Verhaltensänderungen bei den Betroffenen?

Falls es erforderlich ist, können weitere Messgrößen, außerhalb der Balanced Scorecard, helfen, bestimmte Entwicklungen in den BSC-Messgrößen zu interpretieren – Kaplan/Norton nennen diese **diagnostische Messgrößen**. Diagnostische Messgrößen sollten mit Hilfe anderer Berichtsformen beobachtet werden, welche Abweichungen von den Planvorgaben sofort signalisieren. Hierzu gehören auch Indikatoren aus Früherkennungssystemen, die überwiegend aus dem Umfeld der jeweiligen Organisation stammen. Im Rahmen der Balanced Scorecard sollten lediglich die strategiebezogenen Messgrößen aufgeführt werden. Dadurch wird die Aufmerksamkeit der Manager und Mitarbeiter auf diejenigen Einflussgrößen gelenkt, die die Wettbewerbsfähigkeit bestimmen. Diagnostische Messgrößen können dann bei Bedarf als Hintergrundinformationen aus anderen Informationssystemen, z. B. einem Früherkennungssystem oder einer Prozesskostenrechnung, vom Controlling aufbereitet werden.

Im Informationszeitalter müssen Unternehmen, um ihre Überlebensfähigkeit zu sichern, zunehmend **Intangible Assets** bzw. **Erfolgspotenziale** schaffen und einsetzen – „zum Beispiel Kundenbeziehungen, Mitarbeiterfertigkeiten und -kenntnisse, Informationstechniken sowie Unternehmenskultur, die Innovationen, Problemlösungen und ganz allgemein betriebliche Verbesserungen fördern"[541]. Diese Aussage von Kaplan/Norton in einer neueren Veröffentlichung zur Balanced Scorecard deutet auf die **Leistungstreiber** hin, die als Vorsteuergrößen bzw. Stellhebel umschrieben werden können. In der kommentierenden Literatur zum Balanced Scorecard-Konzept werden Leistungstreiber auch als Messgrößen für die „Key Performance Indicators" bezeichnet[542]. In früheren Publikationen von Kaplan/Norton wird der Begriff Leistungstreiber eher verwirrend und uneinheitlich verwendet – dies ist gilt ebenso für den Großteil der kommentierenden Literatur[543]. Eine gute Balanced Scorecard sollte

---

[541] Kaplan/Norton, Wie Sie die Geschäftsstrategie den Mitarbeitern verständlich machen, S. 61

[542] Fischer/Fischer, a.a.O., S. 30

[543] Müller, A., Controlling-Konzepte, S. 222 ff.

eine gesunde Mischung aus Ergebnissen und Leistungstreibern der Geschäftsstrategie aufweisen[544]. Nach Kaplan/Norton verkörpern Prozesse die treibenden Faktoren für zukünftige (gewünschte) Ergebnisse[545]. Dieser Zusammenhang ist jedoch zu abstrakt, um daraus konkrete Handlungsempfehlungen ableiten zu können. Prozesse müssen mit Zielen verknüpft werden, wie z. B. Erhöhung der Kundenzufriedenheit (gemessen an Indikatoren, wie Lieferpünktlichkeit), dann erst ist eine Suche nach den verursachenden Bedingungen und Größen sinnvoll.

Eine wesentliche Funktion von Leistungstreiber-Maßgrößen besteht darin, dem Management und den Mitarbeitern zu signalisieren, wie sie in der Erledigung des Tagesgeschäfts zur Erreichung der strategischen und operativen Ziele ihren Beitrag leisten können. "Alle Mitarbeiter, wie wenig auch immer sie am Prozess der Strategieformulierung beteiligt sein mögen, müssen erkennen, in welcher Weise sie dazu beitragen, die Wettbewerbsvorteile eines Unternehmens zu erreichen und zu behaupten"[546]. Im Rahmen des Balanced Scorecard-Konzepts werden hierzu verschiedene Methoden und Instrumente genutzt[547]:

- Kommunikations- und Weiterbildungsprogramme,

- Verknüpfung der Balanced Scorecard mit den Zielen für Teams und einzelne Handlungsträger und

- Integration mit Anreizsystemen

Mit Hilfe dieser Leistungstreiber wird eine **Feedforward-Steuerung** ermöglicht[548]. Die Leistungstreiber verkörpern die Einflussfaktoren, die maßgeblich für die Erreichung der gesetzten strategischen Ziele sind[549]. Im Regelfall lässt sich aus den Wechselwirkungen in der Balanced Scorecard, abgebildet mit Hilfe der Methodik des vernetzten Denkens, ablesen, dass die Mitarbeiterperspektive einen langfristig treibenden Effekt auf die Prozessperspektive ausübt. Die Prozessperspektive wiederum beinhaltet treibende Einflussfaktoren auf die Kundenzufriedenheit und damit letztendlich die Finanzperspektive[550]. Es lassen sich somit, zeitlich gestaffelt, Einflussfaktoren in den verschiedenen Perspektiven ausfindig machen, wobei Mitarbeiterqualifikation und -motivation eine zentrale Stellung als Leistungstreiber einnehmen. Aus der betrieblichen Praxis (Siemens AG) sollen beispielhaft qualifizierte Vermutungen über Ursache-Wirkungsbeziehungen aufgezeigt werden, die Hinweise auf die eigentlichen Leistungstreiber enthalten können[551]. Kennzeichnend ist wiederum, dass die

---

[544] Kaplan/Norton, Balanced Scorecard, S. 30

[545] Ebenda, S. 8 und S.27

[546] Porter, Wettbewerbsvorteile, S. 23

[547] Kaplan/Norton, Balanced Scorecard, S. 193 ff.

[548] Horvath/Kaufmann, Balanced Scorecard …, S. 42; Kaufmann, Balanced Scorecard, S. 424

[549] Bodmer/Völker, a.a.O., S. 480

[550] Zu einem ähnlichen Ergebnis (für ein Energieversorgungsunternehmen) kommen, Horvath & Partner, Balanced Scorecard umsetzen, S. 87 f.

[551] Bittner, Mit der Balanced Scorecard Strategien erfolgreich umsetzen

„human resources" und insbesondere ein herausragendes Managementpotenzial eine bedeutende Rolle spielen.

Ursache (=Stellhebel)	Mögliche Wirkung (=Erfolg)
zufriedene Mitarbeiter	Zufriedene Kunden
richtiges Patentportifolio	viel Kasse in der Zukunft
gutes Führungspersonal	zufriedene Mitarbeiter
gutes Image	gute neue Mitarbeiter, neue Aktionäre
gutes Managen von Informationen	leichtes Steuern der Firma
wenig Vielfalt in der DV	wenig Zeitverlust der Mitarbeiter
gute und stabile Produktstrategie	wenig Führungskräfte in der Entwicklung
transparente Prozesse	niedrige Prozesskosten
Delegation von Verantwortung	niedrige Komplexität
bekannte Strategie	alle ziehen an einem Strang

Abb. 4.85   Ursachefaktoren für Erfolg als Leistungstreiber

Eine aktuelle Veröffentlichung des Internationalen Controller Vereins zur Balanced Scorecard (Controller Statements) geht davon aus, dass technologieintensive, wissensorientierte Unternehmen sich an den Bedürfnissen des Intellektuellen Kapitals ausrichten sollten[552].

Um möglichst systematisch die Leistungstreiber aus der Balanced Scorecard und den zugrunde liegenden **Ursache–Wirkungsketten** ablesen zu können, ist der Einsatz einer „driver result map" sinnvoll[553]. Damit können die Wirkungszusammenhänge innerhalb und zwischen den Perspektiven erfasst und dokumentiert werden. Bei dem in Abb. 4.86 zitierten US-amerikanischen Chemiekonzern konnte als Basis ein ausgereiftes Qualitätsmodell („Malcolm Baldridge National Quality Award") herangezogen werden, um Abhängigkeiten zwischen den Perspektiven zu identifizieren. Dies gilt ebenso für Unternehmen, die das EFQM-Modell einsetzen. Leistungstreiber sind vor allem unter den „enablers" zu suchen.

---

[552] Internationaler Controller Verein, Balanced Scorecard, S. 17

[553] Bodmer/Völker, a.a.O., S. 480

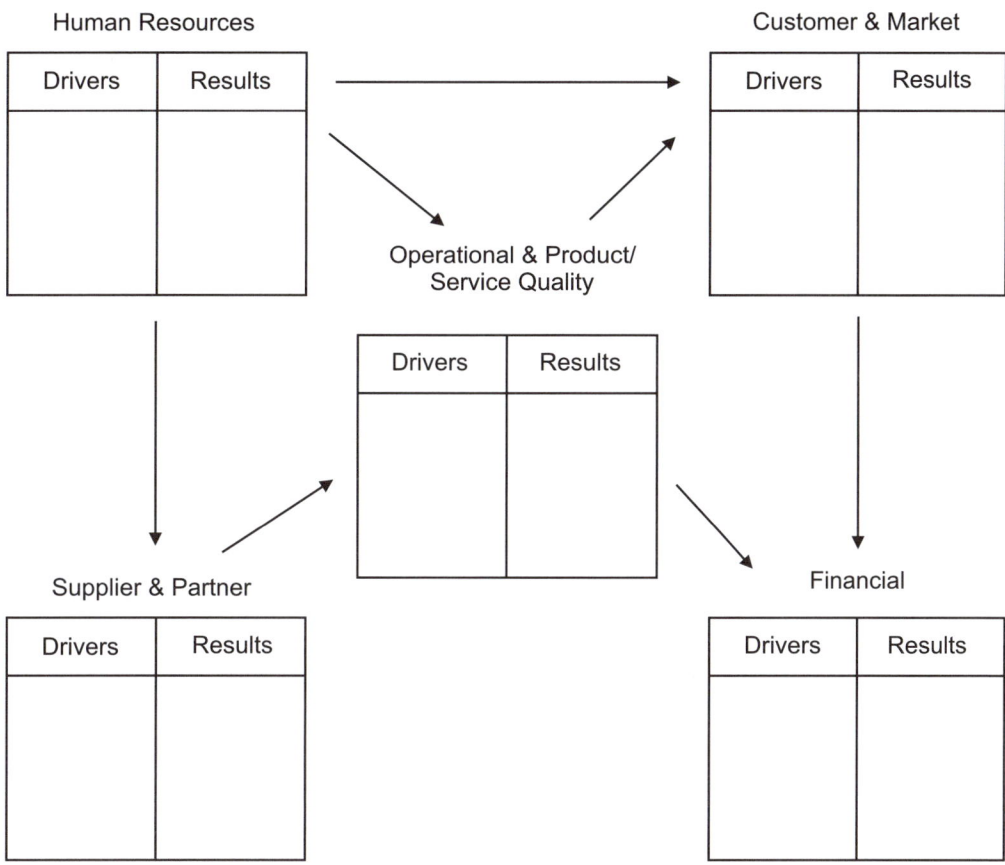

Abb. 4.86   „Driver result map" eines US-Chemiekonzerns

Leistungstreiber haben natürlich einen entscheidenden Einfluss auf die Gestaltung des jeweiligen Balanced Scorecard-Systems. Strategische Ziele, Messgrößen und Aktionen müssen an den herausgearbeiteten Leistungstreibern ausgerichtet werden, liegen doch hier die maßgeblichen Stellhebel für die Umsetzung der gewählten Vision/Strategie. Beispiele dafür können sein,

- Steigerung der Mitarbeiterqualifikation und -motivation,

- Erfolg versprechende Kooperationen mit Lieferanten und innovativen Startup-Partnern,

- permanente Erhöhung der Prozess-Transparenz u.s.w..

Bei der **Fa. Apple Computer**, einem der zwölf Unternehmen, die mit Kaplan/Norton die Balanced Scorcard entwickelt und eingeführt haben, ist die Balanced Scorecard wie folgt aufgebaut[554]:

- Bei der finanzwirtschaftlichen Perspektive wird der Shareholder Value betont eine Ergebnisgröße, kein Motor für die Leistung;

- bei der Kundenperspektive stehen Marktanteil und Kundenzufriedenheit im Zentrum;

- bei den betriebsinternen Prozessen erfolgt eine Fokussierung auf Kernkompetenzen, z. B. benutzerfreundliche Schnittstellen;

- was die Innovations- und Verbesserungsperspektive angeht, so wird die Rolle der Mitarbeitereinstellungen hervorgehoben – dazu fand eine umfassende Mitarbeiterbefragung statt.

In der Finanz- und Kunden-Perspektive werden Ergebnisgrößen in den Vordergrund gestellt. Die eigentlichen Vorsteuergrößen werden damit nicht transparent. Die Prozess- und Mitarbeiter-Perspektive dagegen zielen auf die entscheidenden Leistungstreiber ab, indem auf Prozessbeherrschung und Mitarbeiterorientierung fokussiert wird.

Zusammenfassend sollen noch einmal die Bedeutung und Wechselwirkungen von Leistungstreibern im Rahmen des Balanced Scorecard-Konzeptes verdeutlicht werden[555].

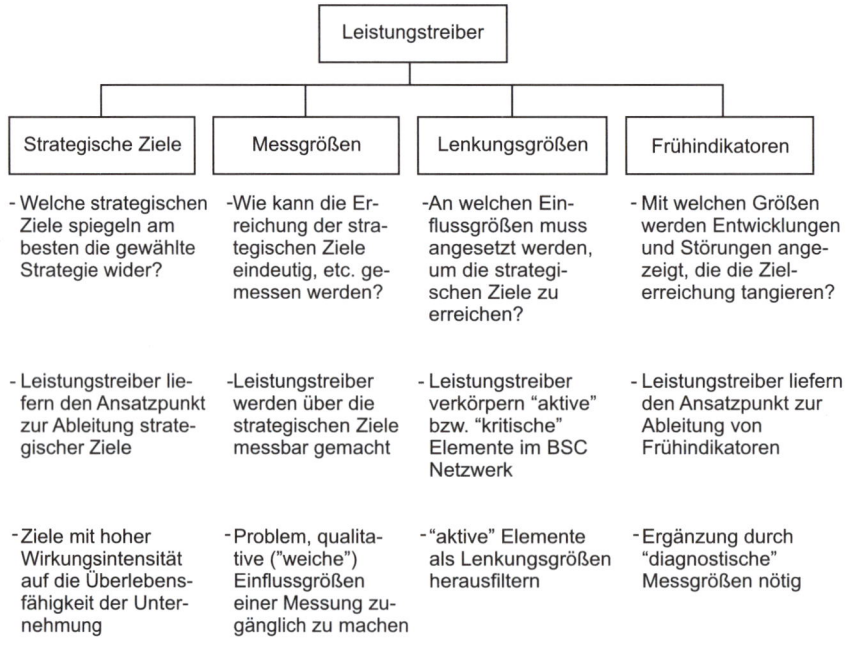

Abb. 4.87   Multifunktionalität von Leistungstreibern

---

[554] Kaplan/Norton, Wie drei Großunternehmen methodisch ihre Leistung stimulieren, S. 100 f.

[555] Müller A., Controlling-Konzepte, S. 227

Leistungstreiber lassen sich gerade durch die realitätsnahe Abbildung der Wechselwirkungen zwischen und innerhalb der Perspektiven erkennen und nutzen. Sie verkörpern nicht unbedingt Frühindikatoren[556], liefern jedoch wertvolle Hinweise, in welchen Bereichen Frühindikatoren zu suchen sind. Dadurch kann Zeit gewonnen werden, um frühzeitig auf Veränderungen mit den „richtigen" strategischen Aktionen agieren zu können. Die Vorlaufzeiten unterscheiden sich, je nachdem welche Perspektive im Hinblick auf die Gewinnung von Frühindikatoren durchleuchtet wird. Wie in Kap. 3 bereits herausgearbeitet wurde, eignet sich wiederum die Methodik des vernetzten Denkens hervorragend, aus den Wechselwirkungen Frühindikatoren zu gewinnen.

Kaplan/Norton betonen wiederholt die Notwendigkeit, die Wechselwirkungen zwischen den Kennzahlen und Leistungstreibern offen zulegen. Die **zentrale Ursache-Wirkungskette** lässt sich wie folgt beschreiben: Eine hohe Mitarbeiterqualifikation und -motivation gewährleistet eine hervorragende Prozessqualität und geringe Prozessdurchlaufzeiten. Dies wirkt sich wiederum positiv auf Lieferzuverlässigkeit und -flexibilität sowie die Qualität der Produkte/Dienstleistungen aus, was eine hohe Kundentreue bedingt. Letztendlich werden damit überdurchschnittliche finanzwirtschaftliche Erfolge erzielt werden können[557].

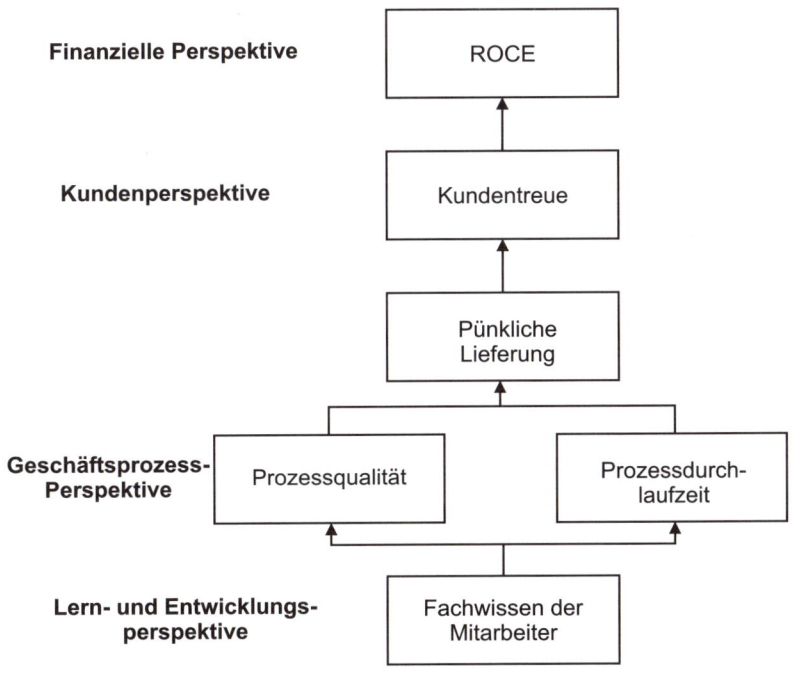

Abb. 4.88   Ursache-Wirkungskette in der Balanced Scorecard

---

[556] Ehrmann, Kompakt-Training. Balanced Scorecard, S. 101

[557] Kaplan/Norton, Balanced Scorecard, S. 17 und S. 28 ff.; dieselben, In Search of Excellence …, S. 38

Zur Abbildung der Wechselwirkungen und für die Ableitung eines jeweils **gültigen Ge-schäftsmodells** ("theory of business") ist die Anwendung der Methodik des vernetzten Den-kens erforderlich, wie dies bei der Philips Bildröhrenfabrik/Aachen praktiziert wurde (siehe **Anlage 13/1+2**)[558].

4.2.2   Die Balanced Scorecard als Managementsystem

Kaplan/Norton verstehen ihr Balanced Scorecard-System als eine Führungsmethode, die weit mehr als nur ein Übungswerkzeug zur Leistungsmessung verkörpert. Mit ihrer Hilfe können durchgreifende und nachhaltige Verbesserungen in so entscheidenden Bereichen, wie Produkt-, Prozess-, Kunden- und Marktentwicklung erreicht werden. Die Balanced Scorecard bildet demzufolge den strategischen Handlungsrahmen für das Management. Sie dient praktisch als Bindeglied zwischen der Strategieentwicklung und -umsetzung in der Organisation[559].

Abb. 4.89   Die Balanced Scorecard als Managementsystem[560]

---

[558] Dusch/Möller, Praktische Anwendung der Balanced Scorecard, S. 117 ff.

[559] Kaplan/Norton, Wie drei Großunternehmen methodisch ihre Leistung stimulieren, S. 96; dieselben, Balanced Score-card, S. 10

[560] Kaplan/Norton, Balanced Scorecard, S. 10 und S. 191

Die intensive Beschäftigung mit den ausschlaggebenden Einflussfaktoren (Leistungstreibern) auf den Geschäftserfolg liefert wertvolle Hinweise für die Strategieformulierung selbst. Der Schwerpunkt des Balanced Scorecard-Konzeptes liegt jedoch in der **Umsetzung der Vision/ Strategie(n)** in den betroffenen Organisationseinheiten, indem frühzeitig Management und Mitarbeiter in diesen strategischen Planungsprozess eingebunden werden und vor allem ihren Beitrag zur Strategieerreichung erkennen können.

Aus praktischen Erfahrungen heraus ergeben sich folgende **Hindernisse** für eine effektive Umsetzung der Strategie, die mit Hilfe eines Balanced Scorecard-Systems zumindest abgemildert werden können[561]:

1. Visionen und Strategien, die nicht umsetzbar sind. Bei der Einführung einer Balanced Scorecard wird hierüber die notwendige Transparenz geschaffen.

2. Keine Verknüpfung der Strategie mit den Zielvorgaben des einzelnen Mitarbeiters bzw. des Teams oder der Abteilung. Hierbei kann die Änderung des Entlohnungssystems – geknüpft an die Leistungsmaßstäbe der Balanced Scorecard – Hilfestellung leisten.

3. Keine Verbindung zwischen der Strategie und der kurzfristigen und langfristigen Ressourcenallokation. Entsprechende Änderungen in der langfristigen Planung und Budgetierung können die Verbindung herstellen. Insbesondere bei der Planung und Durchführung von Investitionsprojekten müssen die Belange des Balanced Scorecard-Systems berücksichtigt werden.

4. Taktisches anstelle eines strategischen Feedbacks. Regelmäßige Strategiebeurteilungen können hierbei Abhilfe schaffen.

4.2.3 Zusammenfassende Bewertung des Balanced Scorecard-Systems

Allgemein gilt das Konzept der Balanced Scorecard als sehr gelungener Versuch, eine Vielzahl z.T. verstreuter – im wesentlichen altbekannter – Erkenntnisse über Strategiefindung und -formulierung, Koppelung von Strategie und operativer Umsetzung sowie Messgrößenbildung zu einem schlüssigen Konzept zu verbinden. Das Balanced Scorecard-System verhindert, dass die häufig anzutreffende Neigung der Manager, sich nur auf kurzfristige Gewinne zu konzentrieren, dazu führt, die anderen Maßstäbe aus dem Blick zu verlieren, die am Markt interessieren. Es wird systematisch und konsequent der Schwerpunkt auf Strategieentwicklung und -erneuerung gelegt, der eigentlichen Hauptaufgabe des Top-Managements.

Die **Maßstäbe**, die in der Balanced Scorecard zugrundegelegt werden, unterscheiden sich von den herkömmlichen in Unternehmen verwendeten ganz erheblich:

---

[561] Ebenda, S. 184 ff.; Horvath & Partner, a. a. O., S. 125 f.

- Die Maßstäbe des Berichtsbogens basieren auf den strategischen Zielen des Unternehmens und den vom Wettbewerb gestellten Anforderungen. Eine Strategieerfolgsmessung wird damit nicht nur ermöglicht, sondern geradezu gefordert.

- Die Balanced Scorecard dient als Messlatte nicht nur des derzeitigen sondern auch des künftigen Unternehmenserfolges.

- Mit der Scorecard wird eine Ausgewogenheit hinsichtlich externer und interner, quantitativer und qualitativer sowie Früh- und Spätindikatoren erreicht. Vor allem die stärkere Berücksichtigung und Selektion von Frühindikatoren treten in den Vordergrund!

- Bei der Scorecard erfolgt eine konsequente Ausrichtung auf die Erfolgspotenziale der Organisationseinheit, indem die wertschöpfenden, kompetenzbildenden Faktoren aufgezeigt werden und andererseits der Bezug zu den Kundenanforderungen hergestellt wird. Im Zentrum steht die Förderung und Nutzung der Mitarbeiterpotenziale.

- Entscheidend ist auch, dass mit der Balanced Scorecard die Aufmerksamkeit auf die beeinflussbaren Variablen gelenkt wird.

- Schließlich dient die Balanced Scorecard zur allgemeinen Verständigung und als Messlatte für alle neuen Projekte und Geschäfte.

- Bei schwer messbaren Einflussgrößen werden mit der Balanced Scorecard zumindest Standards gesetzt, die zwar nicht objektiv messbar sind (z. B. Freundlichkeit des Verkaufspersonals), aber die Erwartung der Unternehmensleitung widerspiegeln und kommunizieren.

Die Balanced Scorecard ist zudem hervorragend geeignet, Hilfestellung bei der Umsetzung von Management-Konzepten, wie dem **Total Quality Management**, zu leisten. Ebenso lassen sich moderne Controlling-Werkzeuge, wie die Prozesskostenrechnung und das Target Costing, ohne große Probleme in das Balanced Scorecard-System integrieren. Ein entscheidender Vorteil des Balanced Scorecard-Konzeptes besteht darin, dass eine einseitige Ausrichtung, beispielsweise auf die Geschäftsprozesse, vermieden wird. Durch die Betrachtung aus **verschiedenen Perspektiven** übernimmt die Balanced Scorecard wesentliche Grundlagen der Methodik des ganzheitlich-vernetzten Denkens.

Dennoch darf nicht übersehen werden, dass das Konzept von Kaplan/Norton **Schwächen** beinhaltet, die die Erfolgsaussichten eines Balanced Scorecard-Systems erheblich in Frage stellen können:

- Zu den Wechselwirkungen zwischen den Perspektiven und ihren Ziel- und Messgrößen bringen die Autoren nur dürftige Vorschläge. Hier kann die Methodik des ganzheitlich vernetzten Denkens wertvolle Hilfestellung leisten.

- Die praxisbezogenen Beispiele sind zum Großteil anonym, sodass ein Nachvollziehen der Erfahrungen erschwert und eine eventuelle Kontaktaufnahme wegen Benchmarking unmöglich gemacht werden. Neuere Praxisbeispiele in betriebswirtschaftlichen Fachzeitschriften zur Anwendung der Balanced Scorecard sind nur vereinzelt hilfreich.

- Unverkennbar ist, dass nach wie vor finanzwirtschaftliche Kennzahlen dominieren. Selbstverständlich muss das Management ständig bemüht sein, wirtschaftliche Abläufe im Unternehmen sicherzustellen und eine hohe Rentabilität des eingesetzten Kapitals zu gewährleisten. Diese und andere Ziel- und Messgrößen sind jedoch nur Resultanten anderer dahinter stehender Einflussgrößen, wie der Kundenzufriedenheit, die es durch qualifizierte und motivierte Mitarbeiter und kundenorientierte Geschäftsprozesse zu erreichen gilt. Die Herausarbeitung dieser Leistungstreiber, die den Erfolg der Strategie gewährleisten können, ist in das Zentrum der Bemühungen zu stellen, damit die richtigen Ziele, Messgrößen und Maßnahmen abgeleitet werden können.

- Bei der Einführung eines Balanced Scorecard-Systems muss eine frühzeitige Einbindung des mittleren Managements und der Mitarbeiter sichergestellt werden, sonst droht ein Scheitern, bevor noch erste Erfolge sich zeigen können.

Bewertungsschema zur Beurteilung der Ganzheitlichkeit von Controllingtools		
Betrachtetes Controllingtool:	**Balanced Scorecard**	
Bewertungskriterien	Erfüllungsgrad (++ + +/- - --)	Bemerkung
Umfassende Abbildung einer Problemstellung gewährleistet?	++	durch Ausrichtung auf Stakeholder-Interessen gesichert
Berücksichtigung von verschiedenen Einflussfaktoren möglich?	++	insbesondere strategische (qualitative) Einflussgrößen
Vernetzung der Einflussfaktoren berücksichtigt?	+	im theoretischen Konzept nur ansatzweise
Verschiedene Stakeholder-Interessen integriert?	++	umfassende Berücksichtigung
Veränderlichkeit der Problemsituation abbildbar?	+/-	durch regelmässige Anwendung möglich – aufwendig
Strategische Sichtweise involviert?	++	strategische Ausrichtung im Ansatz integriert
Praktische Handhabbarkeit gegeben?	+	relativ aufwendig; durch Praxis oft stark vereinfacht – Fehlinterpretation als reduktionistisches Kennzahlensystem

Abb. 4.90   Bewertungsschema zur Balanced Scorecard

4.3   Zusammenfassende Beurteilung

Bei der kritischen Betrachtung der herkömmlichen Controlling-Konzepte und -Instrumente fällt auf, dass trotz der Vielfalt auf diesem Gebiet kein geschlossener Ansatz, geschweige denn ein Konzept, vorliegt, das die Problematik der zunehmenden Diskontinuitäten zum Anlaß nimmt, entsprechende Vorschläge in Richtung einer ganzheitlich – vernetzenden Vorgehensweise zu erarbeiten und anzubieten. Das derzeitige Controlling ist durch eine **Überbetonung des operativen Aufgabengebietes** gekennzeichnet. Das damit verbundene kurzsichtige, unvernetzte Denken lässt vermuten, dass Unternehmenskrisen nicht nur nicht verhindert werden können, sondern dass durch die zugrundeliegenden unzureichenden Informationen Fehlentscheidungen ausgelöst werden, die Unternehmenskrisen sogar verstärken. Somit kann dieses operativ ausgerichtete Controlling, das im wesentlichen nichts anderes verkörpert als ein „aufgemotztes" betriebliches Rechnungswesen, auch keine eigenständige wissenschaftliche Teildisziplin der Betriebswirtschaftslehre begründen[562]. Eine Verfeinerung der traditionellen Instrumente und Methoden verspricht in diesem Zusammenhang keine grundlegende Verbesserung in bezug auf die Problemlösungsfähigkeit des Controlling. Überhaupt steht dieses operative Vorgehen im Widerspruch zur Erkenntnis einer zunehmenden Vernetzung aller Größen unter dem Einfluss wachsender Komplexität[563].

Was vorhanden ist, sind einzelne, meist isoliert angewendete Instrumente, wie z. B. die Szenariotechnik, die ein **ganzheitliches Potential** aufweisen, das es angesichts der bedrohlichen Dynamik und Komplexität für die Unternehmung zusammen mit anderen geeigneten Instrumenten zu nutzen gälte. Diese instrumentelle Sichtweise bringt jedoch nur dann einen Fortschritt in bezug auf die Komplexitätsbewältigung, wenn folgende Bedingungen erfüllt werden können:

- Entscheidender Ansatzpunkt ist die Veränderung der Controlling-Philosophie. Dies kann nur gelingen, wenn diese Veränderung eingebettet ist in eine Anpassung der Unternehmensphilosophie an die aufgezeigten Erfordernisse aus dem Umfeld der Unternehmung. Das Controlling beinhaltet dementsprechend eine Denkhaltung, die die Führung und Steuerung des Unternehmens in einer komplexer und dynamischer gewordenen Umwelt zum Gegenstand hat[564]. Schlagworte dazu sind ganzheitlich-orientierte Ansätze, wie Lean Management mit den Bausteinen ganzheitliches Denken, Teamarbeit, Verlagerung von Überwachungsfunktionen nach „unten" und durchgängiger Strategiebezug.

- Zur Umsetzung dieser neuen Denk- und Handlungsweisen ist die Unterstützung durch Instrumente erforderlich, die eine ganzheitliche, vernetzende Vorgehensweise fördern. Dazu gibt es Ansätze, die auch schon auf Praxiserfahrungen zurückgreifen können. Gefragt ist weniger ein betriebliches Rechnungswesen, das auf den Pfennig

---

[562] Deyhle (Kommentar der 12 Thesen …, S. 1) kommt zu demselben Ergebnis – allerdings basiert seine Meinung auf einer anderen Argumentation.

[563] Bleicher, Das Konzept Integriertes Managment, S. 330 f.

[564] Coenenberg/Baum, a.a.O., S. 1

genaue Informationen anbietet, die im Regelfall ohnehin auf realitätsfernen Prämissen basieren. Von einer Weiterentwicklung des Rechnungswesens in Richtung zu einem Management Accounting, z. B. mit Hilfe des Zielkostenmanagements, dürfen also keine Wunderdinge erwartet werden. Im Vordergrund muss zum einen die möglichst realitätsnahe Durchdringung der dynamischen und komplexen Umwelt stehen. Außerdem müssen die Informationen eine verhaltenssteuernde Wirkung garantieren, die die Unternehmung beim Erhalt und Ausbau der Wettbewerbsfähigkeit maßgeblich unterstützen. Dies bedeutet eine Schwerpunktverlagerung des Controllings von einer operativen zu einer strategischen Ausrichtung.

Anhang

Verzeichnis der Anlagen

		Ja	Nein
Grundregel 1	Negative Rückkopplung muß dominieren!		
	> Steuern Sie Ihre Nutzencenter über Zieldeckungsbeiträge?	O	O
	> Steuern Ihre Spartencontroller die Nutzencenter (Profitcenter) selbstverantwortlich und selbstregulierend?	O	O
Grundregel 2	Grenz- und Schwellenwerte sorgfältig beachten?		
	> Kennen Sie Ihre optimale Unternehmensgröße?	O	O
	> Kennen Sie Ihre Grenz- und Schwellenwerte	O	O
	- Mindestlosgrößen	O	O
	- Mindestverkaufsmengen	O	O
	- Mindestpreise	O	O
	- Mindestsortimente	O	O
	- Mindestnutzungszeiten	O	O
	- Mindestrecyclingmengen	O	O
	> Welche Nebenwirkungen entstehen, wenn Sie die Marginalgrößen nicht erreichen oder überschreiten? Können Sie die Nebenwirkungen qualifizieren?	O	O
Grundregel 3	Nutzenstiftung durch Engpassproblemlösungen		
	> Streben Sie nach einer Nutzenstiftung für Ihre Zielgruppe?	O	O
	> Entfernen Sie sich von der Wegwerfmentalität?	O	O
	> Haben Sie folgende Veröffentlichungen gelesen und analysiert?	O	O
	- Neuland des Denkens	O	O
	- Biologie der Erkenntnis	O	O
	- Kybernetische Managementlehre	O	O
Grundregel 4	Mengen- und wertmäßiger Energiebilanzausgleich		
	> Führen Sie Ihre Energiebilanzen mengen- und wertmäßig?	O	O

Grundregel 5		Mehrfachnutzung von Produkten und Verfahren		
	>	Bemühen Sie sich um einen systematischen Leerkosten- abbau bei Betriebsmitteln, Urdaten, Datensystemen usw.?	O	O
	>	Verwenden Sie ein Datenbanksystem, bei welchem die einzelnen Informationen für verschiedene Anwen- dungsgebiete nur einmal abgespeichert werden?	O	O
Grundregel 6		Recycling im Reduzentensystem		
	>	Sind Sie mit Frederic Vester der Meinung, daß Konsum nicht länger eine Umwandlung hochwertiger Güter in Abfall sein darf?	O	O
	>	Haben Sie schon die Position -Recycling - Controller- eingeplant?	O	O
	>	Sind Sie Mitglied in einem Recycling-Verbundsystem?	O	O
	>	Sind Sie Mitglied in der Abfallbörse Ihrer IHK?	O	O
Grundregel 7		Einwegprozesse in Kreisprozesse einleiten?		
	>	Haben Sie in Ihrem System schon damit begonnen, Einwegprozesse in Kreisprozesse einzufädeln?	O	O
Grundregel 8		Kopieren von biologischen Arbeitsmustern		
	>	Verfügen Sie über Alternativpläne für	O	O
		> Substitution von Rohstoffen?	O	O
		> Innovation aus Ihren Abfällen?	O	O
		> Energierückgewinnung aus Abwärme?	O	O
		> Energieverbundsysteme mit anderen Unternehmen?	O	O
		> Innovation Ihrer Altartikel?	O	O
		> Entwicklung von Neuartikeln im Rahmen Ihrer Port- folio-Matrix?	O	O
		> Die Übernahme von biologischen Arbeitsmustern in Ihre Forschung und Fertigungsverfahren?	O	O
		> Katastrophenfälle?	O	O
	>	Ergänzen Sie Ihre strategischen Prognosen durch -Fuzzy Sets-?	O	O
	>	Besitzen Sie ein Sensorsystem für eine systematische, frühzeitige Entdeckung von strategisch wichtigen Ge- fahren- und Chancenproblemen, analog den Alarmpunk- ten in der Akupunktur?	O	O

Anlage 1: Checkliste zur Übertragung der acht biokybernetischen Grundregeln von F.Vester

Aufgabengebiet \ Betrachtungszeitraum	1949-1959	1960-1964	1965-1969	1970-1974	1975-1979	1980-1984	1985-1989
Berichtwesen		14,3	6,5	4,7	8,4	8,5	11,4
Kurz-/jahresbezogene/operative Planung			6,5	6,2	9,6	12	9,2
Strategische Planung				1,6	4	7,1	3,6
Betriebswirtschaftliche Beratung und Betreuung	25	4,8	4,8	2,3	3,2	3,7	4,8
Investitions-/Wirtschaftlichkeitsrechnungen		4,8	3,2	2,3	4	2,9	4,4
Budgetierung und Budgetkontrolle		4,8	12,9	9,3	11,9	8,8	10,1
Soll-Ist-Vergleiche/Abweichungsanalysen		9,5	8,1	7	11,1	6,8	12,4
Kostenüberwachung							
Finanzplanung, Beobachtung der Liquidität, Finanzierungsfragen		4,8	8,1	9,3	6,8	6,3	4,2
Mitgestaltung der Unternehmenspolitik und -ziele					2	1,5	1,7
Steuerung/Führungsaufgaben		4,8	1,6	0,8	2,8	2,2	1,6
EDV-Organisation			8,1	3,8	7,2	8	5,5
Projektkoordination/Sonderuntersuchungen			3,2	4,7	3,2	3,4	3,4
Bilanzierung/Konzernbilanzierung		14,3	4,8	6,9	2,4	2,7	2,7
Buchhaltung		9,5	14,5	7,8	3,2	3,4	2,1
Kostenrechnung/Kalkulation	50	18,9	4,8	11,6	5,5	9,5	7,7
Steuerwesen	25	9,5		5,4	3,6	2	1,2
Sonstige			12,9	16,3	11,1	11,2	14

Anlage 2: Empirische Erhebung zum Wandel der Controller-Aufgaben

ZWECKSETZUNGEN DES CONTROLLING

	Baum-gartner 1980	Boltier 1975	Hahn 1986	Harbert 1982	Horvath 1979 1986	Krüger 1979	Link 1982	Matschke Kroll 1980	Müller 1974	Serfling 1983	Strobel 1978	Ziener 1985	Zünd 1979
Zielorientierung			0(G)	0(G)	0	0(G)	0	0				0(G)	
Koordination	0	0	0	0	0		0	0	0	0		0	0
Unterstützung				0	0		0	0		0	0	0	
Anpassung	0				0					0			0
Innovation	0												0
Spezialisierung				0							0		
Rationalität				0									

RELEVANTE FÜHRUNGSBEREICHE

	Baum-gartner 1980	Boltier 1975	Hahn 1986	Harbert 1982	Horvath 1979 1986	Krüger 1979	Link 1982	Matschke Kroll 1980	Müller 1974	Serfling 1983	Strobel 1978	Ziener 1985	Zünd 1979
Operat. Planung	X	X	X		X	X					X	X	
Strateg. Planung	X				X								
Steuerung			X		(X)	X					X		
Kontrolle	X	X	X		X	X		X			X	X	
Informationssys.	X	X	X		X		X	X	X	X	X	X	X

Anlage 3: Übersicht über Controlling-Konzeptionen

Grund-Szenario	Beurteilung			Chancen		Gefahren	
	Wahrscheinlich	Optimistisch	Pessimistisch	Branche	eigene Institution	Branche	eigene Institution
Einflussfaktoren							
Entwicklungsmöglichkeiten / Verhaltensmuster (verbal)							
Alternativ-Szenario 1							
Einflussfaktoren							
Entwicklungsmöglichkeiten / Verhaltensmuster							
Alternativ-Szenario 1							
Einflussfaktoren							
Entwicklungsmöglichkeiten							

Anlage 4: Schema für die Beurteilung von Szenarien

| Gestaltungsregeln | Lenkungsmaßnahme: | |
	Übereinstimmung	Anpassungsmöglichkeiten
1. Passe deine Lenkungs-eingriffe der Komplexität der Problemsituation an		
2. Richte deine Maßnahmen auf die aktiven und kriti-schen Einflussgrößen aus.		
3. Vermeide unkontrollierte Entwicklungen mit Hilfe stabilisierender Rückkop-pelungen.		
4. Nutze die Eigendynamik und die Synergien der Problemsituation.		
5. Finde ein harmonisches Gleichgewicht zwischen Bewahrung und Wandel		
6. Fördere die Autonomie der kleinsten Einheit.		
7. Erhöhe mit jeder Pro-blemlösung die Lern- und Entwicklungsfähigkeit.		

Anlage 5: Gestaltung der Lenkungseingriffe

Fahrplan des Sensitivmodells
>> Die Frage, die sich für den nächsten Schritt stellt >>

Systembeschreibung
Abgrenzung der Systemebenen. Input relevanter Vorstellungen des Auftraggebers und des eigenen Know-how nach kybernetischen Gesichtspunkten. Heuristische Skizze einer bionischen Struktur. Randbedingungen des Verkehrsgeschehens. Gesellschaftliche Rahmenbedingungen.

>> Was gehört alles zum System? Was muss beachtet werden? >>

Einflussgrößen
Aufstellung der Einflussgrößen für eine systemrelevante Erfassung des Gesamtmodells. Aggregation der Daten und Fakten zu einem ersten Arbeitssatz von Variablen.

>> Wie hängen diese Faktoren zusammen und welche Rolle spielen sie? >>

Wirkungsgefüge
des Gesamtmodells. Vernetzung der Hauptbereiche Mensch - Umwelt - Verkehr - Automobilindustrie - Fahrzeug untereinander. Herauslösen von Teilmodellen für die eingehende Untersuchung.

>> Aus welchen Variablen müssen die Teilmodelle aufgebaut werden, um mit der Vernetzung des Gesamtgefüges in Einklang zu stehen? >>

Variablensatz
für die Arbeitssätze der Teilsysteme: Verkehr, Automobilindustrie, Einzelunternehmen Ford, Individualfahrzeug. Prüfung mit der Kriterienmatrix und Korrektur.

>> Wie lassen sich diese Variablen weiter konkretisieren? Welche Daten und Fakten stehen über sie zur Verfügung? >>

Dokumentation, Recherchen
Zuordnung weiterer Daten, Fakten, Methoden, Verfahren, Meinungen etc. zu den Variablen und ihren Beziehungen. Konkretisierung, Zuordnung der externen Einflüsse.

>> Wie wirken die einzelnen Faktoren aufeinander? Welche Rolle spielen sie im System? >>

Einflussmatrix (Papiercomputer)
für die Teilmodelle. Ermittlung der Einflussindizes und Interpretation der Rolle der Systemkomponenten.

>> Wie sieht die Vernetzung der Systemkomponenten aus? Wo und wie wirken Mensch und Umwelt hinein? >>

Wirkungsgefüge
der 4 Teilmodelle: Verkehr (Zusammenhang von Verkehrsgut, -zweck, und -mittel mit Siedlung, Mensch und Infrastruktur), Automobilindustrie (Produzenten und ihr Umfeld), Unternehmen Ford (Das Einzelunternehmen und seine Struktur), Individualfahrzeug (Zusammenhang zwischen Verkehrsmittel, Mensch und Technik) und jeweils in dem relevanten sozioökonomisch-ökologischen Umfeld. Abgrenzung spezieller Teilszenarien auf der Basis der vorliegenden Vernetzung.

>> Welche Rückwirkungen und Regelkreise ergeben sich daraus in den einzelnen Teilbereichen? Welche strukturellen Zusammenhänge sind dabei zu beachten? Wo kann steuernd eingegriffen werden? >>

Anlage 6(1): Fahrplan des Sensitivitätsmodells

Spezielle Teilszenarien
innerhalb der Teilmodelle. Erläuterung und kybernetische Interpretation anhand von Fragestellungen, die für die Überlebensfähigkeit des betrachteten Gesamtsystems als auch ihrer Subsysteme (Unternehmen, Naturhaushalt, Volkswirtschaft, etc.) von Bedeutung sind. Interpretation von Rückkopplungen, Abhängigkeiten, Grenz- und Schwellenwerten.

>> *Stimmen die aufgestellten Beziehungen mit der Realität überein? Welche Aspekte können noch hinzukommen, wenn man das Beziehungsmuster anhand von Erfahrung und Wissen einzelner Insider abcheckt?* >>

Permanente Befragung
zur Überprüfung und Hinterfragung schon bekannter Beziehungen und deren Umfeldes durch Einbeziehung erfahrener Personen, Korrektur und Ergänzung der Teilwirkungsgefüge. Vergleichende Simulationsläufe.

>> *Wie lassen sich die Ergebnisse aus der Interpretation der Einflussmatrix und der Teilszenarien auf ein funktionierendes Ökosystem der Wirtschaft übertragen?* >>

Kybernetische Gesamtbewertung
von Systemkriterien wie Vernetzungsgrad, Diversität, Durchsatz, Dependenz und ihre Interpretation im Hinblick auf Irreversibilität, Evolutionsfähigkeit, Selbstregulation, Flexibilität usw.

>> *Was bedeutet das für die Überlebensfähigkeit und Entwicklungschancen der betrachteten Teilsysteme?* >>

Biokybernetische Regeln
Überprüfung der "kybernetischen Reife" anhand der 8 biokybernetischen Grundregeln im Hinblick auf überlebensfähige Systeme. Aufzeigen der Stärken und Schwachstellen.

>> *Welche Forderungen lassen sich aus all diesen Ergebnissen für eine Erneuerung des industriellen Konzepts aufstellen?* >>

Konzeptionelle Forderungen
Wie und wo kann eingegriffen werden, um die Systemkybernetik sinnvoll zu nutzen und die Überlebensfähigkeit des Systems, bzw. der Teilsysteme zu optimieren? Welche Ergebnisse des Sensitivitätsmodells sind insbesondere für das Teilsystem "Automobilindustrie" interessant?

>> *Welche konkreten Hinweise ergeben sich daraus für eine evolutionäre Strategie?* >>

Hinweis für Systemlösungen
Beispiele und Denkmodelle für technische, ökologische, ökonomische und soziale Realisierungen innerhalb des vorgeschlagenen Konzepts.

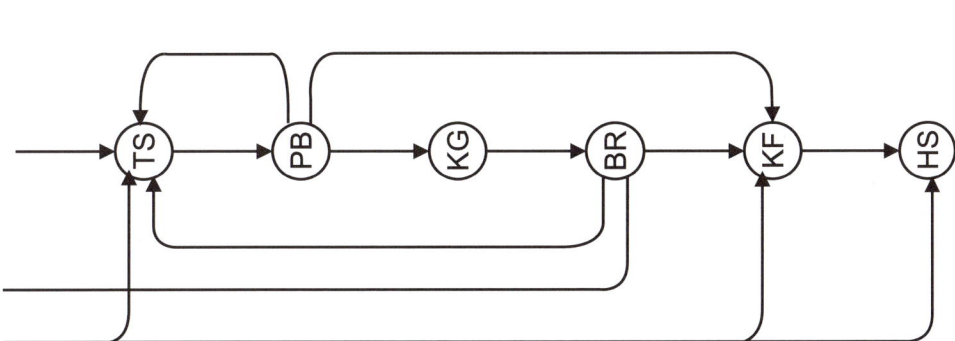

Anlage 6(2): Fahrplan des Sensitivitätsmodells

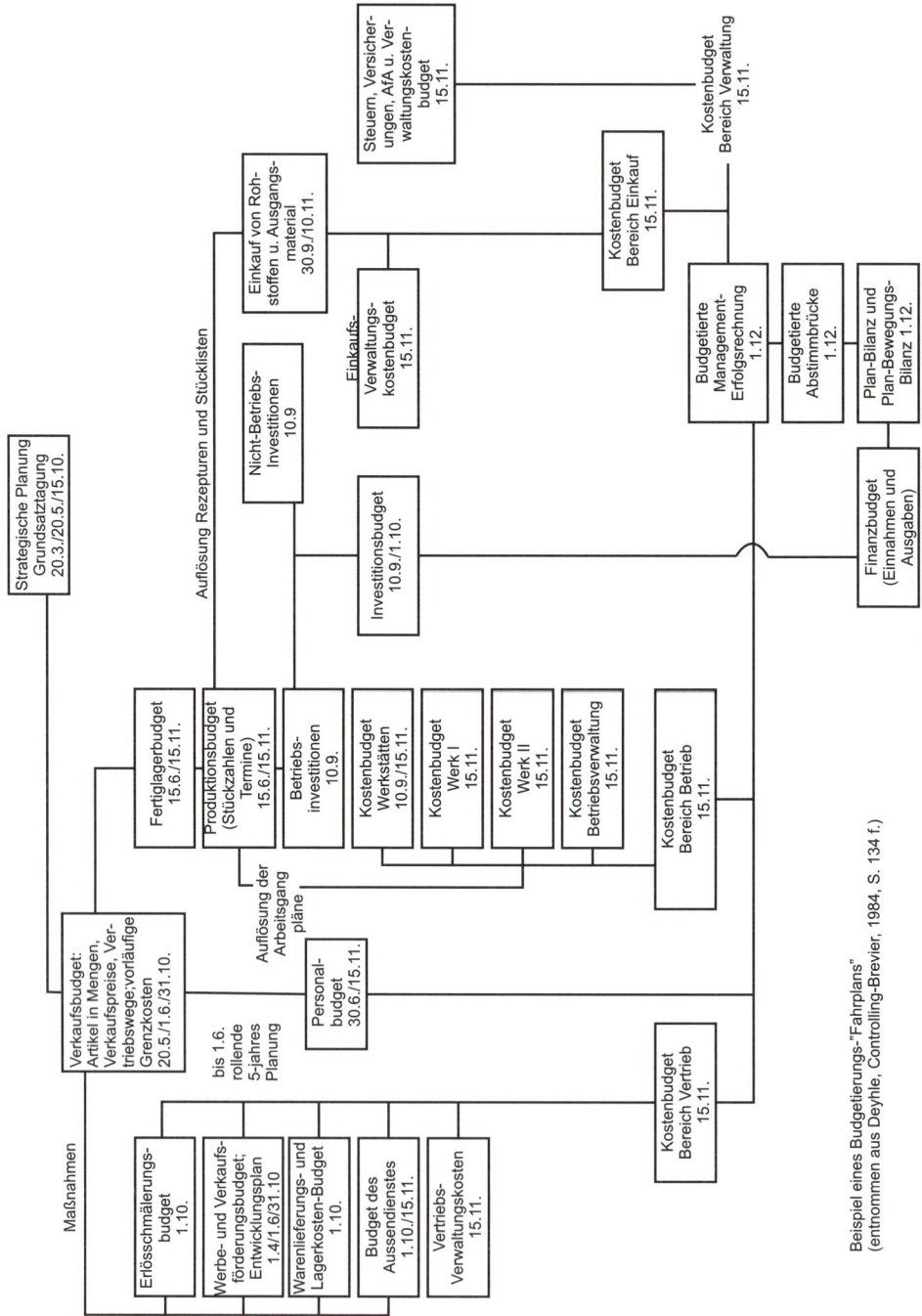

Anlage 7: Beispiel eines Budgetierungs-Fahrplans

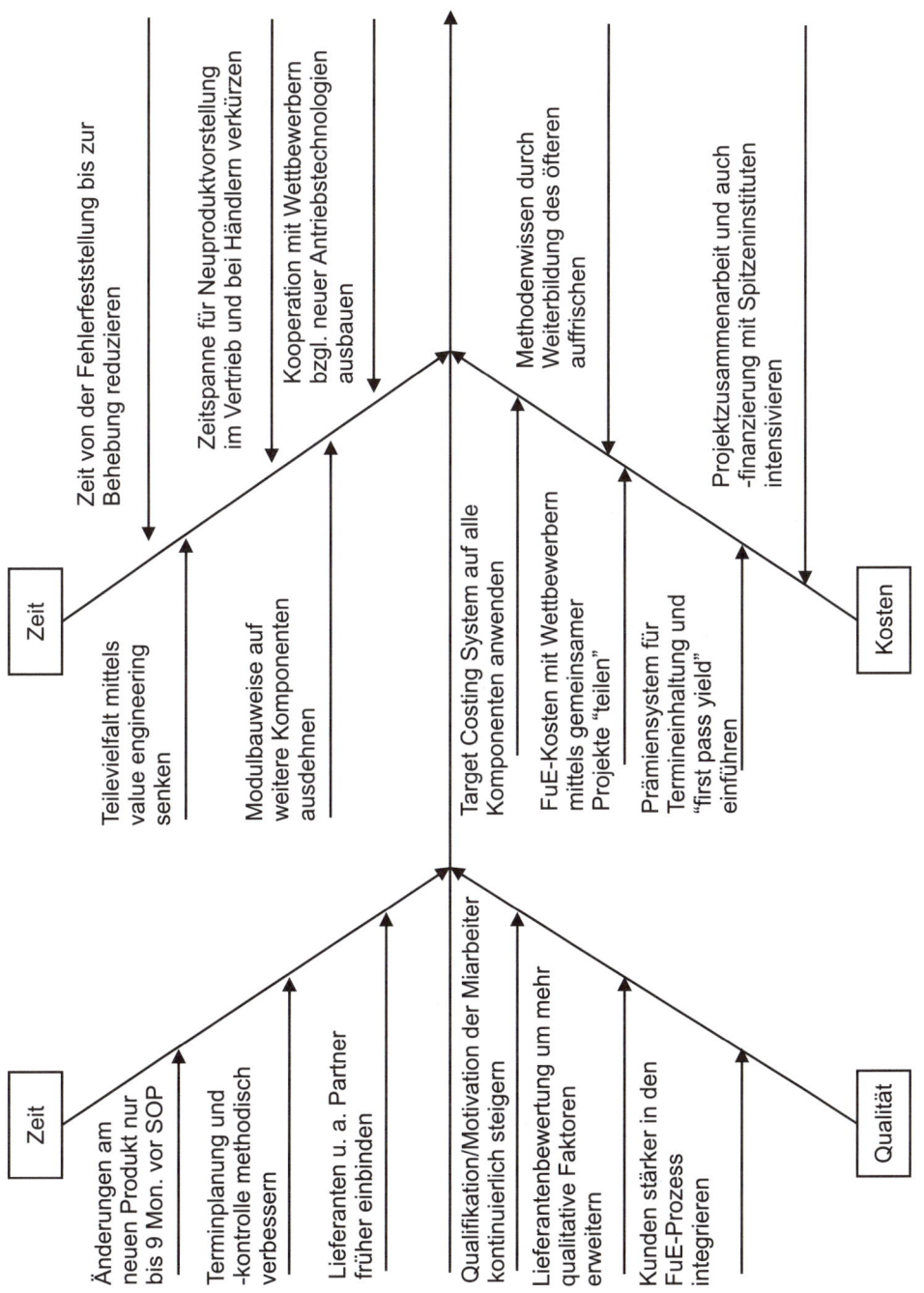

Anlage 8/1: Ishikawa-Diagramm

Wirkung von / auf	1	2	3	4	5	6	7	8	9	10	11	12	13	14	15	16	SuE
1. Änderungen		3	2			3	2							2			12
2. Termin-PuK			2											3		2	7
3. Lieferanteneinbindung	2	3			3	3	2			3		2					18
4. Teilevielfalt	3	2			3	3				2		2					15
5. Modulbauweise	3	2	3	3		3						3					17
6. Fehlerbehebung		3									2						5
7. Produktvorstellung		2												2			4
8. Kooperation	2	2		3		3							3		3		16
9. MA-Qualifikation	3	2				3		3			2	3	3	2		2	23
10. Lieferantenbewertung	2	2		2	2	3											11
11. Kundenintegration	3	2		3		3			2			3			2	2	20
12. Target Costing	3	2		3		3					3		2		2		18
13. FuE-Kosten teilen	2	3			1		2	3	2	2		2		3	3		23
14. Prämiensystem	2	3			1			2	2						2		12
15. Methodenwissen	2	2		3	2	3		3	3			3	2			2	25
16. Projektzusammenarbeit	2	2		3		3			3			3		2	3		21
Summe Beeinflussung	**29**	**35**	**10**	**20**	**9**	**33**	**6**	**11**	**12**	**7**	**7**	**21**	**10**	**14**	**15**	**8**	

Anlage 8/2: Wirkungsmatrix

1. Marktwachstum und Marktgröße

2. Marktqualität

- Rentabilität der Branche (Deckungsbeitrag, Umsatzrendite, Kapitalumschlag)
- Stellung im Markt-Lebenszyklus
- Spielraum für die Preispolitik
- Technologisches Niveau und Innovationspotential
- Schutzfähigkeit des technischen Know-how
- Investitionsintensität
- Wettbewerbsverhalten der etablierten Unternehmungen
- Anzahl und Struktur potentieller Abnehmer
- Verhandlungsstärke und Kaufverhalten der Abnehmer
- Eintrittsbarrieren für neue Anbieter (Bedrohung durch neue Konkurrenten)
- Anforderungen an Distribution und Service
- Variabilität der Wettbewerbsbedingungen
- Bedrohung durch Substitutionsprodukte
- Wettbewerbsklima
- u. a. m.

3. Energie- und Rohstoffversorgung

- Störungsanfälligkeit in der Versorgung von Energie und Rohstoffen
- Beeinträchtigung der Wirtschaftlichkeit der Produktionsprozesse durch Erhöhungen der Energie- und Rohstoffpreise
- Existenz von alternativen Rohstoffen und Energieträgern
- Verhandlungsstärke und Verhalten der Lieferanten
- u. a. m.

4. Umweltsituation

- Konjunkturabhängigkeit
- Verhandlungsstärke und Verhalten der Arbeitnehmer und ihrer Organisationen
- Inflationsauswirkungen
- Abhängigkeit von der Gesetzgebung
- Abhängigkeit von der öffentlichen Einstellung
- Handelshemmnisse
- Abhängigkeit von den Spielregeln des Marktes
- Risiko staatlicher Eingriffe
- Umweltschutzmaßnahmen
- u. a. m.

Anlage 9/1: Kriterien der Marktattraktivität

---

1. Relative Marktposition

– Marktanteil und seine Entwicklung
– Größe und Finanzkraft der Unternehmung
– Wachstumsrate der Unternehmung
– Rentabilität (Deckungsbeitrag, Umsatzrendite und Kapitalumschlag)
– Risiko (Grad der Etabliertheit im Markt)
– Marketingpotential (Image der Unternehmung und daraus resultierende Abnehmerbeziehungen, Preisvorteile aufgrund von Qualität, Lieferzeiten, Service, Technik, Sortimentsbreite usw.)
– Vertriebsorganisation
– Ausmaß der Differenzierung oder der Kostenführerschaft
– Abschirmungsfähigkeit der Unternehmung gegenüber dem Wirken der Wettbewerbskräfte
– u. a. m.

2. Relatives Produktionspotential (in Bezug auf die erreichte oder geplante Marktposition)

(A) Prozesswirtschaftlichkeit

– Kostenvorteile aufgrund der Modernität der Produktionsprozesse, der Kapazitätsausnutzung, Produktionsbedingungen, Größe der Produktionseinheiten usw.
– Innovationsfähigkeit und technisches Know-how der Unternehmung
– Lizenzbeziehungen, Patente, Schutzrechte usw.
– Anpassungsfähigkeit der Anlagen an wechselnde Marktbedingungen
– u. a. m.

(B) Hardware

– Erhaltung der Marktanteile mit der gegenwärtigen oder im Bau befindlichen Kapazität
– Standortvorteile
– Steigerungspotential der Produktivität
– Umweltfreundlichkeit der Produktionsprozesse
– Lieferbedingungen, Kundendienst, usw.
– u. a. m.

(C) Energie- und Rohstoffversorgung

– Erhaltung der gegenwärtigen Marktanteile unter den voraussichtlichen Versorgungsbedingungen
– Kostensituation der Energie- und Rohstoffversorgung
– Eingangslogistik
– u. a. m.

3. Relatives Forschungs- und Entwicklungspotential

– Stand der orientierten Grundlagenforschung, angewandten Forschung, experimentellen Entwicklung und anwendungstechnischen Entwicklung im Vergleich zur Marktposition der Unternehmung
– Innovationspotential und Innovationskontinuität
– u. a. m.

4. Relative Qualifikation der Führungskräfte und Mitarbeiter

– Professionalität und Urteilsfähigkeit, Einsatz und Kultur der Kader
– Innovationsklima
– Qualität der Führungssysteme
– Gewinnkapazität der Unternehmung, Synergien usw.
– u. a. m.

Anlage 9/2: Kriterien der relativen Wettbewerbsvorteile

Deskriptoren – Szenario

Legende: ***Kritische Deskriptoren mit hoher Relevanz für eine positive Zukunft**
        Sonstige kritische Deskriptoren
        Unkritische Deskriptoren/Megatrends

A1*
Es gibt weltweit kaum mehr Handlungsbeschränkungen. Staatsunternehmen und öffentliche Aufgaben innerhalb Europas sind weitgehend privatisiert und Märkte liberalisiert. Der Staat konzentriert sich auf wenige zentrale Aufgaben.

A4
Das Zusammenspiel von Kommunen, Regionen, Nationalstaat und Europa führt zu einer Unübersichtlichkeit der Zuständigkeiten. Jedes Anliegen muss von mindestens zwei bis drei Ebenen aufgund sich überschneidender Aufgabenverteilung behandelt werden.

A6
Die Rolle des Staates ist deutlich schwächer als in der Vergangenheit. Der Staat ist letztendlich den Übergriffen durch Terroristen oder Hackern nicht gewachsen. Vermehrt werden private Institutionen als Garant von Ordnung und Sicherheit eingesetzt.

A8
Staat, Politik und Gesellschaft bringen nicht die Kraft auf, sich grundsätzlich zu reformieren.

A9
Die Dominanz der Marktwirtschaft hat zu erheblichen Effizienzsteigerungen in der Wirtschaft, sozialen Spannungen und der Vernachlässigung öffentlicher Aufgaben geführt.

B2
Der Nationalstaat hat seine Bedeutung erfolgreich verteidigt. Der europäische Außenminister ist installiert, die Politik wird allerdings nach wie vor in den Nationalstaaten gemacht.

Anlage 10: Deskriptoren aus der Szenarioanalyse von Infratest

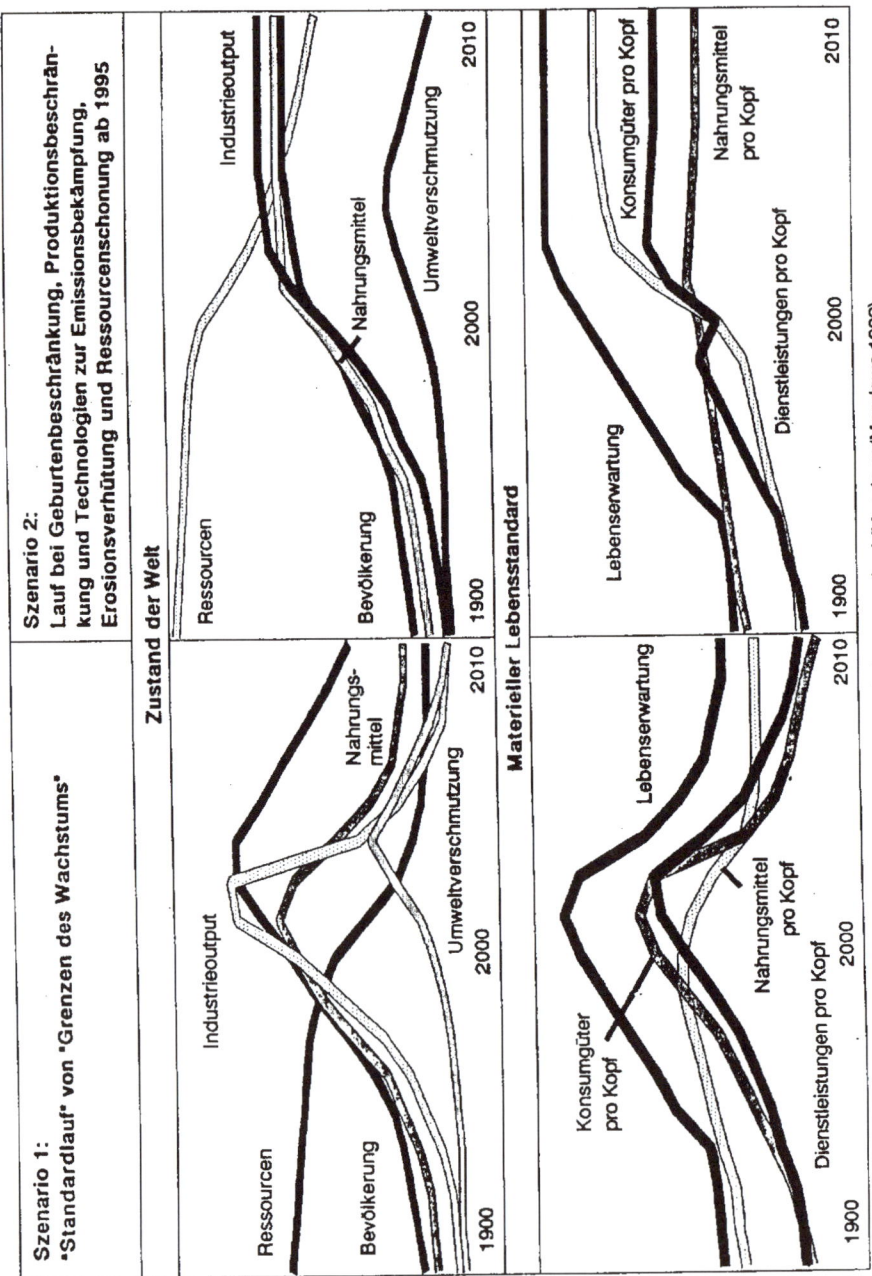

Anlage 11: Szenarien zum Zustand der Welt und zum materiellen Lebensstandard nach Meadows/Meadows/Randers 1992

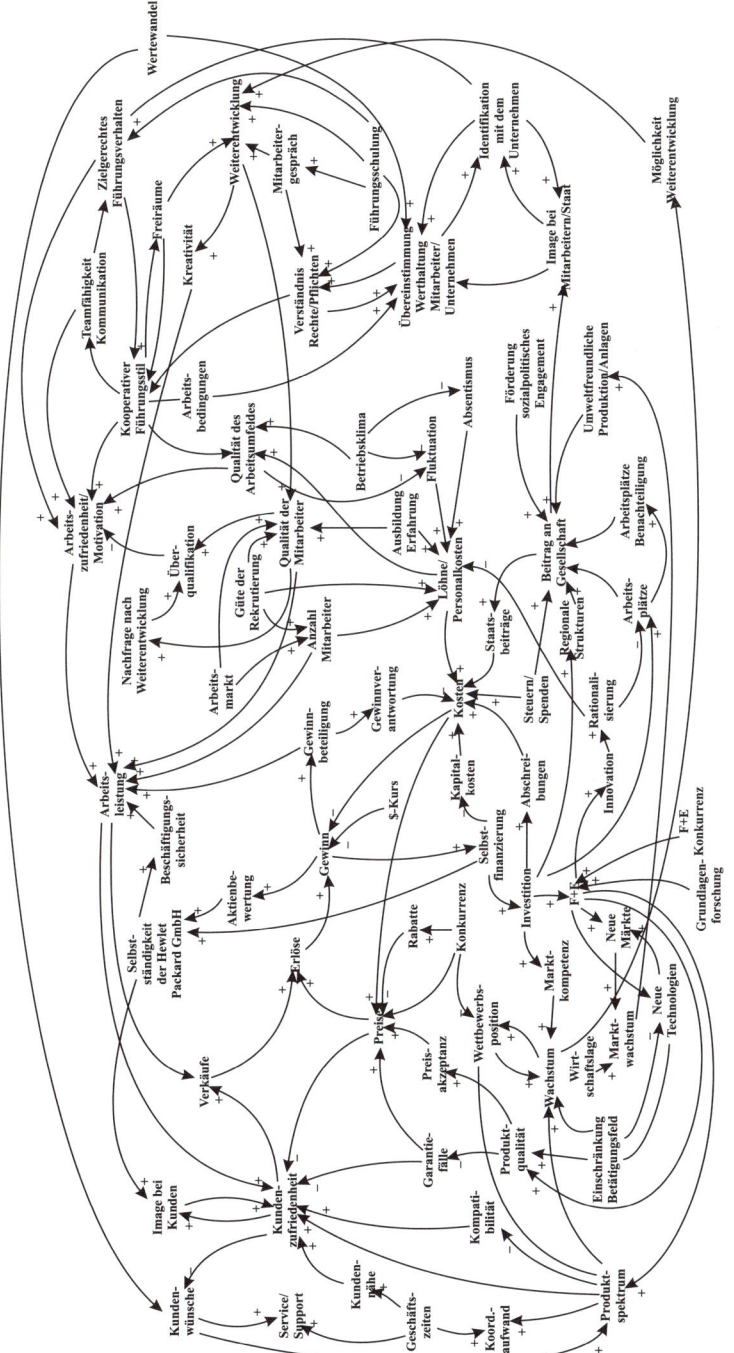

Anlage 12: Gesamtnetzwerk der Frühwarnung bei der Hewlett-Packard GmbH

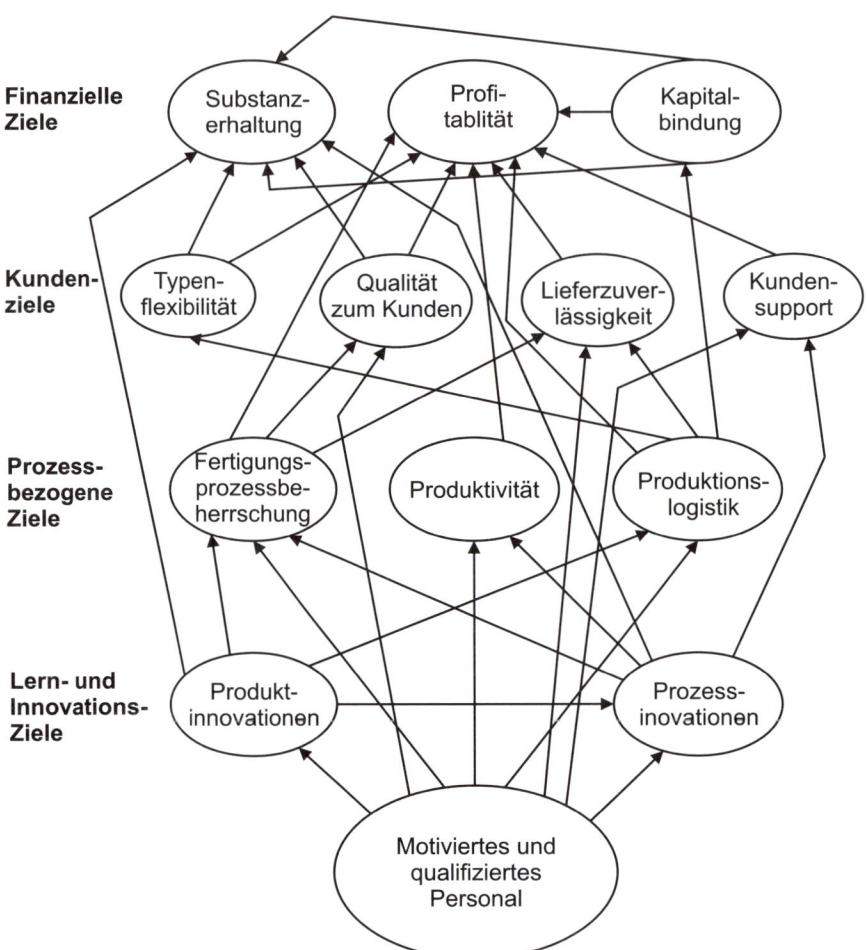

Finanzielle Ziele

Kunden-ziele

Prozess-bezogene Ziele

Lern- und Innovations-Ziele

Anlage 13/1: Wechselwirkungen in der Balanced Scorecard der Philips Bildröhrenfabrik

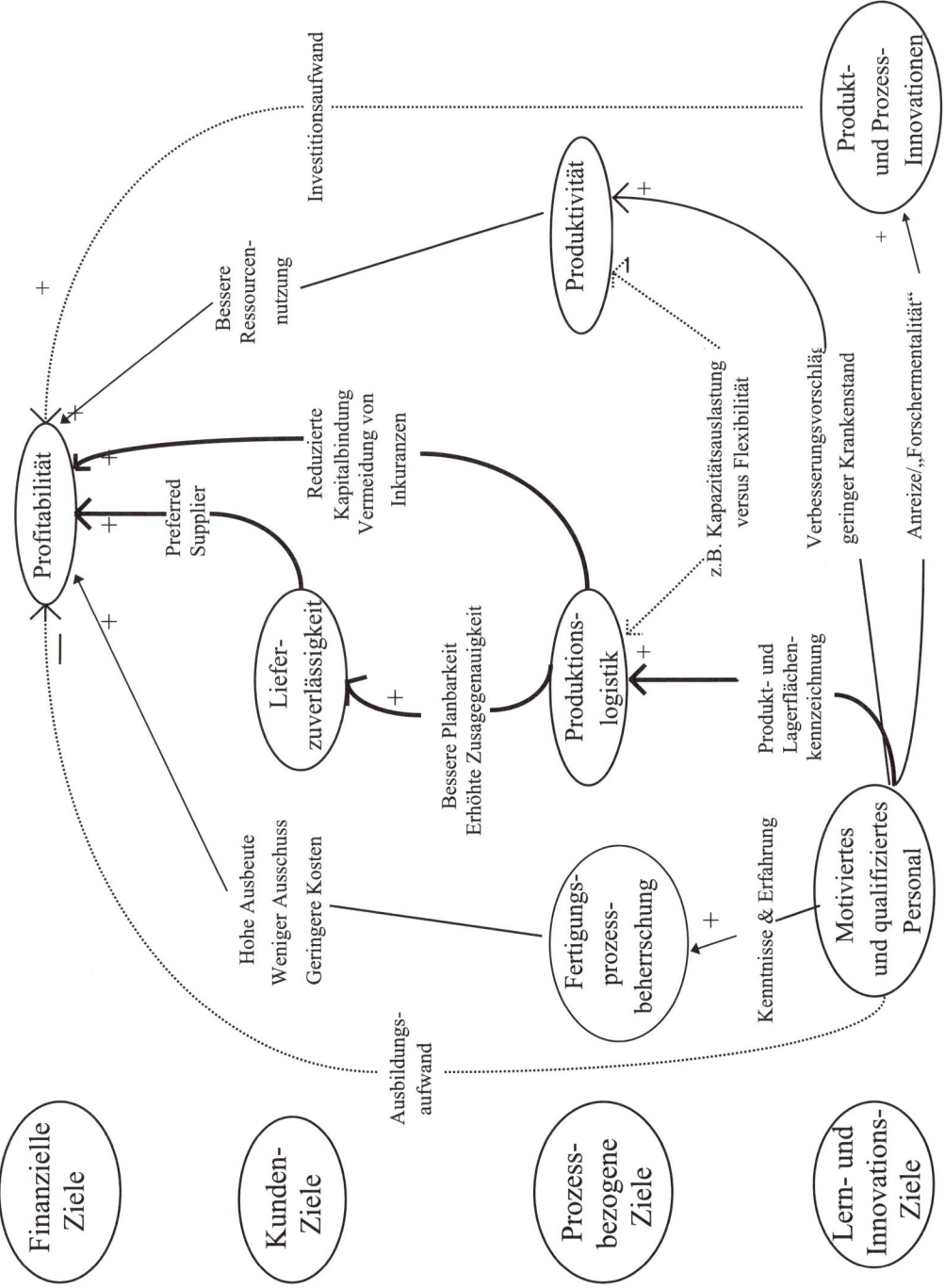

Anlage 13/2: Anwendung der Methodik des vernetzten Denkens

Literaturverzeichnis

ADAM D./WITTE T., Merkmale der Planung in gut- und schlechtstrukturierten Planungssituationen, in: WISU, 8/1979, S. 380–386

AGTHE K., Strategie und Wachstum der Unternehmung – Praxis der langfristigen Planung, 1972

AGTHE K., Stufenweise Fixkostendeckung im System des Direct Costing, in: ZfB, 7/1959, S. 104–118

AHLERT D., Strategisches Controlling als Kernfunktion des evolutionären Managements – Dargestellt am Beispiel der Betriebstypenevolution im stationären Einzelhandel, in: Ahlert D./Franz K. – P./Göppl H. (Hrsg.), Finanz- und Rechnungswesen als Führungsinstrument, 1990, S. 21–49

AHLERT D./FRANZ K.-P./GÖPPL H.(Hrsg.), Finanz- und Rechnungswesen als Führungsinstrument. Herbert Vormbaum zum 65. Geburtstag, 1990

ALBACH H., Strategische Planung und strategische Führung, in: Domsch M./ et. al. (Hrsg.), Unternehmenserfolg: Planung, Ermittlung, Kontrolle. Walther Busse von Colbe zum 60. Geburtstag – Festschrift, 1988, S. 1–10

ALBACH H., Strategische Unternehmensplanung bei erhöhter Unsicherheit, in: ZfB, 8/1978, S. 702–715

ALBACH H., Theorie und Praxis der Unternehmensplanung in: ZfB – Ergänzungsheft, 1/1979, Planung in der Praxis, S. 9–18

ALBACH H./HELD T. (Hrsg.), Betriebswirtschaftslehre mittelständischer Unternehmen. Wissenschaftliche Tagung des Verbandes der Hochschullehrer für Betriebswirtschaft e. V. 1984

ALBERT H., Die Wissenschaft und die Suche nach Wahrheit. Der kritische Realismus und seine Konsequenzen für die Methodologie, in: Radnitzky G./Andersson G. (Hrsg.), Fortschritt und Rationalität der Wissenschaft, 1980, S. 221–245

ALBERT H., Traktat über kritische Vernunft, 4. Auflage, 1980

ANSOFF H.-I., Die Bewältigung von Überraschungen und Diskontinuitäten durch Unternehmensführung – Strategische Reaktionen auf schwache Signale, in: Steinmann H. (Hrsg.), Planung und Kontrolle. Probleme der strategischen Unternehmensführung, 1981, S.233–264

ANSOFF H.-I., Implanting Strategic Management, 1984

ANSOFF H.-I., Managing Surprise and Discontinuitiy – Strategic Response to Weak Signals. Die Bewältigung von Überraschungen – Strategische Reaktionen auf schwache Signale, in: ZfbF, 1976, S. 129–152

ANSOFF H.-I., Strategic Management, 1979

ANSOFF H.-I./DECLERCK R. P./HAYES R. L., From Strategic Planning to Strategic Management, in: Hahn D./Taylor B. (Hrsg.), Strategische Unternehmungsplanung: Stand und Entwicklungstendenzen, 1980, S. 389–426

ANSOFF H.-I./KIRSCH W./ROVENTA P., Unschärfenpositionierung in der strategischen Portfolio – Analyse, in: ZfB, 10/1981, S. 963–988

ARNOLD U., Strategische Unternehmensführung und das Konzept der „Schwachen Signale", in: WiSt, 6/1981, S. 290–293

ASHBY W. R., An Introduction to Cybernetics, 5th edition, 1971

BAETGE J. (Hrsg.), Kybernetische Methoden und Lösungen in der Unternehmenspraxis. Vorschläge für betriebliche Regelungsmechanismen, 1983

BAETGE J.; Systemtheorie, in: Albers W./u. a. (Hrsg.), Handwörterbuch der Wirtschaftswissenschaft, 1977, S. 510–534

BAETGE J., Thesen zur Wirtschaftskybernetik, in: Baetge J. (Hrsg.), Kybernetische Methoden und Lösungen in der Unternehmenspraxis. Vorschläge für betriebliche Regelungsmechanismen, 1983, S. 11–24

BAGANZ A., Vernetztes Denken und Handeln in der Projektabwicklung, in: Probst G. J. B./Gomez P. (Hrsg.), Vernetztes Denken. Ganzheitliches Führen in der Praxis, 2. Auflage, 1991, S. 295–327

BAILOM F.HINTERHUBER H.H./MATZLER K./SAUERWEIN E., Das Kano-Modell der Kundenzufriedenheit, in: Marketing ZFP, Heft 2/1996, S. 117-126

BAMBERGER H., Theoretische Grundlagen strategischer Entscheidungen, in: WiSt, 3/1981, S. 97–104

BAUM H.-G./COENERBERG A. G./GÜNTHER T., Strategisches Controlling, 2. Auflage, 1999

BAUMANN E., Das System Unternehmung. Einführung in die Betriebswirtschaftslehre, 1978

BEA F. X./DICHTL E./SCHWEITZER M. (Hrsg.), Allgemeine Betriebswirtschaftslehre. Band 1: Grundfragen, 4. Auflage, 1988

BEA F. X./DICHTL E./SCHWEITZER M. (Hrsg.), Allgemeine Betriebswirtschaftslehre. Band 2: Führung, 3. Auflage, 1987

BEA F. X./KÖTZLE A., Ursachen für Unternehmenskrisen und Maßnahmen zur Krisenvermeidung, in: Der Betrieb, 11/1983, S. 565–571

BECKER W., Funktionsprinzipien des Controlling, in: ZfB, 3/1990, S. 295–318

BEER ST., Brain of the Firm – The Managerial Cybernetics of Organization, 1972

BEER ST., Der Wille der Völker, in: Probst G. J. B./Siegwart H. (Hrsg.), Integriertes Management. Bausteine des systemorientierten Managements, 1985, S. 377–400

BEER ST., The Heart of the Enterprise, 1979

BERGER R./HIRSCHBACH O., „Time – Cost – Quality Leadership", in: Seghezzi H. D./Hansen J. R. (Hrsg.), Qualitätsstrategien. Anforderungen an das Management der Zukunft, 1993, S. 129–147

BERGNER H. (Hrsg.), Planung und Rechnungswesen in der Betriebswirtschaftslehre, 1991

BERTALANFFY L. v., Vorläufer und Begründer der Systemtheorie, in: Kurzrock R. (Hrsg.), Systemtheorie. Forschung und Information, 1972, S. 17–28

BERTALANFFY L. v., Zu einer allgemeinen Systemlehre, in: Bleicher K. (Hrsg.), Organisation als System, 1972, S. 31–45 (entnommen aus: Biologie Generalis, 1/1949)

BERTHEL J., Unternehmungsführung im Wandel? Perspektiven für Theorie und Praxis, in: ZfO, 1/1984, S. 7–12

BIEL A., Controllers Lust und Frust, in: Krp, Heft 1/2002, S. 27–32

BIEL A., Einführung in die Prozeßkostenrechnung, in: Kostenrechnungspraxis, 2/1991, S. 85–90

BIRCHER B./KRIEG W., Systemmethodik und langfristige Unternehmensplanung, in: Industrielle Organisation, 4/1973, S. 157–164

BITTNER G., Mit der Balanced Scorecard Startegien erfolgreich umsetzen, Vertragsunterlagen, FH Ingolstadt, Februar 2000

BLEICHER K., Betriebswirtschaftslehre als systemorientierte Wissenschaft vom Management, in: Probst G. J. B./Siegwart H. (Hrsg.), Integriertes Management. Bausteine des systemorientierten Managements, 1985, S. 65–91

BLEICHER K., Grenzen menschlicher Gestaltbarkeit von und in Organisationen, in: WÜTHRICH H. A./WINTER W./PHILIPP A. F. (Hrsg), Grenzen ökonomischen Denkens. Auf den Spuren einer dominanten Logik, 2001, S. 391–411

BLEICHER K., Das Konzept Integriertes Management, 2. Auflage, 1992

BLEICHER K., Die Entwicklung eines systemorientierten Organisations- und Führungsmodells der Unternehmung, in: ZO, 1/70, S. 3–8; 2/70, S. 59–63; 3/70, S. 111–120; 4/70, S. 166–176

BLEICHER K., Japanisches Management im Wettstreit mit westlichen Organisationskulturen, in: ZfO, 8/1982, S. 444–450

BLEICHER K., Kompetenz, in: Grochla E. (Hrsg.), Handwörterbuch der Organisation, 2. Auflage, 1980, Sp. 1056–1064

BLEICHER K. (Hrsg.), Organisation als System, 1972

BLÜCHEL K. G./MALIK F.(Hrsg.), Faszination Bionik. Die Intelligenz der Schöpfung, 2006

BODMER C./VÖLKER R., Erfolgsfaktoren bei der Implementierung einer Balanced Scorecard, in: Controlling, Heft 10/2000, S. 477–484

BÖCKER F., Marketing-Kontrolle, 1988

BÖCKER F., Strategisches Controlling im Kleinunternehmen, in: Albach H./Held T. (Hrsg.), Betriebswirtschaftslehre mittelständischer Unternehmen, 1984, S. 665–679

BOGASCHEWSKY R., Lean Production – Patentrezept für westliche Unternehmen? -, in: Zeitschrift für Planung, 1992, S. 275–297

BOSETZKY H., Zur Erzeugung von Eigenkomplexität in Großorganisationen, in: ZO, 5/1976, S. 279–285

BRAMSEMANN, Handbuch Controlling. Methoden und Techniken, 1987

BRAUNSCHWEIG A., Die Ökologische Buchhaltung als Instrument der städtischen Umweltpolitik, 1988

BRETZKE W.-R., Holistische Planung, in: Szyperski N. (Hrsg.), Handwörterbuch der Planung, 1989, Sp. 649–654

BRUGGER R., Entwicklung eines Frühwarnsystems für die Patria Versicherungen, in: Probst G. J. B./Gomez P. (Hrsg.), Vernetztes Denken. Ganzheitliches Führen in der Praxis, 2. Auflage, 1991, S. 227–245

BRUNNER J./SPRICH O., Performance Measurement und Balanced Scorecard, in: is Management, Heft 6/1998, S. 30–36

BUCHINGER G.(Hrsg.), Umfeldanalysen für das strategische Management, 1983

BUCHNER M., Einige Überlegungen zur Controlling-Konzeption, in: Der Betrieb, 3/1982, S. 133–136

BURGER A,. Kostenmanagement, 1994

BURMANN C., Immaterielle Unternehmensfähigkeiten als Komponenten des Unternehmenswertes: Operationalisierung und empirische Messung, in: Die Unternehmung. Heft 4/2002, S. 227–245

BUZZEL R. D./GALE B. T., Das PIMS-Programm: Strategien und Unternehmenserfolg, 1989

CHEHAB P./FRÖHLICH S., Vernetztes Denken für die Früherkennung bei Swissair, in: Probst G. J. B./Gomez P. (Hrsg.), Vernetztes Denken. Ganzheitliches Führen in der Praxis, 2. Auflage, 1991, S. 197–210

CHMIELEWICZ K., Forschungskonzeptionen der Wirtschaftswissenschaft, 2. Auflage, 1979

CHRUBASIK B./ZIMMERMANN H.-J., Evaluierung der Modelle zur Bestimmung strategischer Schlüsselfaktoren, in: Die Betriebswirtschaft, 4/1987, S. 426–450

COENENBERG A. G., Jahresabschluss und Jahresabschlussanalyse, 18. Auflage, 2001

COENENBERG A. G./BAUM H.-G., Strategisches Controlling. Grundfragen der strategischen Planung und Kontrolle, 1987

COENENBERG A. G./FISCHER T. M., Prozeßkostenrechnung – Strategische Neuorientierung in der Kostenrechnung, in: Die Betriebswirtschaft, 1/1991, S. 21–38

COENENBERG A. G./FISCHER T. M./SCHMITZ J., Target Costing und Product Life Cycle Costing als Instrumente des Kostenmanagements, in: Zeitschrift für Planung, 1994, S. 1–38

COENENBERG A. G./GÜNTHER T., Der Stand des strategischen Controlling in der Bundesrepublik Deutschland. Ergebnisse einer empirischen Untersuchung, in: Die Betriebswirtschaft, 4/1990, S. 459–470

COENENBERG A. G./GÜNTHER T., Erfolg durch strategisches Controlling? – Ergebnisse einer empirischen Untersuchung -, in: Horvath P./Gassert H./Solaro D. (Hrsg.), Controllingkonzeptionen für die Zukunft. Trends und Visionen, 1991, S. 29–45

COOPER R./KAPLAN R. S., Measure Costs Right: Make the Right Decisions, in: HARVARD BUSINESS REVIEW, 5/1988, S. 96–103

CZAP H., Kybernetik und Kommunikation zur Bewältigung des sozio-ökonomischen Wandels, in: Czap H. (Hrsg.), Unternehmensstrategien im sozio-ökonomischen Wandel, 1990, S. 11–18

CZAP H. (Hrsg.), Unternehmensstrategien im sozio-ökonomischen Wandel. Wissenschaftliche Jahrestagung der Gesellschaft für Wirtschafts- und Sozialkybernetik am 3. und 4. November 1989 in Trier, 1990

DACHLER H.-P., Allgemeine Betriebswirtschafts- und Managementlehre im Kreuzfeuer verschiedener sozialwissenschaftlicher Perspektiven, in: Wunderer R. (Hrsg.), Betriebswirtschaftslehre als Management- und Führungslehre, 1985, S. 203–235

DAMASIO A. R., Descartes´ Irrtum, Fühlen, Denken und das menschliche Gehirn, 3. Auflage, 1997

DAENZER W. F. (Hrsg.), Systems Engineering. Leitfaden zur methodischen Durchführung umfangreicher Planungsvorhaben, 5. Auflage, 1986/87

DAUM J. H., Beyond Budgeting: Ein Management- und Controlling-Modell für nachhaltigen Unternehmenserfolg, in: Controlling-Berater, 2004, S. 2/397-2/429

DAUM J. H., Intangible Assets oder die Kunst, Mehrwert zu schaffen, 2002

DAUM J. H., Transparenzproblem Intagible Assets: Intellectual Capital Statements und der Neuentwurf eines Frameworks für Unternehmenssteuerung und externes Reporting, in: HORVATH P./MÖLLER K. (Hrsg.), …, S. 45–81

DAUM J. H., Werttreiber Intangible Assets: Brauchen wir ein neues Rechnungswesen und Controlling?, in: Controlling, Heft 1/2002, S. 15–24

DEISS G./DIEROLF K., Strategische Planung und Frühwarnung durch Netzwerke bei Hewlett-Packard, in: Probst G. J. B./Gomez P. (Hrsg.), Vernetztes Denken. Ganzheitliches Führen in der Praxis, 2. Auflage, 1991, S. 211–226

DELLMANN, Eine Systematisierung der Grundlagen des Controlling, in: Spremann K./Zur E. (Hrsg.), Controlling. Grundlagen – Informationssysteme – Anwendungen, 1992, S. 113–140

DER SPIEGEL, 29/1994, S. 62

DER SPIEGEL, Die Irrtümer der Propheten, Nr. 27/2001, S. 80 ff.

DER SPIEGEL, Interview mit A. Rappaport, Nr. 30/2002, S. 75

DER SPIEGEL, Der Blindflug der Forscher, Nr. 18/2005, S. 94 ff.

DEYHLE A., Controlling in vernetzter Betrachungsweise, in: io Management Zeitschrift, 6/1991, S. 74–78

DEYHLE A., Kommentar der 12 Thesen im Beitrag Küpper/Weber/Zünd zum „Verständnis und Selbstverständnis des Controlling", in: ZfB-Ergänzungsheft, 3/1991, S. 1–8

DEYHLE A., Management- & Controlling-Brevier, Band I: Manager & Controller im Team, 3. Auflage, 1984

DEYHLE A., Trends und Tendenzen bei Controlling und Controller. Vortrag bei Controlling Insights Steyr am 14.11.2003

DEYHLE A./STAMM M., „Formular-Set" zur Verkaufsplanung und Marketing – Steuerung, in: CM, 3/1985, S. 107–152

DÖRNER D., Denken und Handeln in Unbestimmtheit und Komplexität, in: GAIA, 3/93, S. 128–138

DÖRNER D., Die Logik des Mißlingens. Strategisches Denken in komplexen Situationen, 1989

DOMSCH M./ET. AL. (Hrsg.), Unternehmenserfolg: Planung, Ermittlung, Kontrolle. Walther Busse von Colbe zum 60. Geburtstag – Festschrift, 1988

DREXEL G., Ein Frühwarnsystem für die Praxis – dargestellt am Beispiel eines Einzelhandelsunternehmens -, in: ZfB, 1/1984, S. 89–105

DRUCKER P. F., Die Kunst des Managements. Eine Sammlung der in der Harvard Business Review erschienenen Artikel, 2. Auflage, 2000

DRUCKER P. F., The age of discontinuity: Guidlines to our changing society, 1969

DRUWE U., „Selbstorganisation" in den Sozialwissenschaften. Wissenschaftstheoretische Anmerkungen zur Übertragung der naturwissenschaftlichen Selbstorganisationsmodelle auf sozialwissenschaftliche Fragestellungen, in: Kölner Zeitschrift für Soziologie und Sozialpsychologie, 4/1988, S. 762–775

DUSCH M./MÖLLER M., Praktische Anwendung der Balanced Scorecard. Ein neuer Ansatz zur Fabriksteuerung in der Philips Bildröhrenfabrik Aachen, in: Controlling, Heft 2/1997, S. 116–121

DUNST K. H., Portfolio Management. Konzeption für die strategische Unternehmensplanung, 1979

DYLLICK T./PROBST G. J. B., Einführung in die Konzeption der systemorientierten Managementlehre von Hans Ulrich, in: Ulrich H., Management, 1984, S. 9–17

EDVINSON L./KIVIKAS M., New Perspectives of Leadership for Value Creation, in: HORVATH P./MÖLLER K. (Hrsg.), Intangibles in der Unternehmenssteuerung, Strategien und Instrumente zur Wertsteigerung des immateriellen Kapitals, 2004, S. 16–30

EGGERS B., Ganzheitliche Unternehmungsführung, in: WISU 10/1992, S. 727–731

EGGERS B., Ganzheitlich–vernetzendes Management. Konzepte, Workshop – Instrumente und strategieorientierte PUZZLE-Methodik, 1994

ERNST H., Intuition. Können wir unserem Bauchgefühl vertrauen?, in: Psychologie heute, Heft 3/2003, S. 20–27

EHRLENSPIEL K., Gründe für den Kosten-, Zeit- und Qualitätsdruck Japans und Antworten darauf – Eindrücke von einer Studienreise zu elf japanischen Unternehmen, in: Konstruktion, 1993, S. 73–78

EHRMANN H., Kompakttraining Balanced Scorecard, 2000

ESCHENBACH R., Entwicklungstendenzen – was bringen die nächsten Jahre im Controlling? -, in: Eschenbach R. (Hrsg.), Supercontrolling – vernetzt denken, zielgerichtet entscheiden -, 1989, S. 116–126

ESCHENBACH R., (Hrsg.), Supercontrolling – vernetzt denken, zielgerichtet entscheiden -. Österreichischer Controllertag 1989. Tagungsbericht, 1989

ETZIONI A., Entscheiden in einer unübersichtlichen Welt, in: HARVARD – manager, 1/1990, S. 21–26

FANKHAUSER P., Die Unternehmung im Netzwerk des gesellschaftlich politischen Umfeldes, in: Probst G. J. B./Gomez P. (Hrsg.), Vernetztes Denken. Ganzheitliches Führen in der Praxis, 2. Auflage, 1991, S. 121–142

FAUST F./KLÖCKNER B. W., Beamte die Privilegierten der Nation, 2005

FEHRLAGE A. O., Potentiale nutzen – durch ganzheitliches Management, in: io Management Zeitschrit, 6/1991, S. 45–48

FELIX R., Mit Fuzzy Entscheidungen optimieren. Industrielle Anwendungspotentiale der Fuzzy-Entscheidungsunterstützung, in: Elektronik plus, 1993, S. 116–118

FINK C. A./GRUNDLER C., Strategieimplementierung im turbulenten Umfeld. Steuerung der Firma Fischerwerke mit der Balanced Scorecard, in: Controlling, Heft4/1998, S. 226–235

FISCHER E. P., Die andere Bildung. Was man von den Naturwissenschaften wissen sollte, 2001

FISCHER M./FISCHER A., Neue Konzepte für das Controlling der Zukunft, in: Krp, Heft 1/2001, S. 29–35

FORRESTER J. W., Grundzüge einer Systemtheorie, 1972

FRANKEN R./FRESE E., Kontrolle und Planung, in: Szyperski, N. (Hrsg.), Handwörterbuch der Planung, 1989, Sp. 888–898

FRANZ K.-P., Die Prozeßkostenrechnung – Darstellung und Vergleich mit der Plan- und Deckungsbeitragsrechnung, in: Ahlert D./Franz K.-P./Göppl H. (Hrsg.), Finanz- und Rechnungswesen als Führungsinstrument, 1990, S. 109–136

FRANZ K.-P., Target Costing. Konzept und kritische Bereiche, in: CONTROLLING, 3/1993, S. 124–130

FRANZEN, Controlling – Von der Kostenrechnung zur strategischen Planung: Ein Überblick zur aktuellen Controlling-Literatur, in: DBW, 5/1987, S. 607–621

FREIDANK C.-C., Kostenrechung. Einführung in die begrifflichen, theoretischen, verrechnungstechnischen sowie planungs- und kontrollorientierten Grundlagen des innerbetrieblichen Rechnungswesens, 4. Auflage, 1992

FREIMANN J., Instrumente sozial-ökologischer Folgenabschätzung im Betrieb, 1989

FRESE E., Koordination, in: Grochla E./Wittmann W. (Hrsg.), Handwörterbuch der Betriebswirtschaft, 4. Auflage, 1976, Sp. 2263–2274

FRESE H., Koordinationskonzepte, in: Szyperski N. (Hrsg.), Handwörterbuch der Planung, 1989, Sp. 913–923

FRESE E./KLOOCK J., Internes Rechnungswesen und Organisation aus der Sicht des Umweltschutzes, in: BFuP, 1/1989, S. 1–29

FRÖHLING O., Strategisches Management von Wettbewerbsvorteilen: Prozeßorientierte Portfolioplanung, in: Controller magazin, 4/1990, S. 193–198

FRÖHLING O./WULLENKORD A., Das japanische Rechnungswesen ist viel stärker markt- und strategieorientiert, in: io Management Zeitschrift, 3/1991, S. 69–73

FUCHS-WEGNER G., Systemanalyse im Betrieb, in: Grochla E./Wittmann W. (Hrsg.), Handwörterbuch der Betriebswirtschaft, 4. Auflage, 1976, Sp. 3810–3832

GABELE E., Die Leistungsfähigkeit der Portfolio – Analyse für die strategische Unternehmensführung, in: Rühli E./Thommen J.-P. (Hrsg.), Unternehmungsführung aus finanz- und bankwirtschaftlicher Sicht. Bericht von der wissenschaftlichen Tagung des Verbandes der Hochschullehrer für Betriebswirtschaft e. V., 1980, S. 45–61

GÄLWEILER A., Determinanten des Zeithorizontes in der Unternehmungsplanung, in: Angewandte Planung, 1977, S. 95–106

GÄLWEILER A., Strategische Unternehmensführung, 1987

GÄLWEILER A., Strategische Unternehmensplanung in der Praxis – unter besonderer Berücksichtigung der Verwertbarkeit strategischer Analyseinstrumente, in: Raffee A./Wiedmann K.-P. (Hrsg.), Strategisches Marketing, 1985, S. 228–242

GÄLWEILER A., Unternehmensplanung: Grundlagen und Praxis, 1986

GÄLWEILER A., Zur Kontrolle strategischer Pläne, in: Steinmann H. (Hrsg.), Planung und Kontrolle. Probleme der strategischen Unternehmensführung, 1981, S. 383–399

GAITANIDES M./OECHSLER W./REMER A./STAEHLE W. H., Forschungsziele der systemorientierten Betriebswirtschaftslehre, in: Jehle E. (Hrsg), Systemforschung in der Betriebswirtschaftslehre, 1975, S. 107–132

GAULHOFER M., Strategische Planung beim Controller? – Anmerkungen zu den Ausführungen von Pfohl und Zettelmeyer, in: ZfB, 11/1987, S. 1121–1127

GEIST M. N./KÖHLER R. (Hrsg.), Die Führung des Betriebes, 1981

GESCHKA H./HAMMER R., Die Szenario-Technik in der strategischen Unternehmensplanung, in: Hahn D./Taylor B. (Hrsg.), Strategische Unternehmungsplanung – Strategische Unternehmungsführung. Stand und Entwicklungstendenzen, 6. Auflage, 1992, S. 311–336

GICKELEITER G. F., Was erfolgreiche Unternehmen und Manager ausmacht, in: FRANZ O. (Hrsp.), RKW-Handbuch Führungstechnik und Organisation, Band 1, 49. Lfg. VIII/05, S. 1052/1–1052/23

GIGERENZER, G., Bauchentscheidungen. Die Intelligenz des Unbewussten und die Macht der Intuition, 2008

GLASER H., Prozeßkostenrechnung als Kontroll- und Entscheidungsinstrument, in: Scheer A.-W. (Hrsg.), Rechnungswesen und EDV. 12. Saarbrücker Arbeitstagung 1991: Kritische Erfolgsfaktoren in Rechnungswesen und Controlling, S. 222–240

GLASS J., Mit Benchmarking in Forschung und Entwicklung (F&E) den Entwicklungsprozess optimieren, in: Krp, Heft 1/2001, S. 23–27

GLEICH R., Stichwort Performance Measurement, in: DBW, Heft 1/1997, S. 114–117

GOMEZ P., Frühwarnung in der Unternehmung, 1983

GOMEZ P., Modelle und Methoden des systemorientierten Managements. Eine Einführung, 1981

GOMEZ P., So verwenden wir Szenarien für Strategieplanung und Frühwarnsystem, in: io Management Zeitschrift, 1/1982, S. 9–13

GOMEZ P., Wertorientierte Strategieplanung, in: Der Schweizer Treuhänder, 11/90, S. 557–562

GOMEZ P./ESCHER F., Szenarien als Planungshilfen, in: io Management Zeitschrift, 9/1980, S.416–420

GOMEZ P./PROBST G. J. B., Vernetztes Denken für die strategische Führung eines Zeitschriftenverlages, in:

GOMEZ P./PROBST G., Die Praxis des ganzheitlichen Problemlösens. Vernetzt denken – Unternehmerisch handeln – Persönlich überzeugen, 2. Auflage, 1997

GOMEZ P./ G. J. B. PROBST, Vernetztes Denken im Einzelhandel – Erfolgsfaktoren einer Buchhandelskette, in: Probst G. J. B./Gomez P. (Hrsg.), Vernetztes Denken. Ganzheitliches Führen in der Praxis, 2. Auflage, 1991, S. 67–78

GOMEZ P./PROBST G. J. B., Vernetztes Denken im Management. Eine Methodik des ganzheitlichen Problemlösens, in: Die Orientierung, Nr. 89, 1987

GÖTZEN G./KIRSCH W., Problemfelder und Entwicklungstendenzen der Planungspraxis, in: ZfbF, 3/1979, S. 162–194

GÖETZKE W./SIEBEN G. (Hrsg.), Controlling – Integration von Planung und Kontrolle, 1979

GROCHLA E., Entwicklung und gegenwärtiger Stand der Organisationstheorie, in: Grochla E. (Hrsg.), Organisationstheorie, 1. Teilband, 1975, S. 2–32

GROCHLA E. (Hrsg.), Handwörterbuch der Organisation, 1969

GROCHLA E. (Hrsg.), Handwörterbuch der Organisation, 2. Auflage, 1980

GROCHLA E. (Hrsg.), Organisationstheorie, 1. Teilband, 1975

GROCHLA E. (Hrsg.), Systemtheorie und Betrieb, 1974

GROCHLA E./LEHMANN H., Systemtheorie und Organisation, in: Grochla E. (Hrsg.), Handwörterbuch der Organisation, 2. Auflage, 1980, Sp. 2204–2216

GROCHLA E./SZYPERSKI N. (Hrsg.), Modell- und computergestützte Unternehmungsplanung, 1973

GROCHLA E./WITTMANN W. (Hrsg.), Handwörterbuch der Betriebswirtschaft, 4. Auflage, 1976

GROSSMANN C., Komplexitätsbewältigung im Management. Anleitungen, integrierte Methodik und Anwendungsbeispiele, 1992

GRÜBEL D./NORTH K./SZOGS G., Intellectual Capital Reporting – ein Vergleich von vier Absätzen, in: ZfO, Heft 1/2004, S. 19–27

GÜNTERT B./HARTFELDER D., Vernetztes Denken lehren – ein Seminarkonzept, in: io Management Zeitschrift, 6/1991, S. 53–58

GÜNTHER T., Ergebnisanalyse auf Basis einer flexiblen Plankostenrechnung, in: WISU, 10/1994, S. 828–840

HAAG T., Entwicklung eines integrativen strategischen Früherkennungssystems, in: Zeitschrift für Planung, 3/1993, S. 261–274

HAASE K. D., Zur Planungs- und Kontrollorganisation des Controlling (I), in: DB, 7/1980, S. 313–318

HABERFELLNER R., Systems Engineering (SE). Eine Methodik zur Lösung komplexer Probleme, in: ZO, 7/73, S. 373–386

HABERFELLNER R./NAGEL P./BECKER M./BÜCHEL A./MASSOW H. v., Systems Engineering. Methodik und Praxis, 7. Auflage, 1992

HABERSTOCK L., Kostenrechnung II – (Grenz-)Plankostenrechnung, 6. Auflage, 1984

HAGIWARA A., Qualität, Flexibilität, Teamwork, in: Zahn E. (Hrsg.), Fit machen für den Wettbewerb, 1993, S. 127–134

HAHN D., Frühwarnsysteme, in: Buchinger G. (Hrsg.), Umfeldanalysen für das strategische Managment, 1983, S. 3–26

HAHN D., Frühwarnsysteme, Krisenmanagement und Unternehmungsplanung, in: ZfB – Ergänzungsheft, 2/1979, S. 25–46

HAHN D., Strategische Führung und Strategisches Controlling, in: ZfB – Ergänzungsheft, 3/1991, S. 121–146

HAHN D., Zweck und Standort der Portfolio – Konzepte in der strategischen Unternehmungsplanung, in: AGPLAN (Hrsg.), aplan – Handbuch zur Unternehmensplanung, Band 3, 1993, 4831/S.1–4831/S. 34

HAHN D./KLAUSMANN W., Entwicklung der betriebswirtschaftlichen Planung, in: Szyperski N., (Hrsg.), Handwörterbuch der Planung, 1989, S. 406–420

HAHN D./KRYSTEK U., Betriebliche und überbetriebliche Frühwarnsysteme für die Industrie, in: ZfbF, 1979, S. 76–88

HAHN D./TAYLOR B. (Hrsg.), Strategische Unternehmungsplanung. Strategische Unternehmungsführung: Stand und Entwicklungstendenzen, 6. Auflage, 1992

HAMEL G./PRAHALAD C. K., Wettlauf um die Zukunft, 1997

HAMERMESH R. G., Die Grenzen der Portfolioplanung, in: HARVARDmanager, 1/1987, S. 68–74

HAMMER R. M./HINTERHUBER H. H., Strategisches Controlling, in: Seicht G. (Hrsg.), Jahrbuch für Controlling und Rechnungswesen '88, 1988, S. 175–204

HANSEN H. R., Systemanalyse, in: Grochla E. (Hrsg.), Handwörterbuch der Organisation, 2. Auflage, 1980, Sp. 2171–2183

HANSMANN K.-W., Heuristische Prognoseverfahren, in: WISU, 5/1979, S. 229–233

HARBERT L., Controlling-Begriffe und Controlling-Konzeptionen – Eine kritische Betrachtung des Entwicklungsstandes des Controlling und Möglichkeiten seiner Fortentwicklung, 1982

HAUBER R., Performance Measurement in der Forschung und Entwicklung. Konzeption und Methodik, 2002

HAUSCHILDT J., Aus Schaden klug, in: Manager magazin, 10/1983, S. 142–152

HAUSCHILDT J., Entscheidungsziele, Zielbildung in innovativen Entscheidungsprozessen: Theoretische Ansätze und empirische Prüfung, 1977

HAUSCHILDT J., „Ziel-Klarheit" oder „Kontrollierte Ziel-Unklarheit" in Entscheidungen?, in: Witte E. (Hrsg.), Der praktische Nutzen empirischer Forschung, 1981, S. 305–322

HAUSCHILDT J., Zielsysteme, in: Grochla E. (Hrsg.), Handwörterbuch der Organisation, 2. Auflage, 1980, Sp. 2419–2430

HAUSER M., Controlling im Wandel der Zeit, in: cm, Heft 3/2001, S. 215–225

HAWKINS J., Die Zukunft der Intelligenz. Wie das Gehirn funktioniert und was Computer davon lernen können, 2006

HAYEK F. A. v., Die Ergebnisse menschlichen Handelns, aber nicht menschlichen Entwurfs, in: Hayek F. A. v. (Hrsg.), Freiburger Studien, 1969, S. 97–115

HAYEK F. A. v., Die Theorie komplexer Phänomene, 1972

HAYEK F. A. v., Freiburger Studien, 1969

HAYEK F. A. v., Studies in Philosophie, Politics and Economics, 1967

HAYES R. H., Strategische Planung – rückwärts voran?, in: HARVARDmanager, 3/1986, S. 48–55

HEIGL A., Controlling im Mittelbetrieb, in: ZO, 8/1981, S. 425–430

HEINEN E., Der entscheidungsorientierte Ansatz der Betriebswirtschaftslehre, in: Kortzfleisch G. v. (Hrsg.), Wissenschaftsprogramm und Ausbildungsziele der Betriebswirtschaftslehre, 1971, S. 21–37

HEINEN E., Einführung in die Betriebswirtschaftslehre, 6. Auflage, 1977

HEINEN E., Einführung in die Betriebswirtschaftslehre, Nachdruck der 9. Auflage, 1992

HEINEN E., Industriebetriebslehre als Entscheidungslehre, in: Heinen E. (Hrsg.), Industriebetriebslehre. Entscheidungen im Industriebetrieb, 8. Auflage, 1985, S. 5–75

HEINEN E. (Hrsg.), Industriebetriebslehre. Entscheidungen im Industriebetrieb, 8. Auflage, 1985

HEINEN E., Zum Problembezug von Entscheidungsmodellen, in: WiSt, 1972, S. 3–7

HEINEN E., Zum Wissenschaftsprogramm der entscheidungsorientierten Betriebswirtschaftslehre, in: ZfB, 1969, S. 207–220

HEINRICH D., Führung – vernetztes Denken ist gefordert, in: io – Management Zeitschrift, 6/1991, S. 38–40

HENDERSON B. D., Die Erfahrungskurve in der Unternehmensstrategie, 1974

HENTSCH B./MALIK F. (Hrsg.), Systemorientiertes Management, 1973

HERTZ D. B., Systemanwendung in der Unternehmungspraxis – Stand und Entwicklungstendenzen, in: Hentsch B./Malik F. (Hrsg.), Systemorientiertes Management, 1973, S. 95–105

HINTERHUBER H. H., Die Objektivierung der Strategie als Voraussetzung für das strategische Controlling, in: Horvath P. (Hrsg.), Strategieunterstützung durch das Controlling: Revolution im Rechnungswesen, 1990, S. 91–122

HINTERHUBER H. H., Strategische Unternehmungsführung. I. Strategisches Denken. Vision – Unternehmenspolitik – Strategie, 5. Auflage, 1992

HIROMOTO T., Das Rechnungswesen als Innovationsmotor, in: HARVARDmanager, I/1989, S. 129–133

HOFBAUER G., Diffusionsforschung, in: POTH L./POTH G. (Hrsp.), Marketing, Nr. 48, Kap. 25, 2003, S. 1–91

HOFFMANN F., Das Rechnungswesen als Subsystem der Unternehmung, in: ZfB, 6/1971, S. 363–378

HONEGGER J./VETTINGER H., Ganzheitliches Management in der Praxis, 2003

HOPE J./FRASER R., Beyond Budgeting. Wie sich Manager aus der jährlichen Budgetierungsfalle befreien können, 2003

HOPFENBECK W., Allgemeine Betriebswirtschafts- und Managementlehre. – Das Unternehmen im Spannungsfeld zwischen ökonomischen, sozialen und ökologischen Interessen, 4. Auflage, 1991

HOPFENBECK W./JASCH C., Öko-Controlling. Umdenken zahlt sich aus! Umweltberichte, Audits und Ökobilanzen als betriebliche Führungsinstrumente, 1993

HORVATH P., Controlling, 5. Auflage, 1994

HORVATH P. (Hrsg.), Effektives und schlankes Controlling, 1992

HORVATH P., Entwicklungstendenzen des Controlling: Strategisches Controlling, in: Rühli E./Thommen J.-P. (Hrsg.), Unternehmungsführung aus finanz- und bankwirtschaftlicher Sicht, 1981, S. 397–415

HORVATH P., Entwicklung und Stand einer Konzeption zur Lösung der Adaptions- und Koordinationsprobleme der Führung, in: ZfB, 1978, S. 194–208

HORVATH P., Schnittstellenüberwindung durch das Controlling, in: Horvath P. (Hrsg.), Synergien durch Schnittstellen-Controlling, 1991, S. 1–23

HORVATH P. (Hrsg.), Strategieunterstützung durch das Controlling: Revolution im Rechnungswesen?, 1990

HORVATH P. (Hrsg.), Synergien durch Schnittstellen-Controlling, 1991

HORVATH P., Unter Zugzwang, in: Management – Wissen, 10/1988, S. 34–38

HORVATH P. /GASSERT H./SOLARO D. (Hrsg.), Controllingskonzeptionen für die Zukunft. Trends und Visionen, 1991

HORVATH P. & PARTNER, Balanced Scorecard umsetzen, 2000

HORVATH P./MAYER R., Prozeßkostenrechnung – Der neue Weg zu mehr Kostentransparenz und wirkungsvolleren Unternehmensstrategien, in: CONTROLLING, 4/1989, S. 214–219

HORVATH P./KAUFMANN L., Balanced Scorecard – ein Werkzeug zur Umsetzung von Strategien, in: HARVARD Business Manager, Heft 5/1998, S. 39–48

HORVATH P./RENNER A., Prozeßkostenrechnung – Konzept, Realisierungsschritte und erste Erfahrungen, in: Fortschrittliche Betriebsführung/Industrial Engineering, 3/1990, S. 100–107

HORVATH P./SEIDENSCHWARZ W., Zielkostenmanagement, in: CONTROLLING, 3/1992, S. 142–150

HORVATH P./SEIDENSCHWARZ W. /SOMMERFELDT H., Von Genka Kikaku bis Kaizen. Wie japanische Unternehmen ihre Kosten im Griff haben. Erfahrungen einer Japanreise mit deutschen Managern und Controllern, in: CONTROLLING, 1/1993, S. 10–18

HUB H.(Hrsg.), Für Einsteiger und Trainer: Eine Methodik zum PC – Werkzeug GAMMA – an einem Beispiel demonstriert, in: Hub H. (Hrsg.), Komplexe Aufgabenstellungen ganzheitlich bearbeiten. Fallstudien und Beispiele aus der Praxis, 1994, S. 2/1–2/37

HUB H. (Hrsg.), Komplexe Aufgabenstellungen ganzheitlich bearbeiten. Fallstudien und Beispiele aus der Praxis, 1994

HUB H., Ganzheitliches Denken im Management. Komplexe Aufgaben PC – gestützt lösen, 1994

Internationaler Controllerverein (Hrsg.), Balanced Scorecard

IÖW, Forschungsprojekt: Umwelt-Controlling. Aktive Nutzung von Umweltbilanzen für Unternehmen im Rahmen einer präventiven Umweltpolitik, 1992

JÄGER W., Analyten entdecken das Human Capital, in: Personalwirtschaft, Heft 12/2002, S. 16 -18, Internationaler Controlling Verein (Hrsp.), Balanced Scorecard, 2003

JEHLE E. (Hrsg.), Systemforschung in der Betriebswirtschaftslehre. Tagungsbericht des Arbeitskreises für Wissenschaftstheorie im Verband der Hochschullehrer für Betriebswirtschaft e. V., 1975

KAHL K.-D., Ziele und Zielplanung im Unternehmen, in: Strategische Planung, 3/4/1989, S. 197–217

KAMISKE G. F./MALORNY C., Total Quality Management. Ein bestechendes Führungsmodell mit hohen Anforderungen und großen Chancen, in: ZfO, 5/1992, S. 274–278

KAPLAN R. S./NORTON D. P., Balanced Scorecard. Strategien erfolgreich umsetzen, 1997

KAPLAN R. S./NORTON D. P., Grünes Licht für Ihre Strategie, in: Harvard Businessmanager, Mai 2004, S. 19–33

KAPLAN R. S./NORTON D. P., In Search of Excellence – der Maßstab muss neu definiert werden, in: HARVARDmanager, Heft 4/1992, S. 37–46

KAPLAN R. S./NORTON D. P., Using the Balanced Scorecard as a Strategic Management System, in: HARVARD Business Review, Heft 1/1996, S. 75–85

KAPLAN R. S./NORTON D. P., Wie drei Großunternehmen methodisch ihre Leistung stimulieren, in: HARVARD BUSINESSmanager, Heft 2/1994, S. 96–104

KAPLAN R. S./NORTON D. P.,Wie Sie die Geschäftsstrategie den Mitarbeitern verständlich machen, in: HARVARD BUSINESSmanager, Heft 2/2001, S. 60–70

KAUFMANN L., Balanced Scorecard, in: Zeitschrift in Planung, Heft 8/1997, S. 421–428

KERN W., Handwörterbuch der Produktionswirtschaft, 1980

KIESER A., Fremdorganisation, Selbstorganisation und evolutionäres Management, in: ZfbF, 3/1994, S. 199–228

KIESER A./KUBICEK H., Organisation, 2. Auflage, 1983

KILGER W., Einführung in die Kostenrechnung. 3. Auflage, 1987

KILGER W., Flexible Plankostenrechnung und Deckungsbeitragsrechnung, 8. Auflage, 1981

KIRCHGÄSSNER G., In Memoriam Karl R. Popper. Zur Bedeutung von Karl Popper für die Sozialwissenschaften, in: WiSt, 3/1995, S. 145–147

KIRSCH W., Geleitwort, in: Müller-Stewens G., Strategische Suchfeldanalyse. Die Identifikation neuer Geschäfte zur Überwindung struktureller Stagnation, 2. Auflage, 1990, S. V–VI

KIRSCH W., Grundzüge des Strategischen Managements, in: Kirsch W. (Hrsg.), Beiträge zum Management strategischer Programme, 1991, S. 4–37

KIRSCH W. (Hrsg.), Beiträge zum Management strategischer Programme, 1991

KIRSCH W./ESSER W.-M./GABELE E., Das Management des geplanten Wandels, 1979

KIRSCH W./PICOT A. (Hrsg.), Die Betriebswirtschaftslehre im Spannungsfeld zwischen Generalisierung und Spezialisierung, 1989

KIRSCH W./ROVENTA P. (Hrsg.), Bausteine eines strategischen Managements. Dialoge zwischen Wissenschaft und Praxis, 1983

KIRSCH W./TRUX W., Strategische Frühaufklärung, in: Kirsch W./Roventa P. (Hrsg.), Bausteine eines strategischen Managements. Dialoge zwischen Wissenschaft und Praxis, 1983, S. 226–236

KIRSCH W. /TRUX W., Strategische Frühaufklärung und Portfolio-Analyse, in: ZfB – Ergänzungsheft, 2/1979, S. 47–69

KLAUSMANN W., Betriebliche Frühwarnsysteme im Wandel, in: ZfO, 1/1983, S. 39–45

KLINGEBIEL N., Performance Management, Grundlagen – Ansätze – Fallstudien, 1999

KLINGEBIEL N., Leistungsrechnung/Performance Measurement als bedeutsamer Bestandteil des internen Rechnungswesens, in: Krp, Heft 2/1996, S. 77–84

KLINGLER B. F., Target Cost Management. Durch marktorientiertes Zielkostenmanagement können Automobilhersteller ihre Produktkosten senken, in: CONTROLLING, 4/1993, S. 200–207

KOCH H., Wirtschaftsunruhe und Unternehmensplanung, in: ZfbF, 1976, S. 330–341

KORTZFLEISCH G. v. (Hrsg.), Wissenschaftsprogramm und Ausbildungsziele der Betriebswirtschaftslehre, 1971

KORTZFLEISCH G. v./KRALLMANN H., Industrial Dynamics, in: Kern W. (Hrsg.), Handwörterbuch der Produktionswirtschaft, 1980, Sp. 725–733

KRAMPE G./MÜLLER G., Diffusionsfunktionen als theoretisches und praktisches Konzept zur strategischen Frühaufklärung, in: ZfbF, 1981, S. 384–401

KREIKEBAUM H., Strategic Issue Analysis, in: Szyperksi N. (Hrsg.), Handwörterbuch der Planung, 1989, Sp. 1876–1885

KREIKEBAUM H., Strategische Unternehmensplanung, 5. Auflage, 1993

KREIKEBAUM H./GRIMM U., Die Analyse strategischer Faktoren und ihre Bedeutung für die strategische Planung, in: WiSt, 1/1983, S. 6–12

KREILKAMP E., Strategisches Management und Marketing. Markt- und Wettbewerbsanalyse, Strategische Frühaufklärung., Portfolio-Management, 1987

KRENN G., Neue Arbeitsstrukturen in einem Automobilwerk, in: Landsberg G. v. (Hrsg.), Karriereführer – Hochschulen. Informationsmarkt für Studenten und Unternehmen, 15. Ausgabe, II/1994, S. 43–45

KRIEG W., Management- und Unternehmungsentwicklung – Bausteine eines integrierten Ansatzes, in: Probst G. J. B./Siegwart H. (Hrsg.), Integriertes Management: Bausteine des systemorientierten Managements 1985, S. 261–277

KRÖGER F., EVA vernichtet Werte, in: HARVARD BUSINESSmanager, 08/2005, S. 14–16

KRÜGER W., Controlling: Gegenstandsbereich, Wirkungsweise und Funktionen im Rahmen der Unternehmungspolitik, in: BFuP, 2/1979, S. 158–169

KRUSCHWITZ L./FISCHER J., Heuristische Lösungsverfahren, in: WiSt, 1981, S. 449–458

KRYSTEK U., Controlling und Frühaufklärung. Stand und Entwicklungstendenzen von Systemen der Frühaufklärung, in: CONTROLLING, 2/1990, S. 68–75

KRYSTEK U., Krisenbewältigungs – Management und Unternehmensplanung, 1981

KRYSTEK U. /MÜLLER-STEWENS G., Frühaufklärung für Unternehmen. Identifikation und Handhabung zukünftiger Chancen und Bedrohungen, 1993

KUBICEK H., Unternehmensziele, Zielkonflikte und Zielbildungsprozesse. Kontroversen und offene Fragen in einem Kernbereich betriebswirtschaftlicher Theoriebildung, in: WiSt, 10/1981, S. 458–466

KÜHN R., Frühwarnung im strategischen Bereich. 1. Teil: Methodische Grundlagen, in: io Management Zeitschrift, 11/1980, S. 497–499

KÜHN R., Frühwarnung im strategischen Bereich. 2. Teil und Schluß: Das praktische Vorgehen, in: io Management Zeitschrift, 12/1980, S. 551–555

KÜHN R./FASNACHT R., Strategische Frühwarnung als Aufgabe des Marketing-Controllings, in: REINECKE S./et. al. (Hrsp.), Marketingcontrolling, 1998, S. 22–32

KÜHN R. /WALLISER M., Problementdeckungssystem mit Frühwarneigenschaften, in: Die Unternehmung, 3/1978, S. 223–246

KÜPPER H.-U., Industrielles Controlling, in: Schweitzer M. (Hrsg.), Industriebetriebslehre. Das Wirtschaften in Industrieunternehmungen, 2. Auflage, 1994, S. 849–959

KÜPPER H.-U., Konzeption des Controlling aus betriebswirtschaftlicher Sicht, in: Scheer A.-W. (Hrsg.), Rechnungswesen und EDV, 8. Saarbrücker Arbeitstagung 1987, S. 82–116

KÜPPER H.-U., Koordination und Interdependenz als Bausteine einer konzeptionellen und theoretischen Fundierung des Controlling, in: Lücke W. (Hrsg.), Betriebswirtschaftliche Steuerungs- und Kontrollprobleme, 1988, S. 163–183

KÜPPER H. /BRONNER T. /DASCHMANN H.-A., Früherkennung von Umfeldentwicklungen als Baustein im strategischen Controlling – ein Fallbeispiel aus dem Mittelstand, in: Praxis des Rechnungswesens, 4/93, S. 11/255–11/268

KÜPPER H.-U./WEBER J./ZÜND A., Zum Verständnis und Selbstverständnis des Controlling. Thesen zur Konsensbildung, in: ZfB, 3/1990, S. 281–293

KUHN T. S., Die Struktur wissenschaftlicher Revolutionen, 13. Auflage, 1996

LACHNIT L., Zur Weiterentwicklung betriebswirtschaftlicher Kennzahlensysteme, in: ZfbF, 1976, S. 216–230

LANDSBERG G. v. (Hrsg.), Karriereführer – Hochschulen. Informationsmarkt für Studenten und Unternehmen, 15. Ausgabe, II/1994

LANGE B., Bestimmung strategischer Erfolgsfaktoren und Grenzen ihrer empirischen Fundierung. Dargestellt am Beispiel der PIMS-Studie, in: Die Unternehmung, 1/1982, S. 27–41

LASZLO E./LASZLO C./ LIECHTENSTEIN A. v., Evolutionäres Management. Globale Handlungskonzepte, 1992

LENK H./MARING M./ FULDA E., Wissenschaftstheoretische Aspekte einer anwendungsorientierten systemtheoretischen Betriebswirtschaftslehre, in: Probst G. J. B./Siegwart H., Integriertes Management. Bausteine des systemorientierten Managements, 1985, S. 165–178

LIEBL F., Schwache Signale und künstliche Intelligenz im strategischen Management, 1991

LIKER J. K., Der Toyota Weg. 14 Managementprinzipien des weltweit erfolgreichsten Automobilkonzerns, 2. Auflage, 2007

LINDEMANN P., Kybernetik, in: Management – Enzyklopädie. Das Managementwissen unserer Zeit in 6 Bänden, Band 5, 1971, S. 1266–1279

LINGNAU V., Kritischer Rationalismus und Betriebswirtschaftslehre, in: WiSt, 3/1995, S. 124–129

LOSBICHLER H., Controlling – 30 Jahre in die Zukunft, in: Controllermagazin, 1/2006, S. 52–58

LÜCKE W. (Hrsg.), Betriebswirtschaftliche Steuerungs- und Kontrollprobleme. Wissenschaftliche Tagung des Verbandes der Hochschullehrer für Betriebswirtschaft e. V. 1987, 1988

LUHMANN N., Soziologie als Theorie sozialer Systeme, in: Kölner Zeitschrift für Soziologie und Sozialpsychologie, 1986, S. 615–644

LUHMANN N., Zweckbegriff und Systemrationalität, 1973

LYNCH R. L./CROSS K. F., Measure Up! Yardsticks for Continous Improvement, 2. Auflage, 1995

MACHARZINA K., Bedeutung und Notwendigkeit des Diskontinuitätenmanagements bei internationaler Unternehmenstätigkeit, in: Macharzina K. (Hrsg.), Diskontinuitätenmanagement. Strategische Bewältigung von Strukturbrüchen bei internationaler Unternehmenstätigkeit, 1984, S. 1–18

MACHARZINA K. (Hrsg.), Diskontinuitätenmanagement. Strategische Bewältigung von Strukturbrüchen bei internationaler Unternehmenstätigkeit, 1984

MAKIDO T., Recent Trends in Japan's Cost Management Practices, in: Monden Y. M./Sakurai M. (Hrsg.), Japanese Management Accounting. A World Class Approach to Profit Management, 1989, S. 2–13

MALIK F., Evolutionäres Management. Eine Replik zur Kritik von Karl Sandner, in: Die Unternehmung, 2/1982, S. 91–106

MALIK F., Führen Leisten Leben. Wirksames Management für eine neue Zeit, 9. Auflage, 2001

MALIK F. (Hrsg.), Praxis des systemorientierten Managements. Festschrift zum 60. Geburtstag von Prof. Dr. Dr. h. c. Hans Ulrich, 1979

MALIK F., Strategie des Managements komplexer Systeme. Ein Beitrag zur Management-Kybernetik evolutionärer Systeme, 3. Auflage, 1989

MALIK F./PROBST G., Evolutionäres Management, in: Die Unternehmung, 2/81, S. 121–140

MANN R., Anforderungen an ein strategisches Controlling, in: Töpfer A./Alfeldt H. (Hrsg.), Praxis der strategischen Unternehmensplanung, 1983, S. 465–491

MANN R., Controlling und Planung, in: Szyperski N. (Hrsg.), Handwörterbuch der Planung, 1989, Sp. 219–228

MANN R., Das ganzheitliche Unternehmen. Die Umsetzung des Neuen Denkens in der Praxis zur Sicherung von Gewinn und Lebensfähigkeit, 1990

MARR R./SCHUH S., Systemtheorie, in: Management Enzyklopädie. Das Managementwissen unserer Zeit, Band 8, 2. Auflage, 1984, S. 982–988

MARRE G., Controlling in der Krise, in: Schimke E./Töpfer A. (Hrsg.), Krisenmanagement und Sanierungsstrategien, 2. Auflage, 1986, S. 62–75

MAUTHE K. D./ROVENTA P., Versionen der Portfolio-Analyse auf dem Prüfstand. Ein Ansatz zur Auswahl und Beurteilung strategischer Analysemethoden, in: ZfO, 4/1982, S. 191–204

MAYER E., Arbeitsgemeinschaft Wirtschaftswissenschaft und Wirtschaftspraxis (AWW) im Controlling und Rechnungswesen. Beispiel der Verbindung von praktischem Management Know-how und theoretischen Controlling-Konzepten, in: Siegwart H./Mahari J. I./Caytas I.G./Sander S. (Hrsg.), Meilensteine im Management. Management Controlling, 1990, S. 307–323

MAYER E., Biokybernetisch orientiertes Controlling als Unternehmensphilosophie?, in: Controlling-Berater, 1983, S. 3/21–3/57

MAYER E., Controlling als Denk- und Steuerungssystem. Ergebnis einer anwendungsbezogenen Forschung (1971–1990), 4. Auflage, 1990

MEADOWS D. H./MEADOWS D. L./RANDERS J., Die neuen Grenzen des Wachstums. Die Lage der Menschheit: Bedrohung und Zukunftschancen, 1992

MEFFERT H., Größere Flexibilität als Unternehmungskonzept, in: ZfbF, 2/1985, S. 121–137

MEFFERT H. /BRUHN M./SCHUBERT F. /WALTHER T., Marketing und Ökologie – Chancen und Risiken umweltorientierter Absatzstrategien der Unternehmungen, in: Die Betriebswirtschaft, 2/1986, S. 140–159

MEFFERT H./WEHRLE F., Strategische Unternehmensplanung, in: HARVARDmanager, II/1983, S. 50–60

MELLEROWICZ K., Planung und Plankostenrechnung – Band II: Plankostenrechnung, 1972

MEIER A., Koordination, in: Grochla E. (Hrsg.), Handwörterbuch der Organisation, 1969, Sp. 893–899

MEYER C., Kundenbilanzanalyse der Kreditinstitute, 1989

MEYER ZU SELHAUSEN H., Inkrementale Planung, in: Szyperski N. (Hrsg.), Handwörterbuch der Planung, 1989, Sp. 746–753

MILLER J.G./VOLLMANN T. E., The hidden factory, in: HARVARD BUSINESS REVIEW, 5/1985, S. 142–150

MINTZBERG H./WESTLEV F., Entscheiden – läuft oft anders als Sie denken, in: HARVARD BUSINESSmanager, Heft 6/2001, S. 9–14

MIYABAYASHI A., Die japanische Herausforderung, in: Zahn E. (Hrsg.), Fit machen für den Wettbewerb, 1993, S. 113–120

MOCK A., Unternehmensplanung und kybernetisches Management, in: Baetge J. (Hrsg.), Kybernetische Methoden und Lösungen in der Unternehmenspraxis. Vorschläge für betriebliche Regelungsmechanismen, 1983, S. 25–41

MONDEN Y. M./SAKURAI M. (Hrsg.), Japanese Management Accounting. A World class Approach to Profit Management, 1989

MÜLLER A., Controlling-Konzepte. Kompetenz zur Bewältigung komplexer Problemstellungen, 2002

MÜLLER A., Controlling von Intangible Assets, in: ZfCM, 6/2004, S. 396–402

MÜLLER A., Die Prozeßkostenrechnung als neuer Ansatz zur Kontrolle und Verrechnung der Gemeinkosten, in: Praxis des Rechnungswesens, 1/1992, S. 8/91–8/126

MÜLLER A., Forschungsbericht – Messung von FuE-Performance, 2007

MÜLLER A., Frühaufklärungssysteme im Rahmen des Marketing-Controlling, in: Pepels W. (Hrsg.), Marketing-Controlling-Organisation. Grundgestaltung marktorientierter Unternehmenssteuerung, 2003, S.17–43

MÜLLER A., Gemeinkosten-Management. Vorteile der Prozeßkostenrechnung, 1992

MÜLLER A., Gemeinkosten-Management. Vorteile der Prozeßkostenrechnung, 2. Auflage, 1998

MÜLLER A., Instrumente für ein umweltorientiertes Rechnungswesen im Betrieb, in: Praxis des Rechnungswesens, 4/1993, S. 7/1–7/31

MÜLLER A., Problematik und Praxis der Messung von FuE-Performance, in: FRANZ O. (Hrsg.), RKW-Handbuch Führungstechnik und Organisation, Band 4, 2007, S. 5412/ S. 1–5412/68

MÜLLER A., Strategisches Management mit der Balanced Scorecard, 2. Auflage, 2005

MÜLLER A., Systematische Gewinnung von Frühindikatoren für Frühaufklärungssysteme, in: Krp, 4/2001, S. 212–222

MÜLLER A., Umfassende Marktorientierung der Unternehmung mit Hile des Center-Konzepts, in: Krp., Heft 6/1998, S. 343–347

MÜLLER A., Umweltorientiertes betriebliches Rechnungswesen, 2. Auflage, 1995

MÜLLER A., Zielgruppenorientiertes Controlling, in: Müller A./Uecker P./Zehbold C. (Hrsg.), Controlling für Wirtschaftsingenieure, Ingenieure und Betriebswirte, 2. Auflage,2006, S. 298–317

MÜLLER G., STAR: Ein Ansatz zur Verwirklichung einer strategischen Frühaufklärung, in: Raffee H./Wiedmann K. P. (Hrsg.), Strategisches Marketing, 1985, S. 370–390

MÜLLER G., Strategische Frühaufklärung, 1981

MÜLLER W., Die Koordination von Informationsbedarf und Informationsbeschaffung als zentrale Aufgabe des Controlling, in: ZfbF, 1974, S. 683–693

MÜLLER-MERBACH H., Vier Arten von Systemansätzen, dargestellt in Lehrgesprächen, in: ZfB, 8/1992, S. 853–876

MÜLLER-STEWENS G., Strategische Suchfeldanalyse. Die Identifikation neuer Geschäfte zur Überwindung struktureller Stagnation, 2. Auflage, 1990

MÜLLER-WENK R., Die ökologische Buchhaltung. Ein Informations- und Steuerungsinstrument für umweltkonforme Unternehmenspolitik, 1978

MÜLLER-WITT H.,Betriebliche Umwelt-Informationssysteme, in: Organisationsforum Wirtschaftskongress (Hrsg.), Umweltmanagement im Spannungsfeld zwischen Ökologie und Ökonomie, 1991, S. 191–219

MÜLLER-WITT H., Produktfolgenabschätzung als kollektiver Lernprozeß, in: Öko-Institut/Projektgruppe ökologische Wirtschaft (Hrsg.), Arbeiten im Einklang mit der Natur, 1985, S. 287–307

MUNARI S./NAUMANN C., Strategische Steuerung – Bedeutung im Rahmen des strategischen Managements, in: ZfbF, 5/1984, S. 371–384

NAUMANN C., Strategische Steuerung und integrierte Unternehmensplanung – Ein Problem des strategischen Managements, 1982

NORTH K., Wissensorientierte Unternehmensführung. Wertschöpfung durch Wissen, 3. Auflage, 2002

OELLER K.-H., Systemorientierte Unternehmungsführung mit Hilfe kybernetischer Kennzahlensysteme, in: Malik F. (Hrsg.), Praxis des systemorientierten Managements, 1979, S. 111–153

OGILVY J., Vorwort, in: Laszlo E./Laszlo C./Liechtenstein A. v., Evolutionäres Management. Globale Handlungskonzepte, 1992, S. 13–16

PEEMÖLLER V., Controlling. Grundlagen und Einsatzgebiete, 2. Auflage, 1992

PEEMÖLLER V./BÖMELBURG P./ERNST K., Controlling – Ein Überblick, in: Steuer und Studium, 7/1990, S. 248–251

PFLÄGING N., Fundamente des Beyond Budgeting, in: Controller Magazin, Heft 2/2003, S. 188–197

PFOHL H.-C., Planung und Kontrolle, 1981

PFOHL H.-C./RÜRUP B. (Hrsg.), Anwendungsprobleme moderner Planungs- und Entscheidungstechniken, 1979

PFOHL H./STÖLZLE W., Planung und Kontrolle. Konzeption, Gestaltung, Implementierung, 2. Auflage, 1997

PFOHL H.-C./ZETTELMEYER B., Der Controller: Geringer oder anders qualifiziert als die Linienmanager? – Erwiderung zu den Anmerkungen von Mag. Dr. Manfred Gaulhofer -, in: ZfB, 11/1987, S. 1128–1135

PFOHL H.-C./ZETTELMEYER B., Strategisches Controlling?, in: ZfB, 2/1987, S. 145–175

PFRIEM R., Ökologische Unternehmensführung, in: Schriftenreihe des IÖW 13/88, 2. Auflage, 1991

PICOT A., Strukturwandel und Unternehmensstrategie, Teil 2, in: WiSt, 12/1981, S. 563–571

PICOT A./RISCHMÜLLER G., Planung und Kontrolle der Verwaltungskosten in Unternehmungen, in: ZfB, 4/1981, S. 331–345

POELZL U., Umwelt-Controlling für Industriebetriebe, 1992

POHLE K., Quantifizierungsaspekte im strategischen Controlling, in: CONTROLLING, 4/1990, S. 186–191

POPPER K. R., Alles Leben ist Problemlösen. Über Erkenntnis, Geschichte und Politik, 1994

POPPER K. R., Das Elend des Historizismus, 1965

POPPER K. R., Logik der Forschung, 5. Auflage, 1973

PORTER M. E., Wettbewerbsvorteile (Competitive Advantage). Spitzenleistungen erreichen und behaupten, 3. Auflage, 1992

PREISSLER P., Controlling, 1985

PROBST G. J. B., Die Bausteine des vernetzten Denkens für Frühwarnung, Strategie und Controlling, in: Eschenbach R. (Hrsg.), Supercontrolling – vernetzt denken, zielgerichtet entscheiden –, 1989, S. 7–22

PROBST G. J. B., Selbstorganisation – Ordnungsprozesse in sozialen Systemen aus ganzheitlicher Sicht, 1987

PROBST G. J. B., Was also macht eine systemorientierte Führungskraft als Vertreter des „vernetzten Denkens"?, in: Probst G. J. B./Gomez P. (Hrsg.), Vernetztes Denken. Ganzheitliches Führen in der Praxis, 2. Auflage, 1991, S. 331–340

PROBST G. J. B./DYLLICK T., Begriffe, Analogiebildung und Intention im evolutionären Management. Eine Replik zur Kritik von Karl Sandner, in: Die Unternehmung, 2/1982, S. 107–112

PROBST G. J. B./GOMEZ P., Die Methodik des vernetzten Denkens zur Lösung komplexer Probleme, in: Probst G. J. B./Gomez P. (Hrsg.), Vernetztes Denken. Ganzheitliches Führen in der Praxis, 2. Auflage, 1991, S. 3–20

PROBST G. J. B./GOMEZ P., Vernetztes Denken – Die Methodik des vernetzten Denkens zur Lösung komplexer Probleme, in: Hahn D./Taylor B.(Hrsg.), Strategische Unternehmungsplanung, strategische Unternehmungsführung. Stand und Entwicklungstendenzen, 6. Auflage, 1992, S. 903–921

PROBST G. J. B./GOMEZ P. (Hrsg.), Vernetztes Denken. Ganzheitliches Führen in der Praxis, 2. Auflage, 1991

PROBST G. J. B./SIEGWART H. (Hrsg.), Integriertes Management. Bausteine des systemorientierten Managements, Festschrift zum 65. Geburtstag von Prof. Dr. Dr. h. c. Hans Ulrich, 1985

PÜMPIN C., Strategische Führung in der Unternehmungspraxis. Entwicklung, Einführung und Anpassung der Unternehmensstrategie, in: Die Orientierung, 1980

RADNITZKY G./ANDERSSON G. (Hrsg.), Fortschritt und Rationalität der Wissenschaft, 1980

RAFFEE H., Gegenstand, Methoden und Konzepte der Betriebswirtschaftslehre, in: Vahlens Kompendium der Betriebswirtschaftslehre. Band 1, 2. Auflage, 1989, S. 2–46

RAFFEE H., Prognosen als ein Kernproblem der Marketingplanung, in: Raffee H./Wiedmann K.-P. (Hrsg.), Strategisches Marketing, 1985, S. 142–168

RAFFEE H./WIEDMANN K.-P. (Hrsg.), Strategisches Marketing, 1985

RAPPAPORT A., Creating Shareholder Value, 1986

REIBNITZ U. v., Szenarien als Grundlage strategischer Planung, in: HARVARDmanager, I/1983, S. 71–79

REICHMANN T., Controlling mit Kennzahlen und Managementberichten: Grundlagen einer systemgestützten Controlling-Konzeption, 3. Auflage, 1993

REICHMANN T., Controlling-Konzeptionen in den 90er Jahren, in: Horvath P./Gassert H./Solaro D. (Hrsg.), Controllingkonzeptionen für die Zukunft. Trends und Visionen, 1991, S. 47–70

REICHMANN T./HAIBER T./FRÖHLING O., Open System Simulation. Konzept für ein flexibles Strategien-Controlling, in: CONTROLLING, 6/1992, S. 304–311

REICHMANN T./SCHWELLNUSS A. G./FRÖHLING O., Fixkostenmanagementorientierte Plankostenrechnung – Kostentransparenz und Entscheidungsrelevanz gleichermaßen sicherstellen, in: CONTROLLING, 2/1990, S. 60–67

REISS M., „Lean Management" ist „Heavy Management", in: Office Management, 5/1992, S. 38–41

REMMEL M., Vernetztes Controlling – ein Ansatz zur Unterstützung integrativer Führung und Steuerung im Unternehmen, in: Horvath P. (Hrsg.), Synergien durch Schnittstellen – Controlling, 1991, S. 51–71

RICHTER, H. J., Theoretische Grundlagen des Controlling. Strukturkriterien für die Entwicklung von Controlling-Konzepten, 1987

RIESER I., Frühwarnsysteme aufbauen und bereithalten, in: io Management Zeitschrift, 6/1989, S. 37–41

ROBENS H., Schwachstellen der Portfolio-Analyse, in: Marketing – ZFP, 3/1985, S. 191–200

ROVENTA P., Portfolio-Analyse und strategisches Management. Ein Konzept zur strategischen Chancen- und Risikohandhabung, 1979

RUEGG J., Unternehmensentwicklung im Spannungsfeld von Komplexität und Ethik. Eine permanente Herausforderung für ein ganzheitliches Management, 1989

RÜHLI E./THOMMEN J.-P. (Hrsg.), Unternehmungsführung aus finanz- und bankwirtschaftlicher Sicht. Bericht von der wissenschaftlichen Tagung des Verbandes der Hochschullehrer für Betriebswirtschaft e. V. 1980, 1981

SAHL M./SCHMIDT R., Funktionen des Controllers und deren Einflußfaktoren, in: CONTROLLING, 1/1991, S. 29–37

SAKURAI M., Target Costing and How to Use it, in: Journal of Cost Management, 1989, S. 39–50

SAKURAI M./KEATING P. J., Target Costing und Activity – Based Costing, in: CONTROLLING, 2/1994, S. 84–91

SANDNER K., Evolutionäres Management. Voraussetzungen und Konsequenzen eines Ansatzes der Steuerung sozialer Systeme, in: Die Unternehmung, 2/1982, S. 77–89

SBU, Eine Vision gewinnt Kontur. Sensitivitätsmodell Prof. Vester

SCHALTEGGER S./STURM A., Methodik der ökologischen Rechnungslegung in Unternehmen. Forschungsbeitrag und Anleitung für den Praxisgebrauch, in: WWZ-Studien, Nr. 33, 1992

SCHANZ G., Traditionelle Wissenschaftspraxis und systemtheoretisch – kybernetische Ansätze, in: Jehle E. (Hrsg.), Systemforschung in der Betriebswirtschaftslehre. Tagungsbericht des Arbeitskreises für Wissenschaftstheorie im Verband der Hochschullehrer für Betriebswirtschaft e. V., 1975, S. 1–22

SCHANZ G., Wissenschaftsprogramme der Betriebswirtschaftslehre, in: Bea, F. X./Dichtl E./ Schweitzer M., Allgemeine Betriebswirtschaftslehre. Band 1: Grundfragen, 4. Auflage, 1988, S. 49–114

SCHEER A. -W.(Hrsg.), Rechnungswesen und EDV. 8. Saarbrücker Arbeitstagung 1987. Controlling • Anwenderberichte • Neue Konzepte • Controlling-Systeme • Systemerfahrungen

SCHEER A. -W.(Hrsg.), Rechnungswesen und EDV. 9. Saarbrücker Arbeitstagung, 1988. Grenzplankostenrechnung – Stand und aktuelle Probleme, 1988

SCHEER A.-W. (Hrsg.), Rechnungswesen und EDV. 12. Saarbrücker Arbeitstagung 1991. Kritische Erfolgsfaktoren in Rechnungswesen und Controlling

SCHERM E., Konsequenzen eines Lean Management für die Planung und das Controlling in der Unternehmung, in: DBW, 5/1994, S. 645–661

SCHIEMENZ B., Komplexitätsbewältigung durch Systemansatz und Kybernetik, in: Czap H. (Hrsg.), Unternehmensstrategien im sozio-ökonomischen Wandel, 1990, S. 361–377

SCHILDBACH T., Begriff und Grundproblem des Controlling aus betriebswirtschaftlicher Sicht, in: Spremann K./Zur E. (Hrsg.), Controlling. Grundlagen – Informationssysteme – Anwendungen, 1992, S. 21–36

SCHIMKE E./TÖPFER A. (Hrsg.), Krisenmanagement und Sanierungsstrategien, 2. Auflage, 1986

SCHNEIDER D., Allgemeine Betriebswirtschaftslehre, 2. Auflage der „Geschichte betriebswirtschaftlicher Theorie", 1985

SCHNEIDER D., Controlling als „Koordinationsfunktion innerhalb eines dezentralen, planungs- und kontrolldeterminierten Führungsparadigmas"?, in: DB, 1991, S. 1789–1790

SCHNEIDER D., Controlling im Zwiespalt zwischen Koordination und interner Misserfolgs-Verschleierung, in: Horvath P. (Hrsg.), Effektives und schlankes Controlling, 1992, S. 11–35

SCHNEIDEWIND D., Beobachtungen zur Entscheidungsfindung in japanischen Unternehmen, in: ZfB, 3/1991, S. 291–308

SCHOLZ C., Lean Management, in: WiSt, 4/1994, S. 180–186

SCHREINER M., Umweltmanagement in 22 Lektionen. Ein ökonomischer Weg in eine ökologische Wirtschaft, 1988

SCHREYÖGG G., Unternehmensstrategie – Grundfragen einer Theorie strategischer Unternehmensführung, 1984

SCHREYÖGG G./STEINMANN H., Strategische Kontrolle, in: ZfbF, 5/1985, S. 391–410

SCHREYÖGG G./STEINMANN H., Zur Praxis strategischer Kontrolle. Ergebnisse einer explorativen Studie, in: ZfB, 1/1986, S. 40–50

SCHRÖDER E. F., Modernes Unternehmens-Controlling. Handbuch für die Unternehmenspraxis, 3. Auflage, 1988

SCHULZ E./SCHULZ W., Ökomanagement. So nutzen sie den Umweltschutz im Betrieb, 1994

SCHULZ S., Komplexität in Unternehmen. Eine Herausforderung an das Controlling, in: CONTROLLING, 3/94, S. 130–139

SCHWANINGER M., Integrale Unternehmensplanung, 1989

SCHWANINGER M./ZINDEL M., Systemmodellierung mit der Methodik des Vernetzten Denkens: Anwenderbericht und Softwarebeurteilung, in: Hub H.(Hrsg.), Komplexe Aufgabenstellungen ganzheitlich bearbeiten. Fallstudien und Beispiele aus der Praxis, 1994, S. 1/1–1/18

SCHWEITZER M., Planung und Kontrolle, in: Bea F. X./Dichtl E./Schweitzer M. (Hrsg.), Allgemeine Betriebswirtschaftslehre, Band 2: Führung, 3. Auflage, 1987, S. 9–72

SCHWEITZER M. (Hrsg.), Industriebetriebslehre. Das Wirtschaften in Industrieunternehmungen, 2. Auflage, 1994

SCHWEITZER M./FRIEDL B., Beitrag zu einer umfassenden Controlling-Konzeption, in: Spremann, K./Zur E. (Hrsg.), Controlling. Grundlagen – Informationssysteme – Anwendungen, 1992, S. 141–167

SEGHEZZI H. D./HANSEN J. R. (Hrsg.), Qualitätsstrategien. Anforderungen an das Management der Zukunft, 1993

SEICHT G., Die Entwicklung der Grenzplankosten – und Deckungsbeitragsrechnung, in: Scheer, A.-W. (Hrsg.), Grenzplankostenrechnung – Stand und aktuelle Probleme, 1988, S. 31–51

SEICHT G., Die stufenweise Grenzkostenrechnung – Ein Beitrag zur Weiterentwicklung der Deckungsbeitragsrechnung, in: ZfB, 12/1963, S. 693–709

SEICHT G. (Hrsg.), Jahrbuch für Controlling und Rechnungswesen '88. Kostenrechnung auf neuen Wegen, strategisches Controlling, Unternehmenserfolge und Insolvenzen, Sanierungserfahrungen, 1988

SEIDENSCHWARZ W., Target Costing. Ein japanischer Ansatz für das Kostenmanagement, in: CONTROLLING, 4/1991, S. 198–203

SEIDENSCHWARZ W., Target Costing. Marktorientiertes Zielkostenmanagement, 1993

SEIDENSCHWARZ W., Target Costing. Schnittstellenbewältigung mit Zielkosten, in: Horvath P. (Hrsg.), Synergien durch Schnittstellen-Controlling, 1991, S. 191–209

SENGE P., Die fünfte Disziplin. Kunst und Praxis der lernenden Organisation, 7. Auflage, 1999

SERVATIUS H.-G., Evolutionäre Führung in chaotischen Umfeldern, in: ZfO, 3/1994, S. 157–164

SIEGWART H., Anwendungsorientierung, Systemorientierung und Integrationsleistung einer Managementlehre, in: Probst G. J. B./Siegwart H. (Hrsg.), Integriertes Management. Bausteine des systemorientierten Managements, 1985, S. 93–109

SIEGWART H., Der Controller in der Unternehmung, in: Büro + Verkauf, 7 + 8/1986, S. 12–17

SIEGWART H., Kennzahlen für die Unternehmungsführung, 4. Auflage, 1992

SIEGWART H., Worin unterscheiden sich amerikanisches und deutsches Controlling? in: io Management Zeitschrift, 2/1982, S. 97–101

SIEGWART H./MAHARI J. I./CAYTAS I.G./SANDER S. (Hrsg.), Meilensteine im Management. Management Controlling, 1990

SIEGWART H./MENZL I., Kontrolle als Führungsaufgabe. Führen durch Kontrolle von Verhalten und Prozessen, 1978

SIEGWART H./RAAS F., CIM-orientiertes Rechnungswesen. Bausteine zu einem System Controlling, 1991

SILLER H., Grundsätze des ordnungsmäßigen strategischen Controlling, 1985

SPREMANN K./ZUR E. (Hrsg.), Controlling. Grundlagen – Informationssysteme – Anwendungen, 1992

SPRENGER R. K., Mythos Motivation: Wege aus einer Sackgasse, 10. Auflage, 1996

SPRENGER R., Störfall Persönlichkeit, in: WÜTHRICH H. A./et. al. (Hrsg.), Grenzen ökonomischen Denkens. Auf den Spuren einer dominanten Logik, 2001, S. 353–364

STAEHLE W. H., Kennzahlen und Kennzahlensysteme als Mittel der Organisation und Führung von Unternehmen, 1969

STAEHLE W. H., Management. Eine verhaltenswissenschaftliche Perspektive, 5. Auflage, 1990

STAHLMANN V., Ökologisierung der Unternehmenspolitik durch eine umweltorientierte Materialwirtschaft, in: Vogl J./Heigl A./Schäfer K. (Hrsg.), Handbuch des Umweltschutzes, Band 8, 12/1989, S. 1–24

STAMM M., 19 Fehler, die passieren beim Arbeiten an schwierigen, vielschichtigen Fragen …, in: CM, 1991, S. 198–203

STEGER U., Strategische Unternehmensführung und Umweltschutz, in: Organisationsforum Wirtschaftskongress (Hrsg.), Umweltmanagement im Spannungsfeld zwischen Ökologie und Ökonomie, 1991, S. 115–131

STEHLE H./RÖSSLE W./LENZ N. (Hrsg.), Jahrbuch für Betriebswirte, 2. Auflage, 1988

STEINER G. A, Top Management Planung, 1971

STEINLE C., Strategische Geschäftsfeldplanung und Früherkennungssysteme – Luxus oder unverzichtbare Notwendigkeit auch in Klein- und Mittelbetrieben? in: Stehle H./Rössle W./Lenz, M. (Hrsg.), Jahrbuch für Betriebswirte, 2. Auflage, 1988, S. 243–264

STEINLE C., Zukunftsgerichtetes Controlling – Strategische Früherkennung und Geschäfts-feldplanung als Instrumente, in: Der Betriebswirt, 2/1986, S. 6–13

STEINLE C./EGGERS B., Ganzheitliches Problemlösen auf Basis der PUZZLE-Methodik, in: Zeitschrift für Planung, 4/1991, S. 295–317

STEINMANN H., Planung und Kontrolle. Probleme der strategischen Unternehmensfüh-rung, 1981

STEINMANN H./HASSELBERG F., Der strategische Managementprozeß – Vorüberlegun-gen für eine Neuorientierung, in: ZfB, 12/1988, S. 1308–1322

STOI R., Management und Controlling von Intangibles auf Basis der immateriellen Wert-treiber des Unternehmens, in: HORVATH P./MÖLLER K. (Hrsg.), Intangibles in der Unter-nehmenssteuerung, Strategien und Instrumente zur Wertsteigerung des immateriellen Kapi-tals, 2004, S. 187–201

STREBEL H., Umwelt und Betriebswirtschaft. Die natürliche Umwelt als Gegenstand der Unternehmenspolitik, 1980

STRIENING H. D., Qualität im indirekten Bereich durch Prozeß-Management, in: Zink K. J. (Hrsg.) Qualität als Managementaufgabe. Total Quality Management, 2. Auflage 1992, S. 153–183

STRÜBY R., Management Controlling als Grundlage ganzheitlicher Unternehmensführung, in: Siegwart H./Mahari J. I./Caytas I. G./Sander S. (Hrsg.), Meilensteine im Management. Management Controlling, 1990, S. 29–51

SZYPERSKI N., Forschungs- und Entwicklungsprobleme der Unternehmungsplanung, in: Grochla E./Szyperski N. (Hrsg.), Modell- und computergestützte Unternehmungsplanung, 1973, S. 21–40

SZYPERSKI N., Wo liegen die Fallstricke der strategischen Planung?, in: AGPLAN (Hrsg.), agplan – Handbuch zur Unternehmensplanung, Band 3, 1976, S. 3–14

SZYPERSKI N. (Hrsg.), Handwörterbuch der Planung, 1989

SZYPERSKI N./WINAND U., Zur Bewertung von Planungstechniken im Rahmen einer betriebswirtschaftlichen Unternehmungsplanung, in: Pfohl, H.-C./Rürup B. (Hrsg.), Anwen-dungsprobleme moderner Planungs- und Entscheidungstechniken, 1979, S. 195–218

SVEIBY K. E., Wissenskapital – Das unentdeckte Vermögen. Immaterielle Vermögenswerte aufspüren, messen und steigern, 1998

TANAKA T., Target Costing at Toyota, in: Journal of Cost Management, 1/1993, S. 4–11

TANAKA T., Cost Planning and Control Systems in the Design Phase of an New Product, in: Monden, Y. M./Sakurai M., Japanese Management Accounting. A World Class Approach to Profit Management, 1989, S. 49–71

TIMMERMANN, Strategisches Denken – Lebenslanges Lernen auch für Unternehmen, in: Raffee H./Wiedmann, K.-P. (Hrsg.), Strategisches Marketing, 1985, S. 197–227

TÖPFER A./AFHELDT (Hrsg.), Praxis der strategischen Unternehmensplanung, 1983

TRUX W./KIRSCH W., Strategisches Management oder: Die Möglichkeit einer „wissenschaftlichen" Unternehmensführung, in: DBW, 1979, S. 215–235

ULRICH H., Der systemorientierte Ansatz in der Betriebswirtschaftslehre, in: Kortzfleisch G. v. (Hrsg.), Wissenschaftsprogramm und Ausbildungsziele der Betriebswirtschaftslehre, 1971, S. 43–60

ULRICH H., Die Betriebswirtschaftslehre als anwendungsorientierte Sozialwissenschaft, in: Geist M. N/Köhler R. (Hrsg.), Die Führung des Betriebes, 1981, S. 1–25

ULRICH H., Die Unternehmung als produktives soziales System. Grundlagen der allgemeinen Unternehmungslehre, 2. Auflage, 1971

ULRICH H., Integrative Unternehmensführung, in: Kirsch W./Picot A. (Hrsg.), Die Betriebswirtschaftslehre im Spannungsfeld zwischen Generalisierung und Spezialisierung, 1989, S. 183–198

ULRICH H., Management, 1984

ULRICH H., Unternehmenspolitik – Instrument und Philosophie ganzheitlicher Unternehmungsführung, in: Die Unternehmung, 4/1985, S. 389–405

ULRICH H./KRIEG, Das St. Galler Management-Modell, in: Hentsch B/Malik F. (Hrsg.), Systemorientiertes Management, 1972, S. 63–94

ULRICH H./PROBST G. J. B., Anleitung zum ganzheitlichen Denken und Handeln. Ein Brevier für Führungskräfte, 1988

ULRICH P./HILL W., Wissenschaftstheoretische Grundlagen der Betriebswirtschaftslehre (Teil I), in: WiSt, 7/1976, S. 304–309

VCI (Hrsg.), Schriftenreihe des betriebswirtschaftlichen Ausschusses und Finanzausschusses – Leistungsvereinbarungen. Ein Instrument zur Steuerung von Dienstleistungen, 1998

VESTER F., Ausfahrt Zukunft. Strategien für den Verkehr von morgen. Eine Systemuntersuchung, 5. Auflage, 1990

VESTER F., Ausfahrt Zukunft. Supplement. Material zur Systemuntersuchung, 1991

VESTER F., Kybernetische Grundregeln biologischer Überlebensmechanismen als Orientierungshilfe für Unternehmen, in: Baetge J. (Hrsg.), Kybernetische Methoden und Lösungen in der Unternehmenspraxis. Vorschläge für betriebliche Regelungsmechanismen, 1983, S. 43–75

VESTER F., Leitmotiv vernetztes Denken. Für einen besseren Umgang mit der Welt, 3. Auflage, 1992

VESTER F., Neuland des Denkens. Vom technokratischen zum kybernetischen Zeitalter, 8. Auflage, 1993

VESTER F., „Vernetztes Denken" – Herausforderung und Wirklichkeit, in: Controller magazin, 4/1990, S. 167–173

VESTER F./HESLER A. v., Sensivitätsmodell, 2. Auflage, 1988

VIKAS K., Leistungs- und Kostenplanung im Verwaltungsbereich, in: Praxis des Rechnungswesens, 3/1991, S. 8/39–8/54

VOGL J./HEIGL A./SCHÄFER K. (Hrsg.), Handbuch des Umweltschutzes, Band 8

VORMBAUM H./RAUTENBERG H. G., Kostenrechnung III für Studium und Praxis, Plankostenrechnung, 1985

WACK P., Szenarien: Unbekannte Gewässer voraus, in: HARVARDmanager, 2/1986, S. 60–77

WATZLAWICK P., Wie wirklich ist die Wirklichkeit? Wahn – Täuschung – Verstehen, 22. Auflage, 1994

WEBER J., Controlling in öffentlichen Organisationen (Non Profit Organiza- tions), in: Risak J./Deyhle A. (Hrsg.), Controlling – State of the Art und Entwicklungstendenzen, 1991, S. 295–324

WEBER J., Controlling – Sprechen Theorie und Praxis eine unterschiedliche Sprache?, in: CONTROLLING, 4/1992, S. 188–194

WEBER J., Einführung in das Controlling, 4. Auflage, 1993

WEBER J., Versagen des Controlling? – Ein Beitrag zur Theoriefindung – Erwiderung zu dem Beitrag von D. Schneider (DB 1991, S. 765 ff.), in: DB 35/1991, S. 1785–1788

WEBER J./SCHÄFFER U., Balanced Scorecard & Controlling. Implementierung – Nutzen für Manager und Controller – Erfahrungen in deutschen Unternehmen, 2. Auflage, 2000

WEBER J./SCHÄFFER U., Controlling als Koordinationsfunktion?, in: Krp, Het 2/2000, S. 109–118

WEBER J./SCHÄFFER U., Sicherstellung der Rationalität von Führung als Aufgabe des Controlling?, in: Die Betriebswirtschaft, Heft 6/1999, S. 731–747

WEBER J./ et. al., Controller & Manager im Team. Neue empirische Erkenntnisse, 2000

WEHRHEIM M., Die Bilanzierung immaterieller Vermögensgegenstände („Intangible Assets") nach IAS 38, in: DstR, Heft 2/2000. S. 86–88

WEIZSÄCKER E. U. v., Die Preise sollen die ökologische Wahrheit sagen, in: Organisationsforum Wirtschaftskongress (Hrsg.), Umweltmanagement im Spannungsfeld zwischen Ökologie und Ökonomie, 1991, S. 63–72

WELGE M. K., Unternehmungsführung. Band 3: Controlling, 1988

WELTERS K., Cross Impact Analyse, in: Szyperski, N. (Hrsg.), Handwörterbuch der Planung, 1989, Sp. 241–247

WIEDMANN K.- P., Konzeptionelle und methodische Grundlagen der Früherkennung, in: Raffee H./Wiedmann, K.-P. (Hrsg.), Strategisches Marketing, 1985, S. 301–348

WIEDMANN K.-P./KREUTZER R., Strategische Marketingplanung – Ein Überblick, in: Raffee H./Wiedmann K.-P. (Hrsg.), Strategisches Marketing, 1985, S. 61–141

WIEDMANN K.-P./LÖFFLER R., Portfolio – Simulationen und Portfolio – Planspiele als Unterstützungssysteme der strategischen Früherkennung, in: Raffee H./Wiedmann K.-P. (Hrsg.), Strategisches Marketing, 1985, S. 419–462

WIESELHUBER N., Früherkennung von Insolvenzgefahren, in: Schimke E./Töpfer A. (Hrsg.), Krisenmanagement und Sanierungsstrategien, 2. Auflage, 1986, S. 172–186

WILD J., Grundlagen der Unternehmungsplanung, 1974

WILD J., Theorienbildung, betriebswirtschaftliche, in: HWB, Band III, 4. Auflage, 1976, Sp. 3889–3910

WILKEN C., Controlling mit Kennzahlensystemen, in: Müller A./Uecker P./Zehbold C. (Hrsg.), Controlling für Wirtschaftsingenieure, Ingenieure und Betriebswirte, 2. Auflage, 2006, S. 106–126

WITT F.-J., Portfolios für unternehmensinterne Leistungen, in: Controller magazin, 3/1989, S. 156–162

WITT F.-J./WITT K., Aktivitäts-Controlling und Prozeßkostenrechnung – Strategische Maßnahmen und erste Erfahrungen beim Prozeßkostenmanagement, in: Controller magazin, 1/1990, S. 35–42

WITTE E. (Hrsg.), Der praktische Nutzen empirischer Forschung, 1981

WÖHE G., Einführung in die allgemeine Betriebswirtschaftslehre, 16. Auflage, 1986

WOLF T., Fuzzy, die Revolution aus japanischen High-Tech-Tempeln, in: mc, Heft 3, 1991, S. 44–49

WÜTHRICH H. A., Neuland des strategischen Denkens. Von der Strategietechnokratie zum mentalen Management, 1991

WUNDERER R. (Hrsg.), Betriebswirtschaftslehre als Management- und Führungslehre, 1985

ZAHN E., Die strategische Renaissance des Unternehmens, in: Zahn E. (Hrsg.), Fit machen für den Wettbewerb, 1993, S. 1–49

ZAHN E., Diskontinuitätentheorie – Stand der Entwicklung und betriebswirtschaftliche Anwendungen, in: Macharzina, K. (Hrsg.), Diskontinuitätenmangement. Strategische Bewältigung von Strukturbrüchen bei internationaler Unternehmenstätigkeit, 1984, S. 19–75

ZAHN E., Entwicklungstendenzen und Problemfelder der strategischen Planung, in: Bergner H. (Hrsg.), Planung und Rechnungswesen in der Betriebswirtschaftslehre, 1991, S. 145–190

ZAHN E. (Hrsg.), Fit machen für den Wettbewerb, 1993

ZAHN E., Strategische Planung zur Steuerung der langfristigen Unternehmensentwicklung, 1979

ZANGEMEISTER C., Systemtechnik – eine Methodik zur zweckmäßigen Gestaltung komplexer Systeme, in: Bleicher K. (Hrsg.), Organisation als System, 1972, S. 199–214

ZANGEMEISTER C., Systemtechnik, in: Grochla E. (Hrsg.), Handwörterbuch der Organisation, 2. Auflage, 1980, Sp. 2190–2204

ZIMMERMANN H. J., Paradigmenwechsel führt zu unscharfer Logik. Vielfältige Einsatzmöglichkeiten durch Fuzzy-Set-Theorie, in: Elektronik plus, S. 7–17

ZINK K. J. (Hrsg.), Qualität als Managementaufgabe. Total Quality Management, 2. Auflage, 1992

ZÜND A., Zum Begriff des Controlling – Ein umweltbezogener Erklärungsversuch, in: Goetzke W./Sieben G. (Hrsg.), Controlling – Integration von Planung und Kontrolle, 1979, S. 15–26

Internetquellen:

http://www.creditreform.de

http://www.existenzgruender.de

http://www.Horizons2020.de

Stichwortverzeichnis

Durchblick im Dschungel
der Kennzahlen

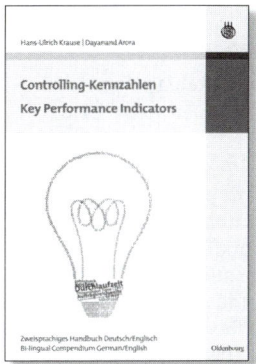

Hans-Ulrich Krause, Dayanand Arora
Controlling-Kennzahlen –
Key Performance Indicators
Zweisprachiges Handbuch Deutsch/Englisch –
Bi-lingual Compendium German/English
2008 | 666 S. | gebunden
€ 49,80 | ISBN 978-3-486-58207-9

Es gibt eine Vielzahl von Controlling-Kennzahlen. Was sie genau bedeuten und welchen betriebswirtschaftlichen Aussagegehalt sie haben, ist allerdings sowohl für Studierende als auch für Praktiker nicht immer auf den ersten Blick erkennbar.

Dieses Buch hilft dabei, im Dschungel der Controllling-Kennzahlen den Durchblick zu behalten – und dies nicht nur auf Deutsch, sondern auch auf Englisch.

Dieses Buch ist der ideale Begleiter durch ein betriebswirtschaftliches Studium und gibt auch Praktikern nützliche Tipps bei der Verwendung und Interpretation von Controlling-Kennzahlen.

Über die Autoren:
Professor Dr. Hans-Ulrich Krause ist Inhaber einer Professur für Betriebswirtschaftslehre mit Schwerpunkt »Controlling/Rechnungswesen« an der Fachhochschule für Technik und Wirtschaft Berlin.

Professor Dr. Dayanand Arora ist Inhaber einer Professur für Betriebswirtschaftslehre mit Schwerpunkt »Finanz- und Rechnungswesen« an der Fachhochschule für Technik und Wirtschaft Berlin.

150 Jahre
Wissen für die Zukunft
Oldenbourg Verlag

Bestellen Sie in Ihrer Fachbuchhandlung oder direkt bei uns: Tel: 089/45051-248, Fax: 089/45051-333
verkauf@oldenbourg.de

Oldenbourg

Risiko – ist das überhaupt objektiv?

Thomas Wolke
Risikomanagement

2. vollständig überarbeitete und
erweiterte Auflage 2008
308 S. | gebunden
€ 29,80 | ISBN 978-3-486-58714-2

Mittelständische Unternehmen und Großkonzerne
sind heute gleichermaßen vielfältigen betriebswirtschaftlichen Risiken ausgesetzt. Wollen sie nicht in
eine Krise geraten, müssen sie ein effektives Risikomanagement betreiben. Waren früher die Verfahren
der Risikomessung eher qualitativ und intuitiv, gewinnen heute mehr denn je objektiv nachvollziehbare
Verfahren an Bedeutung – unabhängig von der sub-
jektiven Risikoeinschätzung des Managers.

Und wie konkret ist Risiko eigentlich?
In diesem Buch stellt Thomas Wolke das Thema systematisch dar und geht sowohl detailliert als auch
konkret auf die Problemfelder des Risikomanagements
ein. Genauer beleuchtet werden beispielsweise neue
Verfahren der Risikomessung und -analyse sowie die
Risikosteuerung. Daneben wird auf die vielfältigen
finanz- und leistungswirtschaftlichen Risiken eingegangen, denen Unternehmen heute ausgesetzt sind.

Abschließend stellt der Autor auch das Risikocontrolling
genauer dar und führt die gewonnen Erkenntnisse in
einer praxisnahen Fallstudie zusammen.

**Das Buch richtet sich an Bachelor- und Masterstuden-
ten mit Schwerpunkt Finance & Accounting wie auch
an Anwender, die mit dem Risikomanagement in
irgendeiner Form in Berührung kommen.**

Oldenbourg

 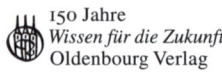
150 Jahre
Wissen für die Zukunft
Oldenbourg Verlag

Bestellen Sie in Ihrer Fachbuchhandlung oder
direkt bei uns: Tel: 089/45051-248, Fax: 089/45051-333
verkauf@oldenbourg.de